职业教育课程改革系列教材　　“步步为赢”学技能

中文 Photoshop CS5 案例教程

（第2版）

王浩轩　沈大林　主编

電子工業出版社
Publishing House of Electronics Industry
北京·BEIJING

内 容 简 介

Photoshop 是 Adobe 公司开发的图像处理软件，是计算机美术设计中不可缺少的图像设计软件，广泛应用于各种领域。本书主要介绍目前较为流行的中文 Photoshop CS5 版本。

本书共 10 章，以一节（相当于 1～4 课时）为一个教学单元，对知识点进行了细致的取舍和编排，按节序化了知识点，并结合知识点介绍了相关的实例。本书由浅入深、循序渐进，注意知识结构与实用技巧相结合。

本书适应社会、企业、人才和学校的需求，可以作为高职、高专、培训学校的教材，还可以作为图像处理爱好者的自学用书。

本书还配有电子教学参考资料包（包括教学指南、课件、实例素材等），详见前言。

未经许可，不得以任何方式复制或抄袭本书之部分或全部内容。
版权所有，侵权必究。

图书在版编目（CIP）数据

中文 Photoshop CS5 案例教程 / 王浩轩，沈大林主编. —2 版. —北京：电子工业出版社，2018.2
（“步步为赢”学技能）
ISBN 978-7-121-24843-6

Ⅰ. ①中… Ⅱ. ①王… ②沈… Ⅲ. ①图象处理软件—中等专业学校—教材 ②图形软件—中等专业学校—教材 Ⅳ. ①TP391.41

中国版本图书馆 CIP 数据核字（2014）第 274855 号

策划编辑：关雅莉
责任编辑：柴 灿 文字编辑：张 广
印 刷：北京七彩京通数码快印有限公司
装 订：北京七彩京通数码快印有限公司
出版发行：电子工业出版社
北京市海淀区万寿路 173 信箱 邮编 100036
开 本：787×1 092 1/16 印张：20.25 字数：518.4 千字
版 次：2014 年 4 月第 1 版
2018 年 2 月第 2 版
印 次：2024 年 7 月第 8 次印刷
定 价：38.00 元

凡所购买电子工业出版社图书有缺损问题，请向购买书店调换。若书店售缺，请与本社发行部联系，联系及邮购电话：（010）88254888，88258888。

质量投诉请发邮件至 zlts@phei.com.cn，盗版侵权举报请发邮件至 dbqq@phei.com.cn。

本书咨询联系方式：（010）88254617，luomn@phei.com.cn。

前　言

Photoshop 是 Adobe 公司开发的图像处理软件，具有强大的图像处理功能，广泛应用于包装装潢、广告设计、艺术设计、网页制作、多媒体制作、服饰设计、辅助三维动画制作、出版印刷等领域。Photoshop 已经成为计算机美术设计中不可缺少的图像设计软件。Photoshop 的版本很多，本书主要介绍目前我国较为流行的中文 Photoshop CS5 版本。

本书共 10 章，第 1 章介绍了图像基础知识、工作区、文档和图像的基本操作、图像着色、撤销操作、图像变换、混合模式等；第 2 章介绍了创建选区和调整选区、选区填充、选区描边、选择色彩范围、存储与载入选区等；第 3 章介绍了文字工具、图层栅格化、段落和点文字、文字变形、创建和编辑图层、图层组、图层样式、图层复合等；第 4 章介绍了应用滤镜的方法；第 5 章介绍了绘制与处理图像的方法；第 6 章介绍了图像色彩的调整方法；第 7 章介绍了应用通道与蒙版的方法；第 8 章介绍了应用路径和动作的方法；第 9 章介绍了创建和编辑 3D 模型的方法；第 10 章介绍了 7 个综合实例。全书除了介绍大量的知识点外，还介绍了 49 个实例，100 多道思考练习题。

本书以一节（相当于 1～4 课时）为一个教学单元，对知识点进行了细致的取舍和编排，按节序化了知识点，并结合知识点介绍了相关的实例，使知识和实例相结合。除第 1 章的第 1～4 节和第 10 章外，每章各节的实例描述后均由“制作方法”、“知识链接”和“思考练习”三部分组成。

本书特别注意内容的由浅入深、循序渐进，使读者在阅读学习时，不但知其然，还要知其所以然；不但能够快速入门，而且可以达到较高的水平。在本书编写过程中，作者努力遵从教学规律，注意知识结构与实用技巧相结合，注意学生的认知特点，注意提高学生的学习兴趣和培养学生的创造能力。建议教师在使用该教材进行教学时，可以一边带学生做各章的实例，一边学习各种操作方法、操作技巧和相关知识，将它们有机地结合在一起，可以达到事半功倍的效果。

为了方便教师教学，本书还配有教学指南、课件和实例素材等，请有此需要的教师登录华信教育资源网（www.hxedu.com.cn）免费注册后进行下载，有问题时请在网站留言板留言或与电子工业出版社联系（E-mail:hxedu@phei.com.cn）。

本书主编为王浩轩、沈大林。参加本书编写的主要人员有叶军辉、张伦、王爱赪、许崇、陶宁、沈昕、肖柠朴、万忠、郑淑晖、曾昊、郭政、于建海、郑原、郑鹤、郭海、陈恺硕、郝侠、丰金兰、袁柳、徐晓雅、孔凡奇、卢贺、李宇辰、王小兵、郑瑜等。本书由龙欣主审。

本书适应社会、企业、人才和学校的需求，可以作为职业院校、培训学校的教材，还可以作为图像处理爱好者的自学用书。

由于作者水平有限，加上编写、出版时间仓促，书中难免有疏漏和不妥之处，恳请广大读者批评指正。

编　者

2018 年 2 月

目　　录

Contents

第1章

中文Photoshop CS5工作区和基本操作

本章提要：

本章介绍了 Photoshop CS5 工作区、文档的基本操作、图像的基本操作、图像的基本概念等，还介绍了一个实例的制作方法，为全书的学习奠定了一定的基础。

1.1 中文 Photoshop CS5 工作区简介

启动中文 Photoshop CS5 后，打开一幅图像文件。中文 Photoshop CS5 工作区如图 1-1-1 所示。它主要由应用程序栏、菜单栏、选项栏、工具箱、各种面板和文档窗口（画布窗口）等组成。菜单栏是标准的 Windows 菜单栏，选择其中的主命令，会调出其子菜单。单击菜单之外的任何地方或按 Esc 键（Alt 键或 F10 键），可以关闭已打开的菜单。选择“窗口”→“工具”命令，可以显示或隐藏工具箱；选择“窗口”→“选项”命令，可以显示或隐藏选项栏；选择“窗口”→“××”命令（“××”是“窗口”菜单内第 2 栏中的命令名称），可以显示或隐藏相应的面板。

1.1.1 选项栏、工具箱和面板

1. 选项栏

在选择工具箱内的大部分工具后，选项栏会随之发生变化。在选项栏内可以进行工具参数的设置。例如，“画笔工具”选项栏如图 1-1-2 所示，它由以下几部分组成。

（1）头部区 ：它在选项栏的最左边，拖曳它可以调整选项栏的位置。当选项栏紧靠在菜单栏的下边时，头部区呈一条虚竖线状；当它被移出时，头部区呈黑色矩形状。

（2）工具图标：它在头部区的右边，单击它可以调出“工具预设”面板，以便选择和预设相应的工具参数、保存工具的参数设置等。例如，单击“画笔工具”按钮 后，再单击工具图标 ，调出的“工具预设”面板如图 1-1-3 所示。

图 1-1-1　中文 Photoshop CS5 工作区

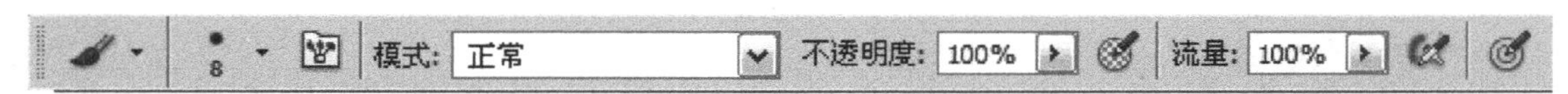

图 1-1-2 “画笔工具”选项栏

◎ 单击“工具预设”面板中的工具名称或图标，可以选中相应的工具（包括相应的参数设置），同时关闭“工具预设”面板。单击该面板外部也可以关闭该面板。

◎ 如果选中“工具预设”面板内的“仅限当前工具”复选框，则“工具预设”面板内只显示与选中工具有关的工具参数设置选项。

◎ 右击工具名称或图标，调出其菜单（见图 1-1-4），利用其内的命令可以进行工具预设的一些操作。单击“工具预设”面板右上角的 按钮，可以调出“工具预设”面板菜单，利用它可以更换、添加、删除和管理各种工具。

◎ 单击该面板中的 按钮与选择“新建工具预设”命令的作用一样，可以调出“新建工具预设”对话框，如图 1-1-5 所示。在“名称”文本框中输入工具的名称，再单击“确定”按钮，即可将当前选择的工具和设置的参数保存在“工具预设”面板内。

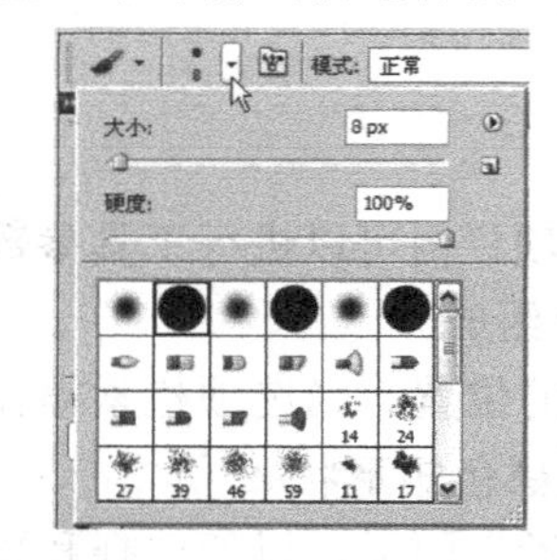

图 1-1-3 “工具预设”面板

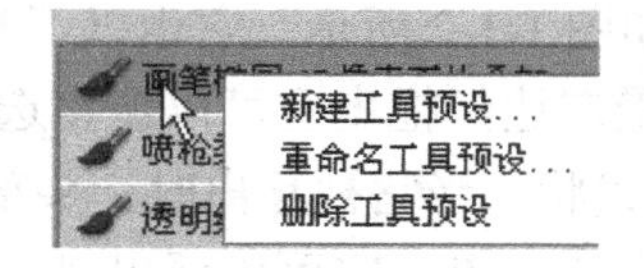

图 1-1-4 “工具预设”面板菜单

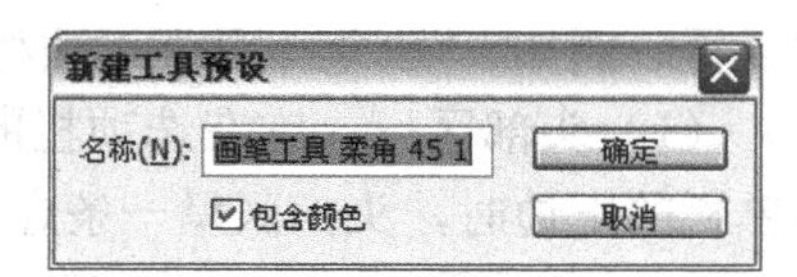

图 1-1-5 “新建工具预设”对话框

（3）参数设置区：由一些按钮、复选框和下拉列表框等组成，用来设置工具的各种参数。例如，在“模式”下拉列表框内可以设置笔触模式。

2．工具箱

工具箱在屏幕左侧，由“图像编辑工具”、“前景色和背景色工具”和“切换模式工具”三栏组成。利用“图像编辑工具”栏内的工具可以输入文字，创建选区，绘制图像，编辑图像，移动图像或选择的选区，注释和查看图像等。按 Tab 键可以在显示和隐藏工具箱之间切换。“前景色和背景色工具”栏可以更改前景色和背景色。“切换模式工具”栏可以切换标准和快速蒙版模式。

（1）移动工具箱：拖曳工具箱顶部的黑色矩形条或水平虚线条，到其他位置。

（2）工具组内工具的切换：工具箱内一些工具图标的右下角有小黑三角，表示这是一个工具组，存在待用工具。单击或右击工具组按钮（其右下角有黑色小箭头），稍等片刻，可以调出工具组内的所有工具按钮，再单击其中一个按钮，即可完成工具组内工具的切换。例如，单击按下工具箱内第 3 栏第 1 行第 2 列按钮，稍等片刻，即可调出该工具组内的所有工具图标，如图 1-1-6 所示。另外，按住 Alt 键并单击工具组按钮，或者按住 Shift 键并按工具的快捷键，也可完成工具组内大部分工具的切换。例如，按住 Shift 键并按 T 键，可以切换图 1-1-6 所示的文字工具组中的工具。

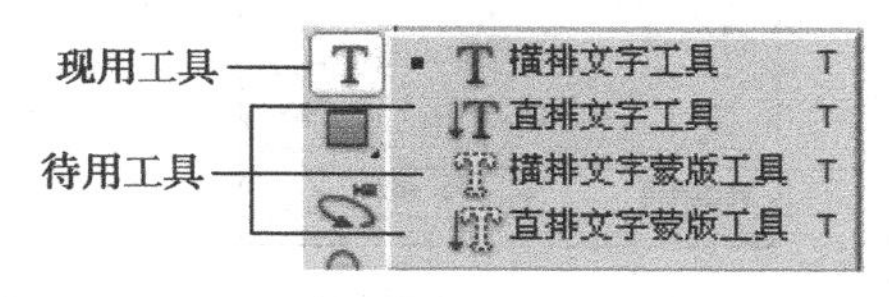

图 1-1-6　文字工具组

（3）选择工具：单击按下工具箱内的工具按钮，即可选择该工具。

3．面板和面板组

面板具有随着调整即可看到效果的特点。面板可以方便地拆分、组合和移动，几个面板可以组合成一个面板组，单击面板组内的面板标签可以切换面板。

例如，“图层”面板如图 1-1-7 所示，它主要用来管理图层和对图层进行操作。从本章开始，在介绍各个实例时会经常使用“图层”面板，将陆续介绍它的一些功能和使用方法。

（1）面板菜单：面板的右上角均有一个按钮，单击该按钮可以调出该面板的菜单（称为面板菜单），利用该菜单可以扩充面板的功能。

（2）“停放”区使用：通常面板会放置在“停放”区内。单击“停放”区内右上角的“折叠为图标”按钮，可收缩“停放”区内所有的面板和面板组，形成由这些面板的图标和名称组成的列表，如图 1-1-8 所示。单击“停放”区内右上角的“展开停放”按钮，可将所有面板和面板组展开。单击“停放”区内的图标或面板的名称，可调出相应的面板。例如，单击“历史记录”按钮，调出“历史记录”面板，如图 1-1-9 所示。

图 1-1-7　“图层”面板

图 1-1-8　“停放”区

图 1-1-9　“历史记录”面板

（3）面板和面板组操作：拖曳面板或面板组顶部的水平虚线条，可以将它们移出“停放”区域。例如，将“字符&段落”面板组拖曳到其他位置，如图 1-1-10 所示。单击面板或面板组顶部的“折叠为图标”按钮◀◀，可以使面板或面板组收缩，如图 1-1-11 所示；单击面板或面板组顶部的“展开面板”按钮▶▶，可以展开面板或面板组。拖曳面板标签（如“段落”标签）到面板组外边，可以使该面板独立。拖曳面板的标签（如“段落”标签）到其他面板或面板组（如“历史记录”面板）的标签处，可以将该面板与其他面板或面板组组合在一起，如图 1-1-12 所示。在图 1-1-8 和图 1-1-11 所示面板组内，水平或垂直拖曳面板标签或图标，可以改变面板图标的相对位置。

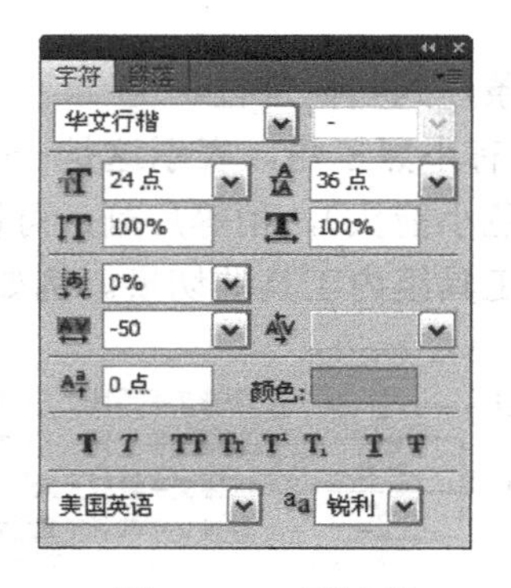

图 1-1-10　面板组

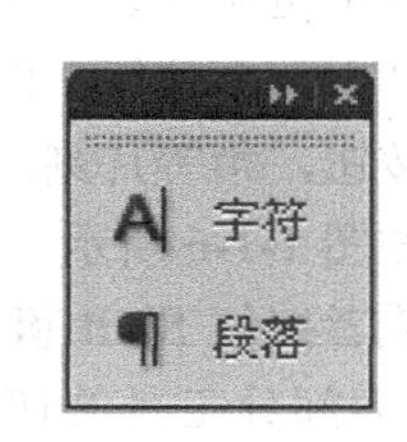

图 1-1-11　面板组收缩

图 1-1-12　面板重新组合

1.1.2　文档窗口和状态栏

1．文档窗口

文档窗口也叫画布窗口，用来显示、绘制和编辑图像。可以同时打开多个文档窗口。文档窗口标题栏内显示当前图像文件的名称、显示比例和彩色模式等信息。它是一个标准的 Windows 窗口，可以对它进行移动、调整大小、最大化、最小化和关闭等操作。

（1）建立文档窗口：在新建一个图像文件（选择“文件”→“新建”命令）或打开一个图像文件（选择“文件”→“打开”命令）后，即可建立一个新文档窗口。

（2）在两个文档窗口打开同一幅图像：例如，在已经打开“图像.jpg”图像的情况下，选择“窗口”→“排列”→“为‘图像.jpg’新建窗口”命令，可以在两个文档窗口内打开“图像.jpg”图像。在其中一个文档窗口内进行的操作，另一个文档窗口内会产生相同的效果。

（3）选择文档窗口：当打开多个文档窗口时，只能在一个文档窗口内进行操作，这个窗口叫作当前文档窗口，它的标题栏呈高亮度显示状态。单击文档标签、窗口内部或标题栏，即可选择该文档窗口，使它成为当前文档窗口。

（4）调整文档窗口的大小：拖曳文档窗口的选项卡标签，可移出文档窗口，使它浮动。将鼠标指针移到文档窗口的边缘处时，鼠标指针会呈双箭头状，拖曳鼠标即可调整文档窗口大小。如果文档窗口小于其内的图像，在文档窗口内右边和下边会出现滚动条。拖曳浮动的文档窗口标题栏到选项栏下边处，可恢复到图 1-1-1 所示的选项卡状态。

（5）多个文档窗口相对位置的调整：选择“窗口”→“排列”命令，调出它的菜单，该菜单内第 1 栏中有“层叠”、“平铺”、“在窗口浮动”、“使所有内容在窗口中浮动”和“使所有内容合并到选项卡中”5 个命令，用来进行不同方式的文档窗口排列。

2. 状态栏

状态栏位于每个文档窗口的底部，由三部分组成（见图 1-1-1），主要用来显示当前图像的有关信息。状态栏中从左到右三部分的作用介绍如下。

（1）第 1 部分：图像显示比例的文本框。该文本框内显示的是当前画布窗口内图像的显示百分比。可以单击该文本框内部，然后输入图像的显示比例数。

（2）第 2 部分：显示当前画布窗口内图像文件的大小（见图 1-1-13）、虚拟内存大小、效率或当前使用工具等信息。单击第 2 部分，不松开鼠标左键，可以调出一个信息框，给出图像的宽度、高度、通道数、颜色模式和分辨率等信息，如图 1-1-14 所示。

（3）第 3 部分：单击下拉菜单按钮▶，可以调出状态栏选项的下拉菜单，如图 1-1-15 所示。选择其中的命令，可设置第 2 部分显示的信息内容。部分命令含义如下。

文档:745.3K/745.3K

图 1-1-13　文件大小

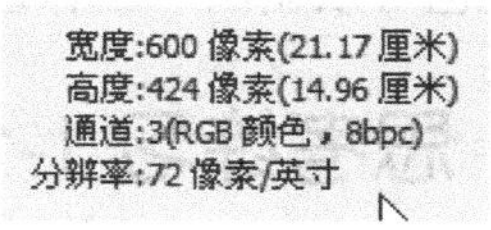

宽度:600 像素(21.17 厘米)
高度:424 像素(14.96 厘米)
通道:3(RGB 颜色，8bpc)
分辨率:72 像素/英寸

图 1-1-14　状态栏的图像信息

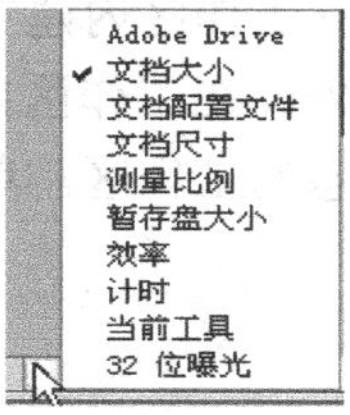

Adobe Drive
✔ 文档大小
文档配置文件
文档尺寸
测量比例
暂存盘大小
效率
计时
当前工具
32 位曝光

图 1-1-15　状态栏选项下拉菜单

◎“文档大小”命令：显示图像文件的大小信息，左边的数字表示图像的打印大小，它近似于以 Adobe Photoshop 格式拼合并存储的文件大小，不含任何图层和通道等时的大小；右边的数字表示文件的近似大小，其中包括图层和通道。数字的单位是字节。

◎“文档配置文件”命令：显示图像所使用颜色配置文件的名称。

◎“文档尺寸”命令：显示图像文件的尺寸。

◎“暂存盘大小”命令：显示处理图像的 RAM 量和暂存盘的信息。左边的数字表示当前所有打开图像的内存量；右边的数字表示可用于处理图像的总 RAM 量。单位是字节。

◎“效率”命令：以百分数的形式显示 Photoshop CS5 的工作效率，有执行操作所花时间的百分比，非读写暂存盘所花时间的百分比。

◎“计时”命令：显示前一次操作到目前操作所用的时间。

◎“当前工具”命令：显示当前工具的名称。

1.1.3　切换屏幕模式和工作区

1. 切换屏幕模式

（1）默认模式：选择“视图”→“屏幕模式”→“标准屏幕模式”命令，屏幕中菜单栏位于顶部，滚动条位于侧面。

（2）带有菜单栏的全屏模式：选择“视图”→“屏幕模式”→“带有菜单栏的全屏模式”命令，屏幕显示有菜单栏和 50%灰色背景、没有标题栏和滚动条的全屏窗口。

（3）全屏模式：选择“视图”→“屏幕模式”→“全屏模式”命令，屏幕显示只有黑色背景的全屏窗口，无标题栏、菜单栏和滚动条。

单击应用程序栏上的“屏幕模式”按钮▾，调出它的菜单，选择该菜单内的相关命令，也可以更改屏幕模式。

2. 新建和切换工作区

选择“窗口”→“工作区”命令，调出“工作区”菜单，选择其内的命令，可以切换到不同的工作区。通常使用“基本功能（默认）”工作区。

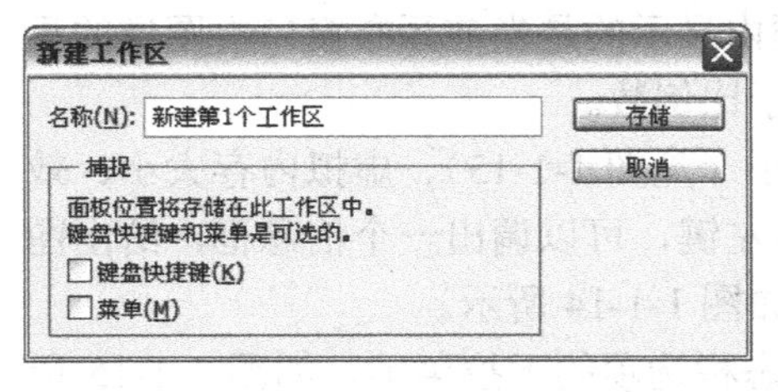

图 1-1-16 “新建工作区”对话框

选择“窗口”→“工作区”→“新建工作区”命令，调出“新建工作区”对话框，如图 1-1-16 所示。在“名称”文本框中输入工作区的名称（如“新建第 1 个工作区”），再单击“存储”按钮，即可将当前工作区保存。以后选择“窗口”→“工作区”→“××”（工作区名称，如“新建第 1 个工作区”）命令，即可恢复指定的工作区。在该对话框中有 2 个复选框，用来确定是否保存工作区内建立的键盘快捷键和菜单。

另外，在工作区内右上角有一些工作区类型切换按钮，单击这些按钮，可以快速切换到相应状态的工作区。单击按钮»，也可以调出“工作区”菜单。

思考练习 1-1

1. 安装中文 Photoshop CS5，并用多种方法启动中文 Photoshop CS5，了解它的工作区。
2. 将“颜色”、“图层”、“色板”和“样式”面板组成面板组，再将它们分离。
3. 通过具体操作，了解切换屏幕模式的方法，了解切换不同工作区的方法。
4. 设计一个适合自己使用的中文 Photoshop CS5 工作区，再将该工作区域以“我的工作区 1”名字保存。然后，恢复系统默认的工作区域，再调出“我的工作区 1”工作区。

1.2 图像基础知识和图像文档基本操作

1.2.1 图像类型和图像文件格式类型

1. 点阵图和矢量图

（1）点阵图：也叫位图，它由许多颜色不同、深浅不同的小像素点组成。像素是组成图像的最小单位，许许多多像素构成一幅完整的图像。在一幅（或帧）图像中，像素越小，数目越多，则图像越清晰。例如，每帧电视画面约有 40 万像素。当人眼观察由像素组成的画面时，为什么看不到像素的存在呢？这是因为人眼对细小物体的分辨力有限，当相邻两像素对人眼所张的视角小于 1′～1.5′（1°=60′）时，人眼就无法分清两像素点了。图 1-2-1（a）是一幅在 Photoshop 软件中打开的点阵图像。用放大镜工具放大后如图 1-2-1（b）所示。可以看出，点阵图像明显是由像素组成的。

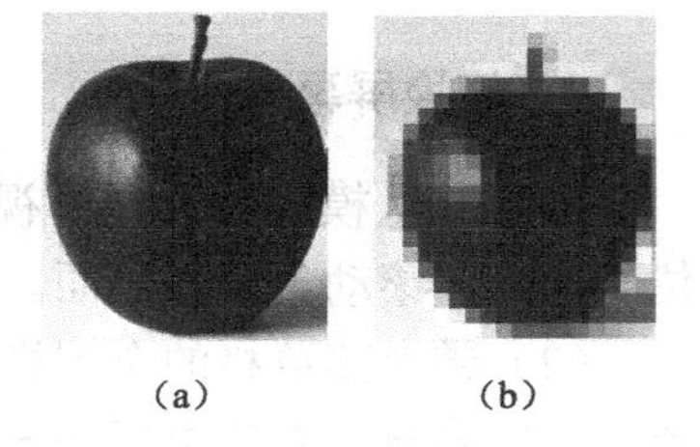

（a）　（b）

图 1-2-1 点阵图像

点阵图的图像文件记录的是组成点阵图的各像素点的色度和亮度信息，颜色的种类越多，图像文件越大。通常，点阵图可以表现得更自然、更逼真，更接近于实际场景，但文件一般较大，在将它放大、缩小和旋转时会失真。

（2）矢量图：由一些基本的图元组成，这些图元是一些几何图形，如点、线、矩形、多边形、圆和弧线等。这些几何图形均可以由数学公式计算后获得。矢量图的图形文件是绘制图形中各图元的命令。显示矢量图时，需要相应的软件读取这些命令，并将命令转换为组成图形的各个图元。由于矢量图是采用数学方式描述的图形，所以通常由它生成的图形文件相对比较小，而且图形颜色的多少与文件的大小基本无关。另外，在将它放大、缩小和旋转时，不会像点阵图那样产生失真。它的缺点是色彩相对比较单调。

2．图像文件格式类型

对于图像（包括图形），由于记录的内容和压缩的方式不同，其文件格式也不同，文件扩展名也不同。每种格式的图像文件都有不同的特点、产生的背景和应用的范围。常见的图像文件格式有 BMP、JPG、GIF、PSD、TIF 等。

（1）BMP 格式：Windows 系统下的标准格式，结构较简单，每个文件只存放一幅图像。对于压缩的 BMP 格式图像文件，它使用行编码方法压缩，压缩比适中，压缩和解压缩较快，对于非压缩的 BMP 格式，是一种通用的格式，适用于一般的软件，但文件较大。

（2）JPG 格式：用 JPEG 压缩标准压缩的图像文件格式。JPEG 压缩是一种高效有损压缩，它将人眼很难分辨的图像信息进行删除，使压缩比较大。这种格式的图像文件不适合放大观看或制成印刷品。由于它的压缩比较大，文件较小，所以应用较广。

（3）GIF 格式：能够将图像存储成背景透明的形式，可将多幅图像存成一个图像文件，形成动画效果，常用于网页制作。它应用较广，各种软件一般均支持这种格式。

（4）PSD 格式：Adobe Photoshop 图像处理软件的专用图像文件格式。采用 RGB 和 CMYK 颜色模式的图像可以存储成该格式。另外，可以将不同图层分别存储。

（5）PDF 格式：Adobe 公司推出的专用于网络的格式。采用 RGB、CMYK 和 Lab 等颜色模式的图像都可以存储成该格式。

（6）TIFF（TIF）格式：可以设置透明背景，用于扫描仪和桌面出版等，是一种工业标准格式。它有压缩和非压缩两种，支持包含一个 Alpha 通道的 RGB 和 CMYK 等颜色模式。

（7）PNG 格式：为网络传输设计的一种图像文件格式，一个图像文件只可存储一幅图像。通常它的压缩比大于 GIF 图像文件格式，利用 Alpha 通道可以调节图像的透明度，可以提供 16 位灰度图像和 48 位真彩色图像。

（8）PCX 格式：MS-DOS 操作系统下的格式，在 Windows 操作系统中没有普及使用。该格式结构简单，压缩比适中，压缩和解压缩较快。扫描仪生成的图像采用这种格式。

1.2.2　打开、存储和关闭图像文件

1．打开文件

（1）打开一个或多个图像文件：选择“文件”→“打开”命令，调出“打开”对话框，如图 1-2-2 所示。在“打开”对话框内的“查找范围”下拉列表框中选择文件夹，再在“文件类型”下拉列表框中选择文件类型，在文件列表框中单击选中图像文件。

如果要同时打开多个连续的图像文件，可以单击选中第 1 个文件，再按住 Shift 键，单击选中最后一个文件，然后单击“打开”按钮。如果要同时打开多个不连续的图像文件，可按住 Ctrl 键，单击要打开的各个图像文件名，选中这些图像文件，再单击“打开”按钮。

（2）单击“打开”对话框右上角的“收藏夹”按钮，调出一个菜单，如图1-2-3所示。选择该菜单中的“添加到收藏夹”命令，即可将当前的文件夹保存。以后再单击“收藏夹”按钮时可以看到，调出的菜单中已经添加了保存的文件夹路径命令，选择该命令，可以切换到该文件夹，有利于迅速找到要打开的图像文件。可以添加多个文件夹路径命令。选择菜单中的“移去收藏夹”命令，可调出“从收藏夹中移去文件夹”对话框，在其内的“文件夹”下拉列表框中选中一个文件夹的名称，再单击“移去”按钮，即可将选中的文件夹路径命令删除。

（3）按照上述操作打开多个图像文件后，选择“文件”→“最近打开文件”命令，它的下一级菜单如图1-2-4所示，给出了最近打开的图像文件名称。选择这些图像文件名，即可打开相应的文件。选择“清除最近”命令，可以清除这些命令。

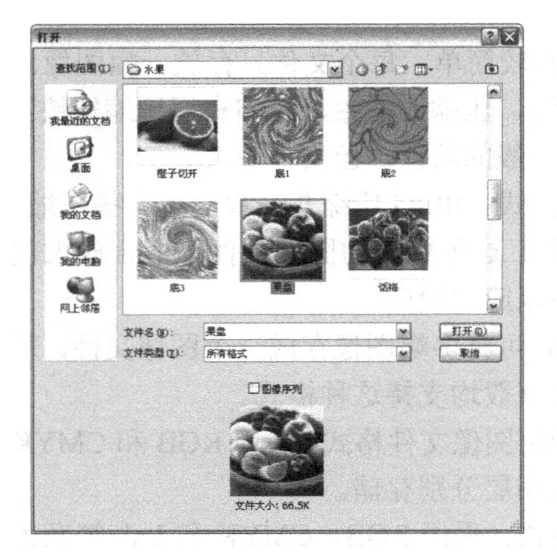

图1-2-2 “打开”对话框

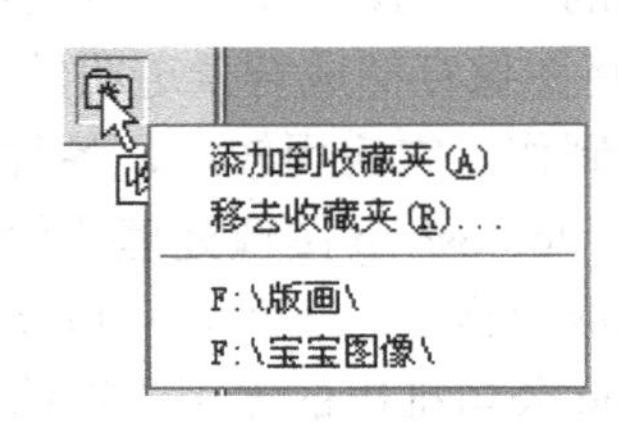

图1-2-3 菜单

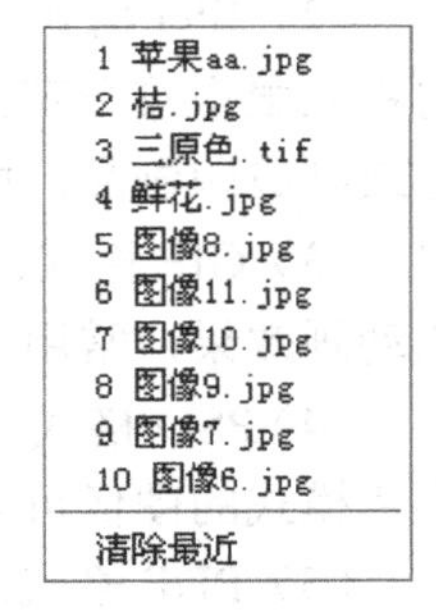

图1-2-4 下一级菜单

（4）选择“文件”→“打开为”命令，调出“打开为”对话框，它与图1-2-2所示对话框基本一样，利用该对话框也可以打开图像文件，只是该对话框的右上角没有“收藏夹”按钮。该对话框的使用方法与“打开”对话框的使用方法基本一样。

2. 存储文件

（1）选择“文件”→“存储为”命令，调出“存储为”对话框。利用该对话框，选择文件类型、选择文件夹和输入文件名称等。单击“保存”按钮，即可调出相应于图像格式的对话框，设置有关参数，单击“确定”按钮，即可保存图像。

（2）选择“文件”→“存储”命令。如果是存储新建的图像文件，则会调出“存储”对话框，它与“存储为”对话框基本一样，操作方法也一样。如果不是存储新建的图像文件或存储没有修改的打开的图像文件，则不会调出“存储”对话框，直接进行存储。

3. 关闭画布窗口

（1）单击当前画布窗口内图像标签的按钮，可以将当前的画布窗口关闭。

（2）选择“文件”→“关闭”命令或按Ctrl+W组合键，即可将当前的画布窗口关闭。如果在修改图像后没有存储图像，则会调出一个提示框，提示用户是否保存图像。单击该提示框中的“是”按钮，即可将图像保存，然后关闭当前的画布窗口。

（3）选择“文件”→“关闭全部”命令，可以将所有画布窗口关闭。

1.2.3　颜色模式、深度和分辨率

1．颜色模式

颜色模式决定了用于显示和打印图像的颜色模型，它决定了如何描述和重现图像的色彩。颜色模式不但影响图像中显示的颜色数量，还影响通道数和图像文件的大小。另外，选用何种颜色模式还与图像的文件格式有关。例如，不能够将采用 CMYK 颜色模式的图像保存为 BMP 和 GIF 等格式的图像文件。

（1）灰度模式：该模式只有灰度色（图像的亮度），没有彩色。在灰度色图像中，每像素都以 8 位或 16 位表示，取值范围在 0（黑色）～255（白色）之间。

（2）RGB 模式：该模式是用红（R）、绿（G）、蓝（B）三基色来描述颜色的方式，是相加混色模式，用于光照、视频和显示器。对于真彩色，R、G、B 三基色分别用 8 位二进制数来描述，共有 256 种。R、G、B 的取值范围在 0～255 之间，可以表示的彩色数目为 256×256×256=16 777 216 种颜色。这是计算机绘图中经常使用的模式。R=255，G=0，B=0 时表示红色；R=0，G=255，B=0 时表示绿色；R=0，G=0，B=255 时表示蓝色。

（3）HSB 模式：该模式是利用颜色的三要素来表示颜色的，它与人眼观察颜色的方式最接近，是一种定义颜色的直观方式。其中，H 表示色相（Hue），S 表示色饱和度（Saturation），B 表示亮度（Brightness）。这种方式与绘画的习惯相一致，用来描述颜色比较自然，但实际使用中不太方便。

（4）CMYK 模式：CMYK 模式以打印在纸上的油墨的光线吸收特性为基础。当白光照射到半透明油墨上时，某些可见光波长被吸收（减去），而其他波长则被反射回眼睛。这些颜色因此称为减色。理论上，纯青色（C）、品红（M）和黄色（Y）色素在合成后可以吸收所有光线并产生黑色。由于所有的打印油墨都存在一些杂质，这三种油墨实际会产生土棕色。因此，在四色打印中除了使用纯青色、品红和黄色油墨外，还会使用黑色（K）油墨，为了避免与蓝色混淆，黑色用 K 而没用 B 表示。

（5）Lab 模式：该模式由三个通道组成，即亮度，用 L 表示；a 通道包括的颜色是从深绿色到灰色再到亮粉红色；b 通道包括的颜色是从亮蓝色到灰色再到焦黄色。L 的取值范围是 0～100，a 和 b 的取值范围是-120～120。该颜色模式可以表示的颜色最多，是目前所有颜色模式中色彩范围（色域）最广的，可以产生明亮的颜色。在进行不同颜色模式之间的转换时，常使用该颜色模式作为中间颜色模式。另外，Lab 模式与光线和设备无关，而且处理的速度与 RGB 模式一样快，是 CMYK 模式处理速度的数倍。

（6）索引颜色模式：也称为“映射颜色”，在该模式下只能存储一个 8bit 色彩深度的文件，即最多 256 种颜色，且颜色都是预先定义好的。该模式颜色种类较少，但是文件字节数小，有利于用于多媒体演示文稿、网页文档等。

2．颜色深度

点阵图像中各像素的颜色信息是用若干二进制数据来描述的，二进制的位数就是点阵图像的颜色深度。颜色深度决定了图像中可以出现的颜色的最大个数。目前，颜色深度有 1、4、8、16、24 和 32 几种。例如，颜色深度为 1 时，点阵图像中各像素的颜色只有 1 位，可以表示黑和白两种颜色；为 8 时，点阵图像中各像素的颜色为 8 位，可以表示 2^8=256 种颜色；为 24 时，点阵图像中各像素的颜色为 24 位，可以表示 2^{24}=16 777 216 种颜色，它用三个 8 位来

分别表示 R、G、B 颜色，这种图像叫真彩色图像；颜色深度为 32 时，也是用三个 8 位来分别表示 R、G、B 颜色，另一个 8 位用来表示图像的其他属性（透明度等）。

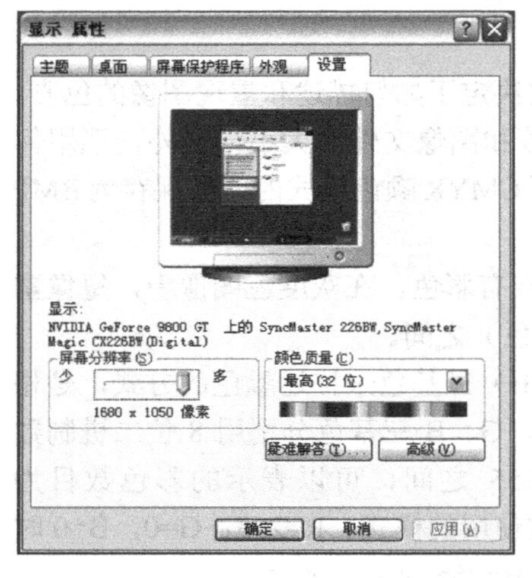

图 1-2-5 “显示 属性”对话框

颜色深度不但与显示器和显卡的质量有关，还与显示设置有关。右击 Windows 桌面，调出它的快捷菜单，选择该菜单内的“属性”命令，调出“显示 属性”对话框，切换到“设置”选项卡，如图 1-2-5 所示。在“颜色质量”下拉列表框中可以选择不同的颜色深度。

3. 图像分辨率和显示分辨率

（1）图像分辨率：是指打印图像时，每个单位长度上打印的像素个数，通常以“像素/英寸”（pixel/inch，ppi）来表示。它也可以描述为组成一帧图像的像素数，例如，600×300 图像分辨率表示该幅图像由 600 行，每行 300 像素组成，既反映了该图像的精细度，又给出了图像的大小。

（2）显示分辨率：也叫屏幕分辨率，是指每个单位长度内显示的像素或点数的个数，以“点/英寸”（dpi）来表示。也可以描述为，在屏幕的最大显示区域内，水平与垂直方向的像素或点数的个数。例如，1680×1050 的分辨率表示屏幕可以显示 1050 行像素，每行有 1680 像素，即 1764000 像素。屏幕可以显示的像素个数越多，图像越清晰。显示分辨率不但与显示器和显卡的质量有关，还与显示模式的设置有关。调出“显示 属性”对话框“设置”选项卡，拖曳“屏幕分辨率”栏的滑块，可调整显示分辨率。

如果显示分辨率小于图像分辨率，则图像只显示其中的一部分。在显示分辨率一定的情况下，图像分辨率越高，图像越清晰，但文件越大。

1.2.4 新建文档和改变画布

1. 新建文档

选择“文件”→“新建”命令，调出“新建”对话框，如图 1-2-6 所示。该对话框内各选项的作用如下。设置完后，单击“确定”按钮，即可增加一个新画布窗口。

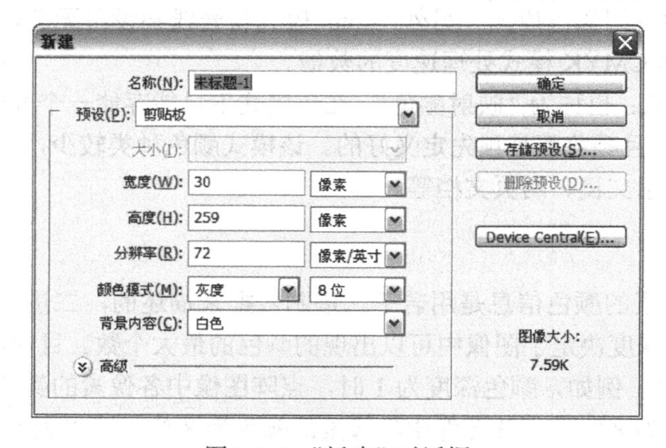

图 1-2-6 “新建”对话框

（1）“名称”文本框：用来输入图像文件的名称（如输入“第1幅图像”）。

（2）“预设”下拉列表框：用来选择预设的图像文件的参数。

（3）“宽度”和“高度”栏：设置图像的尺寸大小，单位有像素、厘米等。

（4）“分辨率”栏：用来设置图像的分辨率，单位有“像素/英寸”和“像素/厘米”。

（5）“颜色模式”栏：用来设置图像的模式（有5种）和位数（有8位和16位等）。

（6）“背景内容”下拉列表框：用来设置画布的背景色颜色为白色、背景色或透明。

（7）“存储预设”按钮：在修改了参数后，单击该按钮，可调出“存储预设”对话框，利用该对话框可以将设置保存。在“预设”下拉列表框中可以选择保存的设置。

（8）“删除预设”按钮：在“预设”下拉列表框中选择一种设置后，单击“删除预设”按钮，可以在“预设”下拉列表框中删除选中的预设。

2. 改变画布大小

选择“图像”→“画布大小”命令，调出“画布大小”对话框，如图1-2-7所示。利用该对话框可以改变画布大小，同时对图像进行裁剪。其中各选项的作用如下。

（1）“宽度”和“高度”栏：用来确定画布大小和单位。如果选中“相对”复选框，则输入的数据是相对于原图像的宽和高，输入正数表示扩大，负数表示缩小和裁剪图像。

（2）“定位”栏：通过单击其中的按钮，可以选择图像裁剪的起始位置。

（3）“画布扩展颜色”栏：用来设置画布扩展部分的颜色。设置完后，单击“确定”按钮，即可完成画布大小的调整。如果设置的新画布比原画布小，会调出如图1-2-8所示的提示框，单击该提示框内的“继续”按钮，即可完成画布大小的调整和图像的裁剪。

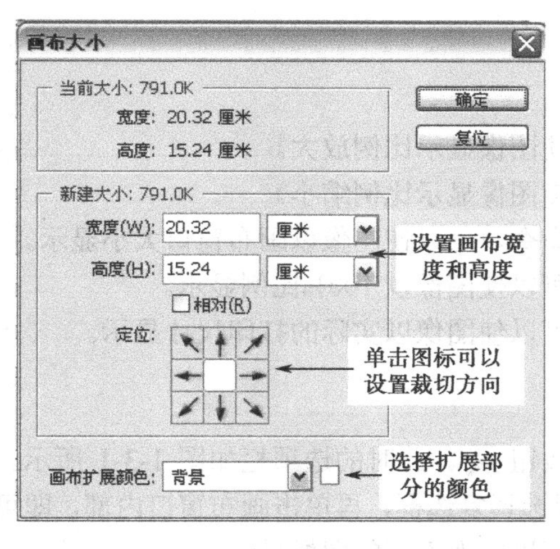

图1-2-7 “画布大小”对话框

图1-2-8　提示框

3. 旋转画布

（1）选择“图像”→“图像旋转”→“××”命令，即可按选定的方式旋转画布。其中，“××”是“图像旋转”（旋转画布）菜单的子命令，如图1-2-9所示。

（2）选择“图像”→“图像旋转”→“任意角度”命令，调出“旋转画布”对话框，如图1-2-10所示。设置旋转角度和旋转方向，单击“确定”按钮即可旋转图像。

180 度(1)
90 度(顺时针)(9)
90 度(逆时针)(0)
任意角度(A)...
水平翻转画布(H)
垂直翻转画布(V)

图 1-2-9 “图像旋转”菜单

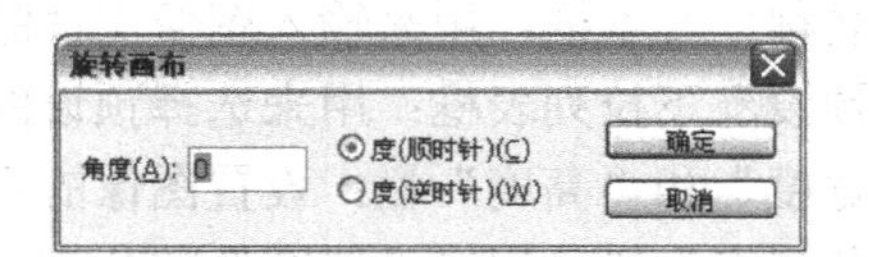

图 1-2-10 “旋转画布”对话框

思考练习 1-2

1．打开一个 BMP 格式的图像，再将它以相同的名字保存为 JPG 格式的图像文件。

2．同时打开同一文件夹内的连续排列的 3 幅图像和 3 幅不连续排列的图像。

3．建立一个“TU”文件夹，将图像保存在其内，将它设置为“收藏夹”文件夹。

4．新建一个文档，设置该文件的名称为“第 1 个画布”，画布的宽度为 500 像素，高度为 260 像素，背景色为浅绿色，分辨率为 96 像素/英寸，颜色模式为 RGB 颜色和 8 位。再以名称“500 像素×260 像素”保存预设。然后以“第 1 个画布.psd”保存。

5．打开“第 1 个画布.psd”图像文档，改变画布宽度为 150 毫米，高度为 100 毫米，背景色为黄色，再以名称“第 2 个画布.psd”保存。

1.3 图像查看、定位、裁剪和改变大小

1.3.1 查看图像

1．使用命令改变图像的显示比例

（1）选择“视图”→“放大”命令，可以使图像显示比例放大。

（2）选择“视图”→“缩小”命令，可以使图像显示比例缩小。

（3）选择“视图”→“按屏幕大小缩放”命令，可以使图像以画布窗口大小显示。

（4）选择“视图”→“实际像素”命令，可以使图像以 100%比例显示。

（5）选择“视图”→“打印尺寸”命令，可以使图像以实际的打印尺寸显示。

2．使用工具箱改变图像的显示比例

（1）单击按下工具箱中的“缩放镜工具”按钮。此时的选项栏如图 1-3-1 所示。单击按下或按钮，确定放大或缩小，确定是否选择复选框，再单击画布窗口内部，即可调整图像的显示比例。单击选项栏中的不同按钮，可以实现不同的图像显示。

图 1-3-1 “缩放镜工具”选项栏

（2）按住 Alt 键，再单击画布窗口内部，即可将图像显示比例缩小。

（3）拖曳选中图像的一部分，即可使该部分图像布满整个画布窗口。

3．使用“导航器”面板改变图像的显示

打开一幅图像，此时“导航器”面板如图 1-3-2 所示。拖曳“导航器”面板内的滑块或改变

文本框内的数据，可以改变图像的显示比例。当图像放大得比画布窗口大时，拖曳“导航器”面板内的红色矩形框，可以调整图像的显示区域，如图 1-3-2 所示。只有在红框内的图像才会在画布窗口内显示。选择“导航器”面板菜单中的“面板选项”命令，可以调出“面板选项”对话框，利用该对话框可以改变“导航器”面板内红色矩形框的颜色。

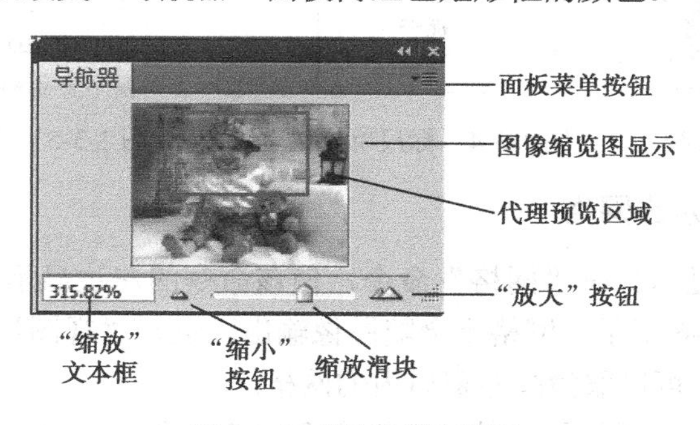

图 1-3-2 “导航器”面板

4．抓手工具

只有在图像大于画布窗口时，才有必要改变图像的显示部位。使用窗口滚动条可以滚动浏览图像，使用抓手工具可以移动画布窗口内显示的图像部位。

（1）单击按下“抓手工具”按钮，再在图像上拖曳，可调整图像的显示部位。

（2）双击工具箱的“抓手工具”按钮，可使图像尽可能大地显示在屏幕中。

（3）在已使用了工具箱内的其他工具后，按下空格键，可临时切换到抓手工具；松开空格键后，又回到原来的工具状态。

1.3.2　图像定位、测量和注释

1．在画布窗口显示标尺和参考线

（1）显示标尺：选择“视图”→“标尺”命令，即可在画布窗口内的上边和左边显示出标尺，如图 1-3-3 所示。再选择“视图”→“标尺”命令，可以取消标尺。

（2）创建参考线：在标尺上开始拖曳鼠标到窗口内，即可产生水平或垂直的蓝色参考线，如图 1-3-3 所示（两条水平蓝色参考线和两条垂直参考线）。参考线不会随图像输出。选择“视图”→“显示”→“参考线”命令，可以显示参考线。再选择“视图”→“显示”→“参考线”命令，可以隐藏参考线。

（3）改变标尺刻度的单位：将鼠标指针移到标尺之上，单击鼠标右键，调出标尺单位菜单，如图 1-3-4 所示。选择该菜单中的命令，可以改变标尺刻度的单位。

（4）新建参考线：选择“视图”→“新建参考线”命令，调出“新建参考线”对话框，如图 1-3-5 所示。利用该对话框进行新参考线取向与位置设定后，单击“确定”按钮，即可在指定的位置增加新参考线。

（5）调整参考线：单击工具箱内的“移动工具”按钮，将鼠标指针移到参考线处时，鼠标指针变为带箭头的双线状，拖曳鼠标可以调整参考线的位置。

（6）清除所有参考线：选择“视图”→“清除参考线”命令，即可清除所有参考线。

（7）选择“视图”→“锁定参考线”命令后，即可锁定参考线。锁定的参考线不能移动。再选择“视图”→“锁定参考线”命令，即可解除参考线的锁定。

图 1-3-3　标尺和参考线

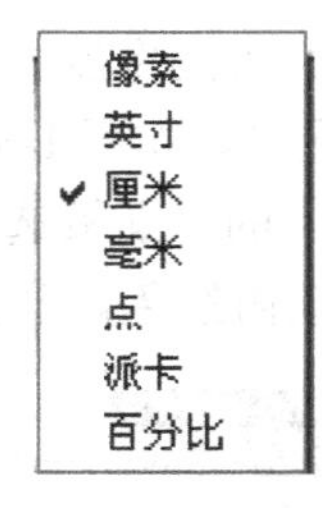

图 1-3-4　标尺单位菜单

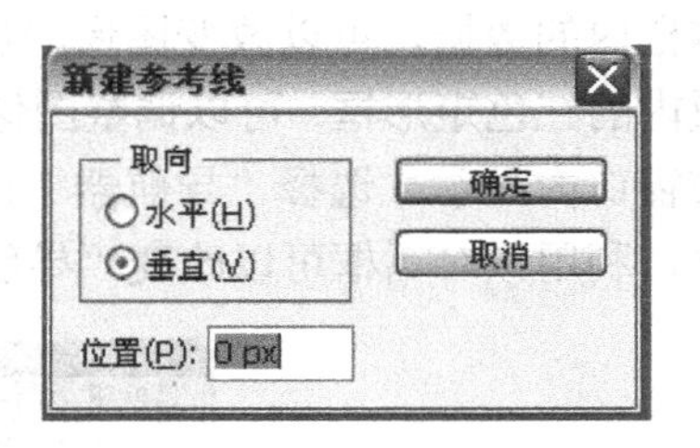

图 1-3-5　“新建参考线”对话框

2. 在画布窗口内显示出网格

选择“视图”→“显示”→“网格”命令，使该命令的左边显示对号，即可在画布窗口内显示出网格，如图 1-3-6 所示。网格不会随图像输出。选择“视图”→“显示”→“网格”命令，取消选中该命令，可以取消画布窗口内的网格。

另外，选择“视图”→“显示额外内容”命令，使该命令左边的对号取消，也可以取消画布窗口内的网格，以及画布中显示的其他额外的内容。

3. 使用标尺工具

使用工具箱内的“标尺工具”，可以精确地测量出画布窗口内任意两点间的距离和两点间直线与水平直线的夹角。单击“标尺工具”按钮，在画布内拖曳一条直线，如图 1-3-7 所示。此时“信息”面板内“A:”右边的数据是直线与水平线的夹角，“L:”右边的数据是两点间距离，如图 1-3-8 所示。测量结果会显示在标尺工具的选项栏内。该直线不与图像一起输出。单击选项栏内的“清除”按钮或其他工具按钮，可清除直线。

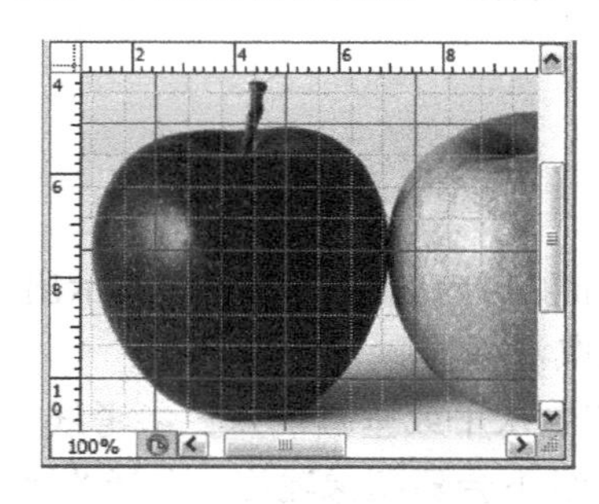

图 1-3-6　网格

图 1-3-7　拖曳一条直线

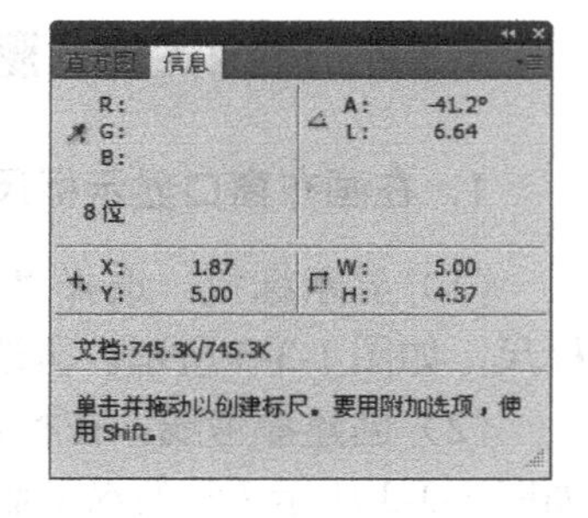

图 1-3-8　“信息”面板

4. 注释工具

“注释工具” 注释工具 是用来给图像加文字注释的。它的选项栏如图 1-3-9 所示。单击按下工具箱内的“注释工具”按钮，再在图像上单击或拖曳，即可调出“注释”面板，用来输入注释文字，给图像加入注释文字，如图 1-3-10 所示。加入注释文字后关闭“注释”面板，在图像上只留有注释图标（不会输出显示）。双击该图标，可以打开“注释”面板，还可以拖曳移动注释图标。另外，选择“文件”→“导入”→“注释”命令，可导入外部注释文件。“注释工具”选项栏中各选项的作用如下。

（1）“作者”文本框：用来输入作者名字，作者名字会出现在注释窗口的标题栏。

（2）“颜色”按钮：单击它，可调出“拾色器”对话框，用来选择注释文字的颜色。

（3）“清除全部”按钮：单击它后，可清除全部注释文字。

图 1-3-9 “注释工具”选项栏

图 1-3-10 输入注释文字

5. 计数工具

“计数工具” $1_2{}^3$用来统计图像中对象的个数。它的选项栏如图 1-3-11 所示。“计数工具”选项栏中各选项的作用如下。

图 1-3-11 “计数工具”选项栏

（1）“计数”标签：在图像对象上单击或拖曳，可给该对象添加一个数字标记，如图 1-3-12 所示。该标签处会显示计数总数。

（2）“计数组名称”下拉列表框：选择“重命名”选项后，可调出“计数组名称”对话框，在其文本框内输入名称，单击“确定”按钮，可更换名称。

（3）“可见性”图标：单击该图标，使它变为图标，图像上的数字会消失；单击图标，使它变为图标，图像上的数字会显示出来。

图 1-3-12 数字标记

（4）“创建新的计数组”按钮：单击它会调出“计数组名称”对话框，利用该对话框可以创建新的计数组。

（5）“计数组颜色”图标：单击它，可以调出“选择计数颜色”对话框，它与“拾色器”对话框一样，可以设置计数组的颜色，参看本章第 4 节内容。

（6）“标记大小”文本框：用来设置计数数字左下角的标记大小。

（7）“标签大小”文本框：用来设置计数标记的数字大小。

（8）“清除”按钮：单击该按钮，可以清除图像中的所有计数标记。

1.3.3 裁剪图像

1. “裁剪工具”选项栏

单击工具箱内的“裁剪工具”按钮，选项栏如图 1-3-13 所示，各选项的作用如下。

图 1-3-13 “裁剪工具”选项栏

（1）“宽度”和“高度”文本框：用来精确确定矩形的裁剪区域的宽高比。如果这两个文本框内无数据，拖曳鼠标可以获得任意宽高比的矩形区域。单击“宽度”和“高度”文本框之间的按钮，可以交换“宽度”和“高度”文本框内的数据。“宽度”和“高度”文本框决定了裁剪后图像的大小。

（2）“分辨率”文本框：用来设置裁剪后图像的分辨率，在不输入数值时，采用图像原分辨率。

（3）“分辨率”下拉列表框：用来选择分辨率的单位，“像素/英寸”或“像素/厘米”。

（4）“前面的图像”按钮：单击该按钮后，可以将“宽度”、“高度”和“分辨率”按照前面裁剪时设置的数据给出。

（5）“清除”按钮：单击该按钮后，可将“宽度”、“高度”等文本框内的数据清除。

2. 使用裁剪工具选出裁剪区域后的选项栏

单击工具箱内的“裁剪工具”按钮，在画布窗口内拖曳出一个矩形，此时裁剪工具的选项栏如图1-3-14所示。选项栏中各选项的作用如下。

图1-3-14　拖曳出一个矩形后的“裁剪工具”选项栏

（1）“裁剪区域”栏：用来选择裁剪掉图像的处理方式。选中“删除”单选项（默认状态），则删除裁剪掉的图像（默认）；选择“隐藏”单选项，则将裁剪掉的图像隐藏。

（2）“裁剪参考线叠加”下拉列表框：其内有“无”、“三等分”和“网格”三个选项，用来确定裁剪区域内是否有虚线和怎样的虚线。

（3）“屏蔽”复选框：选中它后，会在矩形裁剪区域外的图像之上形成一个遮蔽层。

（4）“颜色”块：用来设置遮蔽层的颜色。

（5）“不透明度”数字框：用来设置遮蔽层的不透明度。

（6）“透视”复选框：选中“透视”复选框后，可调整裁剪区呈透视状。

3. 数字框数值调整

上边提到的“不透明度”数字框和一些面板、对话框和选项栏中的数字框，除了可以在其文本框中输入数值外，还可以单击数字框的按钮，调出滑槽和滑块，如图1-3-15（a）所示。可以拖曳滑块来更改数值，如图1-3-15（b）所示。还可以将指针移到数字框的标题文字之上，当指针呈手指状时，可向左或向右拖曳来调整数值，如图1-3-15（c）所示，按住Shift键的同时拖曳，可按照10为增量进行数值调整。另外，对于角度数值，可以顺时针或逆时针拖曳圆盘中的角半径线来修改角度数值，如图1-3-15（d）所示。

在滑块框外单击或按Enter键关闭滑块框。要取消更改，可按Esc键。

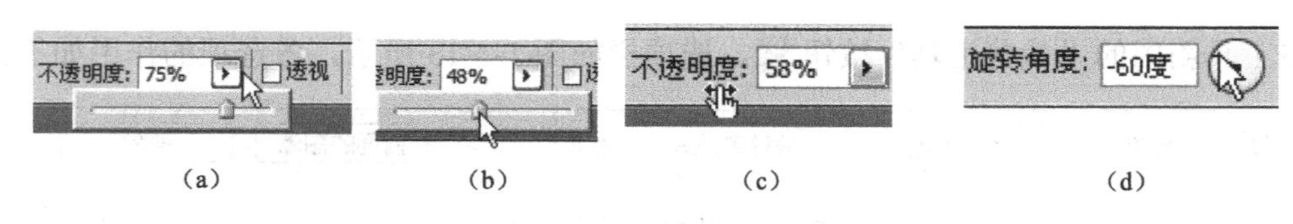

图1-3-15　各种调数值的方法

4. 裁剪图像的方法

（1）打开一幅图像，如图1-3-16所示（还没有创建矩形裁剪区域）。单击“裁剪工具”按钮，鼠标指针变为形状。设置分辨率（如96像素/英寸），如图1-3-13所示。

（2）如果在其选项栏内的“宽度”和“高度”文本框中均不输入任何数据，在图像上拖曳出一个矩形，将要保留的图像圈起来，松开鼠标左键，即可创建一个矩形裁剪区域。裁剪区域的边界线上有几个控制柄，裁剪区域内有一个中心标记。

（3）再选中“屏蔽”复选框，设置“不透明度”（如 50%），设置遮蔽层颜色（如红色），不选中“透视”复选框，此时的画布窗口如图 1-3-16 所示。

（4）调整控制柄可以调整矩形裁剪区域的大小、位置和旋转角度。如果选中“透视”复选框，拖曳矩形的裁剪区四角的控制柄，可使矩形裁剪区域呈透视状，如图 1-3-17 所示。

◎ 调整裁剪区域大小：将鼠标指针移到裁剪区域四周的控制柄处，鼠标指针会变为直线的双箭头状，再用鼠标拖曳，即可调整裁剪区域的大小。

◎ 调整裁剪区域的位置：将鼠标指针移到裁剪区域内，鼠标指针会变为黑箭头状，再用鼠标拖曳，即可调整裁剪区域的位置。

◎ 旋转裁剪区域：将鼠标指针移到控制柄外，鼠标指针会变为弧线的双箭头状，可拖曳旋转裁剪区域，如图 1-3-18 所示。拖曳移动中心标记✧，则旋转的中心会改变。

图 1-3-16　矩形裁剪区

图 1-3-17　裁剪区域透视

图 1-3-18　旋转裁剪区域

（5）如果在其选项栏内的“宽度”和“高度”文本框中输入数据，则裁剪后图像的宽度和高度就由它们来确定。例如，均输入数值 500，则裁剪后的图像的宽和高之比为 1:1。在确定宽高后所得裁剪区域的边界线上有 4 个控制柄，否则有 8 个控制柄。

（6）按 Enter 键，完成裁剪图像任务。单击工具箱内的其他工具，调出一个提示框，单击其内的“裁剪”按钮，也可以完成裁剪图像的任务；单击其内的“不裁剪”按钮，不进行图像的裁剪；单击其内的“取消”按钮，取消裁剪操作。

1.3.4　改变图像大小

1．调整图像大小

（1）选择“图像”→“图像大小”命令，调出“图像大小”对话框，如图 1-3-19 所示。利用该对话框，可以用两种方法调整图像的大小，还可以改变图像清晰度及算法。

（2）单击“图像大小”对话框内的“自动”按钮，调出“自动分辨率”对话框，如图 1-3-20 所示。利用它可以设置图像的品质，在列表框内可以设置“线/英寸”或“线/厘米”形式的分辨率。单击“确定”按钮，可完成分辨率设置。

（3）选中“约束比例”复选框，则会保证图像的宽高比。例如，对于图 1-3-19 所示（图像宽 800 像素、高 600 像素），在“像素大小”栏内的“宽度”下拉列表框中选择“像素”，在其文本框中输入宽度数值 400，则“高度”栏文本框中的数据会自动改为 300。不选中“约束比例”复选框，则可以分别调整图像的宽度和高度，改变图像原来的宽高比。

（4）单击该对话框内的“确定”按钮，即可按照设置好的尺寸调整图像的大小。

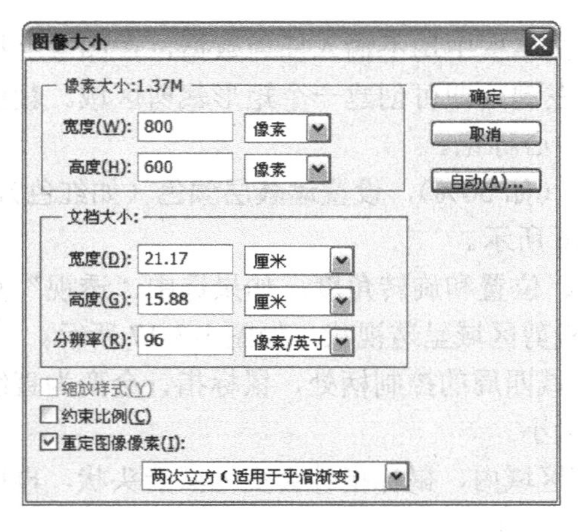

图 1-3-19 “图像大小”对话框

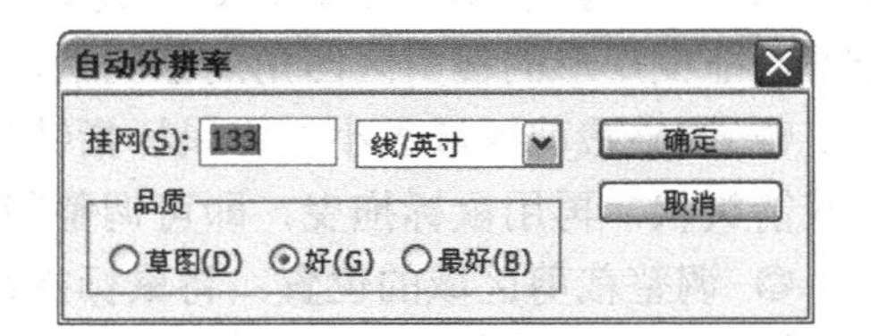

图 1-3-20 “自动分辨率”对话框

2．裁切图像白边

如果一幅图像四周有白边，可通过“裁切”将白边删除。例如，利用“画布大小”对话框（设置如图 1-3-21 所示）将图 1-3-16 所示图像裁切后图像的画布向四周扩展 20 像素，如图 1-3-22 所示。选择“图像”→“裁切”命令，调出“裁切”对话框，如图 1-3-23 所示。该对话框中，“基于”选项栏用来确定裁切内容所依据的像素颜色；“裁切”选项栏用来确定裁切的位置。单击“确定”按钮，可将图 1-3-22 所示图像四周的白边裁切掉。

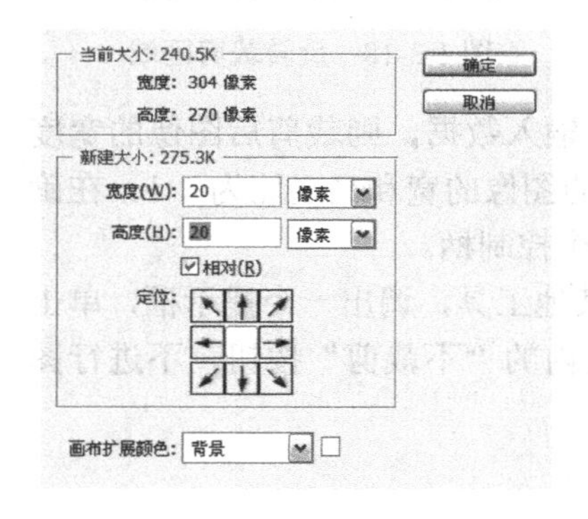

图 1-3-21 “画布大小”对话框设置

图 1-3-22 向四周扩 20 像素

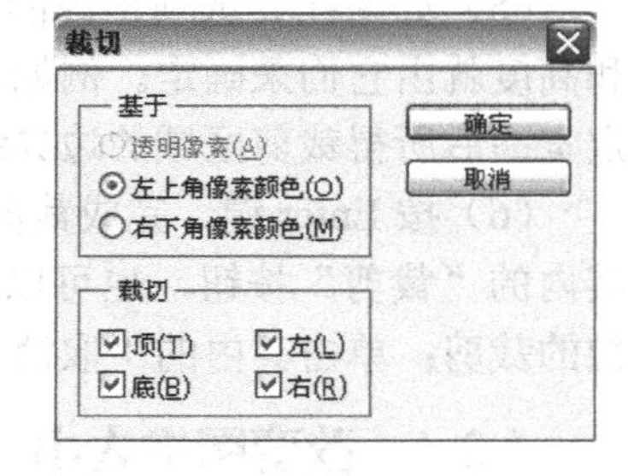

图 1-3-23 “裁切”对话框

思考练习 1-3

1．新建一个宽度为 300 像素、高度为 200 像素、背景色为浅绿色的画布，在该画布窗口内显示标尺、网格和参考线，标尺的单位设定为像素。再取消标尺、网格和参考线。然后，测量画布对角线的尺寸和倾斜角度。

2．打开三幅图像，将图像中非主要的部分裁剪掉，然后调整图像大小和分辨率，使这三幅图像大小一样，分辨率也一样。

3．打开一幅图像，将这幅图像向外扩展 30 像素的白边，然后将添加的白边删除。

4．打开一幅图像，将该图像等分成 4 份，分别以“TU1.jpg”～“TU4.jpg”保存。

1.4　图像着色和撤销操作

1.4.1　设置前景色和背景色

1.“前景色和背景色工具”栏

使用工具箱内的“前景色和背景色工具”栏可以设置前景色和背景色。该栏如图 1-4-1 所示。其内各图标的作用如下。

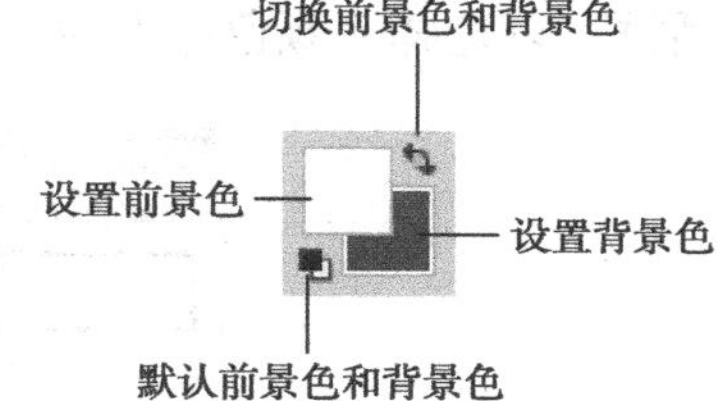

图 1-4-1 “前景色和背景色工具”栏

（1）“设置前景色”图标：用来设置前景色，用单色绘制和填充图像时的颜色是由前景色决定的。单击该图标，可以调出“拾色器”对话框，利用它可以设置前景色。

（2）“设置背景色”图标：用来设置背景色，背景色决定了画布的背景颜色。单击该图标，可调出“拾色器”对话框，利用它可以设置背景色。

（3）“默认前景色和背景色”图标：单击它可使前景色和背景色还原为默认状态，即前景色为黑色，背景色为白色。

（4）“切换前景色和背景色”图标：单击它可以将前景色和背景色的颜色互换。

2.“拾色器”对话框

“拾色器”分为 Adobe“拾色器”和 Windows“拾色器”两种。默认的是 Adobe“拾色器”对话框，如图 1-4-2 所示。使用 Adobe“拾色器”对话框选择颜色的方法如下。

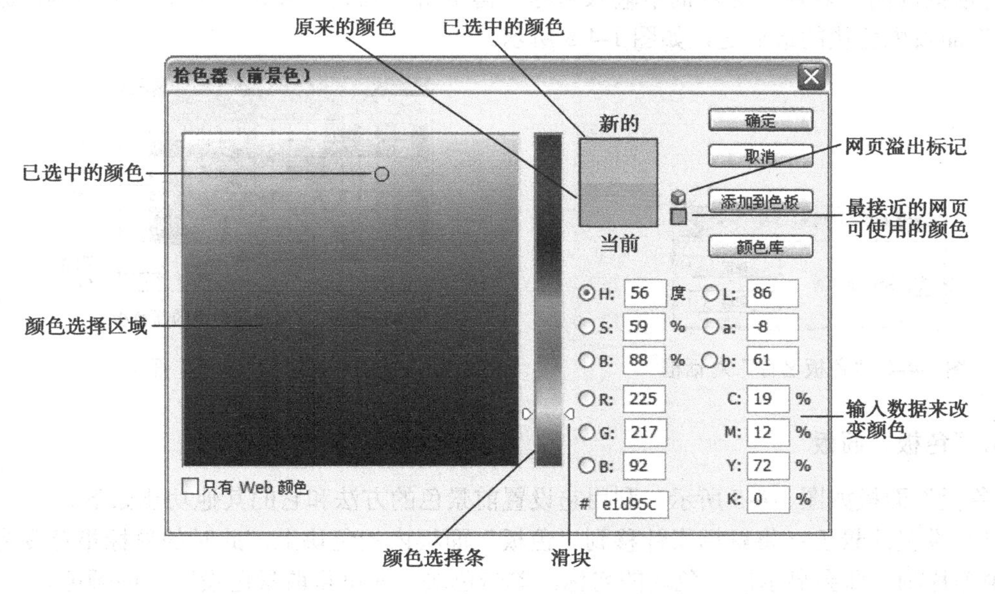

图 1-4-2　Adobe“拾色器”对话框

（1）粗选颜色：单击“颜色选择条”内的一种颜色，这时“颜色选择区域”的颜色会随之发生变化。在“颜色选择区域”内会有一个小圆，它是目前选中的颜色。

（2）细选颜色：在“颜色选择区域”内，单击要选择的颜色。

（3）精确设定颜色：可以在 Adobe“拾色器”对话框右下角的各个文本框内输入相应的数据来精确设定颜色。在“#”文本框内应输入 RRGGBB 六位十六进制数。

（4）“最接近的网页可使用的颜色”图标：单击该图标，可以选择接近的网页色。

（5）“只有 Web 颜色”复选框：选中它后，“拾色器”对话框会发生变化，只给出网页可以使用的颜色，“网页溢出标记”和“最接近的网页可使用的颜色”图标消失。

（6）“颜色库”按钮：单击该按钮，可调出“颜色库”对话框，如图 1-4-3 所示。利用该对话框可以选择“颜色库”中自定义的颜色。

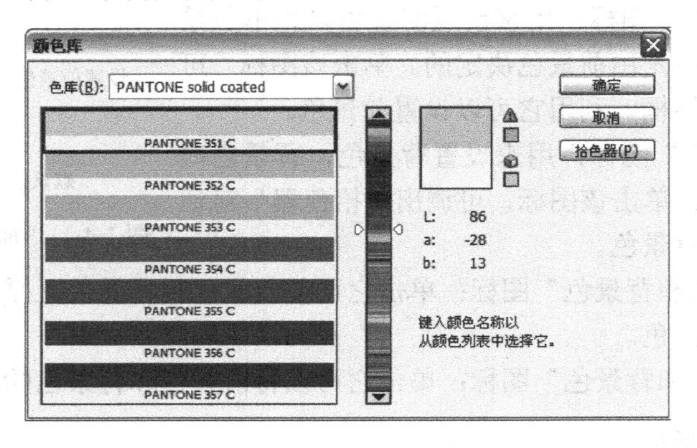

图 1-4-3 “颜色库”对话框

（7）“添加到色板”按钮：单击该按钮，可以调出“色板名称”对话框，如图 1-4-4 所示。在该对话框内的“名称”文本框中输入名称，再单击“确定”按钮，可将选中的颜色添加到“色板”面板内色块的最后边，如图 1-4-5 所示。

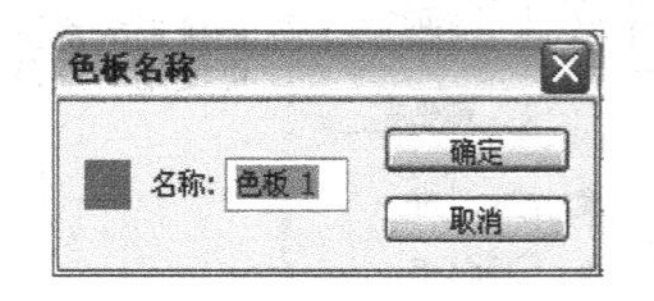

图 1-4-4 “色板名称”对话框

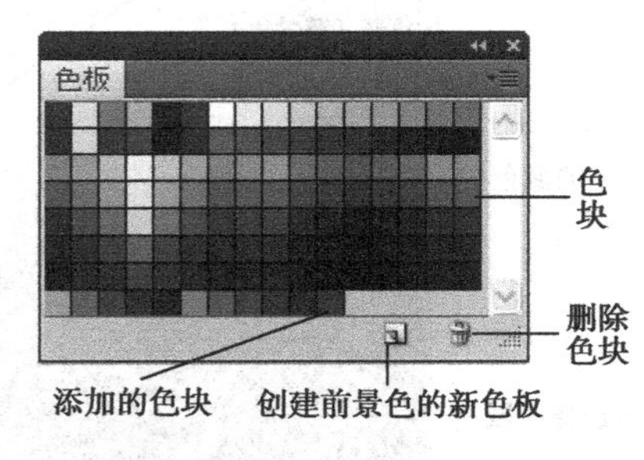

图 1-4-5 “色板”面板

3．“色板”面板

“色板”面板如图 1-4-5 所示。利用它设置前景色的方法和它的其他功能如下。

（1）设置前景色：将鼠标指针移到“色板”面板内的色块上，此时的鼠标指针变为吸管状，稍等片刻，即会显示出该色块的名称。单击色块，即可将前景色设置为该颜色。

（2）创建新色块：单击“创建前景色的新色板”按钮，即可在“色板”面板内最后边，创建一个与当前前景色颜色一样的色块。

（3）删除色块：单击选中一个要删除的色块后，再单击“删除色块”图标，可以删除该色块。将要删除的色块拖曳到“删除色块”图标之上，也可以删除该色块。

（4）“色板”面板菜单的使用：单击“色板”面板右上角的“面板菜单”按钮，调出面板菜单，选择菜单中的命令，可以更换色板、存储色板、改变色板显示方式等。

4．“样式”面板

“样式”面板如图1-4-6所示，它给出了几种典型的填充样式。单击填充样式图标，即可给当前图层内的文字和图像填充相应的内容，获得特殊的效果。单击“样式”面板右上角的“面板菜单”按钮，调出“样式”面板的菜单。单击该菜单中的命令，可以执行相应的操作，主要是添加或更换样式、存储样式、改变“样式”面板显示方式等。

图1-4-6　“样式”面板

5．“颜色”面板

“颜色”面板如图1-4-7所示，通过它可以调整颜色，来设置前景色和背景色。单击选中“前景色”或“背景色”色块（确定是设置前景色，还是设置背景色），再利用“颜色”面板选择一种颜色，即可设置图像的前景色和背景色。“颜色”面板的使用方法如下。

（1）选择不同模式的“颜色”面板：单击“颜色”面板右上角的“面板菜单”按钮，调出“颜色”面板菜单，如图1-4-8所示。

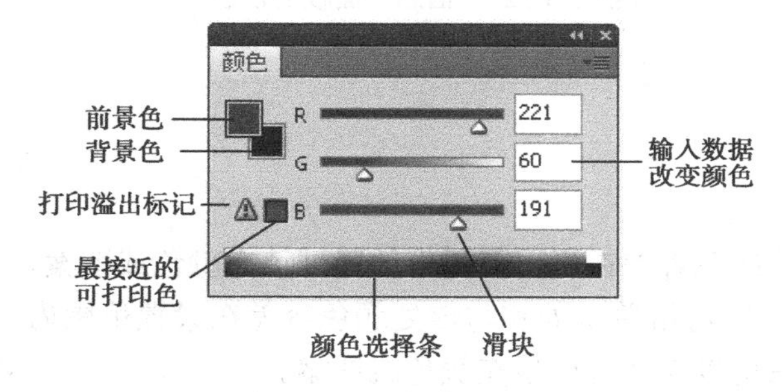

图1-4-7　“颜色”面板

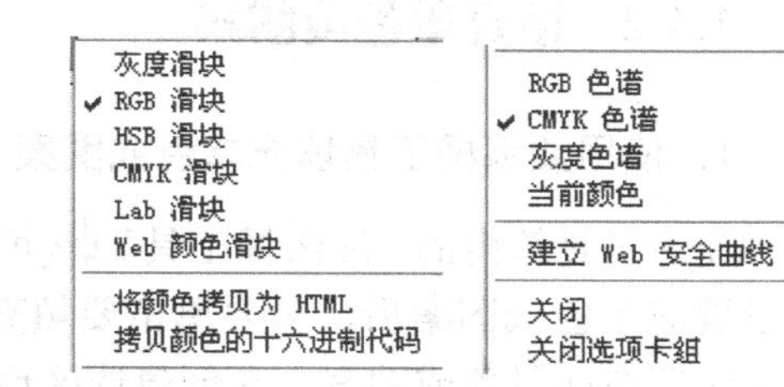

图1-4-8　“颜色”面板菜单

选择该菜单中第1栏中的命令，可以改变颜色调整的类型（颜色模式）。例如，选择“CMYK滑块”命令，可使“颜色”面板变为CMYK模式的“颜色”面板。

（2）粗选颜色：将鼠标指针移到“颜色选择条”中，此时鼠标指针变为吸管状。单击一种颜色，可以看到其他部分的颜色和数据也随之发生了变化。

（3）细选颜色：拖曳R、G、B的三个滑块，分别调整R、G、B颜色的深浅。

（4）精确设定颜色：在三个文本框内输入数据（0～255），来精确设定颜色。

（5）选择接近的打印色：要打印图像，如果出现“打印溢出标记”按钮，则单击“最接近的可打印色”图标。

6．吸管工具和颜色取样器工具

（1）吸管工具：单击工具箱内的“吸管工具”按钮，此时鼠标指针变为状。单击画布中任意一处，即可将单击处的颜色设置为前景色。“吸管工具”选项栏如图1-4-9所示。选择“取样大小”下拉列表框内的选项，可以改变吸管工具取样点的大小。

（2）颜色取样器工具：它可以获取多个点的颜色信息。单击工具箱内的“颜色取样器工具”按钮，选项栏如图1-4-10所示。在“取样大小”下拉列表框中选择取样点的大小；

单击“清除”按钮，可以将所有取样点的颜色信息标记删除。

图 1-4-9 “吸管工具”选项栏

图 1-4-10 “颜色取样器工具”选项栏

使用颜色取样器工具添加颜色信息标记的方法：单击“颜色取样器工具”按钮，将鼠标指针移到画布窗口内部，此时鼠标指针变为十字形状。单击画布中要获取颜色信息的各点，即可在这些点处产生带数值序号的标记（如），如图 1-4-11 所示。同时“信息”面板给出各取样点的颜色信息，如图 1-4-12 所示。右击要删除的标记，调出它的快捷菜单，再选择菜单中的“删除”命令，可删除一个取样点的颜色信息标记。

图 1-4-11 获取颜色信息的各点

#1R:	255	#2R:	255
G:	255	G:	255
B:	251	B:	255

文档:275.3K/275.3K

点按图像以置入新颜色取样器。

图 1-4-12 “信息”面板的信息

1.4.2 填充单色或图案

1. 使用油漆桶工具填充单色或图案

使用工具箱内的“油漆桶工具”可以给颜色容差在设置范围内的区域填充颜色或图案。在设置前景色或图案后，只要单击要填充处，即可给单击处和与该处颜色容差在设置范围内的区域填充前景色或图案。在创建选区后，只可以在选区内填充颜色或图案。

“油漆桶工具”选项栏如图 1-4-13 所示，一些前面没介绍的选项的作用如下。

图 1-4-13 “油漆桶工具”选项栏

（1）“填充”下拉列表框：选择“前景”选项后填充的是前景色；选择“图案”选项后填充的是图案，此时“图案”下拉列表框变为有效。

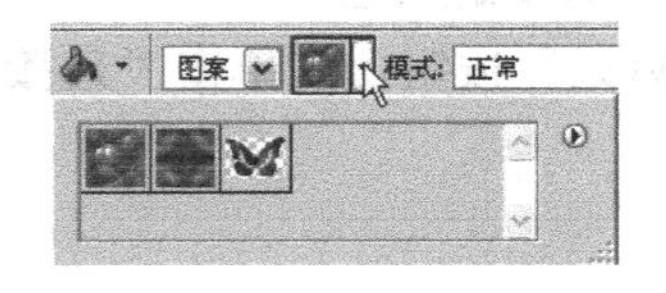

图 1-4-14 “图案”下拉列表框

（2）“图案”下拉列表框：如图 1-4-14 所示，单击它的箭头按钮，可以调出“图案样式”面板，用来设置填充的图案。可以更换、删除和新建图案样式。利用面板菜单可以载入图案。

（3）“容差”文本框：其内的数值决定了容差的大小。容差的数值决定了填充色的范围，其值越大，填充色的范围也越大。

（4）“消除锯齿”复选框：选中它后，可以使填充的图像边缘锯齿减小。

（5）“连续的”复选框：在给几个不连续的颜色容差在设置范围内的区域填充颜色或图案时，如果选中了该复选框，则只给单击的连续区域填充前景色或图案；如果没选中该复选框，则给所有颜色容差在设置范围内的区域（可以是不连续的）填充。

（6）“所有图层”复选框：选中它后，可在所有可见图层内进行操作，即给选区内所有可见图层中颜色容差在设置范围内的区域填充颜色或图案。

2．定义填充图案和其他填充方法

（1）定义填充图案的方法：导入或绘制一幅不大的图像。选中图像（见图 1-4-15）所在的画布。选择“编辑”→“定义图案”命令，调出“图案名称”对话框，在其文本框内输入图案名称，如“蝴蝶”，如图 1-4-16 所示。再单击“确定”按钮，创建了新图案。此时，在当前“图案样式”面板内最后边会增加该图案，如图 1-4-14 所示。

（2）填充单色或图案：选择“编辑”→“填充”命令，调出“填充”对话框，如图 1-4-17 所示。利用该对话框可以给选区填充颜色或图案。对话框中的“模式”下拉列表框和“不透明度”文本框与“油漆桶工具”选项栏内的相应选项的作用一样。单击“使用”下拉列表框的下拉按钮，可调出颜色类型选项。

图 1-4-15　图案

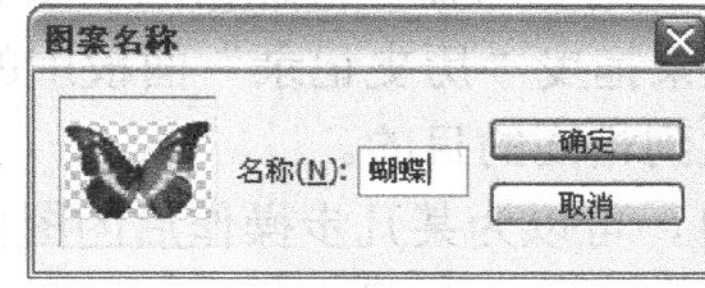

图 1-4-16　“图案名称”对话框

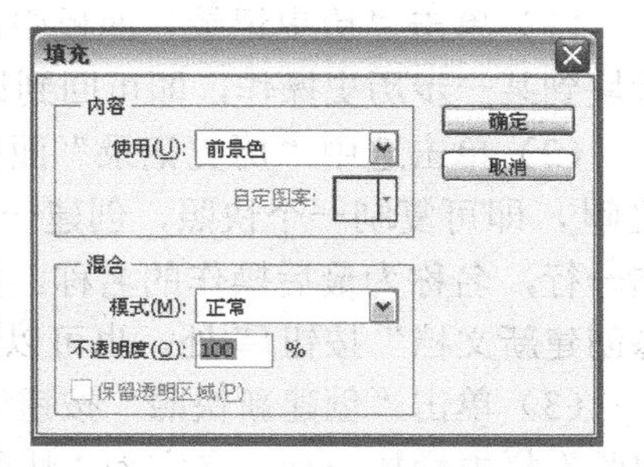

图 1-4-17　“填充”对话框

如果选择“图案”选项，则“填充”对话框内的“自定图案”列表框会有效，它的作用与“油漆桶工具”选项栏内的“图案”下拉列表框的作用一样。

（3）使用快捷键填充单色：通常采用如下两种方法，这是常用的操作。

◎ 用背景色填充：按 Ctrl+Delete 组合键或 Ctrl+Backspace 组合键，可用背景色填充整个画布，如果存在选区，则填充整个选区。

◎ 用前景色填充：按 Alt+Delete 组合键或 Alt+Backspace 组合键，可用前景色填充整个画布，如果存在选区，则填充整个选区。

（4）使用剪贴板粘贴图像：选择“编辑”→“粘贴”命令，即可将剪贴板中的图像粘贴到当前图像中，同时会在“图层”面板中增加一个新图层，用来存放粘贴的图像。

1.4.3　撤销与重做操作

1．撤销与重做一次操作

（1）选择“编辑”→“还原××”命令，可撤销刚刚进行的一次操作。

（2）选择“编辑”→“重做××”命令，可重做刚刚撤销的一次操作。

（3）选择“编辑”→“前进一步”命令，可向前执行一条历史记录的操作。

（4）选择“编辑”→“后退一步”命令，可返回一条历史记录的操作。

2．使用“历史记录”面板撤销操作

“历史记录”面板如图 1-4-18 所示，它主要用来记录用户进行操作的步骤，用户可以恢复到以前某一步操作的状态。使用方法如下。

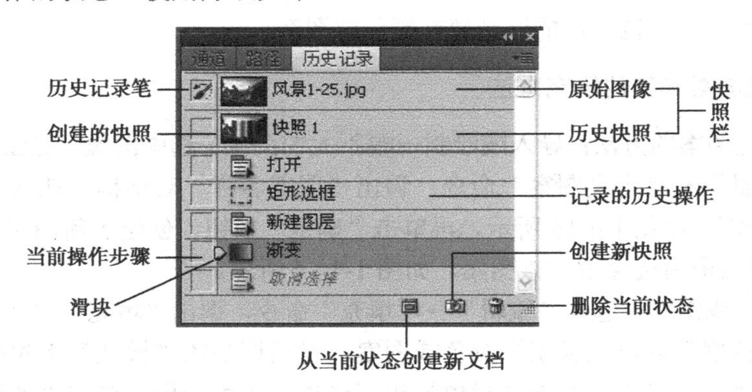

图 1-4-18 “历史记录”面板

（1）单击“历史记录”面板中的某一步历史操作，使滑块定位到该历史操作，或者拖曳滑块到某一步历史操作，即可回到该操作完成后的状态。

（2）单击选中“历史记录”面板中的某一步操作，再单击“从当前状态创建新文档”按钮，即可复制一个快照，创建一个新的画布窗口，保留当前状态，在“历史快照”栏内增加一行，名称为最后操作的名称。如果拖曳“历史记录”面板中的某一步操作到“从当前状态创建新文档”按钮处，也可以达到相同的目的。

（3）单击“创建新快照”按钮，可以为某几步操作后的图像建立一个快照，在“历史快照”栏内增加一行，名字为“快照×”（“×”是序号）。

（4）双击“历史快照”栏内的快照名称，即可进入给快照重命名的状态。

（5）单击选中“历史记录”面板中的某一步操作，再单击“删除当前状态”按钮，即可删除从选中的操作到最后一个操作的全部操作。如果用鼠标拖曳“历史记录”面板中的某一步操作到“删除当前状态”按钮处，也可以达到相同的目的。

思考练习 1-4

1．新建一个宽度为400像素、高度为300像素、背景为白色的画布。再给画布填充浅绿色。

2．打开一幅“苹果”图像，将该图像进行裁切，再调整宽和高均为100像素，利用该图像定义一个名称为“苹果”的图案。再使用两种方法，将整个画面填充该图案。

3．设置前景色为紫色（R=255，G=0，B=255），设置背景色为浅黄色。使用三种方法，给图1-4-15所示图像的背景填充前景色，再填充背景色，再填充“蝴蝶”图案。

1.5 【实例1】风景摄影

“风景摄影”图像是一幅摄影广告图像，背景是一幅咖啡色混有雾状黑色底纹的立体背景图像；在背景图像之上，左上角和右下角各有一幅一样的红、绿和蓝三原色混合效果图像；还有 7 幅加工了的风景图像，其中一幅图像的四周添加了深绿色的立体图像框架；右边是白色散光背景的红色渐变立体文字“风景摄影”，如图1-5-1所示。

图 1-5-1 “风景摄影”图像的效果图

制作方法

1. 设置画笔笔触

（1）单击工具箱内“前景色和背景色工具”栏中的“默认前景色和背景色”图标，再单击“切换前景色和背景色”图标，设置背景色为黑色。

（2）选择“文件”→“新建”命令，调出“新建”对话框。在该对话框内，设置“宽度”和“高度”分别为 900 像素和 500 像素，背景内容为背景色，分辨率为 72 像素/英寸，颜色模式为 RGB 颜色，位数为 8 位。再单击“确定”按钮，新建一个画布窗口。然后，以名称“【实例 1】风景摄影.psd”保存。

（3）单击工具箱内“前景色和背景色工具”栏中的“设置前景色”图标，调出“拾色器”对话框。在“拾色器”对话框内的“R”文本框内输入 255，在“G”文本框中输入 0，在“B”文本框中输入 0。单击“确定”按钮，设置前景色为红色。

（4）单击工具箱内的“画笔工具”按钮，右击画布，调出“笔触”面板，调整画笔笔触硬度为 100%，如图 1-5-2 所示。也可以单击硬度为 100%的笔触图标。

（5）可以在“笔触”面板栏内调整笔触大小为 99 像素，或者将鼠标指针移到画布窗口内，按住 Alt 键和鼠标右键，同时向右拖曳，使画笔笔触变大，如果向左拖曳，笔触会变小。同时观察选项栏内左边“笔触”下拉列表框的数字变为 99，表示画笔笔触为 99 像素。

2. 绘制三原色混色图形

（1）调出“图层”面板，单击该面板内下边的“创建新图层”按钮，在“背景”图层之上创建一个新图层“图层 1”，同时也选中“图层 1”图层。

（2）使用工具箱内的“画笔工具”，在其选项栏内的“模式”下拉列表框内选择“差值”选项。单击画布窗口内左上角，绘制一幅红色圆形图形，如图 1-5-3 所示。

（3）设置背景色为绿色（R=0，G=255，B=0），单击红圆右边，绘制一幅绿色圆形图形，使它与红圆重叠一部分，如图 1-5-4 所示。设置背景色为蓝色（R=0，G=0，B=255），单击红圆和绿圆下边，绘制一幅蓝色圆形，如图 1-5-5 所示。

（4）单击工具箱内的“移动工具”按钮，选中其选项栏中的“自动选择图层”复选框（保证单击某个对象，就可以选中该对象所在的图层，可以移动和调整该对象）。然后拖曳调整三原色混色图形的位置，如图 1-5-1 内左上角的图形所示。

（5）选择“编辑”→“变换”→“缩放”命令，左上角的三原色混色图形四周会出现矩形框和控制柄，可以调整选中图形的大小。为了保证调整图形大小后还保持原来的宽高比，可以在其选项栏内的“W”和“H”文本框内分别输入80%。

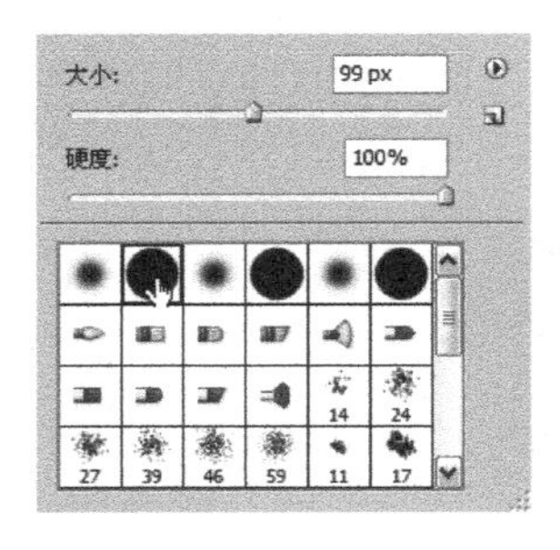

图 1-5-2 “笔触”面板

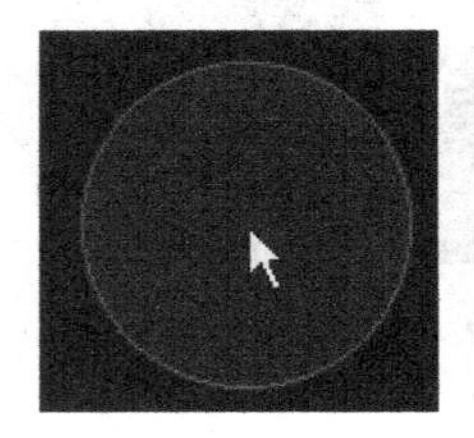

图 1-5-3 红色圆形

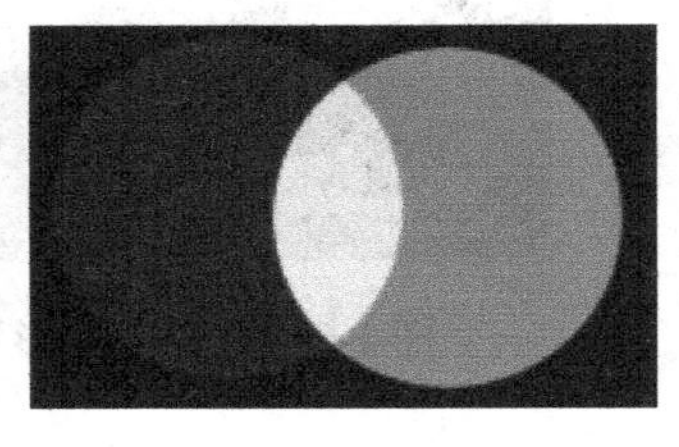

图 1-5-4 红色和绿色圆形叠加

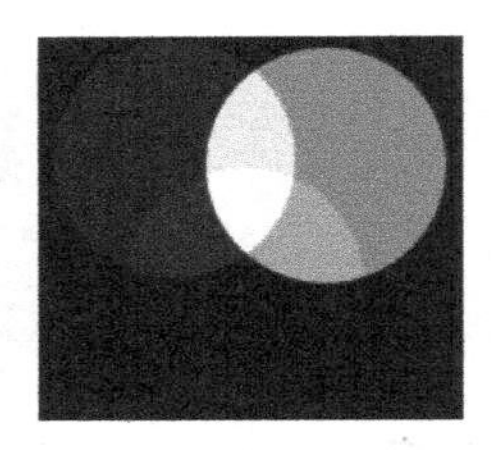

图 1-5-5 三原色混色

（6）按住 Alt 键，同时拖曳三原色混色图形，可以复制一份三原色混色图形，此时“图层”面板内会自动增加一个“图层 1 副本”图层，其内是复制的图层。双击“图层 1 副本”图层的名称，进入它的编辑状态，将名称改为“图层 2”。

（7）拖曳复制的三原色混色图形到画布窗口内的右下角，选择“编辑”→“变换”→“垂直翻转”命令，使复制的三原色混色图形垂直翻转，如图 1-5-1 所示。

3. 创建标题文字

（1）单击选中“图层”面板内的“图层 2”图层，单击工具箱中的“直排文字工具”按钮，单击画布窗口内右上角。在其选项栏内设置字体为隶书，字大小为 50 点，在“设置消除锯齿方法”下拉列表框中选择“平滑”选项。单击选项栏内的“设置文本颜色”图标，调出“拾色器”对话框。利用该对话框设置文字的颜色为绿色。此时的“直排文字工具”的选项栏如图 1-5-6 所示。输入文字“风景摄影”，如图 1-5-7 所示。

图 1-5-6 “直排文字工具”选项栏的设置

（2）单击工具箱内的“移动工具”按钮，“图层”面板内会自动增加一个“风景摄影”文本图层，如图 1-5-8 所示。调出“样式”面板，如图 1-4-6 所示。单击“样式”面板中的“雕刻天空（文字）”图标，将该样式应用于选中的文字，如图 1-5-9 所示。此时的“图层”面板如图 1-5-10 所示。

图 1-5-7 文字

图 1-5-8 “图层”面板

图 1-5-9 添加样式

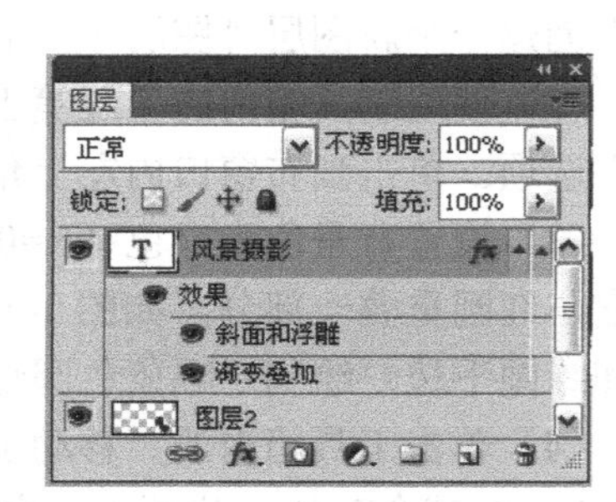

图 1-5-10 “图层”面板

（3）单击“样式”面板内的按钮，调出“样式”面板菜单，单击该菜单内的“文字效果 2”命令，调出一个提示框，单击该提示框内的“追加”按钮，将“文字效果”中的多种样式追加到“样式”面板中原来样式的后边。

（4）单击工具箱内的“移动工具”按钮，拖曳“图层”面板内的“风景摄影”文本图层到“创建新的图层”按钮之上，复制一个“风景摄影”文本图层，名称为“风景摄影副本”。

（5）单击选中“风景摄影”文本图层，单击“样式”面板内的“喷溅蜡纸”图标，使红色立体文字“风景摄影”四周出现白色光芒，如图 1-5-1 所示。

4. 添加图像

（1）单击选中“图层”面板内的“图层 2”图层，选择“文件”→“打开”命令，调出“打开”对话框。利用该对话框打开 7 幅风景图像（宽度为 400 像素、高度为 300 像素）。选中其中的一幅风景图像。

（2）选择“图像”→“图像大小”命令，调出“图像大小”对话框，选中“约束比例”复选框，在“宽度”文本框内输入数值 300，“高度”文本框内的数值会随之变化。单击“确定”按钮，将图像调小，图像的宽高比没有改变。

（3）单击工具箱内的“裁剪工具”按钮，不在其选项栏内的“宽度”和“高度”文本框中输入任何数据。在图像上拖曳出一个矩形，将要保留的图像圈起来，创建一个矩形裁剪区域，如图 1-5-11 所示。按 Enter 键，完成图像的裁剪，如图 1-5-12 所示。

（4）拖曳调整好的图像到“【实例 1】风景摄影.psd”画布窗口内左下角，在该窗口内会复制一份图 1-5-12 所示的图像。同时，在“图层”面板内会自动添加一个“图层 3”图层，放置复制的图像。

（5）选择“编辑”→“自由变换”命令，在选中的图像四周会显示矩形框和控制柄，拖曳控制柄，将图像旋转一定的角度，如图 1-5-13 所示。

图 1-5-11　裁剪图像

图 1-5-12　裁剪效果

图 1-5-13　将图像旋转一定的角度

（6）按照上述方法，将其他 6 幅图像分别加工，拖曳复制到“【实例 1】风景摄影.psd”画布窗口内。然后，再调整它们的大小和旋转角度，最后效果如图 1-5-14 所示。“图层”面板内又添加了 6 个图层，如图 1-5-15 所示。

5. 制作有框架图像

（1）拖曳“图层”面板中的“背景”图层至“创建新图层”按钮之上，在“图层”面板中自动生成一个“背景副本”图层。选中该图层，单击“样式”面板中的“扎染丝绸（纹理）”图标，将该样式应用于图层，如图 1-5-1 所示。

（2）选中“图层 9”图层（“风景 7.jpg”图像所在图层），按住 Ctrl 键，单击“图层 9”图层的缩略图，创建一个选中该图层内图像的矩形选区，如图 1-5-16 所示。

图 1-5-14　添加 7 幅图像

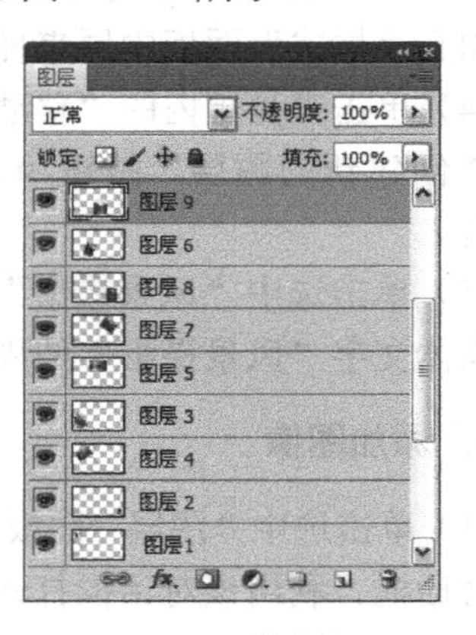

图 1-5-15　“图层”面板

（3）选择“选择”→“修改”→“边界”命令，调出“边界选区”对话框，在“宽度”文本框中输入 7，如图 1-5-17 所示。单击“确定”按钮，选区修改如图 1-5-18 所示。

图 1-5-16　创建选区

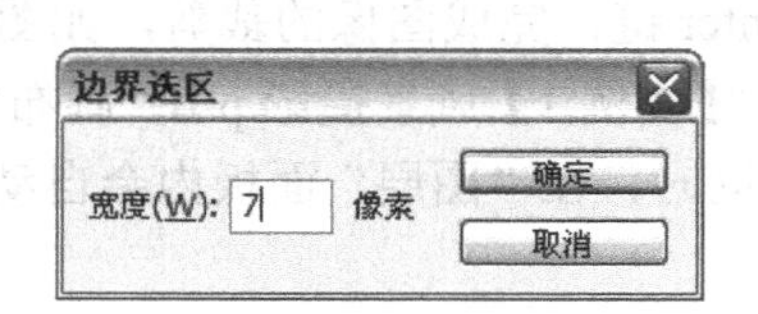

图 1-5-17　“边界选区”对话框

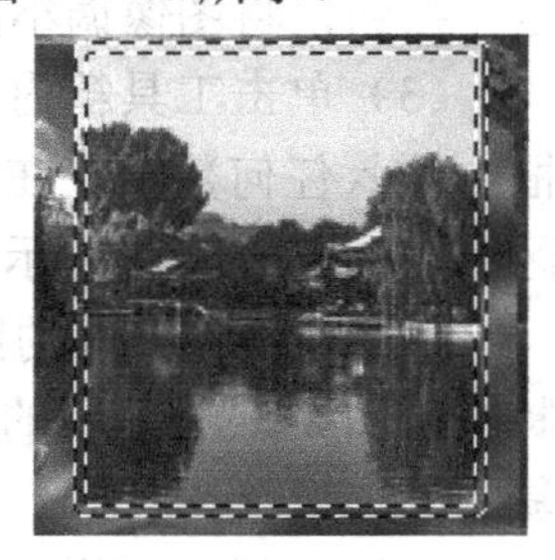

图 1-5-18　边界选区

（4）设置前景色为深绿色，按 Alt+Delete 组合键，给选区填充深绿色，如图 1-5-19 所示。

（5）单击“图层”面板中的“添加图层样式”按钮 fx，调出它的菜单，单击其内的“斜面和浮雕”命令，调出“图层样式”对话框，采用默认值，单击“确定”按钮，制作出一个深绿色立体框架。

（6）按 Ctrl+D 组合键，取消选区，立体框架图形效果如图 1-5-20 所示。

图 1-5-19　填充深绿色

图 1-5-20　立体框架

（7）最后的图像如图 1-5-1 所示。再以名称“【实例 1】风景摄影.psd”保存。

知识链接——彩色基本知识、图像变换和混合模式

1．彩色三要素和三原色

（1）彩色三要素：任何一种颜色都可以用下述三个物理量来确定。

◎ 亮度：亮度也叫明度，用字母 Y 表示，指颜色的相对明暗程度。通常使用从 0%（黑色）至 100%（白色）的百分比来度量。

◎ 色相：色相也叫色调，是从物体反射或透过物体传播的颜色，表示彩色的颜色种类，即通常所说的红、橙、黄、绿、青、蓝、紫等。

◎ 色饱和度：色饱和度也叫色度，它表示颜色的深浅程度。饱和度表示色相中灰色分量所占的比例，它使用从 0%（灰色）至 100%（完全饱和）的百分比来度量。对于同一色调的颜色，其色饱和度越高，颜色越深，在某一色调的彩色光中掺入的白光越多，彩色的色饱和度就越低。色相与色饱和度合称为色度，用 F 表示。

（2）三原色和混色：人们在对人眼进行混色实验时发现，只要将三种不同颜色按一定比例混合就可以得到自然界中绝大多数的颜色，而且它们自身不能够用其他颜色混合而成。对于彩色光的混合来说，三原色（也叫三基色）是红（R）、绿（G）、蓝（B）三色，将红、绿、蓝 3 束光投射在白色屏幕上的同一位置，不断改变三束光的强度比，可以在白色屏幕上看到各种颜色。可以看到，红+绿→黄，蓝+黄→白，绿+蓝→青，红+绿+蓝→白，黄+青+紫→白，如图 1-5-21（a）所示。其中，黄、青、紫（也叫品红）叫三个补色。对于不发光物体来说，物体的颜色是反射照射光而产生的颜色，这种颜色（颜料的混合色）的三原色是黄、青、紫色，混色特点如图 1-5-21（b）所示。

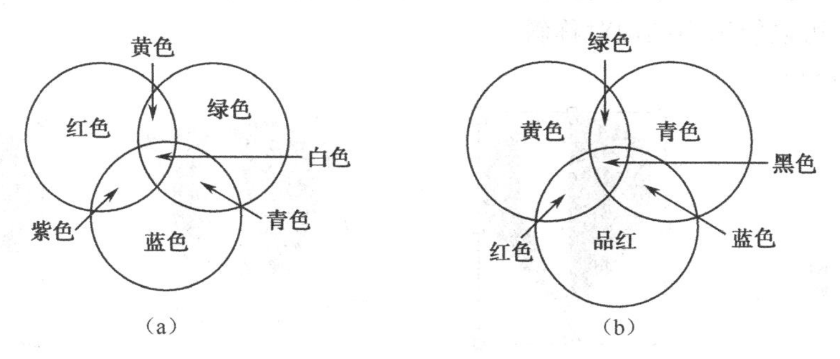

图 1-5-21　三原色混色

2．移动、复制和删除图像

（1）移动图像：单击工具箱内的“移动工具”按钮，鼠标指针变为状，单击选中“图层”面板内要移动图像所在的图层，即可拖曳移动该图像。如果选中了“移动工具”选项栏中的“自动选择图层”复选框，则拖曳图像时，可以自动选择被拖曳图像所在的图层，保证可以移动和调整该对象。

在选中要移动的图像之后，按光标移动键，可以每次移动图像 1 像素。按住 Shift 键的同时按光标移动键，可以每次移动图像 10 像素。

（2）复制图像：按住 Alt 键，同时拖曳图像，可以复制图像，此时的鼠标指针会变为重叠的黑白双箭头状。如果使用“移动工具”将一个画布中的图像拖曳到另一个画布当中，则可以将该图像复制到其他画布当中。复制图像后会在“图层”面板内增加一个图层，用来放置复制的图像。

（3）删除图像：使用“移动工具”，选中选项栏中的“自动选择图层”复选框，单击选中要删除的图像，同时也选中了该图像所在的图层，然后按Delete或Backspace键，将选中的图像删除，同时也删除该图像所在的图层。

注意：如果图像只有一个图层，则不能够删除图像，也不可以将“背景”图层中的图像移动和复制。如果要处理“背景”图层内的图像，可双击“背景”图层，调出“新建图层”对话框，再单击该对话框内的“确定”按钮。将“背景”图层转换为常规图层。

3．变换图像

选择“编辑”→“变换”→“××”命令，即可按选定的方式调整选中的图像。其中，“××”是“变换”菜单下的子命令，如图1-5-22所示。利用该子菜单可以完成选中图像的缩放、旋转、斜切、扭曲和透视等操作。

（1）缩放图像：选择“编辑”→“变换”→“缩放”命令后，在选中图像的四周会显示一个矩形框、8个控制柄和中心点标记⟡。将鼠标指针移到图像四角的控制柄处，鼠标指针变为直线双箭头状，即可拖曳调整图像的大小，如图1-5-23所示。

（2）旋转图像：选择“编辑”→“变换”→“旋转”命令后，将鼠标指针移到四角的控制柄处，鼠标指针会变为弧线的双箭头状，即可拖曳旋转图像，如图1-5-24所示。拖曳移动矩形框中间的中心点标记⟡处，可以改变旋转的中心点位置。

（3）斜切图像：选择“编辑”→“变换”→“斜切”命令后，将鼠标指针移到四边的控制柄处，鼠标指针会添加一个双箭头，即可拖曳图像呈斜切状，如图1-5-25所示。按住Alt键的同时拖曳，可以使选中图像对称斜切。

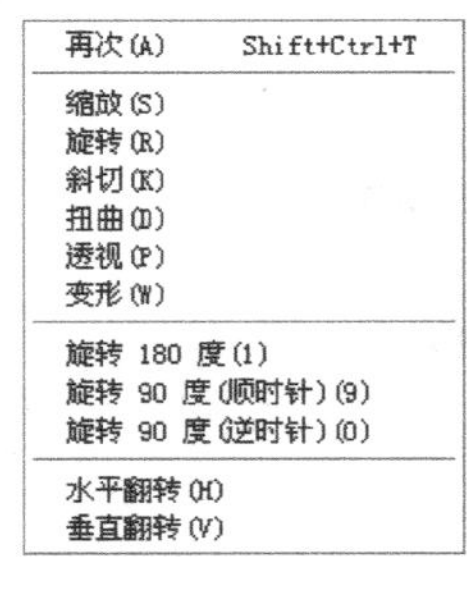

图1-5-22　菜单

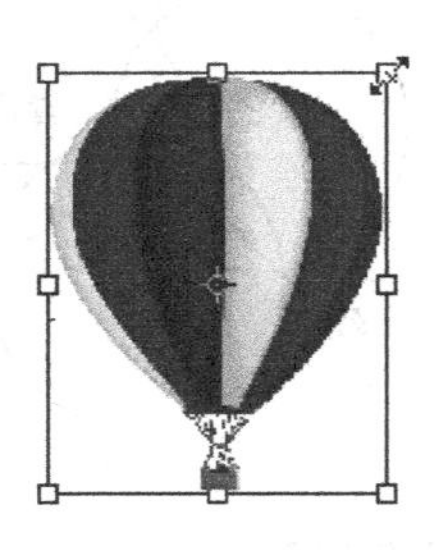
图1-5-23　缩放图像

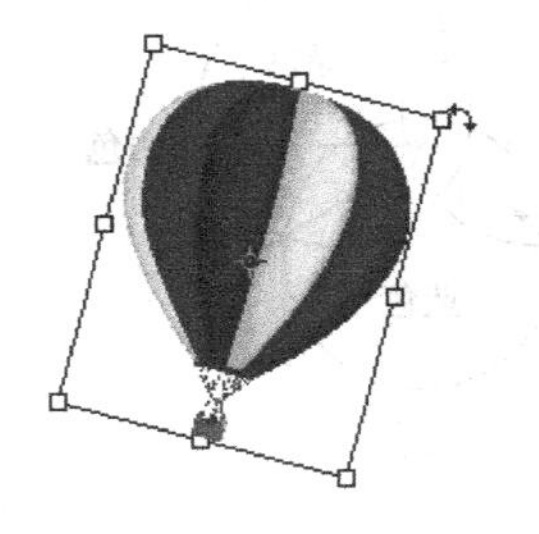
图1-5-24　旋转图像

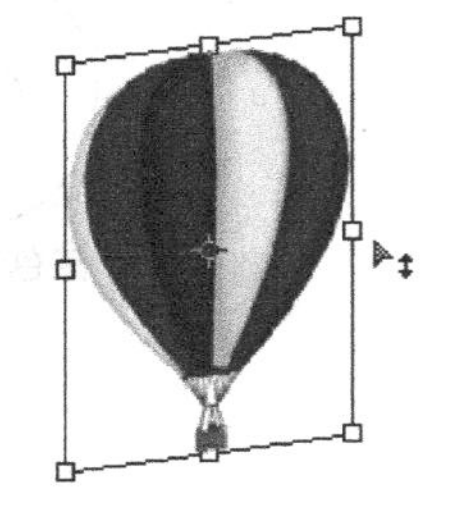
图1-5-25　斜切图像

（4）扭曲图像：选择“编辑”→“变换”→“扭曲”命令后，将鼠标指针移到选区四角的控制柄处，鼠标指针会变成灰色单箭头状，再拖曳，即可使选中图像呈扭曲状，如图1-5-26所示。按住Alt键的同时拖曳，可使选中图像对称扭曲。

（5）透视图像：选择“编辑”→“变换”→“透视”命令后，将鼠标指针移到选中图像四角的控制柄处，拖曳，可使选中图像呈透视状。透视处理后的图像如图1-5-27所示。

（6）变形图像：选择“编辑”→“变换”→“变形”命令后，将鼠标指针移到选区四周的控制柄处，再拖曳，可使选区内的图像呈变形状。变形处理后的图像如图1-5-28所示。另外，拖曳切线控制柄也可以改变图像形状。

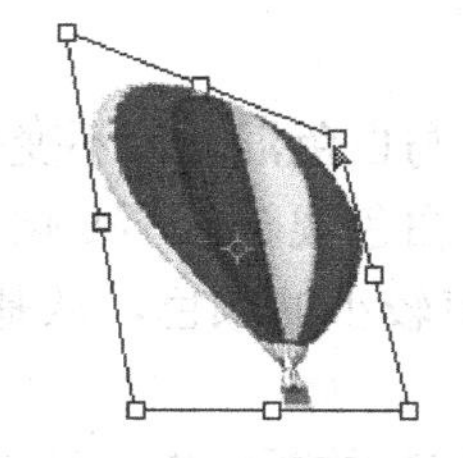
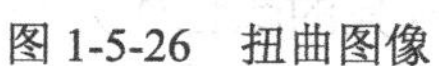
图 1-5-26 扭曲图像

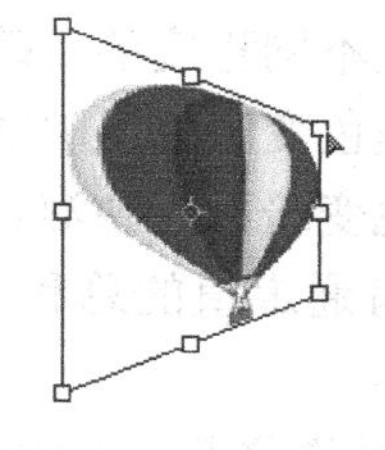
图 1-5-27 透视图像

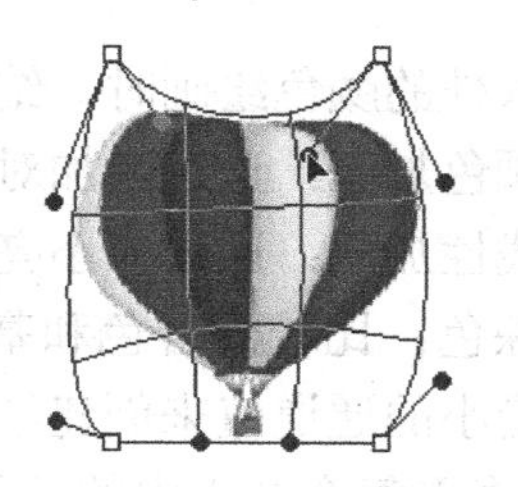
图 1-5-28 变形图像

（7）按特殊角度旋转图像：选择“编辑”→“变换”→“水平翻转”命令后，即可将选中图像水平翻转。选择“编辑”→“变换”→“垂直翻转”命令后，即可将选中图像垂直翻转。另外，还可以旋转 180°，顺时针旋转和逆时针旋转 90°。

（8）自由变换图像：选择“编辑”→“自由变换”命令，在选中图像的四周会显示矩形框、控制柄和中心点标记。以后可按照变换图像的方法自由变换选中的图像。

4．混合模式

在画布窗口内绘图（包括使用画笔、铅笔、仿制图章等工具绘制图形图像，以及给选区内填充单色和渐变色及纹理图案）时，选项栏内都有一个“模式”下拉列表框，用来选择绘图时的混合模式。绘图的混合模式就是绘图颜色与下面原有图像像素混合的方法。可以使用的模式会根据当前选定的工具自动确定。使用混合模式可以创建各种特殊效果。

“图层”面板内也有一个“模式”下拉列表框，它为图层或组指定混合模式，图层混合模式与绘画模式类似。图层的混合模式确定了其像素如何与图像中的下层像素进行混合。

图层没有“清除”和“背后”混合模式。此外，“颜色减淡”、“颜色加深”、“变暗”、“变亮”、“差值”和“排除”模式不可用于 Lab 图像。仅有“正常”、“溶解”、“变暗”、“正片叠底”、“变亮”、“线性减淡”、“线性加深”、“差值”、“色相”、“饱和度”、“颜色”、“亮度”、“浅色”和“深色”混合模式适用于 32 位图像。

下面简单介绍各种混合模式的特点，在介绍混合模式的效果时，所述的基色是图像中的原颜色，混合色是通过绘画或编辑工具应用的颜色，结果色是混合后得到的颜色。

（1）正常：当前图层中新绘制或编辑的图像的每像素将覆盖原来的底色或图像的每像素，使其成为结果色。绘图效果受“不透明度”的影响。这是默认模式。

（2）溶解：编辑或绘制每像素，使其成为结果色，效果受“不透明度”的影响。根据任何像素位置的不透明度，结果色由基色或混合色的像素随机替换。

（3）背后：只能用于非背景图层中，仅在图层的透明部分编辑或绘画，而且仅在取消选择“锁定透明区域”复选框的图层中使用，类似于在透明纸的透明区域背面绘画。

（4）清除：取消选择“锁定透明区域”复选框的图层才能使用此模式。用来清除当前图层的内容。编辑或绘制每像素，使其透明。此模式可用于“形状工具”（当选定填充区域时）、“油漆桶工具”、“画笔工具”、“铅笔工具”、“填充”和“描边”命令。

（5）变暗：系统将查看每个通道中的颜色信息（或比较新绘制图像的颜色与底色），并选择基色或混合色中较暗的颜色作为结果色，替换比混合色亮的像素，而比混合色暗的像素保持不变。从而使混合后的图像颜色变暗。

（6）正片叠底：查看各通道的颜色信息，将基色与混合色进行正片叠底。结果色总是较暗颜色。任何颜色与黑色正片叠底产生黑色；任何颜色与白色正片叠底保持不变。当使用黑色或白色以外的颜色绘画时，结果色产生不同程度的变暗效果。

（7）颜色加深：通过增加对比度使基色变暗以反映混合色。与白色混合后不变化。

（8）线性加深：通过减小亮度使基色变暗以反映混合色。与白色混合后不变化。

（9）深色：比较混合色和基色的所有通道值的总和并显示值较小的颜色，从基色和混合色中选择最小的通道值来创建结果颜色。

（10）查看每个通道中的颜色信息，并选择基色或混合色中较亮的颜色作为结果色。比混合色暗的像素被替换，比混合色亮的像素保持不变。

（11）滤色：查看每个通道的颜色信息，并将混合色的互补色与基色进行正片叠底。例如，红色与蓝色混合后的颜色是粉红色。结果色总是较亮的颜色。用黑色过滤时颜色保持不变。用白色过滤将产生白色。该模式类似于我们将两张幻灯片分别用两台幻灯机同时放映到同一位置，由于有来自两台幻灯机的光，因此结果图像通常比较亮。

（12）颜色减淡：通过减小对比度使基色变亮以反映混合色。与黑色混合不变化。

（13）线性减淡：增加亮度使基色变亮以反映混合色。与黑色混合不变化。

（14）浅色：比较混合色和基色的所有通道值的总和并显示值较大的颜色。“浅色”不会生成第三种颜色，因为它将从基色和混合色中选择最大的通道值来创建结果颜色。

（15）叠加：对颜色正片叠底或过滤，具体取决于基色。颜色在现有像素上叠加，同时保留基色的明暗对比。不替换基色，但基色与混合色相混以反映原色的亮度或暗度。

（16）柔光：新绘制图像的混合色有柔光照射效果。系统将使灰度小于50%的像素变亮，使灰度大于50%的像素变暗，从而调整了图像灰度，使图像亮度反差减小。

（17）强光：新绘制图像的混合色有耀眼的聚光灯照在图像上的效果。当新绘制的图像颜色灰度大于50%时，以屏幕模式混合，产生加光的效果；当新绘制的图像颜色灰度小于50%时，以正片叠底模式混合，产生暗化的效果。

（18）亮光：通过增加或减小对比度来加深或减淡颜色，具体取决于混合色。如果混合色（光源）比50%灰色亮，则使图像变亮。如果混合色比50%灰色暗，则使图像变暗。

（19）线性光：通过增加或减小亮度来加深或减淡颜色，具体取决于混合色。如果混合色（光源）比50%灰色亮，则使图像变亮。如果混合色比50%灰色暗，则使图像变暗。

（20）点光：根据混合色替换颜色。如果混合色比50%灰色亮，则替换比混合色暗的像素，而不改变比混合色亮的像素。如果混合色比50%灰色暗，则替换比混合色亮的像素，而比混合色暗的像素保持不变。这对于向图像添加特殊效果非常有用。

（21）实色混合：将混合颜色的红、绿和蓝色通道值添加到基色RGB值。如果通道的结果总和大于或等于255，则值为255；否则值为0。因此，所有混合像素的红、绿和蓝色通道值是0或255。这会将所有像素更改为原色：红、绿、蓝、青、黄、洋红、白或黑色。

（22）差值：查看各通道的颜色，从基色中减去混合色，或从混合色中减去基色，具体取决于哪一个颜色的亮度更大。与白色混合将反转基色值；与黑色混合则不变化。

（23）排除：混色效果与差值模式基本一样，只是图像对比度更低，更柔和一些。与白色混合将反转基色值。与黑色混合则不发生变化。

（24）色相：用基色的明亮度和饱和度以及混合色的色相创建结果色。

（25）饱和度：用基色的明亮度和色相以及混合色的饱和度创建结果色。在无饱和度（灰色）的区域上使用此模式绘画不会发生任何变化。

（26）颜色：用基色的明亮度以及混合色的色相和饱和度创建结果色。这样可以保留图像中的灰色，并且对于给单色图像上色和给彩色图像着色都会非常有用。

（27）明度：用基色的色相和饱和度以及混合色的明亮度创建结果色。此模式创建与“颜色”模式相反的效果。

思考练习 1-5

1. 什么是彩色的三要素？紫色、黄色和青色相加混色后的颜色是什么颜色？

2. 制作一幅“北京旅游”网页的标题栏图像，它是由 6 幅北京名胜图像水平拼接而成的，图像之上有立体文字“北京旅游”。

3. 将【实例 1】“风景摄影”图像的画布调整为宽 1000 像素、高 600 像素。将画布内左上角的三原色混色图像等比例缩小，再复制 2 份，分别移到画布窗口内的左下角和右上角。再添加 2 幅风景图像，重新布置画面。

4. 参考【实例 1】所述方法，制作一个“摄影之家”图像，如图 1-5-29 所示。

5. 制作一幅“三补色混合”图像，如图 1-5-30 所示。可以看到，在立体彩色框架内有一幅反映黄色、品红色和青色三补色混合效果的图像，右边是带阴影的立体彩色文字。

图 1-5-29 “摄影之家”图像

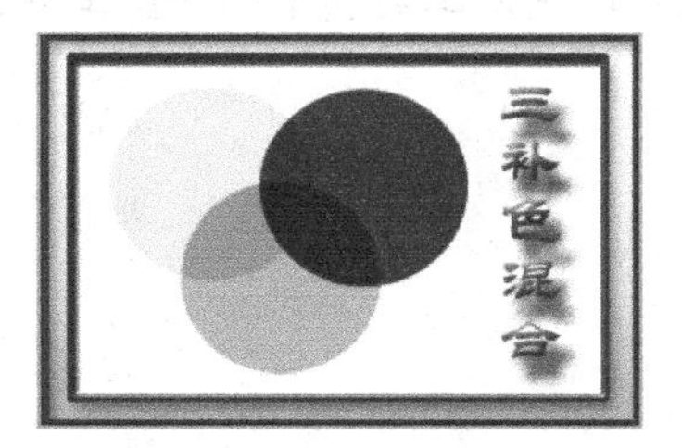

图 1-5-30 “三补色混合”图像

第2章

选区、填充和描边

本章提要：

本章介绍了工具箱中创建选区的工具，命令创建选区，调整和修改选区，利用渐变工具给选区内填充渐变颜色，编辑选区内图像和选择性粘贴图像，选区描边等。

在 Photoshop 中，常需要对部分图像进行操作，这就需要创建选区将这部分图像选出来。选区也叫选框，是一条流动虚线围成的区域。有了选区后，则可以只对选区内的图像进行编辑。如果没有创建选区，则对图像的编辑操作是针对整个图像的，有些操作则无法进行。创建选区可以使用工具箱中的一些工具、命令，以及使用路径、通道和蒙版等技术。

2.1 【实例 2】彩球和彩环

“彩球和彩环”图形如图2-1-1所示。可以看到，在绿色立体框架内，在花纹背景图案之上，有一个立体透明绿色彩球和一个套在彩球外边的七彩环（七彩色为红、橙、黄、绿、青、蓝、紫）组成整个图形。

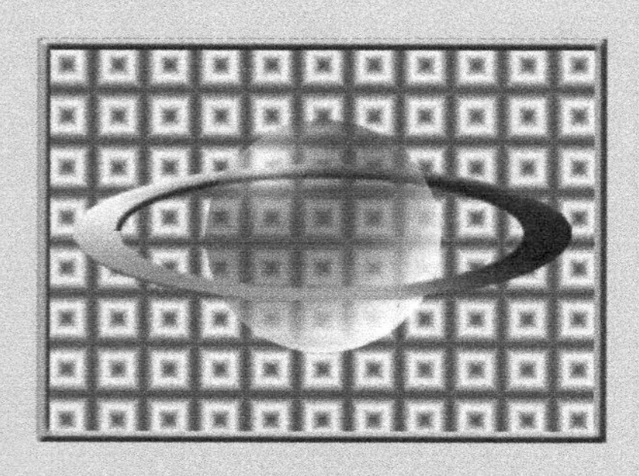

图 2-1-1 “彩球和彩环”图形

制作方法

1. 制作花纹图案

（1）新建宽度为420像素、高度为305像素、模式为 RGB 颜色、背景为白色的画布。然后，以名称“【实例2】彩球和彩环.psd”保存。

（2）将画布放大为400%，选择“视图”→“标尺”命令，使画布窗口显示标尺。拖曳创建2条水平参考线和2条垂直参考线。单击工具箱中的“矩形选框工具”，按住Shift键，同时在参考线范围内拖曳创建一个正方形选区，如图2-1-2所示。

（3）单击“渐变工具”按钮，在选项栏中，单击按下“菱形渐变”按钮，单击“渐变样式”下拉列表框，调出“渐变编辑器”对话框，单击该面板内的“橙、黄、橙渐变”图标，如图2-1-3所示，设置渐变填充色。

（4）在正方形选区内从中心向外拖曳，填充一个图案，如图2-1-4所示。

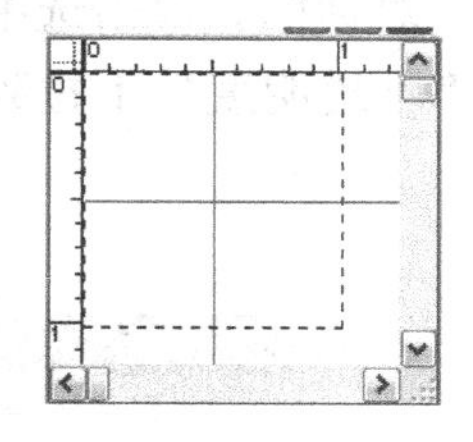

图2-1-2　正方形选区

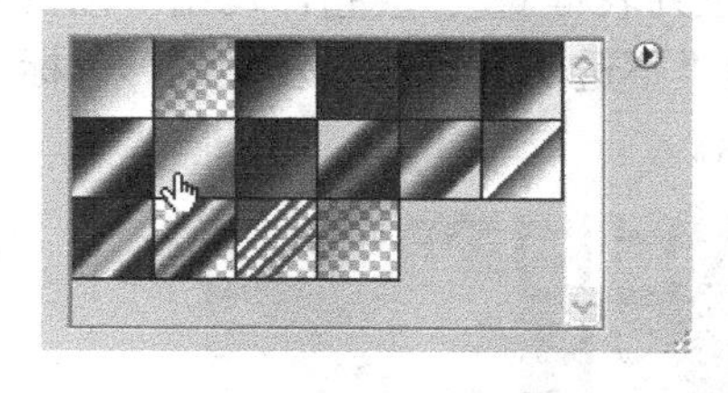

图2-1-3　“渐变编辑器”对话框渐变色设置

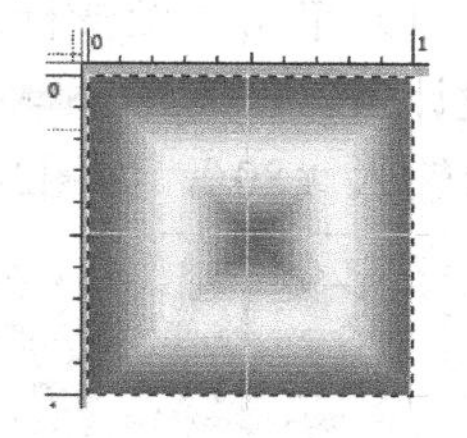

图2-1-4　方形色彩图案

（5）选择“编辑”→“定义图案”命令，调出“图案名称”对话框。在其文本框中输入图案的名称，如图2-1-5所示。单击“确定”按钮，即可创建一个图案。

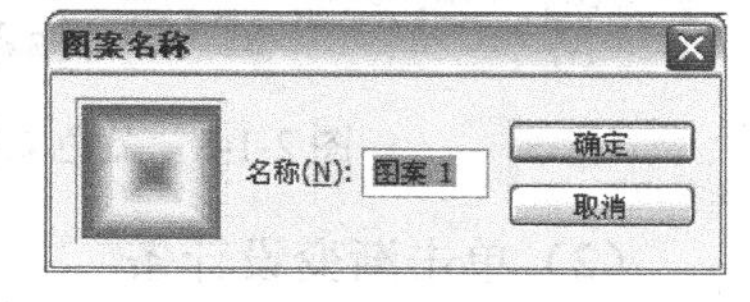

图2-1-5　“图案名称”对话框

（6）在“历史记录”面板中，单击“新建”操作步骤，回到第一步操作状态。

（7）单击工具箱中的“油漆桶工具”按钮，再在其选项栏的“填充”下拉列表框内选择“图案”选项，在“图案”面板中选中“图案1”图案。单击画布，用该图案填充整个画布。

2. 制作立体彩球

（1）单击“图层”面板中的“创建新图层”按钮，在“背景”图层之上创建一个“图层1”图层，同时选中该图层。设置前景色为白色，背景色为深绿色。

（2）单击“渐变工具”按钮，单击“渐变样式”下拉列表框，调出“渐变编辑器”对话框。单击该对话框内“预设”栏内第1个“前景色到背景色渐变”图标，下边的渐变设计条也随之变化。

（3）水平向左拖曳渐变设计条下边“颜色”栏内右边的色标，使它向左移动一些，此时，下边“位置”文本框中的数据自动调整为70%。

（4）单击下边“颜色”栏内最右边，增加一个色标，单击“颜色”下拉列表框的黑色箭头，调出它的菜单，如图2-1-6所示。选择该菜单中的“前景”选项，设置该色标的颜色为前景色，即白色。此时，“渐变编辑器”对话框的渐变色设置如图2-1-7所示。然后，单击“确定”按钮，完成渐变色设置，关闭“渐变编辑器”对话框。

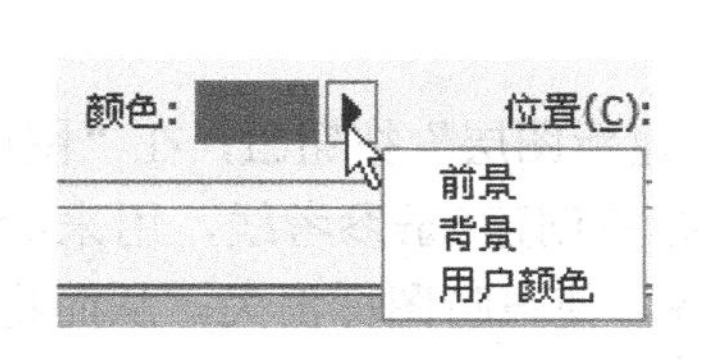

图2-1-6　“颜色”下拉列表框菜单

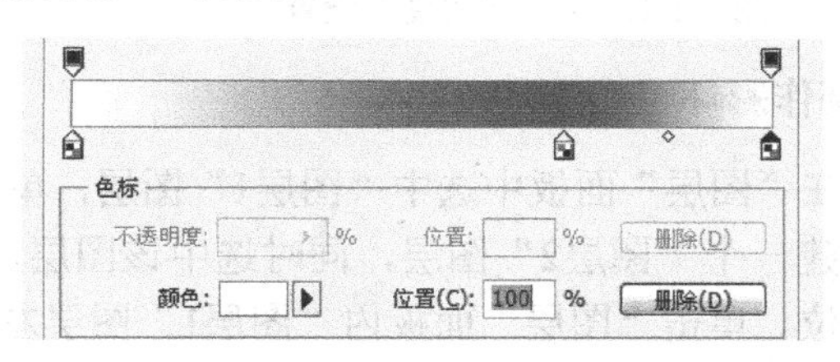

图2-1-7　“渐变编辑器”对话框渐变色设置

（5）单击工具箱中的“椭圆选框工具”按钮，再按住 Shift 键，同时用鼠标在文档窗口内拖曳，创建一个圆形选区，如图2-1-8左图所示。

（6）单击“渐变工具”按钮，单击按下选项栏中的“径向渐变”按钮。在选区内从左上方向右下方拖曳，创建一个绿色立体彩球图形，如图2-1-8中图所示。按 Ctrl+D 组合键，取消选区，绘制的实心立体彩球如图2-1-8右图所示。

3. 制作透明立体彩球

（1）单击“渐变样式”下拉列表框，调出“渐变编辑器”对话框。单击选中渐变设计条上边“不透明度”栏内左边的色标，再在“不透明度”下拉列表框内输入“80”，如图2-1-9所示。

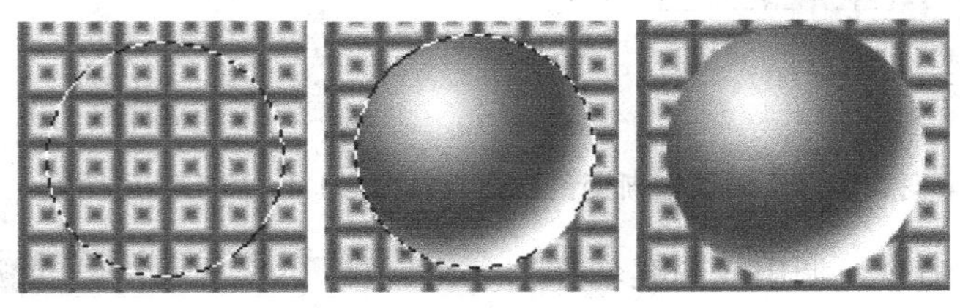

图 2-1-8　蓝色立体彩球图形

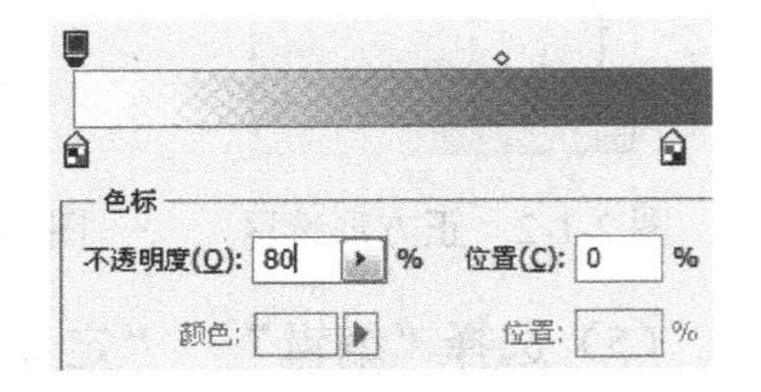

图 2-1-9　“不透明度”设置

（2）单击渐变设计条上边“不透明度”栏内，添加一个色标，再在“不透明度”下拉列表框内输入“70”，在“位置”文本框中输入“40”。

（3）单击选中渐变设计条下边“颜色”栏内中间的色标，在“位置”文本框中输入“40”，如图2-1-10所示。

（4）单击选中渐变设计条上边“不透明度”栏内最右边的色标，在“不透明度”下拉列表框内输入“80”，在“位置”文本框中输入“100”。

（5）单击该对话框内的“确定”按钮，设置好了渐变色为白色到蓝色，再到白色，不透明度从左到右分别为80%、70%和80%。

（6）在“历史记录”面板内将操作步骤退回到创建圆形选区这一步。在选区内从左上方向右下方拖曳，即可创建一个透明立体彩球，如图2-1-11左图所示。

（7）按 Ctrl+D 组合键，取消选区，透明立体彩球制作完毕，如图2-1-11右图所示。

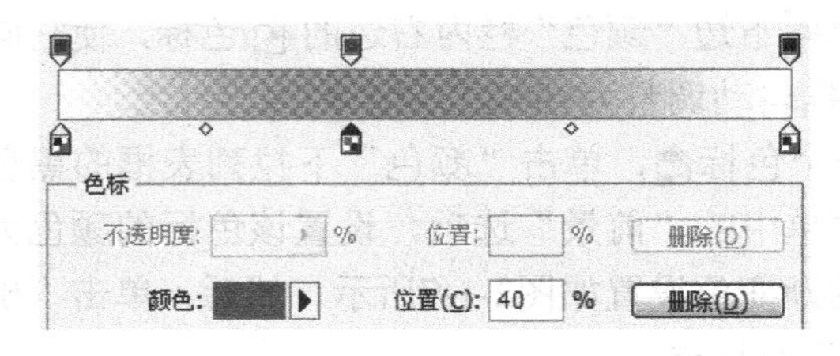

图 2-1-10　“不透明度”设置

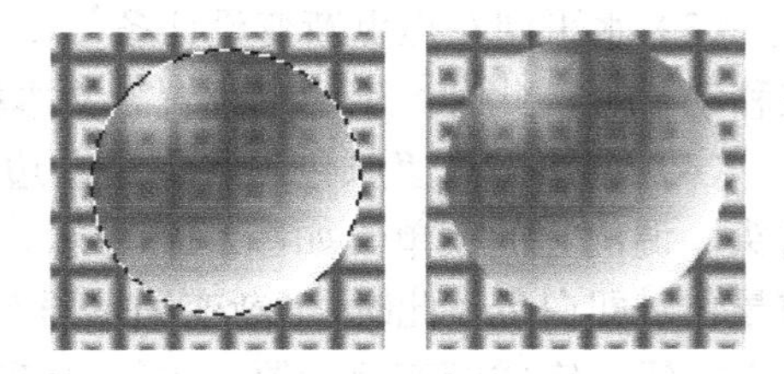

图 2-1-11　透明立体彩球

4. 制作彩环

（1）在“图层”面板中选中“图层1”图层，单击“创建新图层”按钮，在“图层1”图层之上创建一个“图层2”图层，同时选中该图层。在画布中创建6条参考线，用来给椭圆图形填充定位。单击“图层”面板内“图层1”图层左边的，使眼睛图标消失，从而将“图层1”图层隐藏。

（2）单击工具箱中的“椭圆选框工具”按钮，按住Alt+Shift组合键，在画布的中心拖曳，松开鼠标左键，再松开Alt+Shift组合键，在画布中创建一个圆形选区。

（3）单击工具箱中的“渐变工具”按钮，再单击按下选项栏中的“角度渐变”按钮，然后单击“渐变样式”下拉列表框，调出“渐变编辑器”对话框。在“预置”列表框中选择“色谱渐变色”。

（4）双击调色栏内左起第1个色标，调出“拾色器”对话框。在“R”文本框中输入255，在“G”文本框中输入0，在“B”文本框中输入0，单击“确定”按钮，设置为红色。再双击调色栏内左起第2个色标，调出“拾色器”对话框，在“R”文本框中输入255，在“G”文本框中输入130，在“B”文本框中输入0，单击“确定”按钮，设置为橙色。按照相同的方法，依次改变其他5个关键点色标的颜色。这些关键点色标的R、G、B值分别为黄（R=255，G=255，B=0），绿（R=0，G=255，B=0），青（R=0，G=255，B=255），蓝（R=0，G=0，B=255），紫（R=255，G=0，B=255），最后的设置效果如图2-1-12所示。单击“确定”按钮，退出“渐变编辑器”对话框。

（5）从圆形选区中心向边缘拖曳，给选区填充七彩角度渐变色，如图2-1-13所示。

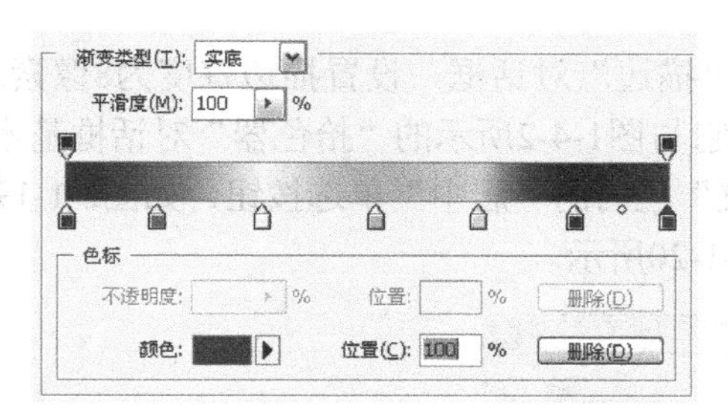

图2-1-12　七彩色设置效果

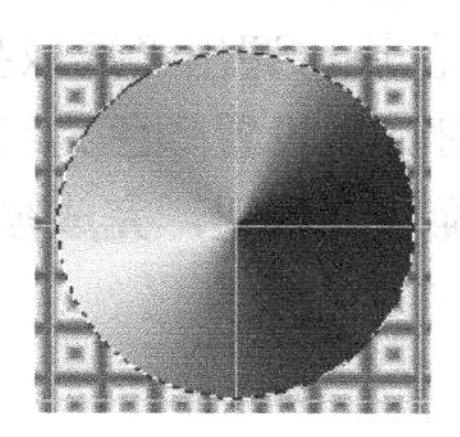

图2-1-13　填充七彩角度渐变色

（6）按Ctrl+D组合键，取消选区。单击“椭圆选框工具”按钮，按住Alt+Shift组合键，在画布中心拖曳，松开鼠标左键，再松开Alt+Shift组合键，创建一个比原来的圆形选区小一些的圆形选区，如图2-1-14左图所示。按Delete键，删除选区内的七彩圆形，形成七彩圆环，如图2-1-14右图所示。

（7）单击“图层”面板内“图层1”图层左边的，使眼睛图标显示，从而将“图层1”图层显示。然后，选中“图层2”图层。按Ctrl+D组合键，取消选区。

（8）选择“编辑”→“自由变换”命令，进入七彩圆环的“自由变换”状态，在垂直方向将七彩圆环调小，在水平方向将七彩圆环调大，如图2-1-15所示。按Enter键。

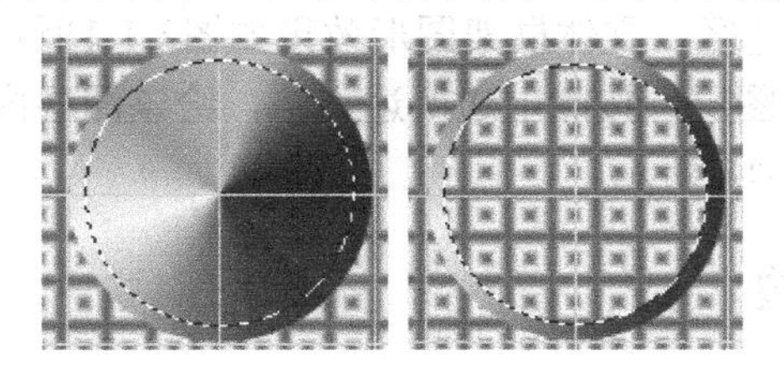

图2-1-14　删除圆形选区内的七彩圆形图形

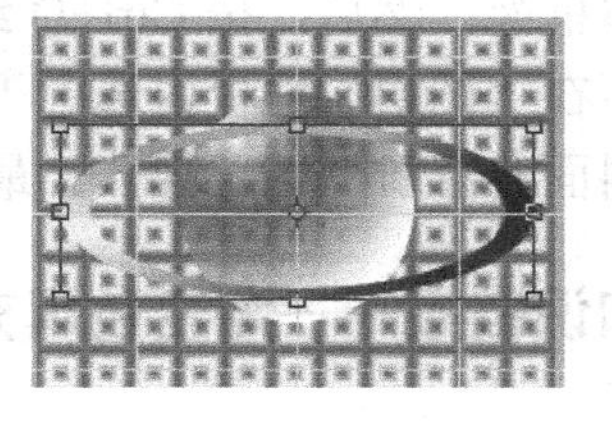

图2-1-15　调整七彩圆环

（9）在“图层”面板内将“图层2”图层拖曳到“创建新图层”按钮之上，复制一个“图层2”图层，名称为“图层2副本”。将该图层拖曳到“图层1”图层的下边。

（10）选中“图层2”图层，单击工具箱中的“矩形选框工具”按钮，创建一个矩形选区，将彩环图形的上半部分选中，如图2-1-16所示。按 Delete 键，删除选区内的彩环图形，效果如图2-1-17所示。最后，按 Ctrl+D 组合键，取消选区。

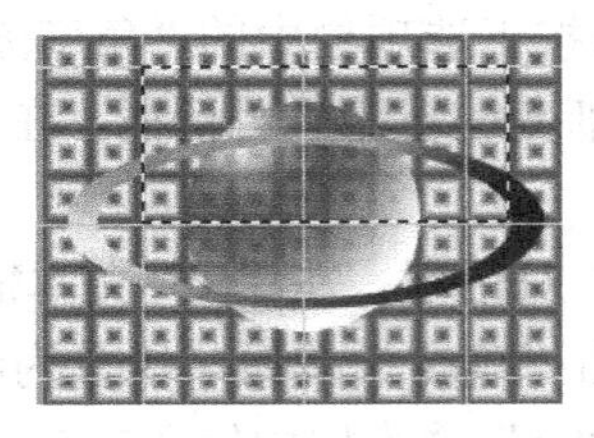
图 2-1-16　矩形选区选中半个彩环

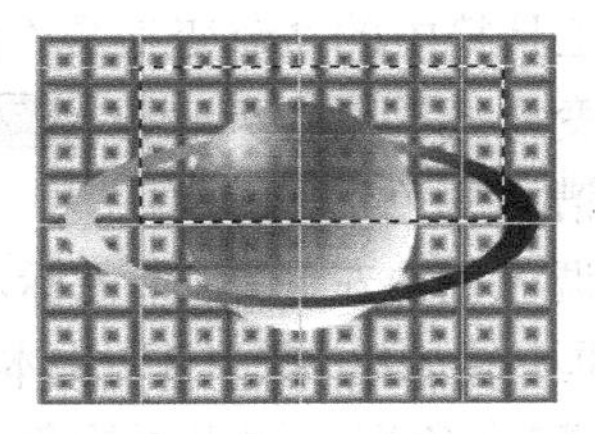
图 2-1-17　删除选区内的彩环

5. 制作绿色立体框架

（1）在“图层”面板中选中“背景”图层，单击“创建新图层”按钮，在“背景”图层之上创建一个“图层3”图层，同时选中该图层。

（2）单击工具箱内的“矩形选框工具”按钮，在舞台工作区内创建一个比舞台工作区小大约5像素的矩形选区，如图2-1-18所示。

（3）选择“编辑”→“描边”命令，调出“描边”对话框，设置描边宽度为8像素。单击“颜色”色块，调出“选取描边颜色”对话框，它与图1-4-2所示的“拾色器”对话框基本一样，利用该对话框设置颜色为绿色；单击选中“位置”栏内的“居中”单选按钮，如图2-1-19所示。单击“确定”按钮，完成描边任务。效果如图2-1-20所示。

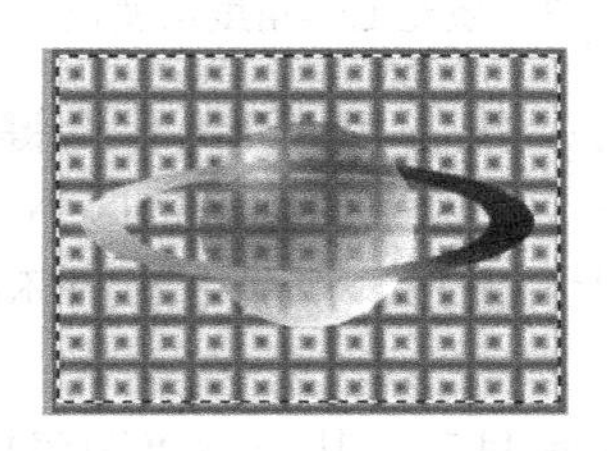
图 2-1-18　创建选区

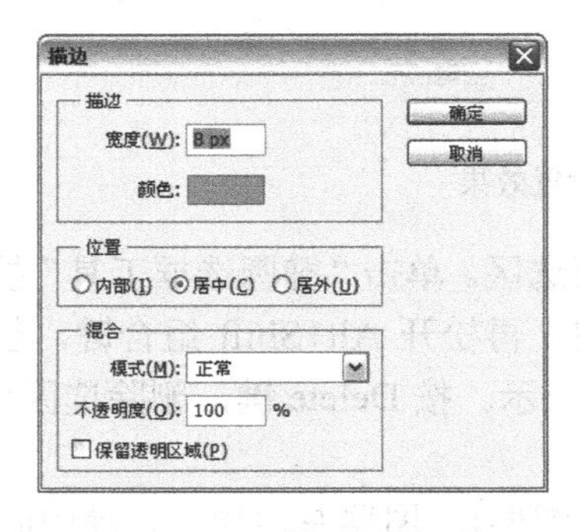

图 2-1-19　“描边”对话框

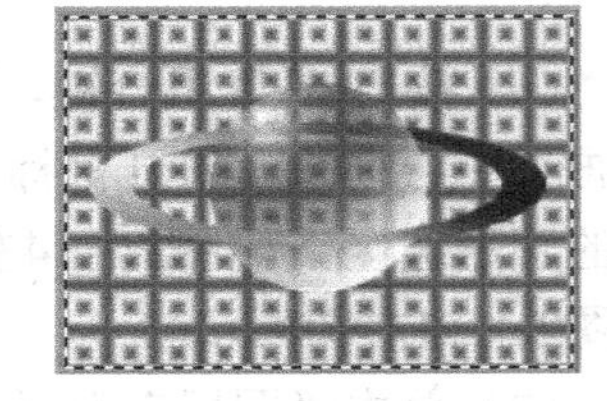
图 2-1-20　描边效果

（4）单击“图层”面板中的“添加图层样式”按钮，调出它的菜单，单击其内的“斜面和浮雕”命令，调出“图层样式”对话框，采用默认值，单击“确定”按钮，制作出一个绿色立体框架。然后，按 Ctrl+D 组合键，取消选区，立体框架图形效果如图2-1-1所示。

（5）在“图层”面板内选中“图层2副本”图层，按照上边所述方法，给该图层内的图像添加“斜面和浮雕”图层样式。最后效果如图2-1-1所示。

知识链接——渐变色填充和选区描边

1. 渐变工具的选项栏

单击按下工具箱中的“渐变工具”，在选区内拖曳，可以给选区内填充渐变颜色。在没有选区的图像内拖曳，可以给整个画布填充渐变颜色。此时的选项栏如图2-1-21所示。该选项栏中一些选项在前面已经介绍过了，下面介绍其他选项的作用。

图 2-1-21 “渐变工具”选项栏

（1）按钮组：它有5个按钮，用来选择渐变色的填充方式。单击按下其中一个按钮，可进入一种渐变色填充方式。不同的渐变色填充方式具有相同的选项栏。

（2）“渐变样式”下拉列表框：单击该列表框的黑色箭头按钮，可弹出“渐变编辑器”对话框，如图2-1-3所示。单击一种样式图案，即可完成填充样式的设置。在选择不同的前景色和背景色后，“渐变编辑器”对话框内的渐变颜色的种类会稍不一样。

（3）“反向”复选框：选中该复选框后，可以产生反向渐变的效果。图2-1-22左图是没有选中该复选框时的填充效果，图2-1-22右图是选中“反向”复选框时的填充效果。

（4）“仿色”复选框：选中该复选框后，可使填充的渐变色色彩过渡更加平滑和柔和。

（5）“透明区域”复选框：选中该复选框后，允许渐变层的透明设置，否则禁止渐变层的透明设置。

2. 渐变色填充方式的特点

（1）“线性渐变”填充方式：形成起点到终点的线性渐变效果。起点即拖曳时单击按下鼠标左键的点，终点即拖曳时松开鼠标左键的点，如图2-1-23所示。

（2）“径向渐变”填充方式：形成由起点到四周的辐射状渐变效果，如图2-1-24所示。

（3）“角度渐变”填充方式：形成围绕起点旋转的螺旋渐变效果，如图2-1-25所示。

图 2-1-22　非反向和反向渐变　　图 2-1-23　线性渐变　　图 2-1-24　径向渐变　　图 2-1-25　角度渐变

（4）“对称渐变”填充方式：可以产生两边对称的渐变效果，如图2-1-26左图所示。

（5）“菱形渐变”填充方式：可以产生菱形渐变的效果，如图2-1-26右图所示。

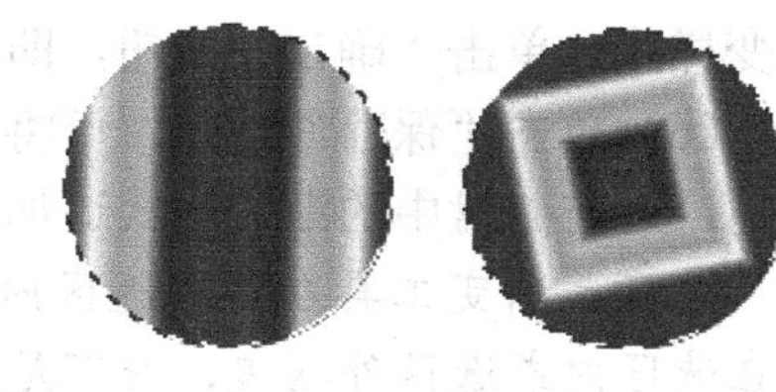

图 2-1-26　对称和菱形渐变

3. 创建新渐变样式

单击“渐变样式”下拉列表框黑色箭头处，调出“渐变编辑器”对话框。利用它可以设计新的渐变样式。设计方法及该对话框内主要选项的作用如下。

（1）“渐变类型”下拉列表框内有两个选项，一个是“实底”选项，如图2-1-27所示；另一个是“杂色”选项，如图2-1-28所示。

利用“渐变编辑器”（杂色）对话框可以设置杂色的粗糙程度、杂色颜色模式、杂色颜色和透明度等。单击“随机化”按钮，可产生不同的杂色渐变样式。

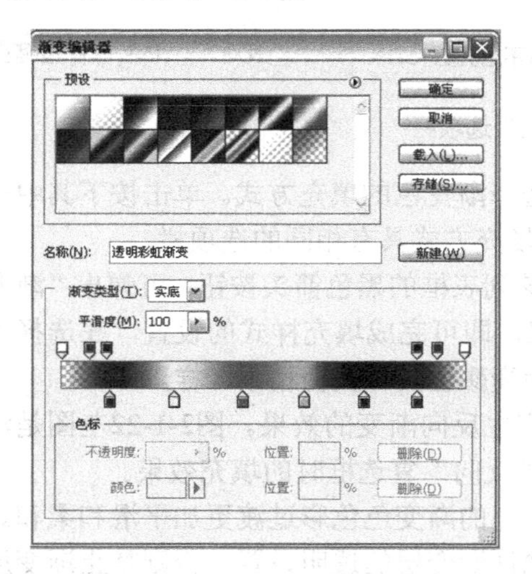

图 2-1-27 “渐变编辑器”（实底）对话框

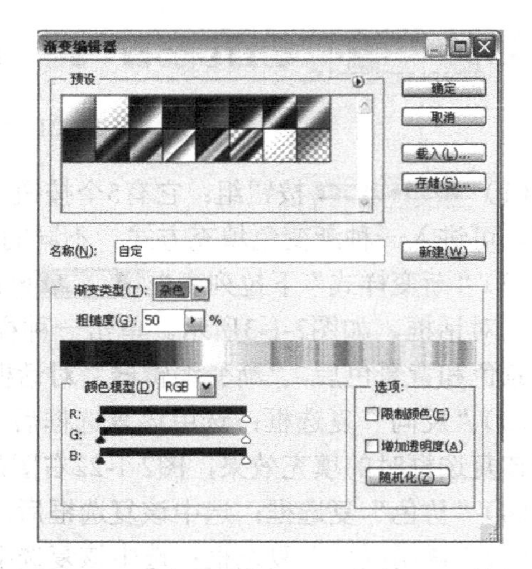

图 2-1-28 “渐变编辑器”（杂色）对话框

（2）在渐变设计条下边单击，会增加一个颜色图标（简称色标），色标上面有一个黑色箭头，指示了该颜色的中心点，它的两边各有一个菱形滑块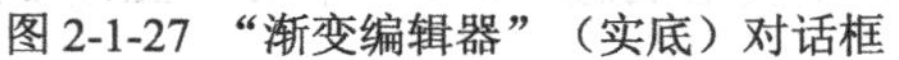，拖曳菱形滑块，可以调整颜色的渐变范围。

单击“色板”或“颜色”面板内的一种颜色，即可确定该色标的颜色。也可以双击该色标，调出“拾色器”对话框，利用该对话框来确定色标的颜色。

（3）单击选中颜色图标，“色标”栏内下边的“颜色”下拉列表框、“位置”文本框和“删除”按钮变为有效。利用“颜色”下拉列表框可以选择颜色的来源（背景色、前景色或用户颜色）；改变“位置”文本框内的数据可以改变色标的位置，这与拖曳色标的作用一样；单击选中色标，再单击“删除”按钮，即可删除选中的色标。

（4）在渐变设计条上边单击，会增加一个不透明度色标和两个菱形滑块。单击选中不透明度色标，“不透明度”与“位置”文本框和“删除”按钮变为有效。利用“不透明度”文本框可以改变色标处的不透明度。

（5）在“名称”文本框内输入新填充样式的名称，再单击“新建”按钮，即可新建一个渐变样式。单击“确定”按钮，即可完成渐变样式的创建，并退出该对话框。

（6）单击“保存”按钮，可将当前“预设”栏内的渐变样式保存到磁盘中。单击“载入”按钮，可将磁盘中的渐变样式追加到当前“预设”栏内的渐变样式的后面。

注意：渐变工具在整个选区内填充已选择的渐变色。渐变工具填充渐变色的方法是用鼠标在选区内或选区外拖曳，而不是单击。鼠标拖曳时的起点不同，会产生不同的效果。

4．选区描边

在画布窗口内创建选区，如图2-1-29所示。然后，选择“编辑”→“描边”命令，调出“描边”对话框。利用它设置描边6像素、红色、居中，如图2-1-30所示。单击“确定”按钮，即可完成描边任务，如图2-1-31所示。“描边”对话框各选项的作用如下。

（1）“宽度”文本框：用来输入描边的宽度，单位是像素（px）。

（2）“颜色”按钮：单击它，可调出“拾色器”对话框，利用它可以设置描边的颜色。

（3）“位置”栏：选择描边相对于选区边缘线的位置（居内、居中或居外）。

（4）“混合”栏：其中“不透明度”文本框用来调整填充色的不透明度。如果当前图层的图像透明，则“保留透明区域”复选框为有效，选中它后，则不能给透明选区描边。

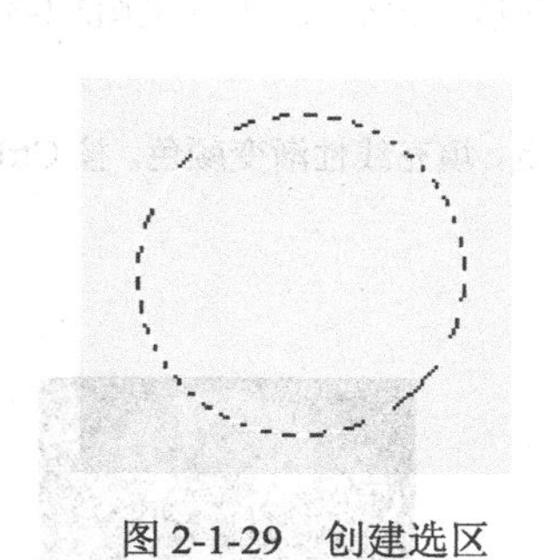

图 2-1-29 创建选区

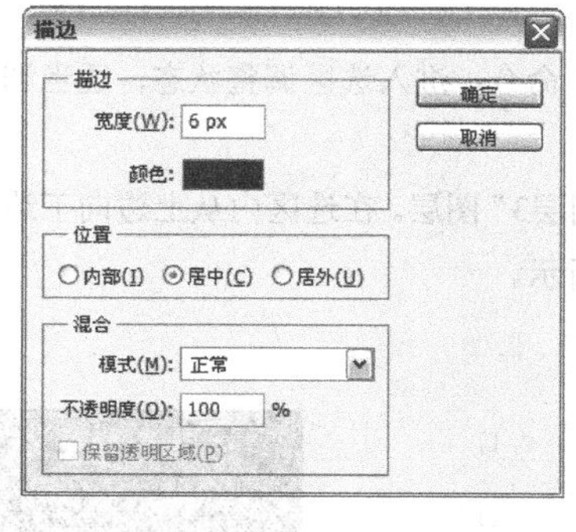

图 2-1-30 “描边”对话框

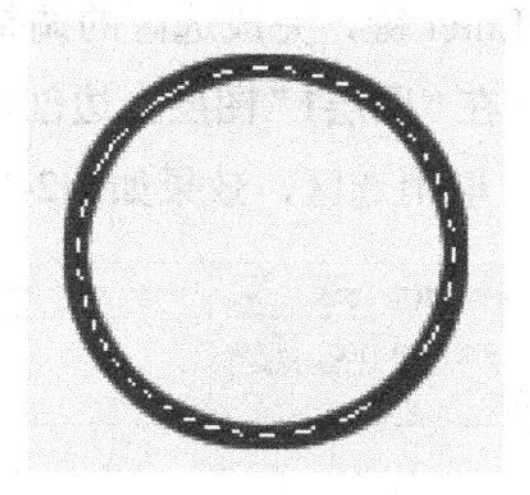

图 2-1-31 描边效果

思考练习 2-1

1. 在【实例2】的基础之上，添加一个倾斜的、金黄色立体环，围绕透明彩球，如图2-1-32所示。另外，将【实例2】中的彩球颜色改为蓝色。

2. 制作一幅“台球”图形，如图2-1-33所示。在此基础之上，制作一幅“台球和球杆”图像，如图2-1-34所示。在深绿色背景之上，有一个台球案子，台球案子之上有一个红色台球、一个棕色台球和两支球杆。制作图2-1-33所示台球的方法提示如下。

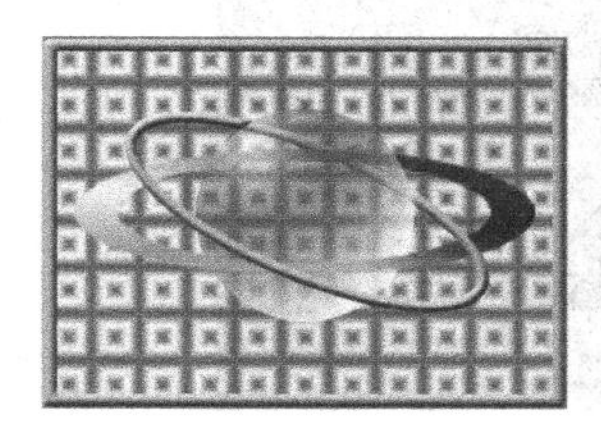

图 2-1-32 添加立体环

图 2-1-33 台球

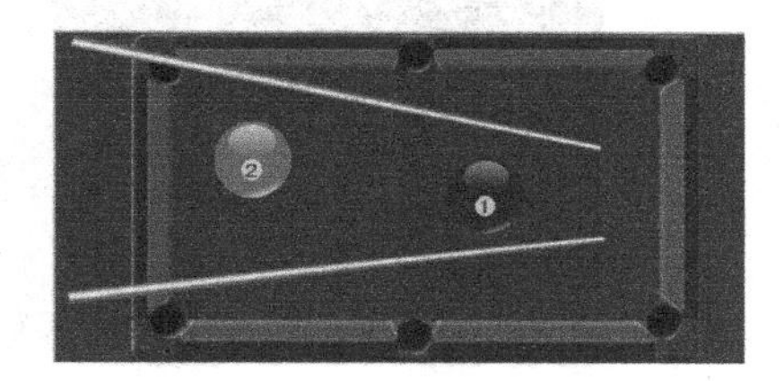

图 2-1-34 “台球和球杆”图像

（1）创建一个圆形选区。使用“渐变工具”，设置“线性渐变”方式，调出“渐变编辑器”对话框，设置渐变色为白色（Alpha 为43%）到白色（Alpha 为0%），如图2-1-35所示。单击“确定”按钮。

（2）在选区内从左上边向右下边拖曳，给圆形选区填充从白色到白色的线性渐变颜色，如图2-1-36所示。在“图层1”图层下边创建“图层2”图层。设置前景色为红色，按 Alt+Delete 组合键，在“图层2”图层内给选区填充红色，如图2-1-37所示。

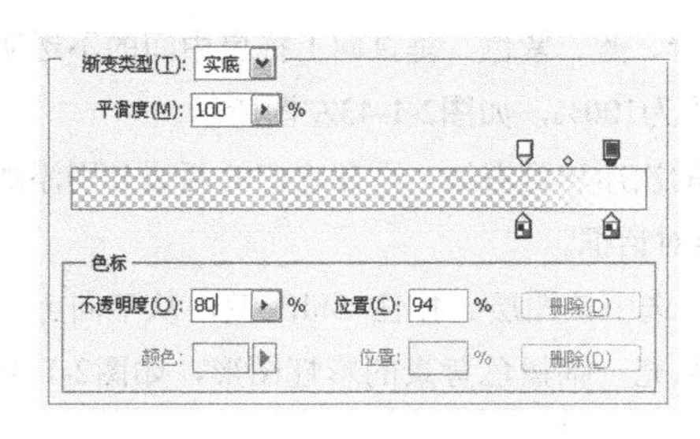

图 2-1-35 设置渐变色

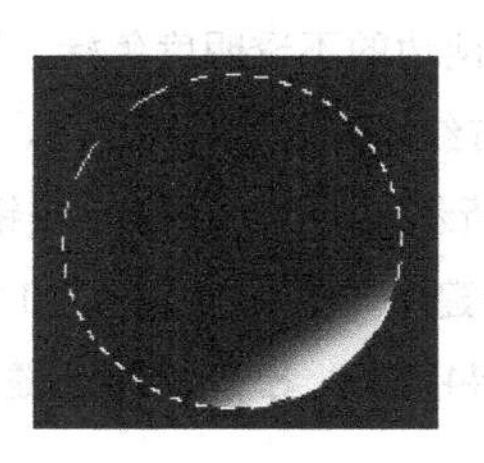

图 2-1-36 填充渐变色

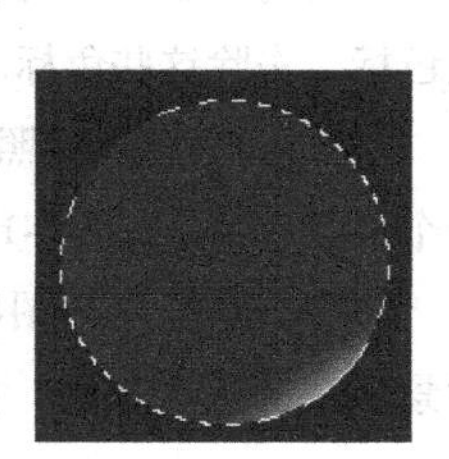

图 2-1-37 填充红色

（3）调出“渐变编辑器”对话框，设置渐变色为白色（Alpha 为80%）到白色（Alpha 为0%），如图2-1-38所示。单击“确定”按钮。

（4）选择“选择”→“变换选区”命令，进入选区调整状态，适当调整选区的大小和形状（见图2-1-39），然后按 Enter 键，完成选区的调整。

（5）在“图层1”图层上边创建“图层3”图层。在选区内从上边向下边拖曳，填充线性渐变颜色。按 Ctrl+D 组合键，取消选区，效果如图2-1-40所示。

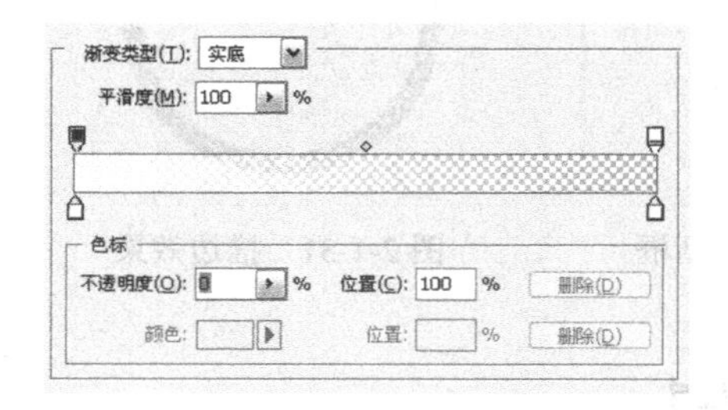

图 2-1-38　设置渐变色

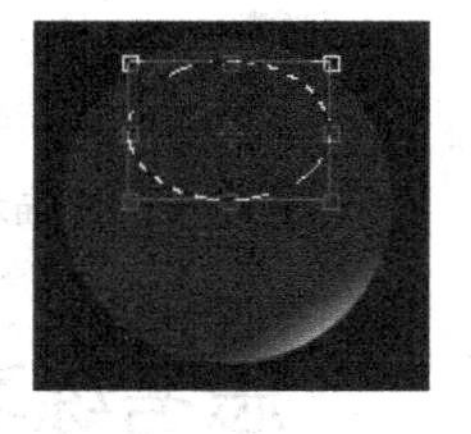

图 2-1-39　调整选区

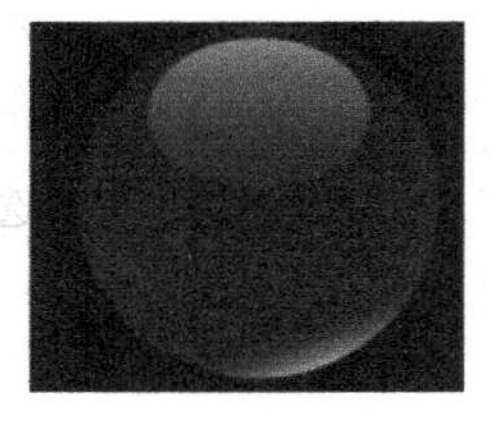

图 2-1-40　彩球图形

（6）在“图层3”图层之上创建“图层4”图层，绘制一个填充灰色（R、G、B 值均为220）的圆形，再使用“横排文字工具” T，输入黑色数字“1”，如图2-1-33所示。

3．制作一幅“彩虹”图像，如图2-1-41所示。该图像是在图2-1-42所示的风景图像之上制作彩虹后得到的。该图像的制作方法提示如下。

图 2-1-41　“彩虹”图像

图 2-1-42　风景图像

（1）打开一幅风景图像，如图2-1-42所示。再以名称“彩虹.psd”保存。

（2）使用工具箱中的“渐变工具”，单击按下选项栏中的“径向渐变”按钮。再单击“渐变样式”下拉列表框，调出“渐变编辑器”对话框。单击选择“预设”列表框中的“透明彩虹”渐变色。

（3）单击调色栏内左起第1个色标右边，增加一个色标。双击该色标，调出“拾色器”对话框。设置该色标的颜色为橙色。再调整其他6个色标的颜色分别为红、黄、绿、青、蓝、紫色。垂直向上拖曳中间的不透明度色标，去除这些色标。只保留两边的不透明度色标，不透明度均为100%，如图2-1-43左图所示。

（4）将7个色标按照从左到右红、橙、黄、绿、青、蓝、紫色的次序移到右边，再在它们的两边分别添加一个黑色色标，如图2-1-43右图所示。单击“确定”按钮，退出该对话框。

（5）在“背景”图层之上新建一个名称为“图层1”的图层，选中该图层。按住 Shift 键，从下向上在背景图像上垂直拖曳，如图2-1-44所示，松开鼠标左键后，即可填充一幅黑色背景的彩虹图形，如图2-1-45所示。

（6）在“图层”面板内的“混合模式”下拉列表框内选择“滤色”选项，在“不透明度”文本框内输入40%，使“图层1”图层图像的不透明度为40%。画面如图2-1-46所示。

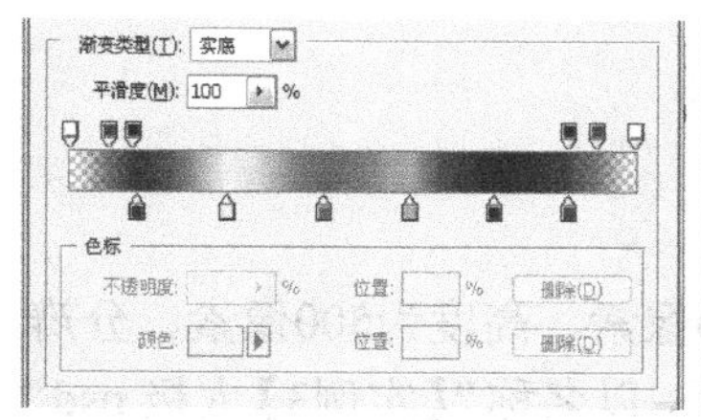

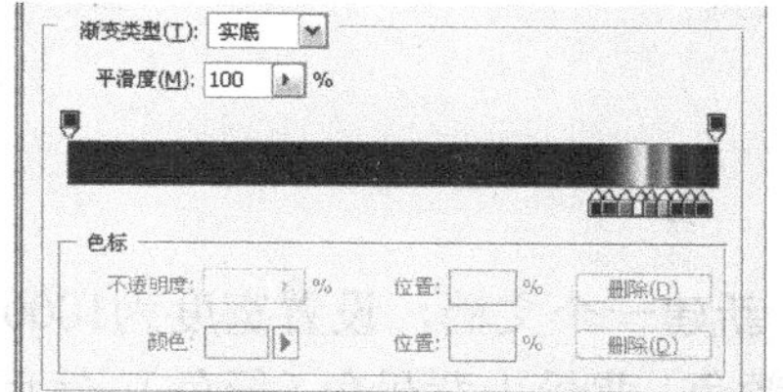

图 2-1-43 “渐变编辑器”对话框设置

图 2-1-44 垂直向上拖曳

（7）使用工具箱中的“橡皮擦工具”，在其选项栏“模式”下拉列表框中选择“画笔”选项，在“不透明度”文本框内输入30%。单击“画笔预设”按钮，调出“画笔预设”选取器，设置大小为65像素，硬度为0%，如图2-1-47所示。再擦除彩虹两端的图形。

（8）单击“画笔预设”按钮，调出“画笔预设”选取器，设置主直径为5像素，硬度为100%，擦除左边建筑的尖塔和绿树上的彩虹图像。最后效果如图2-1-41所示。

图 2-1-45 彩虹图形

图 2-1-46 调整不透明度后

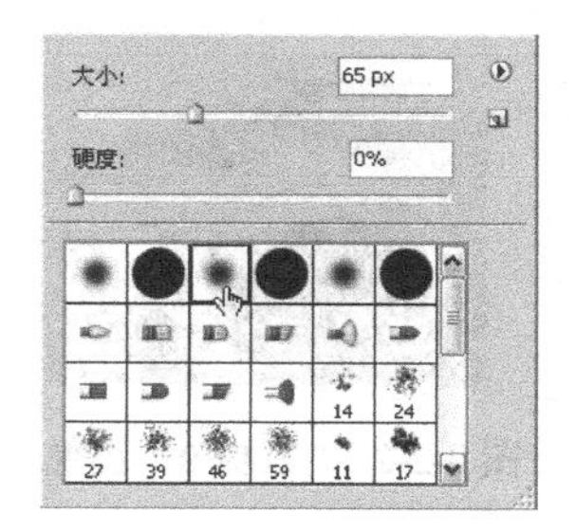

图 2-1-47 “画笔预设”选取器

2.2 【实例 3】太极

“太极”图像如图2-2-1所示。画面以浅蓝色为底色，有太极圣地图像和练习太极武术的男女老少、中外人士图像，还有一幅太极图，以及一段介绍太极博大精深的文字“太极是阐明宇宙从无极而太极，以至万物化生的过程。无极即道，是比太极更加原始的天地未开、混沌未分阴阳之前的状态，两仪即为太极的阴、阳二仪，两仪生四象，四象生八卦。”图像之上添加了白色网格，使整个画面显得简单、明净。

图 2-2-1 “太极”图像

制作方法

1. 制作4幅图像

（1）设置背景色为浅绿色。新建一个文档，设置宽度为1000像素、高度为500像素、分辨率为72像素/英寸、模式为RGB颜色、背景为背景色（绿色）。然后，以名称"【实例3】太极.psd"保存。

（2）打开"太极"文件夹内的"太极0.jpg"、"太极1.jpg"、"太极2.jpg"3幅关于太极圣地的图像，将前两幅图像进行裁剪处理，效果如图2-2-2和图2-2-3所示。选中第3幅图像，双击"图层"面板内的"背景"图层，调出"新建图层"对话框，单击"确定"按钮，将"背景"图层转换为普通图层，再选择"编辑"→"变换"→"旋转"命令，适当旋转图像，按Enter键后再进行裁剪，效果如图2-2-4所示。

图2-2-2 "太极0"图像

图2-2-3 "太极1"图像

图2-2-4 "太极2"图像

（3）使用工具箱中的"移动工具"，将3幅图像分别拖曳至"【实例3】太极.psd"画布窗口中，这时在"图层"面板中生成"图层1"、"图层2"、"图层3"三个图层，分别放置这三幅图像。选中选项栏内的"自动选项"复选框，分别调整3幅图像的位置和大小，在"图层"面板内拖曳图层的上下相对位置，最后效果如图2-2-5所示。

（4）打开"太极6.jpg"图像，调整其宽度为400像素、高度为300像素，如图2-2-6所示。

图2-2-5 3幅加工后的图像

图2-2-6 "太极6"图像

（5）单击工具箱中的"磁性套索工具"按钮，鼠标指针变为磁性套索状，沿着"太极6"图像中的任务轮廓拖曳，如图2-2-7所示。最后回到起点，当鼠标指针出现小圆圈时，单击即可形成一个闭合的选区，如图2-2-8所示。

（6）将图像的显示比例调整为200%。单击工具箱内的"椭圆选框工具"按钮，按住Alt键，鼠标指针右下方会出现一个减号，在选中多余图像处拖曳一个圆形选区，使该选区与原选区相减，如图2-2-9所示。将头部选中多余图像减除后的选区的效果如图2-2-10所示。使用这种方法，再将人物选区其他部分进行处理。

图 2-2-7 使用“磁性套索工具”拖曳后的效果

图 2-2-8 创建的选区

（7）也可以使用“矩形选框工具”。单击工具箱内的“矩形选框工具”按钮，按住 Shift 键，在选区没选中人物的部分图像处拖曳，则创建的选区与原选区相加。最后创建的选区尽量刚好选中人物。

（8）选择“选择”→“反向”命令，创建选中原选区外的选区。选择“选择”→“修改”→“平滑”命令，调出“平滑选区”对话框，在“取样半径”文本框内输入3，如图2-2-11所示，再单击“确定”按钮，关闭该对话框，使选区更平滑一些，如图2-2-12所示。

图 2-2-9 选区相减

图 2-2-10 减除后的效果

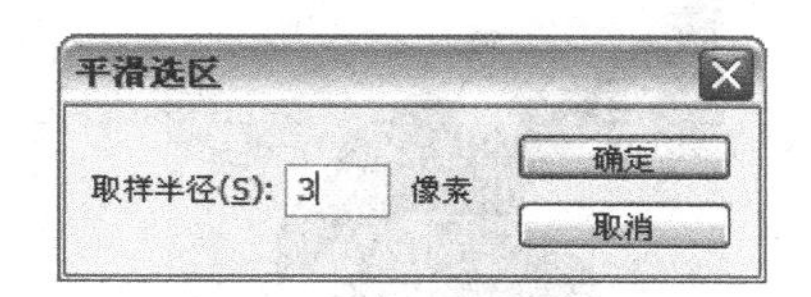

图 2-2-11 “平滑选区”对话框

（9）将图像的显示比例调整为400%，如果选区整体多选中了一点人物部分的图像，可以选择“选择”→“修改”→“收缩”命令，调出“收缩选区”对话框，根据需要的收缩量在文本框内输入相应的数值，再单击“确定”按钮；如果选区整体少选中了一点人物部分的图像，可以选择“选择”→“修改”→“扩展”命令，调出“扩展选区”对话框，根据需要的扩展量在文本框内输入相应的数值，再单击“确定”按钮。

（10）再按照上边所述方法，进行选区相加或相减操作，更好地修改选区。然后，双击“背景”图层，调出“新建图层”对话框，单击“确定”按钮，将“背景”图层转换为普通图层。按 Delete 键，删除选区内的人物背景图像，效果如图2-2-13所示。

图 2-2-12 选区反向和平滑效果

图 2-2-13 删除选区内的图像

（11）选择“选择”→“反向”命令，使选区选中人物图像。选择“编辑”→“拷贝”命令，将选区内的人物图像复制到剪贴板内。单击“【实例3】太极.psd”画布窗口标签，切换到“【实例3】太极.psd”画布窗口。选择“编辑”→“粘贴”命令，将剪贴板内的图像粘贴到该画布窗口内。这时在“图层”面板中自动生成一个“图层4”图层，其内放置刚刚粘贴的图像。

（12）选中“图层4”图层，使用“移动工具”，调整粘贴的人物图像的位置，选择“编辑”→“变换”→“水平翻转”命令，使人物图像水平翻转；选择“编辑”→“自由变换”命令，进入人物图像的自由变换状态，调整该图像的大小和旋转角度，按Enter键，加工后的图像如图2-2-14所示。

2. 制作其他图像和羽化图像

（1）打开“太极15.jpg”图像，双击“背景”图层，调出“新建图层”对话框，单击“确定”按钮，将“背景”图层转换为普通图层。单击工具箱中的“魔棒工具”按钮，鼠标指针变为魔棒状，单击人物背景，创建一个选区，将与单击点相连处颜色相同或相近的图像像素包围起来。再按住Shift键，同时单击没选中的背景图像，直至选区几乎将所有背景图像选中为止。再采用选区相加减的方法修改选区，效果如图2-2-15所示。

（2）按Delete键，删除选区内的人物背景图像，按Ctrl+D组合键，取消选区，效果如图2-2-16所示。使用“移动工具”，将该图像拖曳复制到“【实例3】太极.psd”画布窗口，在“图层”面板中自动生成一个“图层5”图层，其内放置刚刚复制的图像。

图2-2-14　加工后的人物图像

图2-2-15　选中背景的选区

图2-2-16　删除背景

（3）选中“图层5”图层，选择“编辑”→“自由变换”命令，进入人物图像的自由变换状态，调整该图像的大小和旋转角度，按Enter键，确定图像的变换。使用“移动工具”，调整复制的人物图像的位置如图2-2-17所示。

（4）拖曳“图层”面板中的“背景”图层至“创建新图层”按钮之上，生成一个“背景副本”图层。利用“样式”面板菜单将“纹理”中的多种样式追加到“样式”面板中原来样式的后边。单击“样式”面板中的“水中倒影”图标，将该样式应用于“背景副本”图层。此时的画布效果如图2-2-17所示。

（5）按照处理“太极15.jpg”图像的方法，将“太极13.jpg”图像中的人物图像选出并添加到“【实例3】太极.psd”画布。调整该图像的大小和位置，如图2-2-18所示。在“图层”面板内会自动生成一个“图层6”图层，将该图层移到“图层5”图层的上边。

图2-2-17　制作5幅图像

图2-2-18　制作6幅图像

（6）打开“太极7.jpg”图像，单击“椭圆选框工具”按钮◯，在其选项栏内设置选区羽化30像素，再在画布内拖曳选中其中前两个人物，创建一个羽化的椭圆选区。这时看到的椭圆选区是羽化的，比拖曳的椭圆要小一些。

（7）选择“编辑”→“拷贝”命令，将椭圆选区内的羽化图像复制到剪贴板内。切换到“【实例3】太极.psd”画布窗口，选择“编辑”→“粘贴”命令，将剪贴板内的羽化图像粘贴到画面中。使用“移动工具”，调整粘贴的人物图像的位置如图2-2-19所示。在“图层”面板内会自动生成一个“图层7”图层，将该图层移到“图层5”图层的上边。

（8）按照上述方法，再在画布窗口内复制粘贴其他4幅不同程度羽化的图像，调整它们的大小和位置，如图2-2-20所示。在“图层”面板内会自动生成一个“图层8”～“图层11”图层，将这些图层移到“图层5”图层的上边“图层6”图层的下边，然后，单击“图层7”图层的图标，使它变为，隐藏该图层。再将“图层8”～“图层11”图层隐藏。

图 2-2-19　羽化图像

图 2-2-20　添加 4 幅羽化图像

3．制作文字和白线网格

（1）使用工具箱中的“横排文字工具”T，在它的选项栏中设置文字字体为华文楷体，颜色为蓝色，大小为60点，输入文字“太极”。单击工具箱内的“移动工具”按钮，拖曳“图层”面板内的“太极”文本图层到“创建新图层”按钮之上，复制一个“太极”文本图层，名称为“太极副本”。单击选中“太极副本”文本图层，单击“样式”面板内的“迸发”图标，使文字变为立体文字。单击选中“太极”文本图层，单击“样式”面板内的“喷溅蜡纸”图标，使蓝色立体文字“太极”四周出现白色光芒，如图2-2-1内左上角所示。

（2）使用工具箱中的“横排文字工具”T，在其选项栏内设置文字字体为宋体、颜色为红色、大小为12点，样式为浑厚，再在画面内的左下角拖曳出一个文本矩形，然后输入文字“太极是阐明宇宙从无极而太极，以至万物化生的过程。无极即道，是比太极更加原始的天地未开、混沌未分阴阳之前的状态，两仪即为太极的阴、阳二仪，两仪生四象，四象生八卦。”效果如图2-2-1左下角的文字所示。

（3）选择“编辑”→“首选项”→“参考线、网格和切片”命令，调出“首选项”对话框，同时选中该对话框内左边列表框内的“参考线、网格和切片”选项。在“网格”栏内进行设置（红色），如图2-2-21所示。单击“确定”按钮，关闭“首选项”对话框。

图 2-2-21　“首选项”对话框

（4）选择“视图”→“显示”→“网格”命令，使画布窗口内显示网格，效果如图2-2-22

所示。在“图层5”图层之上创建一个“图层6”图层，选中该图层。

图 2-2-22　显示网格

（5）单击工具箱中的“单行选框工具”按钮，单击一条水平网格线，创建一条水平选区。再按住 Shift 键，单击其他的水平网格线，在画布中创建多行选区。然后，单击工具箱中的“单列选框工具”按钮，单击一条垂直网格线，创建一条垂直选区。再按住 Shift 键，单击其他的垂直网格线，在画布中创建多列选区。

（6）选择“编辑”→“描边”命令，调出“描边”对话框，设置描边颜色为白色，宽度为2像素，选中“居中”单选按钮。按 Ctrl+D 组合键，取消选区。选择“视图”→“显示”→“网格”命令，隐藏网格，效果如图2-2-23所示。

（7）将“图层6”图层复制一个“图层6副本”图层，再将“图层6”图层隐藏。按住 Ctrl 键，选择“图层3”图层的缩览图，载入选区，选中“图层3”图层内的“太极3”图像。选择“选择”→“反向”命令，使选区选中“太极3”图像外的区域。

（8）选中“图层6副本”图层，按 Delete 键，将“图层6副本”图层内“太极3”图像外的白线删除。按 Ctrl+D 组合键，取消选区，如图2-2-24所示。

图 2-2-23　描边效果

图 2-2-24　保留“太极 3”图像范围内的白线

（9）使“图层6”图层显示。按住 Ctrl 键，单击“图层1”图像的缩览图，载入选区，选中该图层内的“太极1”图像，选择“选择”→“反选”命令。选中“图层6”图层，按 Delete 键，将“图层5”图层内“太极1”图像外的白线删除。取消选区，如图2-2-25所示。

（10）按住 Ctrl 键，单击选中“图层1”和“图层6”图层，选择“编辑”→“自由变换”命令，同时旋转调整“图层1”图层内“太极1”图像 和“图层6”图层内的白线的位置和旋转角度，再按 Enter 键。

（11）在“太极2”图像左下角还有一点白线，可以按照上述方法将该白线删除。按住 Ctrl 键，单击选中“图层2”图层缩略图，载入选区，选中该图层内的“太极2”图像。单击选中“图层6”图层，按 Delete 键，将“图层6”图层内“太极2”图像内的白线删除。按 Ctrl+D 组合键，取消选区，最后效果如图2-2-26所示。

图 2-2-25 “太极 1”图像之上添加白线

图 2-2-26 旋转“太极 1”图像及其白线

4. 制作太极图像

（1）在“太极文本副本”图层之上，新增一个名称为“图层12”的图层。将“背景”和“图层12”图层之外的所有图层隐藏。创建8条参考线，中间参考线的交点为圆形图形的中点。选中“图层12”图层。

（2）单击“椭圆选框工具”按钮，按住 Alt+Shift 组合键，在中间参考线的交点处向外拖曳到外边参考线处止，松开鼠标左键，再松开 Alt+Shift 组合键，创建一个圆形选区。

（3）设置前景色为黑色，背景色为白色，按住 Alt+Delete 组合键，给圆形选区填充黑色，如图2-2-27所示。

（4）单击工具箱中的“矩形选框工具”按钮，在它选项栏内的“羽化”文本框中输入0。将鼠标定位在圆形图形外围参考线的左上角，按住 Alt 键，同时拖曳一个矩形选区到中间水平参考线处，减去上半部分圆形选区，创建一个半圆形选区。

（5）按 Ctrl+Delete 组合键，为半圆选区填充白色，如图2-2-28所示。按 Ctrl+D 组合键，取消选区，背景和半圆图案制作完毕。

（6）使用工具箱中的“椭圆选框工具”，按住 Alt+Shift 组合键，从第2条水平参考线与第2条垂直参考线的交叉点向外拖曳，创建一个以交叉点为圆心的圆形选区。按 Alt+Delete 组合键，为选区填充黑色，如图2-2-29所示。

（7）水平拖曳圆形选区，将其移到右边，按 Ctrl+Delete 组合键，为选区填充白色，制作出鱼形图形，如图2-2-30所示。按 Ctrl+D 组合键，取消选区。

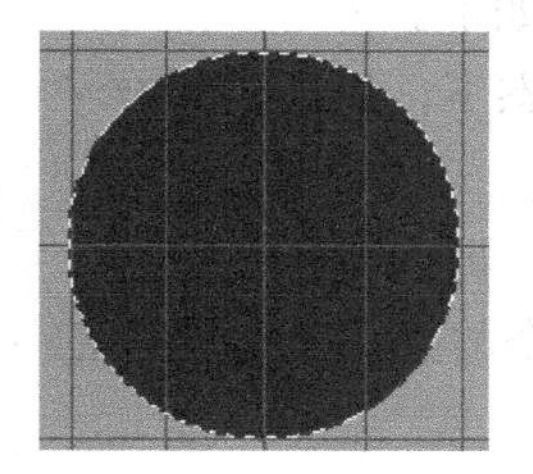

图 2-2-27 选区填充黑色

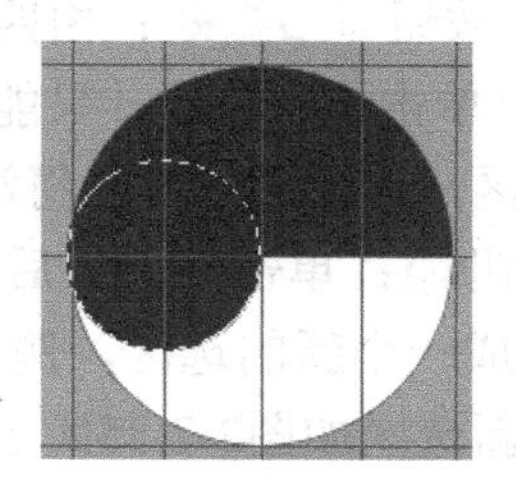

图 2-2-28 选区填充白色

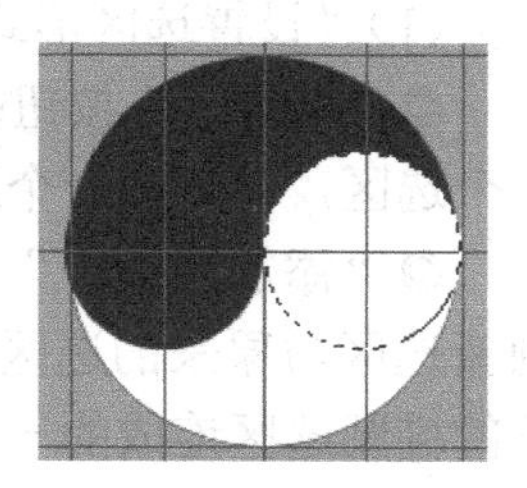

图 2-2-29 黑色小圆

图 2-2-30 鱼形图形

（8）使用上述方法，为鱼形图形创建出一个白色圆形和一个黑色圆形，即太极图形，如图2-2-31所示。

（9）单击“图层”面板中的“添加图层样式”按钮 *fx*，调出它的菜单，单击其内的“斜面和浮雕”命令，调出“图层样式”对话框，采用默认值，单击“确定”按钮，制作出立体太极图效果，如图2-2-1所示。

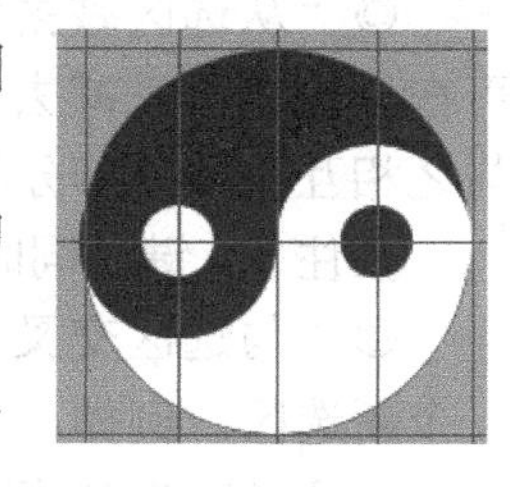

图 2-2-31 太极图形

知识链接——创建选区

1. 选框工具组工具

在工具箱中创建选区的工具有选框工具组、套索工具组和魔棒工具等，如图2-2-32所示。选框工具组有矩形选框工具、椭圆选框工具、单行选框工具和单列选框工具，如图2-2-33所示。选框工具组的工具是用来创建规则选区的。单击选框工具后，鼠标指针变为十字线状。

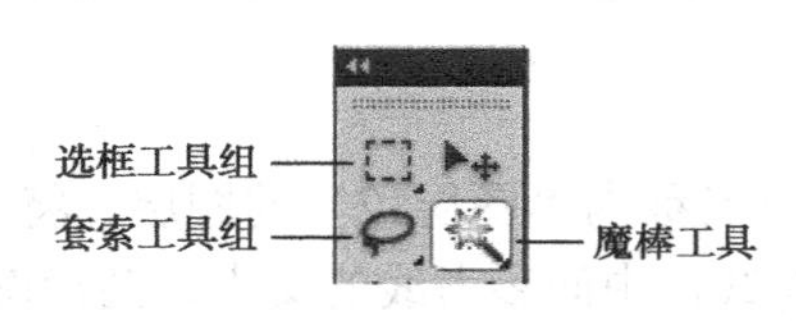

图 2-2-32　创建选区工具

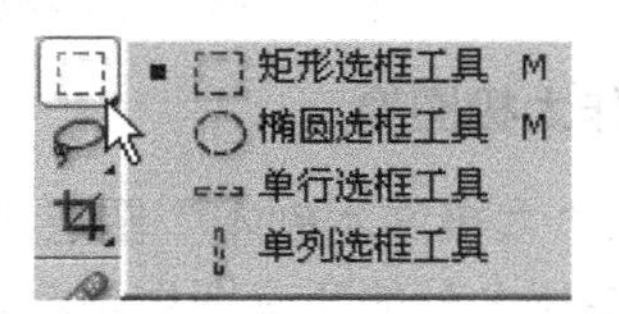

图 2-2-33　选框工具组

（1）“矩形选框工具”：在画布窗口内拖曳，即可创建一个矩形选区。

（2）“椭圆选框工具”：在画布窗口内拖曳，即可创建一个椭圆选区。

按住 Shift 键，同时拖曳，可以创建一个正方形或圆形选区。按住 Alt 键，同时拖曳，可以创建一个以单击点为中心的矩形或椭圆形选区。按住 Alt+Shift 组合键，同时拖曳，可以创建一个以单击点为中心的正方形或圆形选区。

（3）“单行选框工具”：单击画布窗口内，可创建一行单像素选区。

（4）“单列选框工具”：单击画布窗口内，可创建一列单像素选区。

2. 选框工具的选项栏

各选框工具的选项栏如图2-2-34所示。各选项的作用如下。

图 2-2-34　选框工具的选项栏

（1）“设置选区形式”按钮：由四个按钮组成，它们的作用如下。

◎“新选区”按钮：单击按下它后，只能创建一个新选区。在此状态下，如果已经有了一个选区，再创建一个选区，则原来的选区将消失。

◎“添加到选区”按钮：单击按下它后，如果已经有了一个选区，再创建一个选区，则新选区与原来的选区连成一个新的选区，例如，一个矩形选区和另一个与之相互重叠一部分的椭圆选区连成的一个新选区如图2-2-35所示。

按住 Shift 键，同时拖曳出一个新选区，也可以添加到选区。

◎“从选区减去”按钮：单击按下它后，如果已经有了一个选区，再创建一个选区，可在原来选区上减去与新选区重合的部分，得到一个新选区。例如，一个矩形选区和另一个与之相互重叠一部分的椭圆选区连成的一个新选区如图2-2-36所示。

按住 Alt 键，同时拖曳出一个新选区，也可以完成相同的功能。

◎“与选区交叉”按钮：单击按下它后，可以只保留新选区与原选区重合部分，得到一个新选区。例如，一个矩形选区与另一个椭圆选区重合部分的新选区如图2-2-37所示。

按住 Alt+Shift 组合键，同时拖曳出一个新选区，也可以保留新选区与原选区的重合部分。

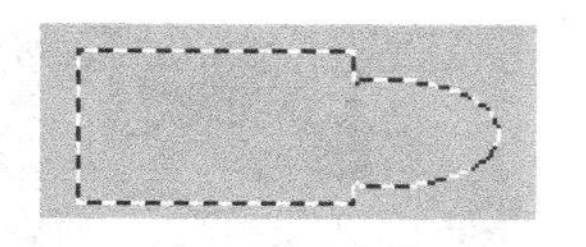

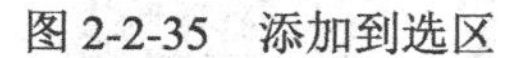

图 2-2-35 添加到选区

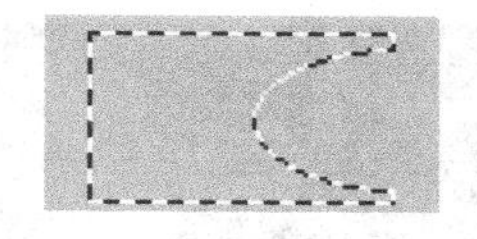

图 2-2-36 从选区减去

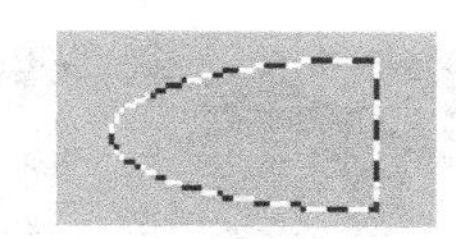

图 2-2-37 与选区交叉

（2）“羽化”文本框 羽化: 0 px ：在该文本框内可以设置选区边界线的羽化程度，数字为0时，表示不羽化，单位是像素。图2-2-38是在没有羽化的椭圆选区内粘贴一幅图像的效果，图2-2-39是在羽化30像素的椭圆选区内粘贴一幅图像的效果。

（3）“消除锯齿”复选框：单击按下“椭圆选框工具”按钮后，该复选框变为有效。选中它后，可以使选区边界平滑。

（4）“样式”下拉列表框：单击按下“椭圆选框工具”按钮或“矩形选框工具”按钮后，该下拉列表框变为有效。它有三个样式，如图2-2-40所示。选中后两个选项后，其右边的两个文本框会变为有效，用来确定选取大小或宽高比。

图 2-2-38 没羽化填充

图 2-2-39 羽化填充

图 2-2-40 “样式”下拉列表框

◎ 选择“正常”样式后：可以创建任意大小的选区。

◎ 选择“固定比例”样式后：“样式”列表框右边的“宽度”和“高度”文本框变为有效，可在这两个文本框内输入数值，以确定长宽比，使以后创建的选区符合该长宽比。

◎ 选择“固定大小”样式后：“样式”列表框右边的“宽度”和“高度”文本框变为有效，可在这两个文本框内输入数值，以确定选区的尺寸，使以后创建的选区符合该尺寸。

3. 套索工具组工具

套索工具组有套索工具、多边形套索工具和磁性套索工具，如图2-2-41所示。

（1）“套索工具”：单击它，鼠标指针变为套索状，沿人物的轮廓拖曳，可创建一个不规则的选区，如图2-2-42所示。当松开鼠标左键时，系统会自动将起点与终点连接，形成一个闭合区域。

图 2-2-41 套索工具组

（2）“多边形套索工具”：单击它，鼠标指针变为多边形套索状，单击多边形选区的起点，再依次单击选区各个顶点，最后回到起点处单击，即可形成一个闭合的多边形选区，如图2-2-43所示。

（3）“磁性套索工具”：单击它，鼠标指针变为磁性套索状，拖曳创建选区，最后回到起点，当鼠标指针出现小圆圈时，单击即可形成一个闭合的选区，如图2-2-44所示。

“磁性套索工具”与“套索工具”的不同之处是，系统会自动根据鼠标拖曳出的选区边缘的色彩对比度来调整选区的形状。因此，对于选取区域外形比较复杂的图像，同时又与周围图像的彩色对比度反差比较大的情况，采用该工具创建选区方便。

图 2-2-42　不规则的选区　　图 2-2-43　多边形套索创建选区　　图 2-2-44　磁性套索创建选区

4．套索工具组工具的选项栏

“套索工具”选项栏与“多边形套索工具”选项栏基本一样，如图2-2-45所示。“磁性套索工具”选项栏如图2-2-46所示。其中几个前面没有介绍过的选项简介如下。

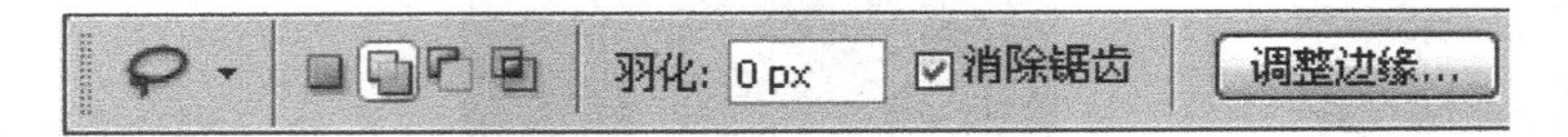

图 2-2-45　“套索工具”选项栏

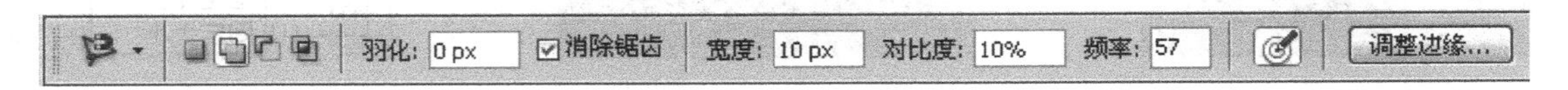

图 2-2-46　“磁性套索工具”选项栏

（1）“宽度”文本框：用来设置系统检测的范围，取值范围是1～40，单位为px（像素）。当创建选区时，系统将在鼠标指针周围指定的宽度范围内选定反差最大的边缘作为选区的边界。通常，当选取具有明显边界的图像时，可将“宽度”数值调大一些。

（2）“对比度”文本框：用来设置系统检测选区边缘的精度，该数值的取值范围是1%～100%。当创建选区时，系统将认为在设定的对比度百分数范围内的对比度是一样的。该数值越大，系统能识别的选区边缘的对比度也越高。

（3）“频率”文本框：用来设置选区边缘关键点出现的频率，此数值越大，系统创建关键点的速度越快，关键点出现的也越多。频率的取值范围是0～100。

（4）按钮：单击按下该按钮后，可以使用绘图板来更改钢笔笔触的宽度，只有使用绘图板绘图时才有效。再单击该按钮，可以使该按钮抬起。

（5）“调整边缘”按钮：在创建完选区后，单击该按钮，可以调出“调整边缘”对话框，如图2-2-47所示。利用该对话框可以像绘图和擦图一样从不同方面来修改选区边缘，可同步看到效果。将鼠标指针移到按钮或滑块之上时，会在其下边显示相应的提示信息。“调整边缘”对话框内一些选项涉及蒙版内容，可参看第7章的有关内容。

单击左边的按钮，调出它的菜单，如图2-2-48（a）所示，其内有“调整半径工具”和“抹除调整工具”两个选项，此时选项栏改为可以切换这两个工具和调整笔触大小的选项栏，如图2-2-48（b）所示。选择“调整半径工具”后，在没有完全去除背景的地方涂抹，可擦除选区边缘背景色（可选中“智能半径”）；选择“抹除调整工具”后，在有背景的边缘涂抹，可以恢复原始边缘。按左、右方括号键或调整半径值，可以调整笔触大小。

“视图”下拉列表框用来选择视图类型，如图2-2-49所示。

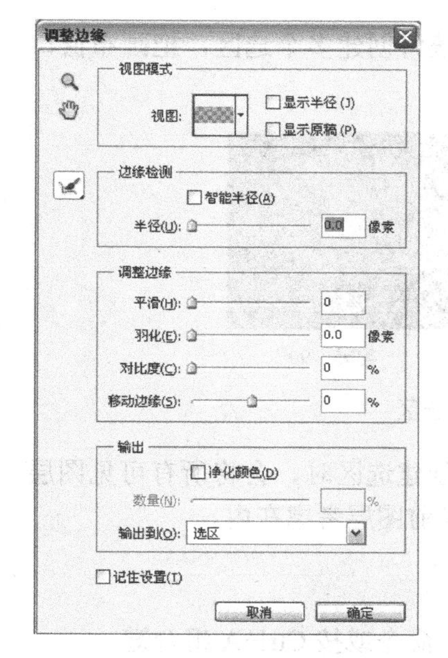

图 2-2-47 “调整边缘”对话框

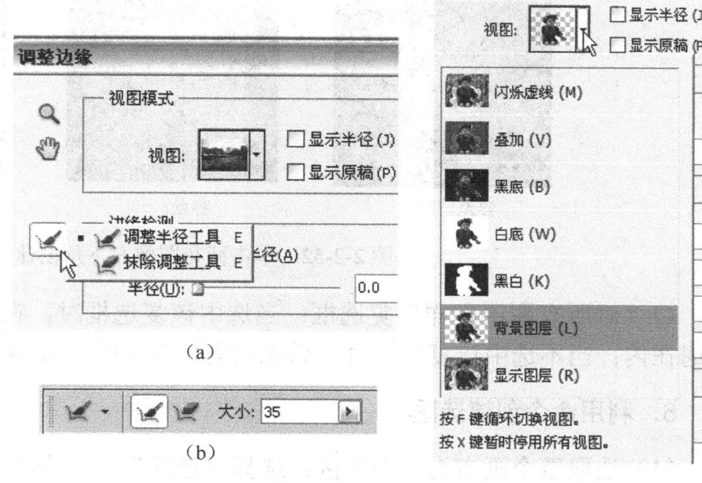

图 2-2-48　按钮菜单和选项栏　　图 2-2-49 “视图”下拉列表框

5．快速选择工具和魔棒工具

（1）“快速选择工具”：单击工具箱中的“快速选择工具”按钮，鼠标指针变为状，在要选取的图像处单击或拖曳，系统会自动根据鼠标指针处颜色相同或相近的图像像素包围起来，创建一个选区，而且随着鼠标指针的移动，选区不断扩大。按住Alt键的同时在选区内拖曳，可以减少选区。“快速选择工具”选项栏如图2-2-50所示，部分选项的作用简介如下。

图 2-2-50 “快速选择工具”选项栏

◎ 按钮组：从左到右三个按钮的作用依次具有“重新创建选区”、“新选区与原选区相加”和“原选区减去新选区”功能。

◎ 按钮：单击它可调出面板，利用该面板可以调整笔触大小、间距等属性。

（2）“魔棒工具”：单击“魔棒工具”按钮，鼠标指针变为魔棒状，在要选取的图像处单击，会自动根据单击处像素的颜色创建一个选区，它把与单击点相连处（或所有）颜色相同或相近的像素包含进去。它的选项栏如图2-2-51所示。没有介绍过的选项的作用如下。

图 2-2-51 “魔棒工具”选项栏

◎“容差”文本框：用来设置系统选择颜色的范围，即选区允许的颜色容差值。该数值的范围是0～255。容差值越大，相应的选区也越大；容差值越小，相应的选区也越小。例如，单击荷花图像右下角创建的选区如图2-2-52所示（给出三种容差下创建的选区）。

◎“消除锯齿”复选框：当选中该复选框时，系统会将创建的选区的锯齿消除。

◎“连续”复选框：当选中该复选框时，系统将创建一个选区，把与鼠标单击点相连的颜色相同或相近的像素包含进去。当不选中该复选框时，系统将创建多个选区，把画布窗口内所有与单击点颜色相同或相近的图像像素分别包含进去。

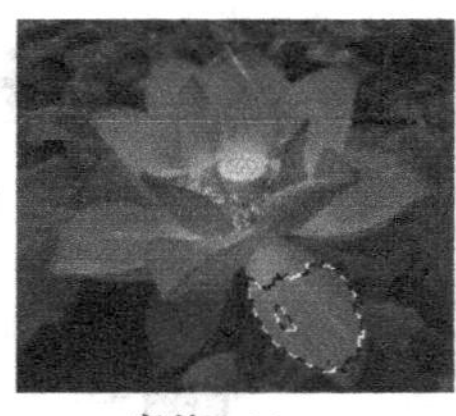
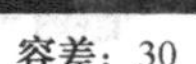
容差：30

容差：50

容差：90

图 2-2-52　单击荷花图像右下角创建的选区

◎“对所有图层取样”复选框：当选中该复选框时，在创建选区时，会将所有可见图层考虑在内；当不选中该复选框时，系统在创建选区时，只将当前图层考虑在内。

6. 利用命令创建选区

（1）选取整个画布为一个选区：选择“选择”→“全选”命令或按 Ctrl+A 组合键。

（2）反选选区：选择“选择”→“反向”命令，创建选中原选区外的选区。

（3）扩大选区：在已经有了一个或多个选区后，要扩大与选区内颜色和对比度相同或相近的区域为选区，可以选择“选择”→“扩大选取”命令。例如，图2-2-53是有3个选区的画布，三次选择“选择”→“扩大选取”命令后，选区如图2-2-54所示。

图 2-2-53　创建 3 个选区

图 2-2-54　扩大选区

（4）选取相似：如果已经有了一个或多个选区，要创建选中与选区内颜色和对比度相同或相近的像素的选区，可选择“选择”→“选取相似”命令。

扩大选区是在原选区基础之上扩大选取范围，选取相似可在整个图像内创建多个选区。

思考练习 2-2

1. 制作一幅“太极八卦”图像，如图2-2-55所示。

2. 将图2-2-55所示的“太极八卦”图像中的白色和黑色互换，将背景纹理更换。

3. 制作一幅“彩环”图像，如图2-2-56所示。制作该图形的方法提示如下。

（1）创建一个方形色彩图案，给背景填充该图案，如图2-2-56所示（还没有绘制七彩光环图形）。创建“图层1”图层，选中该图层，在画布的中心创建一个圆形选区。

（2）按照【实例1】介绍的方法，给圆形选区填充七彩角度渐变色，如图2-2-57所示。

（3）选择“选择”→“修改”→“边界”命令，调出“边界选区”对话框，设置如图2-2-58所示，单击“确定”按钮。画布如图2-2-59所示。

图 2-2-55　“太极八卦”图像

图 2-2-56　“彩环”图像

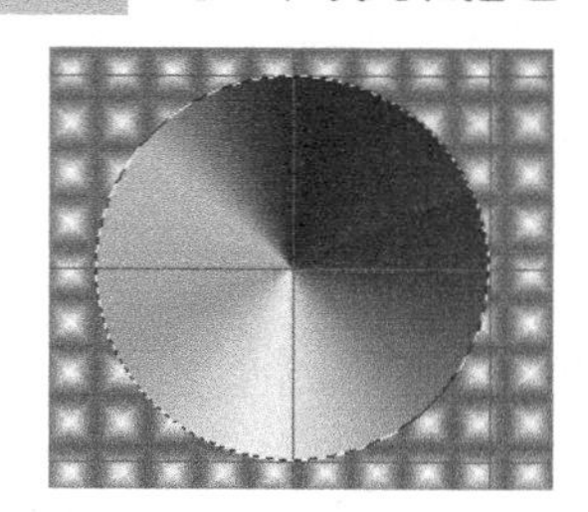

图 2-2-57　七彩角度渐变圆形

（4）调出“渐变编辑器”对话框，设置渐变色为蓝、黄两色突变，如图2-2-60所示。在该对话框的“名称”文本框中输入“蓝黄突变”，再单击“新建”按钮，在“预设”列表框中创建一个新的名称为“蓝黄突变”的渐变填充样式。

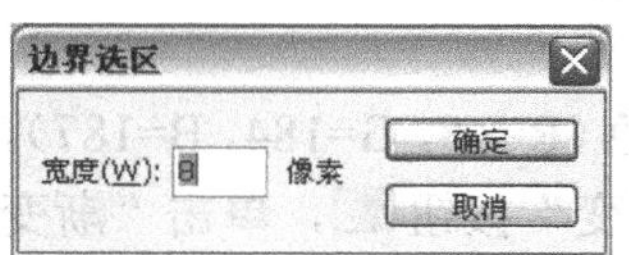
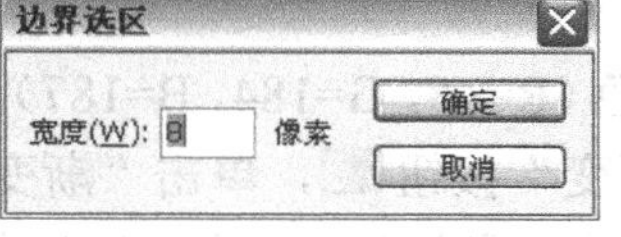

图 2-2-58　“边界选区”对话框

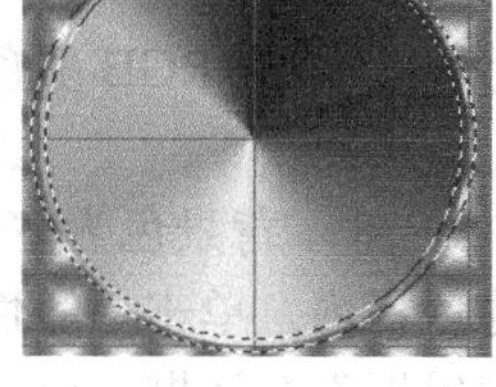

图 2-2-59　选区扩边效果

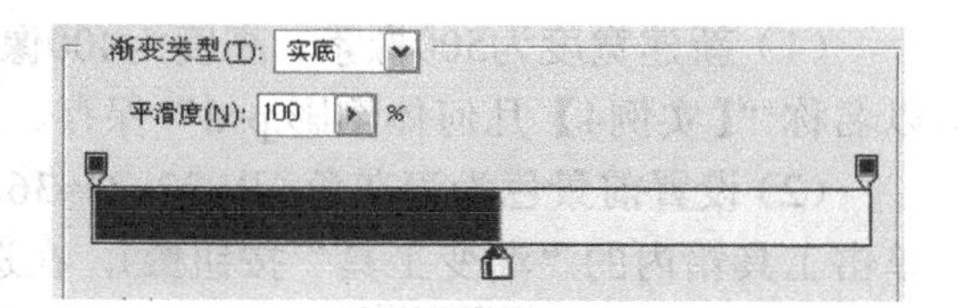

图 2-2-60　填充色设置

（5）在选区中从左向右拖曳出渐变色。按 Ctrl+D 组合键，取消选区。效果如图2-2-61所示。再在圆形的中间创建一个圆形选区。如果创建的选区位置或大小不合适，可以选择“选择”→“变换选区”命令，然后对选区进行调整，调整完后按 Enter 键。

（6）设置背景色为白色，按 Delete 键，将选区中的图形剪切掉，如图2-2-62所示。然后，使用工具箱中的“油漆桶工具”，给选区内填充前面创建的图案。

（7）再选择“选择”→“修改”→“边界”命令，调出“边界选区”对话框。具体设置如图2-2-58所示，再单击“确定”按钮。此时的图像如图2-2-63所示。

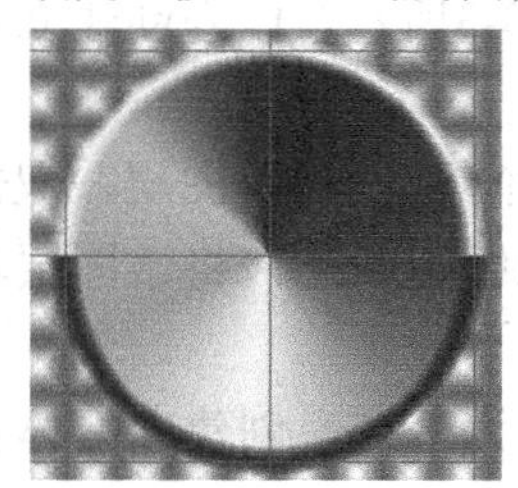

图 2-2-61　拖曳出渐变色

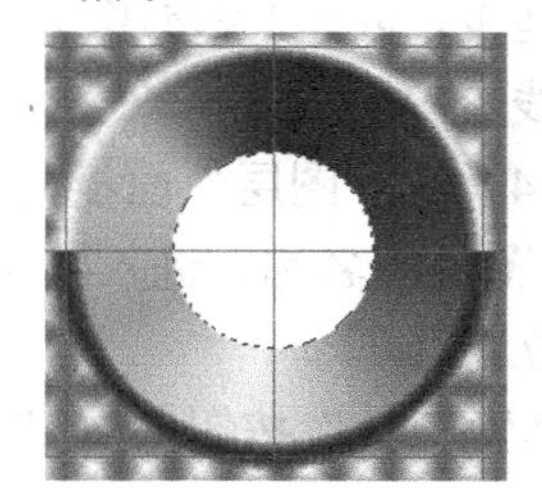

图 2-2-62　剪切选区中的图形

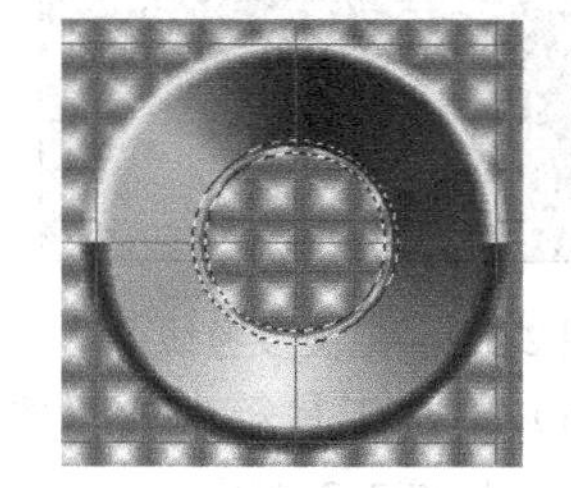

图 2-2-63　选区扩边效果

（8）调出“渐变编辑器”对话框，在“预设”列表框中单击选择“蓝黄突变”渐变色样式。然后在选区中从上向下拖曳。按 Ctrl+D 组合键，取消选区，如图2-2-56所示。

4. 参考【实例3】图像的制作方法，制作一幅“摄影相册封面”图像。

2.3 【实例 4】几何体倒影

“几何体倒影”图像如图2-3-1所示。该图像由一个石膏球体、一个石膏正方体和一个石膏圆柱体组成，3个几何立体堆叠在一起，映照出它们的投影。

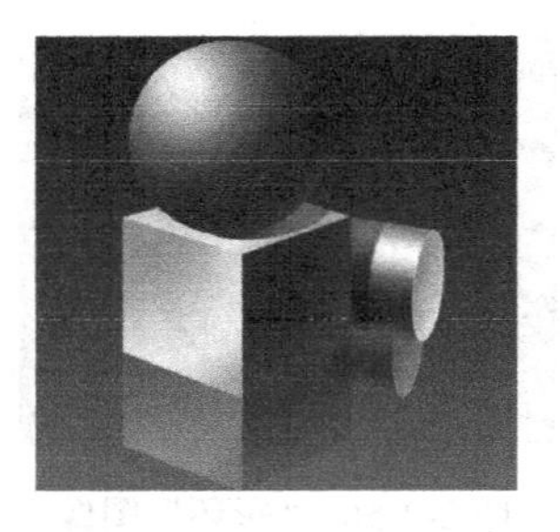

图 2-3-1 “几何体倒影”图像

制作方法

1．制作立方体图形

（1）新建宽度为500像素、高度为400像素、模式为 RGB 颜色、背景为白色的画布。然后，以名称“【实例4】几何体倒影.psd”保存。

（2）设置前景色为深灰色（R=32，G=36，B=38），背景色为青绿色（R=48，G=184，B=187）。单击工具箱内的“渐变工具”按钮，在选项栏内，单击“线性渐变”按钮，单击“渐变样式”下拉列表框，调出“渐变编辑器”对话框，单击其内“预设”栏中第1个“前景到背景”图标，单击“确定”按钮。选项栏的其他设置如图2-3-2所示。

图 2-3-2 渐变工具的选项栏设置

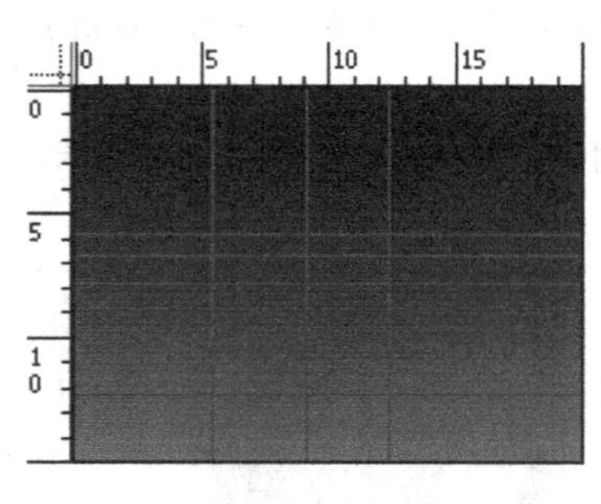

图 2-3-3 定义参考线

（3）按住 Shift 键，在画布内从上向下拖曳，给背景层填充渐变色，如图2-3-1所示。选择“视图”→“标尺”命令，显示标尺，从上边标尺处向下拖曳，创建4条参考线；从左侧标尺处向右拖曳，创建3条参考线，如图2-3-3所示。作为创建立方体的定位线。

（4）在“图层”面板内创建一个“图层1”图层，双击“图层1”图层的名称，进入图层名称的编辑状态，将该图层名称改为“立方体”。

（5）单击工具箱中的“多边形套索工具”按钮，以参考线为基准，创建立方体左侧面的选区，如图2-3-4所示。

（6）设置前景色为浅灰色（R=240，G=240，B=240），背景色为中灰色（R=188，G=188，B=188）。单击工具箱内的“渐变工具”按钮，单击选项栏内的“径向渐变”按钮。再单击“渐变样式”下拉列表框，调出“渐变编辑器”对话框，单击其内的“前景到背景”图标，编辑渐变色为灰色（位置22%）到白色（R=255，G=255，B=255，位置70%）再到浅灰色（位置100%），如图2-3-5所示。单击“确定”按钮。

（7）按住 Shift 键，在画布中从选区的左上角向右下角拖曳鼠标，给选区填充径向渐变色，如图2-3-6所示。按 Ctrl+D 组合键，取消选区。

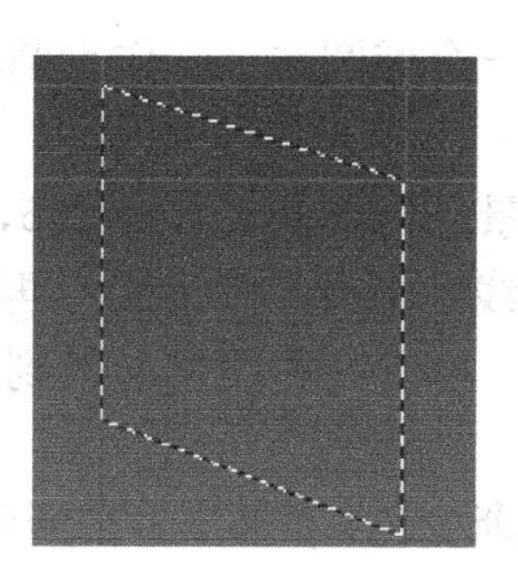

图 2-3-4 立方体左侧面的选区

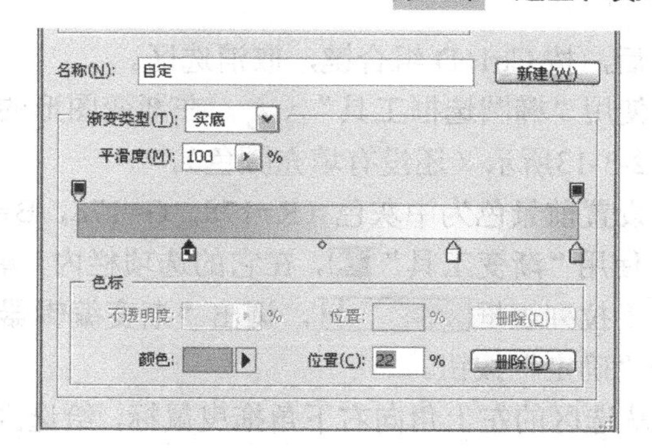

图 2-3-5 渐变色设置

（8）以参考线为基准，使用步骤（6）～（7）的方法，制作出立方体的其他面。选择“视图”→“清除参考线”命令，清除参考线。立方体图形如图2-3-7所示。

注意： *在为立方体的顶面填充渐变色时，由于光是从左上角照射来的，所以左边颜色应浅一些；为右侧面填充渐变色时，颜色应深一些。*

2．制作圆柱图形

（1）在“背景”之上创建“图层2”图层，将它命名为“圆柱体”，单击选中该图层。再创建2条参考线，作为绘制圆柱体的定位线，如图2-3-8所示。

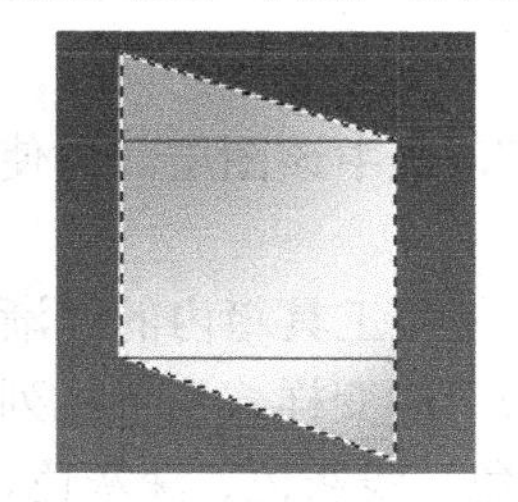

图 2-3-6 填充径向渐变色

图 2-3-7 立方体图形

图 2-3-8 定位参考线

（2）使用“椭圆选框工具”，创建一个椭圆选区，作为圆柱体底面，如图2-3-9所示。再使用“矩形选框工具”，按住 Shift 键，拖曳创建一个矩形选区，与原来的椭圆选区相加，如图2-3-10所示。

（3）设置前景色为白色，背景色为深灰色（C=76，M=70，Y=65，K=28）。使用“渐变工具”，在它的选项栏内，单击按下“线性渐变”按钮，单击“渐变样式”下拉列表框，调出“渐变编辑器”对话框，编辑渐变色为浅灰色到白色到深灰色到浅灰色，如图2-3-11所示。单击“确定”按钮。

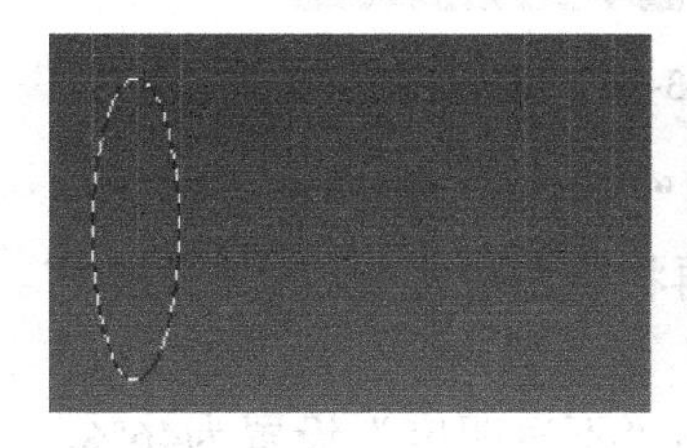

图 2-3-9 椭圆选区

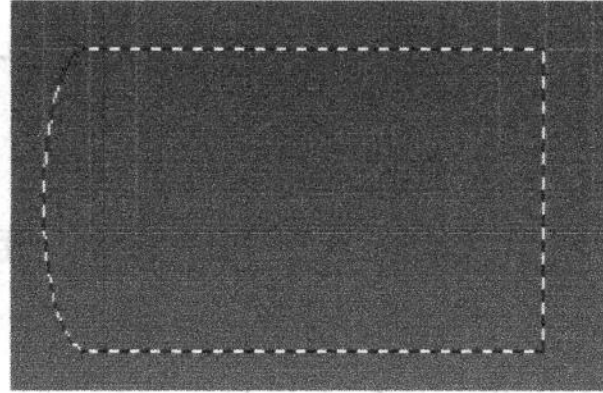

图 2-3-10 选区相加

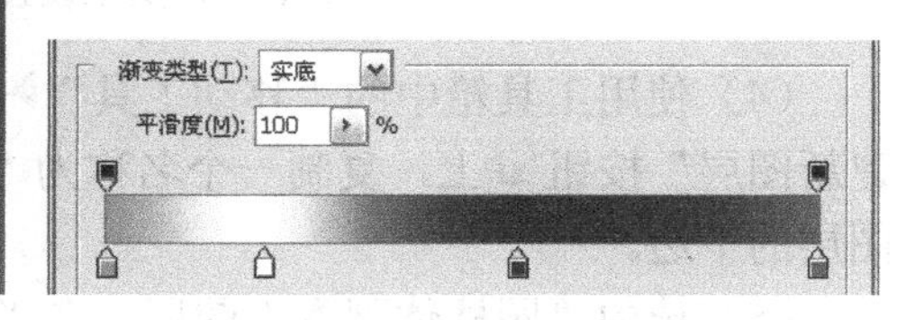

图 2-3-11 渐变色设置

（4）按住 Shift 键，在画布中从选区的上边向下拖曳，给选区填充线性渐变色，如图2-3-12

所示。然后，按 Ctrl+D 组合键，取消选区。

（5）使用“椭圆选框工具”，在渐变图形的右侧创建一个椭圆选区，作为圆柱体的顶面，如图2-3-13所示（还没有填充颜色）。

（6）设置前景色为中灰色（R=178，G=178，B=178），背景色为淡灰色（R=235，G=235，B=235）。使用“渐变工具”，在它的选项栏内，单击按下“线性渐变”按钮，再单击“渐变样式”下拉列表框，调出“渐变编辑器”对话框，单击其内的“前景到背景”图标，单击“确定”按钮。

（7）从选区的左上角向右下角拖曳鼠标，给选区填充线性渐变色，如图2-3-13所示。然后，按 Ctrl+D 组合键，取消选区。

（8）选择“编辑”→“变换”→“旋转”命令，进入“旋转变换”状态，将圆柱体顺时针旋转11°左右，调整它的位置，如图2-3-14所示。按 Enter 键。

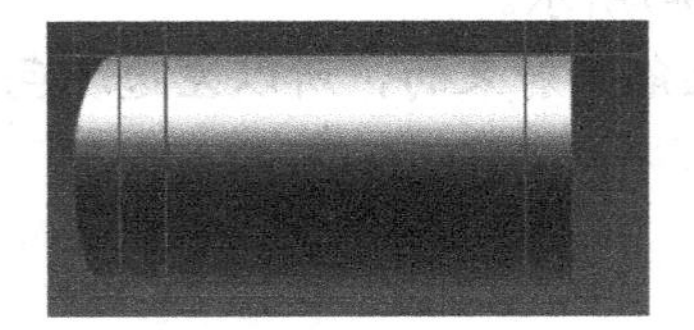

图 2-3-12　填充线性渐变色

图 2-3-13　填充线性渐变色

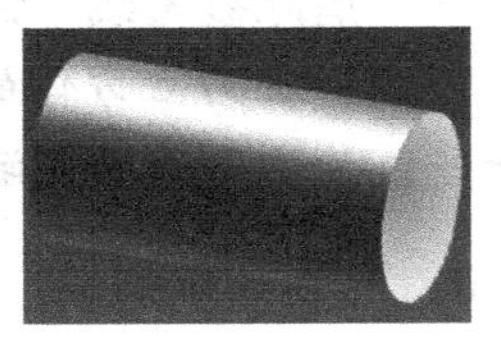

图 2-3-14　旋转圆柱体

3．制作圆球和阴影

（1）在“圆柱体”图层之上创建一个图层，将该图层命名为“圆球”，选中该图层。再使用“椭圆选框工具”，在画布的上部，创建一个圆形选区。

（2）设置前景色为白色，背景色为深灰色（R=72，G=72，B=72）。使用工具箱内的“渐变工具”，在它的选项栏内，单击按下“径向渐变”按钮，再单击“渐变样式”下拉列表框，调出“渐变编辑器”对话框，在其内编辑渐变色为“白色、浅灰色、深灰色、浅灰色”，如图2-3-15所示。单击“确定”按钮。

（3）从选区的左上角向右下角拖曳鼠标，给选区填充径向渐变色，如图2-3-16所示。按 Ctrl+D 组合键，取消选区，完成圆球的创建。

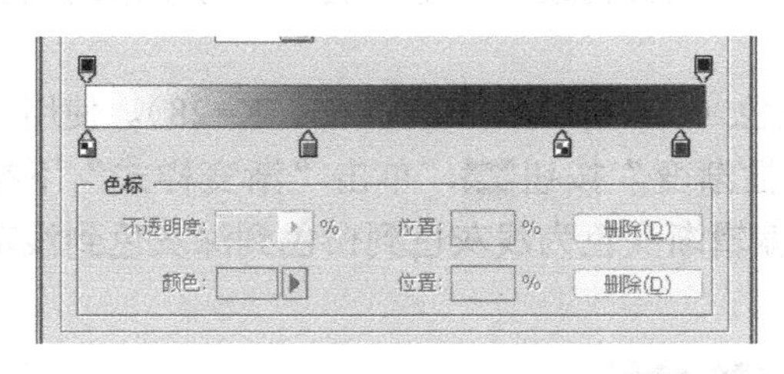

图 2-3-15　渐变色设置

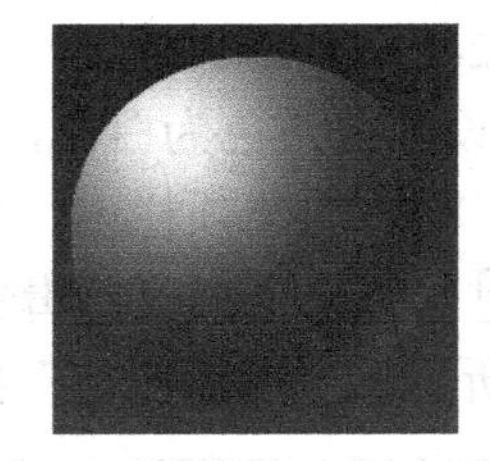

图 2-3-16　填充径向渐变色

（4）使用工具箱中的“移动工具”，将“图层”面板中的“圆柱体”图层拖曳到“创建新图层”按钮上，复制一个名称为“圆柱体副本”的图层。再将该图层拖曳到“圆柱体”图层的下边。

（5）选中“圆柱体副本”图层，在“图层”面板中将该图层的“不透明度”设置为46%，此时的“图层”面板如图2-3-17所示。再使用“移动工具”，在画布窗口中将“圆柱体副本”图层向左下方移动一些，如图2-3-18所示。完成圆柱体投影的制作。

（6）使用上述方法，复制一个名称为“立方体副本”的图层，为立方体创建投影。将“立方体副本”图层拖曳到“圆柱体副本”图层的上边，设置“不透明度”为35%，此时的“图层”面板如图2-3-19所示。

图 2-3-17 “图层”面板

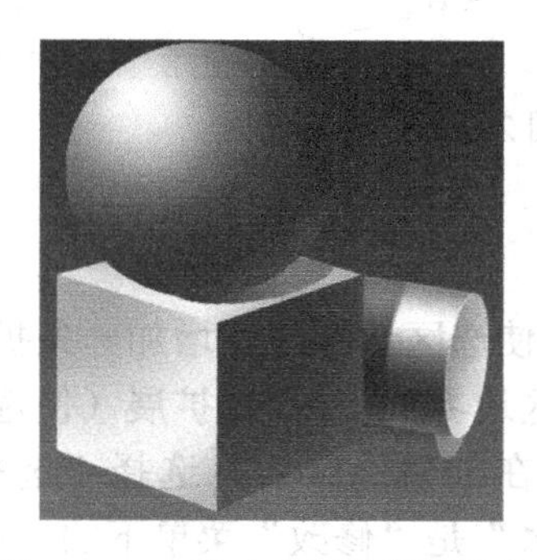

图 2-3-18 移动“圆柱体副本”

图 2-3-19 调整图层

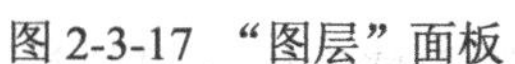

知识链接——调整选区

1. 移动、取消和隐藏选区

（1）移动选区：在选择选框工具组工具的情况下，将鼠标指针移到选区内部（此时鼠标指针变为三角箭头状，而且箭头右下角有一个虚线小矩形），再拖曳移动选区。如果按住 Shift 键，同时拖曳，可以使选区在水平、垂直或45°角整数倍斜线方向移动。

（2）取消选区：按 Ctrl+D 组合键，可以取消选区。在“与选区交叉”或“新选区”状态下，单击选区外任意处，以及选择“选择”→“取消选择”命令，都可以取消选区。

（3）隐藏选区：选择“视图”→“显示”→“选区边缘”命令，使它左边的对号取消，即可使选区边界的流动线消失，隐藏选区。虽然选区隐藏了，但对选区的操作仍可进行。如果要使隐藏的选区再显示出来，可重复刚才的操作。

2. 变换选区

创建选区后，可以调整选区的大小、位置和旋转选区。选择“选择”→“变换选区”命令，此时的选区如图2-3-20所示。再按照下述方法可以变换选区。

（1）调整选区大小：将鼠标指针移到选区四周的控制柄处，鼠标指针会变为直线的双箭头状，再用鼠标拖曳，即可调整选区的大小。

（2）调整选区的位置：在使用选框工具或其他选取工具的情况下，将鼠标指针移到选区内，鼠标指针会变为白色箭头状，再拖曳移动选区。

（3）旋转选区：将鼠标指针移到选区四角的控制柄外，鼠标指针会变为弧线的双箭头状，再拖曳旋转选区，如图2-3-21所示，可以拖曳调整中心点标记 ⌖ 的位置。

（4）其他方式变换选区：选择“编辑”→“变换”→“××”命令，可以进行选区缩放、旋转、斜切、扭曲或透视等操作。其中，“××”是“变换”菜单的子命令。

选区变换完后，单击工具箱内的其他工具，可弹出一个提示对话框，如图2-3-22所示。单击“应用”按钮，即可完成选区的变换。单击“不应用”按钮，可取消选区变换。

另外，选区变换完后，按 Enter 键，可以直接应用选区的变换。

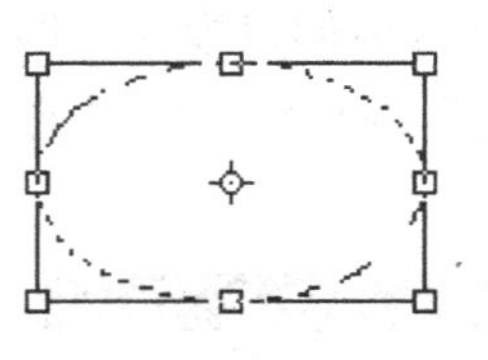
图 2-3-20 变换选区

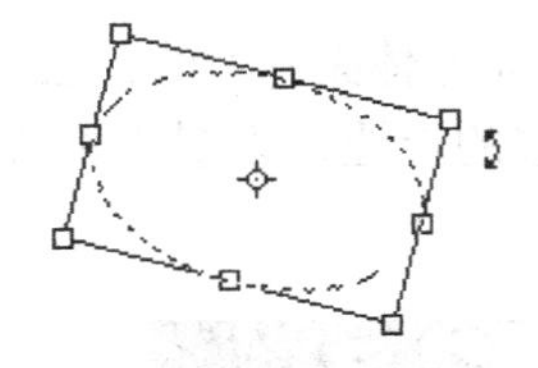
图 2-3-21 旋转选区

图 2-3-22 提示对话框

3. 修改选区

修改选区是指将选区扩边（使选区边界线外增加一条扩展的边界线，两条边界线所围的区域为新的选区）、平滑（使选区边界线平滑）、扩展（使选区边界线向外扩展）和收缩（使选区边界线向内缩小）。这只要在创建选区后，选择"选择"→"修改"→"××"命令（见图2-3-23）即可。其中，"××"是"修改"菜单下的子命令。

执行修改选区的相应命令后，均会弹出一个相应的对话框，输入修改量（单位为像素）后，单击"确定"按钮，即可完成修改的任务。

（1）羽化选区：创建羽化的选区可以在创建选区时利用选项栏进行。如果已经创建了选区，再想将它羽化，可选择"选择"→"修改"→"羽化"命令，调出"羽化选区"对话框，如图2-3-24所示。输入羽化半径值，单击"确定"按钮，即可进行选区的羽化。

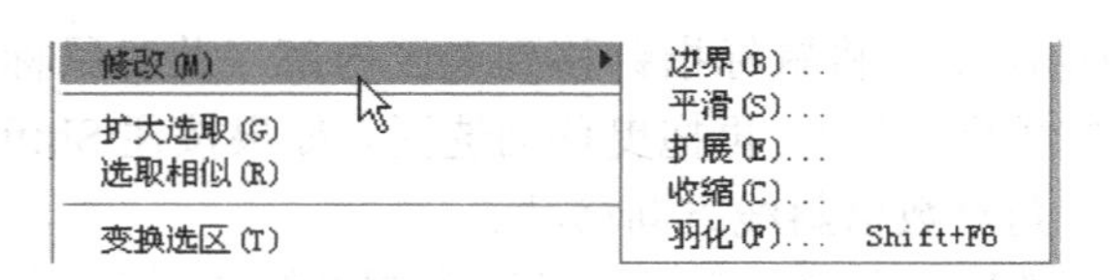

图 2-3-23 修改菜单

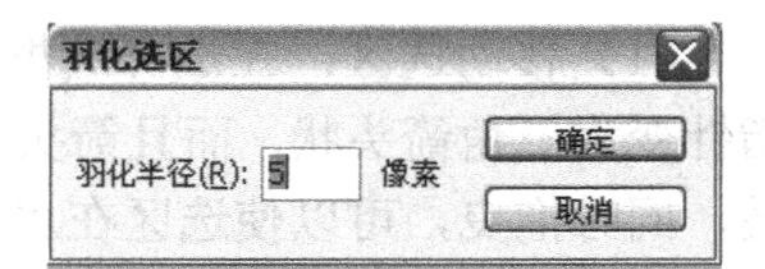

图 2-3-24 "羽化选区"对话框

（2）其他修改：选择"选择"→"修改"→"边界"命令，调出如图2-3-25所示的对话框。选择"选择"→"修改"→"平滑"命令，调出如图2-3-26所示的对话框。选择"选择"→"修改"→"扩展"命令，调出如图2-3-27所示的"扩展选区"对话框，其内有"扩展量"文本框，用来确定向外扩展量；选择"选择"→"修改"→"收缩"命令，调出"收缩选区"对话框，"收缩量"文本框用来确定向内收缩量。

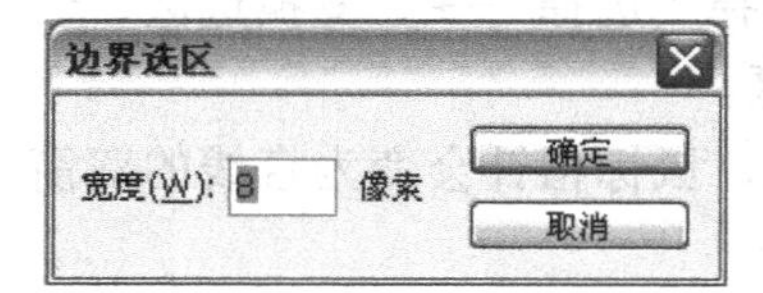

图 2-3-25 "边界选区"对话框

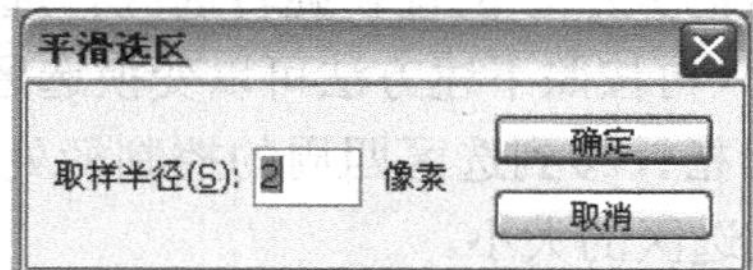

图 2-3-26 "平滑选区"对话框

图 2-3-27 "扩展选区"对话框

思考练习 2-3

1. 制作一幅"立体几何图"图像，如图2-3-28所示，在一个半透明伸展到远处的棋盘格背景地面（近处为青绿色，向远处逐渐变为浅灰色）之上，有一个圆柱体、一个圆管、一个圆台、一个圆锥和一个圆球，5个立体几何图形的颜色均为金黄色，各自有倒影。

2. 制作一幅"思念"图像，如图2-3-29所示。由图可以看出，由"心"图像填充的背景之上，有一幅四周羽化的“女孩”图像。两幅图像如图2-3-30所示。

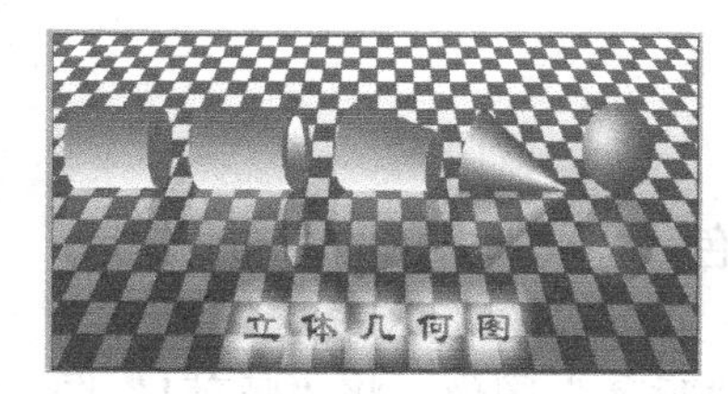

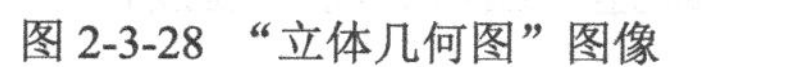

图 2-3-28 “立体几何图”图像　　图 2-3-29 “思念”图像　　图 2-3-30 “心”和“女孩”图像

3. 制作一幅“卷页图片”图像，如图2-3-31所示。它就像一幅图像的边缘被卷了起来。该图像是由图2-3-32所示的“鲜花”图像加工而成的。

图 2-3-31 “卷页图片”图像

图 2-3-32 “鲜花”图像

2.4 【实例 5】小池睡莲

“小池睡莲”图像如图2-4-1所示。它是将图2-4-2所示的“水波”图像、图2-4-3所示的3幅“睡莲”图像加工合并制作而成的。

图 2-4-1 “小池睡莲”图像

图 2-4-2 “水波”图像

图 2-4-3 “睡莲 1”、“睡莲 2”和“睡莲 3”图像

制作方法

1. 合并“水波”和“睡莲 1”图像

（1）新建宽度为800像素、高度为300像素、模式为RGB颜色、背景为白色的画布。然后，以名称“【实例5】小池睡莲.psd”保存。

（2）打开图2-4-2所示的“水波”图像和图2-4-3所示的3幅“睡莲”图像。将“睡莲1”图像调整为宽400像素、高260像素。

（3）使用工具箱中的“移动工具”，2次将“睡莲1”图像拖曳到“【实例5】小池睡莲.psd”画布窗口内，水平排成一排。

选中右边的“睡莲1”图像，选择“编辑”→“变换”→“水平翻转”命令，将其水平翻转，如图2-4-4所示。

图 2-4-4　2 幅拼合的“睡莲 1”图像

（4）按住 Ctrl 键，单击选中“图层1”图层和“图层1副本”图层，单击鼠标右键，调出它的快捷菜单，单击该菜单中的“合并图层”命令，将选中的图层合并到一个图层中，将该图层的名称改为“睡莲1”。

（5）选中“【实例5】小池睡莲.psd”图像。选择“选择”→“色彩范围”命令，调出“色彩范围”对话框，如图2-4-5所示。拖曳调整“色彩范围”对话框中的“颜色容差”滑块，调整它的数值大约为38。单击按下“色彩范围”对话框中的“添加取样”按钮，单击图像中的深蓝色部分，确定选取的颜色，如图2-4-6所示。

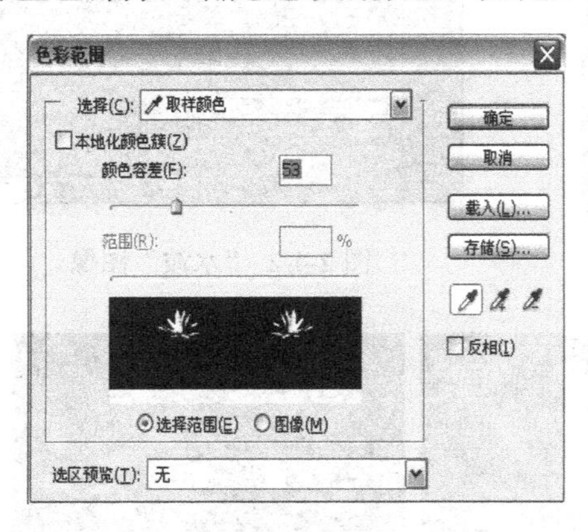

图 2-4-5　“色彩范围”对话框

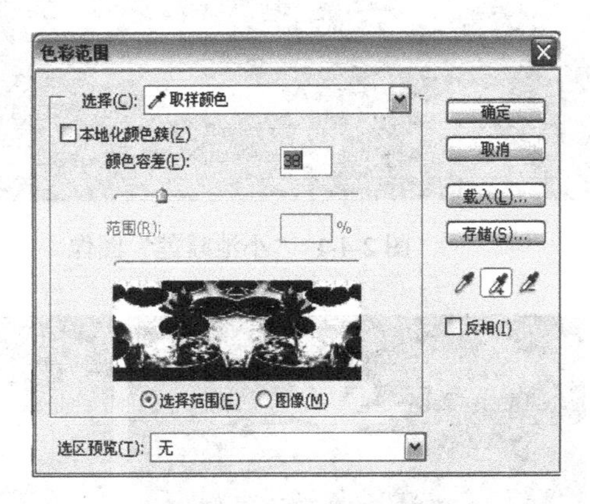

图 2-4-6　“色彩范围”对话框

（6）单击“确定”按钮，关闭“色彩范围”对话框，同时创建选区，将“【实例5】小池睡莲.psd”图像中颜色为深蓝色的像素，以及与深蓝色颜色相近的像素选中。

（7）使用工具箱中的“矩形选框工具”，按住 Shift 键，同时拖曳，添加没有选中的图像；按住Alt键，同时拖曳清除选中的多余图像。最后的选区效果如图2-4-7所示。

（8）选中“水波”图像。选择“选择”→“全选”命令，将“水波”图像全部选中。然后，选择“编辑”→“拷贝”命令，将“水波”图像复制到剪贴板中。

（9）选中“【实例5】小池睡莲.psd”图像，选择“编辑”→“选择性粘贴”→“贴入”命令，将剪贴板中的“水波”图像粘贴到图2-4-7所示的选区当中。选择“编辑”→“自由变换”命令，调整粘贴图像的大小与位置。最终效果如图2-4-8所示。

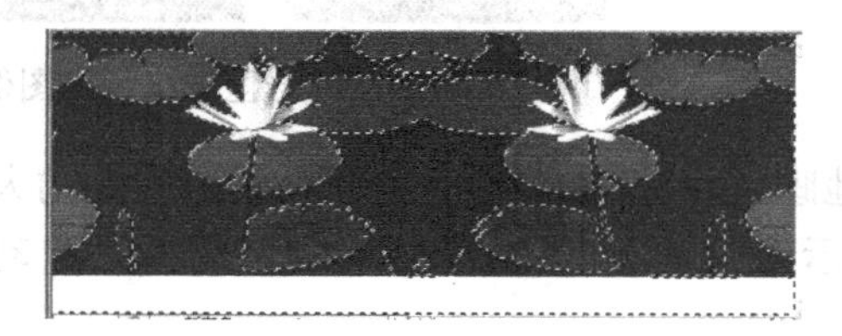

图2-4-7 创建选区

图2-4-8 贴入“水波”图像

2．添加睡莲图像

（1）选中图2-4-3所示的“睡莲2”图像。选择“选择”→“色彩范围”命令，调出“色彩范围”对话框，如图2-4-9所示。

（2）在“色彩范围”对话框的“选择”下拉列表框中选择“取样颜色”选项，按照图2-4-9所示进行设置。单击“确定”按钮，创建选区，将粉色的睡莲图像选中。然后，通过选区加减调整，使选区将整个睡莲图像选中，如图2-4-10所示。

（3）选择“选择”→“修改”→“收缩”命令，调出“收缩选区”对话框，设置收缩量为1像素，如图2-4-11所示。单击“确定”按钮，将选区收缩1像素。

图2-4-9 “色彩范围”对话框

图2-4-10 创建选区

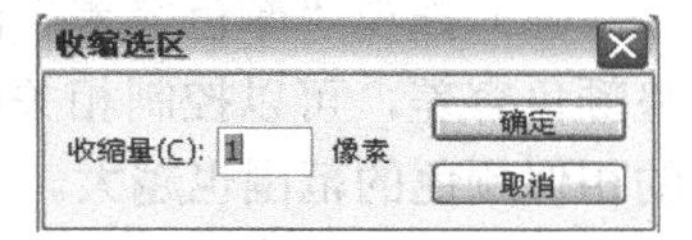

图2-4-11 “收缩选区”对话框

（4）选择“编辑”→“拷贝”命令，将选中的睡莲图像复制到剪贴板中。选中“【实例5】小池睡莲.psd”图像。选择“编辑”→“粘贴”命令，将剪贴板中的睡莲图像粘贴到“【实例5】小池睡莲.psd”图像中。然后，调整睡莲图像的大小与位置。

（5）使用“移动工具”按钮，按住Alt键，拖曳粘贴的睡莲图像，复制3份睡莲图像，如图2-4-12所示。然后，将粘贴和复制睡莲图像后自动生成的4个图层合并，合并后的图层名称改为“睡莲2”。

（6）创建选区选中“睡莲3”图像中的2个睡莲图像，如图2-4-13所示。

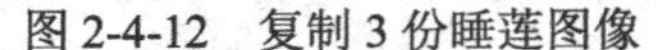

图 2-4-12　复制 3 份睡莲图像

图 2-4-13　创建选区选中睡莲图像

然后，将它们分别复制粘贴到“【实例5】小池睡莲.psd”图像中。然后，调整它们的大小和位置，再分别复制几个，最后效果如图2-4-1所示。然后，将粘贴和复制睡莲图像后自动生成的几个图层合并，合并后的图层名称改为“睡莲3”。

（7）创建选区，选中图2-4-3左图所示的“睡莲1”图像内的睡莲茎图像，将它复制到剪贴板中。再选中“【实例5】小池睡莲.psd”图像，6次选择“编辑”→“粘贴”命令，将睡莲茎图像粘贴到该图像内。然后，调整它们的位置，如图2-4-1所示。

（8）创建选区，选中“【实例5】小池睡莲.psd”图像内的一个睡莲叶图像，将它复制到剪贴板中。再多次粘贴到该图像内。然后，调整它们的位置，如图2-4-1所示。

（9）将粘贴睡莲茎图像和睡莲叶图像后自动生成的多个图层合并，合并后的图层更名为“睡莲叶和茎”。该图层在“睡莲2”图层的下边。

知识链接——选择色彩范围和选择性粘贴图像

打开一幅图像，如图2-4-10所示。选择“选择”→“色彩范围”命令，可调出“色彩范围”对话框，单击荷花，调整颜色容差，如图2-4-9所示。利用该对话框，可以选择选区内或整个图像内指定的颜色或颜色子集，创建相应的选区。如果想替换选区，应在使用该命令前取消所有选区。使用该对话框创建相近颜色像素的选区的方法有使用取样颜色和使用预设颜色两种。

1．使用取样颜色选择色彩范围

（1）在“选择”下拉列表框中选择“取样颜色”选项。

（2）单击按下“吸管工具”按钮，再单击画布内或该对话框内预览框中要选取的图像，对要包含的颜色进行取样。例如，图2-4-10所示图像中粉色的荷花图像。

（3）拖曳“颜色容差”滑块或在其文本框中输入数字，调整选取颜色的容差值。通过调整颜色容差，可以控制相关颜色包含在选区中的程度，来部分地选择像素。容差越大，选取的相似颜色的范围也越大。

（4）如果选中“选择范围”单选按钮，则在预览框内显示选区的状态（使用白色表示选区）；如果选中“图像”单选按钮，则在预览框内显示画布中的图像。按Ctrl键，可以在预览框内进行“选区”和“图像”预览之间的切换。

（5）如果要添加颜色，可以单击按下“添加到取样”按钮，或者按住Shift键，再单击画布内或预览框中要添加颜色的像素。如果要减去颜色，可以单击按下“从取样中减去”按钮，或者按住Alt键，再单击画布内或预览框中要减去颜色的像素。

（6）“选区预览”下拉列表框用来确定图像预览选区的方式。其内各选项的含义如下。

◎“无”选项：在画布中不显示选区情况，只是在预览框中显示选区。

◎“灰度”选项：在画布中按照图像灰度通道显示，在预览框中显示选区。

◎“黑色杂边”选项：在画布中黑色背景之上用彩色显示选区。

◎“白色杂边”选项：在画布中白色背景之上用彩色显示选区。

◎“快速蒙版”选项：在画布中使用当前的快速蒙版设置显示选区。

（7）“本地化颜色簇”复选框：选中该复选框，可以使用“范围”滑块来调整要包含在蒙版中的颜色与取样点的最大和最小距离。例如，图像在前景和背景中都包含一束黄色的花，但只想选择前景中的花，可以选中“本地化颜色簇”复选框，只对前景中的花进行颜色取样，这样缩小了范围，避免选中背景中有相似颜色的花。

2. 使用预设颜色选择色彩范围

（1）在“选择”下拉列表框中选择一种颜色或色调范围选项。其中，“溢色”选项仅适用于 RGB 和 Lab 图像。溢出颜色是 RGB 或 Lab 颜色，不能使用印刷色打印。

（2）单击该对话框中的“确定”按钮，即可创建选中指定颜色的选区。如果选择的任何像素都不大于50%，则单击“确定”按钮后会调出一个提示对话框，且不会创建选区。

单击“色彩范围”对话框中的“存储”按钮，可以调出“存储”对话框，利用该对话框可以保存当前设置。单击“载入”按钮，可以调出“载入”对话框，利用该对话框可以重新使用保存的设置。

3. 选择性粘贴图像

（1）“贴入”命令：打开一幅图像，按 Ctrl+A 组合键，全选图像；按 Ctrl+C 组合键，将选中的图像复制到剪贴板内。打开另一幅图像，在该幅图像中创建一个选区，如图2-4-14所示。选择“编辑”→“选择性贴入”→“贴入”命令，将剪贴板中的图像粘贴到该选区内。使用“移动工具”，可拖曳调整贴入的图像，如图2-4-15所示。

（2）“外部贴入”命令：按照上述步骤操作，最后选择“编辑”→“选择性贴入”→“外部贴入”命令，可将剪贴板中的图像粘贴到该选区外，如图2-4-16所示。

（3）“原位贴入”命令：按照上述步骤操作，最后选择“编辑”→“选择性贴入”→“原位贴入”命令，可将剪贴板中的图像粘贴到该图像原来所在位置。

图 2-4-14 矩形选区

图 2-4-15 粘贴到选区内

图 2-4-16 粘贴到选区外

思考练习 2-4

1. 制作一幅“美化建筑环境”图像，如图2-4-17所示。它是由图2-4-18所示的“建筑”和“向日葵”图像以及图2-4-19所示的“云图”图像加工合并而成的。

2. 制作一幅“绿化”图像，如图2-4-20所示。该图像是由“云图”、“建筑”和“树木”三幅图像合并后的图像。“建筑”和“树木”图像如图2-4-21所示。

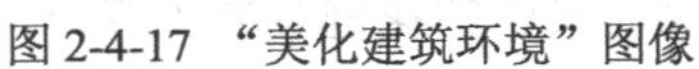
图 2-4-17 “美化建筑环境”图像　　图 2-4-18 “建筑”和“向日葵”图像

图 2-4-19 “云图”图像　图 2-4-20 “绿化”图像　图 2-4-21 “建筑”和“树木”图像

3．制作出如图2-4-22所示的“花中丽人”图像，该图像是由图2-4-23所示的“丽人”和“向日葵”图像制作而成的。

图 2-4-22 “花中丽人”图像　　图 2-4-23 “丽人”和“向日葵”图像

4．制作一幅“美化照片”图像，如图2-4-24所示。该图像是由图2-4-25所示的“丽人”和“风景”图像加工而成的。可以看到，人物的衣服花样更换了，背景变为风景画面。

图 2-4-24 “美化照片”图像　　图 2-4-25 “丽人”和“风景”图像

2.5 【实例6】书签

“书签”图像如图2-5-1所示。书签中心是一幅孔雀图像，图像之上是一幅花瓣状框架，其内是一幅豪华庄园图像。框架上边有一个圆孔，圆孔中穿有红丝线，下边有一条水平的蓝线，蓝线下边有一行文字“孔雀山庄风光留念”。

图 2-5-1 “书签”图像

制作方法

1. 制作书签背景和文字

（1）新建一个文件名为“书签”、宽度为400像素、高度为900像素、分辨率为300像素/英寸、模式为 RGB 颜色、背景为白色的文档。再以名称“【实例6】书签.psd”保存。

（2）单击“图层”面板中的“创建新图层”按钮，在“背景”图层之上新建一个“图层1”图层，再将该图层的名称改为“背景底色”。单击选中该图层。

（3）使用工具箱中的“矩形选框工具”，在文档窗口内拖曳鼠标，创建一个矩形选区，确定出书签轮廓。然后，设置前景色为浅蓝色。按 Alt+Delete 组合键，给矩形选区填充前景色。按 Ctrl+D 组合键，取消选区，如图2-5-2所示。

（4）单击“图层”面板中的“创建新图层”按钮，在“背景底色”图层之上新建一个“图层1”图层，再将该图层的名称改为“水平蓝线”。选中该图层。使用工具箱中的“矩形选框工具”，创建一个水平细长的矩形选区，设置背景色为浅蓝色，按 Ctrl+Delete 组合键，给矩形选区填充蓝色。按 Ctrl+D 组合键，取消选区，如图2-5-3所示。

（5）设置前景色为白色。使用工具箱中的“横排文字工具”，在它的选项栏内，设置字体为隶书、大小为9点、平滑风格，在画布中输入上面的一行红色“孔雀山庄风光留念”文字。使用“移动工具”，将文字移到书签内的下方，然后利用“样式”面板添加“毯子（纹理）”样式，文字效果如图2-5-3所示。

（6）选中“图层”面板中的“背景底色”图层。使用“椭圆选框工具”，在它的选项栏内的“样式”下拉列表框内选择“固定大小”选项，在“宽度”和“高度”文本框内都输入20px。然后，单击画布，即可创建一个小椭圆形选区，移至书签的顶部，按 Delete 键，删除圆形选区中的图像，制作出书签孔，如图2-5-4所示。按 Ctrl+D 组合键，取消选区。

图 2-5-2　浅蓝色矩形

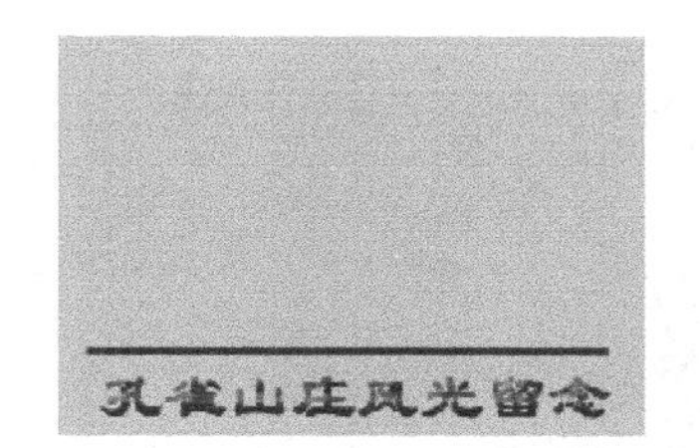

图 2-5-3　蓝线和文字

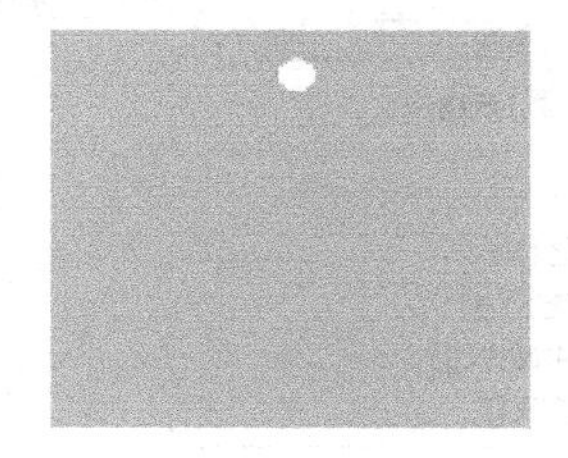

图 2-5-4　圆孔

2. 制作装饰图像和红绳

（1）打开一幅“孔雀1.jpg”图像文件，适当调整它的大小。使用工具箱中的“移动工具”，拖曳“孔雀1.jpg”图像到“书签”文档窗口内，作为书签的装饰图像。

（2）选择“编辑”→“自由变换”命令，进入“自由变换”状态，调整“孔雀1.jpg”图像的大小和位置，如图2-5-1所示。将“图层”面板内新建图层的名称改为“孔雀”。

（3）在“孔雀”图层之上创建一个图层，将它的名称改为“边框”。创建一个圆形选区，如图2-5-5所示。选择“选择”→“存储选区”命令，调出“存储选区”对话框，在该对话框内的“名称”文本框中输入“小圆”，如图2-5-6所示。单击“确定”按钮，将创建的圆形选区以名称“小圆”保存。

（4）然后，创建一个椭圆选区，如图2-5-7所示。

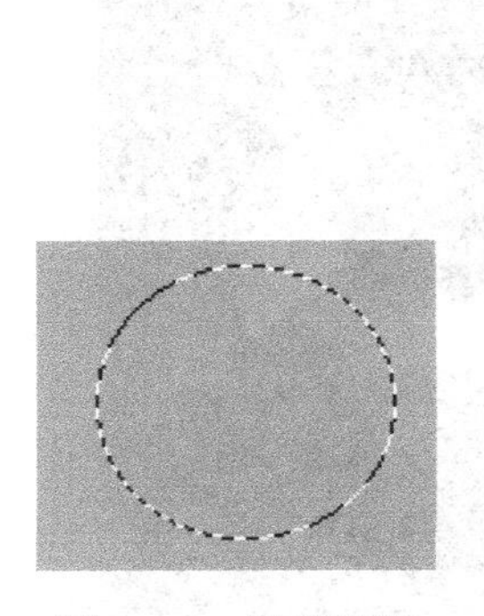

图 2-5-5　圆形选区

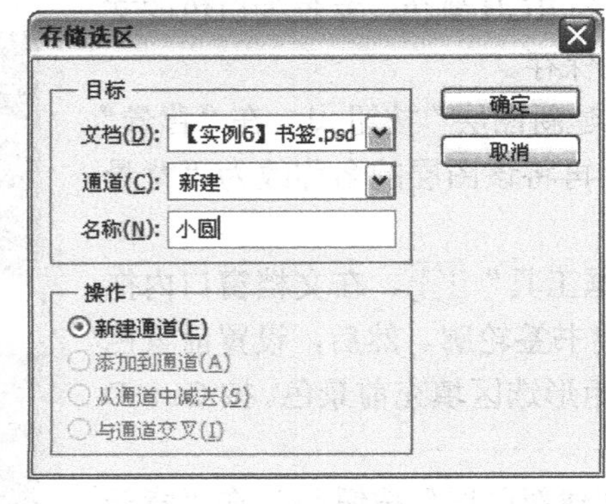

图 2-5-6　“存储选区”对话框

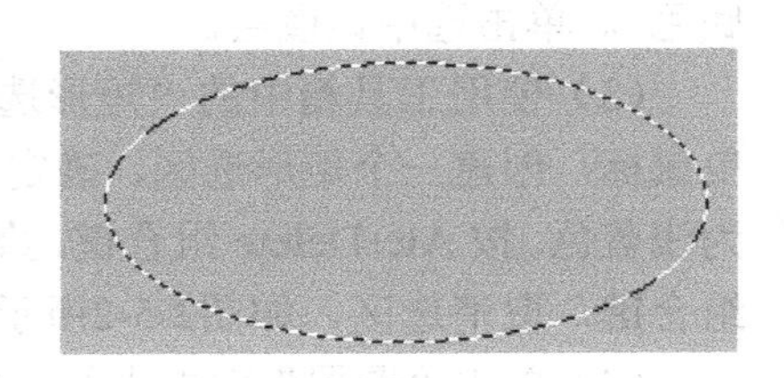

图 2-5-7　椭圆选区

（5）选择“选择”→“载入选区”命令，调出“载入选区”对话框，在“通道”下拉列表框中选择“小圆”选项，选中“添加到选区”单选按钮，如图2-5-8所示。单击“载入选区”对话框内的“确定”按钮，载入“小圆”选区，如图2-5-9所示。

如果载入的“小圆”选区和椭圆选区相加后的选区形状不对，可以在“历史记录”面板内恢复到原状态，移动椭圆选区位置后重新操作。也可以添加参考线来定位。

（6）垂直向上拖曳移动选区，再选择“选择”→“载入选区”命令，调出“载入选区”对话框，设置如图2-5-8所示。单击“确定”按钮，再次载入“小圆”选区，效果如图2-5-10所示。然后，拖曳移动选区的位置，置于孔雀图像之上，小圆孔下边。

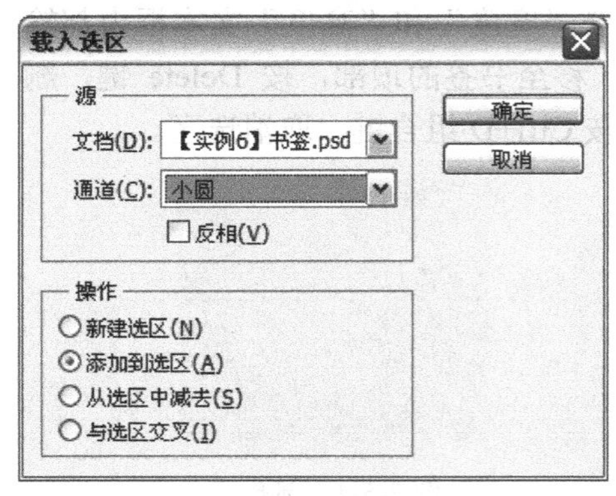

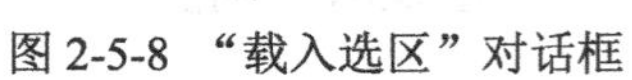

图 2-5-8　“载入选区”对话框

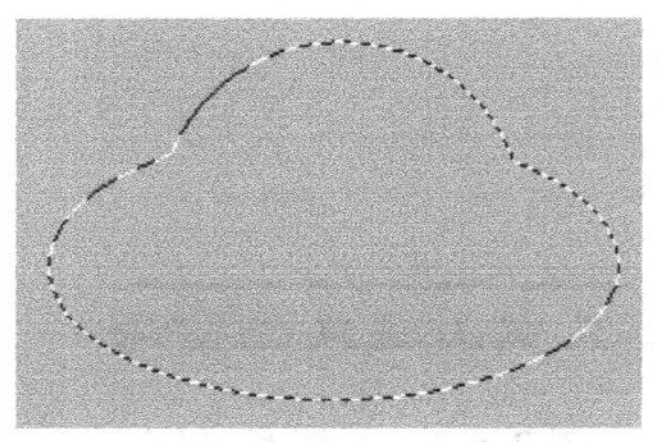

图 2-5-9　载入选区

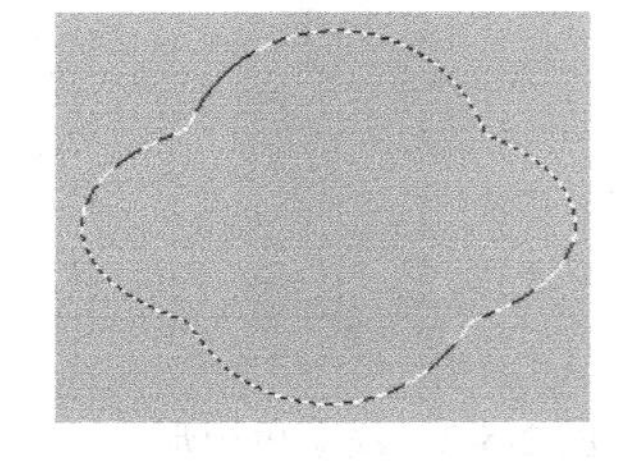

图 2-5-10　移动选区和载入选区

（7）选中“边框”图层。选择“编辑”→“描边”命令，调出“描边”对话框。设置描边宽度为6像素，描边位置为“居中”，混合模式为“正常”，不透明度为100%。然后单击“确定”按钮，给选区描红色的边，如图2-5-11所示。按 Ctrl+D 组合键，取消选区。

（8）单击“样式”面板内的“清晰浮雕-外斜面”样式图标，给“边框”图层内的边框图形添加样式，效果如图2-5-12所示。

（9）打开“庄园.jpg”图像文件，调整它的大小为宽300像素、高240像素，选择“选择”→“全选”命令，创建选区将整幅图像选中。选择“编辑”→“拷贝”命令，将选区内的图像复制到剪贴板中。

（10）切换到“书签”文档窗口，单击工具箱内的“魔棒工具”按钮，再单击边框图形内部，创建一个选中边框内部的花瓣状选区。选择“编辑”→“选择性粘贴”→“贴入”命令，将剪贴板中的“庄园”图像粘贴到选区内，同时“图层”面板内自动生成一个新图层，将该图层的名称改为“图像”。

选择“编辑”→“自由变换”命令，进入“自由变换”状态，调整贴入图像的大小和位置，如图2-5-13所示。按Enter键，完成自由变换调整。按Ctrl+D组合键，取消选区。

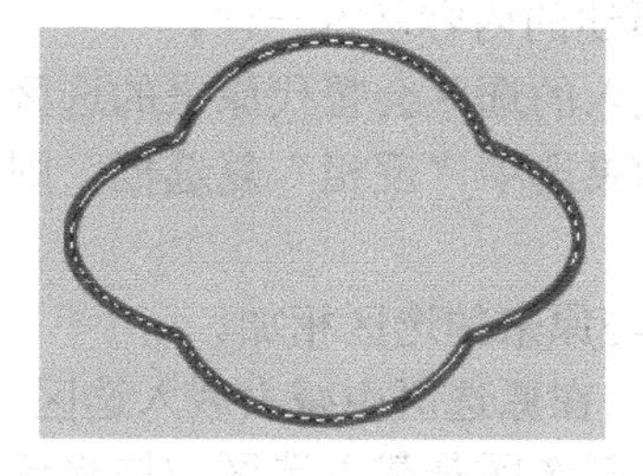

图2-5-11　选区描边

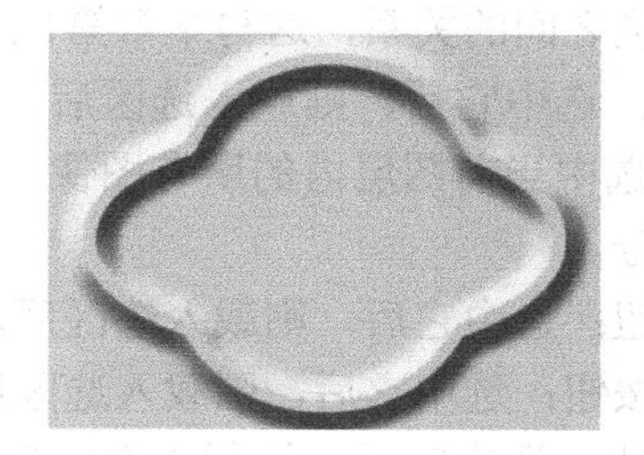

图2-5-12　给边框添加样式

图2-5-13　贴入图像

（11）在“背景”图层之上新建一个“红引线1”图层，单击选中该图层。设置前景色为红色。使用“多边形套索工具”创建一个不规则的封闭区域，作为书签的线绳，按Alt+Delete组合键，为选区填充红色。按Ctrl+D组合键，取消选区，效果如图2-5-14所示。

（12）在“边框”图层之上新建一个“红引线2”图层，选中该图层。再按照上述方法制作书签另一侧的红色线绳，如图2-5-15所示。此时的“图层”面板如图2-5-16所示。

图2-5-14　一侧线绳

图2-5-15　另一侧线绳

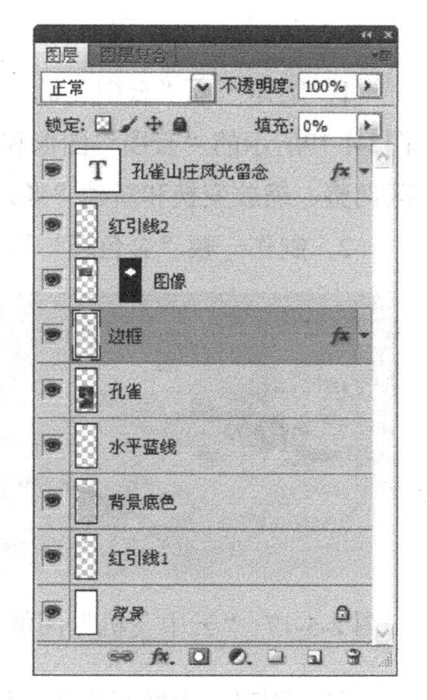

图2-5-16　“图层”面板

知识链接——存储与载入选区

1. 存储选区

选择“选择”→“存储选区”菜单命令，调出“存储选区”对话框，如图2-5-6所示。利用该对话框可以保存创建的选区，以备以后使用。在有通道时，在“通道”下拉列表框中选中该通道的名称，则四个单选按钮才有效，否则只有第1个单选按钮有效。

2. 载入选区

选择“选择”→“载入选区”菜单命令，调出“载入选区”对话框，如图2-5-8所示。利用该对话框可以载入以前保存的选区。在该对话框的“操作”栏内选择不同的单选按钮，可以设置载入的选区与已有的选区之间的关系，这与本章第1节所述的内容基本一样。

◎“新建选区”单选按钮：选中它后，则载入选区后，载入的选区会替代原来的选区。如果原来没有选区，则新选区选中当前图层内的所有图像。如果选中“反相”复选框，则新选区选中当前图层内的透明部分。

◎“添加到选区”单选按钮：选中它后，则载入选区后，与原来的选区相加。

◎“从选区中减去”单选按钮：选中它后，则载入选区后，在原选区中减去载入选区。

◎“与选区交叉”单选按钮：选中它后，则载入选区后，新选区是载入选区与原来选区相交叉的部分。

如果选中“反相”复选框，则新选区可以选中上述计算产生的选区之外的区域。

按住 Ctrl 键，单击“图层”面板内图层中的缩览图，可以载入选中该图层内的所有图像的选区。

思考练习 2-5

1. 制作一幅“云中飞机”图像，如图2-5-17所示。可以看到，两架飞机好像在云中飞行一样。它是利用图2-4-19所示的“云图”图像和图2-5-18所示的“飞机”图像制作而成的。制作该图像需要使用载入选区、选区调整、缩放变换和新建“通过剪切的图层”等操作。

2. 制作一幅“金色环”图形，如图2-5-19所示。制作该图形的提示如下。

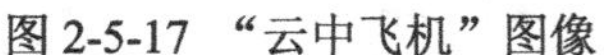

图 2-5-17 “云中飞机”图像

图 2-5-18 “飞机”图像

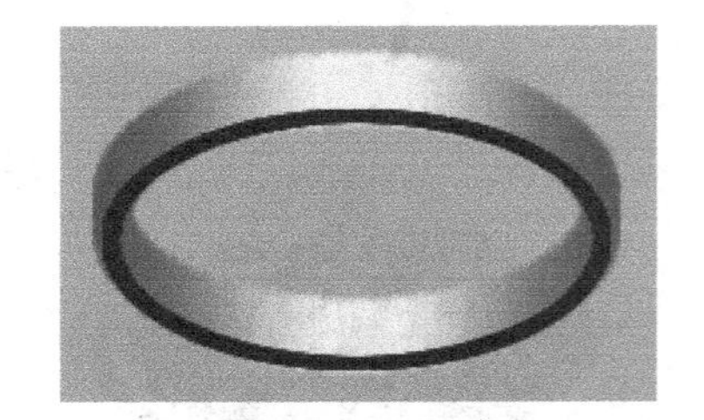

图 2-5-19 “金色环”图形

（1）创建一个椭圆选区。将椭圆选区以名称“椭圆1”保存。选择“选择”→“修改”→“边界”命令，调出“边界选区”对话框。将选区转换为5像素宽的环状选区。

（2）使用“渐变工具”按钮，设置“橙色、黄色、橙色”的线性渐变色。在选区处水平拖曳，给选区填充设置的线性渐变色，如图2-5-20所示。

（3）使用“移动工具”，按住 Alt 键，同时多次按光标下移键，连续移动复制图形。按 Ctrl+D 组合键，取消选区，效果如图2-5-21所示。调出“载入选区”对话框。在“通道”下拉列表框内选择“椭圆1”选项，载入“椭圆1”选区。

（4）将选区移到如图2-5-22所示位置。调出“描边”对话框。给选区描5像素、红色的边。按 Ctrl+D 组合键，取消选区，如图2-5-19所示。

图 2-5-20　选区填充线性渐变色

图 2-5-21　复制产生的图形

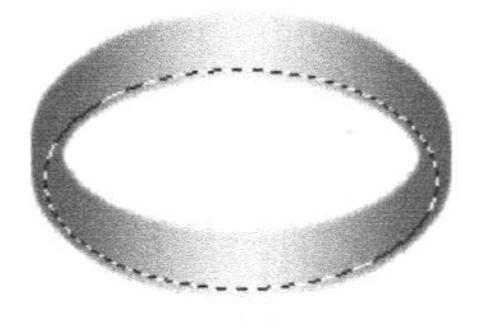

图 2-5-22　移动选区的位置

第3章
文本和图层

本章提要：

本章介绍了文字工具组工具的使用方法，文字工具选项栏，文字变形方法，“字符”和“段落”面板设置，以及段落文字和点文字的相互转换方法等。另外，还介绍了有关图层和“图层”面板，创建和编辑图层的方法，添加和编辑图层样式的方法等。

3.1 【实例 7】绿色世界风景如画

“绿色世界风景如画”图像如图 3-1-1 所示。在风景图像之上，右边是墨绿色文字“世界全体人民，为绿化地球保护生态环境而努力”沿圆形路径外环上边环绕排列，“绿色环保”红色阴影立体文字沿圆形路径内下边环绕排列；左边是凸起透明文字“绿色世界”和“风景如画”，文字好像是从图像中凸出来的一样，文字内的图像与文字外的图像是连续的。制作该图像使用了图 3-1-2 所示的 2 幅风景图像。如果在路径上输入横排文字，可以使文字与路径切线（基线）垂直；如果在路径上输入直排文字，可以使文字方向与路径切线平行。如果移动路径或更改路径的形状，文字将会随着路径位置和形状的改变而做出相应的改变。

图 3-1-1 “绿色世界风景如画”图像

图 3-1-2 “风景 3”和“风景 9”图像

制作方法

1. 制作背景图像

（1）打开一幅“风景3.jpg”图像，调整它的宽度为700像素、高度为400像素，如图3-1-2左图所示，以名称“【实例7】绿色世界风景如画.psd”保存。

（2）打开“风景9.jpg”图像，如图3-1-2右图所示。创建选中全部“风景9”图像的选区，按Ctrl+C组合键，将选区内的图像复制到剪贴板中。在“【实例7】绿色世界风景如画”图像内创建一个圆形选区，选择“编辑”→“选择性粘贴”→“贴入”命令，将剪贴板内的图像贴入选区，自动增加“图层1”图层，放置贴入图像，将该图层名称改为“图像”。

（3）选中“图像”图层，选择“编辑”→“自由变换”命令，进入贴入图像的自由变换状态。调整贴入图像的大小和位置，按Enter键确定，如图3-1-1所示。

（4）在“图层”面板内“图像”图层下边创建一个新图层，将该图层更名为“圆框”。选择“选择”→“修改”→“扩展”命令，调出“扩展选区”对话框。在该对话框内的“扩展量”文本框内输入4，单击“确定”按钮，使圆形选区向外扩展4像素。选择“选择”→“修改”→“边界”命令，调出“边界选区”对话框。在该对话框内的“宽度”文本框内输入8，单击“确定”按钮，形成8像素宽的环形选区。

（5）选择“选择”→“修改”→“平滑”命令，调出“平滑选区”对话框，在“取样半径”文本框内输入3，单击“确定”按钮，使选区平滑。

（6）设置前景色为蓝色，按Alt+Delete组合键，给环形选区内填充蓝色。按Ctrl+D组合键，取消选区。

2. 制作环绕文字

（1）单击“图层”面板内“图像”图层内的图标，创建一个包围粘贴的圆形图像的选区，选择“选择”→“修改”→“扩展”命令，调出“扩展选区”对话框。在该对话框内的“扩展量”文本框内输入8，单击“确定”按钮，使圆形选区向外扩展8像素。选择“选择”→“修改”→“平滑”命令，调出“平滑选区”对话框，在“取样半径”文本框内输入3，单击“确定”按钮，使选区平滑。

（2）单击“路径”面板内的“从选区生成工作路径”按钮，圆形选区转换为圆形路径，如图3-1-3所示。同时，在“路径”面板内会增加一个“工作路径”层。

（3）在“背景”图层之上新增“图层1”图层，填充白色，隐藏“图层”面板中的“圆框1”和“图像”图层。这些操作的目的是使下面的文字背景为白色，清楚好看。

（4）使用“横排文字工具”T，调出“字符”面板，设置如图3-1-4所示。移动鼠标指针到圆形路径上，当鼠标指针变为文字工具的基线指示符时单击，路径上会出现一个插入点。然后，输入文字，如图3-1-5所示。此时，“图层”面板内会增加相应的文本图层，“路径”面板内会增加“大家行动起来，为绿化地...”层（为介绍更改文字，此处先输入非最终文字）。

（5）使用“路径选择工具”或“直接选择工具”，再将鼠标指针移到环绕文字之上，当鼠标指针变为或状时，沿着路径逆时针（或顺时针）拖曳圆形路径上的标记（环绕文字的起始标记），同时也沿着路径逆时针（或顺时针）拖曳圆形路径上的环绕文字，改变文字的起始位置，使文字沿着圆形路径移动。如果拖曳圆形路径上的环绕文字的终止标记，可以调整环绕文字的终止位置，如图 3-1-6 所示。

图 3-1-3 圆形路径

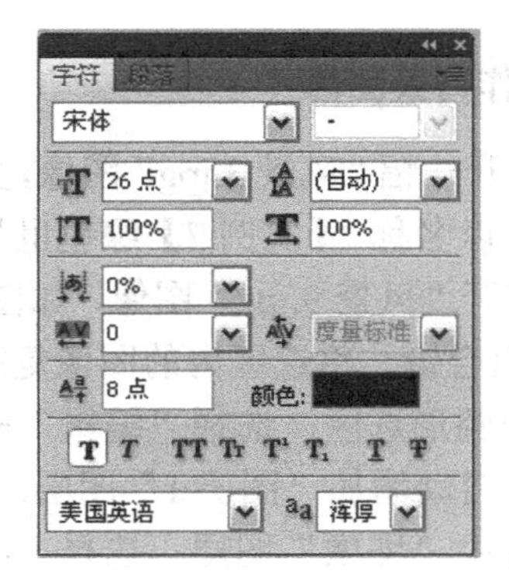

图 3-1-4 “字符”面板设置

图 3-1-5 输入环绕文字

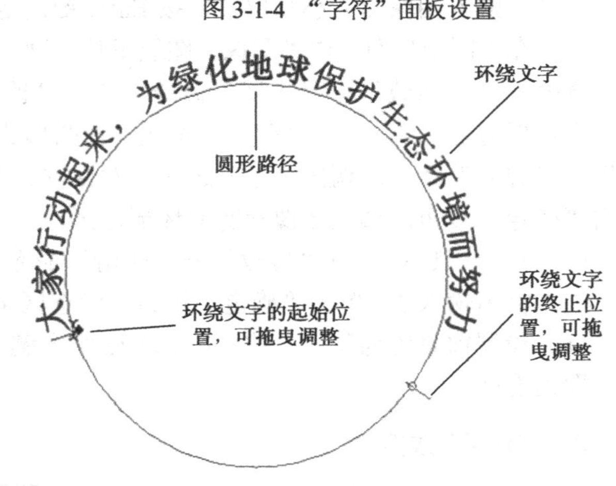

图 3-1-6 调整环绕文字

注意：调整环绕文字的最终效果如图 3-1-6 所示。拖曳移动环绕文字时要小心，以避免跨越到路径的另一侧，否则会将文字翻转到路径的另一边。

另外，单击选中“路径”面板内的“大家行动起来，为绿化地...”层，选择“选择”→“自由变换路径”命令，可进入路径的自由变换状态，将鼠标指针移到它的右上角控制柄处，当鼠标指针呈弧形双箭头状时，逆时针（或顺时针）拖曳鼠标，可旋转路径。按 Enter 键后，环绕文字也会随之旋转。

（6）切换到“路径”面板。单击选中“工作路径”层。切换到“图层”面板。使用“横排文字工具” T，设置字体为华文行楷，大小为 22 点，加粗，颜色为红色，浑厚。输入“绿色环保”文字，如图 3-1-7 所示。

（7）使用“路径选择工具”或“直接选择工具”，将鼠标指针移到环绕文字“绿色环保”之上，当鼠标指针变为状时，沿着路径逆时针拖曳圆形路径上的标记（环绕文字的终止标记），同时会沿着路径逆时针（或顺时针）拖曳圆形路径上的环绕文字，改变文字的终止位置，使文字沿着圆形路径移动。将鼠标指针移到环绕文字的起始标记处，当鼠标指针变为状时，拖曳调整环绕文字的起始位置。

（8）接着向圆形路径内部拖曳鼠标，使文字翻转到路径的内侧，如图 3-1-8 所示。此时“图层”面板内增加一个“绿色环保”文本图层，“路径”面板内的“大家行动起来，为绿化地...”

层的名字改为“绿色环保文字路径”。

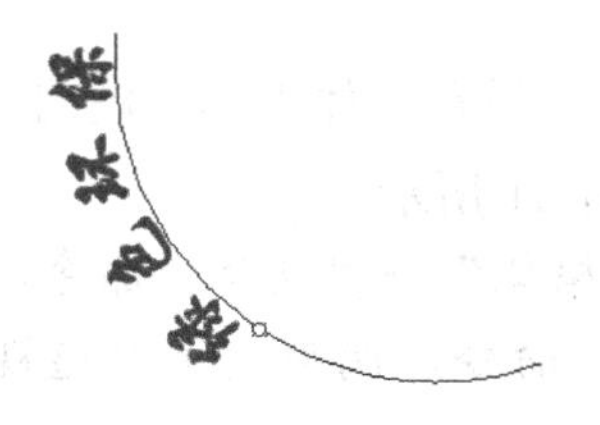

图 3-1-7 环绕文字

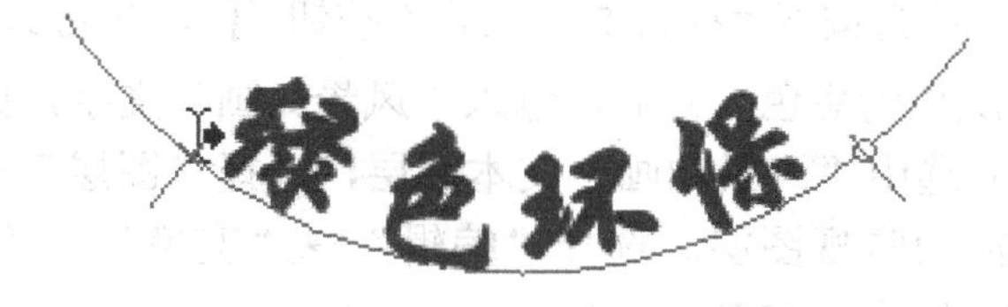

图 3-1-8 环绕文字翻转

（9）选中“图层”面板内“绿色环保”文本图层，调出“字符”面板，在该面板内的“设置基线偏移”文本框中输入15，按Enter键，“绿色环保”环绕文字将会上移15个点；再设置字体为隶书。

（10）选中“大家行动起来，为绿化地...”文本图层，在“字符”面板内的“设置基线偏移”文本框中输入6，按Enter键后，该图层的环绕文字将会上移6个点。再设置字体为隶书。使用“横排文字工具”T，拖曳选中“大家行动起来”文字，将文字改为“世界全体人民”。效果如图3-1-1所示。

（11）将“图层 1”图层显示，单击选中“绿色环保”文本图层，单击“图层”面板内的“添加图层样式”按钮，调出它的菜单，单击该菜单中的“斜面和浮雕”命令，调出“图层样式”对话框。利用该对话框给“绿色环保”文字添加立体浮雕效果，使“绿色环保”文字成为立体文字，如图3-1-1所示。

（12）调出“路径”面板，单击“删除路径”按钮，将“工作路径”层删除。然后，删除“图层”面板中填充白色的“图层 1”图层。显示所有图层。

3．制作“绿色世界”凸起文字

（1）单击按下工具箱中的“横排文字蒙版工具”按钮，在它的选项栏内设置字体为华文琥珀，大小为50点。

（2）单击图像，输入“绿色世界”文字，如图3-1-9所示。然后，单击“矩形选框工具”按钮，转换为文字选区，拖曳文字选区，将它移到适当位置，如图3-1-10所示。

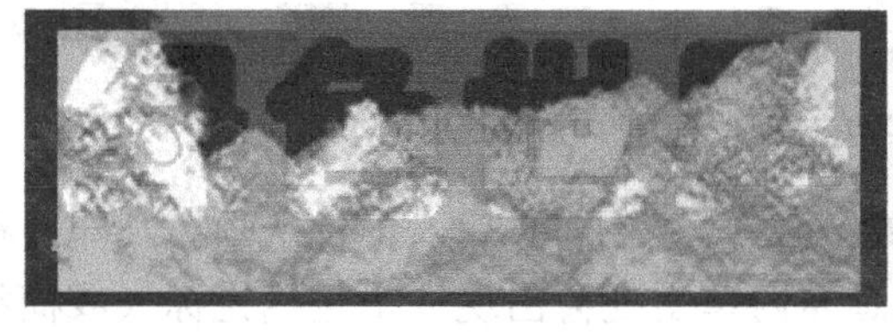

图 3-1-9 输入“绿色世界”文字

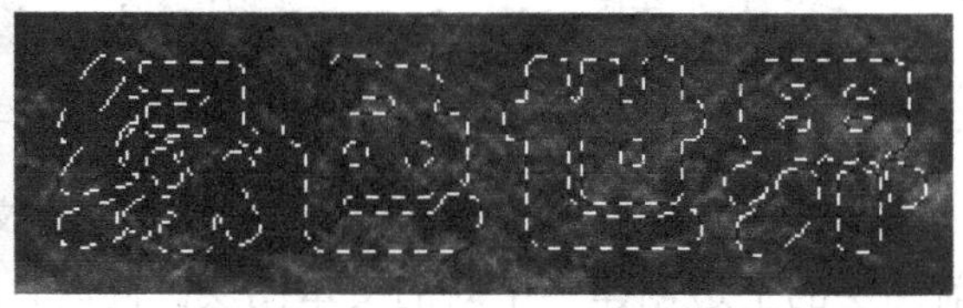

图 3-1-10 “绿色世界”文字选区

（3）将“背景”图层复制一个“背景副本”图层。选中“背景副本”图层。选择“选择”→“反向”命令，选中文字外区域。按Delete键，删除“背景副本”图层选区外的图像。

（4）选择“选择”→“反向”命令，创建选中文字的选区。

（5）单击“图层”面板内的fx按钮，调出快捷菜单，单击该菜单中的“斜面和浮雕”命令，调出“图层样式”对话框，读者自行设置（阴影颜色为浅绿色）。然后，单击“确定”按钮，完成立体文字制作。按Ctrl+D组合键，取消选区，如图3-1-1所示。

（6）将“背景副本”图层的名称改为“绿色世界”。

4．制作“风景如画”透视状凸起文字

（1）单击按下“横排文字工具”按钮 T，在它的选项栏内设置字体为华文琥珀，大小为50点，颜色为黑色。然后，输入“风景如画”文字，如图3-1-11所示。

（2）选中“风景如画”文本图层，选择“图层”→“栅格化”→“文字”命令，将文本图层转换为常规图层。选择“编辑”→“变换”→“透视”命令，调整文字呈透视状，如图3-1-12所示。按Enter键。

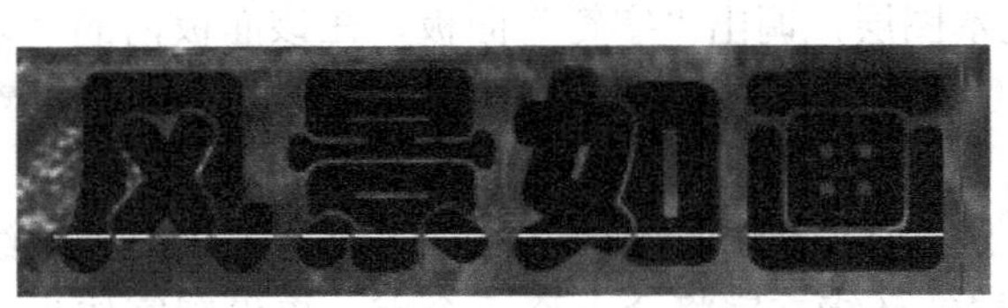

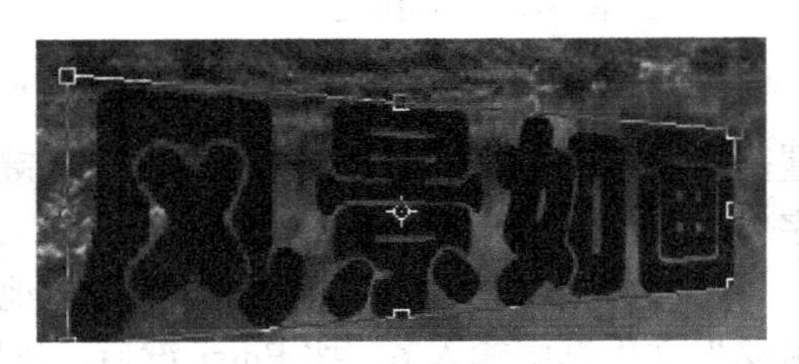

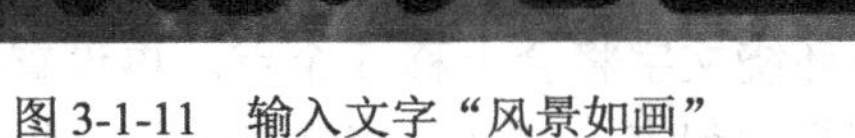

图3-1-11　输入文字“风景如画”　　　图3-1-12　文字透视调整

（3）按住Ctrl键，单击“风景如画”文本图层缩览图，创建选中文字的选区。然后删除“风景如画”文本图层。

（4）以后的操作与前面制作“绿色世界”凸起文字中第（3）～（5）操作步骤一样。只是在“图层样式”对话框中设置的阴影颜色为浅红色。

（5）将“背景副本”图层的名称改为“风景如画”。

知识链接——文字工具组工具和图层栅格化

1．横排和直排文字工具、文字蒙版工具

（1）横排和直排文字工具：“横排文字工具” T 用来输入横排文字，它的选项栏如图3-1-13所示。“直排文字工具” IT 用来输入竖排文字，它的选项栏与“横排文字工具”选项栏基本一样。

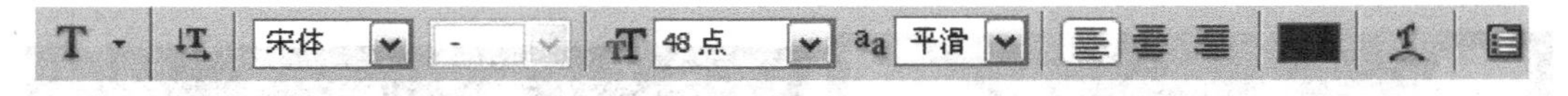

图3-1-13　“横排文字工具”选项栏

在单击“横排文字工具”按钮 T 或“直排文字工具”按钮 IT 后，再单击画布，即可在当前图层的上边创建一个新的文本图层。同时，画布内单击处会出现一个竖线光标（或横线光标），表示可以输入文字（这时输入的文字叫点文字）。在输入文字时按Ctrl键可以切换到移动状态，拖曳可以移动文字。另外，也可以使用剪贴板粘贴文字。

单击画布后，选项栏会在右边增加两个按钮：✔（提交所有当前编辑）和 ⊘（关闭所有当前编辑）。单击 ✔ 按钮，可保留输入的文字。单击 ⊘ 按钮，可取消输入的文字。

（2）横排和直排文字蒙版工具：单击按下“工具”面板内的“横向文字蒙版工具”按钮 或“直排文字蒙版工具”按钮，它的选项栏与图3-1-13所示基本一样。再单击画布，即可在当前图层上加入一个红色的蒙版。同时，画布内单击处会出现一个竖线或横线光标，表示可以输入文字。单击其他工具，文字会转换为文字选区，如图3-1-10所示。

2. 文字工具选项栏

（1）“更改文本方向”按钮：单击该按钮，可以将文字在水平和垂直排列之间切换。选择“图层”→“文字”→“水平”命令，可以将垂直文字改为水平文字；选择“图层”→“文字”→“垂直”命令，可以将水平文字改为垂直文字。

（2）“设置字体系列”下拉列表框 Myriad：用来设置字体。

（3）“设置字体样式”下拉列表框 Roman：用来设置字的形态，有常规（Regular）、加粗（Bold）和斜体（Italic）等。要注意，不是所有字体都具有这些形态。

（4）“设置字体大小”下拉列表框 30 点：用来设置字体大小。可以选择下拉列表框内提供的数据，也可以直接输入数据和单位。单位有毫米（mm）、像素（px）和点（pt）。

（5）“设置消除锯齿方式”下拉列表框 锐化：用来设置是否消除文字的边缘锯齿，以及采用什么方式消除文字的边缘锯齿。它有 5 个选项，分别是“无”、“锐利”、“犀利”、“浑厚”和“平滑”，分别表示消除文字边缘锯齿的力度，和使文字边缘变化的不同效果。

（6）设置文字水平排列方式：设置文字一行居左、居中或居右对齐。

（7）设置文字垂直排列方式：设置文字一列居上、居中或居下对齐。

（8）“设置文本颜色”按钮：单击它可调出“拾色器”对话框，用来设置文字颜色。

（9）“创建文字变形”按钮：单击它，可以调出“变形文字”对话框。

（10）“显示字符和段落面板”按钮：单击它可以调出“字符”和“段落”面板。

3. “字符”面板

“字符”面板如图 3-1-14 所示，它用来定义字符的属性。单击“字符”面板右上角的按钮，调出“字符”面板菜单，如图 3-1-15 所示。利用该菜单内的命令，可以改变文本方向、设置文字形态（因为许多字体没有粗体和斜体）、加下划线和删除线等。“字符”面板中前面没有介绍过的主要选项的作用如下。

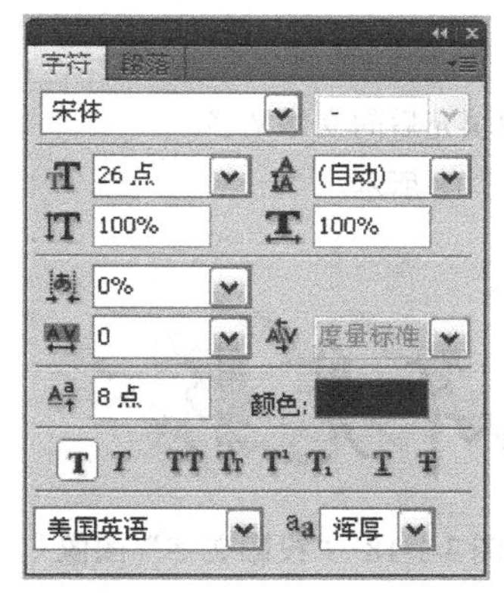

图 3-1-14 “字符”面板

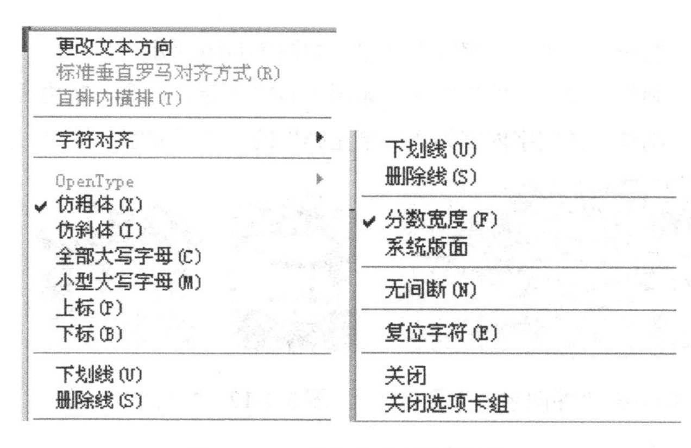

图 3-1-15 “字符”面板菜单

（1）“设置行距”下拉列表框 (自动)：用来设置行间距，即两行文字间的距离。

（2）“垂直缩放”文本框 100%：用来设置文字垂直方向的缩放比例。

（3）“水平缩放”文本框 100%：用来设置文字水平方向的缩放比例。

（4）“设置所选字符的比例间距”下拉列表框 0%：用来设置所选字符的比例间距。百分数越大，选中字符的字间距越小。

（5）“设置所选字符的字距调整”下拉列表框：用来设置所选字符的字间距。正值是使选中字符的字间距加大，负值是使选中字符的字间距减小。

（6）“设置两个字符间的字距微调”文本框：用来设置两个字间的字间距微调量。用鼠标单击两个字之间，然后修改该下拉列表框内的数值，即可改变两个字的间距。正值是加大，负值是减小。

（7）“设置基线偏移”文本框：用来设置基线的偏移量。正值是使选中的字符上移，形成上标；负值是使选中的字符下移，形成下标。

（8）“设置文本颜色”图标：单击它可以调出“拾色器”对话框。用来设置所选字符的颜色。

（9）按钮组：从左到右分别为粗体、斜体、全部大写、小写、上标、下标、下划线、删除线按钮。

（10）下拉列表框：用来选择不同国家的文字。对所选字符进行有关连字符和拼写规律的语言设置。

4．图层栅格化

图层栅格化就是将当前图层内的矢量图形和文字等转换成点阵图像，方法如下。

（1）单击选中需要进行栅格化处理的一个或多个图层（如文本图层等）。

（2）选择“图层”→“栅格化”命令，调出其子菜单。如果单击子菜单中的“图层”命令，就可将选中图层内的所有矢量图形转换为点阵图像。如果单击子菜单中的“文字”命令，就可将选中图层内的文字转换为点阵图像，同时文本图层会自动变为普通图层。子菜单中还有其他一些命令，针对不同情况，可以执行不同的命令。

思考练习 3-1

1．制作一幅“冲向宇宙”图像，如图 3-1-16 所示。

2．制作一幅“自然”图像，如图 3-1-17 所示。它是一幅由风景图像填充后的立体文字。

3．制作一幅文字内容为“立竿见影”的“投影文字”图像，如图 3-1-18 所示。

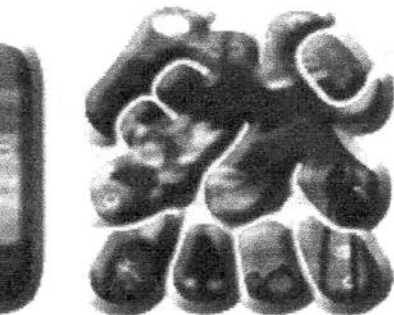

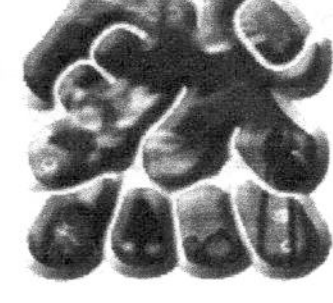

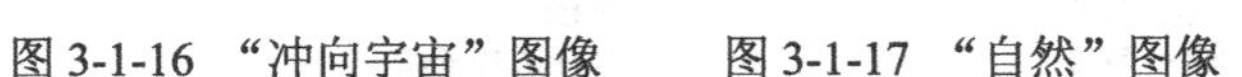

图 3-1-16 “冲向宇宙”图像　　图 3-1-17 “自然”图像　　图 3-1-18 “投影文字”图像

3.2 【实例 8】3 场景图像切换

“世界名花海报”图像如图 3-2-1 所示。它是一幅宣传世界名花的海报，其中颗粒状蓝色背景之上有带阴影的红色弧形立体文字“世界名花海报”、段落文字和羽化的图像。制作该图像需要使用图 3-2-2 所示的 4 幅图像。

制作方法

1. 制作背景图像

（1）新建一个文件名为“名花”、宽度为900像素、高度为400像素、模式为RGB颜色、背景为浅蓝色的文档。再以名称“【实例8】世界名花海报.psd”保存。打开4幅世界名花图像，如图3-2-2所示。分别调整它们的高度为30像素，宽度适当。

（2）选中“名花”文档的“背景”图层，选择“滤镜”→“纹理”→“纹理化”命令，调出“纹理化”对话框，在该对话框内的“纹理”下拉列表框内选择“砂岩”选项，在“凸现”文本框内输入5，如图3-2-3所示。单击“确定”按钮，给蓝色背景添加纹理。

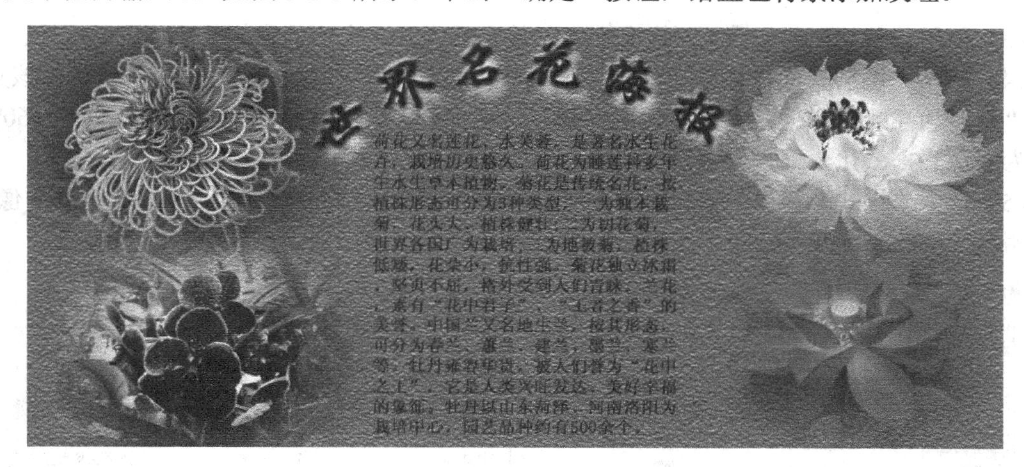

图3-2-1　“世界名花海报”图像

荷花.jpg

菊花.jpg

兰花.jpg

牡丹.jpg

图3-2-2　4幅世界名花图像

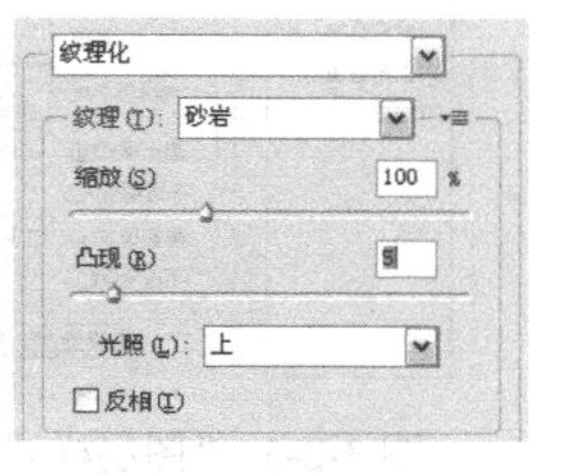

图3-2-3　纹理化设置

（3）选中“菊花”图像，按Ctrl+A组合键，创建选中整幅图像的选区，按Ctrl+C组合键，将整幅“菊花”图像复制到剪贴板中。

（4）选中“名花”文档，在“图层”面板内增加“图层1”图层，选中该图层，使用“椭圆工具”，在其选项栏中设置羽化半径为30像素，在画布内的左上角创建一个椭圆选区。再选择“编辑”→“选择性粘贴”→“贴入”命令，将剪贴板中的菊花图像粘贴到该选区内。按Ctrl+D组合键，取消选区。

（5）按照上述方法，再在“名花”文档内添加羽化的其他名花图像，如图3-2-1所示。

2. 制作立体文字图像

（1）使用“工具”面板中的“横排文字工具”T，在其选项栏内的“设置字体系列”下拉列表框中选择“华文楷体”选项，在“设置字体大小”下拉列表框中选择“48 点”选项，单击“设置文字颜色”按钮，设置文字颜色为红色，单击“确定”按钮。

（2）在画布内输入文字“世界名花海报”。此时，系统自动为文字创建一个“世界名花海报”文本图层。拖曳选中文字，选择“窗口”→“字符”命令，调出“字符”面板。在该面板内的下拉列表框内选择“200”选项，将文字间距调大，如图 3-2-4 所示。

图 3-2-4　输入文字“世界名花海报”

（3）使用“移动工具”，拖曳文字，使它移到画布上边的中间处。

（4）单击“图层”面板内的“添加图层样式”按钮，调出它的快捷菜单，单击该菜单内的“斜面和浮雕”命令，调出“图层样式”对话框。设置样式为浮雕效果，深度为 160%，大小为 6 像素，软化 3 像素，角度为 120°，高度为 30°，如图 3-2-5 所示。

（5）选中“样式”栏内的“投影”文字，设置距离为 15 像素，扩展 5%，大小为 8 像素，不透明度为 90%，角度为 120°，投影色为黄色，混合模式为强光，如图 3-2-6 所示。

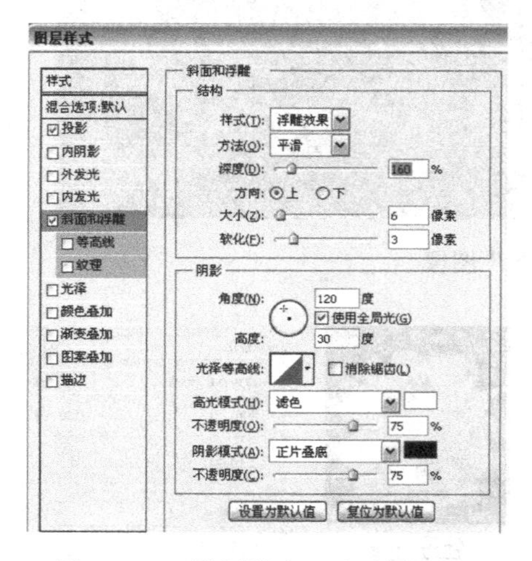

图 3-2-5 “图层样式”对话框设置

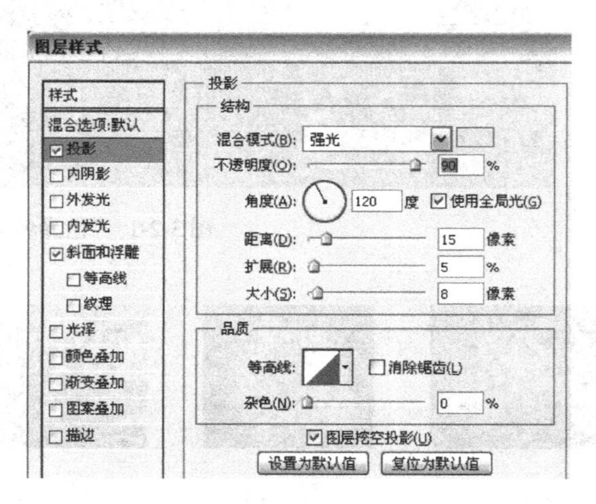

图 3-2-6 “图层样式”对话框设置

（6）单击“确定”按钮，即可完成有黄色阴影的立体文字的制作，如图 3-2-1 所示。

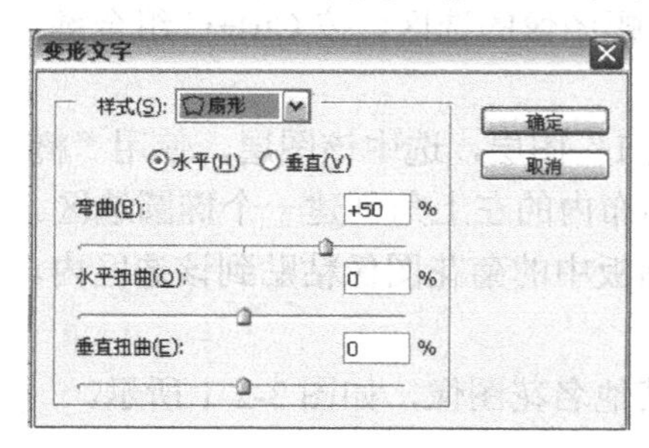

图 3-2-7 “变形文字”对话框

（7）使用“横排文字工具”按钮，单击选项栏内的“创建文字变形”按钮，调出“变形文字”对话框，在“样式”下拉列表框中选择“扇形”选项再调整弯曲大小，如图 3-2-7 所示。然后，单击“确定”按钮，完成文字变形。再调整变形文字的位置，如图 3-2-1 所示。

（8）使用“横排文字工具”按钮，在画布窗口内中间处拖曳出一个矩形区域，在该区域内输入红色、宋体、14 点、加粗的文字，如图 3-2-1 所示。调出“段落”面板，保留各文本框内的数值。

（9）如果在段落框内没有将输入的所有文字显示出来，可将文字大小改小一点，使输入的文字全部显示出来。单击工具箱中的其他工具，完成段落文字的输入。

知识链接——段落、点文字与文字变形

1．输入和调整段落文字

（1）单击工具箱内的“横排文字工具”按钮 T，再在其选项栏内进行设置。

（2）拖曳创建一个虚线矩形框（叫文字框），它四边有 8 个控制柄，文字框内有一个中心标记，如图 3-2-8 所示。接着在文字框内输入文字或粘贴文字，该文字叫段落文字，如图 3-2-9 所示。按住 Ctrl 键，再拖曳，可以移动文字框和其中的文字。

（3）将鼠标指针移到文字框边上的控制柄处，当鼠标指针呈直线双箭头状时拖曳，可以改变文字框的大小，同时也调整了文字框内每行文字的多少和文字行数。如果文字框右下角有控制柄，则表示除了文字框内显示的文字外，还有其他文字，如图 3-2-10 所示。

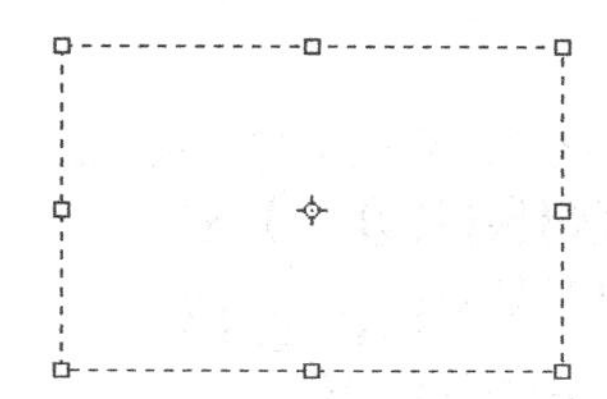

图 3-2-8　文字框

输入段落文字和调整段落文字

图 3-2-9　段落文字

图 3-2-10　还有其他文字

（4）将鼠标指针移到文字框角上的控制柄外边，当鼠标指针呈曲线双箭头状时拖曳，可以围绕中心标记旋转文字框，拖曳中心标记，可改变它的位置。

（5）按住 Ctrl+Shift 组合键，拖曳文字框四边的控制柄，可使文字框倾斜。

（6）单击工具箱内的其他工具，或按 Esc 键，即可完成段落文字输入。

2．点文字与段落文字互换

（1）段落文字转换为点文字：当文字是段落文字时，选中“图层”面板中的该文本图层，选择“图层”→“文字”→“转换为点文本”命令，可将段落文字转换为点文字。

（2）点文字转换为段落文字：当文字是点文字时，选中“图层”面板中的该文本图层，选择“图层”→“文字”→“转换为段落文本”命令，可将点文字转换为段落文字。

3．“段落”面板

“段落”面板如图 3-2-11 所示，它用来定义文字的段落属性。单击“段落”面板右上角的面板菜单按钮，调出“段落”面板菜单，如图 3-2-12 所示。利用“段落”菜单可以设置顶到顶行距、底到底行距、对齐等。“段落”面板中各选项的作用如下。

（1）按钮组：设置文字在文字输入框内的排列方法。

（2）0 点 文本框：设置段落文字左缩进量，以点为单位。

（3）0 点 文本框：设置段落文字右缩进量，以点为单位。

（4）0 点 文本框：设置段落文字首行缩进量，以点为单位。

（5）0 点 文本框：设置段落文字段前间距量，以点为单位。

（6）0 点 文本框：设置段落文字段后间距量，以点为单位。

（7）“避头尾法则设置”下拉列表框： 用来选取换行集。

（8）“间距组合设置”下拉列表框：用来选择内部字符集。

（9）“连字”复选框：选中该复选框后，可在英文单词换行时自动在行尾加入连字符“-”。

4. 文字变形

单击“横排文字工具”按钮 T，单击画布或拖曳选中文字，单击选项栏中的“创建文字变形”按钮 ，可调出“变形文字”对话框。选择“图层”→“文字”→“文字变形”命令，也可以调出“变形文字”对话框。在该对话框内的“样式”下拉列表框中选择不同选项，对话框中的内容会稍不一样。例如，选择“扇形”样式选项后，该对话框如图 3-2-7 所示。图 3-2-13 给出了几种变形的文字。“变形文字”对话框内各选项的作用如下。

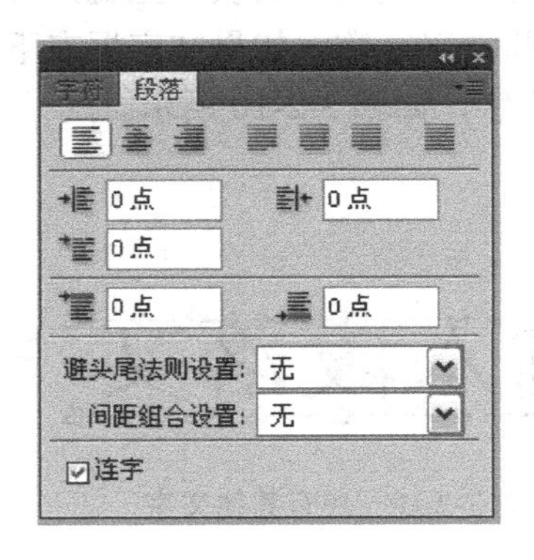

图 3-2-11 “段落”面板

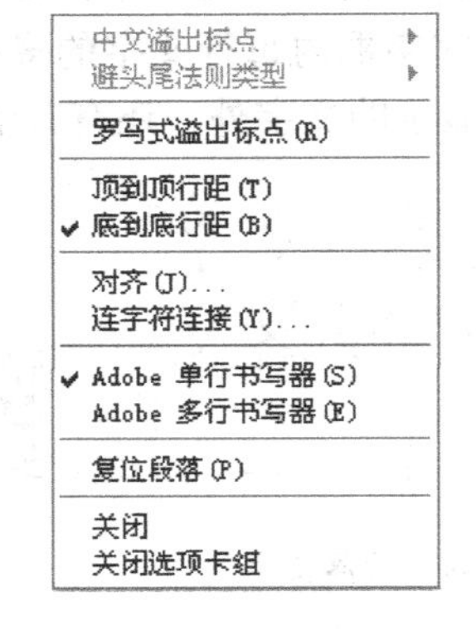

图 3-2-12 “段落”面板菜单

图 3-2-13 变形的文字

（1）“样式”下拉列表框：用来选择文字弯曲变形的样式。

（2）“水平”和“垂直”单选按钮：用来确定文字弯曲变形的方向。

（3）“弯曲”文本框：调整文字弯曲变形的程度，可用鼠标拖曳滑块来调整。

（4）“水平扭曲”文本框：调整文字水平方向的扭曲程度，可用鼠标拖曳滑块来调整。

（5）“垂直扭曲”文本框：调整文字垂直方向的扭曲程度，可用鼠标拖曳滑块来调整。

思考练习 3-2

1. 制作一幅文字内容为“图像文字”的变形图像，如图 3-2-14 所示。

2. 制作一幅有 4 个“变形文字”的图像，如图 3-2-15 所示。

图 3-2-14 “图像文字”变形图像

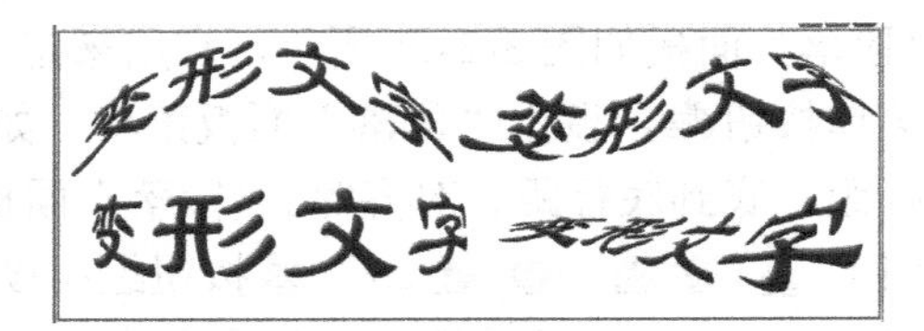

图 3-2-15 “变形文字”图像

3. 制作一幅“北京旅游海报”图像，如图 3-2-16 所示。

4. 制作一幅“维生素与您相伴”图像，如图 3-2-17 所示。它是一幅宣传健康的海报。

图 3-2-16 “北京旅游海报”图像

图 3-2-17 “维生素与您相伴”图像

3.3 【实例 9】天鹅湖晨练 1

“天鹅湖晨练 1”图像如图 3-3-1 所示，可以看到静静的湖中几只白天鹅在歇息，湖水中映出它们的倒影，空中有 2 只白天鹅在飞翔；一个人在湖边玩呼啦圈，2 个人在跑步；左边是“天鹅湖晨练”立体文字，文字表面是花纹图案，其他部分是红色、黄色和绿色条纹。

图 3-3-1 “天鹅湖晨练 1”图像

制作方法

1．制作背景图像

（1）打开如图 3-3-2 所示的“天鹅湖 1”图像和如图 3-3-3 所示的“风景 17”图像，将“天鹅湖 1”图像以名称“【实例 9】天鹅湖晨练 1.psd”保存。

图 3-3-2 “天鹅湖 1”图像

图 3-3-3 “风景 17”图像

（2）选择“图像”→“画布大小”命令，调出“画布大小”对话框，单击按下“定位”栏内右上角的方块，确定画布扩展起点，再设置宽度为 1000 像素、高度为 640 像素，如图 3-3-4 所示。单击“确定”按钮，扩展画布，如图 3-3-5 所示。

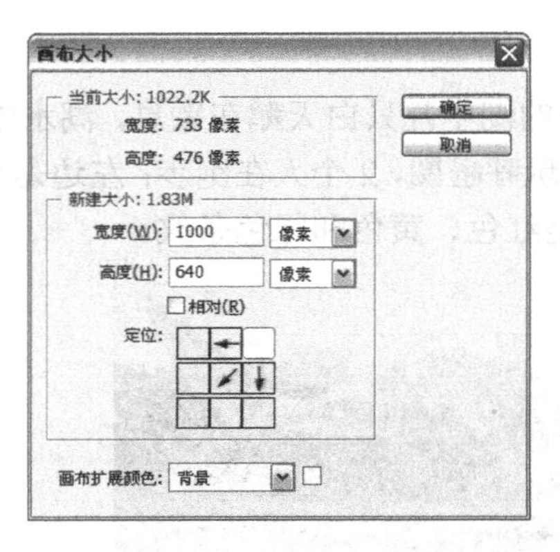

图 3-3-4 “画布大小”对话框

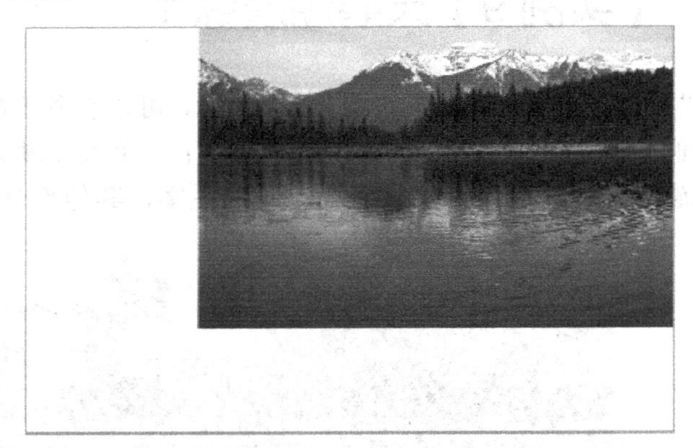

图 3-3-5 扩展画布

（3）双击“图层”面板内的“背景”图层，调出“新建图层”对话框，单击“确定”按钮，将“背景”图层转换为普通图层“图层 0”。然后，将白色部分删除。

（4）创建选中图像部分的选区，按住 Alt 键，水平向左拖曳复制一份图像，同时在“图层”面板内自动产生“图层 0 副本”图层，其内是复制的图像。

（5）单击选中“图层 0 副本”图层，选择“编辑”→“变换”→“水平翻转”命令，将复制的图像水平翻转。使用工具箱中的“移动工具”，按住 Shift 键的同时水平拖曳，将复制的图像移到原图像的左边，如图 3-3-6 所示。

（6）按住 Ctrl 键，单击选中“图层”面板内的“图层 0”和“图层 0 副本”图层，选择“图层”→“合并图层”命令，将选中的图层合并为一个图层，名称为“图层 0 副本”。

（7）在“图层”面板内将“图层 0 副本”图层拖曳到“创建新图层”按钮之上，复制一个图层，名称为“图层 0 副本 2”。单击选中“图层 0 副本 2”图层，选择“编辑”→“变换”→“垂直翻转”命令，将复制的图像垂直翻转。使用工具箱中的“移动工具”，按住 Shift 键的同时垂直拖曳，将复制的图像移到原图像下边的适当位置。

（8）将“图层 0 副本”和“图层 0 副本 2”图层合并，将合并后的图层名称改为“湖”。单击“裁剪工具”按钮，沿着图像边缘拖曳出一个矩形，选中整个加工后的图像，按 Enter 键，完成裁剪图像任务，制作出背景图像，效果如图 3-3-7 所示。

（9）切换到图3-3-3所示的“风景17”图像，在绿色草地和绿树之上创建三个矩形选区，再2次选择“选择”→“选取相似”命令，创建选中草地和绿树图像的选区。还可以采用选区相加和相减的方法修改选区。然后，使用工具箱中的“移动工具”，将选中的草地和绿树图像拖曳复制到“【实例9】天鹅湖晨练1.psd”图像中。

（10）在“【实例9】天鹅湖晨练1.psd”图像中，将复制的图层名称改为“树草”。选中该图层，选择“编辑”→“自由变换”命令，调整复制图像的大小和位置，按Enter键，形成整个天鹅湖图像，如图3-3-8所示。

图3-3-6 图像复制和变换后的画面

图3-3-7 合并后的湖图像

图3-3-8 天鹅湖图像

2．制作天鹅图像

（1）打开如图3-3-9所示的“天鹅2”～“天鹅5”，以及图3-3-10所示的“天鹅1”图像。单击选中图3-3-10所示的“天鹅1”图像。

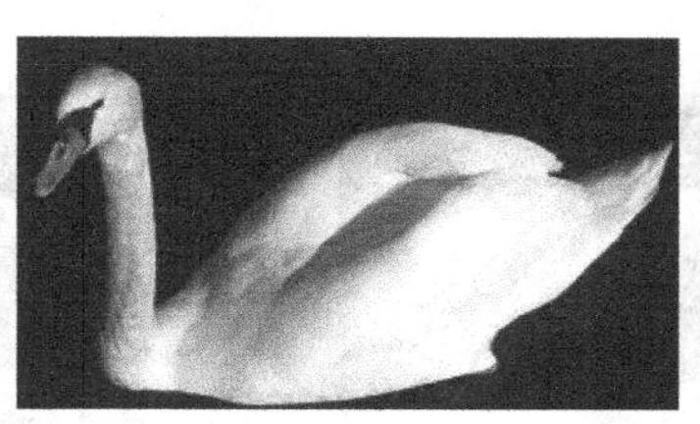

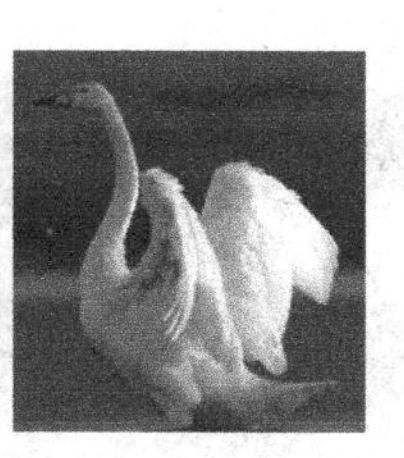

图3-3-9 “天鹅2”～“天鹅5”图像

（2）使用工具箱中的“魔棒工具”，设置容差为20。按住Shift键，多次单击“天鹅1”图像中右边白天鹅以外没有选中的图像。使用“矩形选框工具”，按住Shift键，同时多次拖曳鼠标，选中右边白天鹅以外的图像；按住Alt键，同时拖曳鼠标，清除选中的多余图像。最后效果是创建选中右边白天鹅以外的所有图像的选区，如图3-3-11左图。

（3）选择“选择”→“反选”命令，选区选中右边的白天鹅，如图3-3-11右图所示。然后使用“移动工具”，将选区中的图像拖曳到“【实例9】天鹅湖晨练1.psd”图像中。

（4）选中“图层1”图层（其内是复制来的白天鹅图像），选择“编辑”→“自由变换”命令，进入“自由变换”状态，调整白天鹅图像的大小和位置。按Enter键。

（5）按照上述方法，将“天鹅2”和“天鹅3”图像2次复制到“【实例9】天鹅湖晨练1.psd”图像中，将“天鹅4”和“天鹅5”图像一次复制到“【实例9】天鹅湖晨练1.psd”图像中。然后，将一幅“天鹅2”图像水平翻转，调整这些复制的白天鹅图像的大小和位置，最后效果如图3-3-12所示。

图 3-3-10 “天鹅 1”图像

图 3-3-11 创建选中“天鹅 1”图像中右边白天鹅的选区

（6）将“图层”面板内的“图层 1”～“图层 5”、“图层 1 副本”和“图层 2 副本”图层的名称分别改为“天鹅 1”～“天鹅 7”。这些图层内分别是复制的天鹅图像。

3. 制作倒影

（1）拖曳“图层”面板中的“天鹅 1”图层到“图层”面板中的“创建新图层”按钮之上，复制“天鹅 1”图层，得到“天鹅 1 副本”图层。选中该图层，使用“移动工具”，将复制的天鹅图像垂直向下移动一段距离，如图 3-3-13 所示。

（2）在“图层”面板内将“天鹅 1 副本”图层移到“天鹅 1”图层的下边，选中“天鹅 1 副本”图层，选择“编辑”→“变换”→“垂直翻转”命令，使天鹅图像垂直翻转。

（3）使用“移动工具”，调整两只天鹅的位置，如图 3-3-14 所示。

（4）单击选中“天鹅 1 副本”图层，在“图层”面板中的“设置图层的混合模式”列表框中选择“柔光”选项，使该图层内的图像柔光，产生倒影的效果，如图 3-3-15 所示。

图 3-3-12 多个白天鹅

图 3-3-13 天鹅下移

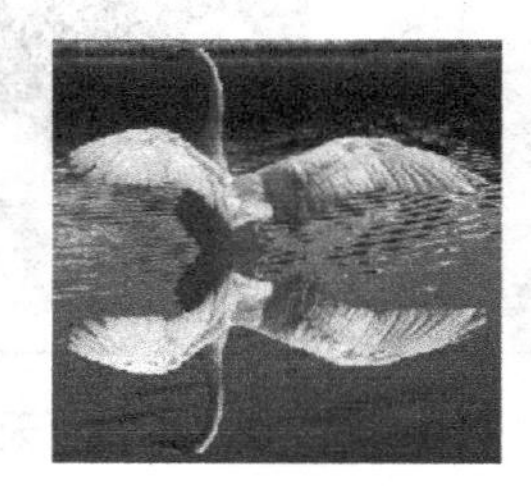

图 3-3-14 调整天鹅位置

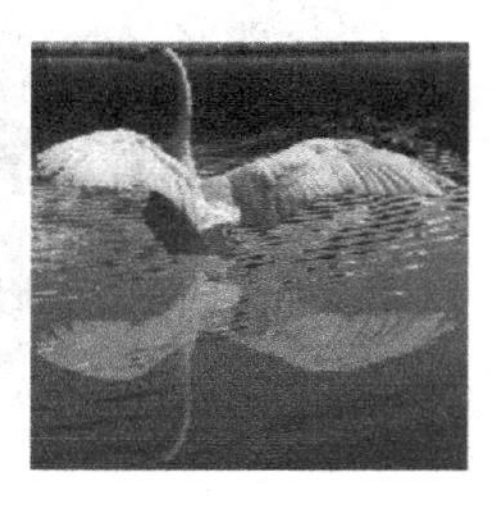

图 3-3-15 天鹅倒影

（5）按照上述方法，制作其他湖面上天鹅图像的倒影图像，最后效果如图 3-3-1 所示。

（6）将“天鹅图层 1”和“天鹅 1 副本”图层内图像的相对位置调整好，按住 Ctrl 键，单击“天鹅 1”和“天鹅 1 副本”图层，同时选中这两个图层。

（7）选择“图层”→“链接图层”命令，将选中的“天鹅 1”和“天鹅 1 副本”图层建立链接，这两个图层右边会添加一个图标。以后移动“天鹅 1”图层或“天鹅 1 副本”图层内的图像时，“天鹅 1 副本”或“天鹅 1”图层内的图像会一起移动。

（8）采用相同的方法，将“天鹅 3”和“天鹅 3 副本”图层建立链接，将“天鹅 4”和“天鹅 4 副本”图层建立链接，将“天鹅 5”和“天鹅 5 副本”图层建立链接，将“天鹅 6”和“天鹅 6 副本”图层建立链接，将“天鹅 7”和“天鹅 7 副本”图层建立链接。

4．制作呼啦圈图像

（1）在“图层”面板内的最上边新增一个“图层 1”图层，选中该图层，使用“椭圆选框工具”，在画布窗口内左下边拖曳创建一个椭圆选区。

（2）设置前景色为红色。选择“编辑”→“描边”命令，调出“描边”对话框。在该对话框的“宽度”文本框中输入 8，选中“居中”单选按钮。

（3）单击“确定”按钮，关闭“描边”对话框，同时给选区描 5 像素红色的边，如图 3-3-16 所示。按 Ctrl+D 组合键，取消选区。

（4）单击“图层”面板内的“添加图层样式”按钮，调出其快捷菜单，单击该菜单内的“斜面和浮雕”命令，调出“图层样式”对话框，保持默认状态。单击“确定”按钮，效果如图 3-3-17 所示。按 Ctrl+D 组合键，取消选区，创建呼啦圈图像，如图 3-3-18 所示。

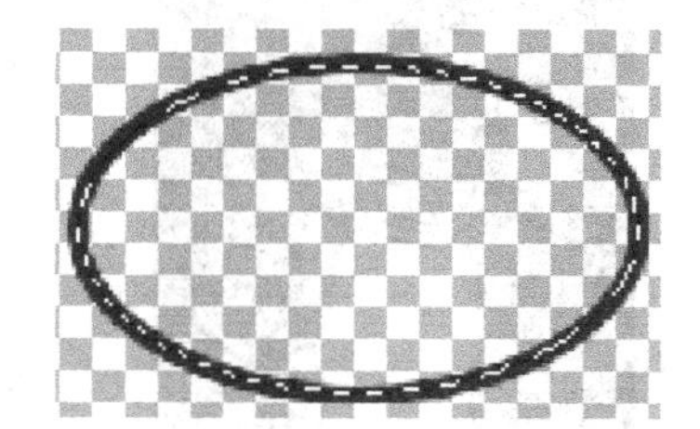
图 3-3-16　选区描边

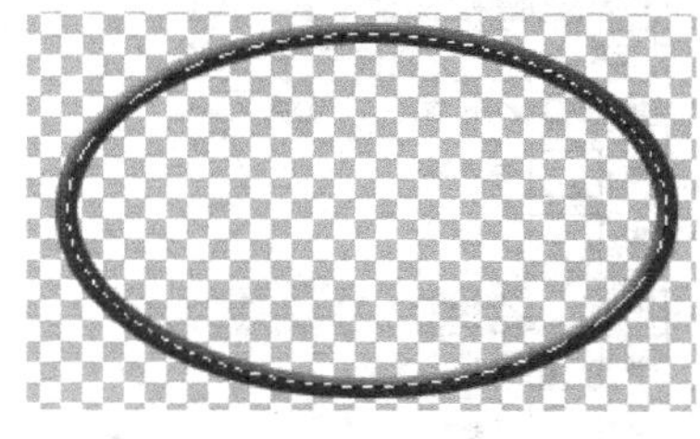
图 3-3-17　添加图层样式效果

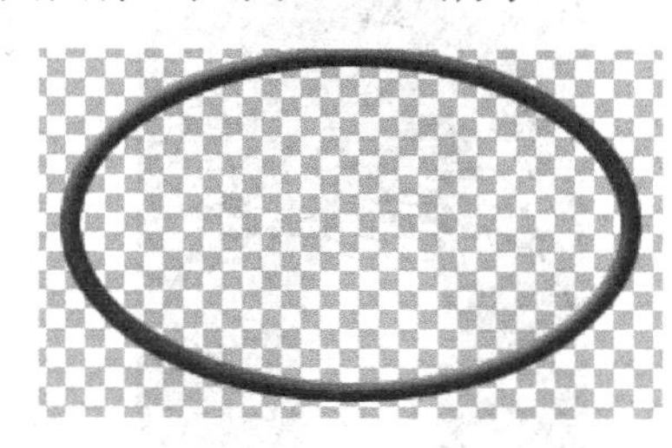
图 3-3-18　“呼啦圈”图像

（5）在“图层 1”图层的下边创建“图层 2”图层。选中“图层 1”图层，选择“图层”→“向下合并”命令，将“图层 1”图层与“图层 2”图层合并，名称为“图层 2”，其内是呼啦圈图像。合并的图像具有图层样式效果，但是图层效果层消失了。

这一步骤的操作是为了后边剪切部分呼啦圈图像时不产生变形失真。

（6）将“图层 2”图层的名称改为“呼啦圈 1”。

5．制作运动图像

（1）打开一幅“人物”图像，使用“套索工具”，沿人体轮廓拖曳，创建一个选中人体的选区，修改选区，使选区只选中人体，如图 3-3-19 所示。

（2）单击“移动工具”按钮，将选区内的人体图像拖曳到“【实例 9】天鹅湖晨练 1.psd”图像内左下边。适当调整人物图像的大小和位置，如图 3-3-20 所示。同时，在“图层”面板内增加一个“图层 1”图层，其内是复制的人物图像。将该图层名称改为“人物”。

（3）拖曳“图层”面板中的“人物”图层，移到“呼啦圈 1”图层的下边。选中“呼啦圈 1”图层，选择“编辑”→“自由变换”命令，调整呼啦圈图像的大小和位置，按 Enter 键，完成呼啦圈图像大小和位置的调整，效果如图 3-3-21 所示。

（4）选中“呼啦圈 1”图层。使用“套索工具”，在图 3-3-21 所示的图像中创建一个选区，如图 3-3-22 所示。

（5）选择“图层”→“新建”→“通过剪切的图层”命令，将呼啦圈图像中选区内的部分呼啦圈图像剪贴到一个名称为“图层 1”的新图层中。将该图层的名称改为“呼啦圈 2”。

（6）拖曳“图层”面板中的“呼啦圈 1”图层到“人物”图层下边，如图 3-3-23 所示。按 Ctrl+D 组合键，取消选区。此时画布窗口内的人物和呼啦圈图像如图 3-3-24 所示。

图 3-3-19　选区选中人体

图 3-3-20　调整人物图像

图 3-3-21　调整呼啦圈图像

图 3-3-22　创建一个选区

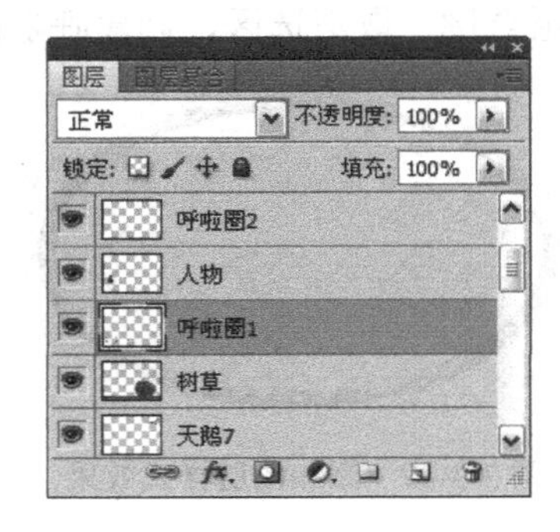

图 3-3-23　“图层”面板

图 3-3-24　人物和呼啦圈图像

（7）打开“跑步 1.jpg”和“跑步 2.jpg”图像，分别创建选区将图像内的人物选中。使用“移动工具”，将选区内的人物拖曳到“【实例 9】天鹅湖晨练 1.psd”图像内右下边，调整它们的位置和大小，如图 3-3-1 所示。在“图层”面板中，将自动生成的 2 个图层分别更名为“跑步 1”和“跑步 2”，再将它们移到“呼啦圈 2”图层的上边。

6. 制作立体文字

（1）单击“横排文字工具”按钮，利用它的选项栏，设置字体为华文行楷，大小为 86 点，颜色为红色。在画布内输入文字“天鹅湖晨练”。

（2）使用“移动工具”按钮，将文字移到画布内左上角，如图 3-3-25 所示。单击“图层”→“栅格化”→“文字”命令，将“天鹅湖晨练”文本图层转换为常规图层。

（3）选中“图层”面板内的“背景”图层，单击“图层”面板内的“创建新图层”按钮，在“天鹅湖晨练”图层的下边创建“图层 1”常规图层。设置前景色为绿色，单击选中“图层 1”图层，按 Alt+Delete 组合键，给“图层 1”图层画布填充绿色。

（4）按住 Ctrl 键，单击选中“天鹅湖晨练”和“图层 1”图层。选择“图层”→“合并图层”命令，将“天鹅湖晨练”和“图层 1”图层合并到“天鹅湖晨练”图层。

（5）使用“魔棒工具”，单击绿色背景，再选择“选择”→“选取相似”命令，创建选中绿色背景的选区，按 Delete 键，删除选区内的绿色。

（6）选择“选择”→“反向”命令，使选区选中文字。设置前景色为黄色，即描边颜色为黄色。选择“编辑”→“描边”命令，调出“描边”对话框。设置宽度为 1 像素，位置为“居外”。然后，单击“确定”按钮，给选区描边，如图 3-3-26 所示。

图 3-3-25 “天鹅湖晨练”文字

图 3-3-26 文字选区描边

（7）单击“移动工具”按钮，按住 Alt 键的同时，多次交替按光标下移键和光标右移键。可以看到立体文字已出现，如图 3-3-27 所示。

（8）选择“图层”→“新建填充图层”→“图案”命令，调出“新建图层”对话框，如图 3-3-28 所示。

图 3-3-27 “天鹅湖晨练”立体文字

图 3-3-28 “新建图层”对话框

（9）单击“确定”按钮，关闭“新建图层”对话框，调出“图案填充”对话框，如图 3-3-29 所示。在“图案”下拉列表框中选择前面制作的“图案 1”图案（需要读者自己制作），单击“确定”按钮，关闭该对话框，给选区内填充一种图案，使文字表面为花纹图案。按 Ctrl+D 组合键，取消选区，如图 3-3-1 所示。此时的“图层”面板如图 3-3-30 所示。

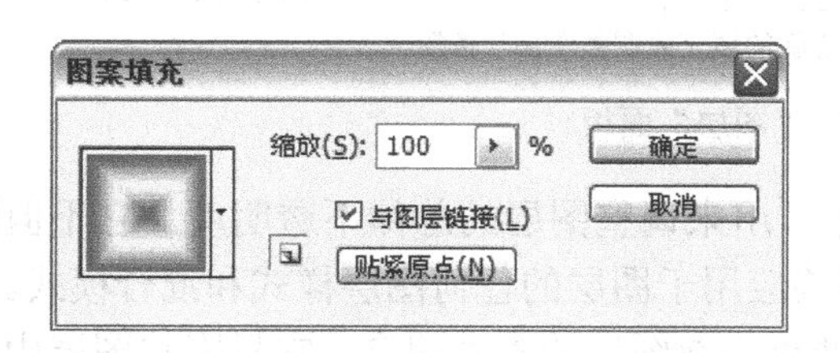

图 3-3-29 “图案填充”对话框

图 3-3-30 “图层”面板

知识链接——创建和编辑图层

1. 图层的基本概念和“图层”面板

图层可以看成一张张透明胶片。当多个有图像的图层叠加在一起时，可以看到各图层图像叠加的效果，通过上边图层内图像透明处可以看到下面图层中的图像。各图层相互独立，但又相互联系，可以分别对不同图层的图像进行加工处理，而不会影响其他图层的图像，有利于实现图像的分层管理和处理。可以将各图层进行随意的合并操作。在同一个图像文件中，所有图层具有相同的画布属性。各图层可以合并后输出，也可以分别输出。

Photoshop 中有常规、背景、文字、形状、填充和调整 5 种类型的图层。常规图层（也叫普通图层）和背景图层中只可以存放图像和绘制的图形，背景图层是最下面的图层，它不透明，一个图像文件只有一个背景图层；文本图层内只可以输入文字，图层的名称与输入的文字内容相同；形状图层用来绘制形状图形，将在第 5 章介绍；填充和调整图层内主要用来存放图像的色彩等信息。“图层”面板如图 3-3-31 所示，一些选项的作用简介如下。

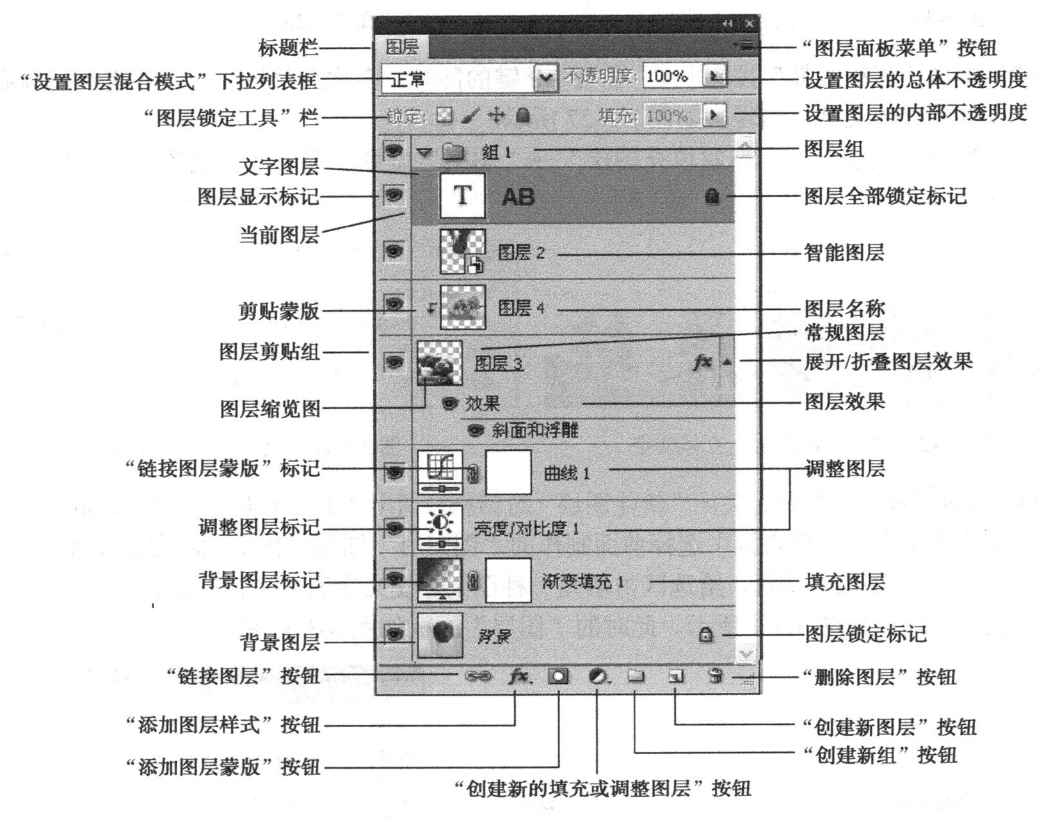

图 3-3-31 “图层”面板

（1）“不透明度”文本框不透明度: 51%：用来调整图层的总体不透明度。它不但影响图层中绘制的像素或图层上绘制的形状，还影响应用于图层的任何图层样式和混合模式。

（2）“填充”文本框填充: 100%：用来调整当前图层的不透明度。它只影响图层中绘制的像素或图层上绘制的形状，不影响已应用于图层的任何图层效果的不透明度。

（3）“图层锁定工具”栏：它有 4 个按钮，用来设置锁定图层的锁定内容，一旦锁定，就不可以再进行编辑和加工。单击“图层”面板中的某一图层，再单击这一栏的按钮，即可锁定该图层的部分或全部内容。锁定的图层会显示出一个“图层全部锁定标记”或“图层部分锁定标记”。4 个按钮的作用如下。

◎“锁定透明像素”按钮：禁止对该图层的透明区域进行编辑。

◎“锁定图像像素”按钮：禁止对该图层（包括透明区域）进行编辑。

◎“锁定位置”按钮：锁定图层中的图像位置，禁止移动该图层。

◎“锁定全部”按钮：锁定图层中的全部内容，禁止对该图层进行编辑和移动。

单击选中要解锁的图层，再单击“图层锁定”按钮栏中相应的按钮，使它们呈抬起状。

（4）“图层显示”标记：有该标记时，表示该图层处于显示状态。单击该标记，即可使“图层显示”标记消失，该图层也就处于了不显示状态；再单击该处，“图层显示”标记恢复显示，图层显示。用鼠标右键单击该标记，会调出一个快捷菜单，利用该菜单可以选择隐藏本图层还是隐藏其他图层而只显示本图层。

（5）“链接图层蒙版”标记：有该标记，表示图层蒙版链接到图层；单击该标记可取消标记，表示图层蒙版没有链接到图层。单击该标记所在处，可以恢复该标记。

（6）“图层”面板下边一行按钮的名称和作用。

◎“删除图层”按钮：单击该按钮，即可将选中的图层删除。也可以用鼠标将要删除的图层拖曳到“删除图层”按钮上，再松开鼠标左键，删除图层。

◎“创建新图层”按钮：单击该按钮，即可在当前图层之上创建一个常规图层。

◎“创建新组”按钮：单击该按钮，即可在当前图层之上创建一个新的图层组。

◎“创建新的填充或调整图层”按钮：单击该按钮，即可调出它的快捷菜单，单击该菜单中的命令，可以调出相应的对话框，利用这些对话框可以创建填充或调整图层。

◎“添加图层蒙版”按钮：单击该按钮，即可给当前图层添加一个图层蒙版。

◎“添加图层样式”按钮：单击该按钮，即可调出它的快捷菜单，单击该菜单中的命令，可以调出“图层样式”对话框，并在该对话框的“样式”栏内选中相应的选项。利用该对话框可以给图层添加效果。

◎“链接图层”按钮：在选中两个或两个以上的图层后，该按钮有效，单击该按钮，可以建立选中图层之间的链接，链接图层的右边会有图标。在选中两个或两个以上的链接图层后，单击该按钮，可以取消图层之间的链接。

2. 选择和排列图层

（1）选择图层：选中图层的方法如下。

◎ 选中一个图层：单击“图层”面板内要选的图层，即可选中该图层。

◎ 选中多个图层：按住 Ctrl 键，单击各图层，即可选中这些图层。

◎ 选中多个连续的图层：按住 Shift 键，单击连续图层的第 1 个和最后 1 个图层。

如果选中了“移动工具”选项栏中的“自动选择图层”复选框，则单击非透明区内的图像时，可自动选中相应的图层。

（2）排列图层：在“图层”面板中垂直拖曳图层，即可调整图层的相对位置。另外，选择“图层”→“排列”命令，可调出其子菜单，如图 3-3-32 所示。再单击子菜单中的命令，可以移动当前图层。

置为顶层(F)	Shift+Ctrl+]
前移一层(W)	Ctrl+]
后移一层(K)	Ctrl+[
置为底层(B)	Shift+Ctrl+[
反向(R)	

图 3-3-32　排列菜单的子菜单

3. 合并图层

图层合并后，会使图像所占内存变小，图像文件变小。图层的合并有如下几种情况。

（1）合并可见图层：选择“图层”→“合并可见图层”命令，将所有可见图层合并为一个图层。如果“背景”图层可见，则将所有可见图层合并到背景图层中；如果“背景”图层不可见，则将所有可见图层合并到当前可见图层中。

（2）合并选中的图层：选择“图层”→“合并图层”命令，将所有选中的图层合并到选中的最上边的图层中。

（3）向下合并图层：选择“图层”→“向下合并”命令，将当前图层以及其下的所有图层合并到“背景”图层中。

（4）拼合图像：选择“图层”→“拼合图像”命令，可将所有图层内的图像合并到“背景”图层中。

也可以利用“图层”面板菜单、面板快捷菜单和菜单中的命令进行图层合并。

（5）盖印图层：它类似于合并图层，两者之间的区别是，盖印图层不仅可以得到图层合并的效果，还保留原图层不变。按 Ctrl+Alt+E 组合键，可以盖印选中的图层；按 Ctrl+Alt+Shift+E 组合键，可以盖印所有可见图层。

4．新建背景图层和常规图层

（1）新建背景图层：在画布窗口内没有背景图层时，单击选中一个图层，再选择“图层”→“新建”→“图层背景”命令，即可将当前的图层转换为背景图层。

（2）新建常规图层：创建常规图层的方法很多，简介如下。

◎ 单击“图层”面板内的“创建新图层”按钮。

◎ 将剪贴板中的图像粘贴到当前画布窗口中时，会自动在当前图层之上创建一个新的常规图层。按住 Ctrl 键，同时将一个画布窗口内选区中的图像拖曳到另一个画布窗口内时，会自动在目标画布窗口内当前图层之上创建一个新常规图层，同时复制选中的图像。

◎ 选择“图层”→“新建”→“图层”命令，调出“新建图层”对话框，如图 3-3-33 所示。可利用它设置图层名称、图层颜色、模式和不透明度等，再单击“确定”按钮。

◎ 单击选中“图层”面板中的背景图层，再选择“图层”→“新建”→“背景图层”命令，或双击背景图层，都可以调出“新建图层”对话框（与图 3-3-33 所示类似）。单击“确定”按钮，可以将背景图层转换为常规图层。

◎ 选择“图层”→“新建”→“通过拷贝的图层”命令，即可创建一个新图层，将当前图层选区中的图像（如果没有选区则是所有图像）复制到新创建的图层中。

◎ 选择“图层”→“新建”→“通过剪切的图层”命令，可以创建一个新图层，将当前图层选区中的图像（如果没有选区则是所有图像）移到新创建的图层中。

◎ 选择“图层”→“复制图层”命令，调出“复制图层”对话框，如图 3-3-34 所示。在“为”文本框内输入图层的名称，在“文档”下拉列表框内选择目标图像文档。再单击“确定”按钮，即可将当前图层复制到目标图像中。如果在“文档”下拉列表框内选择的是当前图像文档，则在当前图层之上复制一个图层。

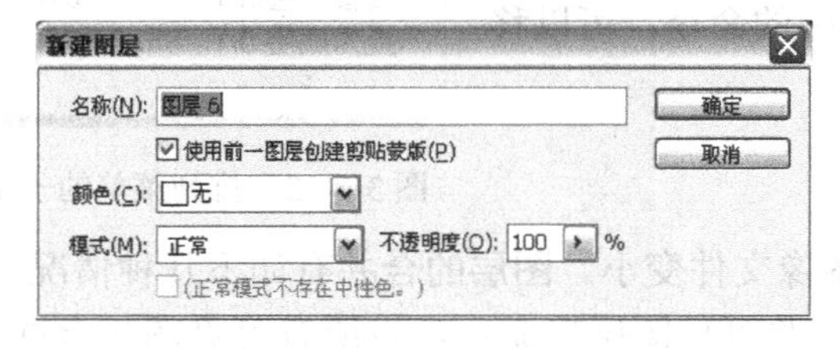

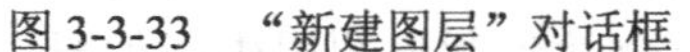
图 3-3-33 “新建图层”对话框

图 3-3-34 “复制图层”对话框

如果当前图层是常规图层，则上述的后三种方法所创建的就是常规图层；如果当前图层是文本图层，则上述创建常规图层中的后三种方法所创建的就是文本图层。

5．新建填充图层和调整图层

（1）新建填充图层：选择“图层”→“新建填充图层”命令，调出其子菜单。单击其内的命令，可调出“新建图层”对话框，它与图 3-3-33 所示基本一样。单击“确定”按钮，可调出相应的对话框，再进行颜色、渐变色或图案调整。单击“确定”按钮，即可创建一个填充图层。图 3-3-35 是创建了 3 个不同填充图层后的“图层”面板。

（2）新建调整图层：选择“图层”→“新建调整图层”命令，调出其子菜单，如图 3-3-36 所示。再单击菜单中的命令，可以调出“新建图层”对话框，它与图 3-3-33 所示基本一样。单击“确定”按钮，可以调出相应的“调整”面板，再进一步进行亮度/对比度等调整。然后，单击“确定”按钮，即可创建一个调整图层。图 3-3-37 给出了创建了 3 个调整图层的“图层”面板。

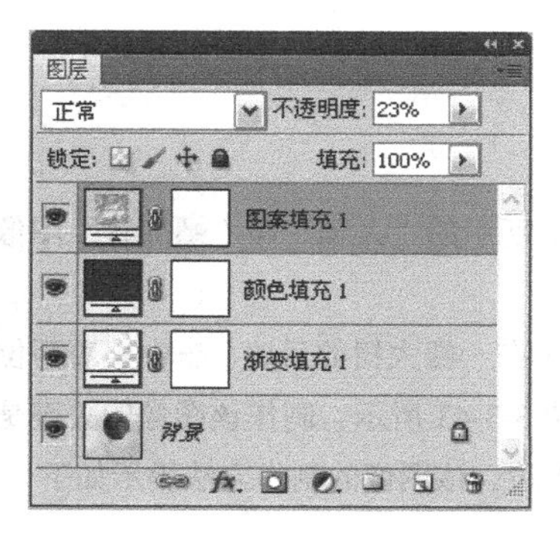

图 3-3-35　填充图层

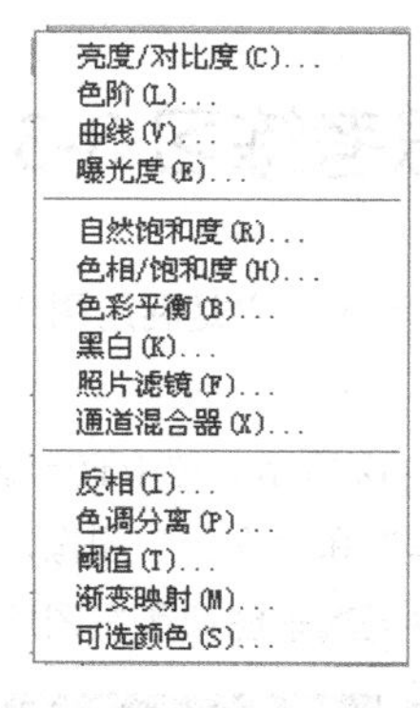

图 3-3-36　子菜单

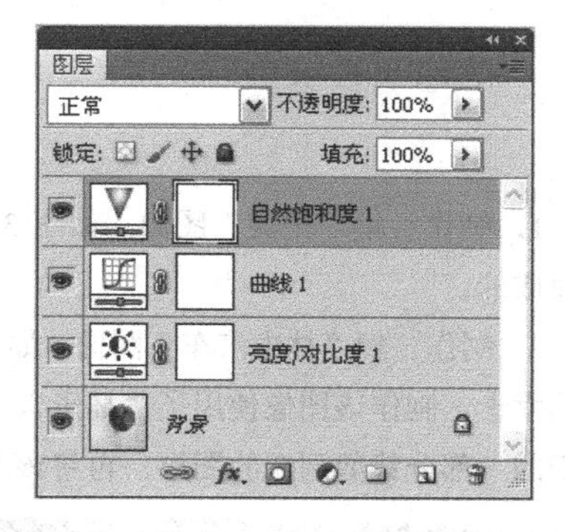

图 3-3-37　调整图层

（3）新建填充图层和调整图层的另一种方法：单击“图层”面板内的“创建新的填充或调整图层”按钮，调出一个菜单，单击菜单中的一个命令，即可调出相应的面板。利用该面板进行设置，再单击“确定”按钮，即可完成创建填充图层或调整图层的任务。

（4）调整填充图层和调整图层：单击填充图层和调整图层内的缩览图，或者选择“图层”→“图层内容选项”命令，可以根据当前图层的类型，调出相应的面板或对话框。如果当前图层是“亮度/对比度”调整图层，则调出“调整”面板。

填充图层和调整图层实际是同一类图层，表示形式基本一样。填充图层和调整图层存放可以对其下边图层的选区或整个图层（没有选区时）进行色彩等调整的信息，用户可以对它进行编辑调整，不会对其下边图层图像造成永久性改变。隐藏或删除填充图层和调整图层后，其下边图层的图像会恢复原状。

6．改变图层的属性

（1）改变图层不透明度：单击选中“图层”面板中要改变不透明度的图层，单击“图层”面板中“不透明度”带滑块的文本框内部，再输入不透明度数值。也可以单击它的黑色箭头按钮，再用鼠标拖曳滑块，调整不透明度数值，如图 3-3-38 所示。

改变“图层”面板中的“填充”文本框内的数值，也可以调整选中图层的不透明度，但不影响已应用于图层的任何图层效果的不透明度。

使“背景”图层不显示。单击“信息”面板中的吸管图案，调出它的子菜单，单击该菜单中的“不透明度”命令。保证要检查的图层之上的所有图层隐藏，再将鼠标指针移到画布窗口内图像之上，即可在“信息”面板中快速看到各个图层的不透明度数值。

（2）改变“图层”面板中图层的颜色和名称：选择“图层”→“图层属性”命令，调出“图层属性”对话框，如图 3-3-39 所示。利用它可以改变图层颜色和图层名称。

（3）改变“图层”面板中图层缩览图的大小：单击“图层”面板菜单中的“面板选项”命令，调出“图层面板选项”对话框。单击该对话框中的单选按钮，再单击“确定”按钮，即可改变“图层”面板中图层缩览图的大小。

图 3-3-38 “不透明度”带滑块的文本框

图 3-3-39 “图层属性”对话框

思考练习 3-3

1．制作一幅“健美”图像，如图 3-3-40 所示。它是利用图 3-3-41 所示的“人物”和“螺旋管”图像加工而成的。

2．制作一幅“林中汽车”图像，如图 3-3-42 所示。林中有一辆汽车在一棵大树的后边，车中坐着两位休闲的女士。制作该图像使用了“林子”、“汽车”和“女士”图像，如图 3-3-43 所示。制作该图像的关键是将树干的一部分裁剪到新的图层，再将该图层移至汽车图像所在图层的上边。该图像的制作方法提示如下。

图 3-3-40 “健美”图像

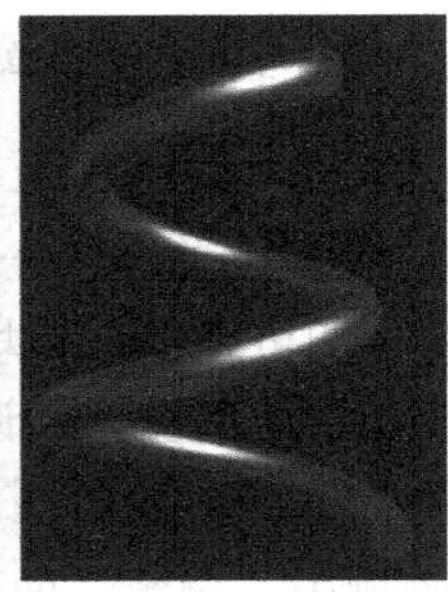

图 3-3-41 “人物”和“螺旋管”图像

图 3-3-42 “林中汽车”图像

图 3-3-43 “林子”、“汽车”和“女士”图像

（1）打开图 3-3-43 所示图像。创建选中汽车的选区，将选区中的汽车复制粘贴到“林子”图像中。调整汽车图像的大小和位置，如图 3-3-44 所示。

（2）使“图层 1”图层内的汽车图像隐藏。使用“套索工具”在“林子”图像中创建一个选区，将部分树干和树枝选中。再将“图层 1”图层内的汽车图像显示出来，如图 3-3-45 所示。如果创建的选区不合适，可以重复上述过程，重新创建选区。

（3）选中“背景”图层（目的是可以将选区内的背景图像复制到新图层中）。选择“图层”→“新建”→

“通过拷贝的图层”命令，“图层”面板中会生成一个名称为“图层 2”的新图层，用来放置选区内的树干和树枝图像。

（4）将“图层 2”图层（其内是复制的树干和树枝图像）移到“图层 1”图层的上边。此时的“林中汽车”图像如图 3-3-46 所示。

图 3-3-44 将汽车粘贴到“林子”图像中

图 3-3-45 创建选区

图 3-3-46 “林中汽车”图像

（5）选中“林中汽车”图像。创建一个选区，选中汽车挡风玻璃，如图 3-3-47 所示。选择“图层”→“新建”→“通过剪切的图层”命令，“图层”面板中会生成一个名称为“图层 3”的新图层，用来放置选区内的玻璃图像。

（6）将“女士”图像调整为宽 200 像素、高 130 像素。创建选中人物的选区，将选区内的人物图像复制到剪贴板中。将剪贴板内的图像粘贴到“林中汽车”图像的选区内。使用“移动工具”，拖曳人物到合适的位置。再选择“选择”→“自由变换”命令，进入“自由变换”状态，调整人物图像的大小，如图 3-3-48 所示。按 Enter 键，完成调整。

（7）将“图层 4”图层（放置人物图像）移到“图层 3”图层（放置玻璃图像）的下边。选中“图层 3”图层，在“图层”面板中调整该图层的不透明度为 60%（在“填充”文本框内输入 60%）。此时的“图层”面板如图 3-3-49 所示。

如果设置该图层的混合模式为“变亮”，也可以获得类似的效果。

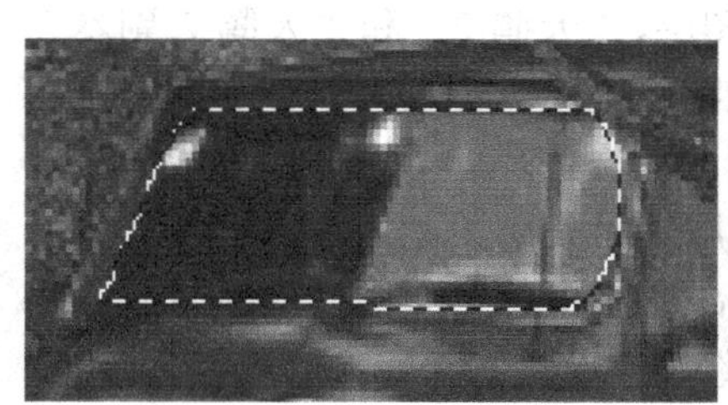

图 3-3-47 创建选区

图 3-3-48 选区内粘贴的图像

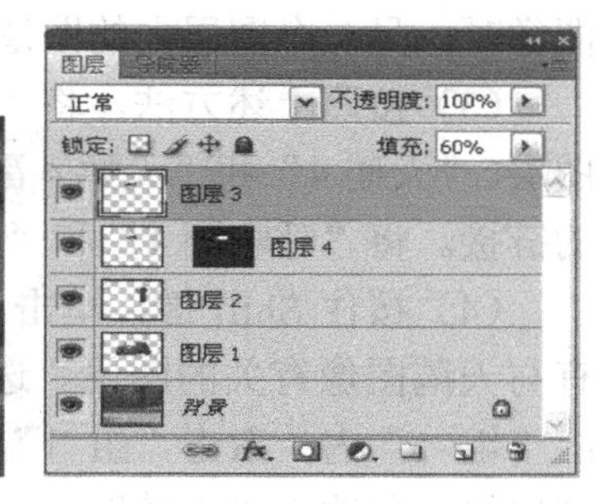

图 3-3-49 “图层”面板

3．制作一幅“立体文字”图像，如图 3-3-50 所示。在浅绿色背景之上有“立体文字”立体文字，文字表面是花纹图案，其他部分是在红色背景之上有灰色条纹。

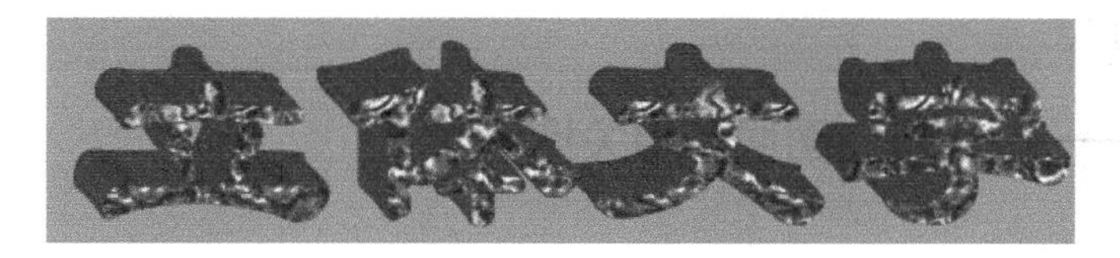

图 3-3-50 “立体文字”图像

3.4 【实例 10】天鹅湖晨练 2

“天鹅湖晨练 2”图像和【实例 9】中的“天鹅湖晨练 1”图像基本一样，如图 3-3-1 所示。它只是在原图像的基础之上，进行更精细一些的加工，在“图层”面板内创建图层链接或图层组，使以后的调整更方便。

制作方法

1. 对象的对齐

（1）按住 Ctrl 键，单击选中“图层”面板内的“天鹅 3”和“天鹅 3 副本”图层，这两个图层内分别保存“天鹅 3.jpg”图像和它的倒影图像。

（2）选择“图层”→“对齐”命令，调出“对齐”菜单，单击该菜单内的“左边”命令，将选中图层中的“天鹅 3.jpg”图像和它的倒影图像左边对齐。

（3）按住 Ctrl 键，单击选中“图层”面板内的“天鹅 4”和“天鹅 4 副本”图层。

（4）选择“图层”→“对齐”命令，调出“对齐”菜单，单击该菜单内的“右边”命令，将选中图层中的“天鹅 4.jpg”图像和它的倒影图像右边对齐。

（5）采用上述方法，将“天鹅 1”和“天鹅 1 副本”图层、“天鹅 2”和“天鹅 2 副本”图层、“天鹅 5”和“天鹅 5 副本”图层内的天鹅图像和其倒影图像左对齐。

2. 创建图层链接和图层组

（1）按住 Ctrl 键，单击选中“图层”面板内的“天鹅 3”和“天鹅 3 副本”图层。

（2）选择“图层”→“图层链接”命令，将“天鹅 3”和“天鹅 3 副本”图层链接，这两个图层的右边会显示链接标记，使用“移动工具”拖曳移动这两个图层中的任意一幅图像时，另一个图层内的图像也会随之移动。

（3）按照上述方法，将“天鹅 1”和“天鹅 1 副本”图层、“天鹅 2”和“天鹅 2 副本”图层、“天鹅 4”和“天鹅 4 副本”图层、“天鹅 5”和“天鹅 5 副本”图层分别建立两个图层的链接。将“呼啦圈 1”和“呼啦圈 2”图层建立链接。

（4）按住 Shift 键，单击“图层”面板内“天鹅 7”图层和“天鹅 1 副本”图层，选中所有与天鹅图像有关的图层。选择“图层”→“图层编组”命令，将选中图层编入新建的图层组“组 1”内。双击“组 1”图层组名称，进入图层组名称的编辑状态，输入“天鹅”，将该图层组名称改为“天鹅”。

（5）按住 Shift 键，单击“图层”面板内的“跑步 2”图层和“呼啦圈 1”图层，选中所有与运动图像有关的图层。选择“图层”→“图层编组”命令，将选中图层编入新建的图层组“组 1”内。双击“组 1”图层组名称，进入图层组名称的编辑状态，输入“运动”，将该图层组名称改为“运动”。

知识链接——图层组和图层的相关操作

1. 图层组

图层组是若干图层的集合，就像文件夹一样。当图层较多时，可以将一些图层组成图层组，这样便于观察、管理和调整。在“图层”面板中，可以移动图层组与其他图层的相对位置，可以改变图层组的颜色和大小。同时，其内的所有图层的属性也会随之改变。

（1）从图层建立图层组：选中“图层”面板内的若干图层。选择“图层”→“新建”→“从图层建立组”命令，调出“从图层新建组”对话框，如图 3-4-1 所示。利用该对话框给图层组命名（如运动）、设定颜色（如红色）、不透明度和模式，单击“确定”按钮，创建一个新图层组，将选中的图层置于该图层组中，如图 3-4-2 所示。

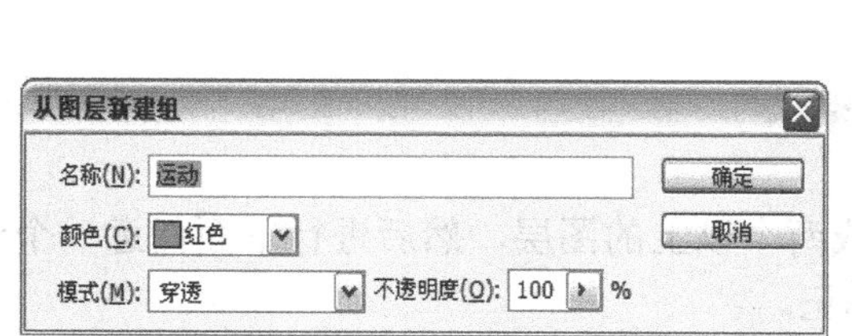

图 3-4-1　“从图层新建组”对话框

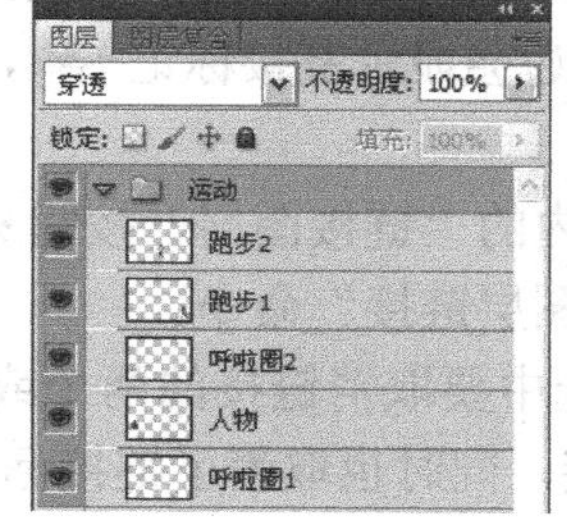

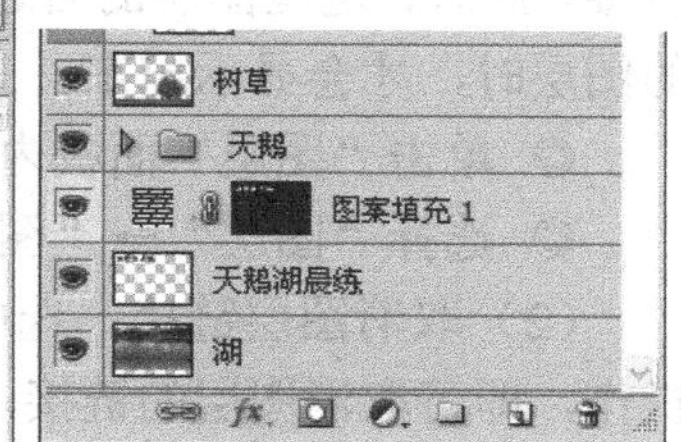

图 3-4-2　图层组

单击“图层”面板内图层组左边的箭头，可以收缩图层组，同时箭头变为；单击图层组左边的箭头，可以展开图层组内的图层，同时箭头变为，如图 3-4-2 所示。

选择“图层”→“图层编组”命令，可直接将选中图层编入新建的图层组内，默认图层组名称为“组”加数字序号，如“组 1”。

（2）创建新空图层组：选择“图层”→“新建”→“组”命令，调出“新建组”对话框，它与图 3-4-1 所示基本相同。进行设置后单击“确定”按钮，即可在当前图层或图层组之上创建一个新的空图层组，其内没有图层。在图层组中还可以创建新图层组。

单击“图层”面板中的“创建新组”按钮，也可以创建一个新的空图层组。

（3）删除图层组：选中“图层”面板内的图层组，选择“图层”→“删除”→“组”命令或者单击“图层”面板内的“删除图层”按钮，会调出一个提示对话框，如图 3-4-3 所示。单击“组和内容”按钮，可将图层组和图层组内的所有图层一起删除。单击“仅组”按钮，可以只将图层组删除。选中“图层”面板内的图层组，选择“图层”→“取消图层编组”命令，可以直接取消选中的图层组，而该图层组内的图层还保留。

（4）锁定组内的所有图层：选择“图层”→“锁定组内的所有图层”命令，调出“锁定组内的所有图层”对话框，如图 3-4-4 所示。利用它可以选择锁定方式，单击“确定”按钮，即可将所有链接的图层按要求锁定。

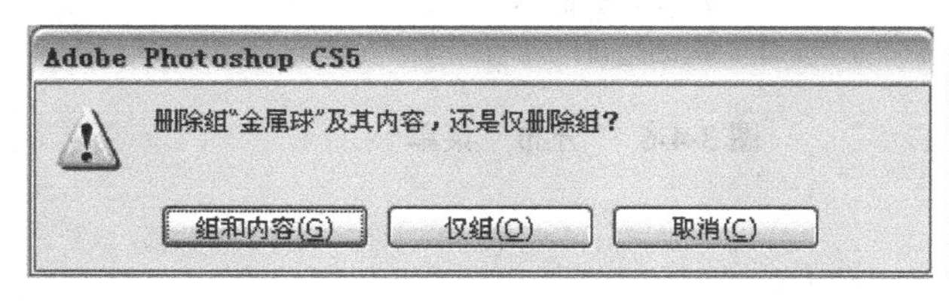

图 3-4-3　提示对话框

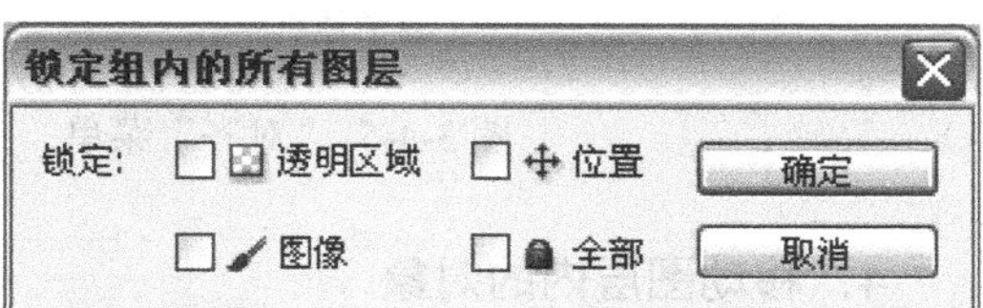

图 3-4-4　“锁定组内的所有图层”对话框

（5）复制图层组：将“图层”面板内要复制的图层组拖曳到“图层”面板内的“复制图层”按钮之上，即可复制一个图层组，包括图层组内的所有图层。

（6）将图层移入和移出图层组：拖曳“图层”面板中的图层，移到图层组的图标和图层组名称之上，松开鼠标左键，即可将拖曳的图层移到图层组中。向左下方拖曳图层组中的图层，即可将图层移出图层组。

2．图层链接

（1）建立图层链接：图层建立链接后，许多操作会对所有建立链接的图层一起进行。例如，使用“移动工具”拖曳移动图像，可以将链接图层内的所有图像同时移动。选中要建立链接的两个或两个以上的图层，然后进行下面任意一个操作，即可将选中的图层之间建立链接。此时，这些图层的右边会显示链接标记，该标记只有在选中该图层或选中与它链接的图层时，才会显示出来。

◎ 单击“图层”面板内的“链接图层”按钮。

◎ 选择“图层”→“图层链接”命令。

（2）取消图层链接：选中要取消链接的两个或两个以上的图层，然后进行下面任意一个操作，即可取消图层的链接，同时也取消了链接标记。

◎ 单击“图层”面板内的“链接图层”按钮。

◎ 选择“图层”→“取消图层链接”命令。

（3）选择图层链接：选中一个图层，再选择“图层”→“选择链接图层”命令，即可将“图层”面板内所有与选中图层相链接的图层的链接标记显示出来。

3．对齐和分布图层

图层对齐和分布是指将选中图层中的所有对象按要求对齐或分布。

单击“移动工具”按钮，再单击其选项栏中按钮组内的一个按钮，可以将图层中的所有对象按要求对齐或分布。另外，利用菜单中的命令也可以将图层中的所有对象按要求对齐或分布，简介如下。

（1）对齐图层：选中要对齐的图层，选择“图层”→“对齐”命令，调出“对齐”菜单，如图3-4-5所示。再单击其内的命令，可将选中图层中的对象按要求对齐。

（2）分布图层：选中要分布的三个或三个以上的图层，选择“图层”→“分布”命令，调出“分布”菜单，如图3-4-6所示。单击其内的命令，可将选中图层中的对象按要求分布。

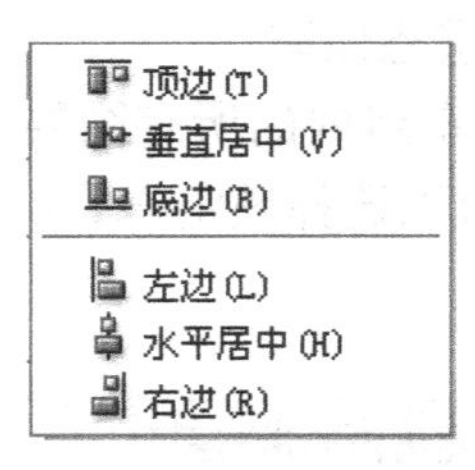

图3-4-5 “对齐”菜单

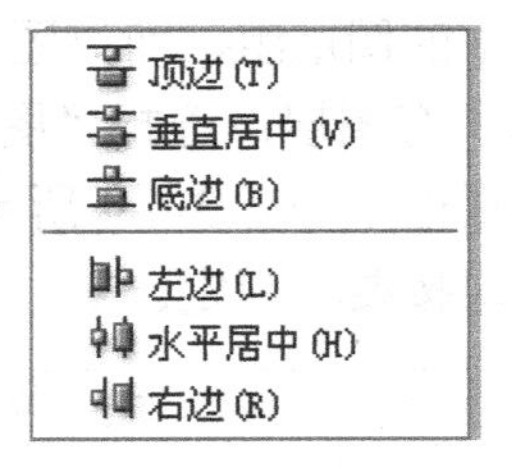

图3-4-6 “分布”菜单

4．移动图层内的对象

（1）单击按下工具箱内的“移动工具”按钮，或在使用其他工具时按住Ctrl键。然后用鼠标拖曳画布中的图像，即可移动选中图层内的所有图像。

（2）如果要移动图层中的一部分图像，应先用选区将这部分图像选中，再用鼠标拖曳选区中的图像。

（3）如果选中了“移动工具”选项栏中的“自动选择图层”复选框，则单击非透明区内的图像时，可自动选中相应的图层。拖曳鼠标可移动该图层。

思考练习 3-4

1．制作一幅“街头艺术”图像，如图 3-4-7 所示。它是利用如图 3-4-8 所示的“街头”和“球”图像加工而成的。

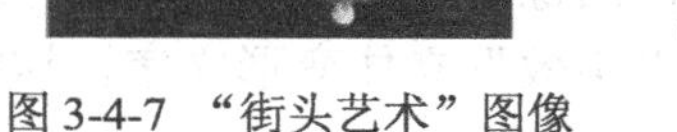

图 3-4-7 “街头艺术”图像

图 3-4-8 “街头”和“球”图像

2．制作一幅“花中佳人”图像，如图 3-4-9 所示。该图像是利用图 3-4-10 所示的“向日葵”和“佳人”图像加工而成的。

图 3-4-9 “花中佳人”图像

图 3-4-10 “向日葵”和“佳人”图像

制作“花中佳人”图像的关键是，将“向日葵”图像中的两个向日葵图像分别剪切到“图层 1”和“图层 3”图层内，将“佳人”图像复制 2 份到“花中佳人”图像内，分别将它们所在图层放置在“图层 1”和“图层 3”图层之上。然后，选中“图层 1”和“图层 2”图层，选择“图层”→“创建剪切蒙版”命令，将两个图层组成剪贴组；再将“图层 3”和“图层 4”图层组成剪贴组。

3．制作一幅“台球和球杆”图像，如图 3-4-11 所示。

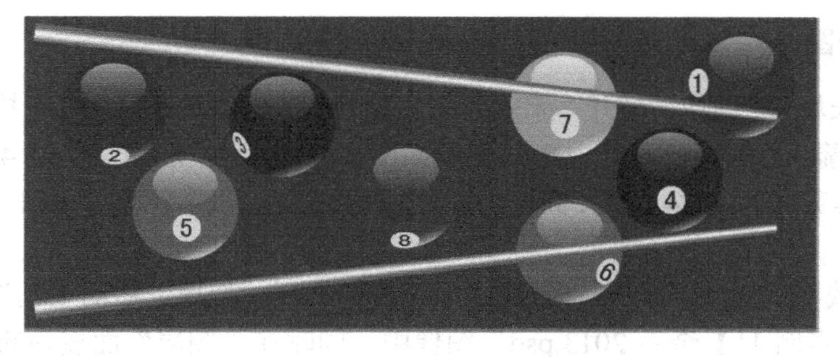

图 3-4-11 “台球和球杆”图像

4．利用图 3-4-12 所示的两幅图像，制作一幅“节水海报”图像，如图 3-4-13 所示。

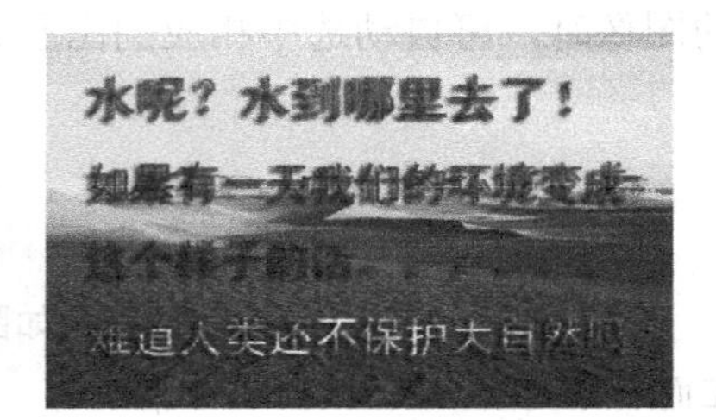

图 3-4-12 “沙漠”和“海洋”图像

图 3-4-13 “节水海报”图像

3.5 【实例 11】牵手 2013

“牵手 2013”图像如图 3-5-1 所示。可以看到，在长城背景图像之上，是一些羽化的、融合的建筑、抗震救灾、战斗机、体育、火箭和天安门等图像，图像之上有七彩“2013”立体牵手文字、“实事求是 改革开放”和“讲实情出实招办实事求实效”立体变形文字。这幅图像宣传了中国人民在 2013 年振奋精神、团结奋斗，迎接新胜利。

图 3-5-1 “牵手 2013”图像

制作方法

1．制作背景图像

（1）打开“长城 4”图像，打开“天安门”、“建筑 3”、“建筑 6”、“抗震救灾 1”、“体育”、“战斗机 3”、“火箭 3”等图像。其中 3 幅图像如图 3-5-2 所示。选中“长城 4”图像，将它大小进行调整，使其宽度为 1024 像素、高度为 600 像素。然后，以名称“【实例 11】牵手 2013.psd”保存。

（2）选中“战斗机 3.jpg”图像，创建选中飞机的选区，使用“移动工具”，将选区内的图像拖曳到“【实例 11】牵手 2013.psd”图像中。同时在“图层”面板内新增“图层 1”图层，其内是复制的飞机图像。将该图层的名称改为“战机”。

图 3-5-2 “长城 4”、“天安门”和“战斗机 3”图像

（3）选中“战机”图层，单击“图层”面板内的“添加图层样式”按钮，调出它的快捷菜单，单击该菜单内的“外发光”命令，调出“图层样式”对话框，调整相关的参数，如图 3-5-3 所示。单击“确定”按钮，关闭“图层样式”对话框，给飞机图像四周添加黄色背景亮光，如图 3-5-4 所示。

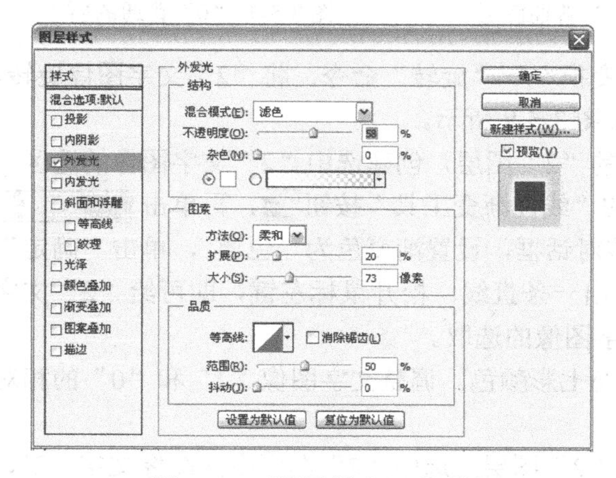

图 3-5-3 “图层样式”对话框

图 3-5-4 给飞机四周添加黄光

（4）选中“天安门”图像，在其内创建一个羽化的椭圆选区（羽化量为 20 像素）。使用“移动工具”，将选区内的图像拖曳到“【实例 11】牵手 2013.psd”图像中。然后，调整复制到“【实例 11】牵手 2013.psd”图像内的天安门图像的大小与位置。

（5）按照加工天安门图像的方法，也在打开的其他图像内创建一个羽化的椭圆选区（羽化量为 30 像素），然后使用“移动工具”，将选区内的图像拖曳到“【实例 11】牵手 2013.psd”图像中，再调整复制图像的大小与位置。

（6）将“图层”面板内自动生成的各个图层的名称以图层内图像的名称命名。为了可以清楚地显示下面的制作结果，暂时将所有图层隐藏，在“背景”图层之上添加一个“图层 1”图层，给该图层的画布窗口内填充白色。

2．制作牵手文字

（1）使用“工具”面板中的“横排文字工具” T，在其选项栏内的“设置字体系列”下拉列表框中选择“Arial”选项，在“设置字体大小”下拉列表框中选择“260 点”选项，单击“设置文字颜色”按钮，设置文字颜色为红色。然后，在画布上输入一个字体为 Arial、大小为 260 点的红色数字“2”，同时在“图层”面板中创建了“2”文本图层，如图 3-5-5 所示。再将该数字移到画布的中间偏左处。

（2）单击选中“图层”面板中的“2”文本图层，选择“图层”→“栅格化”→“文字”

命令，将“2”文本图层改为普通图层，如图 3-5-6 所示。

（3）在画布上输入一个字体为 Arial、大小为 260 点的红色数字“0”，再将数字“0”在垂直方向调大。选中该图层，选择“图层”→“栅格化”→“文字”命令，将“0”文本图层改为普通图层，如图 3-5-7 所示。

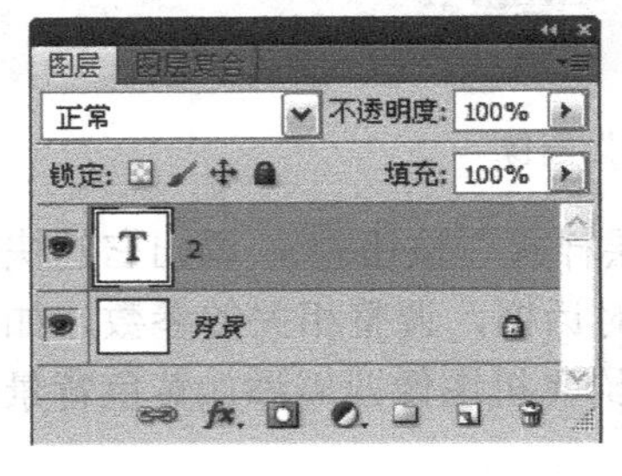

图 3-5-5　创建“2”文本图层

图 3-5-6　“2”普通图层

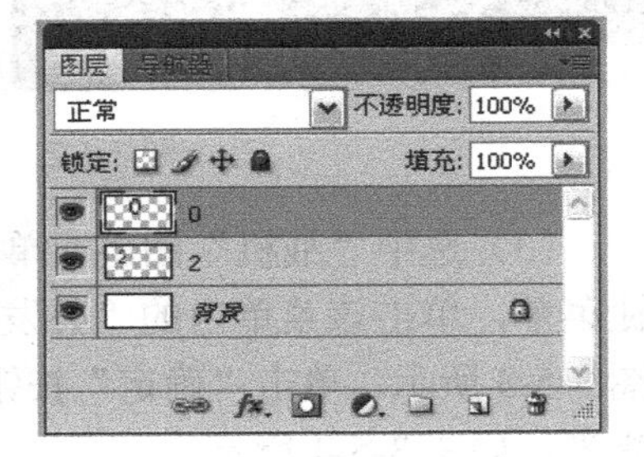

图 3-5-7　“0”普通图层

（4）选中“2”图层，选择“编辑”→“变换”→“旋转”命令，将“2”文字图像旋转。选中“0”图层，再将“0”文字图像旋转，如图 3-5-8 所示。

（5）按住 Ctrl 键，单击“图层”面板中的“2”图层，创建选中“2”文字图像的选区。使用“渐变工具”，单击按下其选项栏内的“线性渐变工具”按钮，再单击列表框，调出“渐变编辑器”对话框。利用该对话框，设置渐变色为“色谱”，单击“确定”按钮。从文字图像“2”左上角向右下角拖曳出一条直线，松开鼠标左键，即可给“2”文字图像填充七彩色。按 Ctrl+D 组合键，取消文字图像的选取。

（6）按照同样的方法给文字图像“0”填充七彩颜色。调整文字图像“2”和“0”的相对位置，使它们重叠一部分，如图 3-5-9 所示。

（7）选中“0”图层。按住 Ctrl 键，单击“2”图层，选中“2”图层中的图像文字“2”，如图 3-5-10 所示。按住 Ctrl+Alt+Shift 组合键，单击“0”图层，即可获得“2”图层和“0”图层中图像相交处的选区，如图 3-5-11 所示。

图 3-5-8　旋转数字　　图 3-5-9　七彩数重叠　　图 3-5-10　选中“2”　　图 3-5-11　相交处选区

（8）使用“矩形选框工具”，再按住 Alt 键，在图 3-5-11 所示的下边的选区处拖曳鼠标，选中选区，松开鼠标左键后，即可将下边的选区取消，如图 3-5-12 所示。

按 Delete 键，删除选区内“0”文字图像的内容。然后按 Ctrl+D 组合键，取消选区。这样就完成了“2”和“0”两个文字图像相互牵手的操作。其效果如图 3-5-13 所示。

（9）按照上述方法，再输入一个“1”，将“1”文本图层转换为普通图层，然后完成文字“1”与“0”的牵手。接着输入“3”，将新的“3”文本图层转换为普通图层，再完成文字“3”与“1”的牵手。

（10）单击选中“2”图层，单击“图层”面板内的“添加图层样式”按钮fx，调出图层样式菜单，如图 3-5-14 所示。选择该菜单中的“斜面和浮雕”命令，调出“图层样式”对话框，如图 3-5-15 所示。利用该对话框将“2”图层中的“2”文字制作成立体文字。再按照相同方法将“0”、“1”、“3”图层中的“0”、“1”、“3”文字制作成立体文字。

（11）删除填充白色的“图层 1”图层。最后效果如图 3-5-16 所示。

图 3-5-12　下边选区取消

图 3-5-13　删除选区图像

图 3-5-14　图层样式菜单

3．制作文字和建立图层组

（1）单击“图层”面板内的“创建新组”按钮，在“图层”面板内创建一个名称为“组 1”的组，将该组的名称改为“牵手文字”。

（2）同时选中“2”、“0”、“1”、“3”图层，将它们拖曳到“牵手文字”组上，使它们成为“牵手文字”组文件夹内的图层，如图 3-5-17 所示。

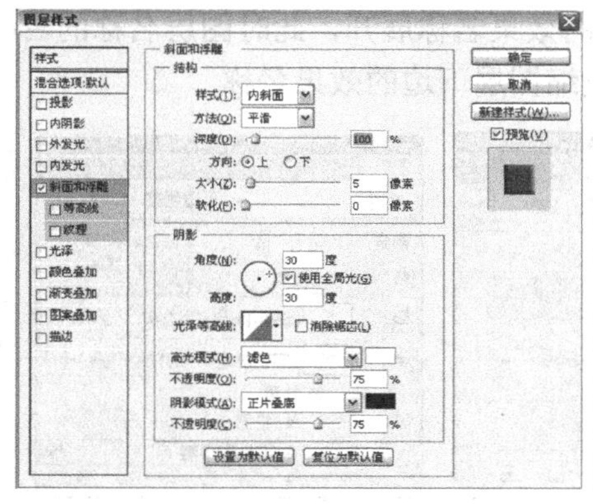

图 3-5-15　“图层样式”对话框

图 3-5-16　牵手立体文字

图 3-5-17　“图层”面板

（3）使用“工具”面板中的“横排文字工具” T，在其选项栏内的“设置字体系列”下拉列表框中选择“华文楷体”选项，在“设置字体大小”下拉列表框中选择“48 点”选项，单击“设置文字颜色”按钮，设置文字颜色为红色，单击“确定”按钮。

（4）在画布窗口内输入红色、楷体、48 点文字“实事求是 改革开放”，再输入红色、楷体、48 点文字“讲实情出实招办实事求实效”。

（5）选中“实事求是 改革开放”文本图层，单击“图层”面板内的“添加图层样式”按钮 fx.，选择快捷菜单中的“斜面和浮雕”命令，调出“图层样式”对话框。单击“确定”按钮，将“实事求是 改革开放”文字制作成立体文字，如图 3-5-1 所示。再将“讲实情出实招办实事求实效”文字制作成立体文字，如图 3-5-1 所示。

（6）使用“横排文字工具” T，选中“实事求是 改革开放”文字，单击选项栏中的“创建变形文本”按钮，调出“变形文字”对话框。在该对话框内的“样式”下拉列表框中选择“拱形”选项，再调整弯曲度，如图 3-5-18 所示。单击“确定”按钮，将文字变形。再选中“讲实情出实招办实事求实效”文字，调出“变形文字”对话框。利用该对话框将文字变形成下弧状文字。最后效果如图 3-5-1 所示。

（7）单击“图层”面板内的“创建新组”按钮，在“图层”面板内创建一个名称为“组1”的组，将该组的名称改为“文字”。选中两个文本图层，将它们拖曳到“文字”组之上，可将两个文本图层置于“文字”组文件夹内。

（8）单击“图层”面板内的“创建新组”按钮，在“图层”面板内创建一个名称为“组1”的组，将该组的名称改为“背景图像”。选中所有与背景图像有关的图层（不包含“背景”图层），将它们拖曳到“背景图像”组之上，将选中的图层置于“背景图像”组文件夹内。此时的“图层”面板如图 3-5-19 所示。

知识链接——添加图层样式和编辑图层效果

1. 给图层添加图层样式

使用图层样式可以方便地创建图层中整个图像的阴影、发光、斜面、浮雕和描边等效果。图层被赋予样式后，会产生许多图层效果，这些图层效果的集合就构成了图层样式。在“图层”面板中，图层名称的右边会显示图标，图层的下边会显示效果名称，如图 3-5-20 所示。单击图标右边的按钮，可以将图层下边显示的效果名称展开，此时图层名称的右边会显示图标。单击图标右边的按钮，可收缩图层下边的效果名称。

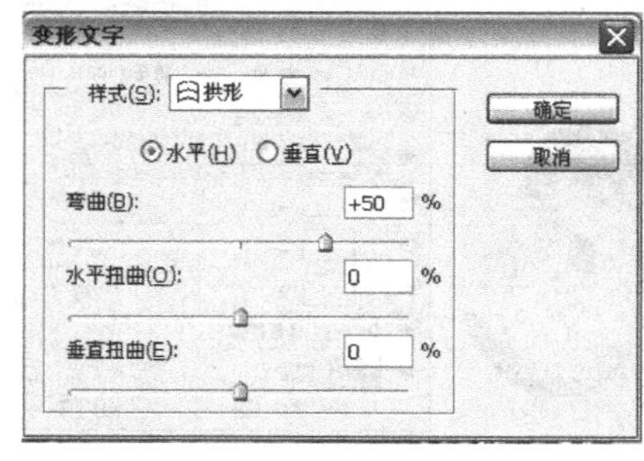

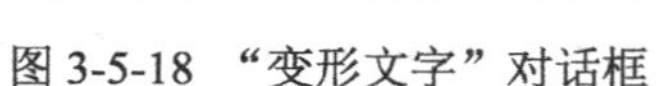
图 3-5-18 “变形文字”对话框

图 3-5-19 “图层”面板

图 3-5-20 “图层”面板

添加图层样式需要首先选中要添加图层样式的图层，再采用下面所述的一个方法。

（1）单击“图层”面板内的“添加图层样式”按钮，调出图层样式菜单，如图 3-5-14 所示，选择“混合选项”命令或其他命令，即可调出“图层样式”对话框，如图 3-5-15 所示。利用该对话框，可以添加图层样式，产生各种不同的效果。

如果单击菜单中的其他命令，也可以调出“图层样式”对话框，只是还同时在该对话框左边栏内选中相应的复选框。选中多个复选框，可以添加多种样式，产生多种效果。

（2）选择“图层”→“图层样式”→“混合选项”命令。

（3）单击“图层”面板菜单中的“混合选项”命令。

（4）双击要添加图层样式的图层，或者双击“样式”面板中的一种样式图标。

2. 设置图层样式

“图层样式”对话框内各栏选项的作用和使用方法简介如下。

（1）在“图层样式”对话框内的左边一栏中有“样式”、“混合选项”等选项，以及“投影”、“斜面和浮雕”等复选框。单击选中一个复选框，即可增加一种效果，同时在“预览”框内会马上显示出相应的综合效果视图。

（2）单击“图层样式”对话框内的左边一栏中的选项名称后，“图层样式”对话框中间一栏会发生相应的变化。中间一栏中的各个选项是用来供用户对图层样式进行调整的，在调整中，可以同时看到调整的效果。

3．隐藏和显示图层效果

（1）隐藏图层效果：单击“图层”面板内效果名称层左边的图标，使它消失，即可隐藏该图层效果；单击“效果”层左边的图标，使它消失，即可隐藏所有图层效果。

（2）隐藏图层的全部效果：选择“图层”→“图层样式”→“隐藏所有效果”命令，可以将选中图层的全部效果隐藏，即隐藏图层样式。

（3）单击“图层”面板内“效果”层左边的图标，可使显示，同时使隐藏的图层效果显示。单击效果名称层的图标，则会使显示，同时使隐藏的该图层效果显示。

4．删除图层效果

（1）删除图层的一个效果：将“图层”面板内的效果名称行（如投影）拖曳到“删除图层”按钮之上，再松开鼠标左键，即可将该效果删除。

（2）删除一个图层的所有效果：有如下方法。

◎ 将“图层”面板内的“效果”行效果拖曳到“删除图层”按钮之上，再松开鼠标左键，即可将该图层的所有效果删除。

◎ 右击添加了图层样式的图层或效果行名称，调出其快捷菜单，单击菜单中的“删除图层样式”命令，即可删除全部图层效果（图层样式）。

◎ 选择“图层”→“图层样式”→“清除图层样式”命令。

◎ 单击“样式”面板中的“清除样式”按钮，即可删除选中图层的所有图层样式。

（3）删除一个或多个图层效果：选中要删除图层效果的图层，再调出“图层样式”对话框，然后取消该对话框“样式”栏内复选框的选取。

思考练习 3-5

1．制作如图3-5-21所示的文字内容为“立竿见影”的阴影文字。

2．制作一幅“奥运五环”图像，如图3-5-22所示。

3．制作一幅文字内容为“万里长城”的阴影立体文字图像，如图3-5-23所示。

图3-5-21 阴影文字

图3-5-22 “奥运五环”图像

图3-5-23 阴影立体文字图像

3.6 【实例 12】云中战机

“云中战机”图像如图 3-6-1 所示。两架飞机在云中飞翔。它是利用图 3-6-2 所示的“云图”和“战斗机 2”图像制作而成的。

图 3-6-1 “云中战机”图像

图 3-6-2 “云图”和“战斗机 2”图像

制作方法

（1）打开“云图”和“战斗机 2”图像，分别如图 3-6-2 所示。

（2）单击“魔棒工具”按钮，在其选项栏内设置容差为 20，单击飞机图像的背景，再按住 Shift 键，同时单击没有选中的飞机背景图像，将整个飞机背景图像选中，再选择“选择”→“反向”命令，将飞机图像选中，如图 3-6-3 所示。

（3）使用“移动工具”，将选区内的飞机图像拖曳复制到“云图”图像中，同时在“图层”面板内自动生成“图层 1”图层，其内是复制的飞机图像。

（4）按住 Alt 键，拖曳飞机图像，复制一幅飞机图像，如图 3-6-4 所示。同时在“图层”面板内自动生成“图层 2”图层，其内是刚复制的飞机图像。然后，分别调整“图层 1”和“图层 2”图层内飞机的图像大小、位置和旋转角度。调整好后，按 Enter 键。

图 3-6-3 选中飞机的选区

图 3-6-4 调整好的 2 架飞机图像

（5）双击“图层”面板中的“图层 1”图层（下边飞机图像所在图层），调出“图层样式”对话框，如图 3-6-5 所示。

（6）在“图层样式”对话框内的“混合颜色带”下拉列表框中选择“灰色”选项，如图 3-6-5 所示，表示对这两个图层中的灰度进行混合效果调整（该下拉列表框中还有“红色”、“绿色”和“蓝色”三个选项）。

（7）按住 Alt 键，拖曳“下一图层”的白色三角滑块，调整“图层 1”图层与下一个图层（“云图”图像所在图层）的混合效果，如图 3-6-6 所示。飞机图像如图 3-6-7 所示。

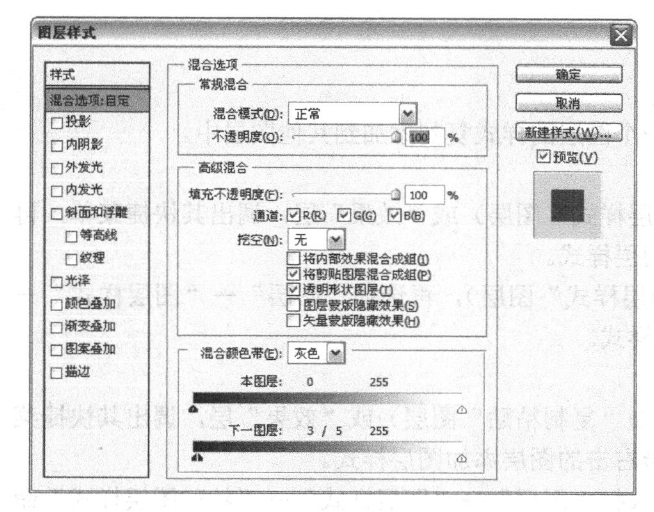

图 3-6-5 “图层样式”对话框

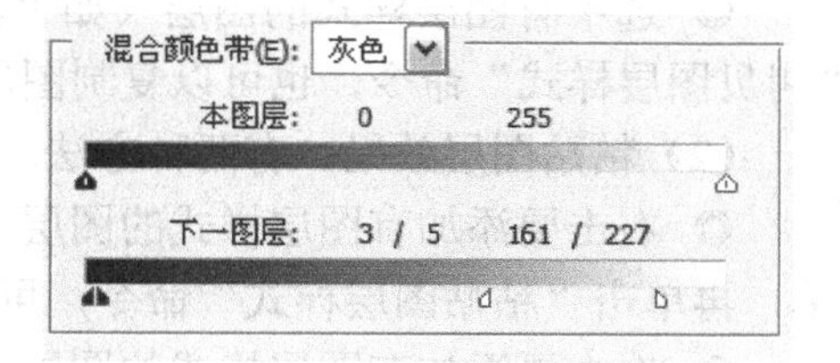

图 3-6-6 调整“混合颜色带”栏效果

（8）双击“图层”面板内的“图层 2”图层，调出“图层样式”对话框，利用“混合颜色带”栏调整“图层 2”图层内的“战斗机”图像和“云图”图像所在的 2 个图层的混合效果。“混合颜色带”栏调整结果如图 3-6-8 所示。调整效果如图 3-6-9 所示。

图 3-6-7 云中下边的飞机

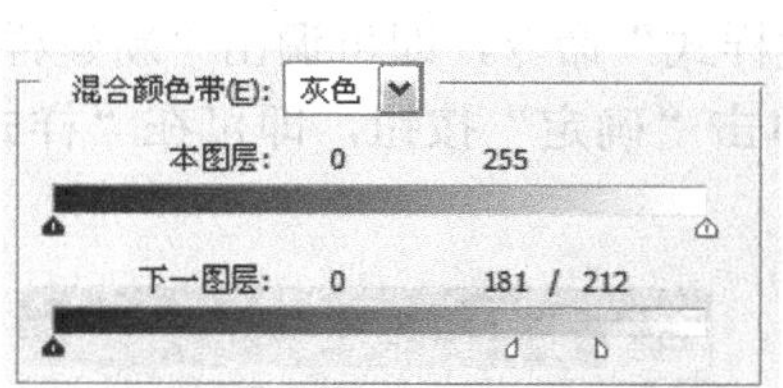

图 3-6-8 调整“混合颜色带”栏

图 3-6-9 云中上边的飞机

知识链接——编辑混合颜色带和图层样式

1. 编辑混合颜色带

“图层样式”对话框（选中该对话框内左边“样式”栏内的“混合选项：默认”选项）内下边是“混合颜色带”栏，如图 3-6-5 所示。利用该栏可以对图像像素级别进行混合，产生自然和逼真的混合效果。该栏内各选项的作用如下。

（1）“混合颜色带”下拉列表框：用来选择混合的通道。如果选择“灰色”选项，则按全色阶和通道混合图像。

（2）“本图层”渐变条：用来控制当前图层从最暗色调的像素到最亮色调的像素的显示情况。向左拖曳白色滑块，可以隐藏亮调像素；向右拖曳黑色滑块，可以隐藏暗调像素。

（3）“下一图层”渐变条：用来控制下边图层从最暗色调的像素到最亮色调的像素的显示

情况。向左拖曳白色滑块，可以显示亮调像素；向右拖曳黑色滑块，可以显示暗调像素。

按住 Alt 键，拖曳滑块，可以将滑块分为两个。分别调整分开的滑块，可以获得过渡非常柔和、自然的混合效果。

2. 复制和粘贴图层样式

复制和粘贴图层样式的操作可以将一个图层的样式复制添加到其他图层中。

（1）复制图层样式：有两种方法。

◎ 右击有图层样式的图层（如“图层样式”图层）或“效果”层，调出其快捷菜单，再单击“拷贝图层样式”命令，即可复制图层样式。

◎ 选中有图层样式的图层（如“图层样式”图层），再选择“图层”→“图层样式”→“拷贝图层样式”命令，也可以复制图层样式。

（2）粘贴图层效果：有两种方法。

◎ 右击要添加有图层样式的图层（如“复制粘贴”图层）或“效果”层，调出其快捷菜单，再单击“粘贴图层样式”命令，可给右击的图层添加图层样式。

◎ 选中要添加有图层样式的图层，选择“图层”→“图层样式”→“粘贴图层样式”命令，给选中图层粘贴图层样式。如果选中图层原来有样式，则粘贴的样式会替代原样式。

图 3-6-10 给出了没有粘贴图层样式的“图层”面板，图 3-6-11 是将“图层样式”图层的样式复制粘贴到“复制粘贴”图层后的“图层”面板。

3. 存储图层样式

按照上述方法复制图层样式，右击“样式”面板内的样式图案，调出一个菜单，如图 3-6-12 所示。选择该菜单中的“新建样式”命令，即可调出“新建样式”对话框，如图 3-6-13 所示。给样式命名和进行设置后，单击“确定”按钮，即可在“样式”面板内样式图案的最后边增加一种新的样式图案。

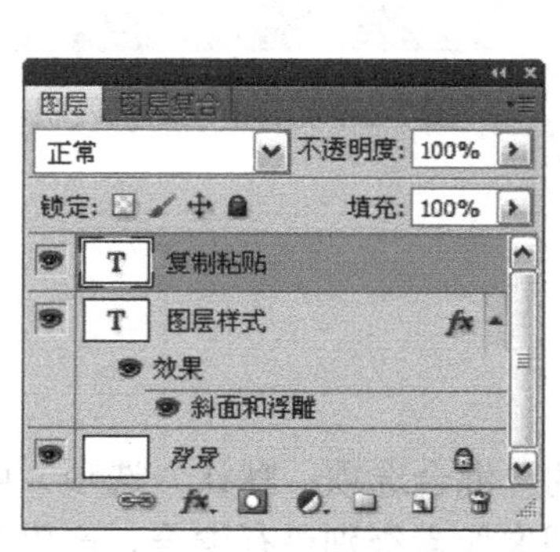

图 3-6-10 “图层”面板

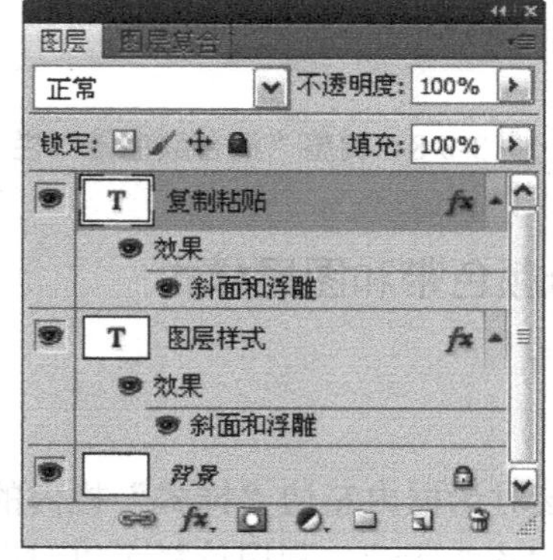

图 3-6-11 “图层”面板

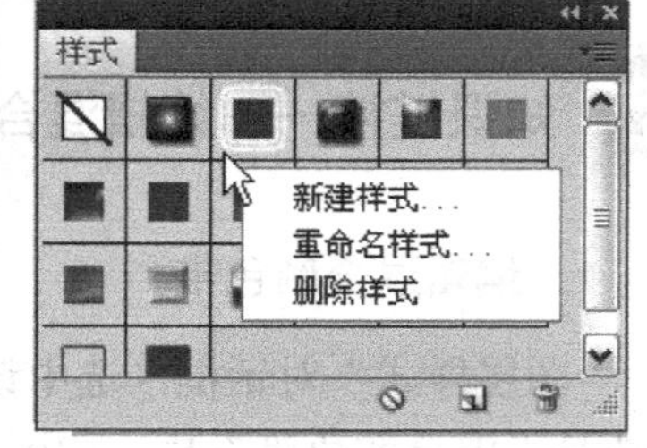

图 3-6-12 “样式”面板

另外，单击“样式”面板菜单中的“新建样式”菜单命令，或者单击“样式”面板内的“新建样式”按钮，都可以调出“新建样式”对话框。

4. 将图层和它的图层样式转换成剪贴组

（1）单击选中添加了图层样式的图层，如图 3-6-14 所示。

（2）右击“图层”面板内添加了图层样式的图层中的 fx 图标，调出其快捷菜单，再选择该菜单中的“创建图层”命令，即可将选定的图层和它的图层样式转换成独立的图层，如图 3-6-15 所示。

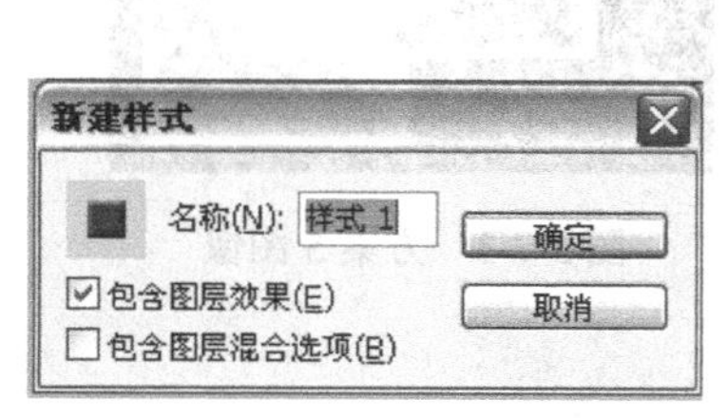

图 3-6-13　“新建样式”对话框

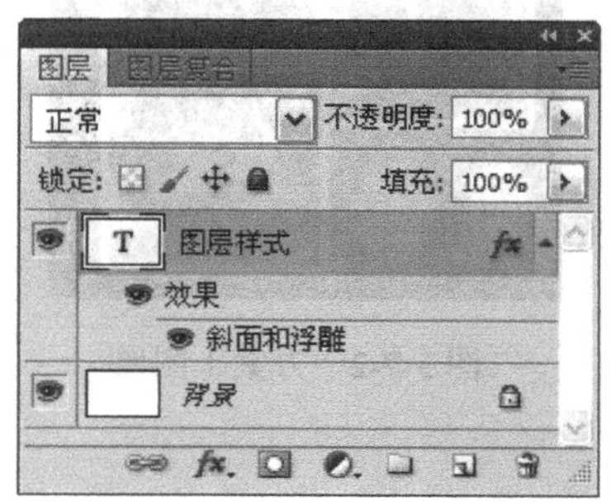

图 3-6-14　“图层”面板

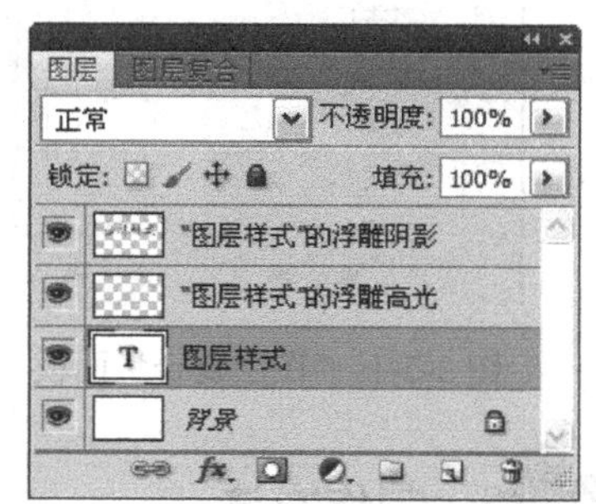

图 3-6-15　“图层”面板

思考练习 3-6

1．制作一幅“空中楼阁”图像，如图 3-6-16 所示。它是利用 3 幅楼阁图像和 1 幅云图图像制作而成的。

2．制作一幅“云中飞机”图像，如图 3-6-17 所示。

图 3-6-16　“空中楼阁”图像

图 3-6-17　“云中飞机”图像

3.7 【实例 13】小小摄影相册

“小小摄影相册”图像是一个宝宝摄影相册的封面。它有 5 个方案，单击“图层复合”面板内“方案 1”图层复合左边的 ，使其内出现 图标，如图 3-7-1 所示。方案 1 图像如图 3-7-2 所示。单击“图层复合”面板内“方案 2”图层复合左边的 ，使其内出现 图标，方案 1 图像会自动切换到方案 2 图像，方案 2 图像和图 3-7-2 所示基本一样，只是文字是普通文字，没有添加图层样式。

按照上述方法，可以看到其他 3 个方案图像。方案 5 图像如图 3-7-3 所示。在“小小摄影相册”文件夹内不但有“【实例 13】小小摄影相册.psd”文件，还有 5 个方案的图像“小小摄影相册_0000_方案 1.jpg”～“小小摄影相册_0000_方案 5.jpg”。

图 3-7-1 “图层复合”面板

图 3-7-2 方案 1 图像

图 3-7-3 方案 5 图像

制作方法

1. 制作“小小摄影相册”的方案 1 图像

（1）新建宽度为 280 像素、高度为 280 像素、背景色为黑色的画布窗口，以名称“【实例 13】小小摄影相册.psd”保存。打开“宝宝 1”～“宝宝 3”3 幅图像。

（2）将 3 幅宝宝图像分别调整为宽 120 像素、高 120 像素。然后，依次拖曳到“【实例 13】小小摄影相册”图像的画布窗口内，再调整它们的位置。同时在“图层”面板内生成“图层 1”～“图层 3”图层，分别放置一幅宝宝图像。

（3）按住 Ctrl 键，单击“图层 1”图层的缩览图，创建选中该图层内图像的选区，再给选区描 5 像素的白边。按照相同的方法，给其他 2 幅宝宝图像描边。

（4）输入字体为华文楷体、大小为 6 点、浑厚的白色文字“摄影”和“宝宝”，在“图层”面板内生成“摄影”和“宝宝”文本图层。然后分别给“摄影”和“宝宝”文本图层添加图层样式。最终效果如图 3-7-2 所示。

2. 制作其他方案图像

（1）调出“图层复合”面板，如图 3-7-1 所示（还没有建立方案）。单击“创建新图层复合”按钮，调出“新建图层复合”对话框，选中 3 个复选框，如图 3-7-4 所示。在“名称”文本框内输入“方案 1”，单击“确定”按钮，创建“方案 1”图层复合，如图 3-7-5 所示。此时，“图层”面板如图 3-7-6 所示。

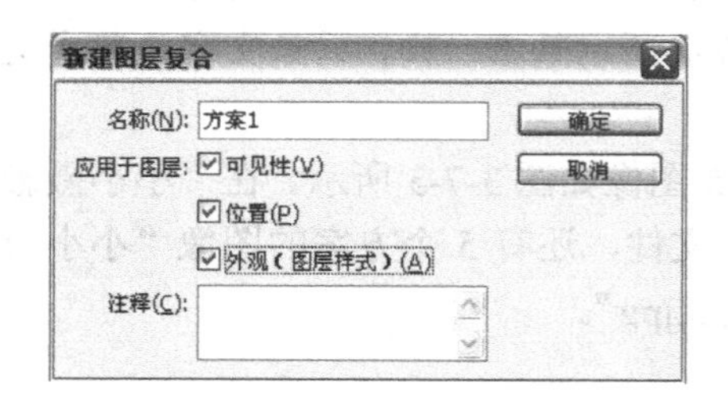

图 3-7-4 “新建图层复合”对话框

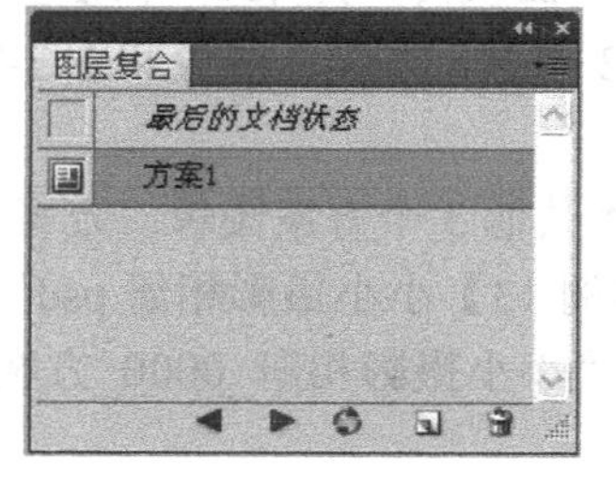

图 3-7-5 “图层复合”面板

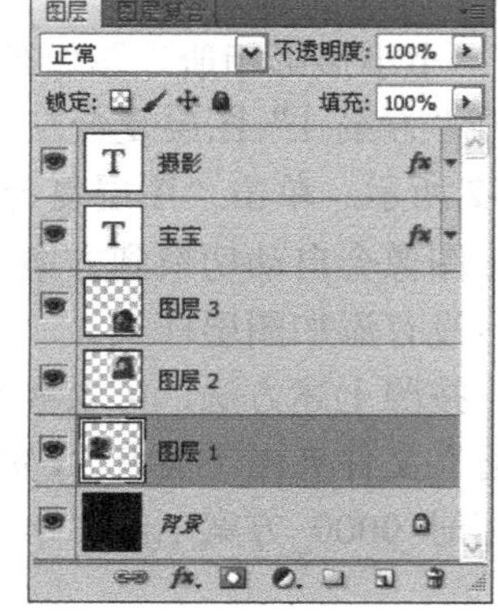

图 3-7-6 “图层”面板

（2）右击“图层”面板内“摄影”文本图层下边的“效果”，调出它的快捷菜单，选择该菜单内的“停用图层效果”命令，使“摄影”文本图层的图层样式效果取消。按照相同的方法，取消“宝宝”文本图层的图层样式效果。“图层”面板如图 3-7-7 所示。

（3）单击“图层复合”面板内的“创建新图层复合”按钮，调出“新建图层复合”对话框，选中 3 个复选框，在“名称”文本框内输入“方案 2”，单击“确定”按钮，创建“方案 2”图层复合。方案 2 图像如图 3-7-8 所示。

（4）隐藏“宝宝”文本图层，右击“图层”面板内“摄影”文本图层下边的“效果”，调出它的快捷菜单，选择该菜单内的“启用图层效果”命令，启用“摄影”文本图层的图层样式效果。再调整“图层 1”图层到“图层 2”图层的上边，如图 3-7-9 所示。

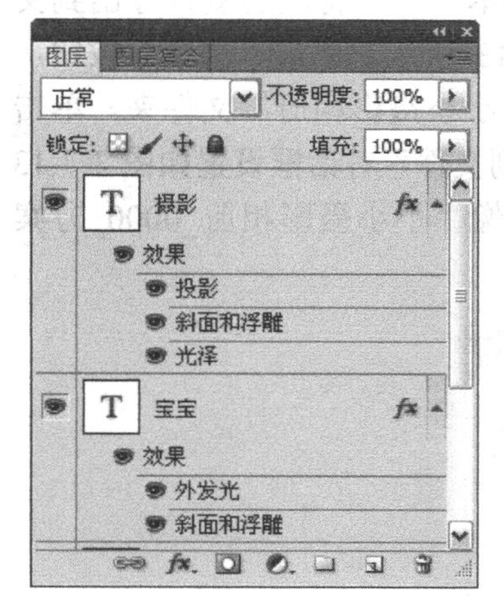

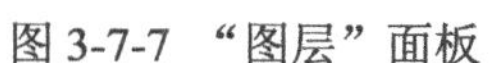
图 3-7-7 “图层”面板

图 3-7-8 方案 2 图像

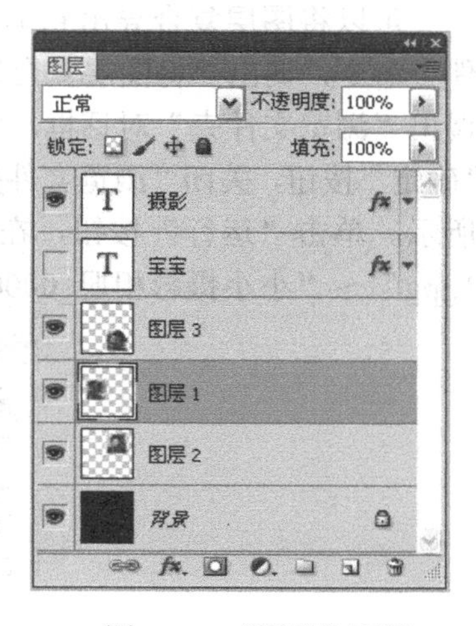

图 3-7-9 “图层”面板

然后，调整图像的位置，获得方案 3 图像，如图 3-7-10 所示。

（5）单击“图层复合”面板内的“创建新图层复合”按钮，调出“新建图层复合”对话框，选中 3 个复选框，在“名称”文本框内输入“方案 3”，单击“确定”按钮，在“图层复合”面板内创建“方案 3”图层复合。

（6）显示“宝宝”文本图层，隐藏“摄影”文本图层，启用“宝宝”文本图层的图层样式。调整图像位置，得到方案 4 图像，如图 3-7-11 所示。“图层”面板如图 3-7-12 所示。

图 3-7-10 方案 3 图像

图 3-7-11 方案 4 图像

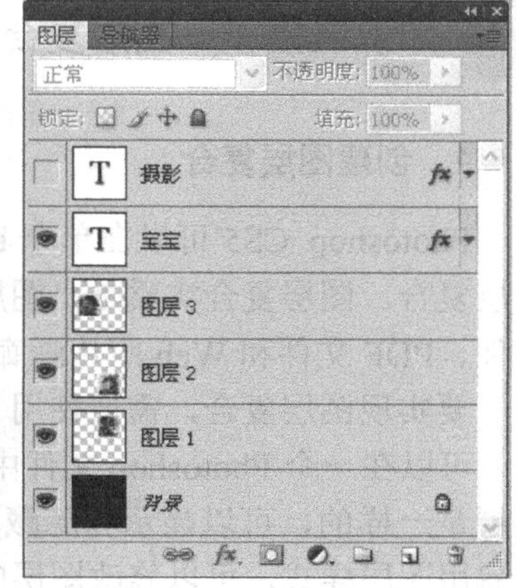

图 3-7-12 “图层”面板

（7）单击“图层复合”面板内的“创建新图层复合”按钮，调出“新建图层复合”对话框，选中3个复选框，在“名称”文本框内输入“方案4”，单击“确定”按钮，在“图层复合”面板内创建“方案4”图层复合。

（8）显示“摄影”文本图层，启用“摄影”文本图层的图层样式效果。调整图像位置，得到方案5图像，如图3-7-3所示。单击“图层复合”面板内的“创建新图层复合”按钮，调出“新建图层复合”对话框，选中3个复选框，在“名称”文本框内输入“方案5”，单击“确定”按钮，在“图层复合”面板内创建“方案5”图层复合，如图3-7-1所示。

3. 导出图层复合

可以将图层复合导出到单独的文件。选择“文件”→“脚本”→“将图层复合导出到文件”命令，调出“将图层复合导出到文件”对话框，如图3-7-13所示。单击“浏览”按钮，调出“浏览文件夹”对话框，利用该对话框选择“【实例13】小小摄影相册”文件夹。单击“确定”按钮，关闭“浏览文件夹”对话框。“将图层复合导出到文件”对话框设置如图3-7-13所示。单击“运行”按钮，在选中文件夹内导出5个方案图像“小小摄影相册_0000_方案1.jpg”～“小小摄影相册_0000_方案5.jpg”。

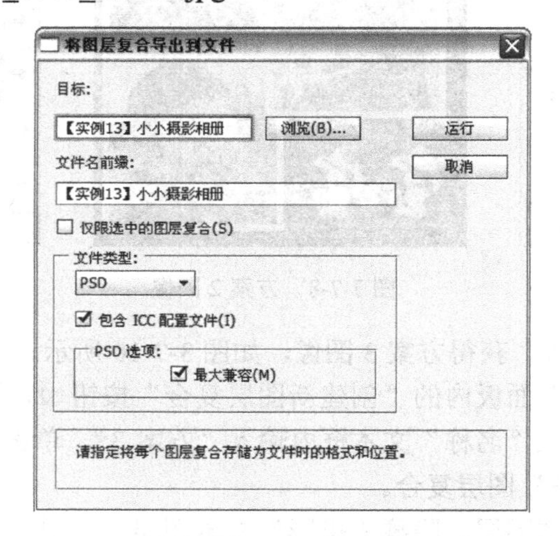

图3-7-13 “将图层复合导出到文件”对话框

知识链接——图层复合

1. 创建图层复合

Photoshop CS5可以在单个Photoshop文件中创建、管理和查看版面的多个版本，也就是图层复合。图层复合实质是“图层”面板状态的快照。可以将图层复合导出到一个PSD格式文件、PDF文件和Web照片画廊文件。

要实现图层复合，需要使用“图层复合”面板，如图3-7-14所示。使用“图层复合”面板，可以在一个Photoshop文件中记录多个不同的版面。不同的版面要求其“图层”面板内的图层是一样的，可以显示和隐藏不同的图层，可以调整图层内图像的大小和位置，可以停用或启用图层样式，可以修改图层的混合模式。创建图层复合的方法如下。

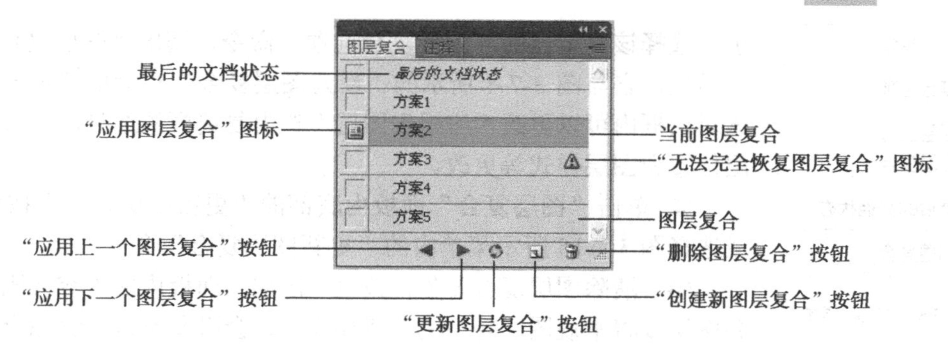

图 3-7-14 "图层复合"面板

(1) 选择"窗口"→"图层复合"命令，调出"图层复合"面板，如图 3-7-14 所示（还没有方案）。此时，该面板只有"最后的文档状态"图层复合。如果"图层"面板内有 2 个或 2 个以上的图层，则"创建新图层复合"按钮才会有效。当"图层复合"面板内有新增的图层复合时，"图层复合"面板内其他 4 个按钮才会有效。

(2) 单击"创建新图层复合"按钮，调出"新建图层复合"对话框，如图 3-7-4 所示。需要进行以下设置。

◎"名称"文本框：输入新建图层复合的名称。

◎"应用于图层"栏：选取要应用于"图层"面板内图层的选项，选中"可见性"复选框，表示图层可见；选中"位置"复选框，表示在图层的位置；选中"外观（图层样式）"复选框，表示将图层样式应用于图层，以及图层的混合模式。

◎"注释"列表框：其内输入该图层复合的说明文字。

(3) 单击"新建图层复合"对话框内的"确定"按钮，关闭该对话框，即可在"图层复合"面板内创建一个新图层复合。

2. 应用并查看图层复合

(1) 在"图层复合"面板中，单击图层复合左边的"应用图层复合"图标。

(2) 在"图层复合"面板内，单击"应用上一个图层复合"按钮◄，可查看上一个图层复合；单击"应用下一个图层复合"按钮►，可查看下一个图层复合。可以循环查看。

(3) 单击"图层复合"面板顶部的"最后的文档状态"左边的"应用图层复合"图标，可以显示最后的文档状态。

3. 编辑图层复合

(1) 复制图层复合：在"图层复合"面板中，将要复制的图层复合拖曳到"创建新图层复合"按钮之上。

(2) 删除图层复合：在"图层复合"面板中选择图层复合，然后单击面板中的"删除"按钮，或者单击"图层复合"面板菜单中的"删除图层复合"命令。

(3) 更新图层复合：操作方法如下。

◎ 单击选中"图层复合"面板内要更新的图层复合。

◎ 在画布内进行位置、大小等修改，在"图层"面板内进行图层的隐藏和显示的修改，以及图层样式的停用和启用的修改。

◎ 在"图层复合"面板内，右击要更新的图层复合，调出它的快捷菜单，如图 3-7-15 所

应用图层复合
图层复合选项...
复制图层复合
删除图层复合
恢复最后的文档状态
更新图层复合

图 3-7-15　快捷菜单

示。选择该菜单内的“图层复合选项”命令，调出“图层复合选项”对话框，它与图 3-7-4 所示的“新建图层复合”对话框基本一样。在该对话框内可以更改“应用于图层”栏内复选框的选择，记录前面图层位置和图层样式等更改。

◎ 单击“图层复合”面板内底部的“更新图层复合”按钮，或选择图 3-7-15 所示菜单内的“更新图层复合”命令。

（4）清除图层复合警告：改变“图层”面板内的内容（删除和合并图层或将常规图层转换为背景图层），会引发不再能够完全恢复图层复合的情况。在这种情况下，图层复合名称旁边会显示一个警告图标。忽略警告，会导致丢失多个图层。其他已存储的参数可能会保留下来。更新复合会导致以前捕捉的参数丢失，但可以使图层复合保持最新。

单击警告图标，可能会调出一个提示框，该提示框内的文字说明图层复合无法正常恢复。单击该对话框内的“清除”按钮，可以清除警告图标，但其余的图层保持不变。

右击警告图标，调出它的快捷菜单，选择其内的“清除图层复合警告”命令，可清除选中图层复合的警告；选择“清除所有图层复合警告”命令，可清除所有图层复合的警告。

（5）导出图层复合：可以将图层复合导出到单独的文件。选择“文件”→“脚本”→“将图层复合导出到文件”命令，调出“将图层复合导出到文件”对话框，利用该对话框，可设置文件类型，设置文件保存的目标文件夹和文件名称等。再单击“确定”按钮。

思考练习 3-7

1. 按照【实例 13】所述方法，利用【实例 12】图像设计 3 个方案。
2. 按照【实例 13】所述方法，利用【实例 7】图像设计 3 个方案。

第4章

应 用 滤 镜

本章提要：

本章介绍了 Photoshop CS5 提供的部分滤镜的使用方法。Photoshop CS5 系统默认的滤镜命令均放在“滤镜”菜单中。使用滤镜的实质是对整幅图像或选区中的图像进行特殊处理，将各个像素的色度和位置数值进行随机或预定义的计算，从而改变图像的形状。将风格化、画笔描边、素描、纹理、艺术效果等滤镜组合到滤镜库中，便于在各滤镜之间切换和同时使用多种滤镜，使操作方便。另外，还介绍了一些外部滤镜的安装和使用方法。Photoshop 可以使用的外部滤镜有 KPT、Eye Candy、Ulead Gif.Plusing 等。

4.1 【实例 14】玫瑰别墅地产广告

玫瑰别墅地产广告图像有 2 张，分别如图 4-1-1 和图 4-1-2 所示。由图可以看出，房屋在有水波纹的水中形成倒影。制作“玫瑰别墅地产广告 1”图像使用了“波纹”、“水波”和“动感模糊”滤镜，制作“玫瑰别墅地产广告 2”图像使用了 Flood 外部滤镜。

图 4-1-1 “玫瑰别墅地产广告 1”图像

图 4-1-2 “玫瑰别墅地产广告 2”图像

制作方法

1. 制作背景图像

（1）新建一个文件名为“房产”、宽度为 900 像素、高度为 580 像素、模式为 RGB 颜色、背景为浅蓝色的文档。再以名称“【实例 14】玫瑰别墅地产广告 1.psd”保存。

（2）打开一幅“别墅 0”图像，将该图像的大小调整为宽 500 像素、高 360 像素，如图 4-1-3 所示。使用“移动工具”，将如图 4-1-3 所示的“别墅 0.jpg”图像拖曳到“房产”文档的画布窗口内左上角，如图 4-1-4 所示。同时在“图层”面板中自动生成“图层 1”图层。

图 4-1-3 “别墅 0”图像

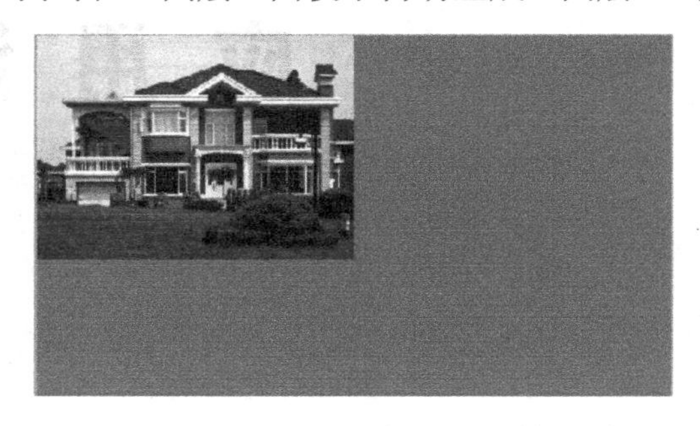

图 4-1-4 画布窗口和复制的图像

（3）拖曳“图层 1”图层到“图层”面板内的“创建新图层”按钮之上，复制一个“图层 1 副本”图层。选中该图层，将其内的图像水平移到画布窗口内的右上角。选择“编辑”→“变换”→“水平翻转”命令，将该图层中的图像水平翻转，如图 4-1-5 所示。

（4）按住 Ctrl 键，单击选中“图层 1”和“图层 1 副本”图层，右击选中的图层，调出它的快捷菜单，单击其内的“合并图层”命令，将选中的图层合并到“图层 1 副本”图层内。

（5）拖曳“图层 1 副本”图层到“图层”面板内的“创建新图层”按钮之上，复制一个“图层 1 副本 2”图层。将该图层拖曳到“图层 1 副本”图层的下边。

（6）选择“编辑”→“自由变换”命令，进入“图层 1 副本 2”图层内图像的自由变换状态，在垂直方向将图像调小，再垂直向下移动图像，使该图像与“图层 1 副本”图层上下衔接好，同时在垂直方向又不超出画布窗口范围。

（7）选择“编辑”→“变换”→“垂直翻转”命令，将“图层 1 副本 2”图层内的图像垂直翻转，形成别墅图像的倒影，如图 4-1-6 所示。将“图层 1 副本”图层名称改为“别墅”，将“图层 1 副本 2”图层名称改为“倒影”。

图 4-1-5 复制并水平翻转图像

图 4-1-6 别墅和它的倒影图像

（8）选择“文件”→“存储”命令，将该文档保存。

2. 制作“玫瑰别墅地产广告 1”图像

（1）按住 Ctrl 键，单击“图层”面板内的“倒影”图层，创建选中倒影图像的选区。单击选中“倒影”图层。

（2）选择“滤镜”→“模糊”→“动感模糊”命令，调出“动感模糊”对话框，设置模糊距离为16像素，角度为90°，如图4-1-7所示。单击“确定”按钮，将倒影图像模糊，如图4-1-8所示。

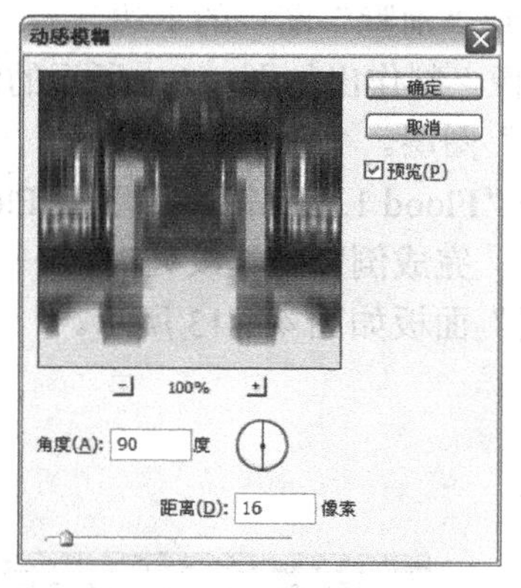

图4-1-7 “动感模糊”对话框

图4-1-8 将倒影图像模糊

（3）选择“滤镜”→“扭曲”→“波纹”命令，调出“波纹”对话框。在“大小”下拉列表框中选择“中”选项，将“数量”文本框设置为125，如图4-1-9所示。再单击“确定”按钮，完成倒影的波纹处理。然后，按Ctrl+D组合键，取消选区。

（4）在倒影图像内左边创建一个羽化50像素的椭圆选区。选择“滤镜”→“扭曲”→“水波”命令，调出“水波”对话框。在“样式”下拉列表框中选择“水池波纹”选项，将“数量”文本框设置为50，“起伏”文本框设置为17，如图4-1-10所示。再单击“确定”按钮，完成倒影图像的水池波纹处理。然后，按Ctrl+D组合键，取消选区。

（5）在倒影图像内右边创建一个羽化50像素的椭圆选区。选择“滤镜”→“水波”命令，完成相同效果倒影图像的水池波纹处理。然后，按Ctrl+D组合键，取消选区。

（6）打开一幅“图标1.jpg”图像，创建选区，选中其内的图标图像，如图4-1-11所示。把该图拖曳到“房产”文档的画布窗口中，调整好大小和位置，如图4-1-1所示。

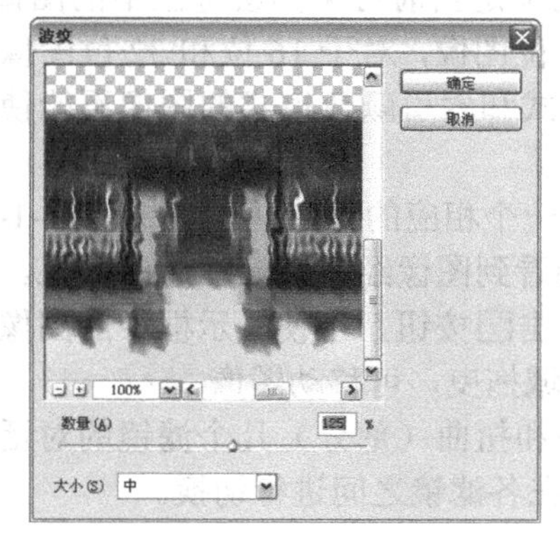

图4-1-9 “波纹”对话框

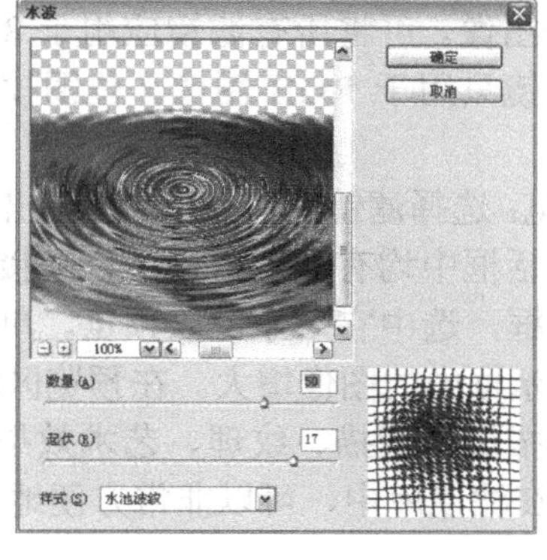

图4-1-10 “水波”对话框

图4-1-11 房产图标

（7）制作各种文字，给这些文字分别添加不同的图层样式，如图4-1-1所示。

3. 制作“玫瑰别墅地产广告2”图像

（1）将“Flood 1.14”汉化滤镜压缩文件解压到“C:\Program Files\Adobe\Adobe Photoshop

CS5\Plug-ins”文件夹内，即可安装“Flood 1.14”汉化滤镜。然后，重新启动中文 Photoshop CS5。

（2）打开“【实例 14】玫瑰别墅地产广告 1.psd”图像文件，再以“【实例 14】玫瑰别墅地产广告 2.psd”保存。将“倒影”图层删除，将“别墅”和“背景”图层以外的图层隐藏。将“别墅”图层复制一份，将复制的图层名称改为“倒影”，移到“别墅”图层的下边。

（3）按照前面介绍过的方法，调整“倒影”图层内的图像，制作出如图 4-1-6 所示的倒影图像。然后，将“别墅”图层和“倒影”图层合并到“别墅”图层。

（4）选中“别墅”图层，选择“滤镜”→“flaming pear”→“Flood 1.14”命令，调出“Flood”对话框。按照如图 4-1-12 所示进行设置，单击“确定”按钮，完成倒影的波纹处理。

（5）将所有图层显示，图像效果如图 4-1-2 所示，“图层”面板如图 4-1-13 所示。

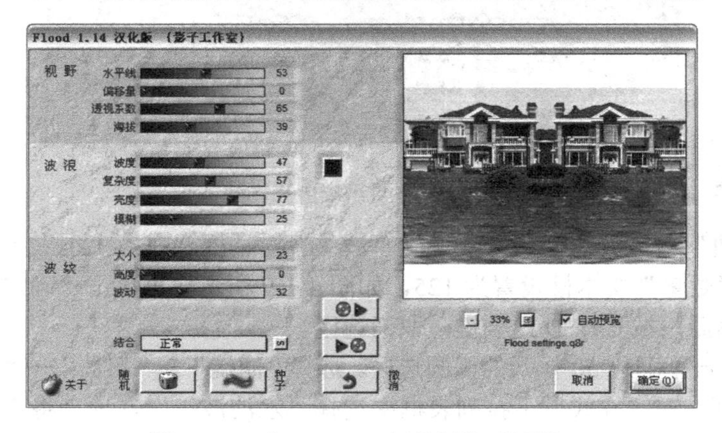

图 4-1-12 “Flood 1.14 汉化版”对话框

图 4-1-13 “图层”面板

知识链接——滤镜的通用特点

1. 滤镜的特点

（1）滤镜的作用范围：如果有选区，则滤镜的作用范围是当前可见图层选区中的图像，否则是当前可见图层的整个图像。可将所有滤镜应用于 8 位图像，对于 16 位和 32 位图像只可以使用部分滤镜，有些滤镜只用于 RGB 图像。位图模式和索引颜色模式的图像不能使用滤镜。

（2）滤镜对话框中的预览：选择滤镜的命令后，会调出一个相应的对话框。例如，图 4-1-10 所示的“水波”对话框。对话框中均有预览框，可以直接看到图像经滤镜处理后的效果。一些对话框中有“预览”复选框，选中它后才可以预览。单击⊟按钮，可使显示框中的图像变小；单击⊞按钮，可以使显示框中的图像增大。在预览区域拖曳，可移动图像。

（3）对于风格化、画笔描边、素描、纹理、艺术效果和扭曲（部分）几个滤镜的对话框进行了合成，构成滤镜库，在滤镜库中，可以非常方便地在各滤镜之间进行切换。

2. 滤镜库

滤镜库可提供许多特殊效果滤镜的预览。可以应用多个滤镜、打开或关闭滤镜的效果、复位滤镜的选项以及更改应用滤镜的顺序。如果对预览效果感到满意，则可以将它应用于图像。“滤镜”菜单并不提供滤镜库中的所有滤镜。选择“滤镜”→“滤镜库”命令，可以调出“滤镜库”对话框，如图 4-1-14 所示。其中一些选项的作用如下。

图 4-1-14 "滤镜库"对话框

（1）"改变显示比例"栏：单击"+"或"－"按钮，可以放大或缩小缩览图；在下拉列表框内可以选取一个缩览图的缩放百分比。

（2）查看预览：拖曳滑块，可以浏览缩览图中其他部分的内容；将鼠标指针移到缩览图之上，当鼠标指针变为状时，在预览区域拖曳。

（3）"显示/隐藏滤镜缩览图"按钮：单击该按钮，可以显示或隐藏滤镜缩览图。

（4）"要使用的滤镜"列表：单击"新建滤镜"按钮，可以在"要使用的滤镜"列表中添加滤镜。滤镜旁边的眼睛图标，可以隐藏滤镜效果。选择滤镜后单击"删除滤镜"按钮，可以删除"要使用的滤镜"列表中选中的滤镜。滤镜效果是按照它们在"要使用的滤镜"列表的排列顺序应用的，可以拖曳移动滤镜的前后次序。

（5）单击"滤镜类别"文件夹左边的按钮，可以展开文件夹，显示该文件夹内的滤镜；单击"滤镜类别"文件夹左边的按钮，可以收缩文件夹。在"要使用的滤镜"列表中选中一个滤镜后，单击"滤镜类别"文件夹内的滤镜缩览图，可以更换滤镜。

3．重复使用滤镜

（1）在"滤镜"菜单中的第一个命令是刚刚使用过的滤镜名称，其快捷键是 Ctrl+F。单击该命令或按 Ctrl+F 组合键，可以再次执行刚刚使用过的滤镜，对滤镜效果进行叠加。

（2）按 Ctrl+Alt+F 组合键，可以重新打开刚刚执行的滤镜对话框。

（3）按 Ctrl+Z 组合键，可以在使用滤镜后的图像与使用滤镜前的图像之间切换。

4．外部滤镜的安装和使用技巧

许多外部滤镜都可以在网上下载。一类滤镜有它的安装程序，运行安装程序后按照安装要求就可以安装好滤镜。另一类滤镜由扩展名为".8BF"的文件组成。通常只要将这些文件复制到 Photoshop 插件目录文件夹内即可。例如，将"Flood"文件夹复制到"C:\Program

Files\Adobe\Adobe Photoshop CS5\Plug-ins”文件夹内。安装滤镜后，需重新启动 Photoshop CS5 软件，再在“滤镜”菜单中找到新安装的外部滤镜。滤镜使用技巧简介如下。

（1）对于较大的或分辨率较高的图像，在进行滤镜处理时会占用较大的内存，速度会较慢。为了减小内存的使用量，加快处理速度，可以分别对单个通道进行滤镜处理后再合并图像。也可以在低分辨率情况下进行滤镜处理，记下滤镜对话框的处理数据，再对高分辨率图像进行一次性滤镜处理。

（2）为了在试用滤镜时节省时间，可先在图像中选择有代表性的一小部分进行试验。

（3）可以对图像进行不同滤镜的叠加处理，还可以将多个使用滤镜的过程录制成动作（Action），然后一次使用多个滤镜对图像进行加工处理。

（4）图像经过滤镜处理后，会在图像边缘出现一些毛边，需要对图像边缘进行平滑处理。

5. 智能滤镜

要在应用滤镜时不对图像造成破坏，以便以后能够更改滤镜设置，可以应用智能滤镜。这些滤镜是非破坏性的，可以调整、移去或隐藏智能滤镜。应用于智能对象的任何滤镜都是智能滤镜。除了“液化”和“消失点”之外，智能滤镜可以应用任意的 Photoshop 滤镜。此外，可以将“阴影/高光”和“变化”调整作为智能滤镜应用。

选中一个图层（如“背景”图层），选择“滤镜”→“转换为智能滤镜”命令，可将选中的图层转换为保存智能对象的图层，如图 4-1-15 所示。再添加滤镜（如添加“高斯模糊”滤镜），可给智能对象添加滤镜，但是没有破坏该图层内的图像，“图层”面板如图 4-1-16 所示。单击图标，可以重新设置滤镜参数。

图 4-1-15 “图层”面板 1

图 4-1-16 “图层”面板 2

在“图层”面板中，要展开或折叠智能滤镜，可以单击智能对象图层内右侧的和按钮；智能滤镜将出现在应用这些智能滤镜的智能对象图层的下方。

思考练习 4-1

1. 制作一幅“狂奔老虎”图像，如图 4-1-17 所示。由图可以看出，背景模糊，老虎径向模糊，产生一只老虎从远处沿大道狂奔而来的效果。制作该图像使用了“城堡”和“老虎”图像，如图 4-1-18 所示。首先将“老虎”图像内选中的老虎拖曳到“城堡”图像中，调整复制老虎图像的大小，对复制的老虎图像使用“径向模糊”滤镜，对“背景”图层中的“城堡”图像使用“高斯模糊”滤镜。

2. 制作一幅“空中战机”图像，如图 4-1-19 所示，它展现了一架高速飞行的战机在蓝天、白云中飞翔。该图像是利用如图 4-1-20 所示的“飞机”和“云图”图像加工制作而成的。制作该图像需要复制飞机所在图层，再使用“动感模糊”滤镜。

图 4-1-17　“狂奔老虎”图像

图 4-1-18　“城堡”和“老虎”图像

图 4-1-19　“空中战机”图像

图 4-1-20　“飞机”和“云图”图像

4.2 【实例 15】声音的传播

“声音的传播”图像如图 4-2-1 所示。可以看到，在一幅风景图像之上有一个由白色到浅蓝色变化的圆形波纹。在背景图像之上，是由内向外逐渐旋转变大的文字“全世界人民行动起来，为绿化地球，保护生态环境而努力！”。

图 4-2-1　“声音的传播”图像

这个图像是使用多个扭曲滤镜制作而成的。首先制作一幅由白色到浅蓝色径向渐变的图像，再使用水波滤镜，将图像进行旋转，产生水波效果。输入 10 行文字，使每行文字的两边正好与画布两边对齐。如果没有对齐，可适当调整文字大小或画布窗口宽度。然后，使用极坐标滤镜，将文字进行直角坐标系转换为极坐标系的变换，使 10 行文字分别变成大小不同的 10 个圆圈文字。接着使用旋转扭曲滤镜，使圆圈文字稍稍旋转一点。最后使用挤压滤镜，使文字向内挤压一点。

制作方法

1．制作背景图案

（1）打开一幅风景图像，如图 4-2-1 所示。调整它的宽度为 540 像素、高度为 480 像素，以名称“【实例 15】声音的传播.psd”保存。在“背景”图层之上新建一个“图层 1”图层，选中该图层。

（2）设置背景色为蓝色，前景色为白色。单击按下工具箱内的“渐变工具”按钮，单击按下其选项栏内的“径向渐变”按钮，设置渐变填充方式为“径向渐变”填充方式。

（3）单击渐变工具的选项栏内的“渐变样式”下拉列表框，调出“渐变编辑器”对话框。单击该对话框中的“预置”栏内左上角的“前景色到背景色”图标，设置从白色到浅蓝色的渐变色。再单击“确定”按钮，完成渐变填充色的设置。

（4）在画布中间向外拖曳，创建一个由内向外，由白色向浅蓝色渐变的图像，如图4-2-2所示。

（5）选择“滤镜”→“扭曲”→“水波”命令，调出“水波”对话框。按照图4-2-3所示进行设置（样式为“围绕中心”，数量85，起伏20），单击“确定”按钮，将填充白色到浅蓝色径向渐变色的图像加工成如图4-2-4所示的水波纹图像。

图4-2-2 径向渐变色

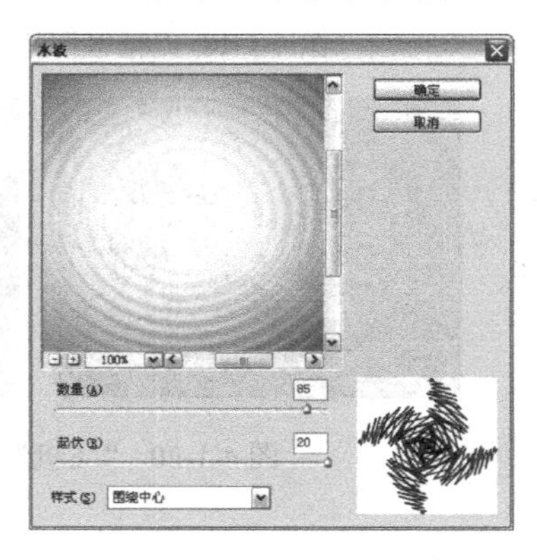

图4-2-3 “水波”对话框

图4-2-4 水波纹图像

图4-2-5 图像效果

（6）选中“图层1”图层，在“图层”面板内的“设置图层的混合模式”下拉列表框中选择“滤色”选项。在“不透明度”文本框中输入“90%”，图像效果如图4-2-5所示。

2．制作旋转的文字

（1）单击按下工具箱中的“横排文字工具”按钮T，然后将鼠标指针移动到画布窗口上单击。利用“横排文字工具”选项栏，设置字体为宋体、大小为18点、颜色为红色，然后，在画布窗口内的下边输入文字“全世界人民行动起来，为绿化地球，保护生态环境而努力!”，如图4-2-6所示。

图4-2-6 在画布窗口内的上边输入文字

（2）单击按下工具箱中的“移动工具”按钮，用鼠标拖曳文字，将文字移到画布内下边的位置。

（3）按住Alt键，用鼠标垂直向下拖曳文字，复制9份相同的文字，将它们垂直排列，画布窗口内上边留有2行文字的空，如图4-2-7所示。

（4）选中所有（10个）文本图层，单击选项栏内的“左对齐”按钮，再单击“垂直居中”按钮，使10行文字左对齐并等间距分布。效果如图4-2-7所示。

（5）选择“图层”→“合并图层”命令，将所有文本图层合并。选中合并文本图层后的图层。选择“滤镜”→“扭曲”→“极坐标”命令，调出“极坐标”对话框。按照图4-2-8所示进行设置。

图 4-2-7　10 行相同的文字

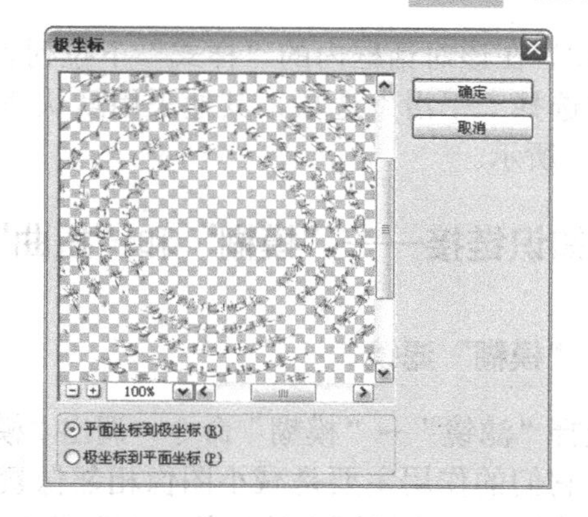

图 4-2-8　“极坐标”对话框

（6）单击“极坐标”对话框内的“确定”按钮，使每行文字围成圆圈状，并从内向外逐渐变大，如图 4-2-9 所示。此时的“图层”面板如图 4-2-10 所示。

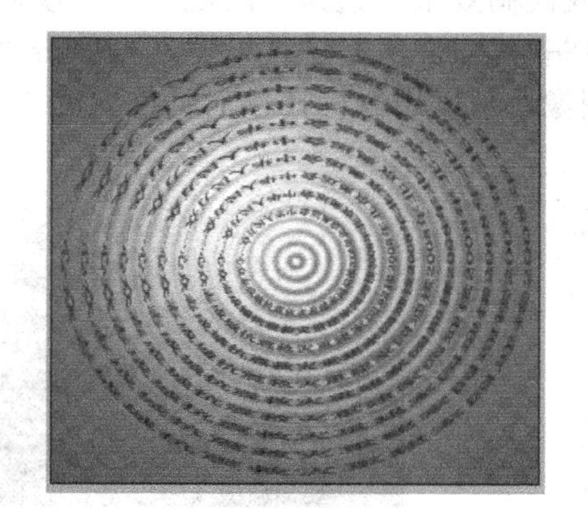

图 4-2-9　圆圈状文字

图 4-2-10　“图层”面板

（7）选择“滤镜”→“扭曲”→“旋转扭曲”命令，调出“旋转扭曲”对话框。按照图 4-2-11 所示进行设置（角度为 125°），再单击“确定”按钮，即可使圆圈文字稍稍扭曲，如图 4-2-12 所示。

（8）选择“滤镜”→“扭曲”→“挤压”命令，调出“挤压”对话框。按照图 4-2-13 所示进行设置（数量为 62%），单击“确定”按钮，即可使圆圈文字稍稍向内挤压，如图 4-2-1 所示。

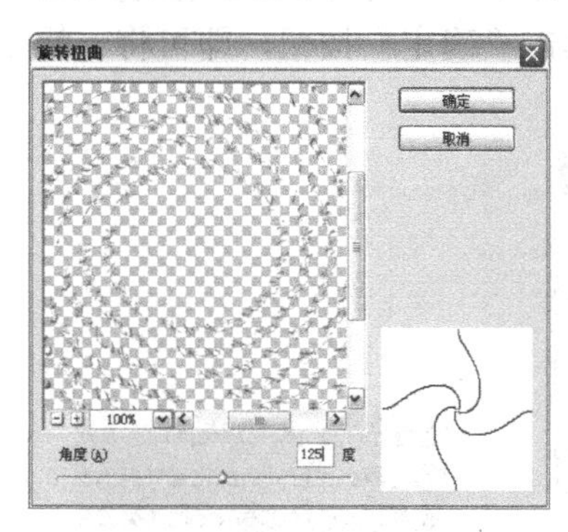

图 4-2-11　“旋转扭曲”对话框

图 4-2-12　圆圈文字旋转扭曲

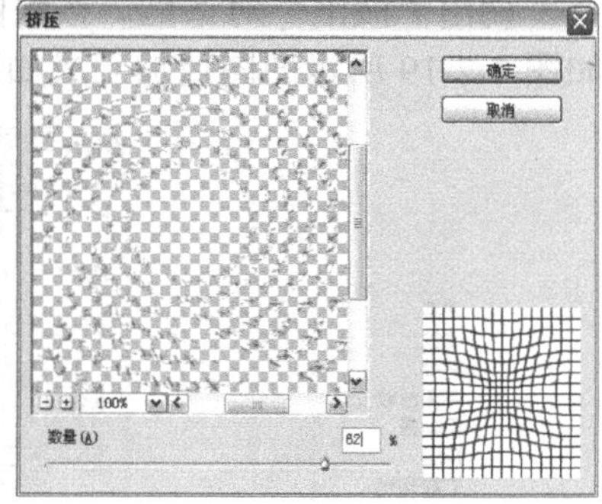

图 4-2-13　“挤压”对话框

（9）使“背景”图层显示。选中文字所在的图层，单击“图层”面板内的“添加图层样式”按钮 *fx*，调出图层样式菜单，再单击“斜面和浮雕”命令，调出“图层样式”对话框。

（10）在该对话框内的“样式”下拉列表框中选择“浮雕效果”选项，在“方法”下拉列表框中选择“平滑”选项，其他采用默认值，单击“确定”按钮，即可使文字呈立体状，如图4-2-1所示。

知识链接——“模糊”和“扭曲”滤镜

1．“模糊”滤镜

选择“滤镜”→“模糊”命令，调出“模糊”菜单。可以看到有11个子滤镜，如图4-2-14所示。它们的作用主要是减小图像相邻像素间的对比度，将颜色变化较大的区域平均化，以达到柔化图像和模糊图像的目的。下面简介“动感模糊”和“径向模糊”滤镜。

（1）“动感模糊”滤镜：可以使图像的模糊具有动态的效果。选择“滤镜”→“模糊”→“动感模糊”命令，调出“动感模糊”对话框，如图4-1-7所示。

（2）“径向模糊”滤镜：可以产生旋转或缩放模糊效果。选择“滤镜”→“模糊”→“径向模糊”命令，调出“径向模糊”对话框。按照图4-2-15所示进行设置，再单击“确定”按钮，即可将图像径向模糊，如图4-2-16所示的图像。可以用鼠标在该对话框内的“中心模糊”显示框内拖曳调整模糊的中心点。

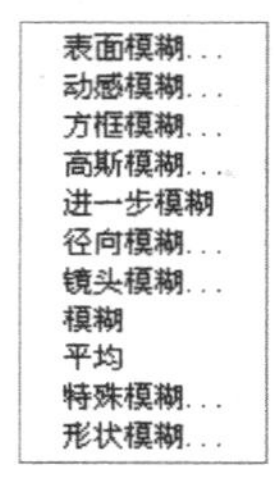

图4-2-14 “模糊”菜单

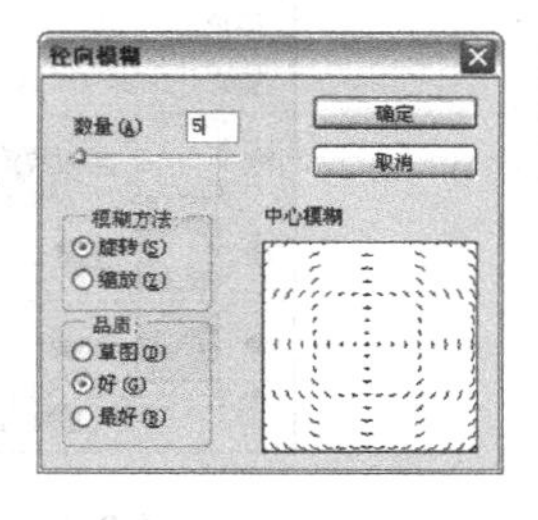

图4-2-15 “径向模糊”对话框

图4-2-16 径向模糊后的图像

2．“扭曲”滤镜

选择“滤镜”→“扭曲”命令，即可看到有12个子滤镜，如图4-2-17所示。它们的作用主要是按照某种几何方式扭曲图像，产生三维或变形效果。举例如下。

（1）“波浪”滤镜：可以使图像呈波浪式效果。选择“滤镜”→“扭曲”→“波浪”命令，调出“波浪”对话框。按照图4-2-18所示进行设置，再单击“确定”按钮，即可将一幅如图4-2-19所示的图像加工成如图4-2-20所示的图像。

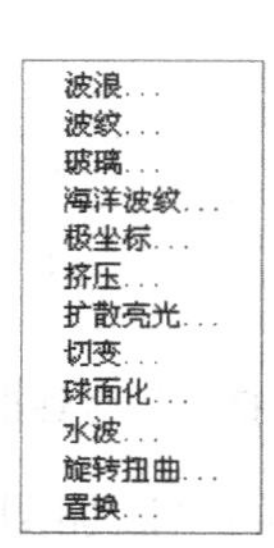

图4-2-17 “扭曲”菜单

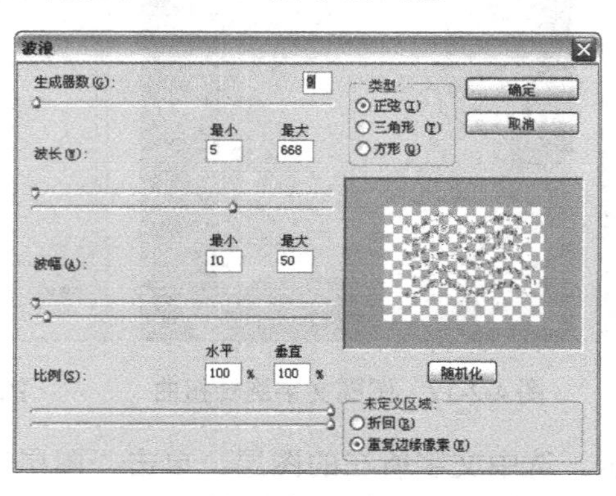

图4-2-18 “波浪”对话框

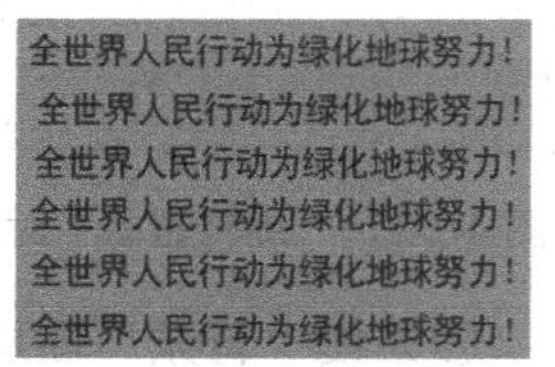

图4-2-19 输入6行文字

（2）“球面化”滤镜：可以使图像产生向外凸起的效果。选择“滤镜”→“扭曲”→“球面化”命令，调出“球面化”对话框。在图 4-2-19 中间创建一个圆形区域，选中文字所在图层，按照图 4-2-21 所示设置，单击“确定”按钮，即可获得如图 4-2-22 所示的效果。

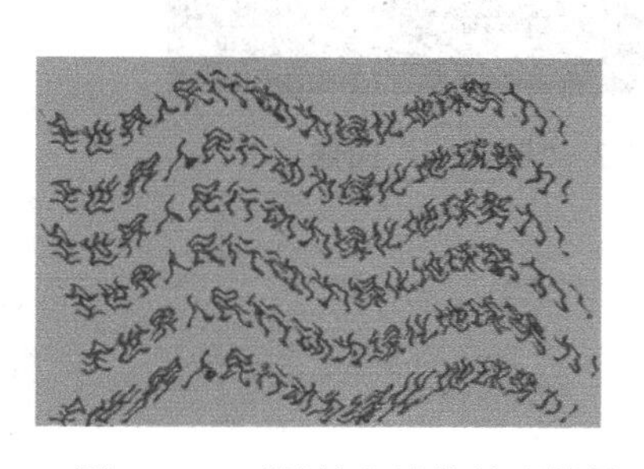

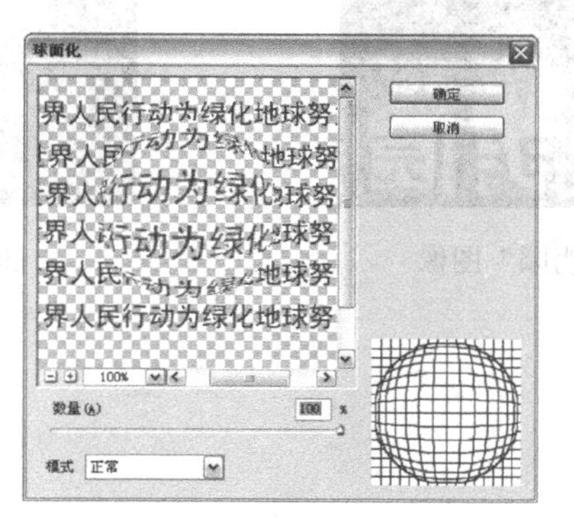

图 4-2-20 “波浪”滤镜处理效果　　图 4-2-21 “球面化”对话框　　图 4-2-22 “球面化”处理效果

思考练习 4-2

1．制作一幅“商标”图像，如图 4-2-23 所示。制作该图像需使用文字变形和“极坐标扭曲”滤镜。

2．制作一幅“相框”图像，如图 4-2-24 所示。它是将一幅“宝宝”图像裁剪后，再利用“模糊”和“扭曲”滤镜加工而成的。

3．制作一幅“旋转”图像，如图 4-2-25 所示。可以看出在黄色背景之上，“旋转文字”4 个文字以某点为中心旋转了一周。

4．制作一幅“落日”图像，如图 4-2-26 所示。画面中展现的是一片被落日染成红色的荒原，一直延伸到远处的地平线。天空中高高地飘浮着一层淡淡的云彩，紫红色的太阳正在缓缓落下。制作“落日”图像需要使用 KPT6 外部滤镜。

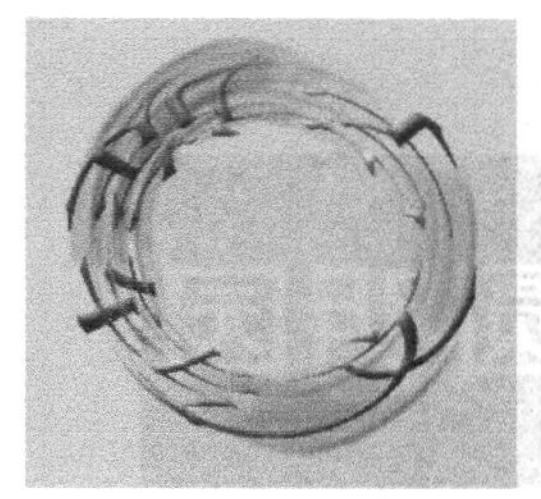

图 4-2-23 “商标”图像　图 4-2-24 “相框”图像　图 4-2-25 “旋转”图像　图 4-2-26 “落日”图像

4.3 【实例 16】火烧圆明园

“火烧圆明园”图像如图 4-3-1 所示。可以看到，在圆明园背景图像之上，“火烧圆明园”5 个文字在燃烧，圆明园也在燃烧，就像烈焰在图纸上飞腾起来一样。画面的上边有一行黄色文字“人类的损失 侵略者的罪恶”，说明了本作品的主题。制作该图像使用了如图 4-3-2 所示的“圆明园”图像。

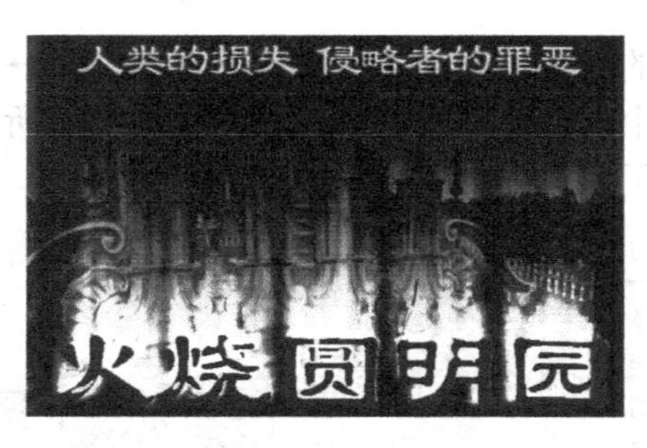

图 4-3-1 “火烧圆明园”图像

图 4-3-2 “圆明园”图像

制作方法

1．制作刮风文字

（1）打开“圆明园”图像，将该图像的宽调整为 600 像素、高调整为 400 像素。再以名称“【实例 16】火烧圆明园.psd”保存。然后，创建“图层 1”图层，选中该图层，设置前景色为黑色，按 Alt+Delete 组合键，给“图层 1”图层的画布填充黑色。

（2）单击按下工具箱中的“横排文字工具”按钮 T，在其选项栏内，设置字体为隶书，大小为 120 点，白色，消除锯齿方式为“浑厚”。输入“火烧圆明园”文字。

（3）调出“字符”面板，在 AV 文本框内输入“-100”，将字间距调小。

（4）选择“编辑”→“自由变换”命令，进入“自由变换”状态，调整文字的大小，再将文字移动到画布内偏下边处，按 Enter 键，完成调整，如图 4-3-3 所示。

（5）在“火烧圆明园”文本图层之上新建“图层 2”图层，选中该图层，按住 Alt 键不放，单击“图层”面板菜单按钮，调出面板菜单，单击该菜单中的“合并可见图层”命令，可以看到“图层 2”图层内包含了下面“图层 1”图层和文本图层（不包括背景图层）的内容。“图层”面板如图 4-3-4 所示。然后，隐藏“火烧圆明园”文本图层。

图 4-3-3 调整后的文字

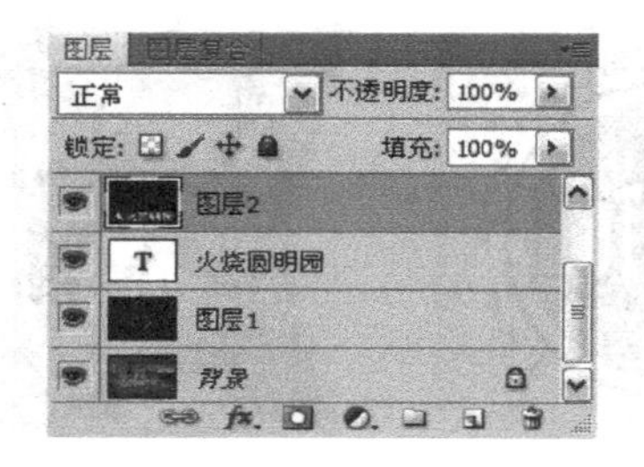

图 4-3-4 “图层”面板

注意：新图层的内容包含了下面两层的内容，像“历史记录”面板中的历史快照一样，记录了所有可见图层的图像内容，将它们合并到当前图层中，这样方便编辑，同时又使原图层不被破坏。当需要对多个图层进行编辑而又不想合并图层时，这是一个好办法。

（6）选中“图层 2”图层，选择“编辑”→“自由变换”命令，进入自由变换状态，调整该图层内的图像，使其在水平方向变窄一些，使文字压缩一些。按 Enter 键确定。

（7）选择“编辑”→“变换”→“旋转 90 度（逆时针）”命令，将旋转画布逆时针旋转 90°。选择“滤镜”→“风格化”→“风”命令，采用默认值设置（方法为“风”，方向为“从右”），如图 4-3-5 所示，单击“确定”按钮，获得吹风效果。

（8）6次选择“滤镜”→“风格化”→“风”命令，6次添加“风”滤镜效果，如图4-3-6所示。

（9）选择“编辑”→“变换”→“旋转90度（顺时针）”命令，将画布顺时针旋转90°，效果如图4-3-7所示。选择“编辑”→“自由变换”命令，进入自由变换状态，调整该图层内的图像，使图像宽度和画布窗口宽度一样。按Enter键确定。

2．制作火焰文字

（1）选择“滤镜”→“模糊”→“高斯模糊”命令，调出“高斯模糊”对话框，设置模糊半径为4像素，单击“确定”按钮。效果如图4-3-8所示。

（2）选择“图像”→“调整”→“色相/饱和度”命令，调出“色相/饱和度”对话框，利用该对话框为“图层 2”图层中的文字着色，这一图层用一种明亮的橘黄色着色。选中“色相/饱和度”对话框内的“着色”复选框，设置色相为40，饱和度为100，明度为+10，如图4-3-9所示。

图4-3-5 “风”对话框

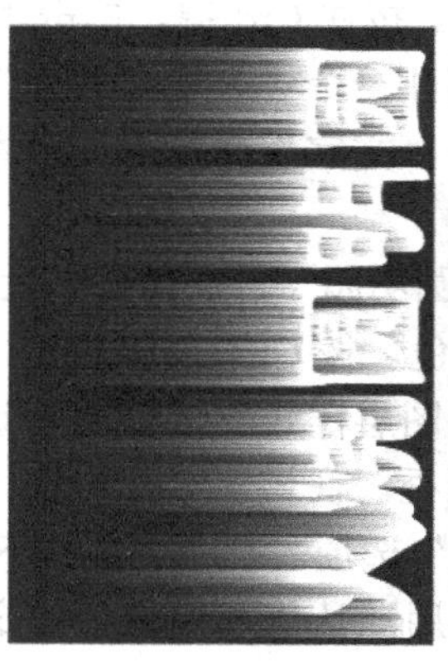

图4-3-6 吹风的效果

图4-3-7 画布顺时针旋转90°

图4-3-8 高斯模糊效果

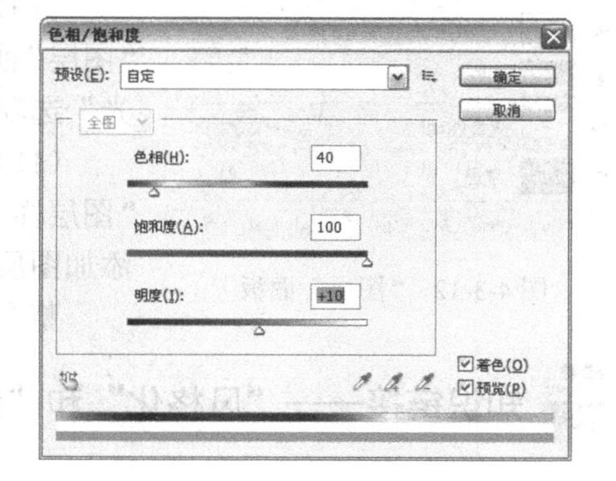

图4-3-9 “色相/饱和度”对话框

（3）单击“色相/饱和度”对话框中的“确定”按钮，关闭该对话框，为“图层 2”图层中的文字着明亮的橘黄色。着色效果如图4-3-10所示。

（4）将“图层2”图层复制，将复制的图层名称改为“图层3”。再利用“色相/饱和度”对话框，将“图层3”图层的文字改为红色。

（5）在“图层”面板的“设置图层的混合模式”下拉列表框内选择“颜色减淡”选项，

将“图层3”图层的混合模式改为“滤色”。这样，红色和橘黄色就得到了很好的混合，火焰的效果就出来了，如图4-3-11所示。

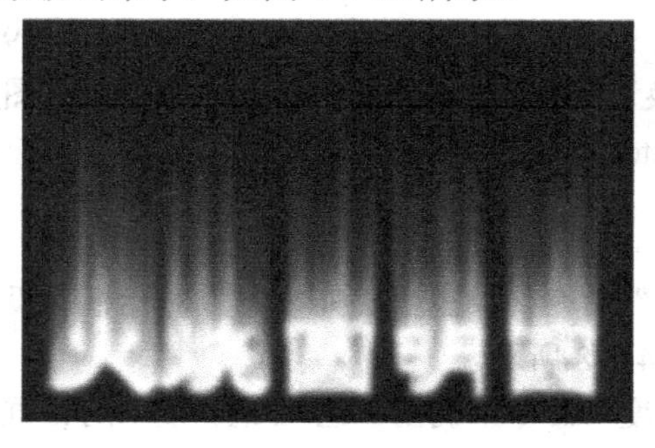

图4-3-10　着橘黄色后的效果

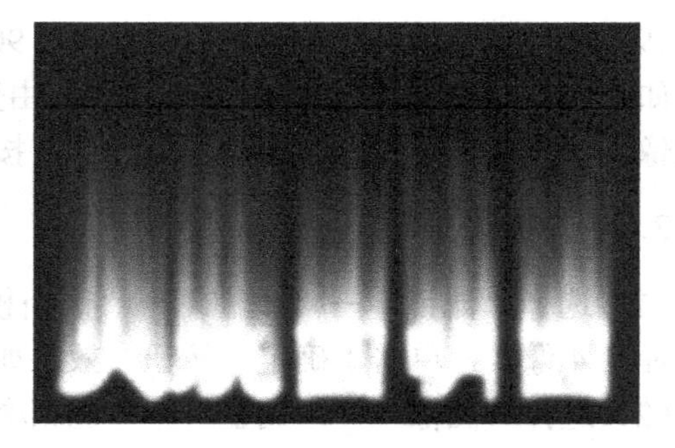

图4-3-11　红色和橘黄色滤色混合效果

（6）选中“图层”面板内的“图层2”图层，选择“图层”→“向下合并”命令，将“图层3”图层和“图层2”图层合并，组成新的“图层2”图层。

（7）显示“火烧圆明园”文本图层。按住Ctrl键，单击“图层”面板内的“火烧圆明园”文本图层的预览图标，在画布窗口内创建一个“火烧圆明园”选区。选中“火烧圆明园”文本图层，选择“图层”→“栅格化”→“文字”命令，将文本图层转换为“火烧圆明园”普通图层。

（8）选中“图层”面板内的“火烧圆明园”普通图层。设置前景色为红色，按Alt+Delete组合键，给“火烧圆明园”选区填充红色。按Ctrl+D组合键，取消选区。

（9）单击“图层”面板内的“添加图层样式”按钮*fx*，调出图层样式菜单，单击“斜面和浮雕”命令，调出“图层样式”对话框。在该对话框内的“样式”下拉列表框中选择“浮雕效果”选项，在“方法”下拉列表框中选择“平滑”选项，其他采用默认值，单击“确定”按钮，使文字呈立体状，如图4-3-1所示。

图4-3-12　“图层”面板

（10）将“图层1”图层删除，选中“图层2”图层，在“图层”面板的“设置图层的混合模式”下拉列表框内选择“亮光”选项，将“图层2”图层的混合模式改为“亮光”。

（11）输入黄色文字“人类的损失 侵略者的罪恶”，调出“图层样式”对话框，与上述设置一样，单击“确定”按钮，添加图层样式，最终效果如图4-3-1所示。

整个图像制作完毕，“图层”面板如图4-3-12所示。

知识链接——“风格化”和“纹理”滤镜

1．“风格化”滤镜

选择“滤镜”→“风格化”命令，调出“风格化”菜单，如图4-3-13所示。它们的作用主要是通过移动和置换图像的像素来提高图像的对比度，产生刮风等效果。举例如下。

（1）“浮雕效果”滤镜：可以勾画各区域的边界，降低边界周围的颜色值，产生浮雕效果。选择“滤镜”→“风格化”→“浮雕效果”命令，调出“浮雕效果”对话框。按照图4-3-14

所示进行设置，单击“确定”按钮，将一幅“花”图像选区内的花朵图像加工成如图 4-3-15 所示的效果。

查找边缘
等高线...
风...
浮雕效果...
扩散...
拼贴...
曝光过度
凸出...
照亮边缘...

图 4-3-13　“风格化”菜单

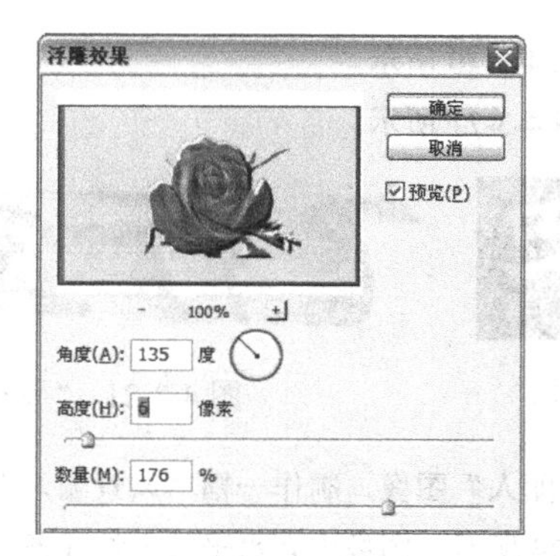

图 4-3-14　“浮雕效果”对话框

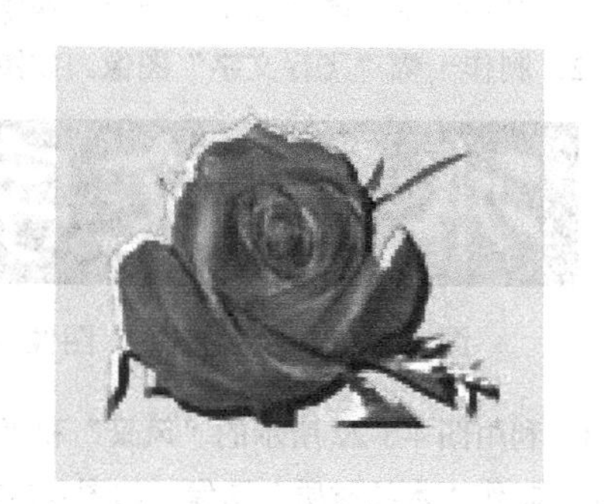

图 4-3-15　加工后的图像

（2）“凸出”滤镜：可以将图像分为一系列大小相同的三维立体块或立方体，并叠放在一起，产生凸出的三维效果。选择“滤镜”→“风格化”→“凸出”命令，调出“凸出”对话框。按照图 4-3-16 所示进行设置，再单击“确定”按钮，再按 Ctrl+D 组合键，即可将一幅“花”图像选区内的黄色背景图像加工成如图 4-3-17 所示的效果。

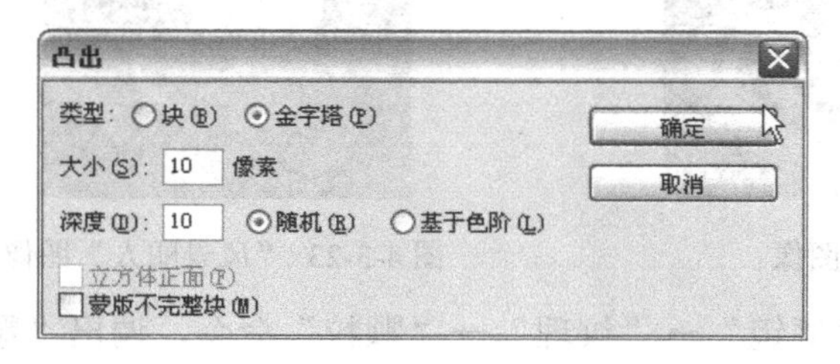

图 4-3-16　“凸出”对话框

图 4-3-17　加工后的图像

2．“纹理”滤镜

选择“滤镜”→“纹理”命令，即可看到其菜单，如图 4-3-18 所示。“纹理”滤镜组有 6 个子滤镜。它们的作用主要是给图像加上指定的纹理。

（1）“龟裂缝”滤镜：在图像中产生不规则的龟裂缝效果。

（2）“马赛克拼贴”滤镜：将图像处理成马赛克效果。打开图像，选择“滤镜”→“纹理”→“马赛克拼贴”命令，调出“马赛克拼贴”对话框，如图 4-3-19 所示。

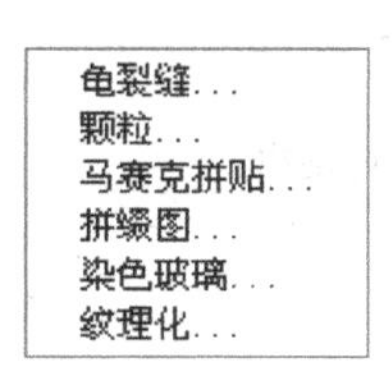

图 4-3-18　“纹理”菜单

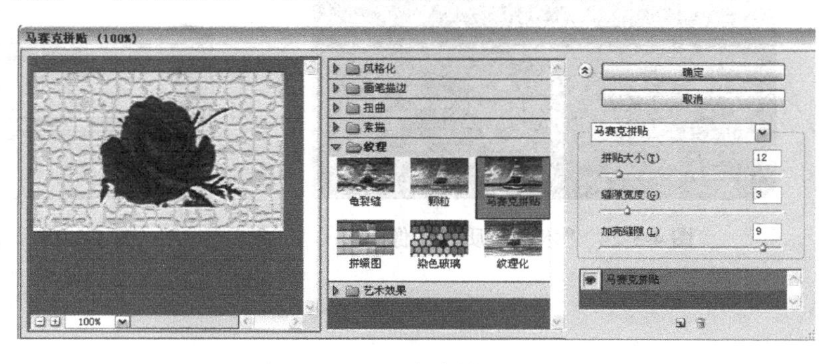

图 4-3-19　“马赛克拼贴”对话框

思考练习 4-3

1．制作一幅“冰雪文字”图像，如图 4-3-20 所示。

2．制作一幅“飞行文字”图像，如图 4-3-21 所示。

图 4-3-20 “冰雪文字”图像

图 4-3-21 “飞行文字”图像

3．利用图 4-3-22 所示的“风景”和“丽人”图像，制作一幅“风景丽人”图像，如图 4-3-23 所示。

4．制作“木纹材质”图像，如图 4-3-24 所示。图像中有水平的木纹线条，局部还有一些不规则的扭曲。木纹素材的制作方法很多，此处给出一种简单的方法提示。

图 4-3-22 “风景”和“丽人”图像

图 4-3-23 “风景丽人”图像

新建背景为棕色的画布窗口；选择“滤镜”→“纹理”→“颗粒”命令，调出“颗粒”对话框。设置颗粒类型为“水平”，强度为 16，对比度为 16，单击“确定”按钮。在画布中创建一个椭圆选区，选择“滤镜”→“扭曲”→“波浪”命令，调出“波浪”对话框，按照图 4-3-25 所示进行设置，单击“确定”按钮。按 Ctrl+D 组合键，取消选区。再给木纹图像添加几个不规则局部扭曲。

图 4-3-24 “木纹材质”图像

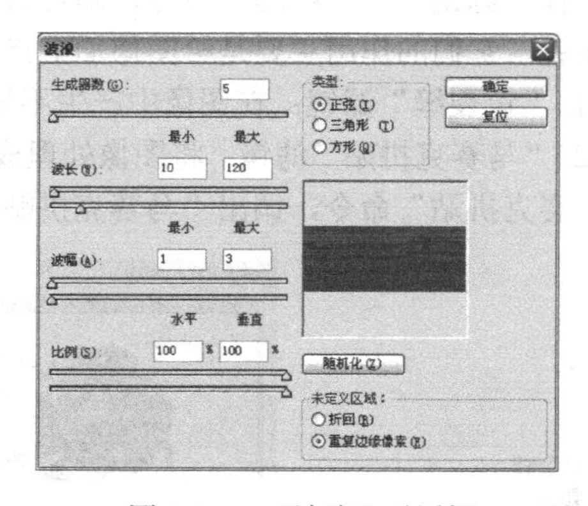

图 4-3-25 “波浪”对话框

4.4 【实例17】雨中情

“雨中情”图像如图4-4-1所示。它是将图4-4-2所示的“草地”图像内添加老虎图像后制作下雨效果而成的。制作下雨效果使用了“点状化”、“动感模糊”和“USM锐化”滤镜技术，还使用了“阈值”调整等技术。第6章将深入介绍“阈值”调整技术。

图4-4-1 “雨中情”图像

图4-4-2 “草地”图像

制作方法

(1) 打开图4-4-2所示的“草地”图像，调整图像大小为宽590像素、高450像素，设置前景色为黑色，背景色为白色，再以名字“【实例17】雨中情.psd”保存。

(2) 打开“动物情”图像，如图4-4-3所示（还没有创建选区），创建选中老虎背景的选区，再选择“选择”→“反向”命令，使选区选中两只老虎，如图4-4-3所示。

(3) 使用“移动工具”，将如图4-4-3所示选区内的老虎图像拖曳到“【实例17】雨中情.psd”文档的画布窗口内，调整图像的大小和位置，如图4-4-4所示。

(4) 在“图层”面板中创建一个“图层1”图层。选中该图层，按Alt+Delete组合键，将“图层1”图层填充为黑色。

(5) 选择“滤镜”→“像素化”→“点状化”命令，调出“点状化”对话框，在“单元格大小”文本框中输入3，单击“确定”按钮。效果如图4-4-5所示。

图4-4-3 “动物情”图像

图4-4-4 合并图像

图4-4-5 点状化后的效果

注意：很多人都用添加杂色的方法制作下雨的效果，这里我们用“点状化”制作下雨的效果，因为点状化的大小、多少是可以控制的，而添加杂色却不行。

(6) 选择“图像”→“调整”→“阈值”命令，调出“阈值”对话框，调整“阈值色阶”

值为 150。单击“确定”按钮，使画面中的白点减少。

（7）在“图层”面板的“设置图层的混合模式”下拉列表框内选择“滤色”选项，将“图层 1”图层的混合模式改为“滤色”。图像如图 4-4-6 所示。

（8）选择“滤镜”→“模糊”→“动感模糊”命令，调出“动感模糊”对话框，该对话框的设置如图 4-4-7 所示。单击“确定”按钮。

图 4-4-6 “滤色”混合模式效果

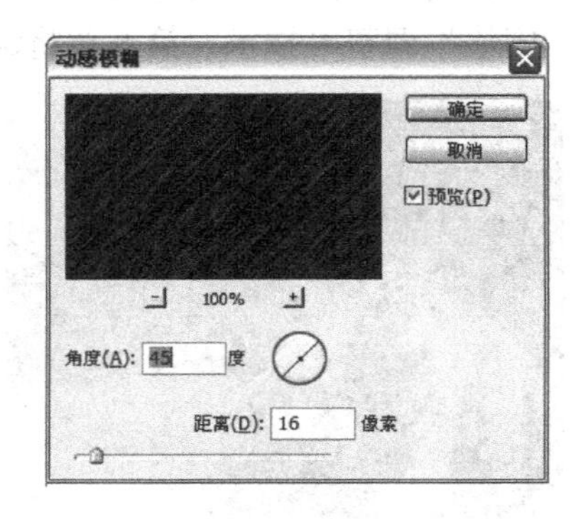

图 4-4-7 “动感模糊”对话框设置

（9）选择“滤镜”→“锐化”→“USM 锐化”命令，在“USM 锐化”对话框中拖曳“数量”滑块，将其值调整为 75，其他值不变。制作好的图像如图 4-4-1 所示。

知识链接——“像素化”和“画笔描边”滤镜

1.“像素化”滤镜

选择“滤镜”→“像素化”命令，其菜单如图 4-4-8 所示。可以看出有 7 个子滤镜。它们的作用主要是将图像分块或平面化。

（1）“点状化”滤镜：选择“滤镜”→“像素化”→“点状化”命令，调出“点状化”对话框，进行设置，如图 4-4-9 所示。单击“确定”按钮，可以使图像产生点状效果。

（2）“铜版雕刻”滤镜：可以在图像上随机分布各种不规则的线条和斑点，产生铜版雕刻的效果。选择“滤镜”→“像素化”→“铜版雕刻”命令，调出“铜版雕刻”对话框，进行设置，如图 4-4-10 所示。单击“确定”按钮，可将图像加工成铜版雕刻图像。

彩块化
彩色半调...
点状化...
晶格化...
马赛克...
碎片
铜版雕刻...

图 4-4-8 “像素化”菜单

图 4-4-9 “点状化”对话框

图 4-4-10 “铜版雕刻”对话框

2.“画笔描边”滤镜

选择“滤镜”→“画笔描边”命令，其菜单如图 4-4-11 所示。可以看出有 8 个子滤镜。

它们的作用主要是对图像边缘进行强化处理，产生喷溅等效果。

（1）“喷溅”滤镜：选择“滤镜”→“画笔描边”→“喷溅”命令，调出“喷溅”对话框，如图 4-4-12 所示。可以产生好像用喷枪在图像边缘喷涂出笔墨飞溅的效果。

（2）“喷色描边”滤镜：可以产生图像的边缘有喷色的效果。选择“滤镜”→“画笔描边”→“喷色描边”命令，调出“喷色描边”对话框。也可以在图 4-4-12 所示对话框内单击“喷色描边”图示，或者在下拉列表框中选择“喷色描边”选项，切换到“喷色描边”对话框。对于其他的相关滤镜，也可以采用这种方法来切换相应的对话框。

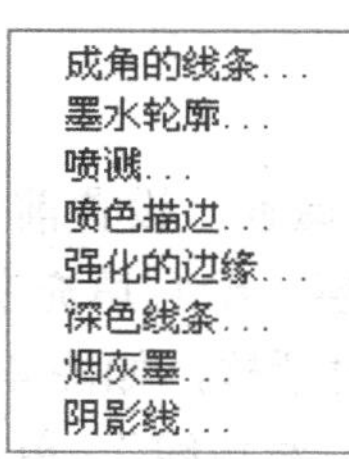

图 4-4-11 “画笔描边”菜单

图 4-4-12 “喷溅”对话框

思考练习 4-4

1．参考【实例 17】的制作方法，制作另一幅“雨中情”图像。

2．制作一幅“气球迎飞雪”图像，如图 4-4-13 所示。它是利用图 4-4-14 所示的“热气球”图像制作的。

图 4-4-13 “气球迎飞雪”图像

图 4-4-14 “热气球”图像

4.5 【实例 18】好大雪

“好大雪”图像如图 4-5-1 所示。它是将一幅如图 4-5-2 所示的“雪中小狗”图像通过滤镜处理而成的。

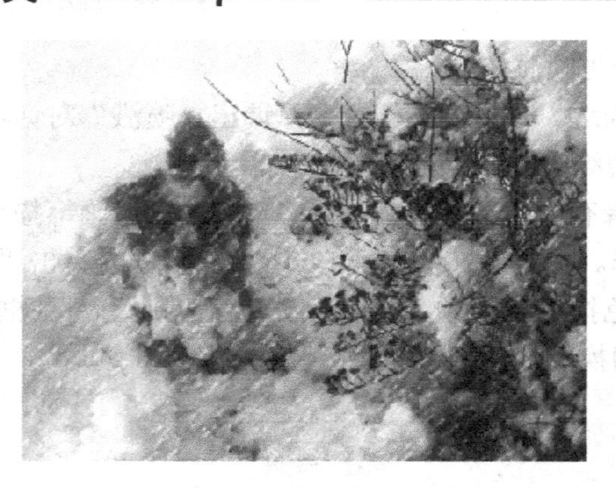

图 4-5-1 “好大雪”图像

图 4-5-2 “雪中小狗”图像

制作方法

（1）打开“雪中小狗”图像，调整图像大小为宽 600 像素、高 400 像素，设置前景色为灰色，再以名称“【实例 18】好大雪.psd”保存。创建一个“图层 1”图层，给它填充灰色。

（2）选择“滤镜”→“素描”→“绘图笔”命令，调出“绘图笔”对话框，如图 4-5-3 所示。在该对话框中设置描边长度为 15，明暗平衡为 50，描边方向为“右对角线”，单击“确定”按钮。画布图像如图 4-5-4 所示。

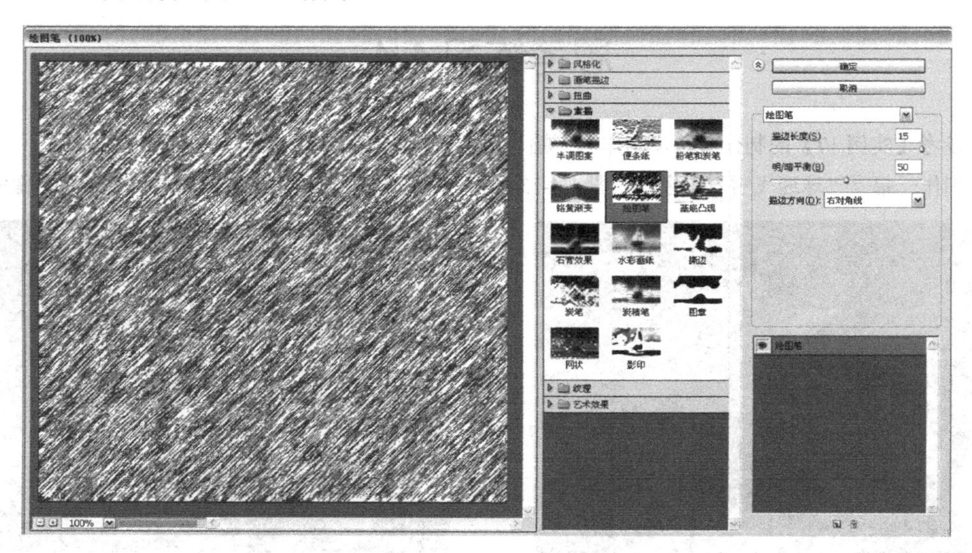

图 4-5-3 “绘图笔”对话框

（3）选择“选择”→“色彩范围”命令，调出“色彩范围”对话框。在对话框中的选择列表中选择“高光”，如图 4-5-5 所示。再单击“确定”按钮，选中图像中的白色区域。按 Delete 键，删除选区中的白色，效果如图 4-5-6 所示。

（4）选择“选择”→“反选”命令。设置前景色为白色，按 Alt+Delete 组合键，将选区内填充白色。按 Ctrl+D 组合键，取消选区。图像效果如图 4-5-7 所示。

（5）选择“滤镜”→“模糊”→“高斯模糊”命令，在对话框中设置模糊半径为 2.0 像素。然后，单击“确定”按钮。

图 4-5-4　倾斜的白色

图 4-5-5　“色彩范围”对话框

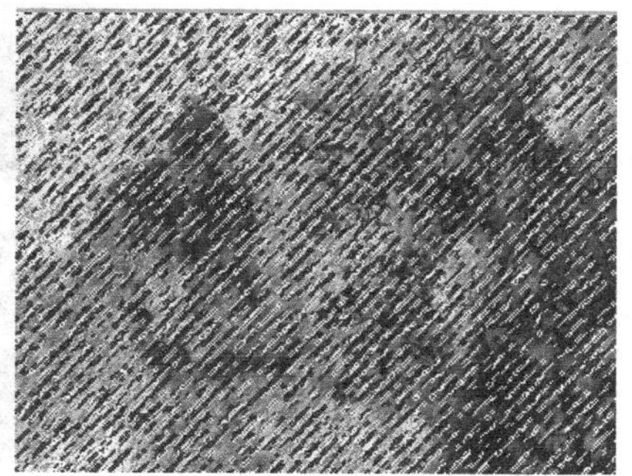

图 4-5-6　删除选区中的白色

（6）选择“滤镜”→“锐化”→“USM 锐化”命令，调出“USM 锐化”对话框，设置数量为 100%，半径为 3.0 像素，阈值为 20 色阶，如图 4-5-8 所示。然后，单击“确定”按钮，将“图层 1”图层内的图像进行“USM 锐化”滤镜处理。

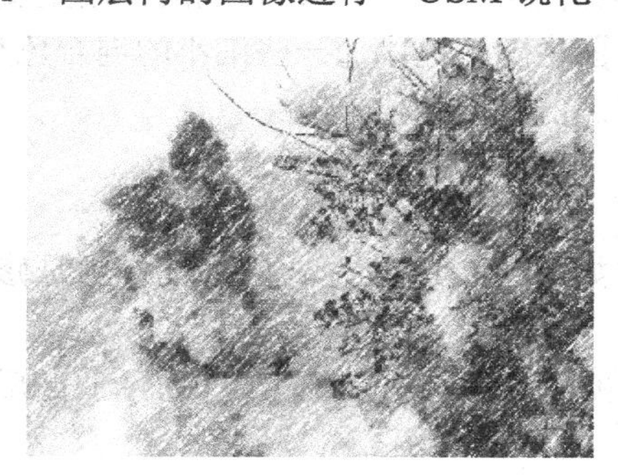

图 4-5-7　将选区内填充白色

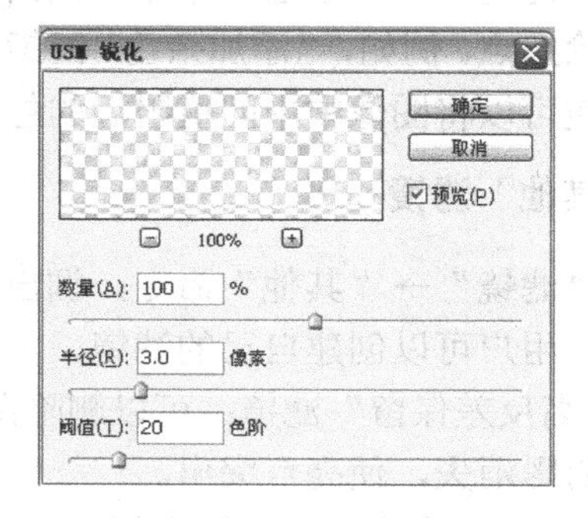

图 4-5-8　“USM 锐化”对话框

（7）选择“滤镜”→“USM 锐化”命令，再次按照刚才的设置进行 USM 锐化滤镜处理。

（8）调整“图层”面板中的“不透明度”为 60%。最后效果如图 4-5-1 所示。

知识链接——“素描”和“锐化”等滤镜

1．“素描”滤镜

选择“滤镜”→“素描”命令，其菜单如图 4-5-9 所示。由图可以看出有 14 个子滤镜。它们的作用主要是用来模拟素描和速写等艺术效果，一般需要与前景色和背景色配合使用，所以在使用该滤镜前，应设置好前景色和背景色。

（1）“炭精笔”滤镜：用来模拟炭精笔绘画效果。打开一幅图像，选择“滤镜”→“素描”→“炭精笔”命令，调出“炭精笔”对话框，如图 4-5-10 所示。

（2）“影印”滤镜：可以模拟产生影印的效果，其前景色用来填充高亮度区，背景色用来填充低亮度区。

2．“锐化”滤镜

选择“滤镜”→“锐化”命令，其菜单如图 4-5-11 所示。可以看出有 5 个子滤镜。它们的作用主要是增加图像相邻像素间的对比度，减少甚至消除图像的模糊，使图像轮廓更清晰。

半调图案...
便条纸...
粉笔和炭笔...
铬黄...
绘图笔...
基底凸现...
石膏效果...
水彩画纸...
撕边...
炭笔...
炭精笔...
图章...
网状...
影印...

图 4-5-9 “素描”菜单

图 4-5-10 “炭精笔”对话框

USM 锐化...
进一步锐化
锐化
锐化边缘
智能锐化...

图 4-5-11 “锐化”菜单

3．“杂色”滤镜

选择“滤镜”→“杂色”命令，调出的菜单如图 4-5-12 所示。它们的作用主要是给图像添加或去除杂点。例如，“添加杂色”滤镜可以给图像随机地添加一些细小的混合色杂点；“中间值”滤镜可以将图像中中间值附近的像素用附近的像素替代。

4．“其他”滤镜

选择“滤镜”→“其他”命令，调出的菜单如图 4-5-13 所示。它们的作用是修饰图像的细节部分，用户可以创建自己的滤镜。

（1）“高反差保留”滤镜：可以删除图像中色调变化平缓的部分，保留色调高反差部分，使图像的阴影消失，使亮点突出。

（2）“自定”滤镜：可以用它创建自己的锐化、模糊或浮雕等效果的滤镜。选择“滤镜”→“其他”→“自定”命令，调出“自定”对话框，如图 4-5-14 所示。各选项的作用如下。

减少杂色...
蒙尘与划痕...
去斑
添加杂色...
中间值...

图 4-5-12 “杂色”菜单

高反差保留...
位移...
自定...
最大值...
最小值...

图 4-5-13 “其他”菜单

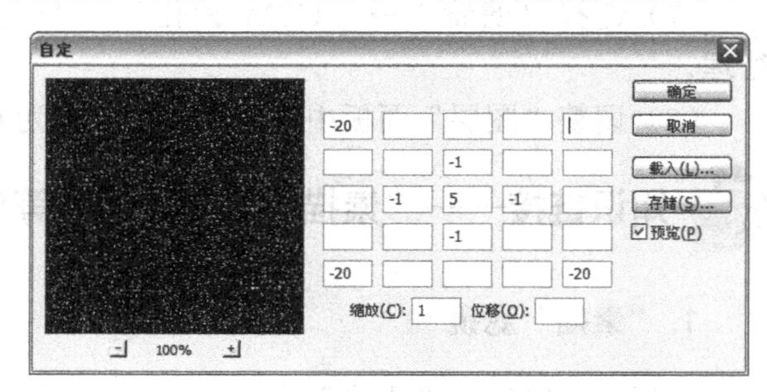

图 4-5-14 “自定”对话框

◎ 5×5 的文本框：中间的文本框代表目标像素，四周的文本框代表目标像素周围对应位置的像素。通过改变文本框中的数值（-999～+999），来改变图像的整体色调。文本框中的数值表示了该位置像素亮度增加的倍数。

系统会将图像各像素的亮度值（Y）与对应位置文本框中的数值（S）相乘，再将其值与像素原来的亮度值相加，然后除以缩放量（SF），最后与位移量（WY）相加，即（Y×S+Y）/SF+WY。计算出来的数值作为相应像素的亮度值，用于改变图像的亮度。

◎“缩放”文本框：用来输入缩放量，其取值范围是 1～9999。

◎“位移”文本框：用来输入位移量，其取值范围是-9999～+9999。

◎“载入”按钮：可以载入外部用户自定义的滤镜。

◎“存储”按钮：可以将设置好的自定义滤镜存储。

思考练习 4-5

1．使用“素描”和“锐化”滤镜组内的滤镜，制作一幅下大雪的图像。

2．制作一幅“雪中小屋”图像，如图 4-5-15 所示。它是将一幅如图 4-5-16 所示的“小屋”图像通过滤镜处理制作而成的。制作方法提示如下。

图 4-5-15 “雪中小屋”图像

图 4-5-16 “小屋”图像

（1）打开如图 4-5-16 所示的“小屋”图像。添加“图层 1”图层，给该图层填充黑色。

（2）选择“滤镜”→“杂色”→“添加杂色”命令，调出“添加杂色”对话框。设置数量为 300，选中“单色”复选框，选中“平均分布”单选按钮，单击“确定”按钮。

（3）选择“滤镜”→“其他”→“自定”命令，调出“自定”对话框，用来控制杂色的多少。按照图 4-5-14 所示进行设置，单击“确定”按钮，使白色杂点减少。

（4）在“图层 1”图层中创建一个矩形选区。将选区中的图像粘贴到画面中，同时在“图层”面板中自动生成一个“图层 2”图层。删除“图层 1”图层，选中“图层 2”图层。

（5）将“图层 2”图层图像调整得和画布大小一样。将该图层的混合模式改为“变亮”。

4.6 【实例 19】围棋盘和棋子

“围棋盘和棋子”图像如图 4-6-1 所示。它由围棋盘和 16 颗棋子组成。首先制作“木纹”图像，再使用“铅笔工具”制作“围棋棋盘”图像，如图 4-6-2 所示。最后使用“塑料包装”滤镜制作棋子图像。

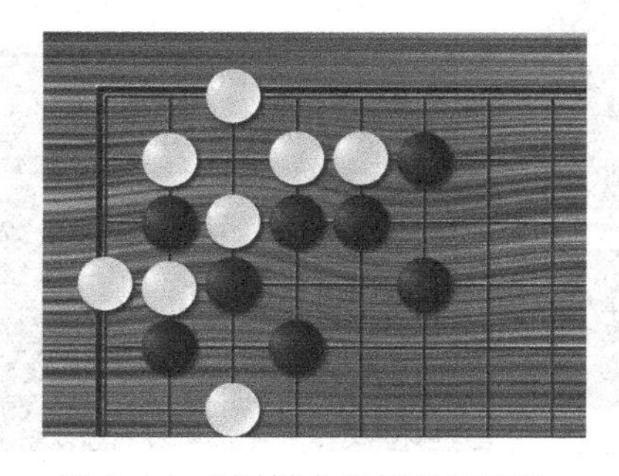

图 4-6-1 “围棋盘和棋子”图像

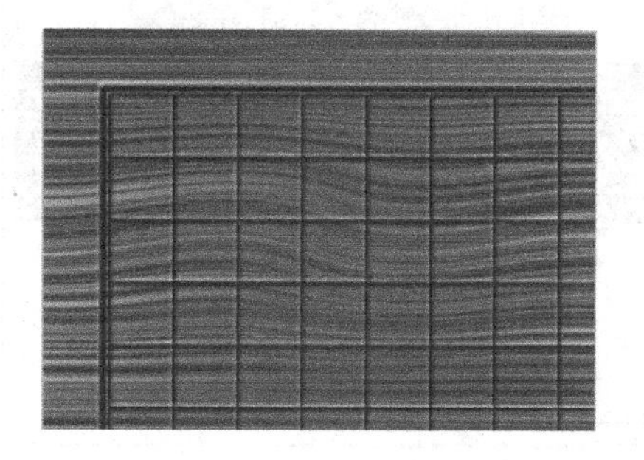

图 4-6-2 “围棋棋盘”图像

制作方法

1. 制作木纹图像

（1）新建宽度为600像素、高度为450像素、模式为RGB颜色、背景为白色的画布。再以名称“【实例 19】围棋盘和棋子.psd”保存。新建一个“图层 1”图层，给它填充灰色，将其更名为“木纹”。设置前景色为黑色。

（2）选择“滤镜”→“杂色”→“添加杂色”命令，调出“添加杂色”对话框。“数量”为最大值，选中“单色”复选框，选中“高斯分布”单选按钮。效果如图4-6-3所示。

（3）选择“滤镜”→“模糊”→“动感模糊”命令，调出“动感模糊”对话框，设置“角度”为0°，“距离”为800，单击“确定”按钮。效果如图4-6-4所示。

（4）选择“滤镜”→“模糊”→“进一步模糊”命令，使图像模糊一些。

（5）选择“滤镜”→“扭曲”→“旋转扭曲”命令，调出“旋转扭曲”对话框，设置角度为36°，再单击“确定”按钮。旋转扭曲后的图像如图4-6-5所示。

（6）选择“图像”→“调整”→“变化”命令，调出“变化”对话框。单击选择一种颜色和亮度，再单击选择一种颜色和亮度，不断进行，直到获得满意的颜色和亮度为止，如图4-6-6所示。单击“确定”按钮。画布效果如图4-6-7所示。

图4-6-3　添加杂色的效果

图4-6-4　动感模糊效果

图4-6-5　旋转扭曲后的效果

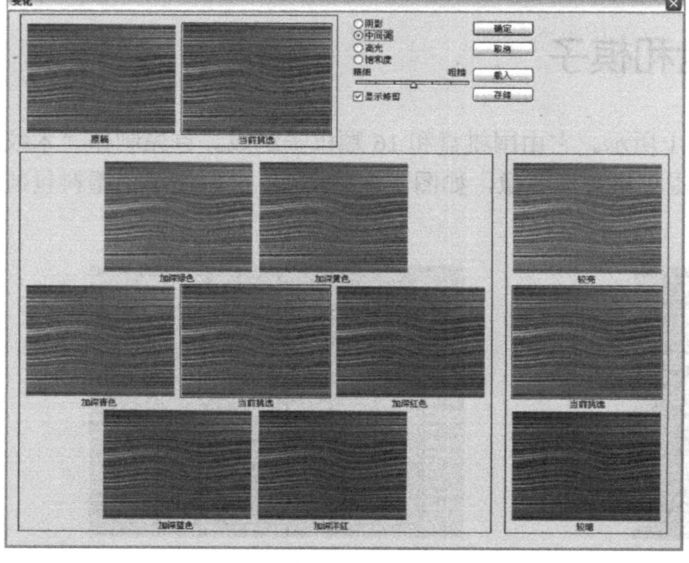

图4-6-6　“变化”对话框

图4-6-7　调整颜色后的图像

2. 制作围棋盘

注意：有了木纹图像后，接下来的工作就是画棋盘上的格线。如果直接手绘的话，显然很难保证格线之间的间距均匀，因此需要借助网格来完成画棋盘上格线的工作。

（1）选择“编辑”→“首选项”→“参考线、网格和切片”命令，调出“首选项”对话框，如图 4-6-8 所示。在“网格线间隔”下拉列表框中选择“像素”，在“网格线间隔”文本框中输入 70，设置参考线为黄色。单击“确定”按钮。然后，选择“视图”→“显示”→“网格”命令，显示网格，图像窗口中出现间距为 70 像素的网格，如图 4-6-9 所示。

（2）新建“棋盘格”图层，选中该图层。使用工具箱内的“铅笔工具”，在工具选项栏中设置笔触为 2 像素。在画布左上角的网格点单击，再按住 Shift 键，在该条水平网格线的最右端处单击，可沿该条网格线在起点和终点之间绘制一条直线。

按相同的方法绘制其余格线，效果如图 4-6-10 所示。

注意：按住 Shift 键，单击，可以在本次单击点与上一个单击点之间绘制一条直线，由于显示了网格，因此即使单击处稍有偏差，系统也会自动将绘制的直线对齐网格线，保证很容易地绘制出准确的棋盘格线。

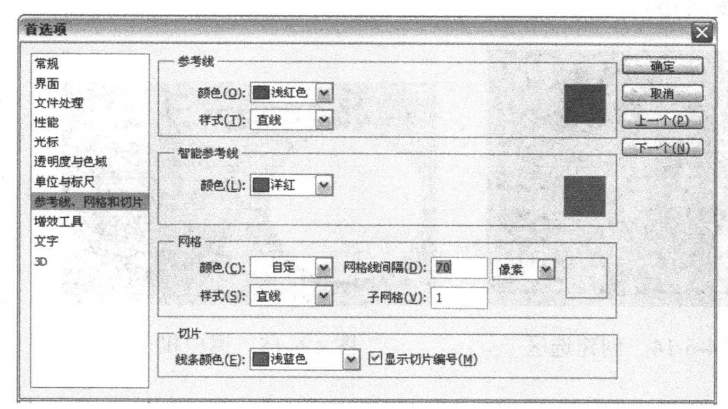

图 4-6-8 “首选项”对话框

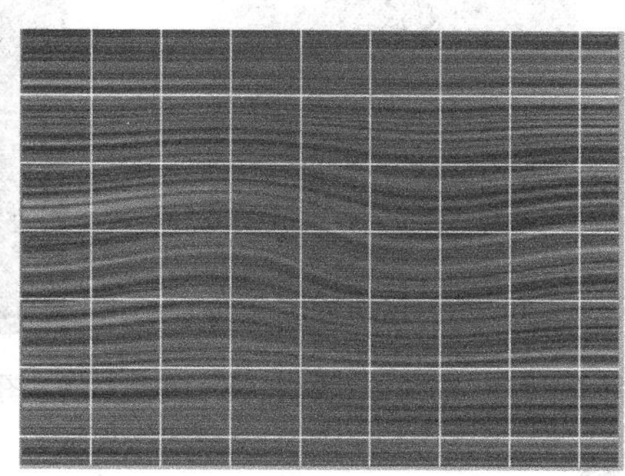

图 4-6-9 网格

（3）选择“视图”→“显示”→“网格”命令，隐藏网格。将铅笔的笔触直径设置为 6 像素。按住 Shift 键，在格线的左边和上边一点拖曳绘制棋盘的外框线，如图 4-6-10 所示。

（4）单击“图层”面板中的“添加图层样式”按钮，调出它的菜单，单击该菜单中的“斜面和浮雕”命令，调出“图层样式”对话框，同时在“样式”栏中选中“斜面和浮雕”选项。其关键设置如图 4-6-11 所示。单击“确定”按钮。效果如图 4-6-2 所示。

3. 制作围棋子

（1）在“棋盘格”图层之上创建一个“黑子”图层，选中该图层。使用“椭圆工具”，在其选项栏“样式”列表框中选择“固定大小”项，在“宽度”和“高度”文本框内均输入 120。创建一个圆形选区。设置前景色为黑色，按 Alt+Delete 组合键，在选区中填充黑色。

（2）选择“滤镜”→“艺术效果”→“塑料包装”命令，调出“塑料包装”对话框。按照图 4-6-12 设置。单击“确定”按钮。效果如图 4-6-13 所示。按 Ctrl+D 组合键，取消选区。

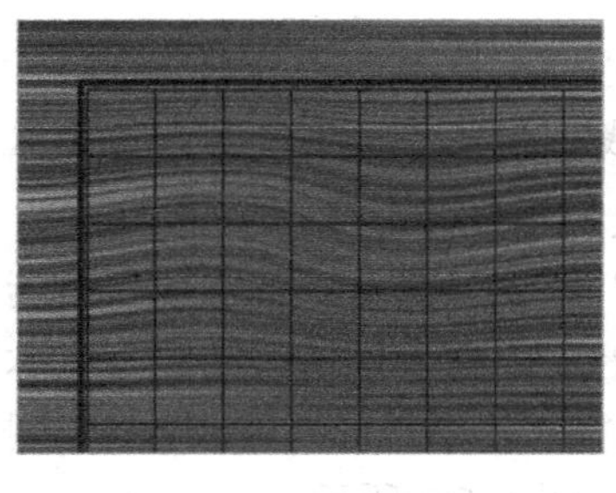

图 4-6-10 网格线

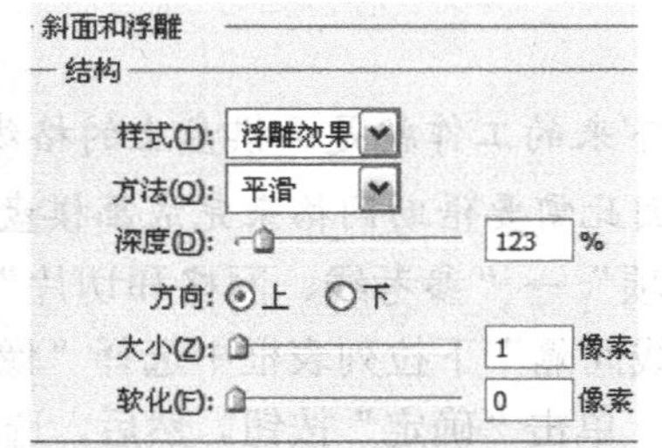

图 4-6-11 设置浮雕

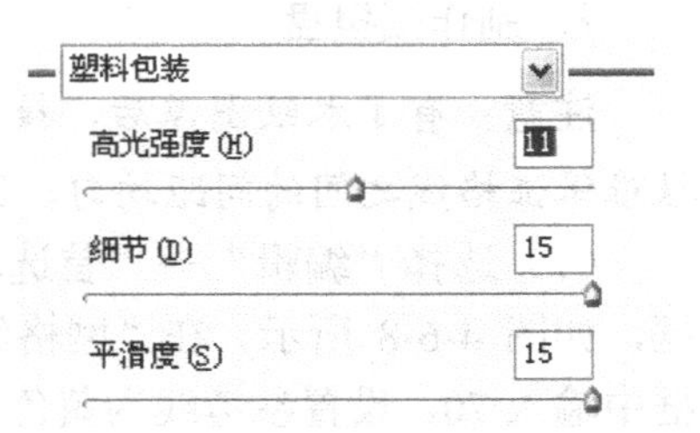

图 4-6-12 “塑料包装”对话框设置

（3）创建一个直径为 60 像素的圆形选区。将选区拖曳到如图 4-6-14 所示的位置，按 Ctrl+Shift+I 组合键，将选区反选，再按 Delete 键，将不需要的部分删除。在“黑子”图层之上创建一个名称为“白子”的图层。按照上述方法制作白棋子。

（4）利用“图层样式”对话框，将黑棋子和白棋子所在图层添加“投影”图层样式效果，如图 4-6-15 所示。

（5）将“黑子”图层和“白子”图层各复制 7 份，显示网格，使用“移动工具”将棋子移到如图 4-6-1 所示位置。最后隐藏网格。

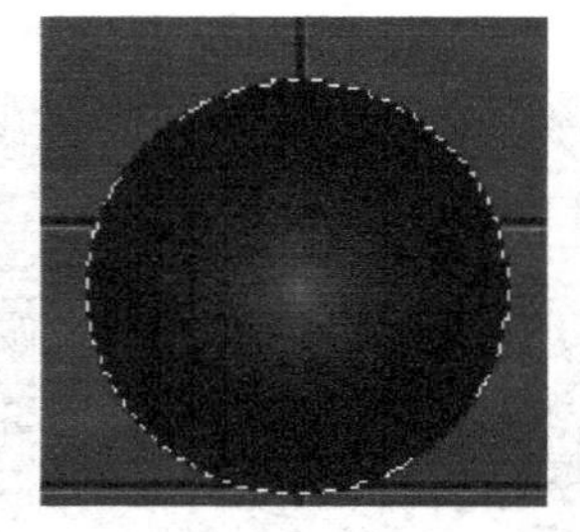

图 4-6-13 应用“塑料包装”滤镜

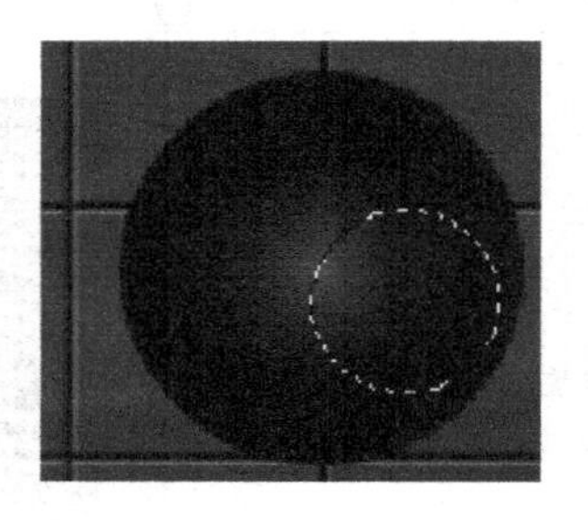

图 4-6-14 创建选区

图 4-6-15 黑白棋子

知识链接——“艺术效果”和“视频”等滤镜

1．“艺术效果”滤镜

选择“滤镜”→“艺术效果”命令，调出它的菜单，如图 4-6-16 所示。它们的作用主要是处理计算机绘制的图像，去除计算机绘图的痕迹，使图像看起来更像人工绘制的。

（1）“海绵”滤镜：使用颜色对比强烈、纹理较重的区域创建图像，模拟海绵绘画效果。选择“滤镜”→“艺术效果”→“海绵”命令，可以调出“海绵”对话框。

（2）“绘画涂抹”滤镜：可以选取各种大小（从 1 到 50）和类型的画笔来创建绘画效果。画笔类型包括简单、未处理光照、暗光、宽锐化、宽模糊和火花。

（3）“塑料包装”滤镜：给图像涂上一层光亮塑料，强调表面细节。选择“滤镜”→“艺术效果”→“塑料包装”命令，调出“塑料包装”对话框，如图 4-6-17 所示。

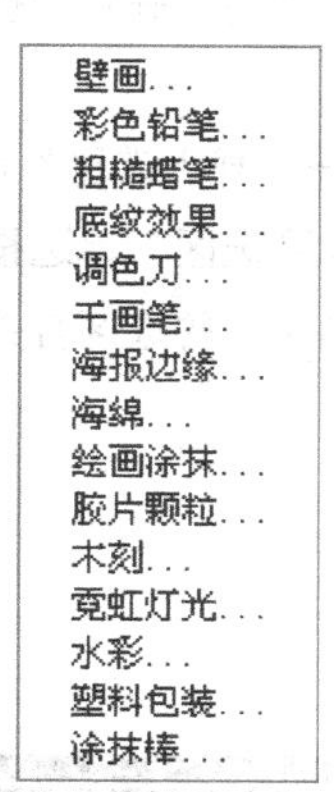

图 4-6-16 “艺术效果”菜单

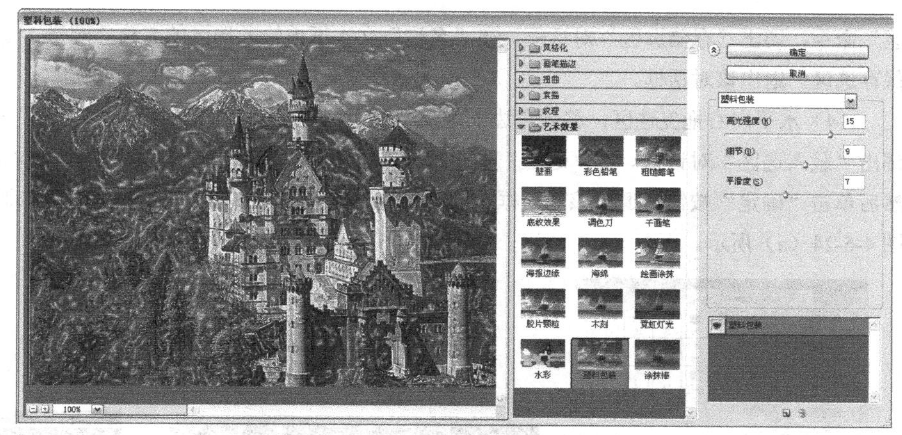

图 4-6-17 “塑料包装”对话框

2．“视频”滤镜和“Digimarc”滤镜

（1）“视频”滤镜：选择“滤镜”→“视频”命令，调出它的菜单，其中包括 2 个子滤镜。它们的作用主要是解决视频图像输入与输出时系统的差异问题。

（2）“Digimarc”（作品保护）滤镜：选择“滤镜”→“Digimarc”命令，调出它的菜单，包含“嵌入水印”滤镜和“读取水印”滤镜。它们的作用是给图像加入或读取著作权信息。

思考练习 4-6

1．通过查看帮助和动手操作，了解“艺术效果”滤镜组内滤镜的作用。

2．制作一幅“玻璃花”图像，如图 4-6-18 所示。可以看到在水中有一朵玻璃花图像。制作该图像需要使用图 4-6-19 所示的“海洋”和“荷花”图像，需要使用“塑料包装”滤镜。

3．制作一幅“珍珠项链”图像，如图 4-6-20 所示。由图可以看出，在墨绿色的背景之上，有一个由白色珍珠和红色闪光项链坠组成的项链。制作该图像提示如下。

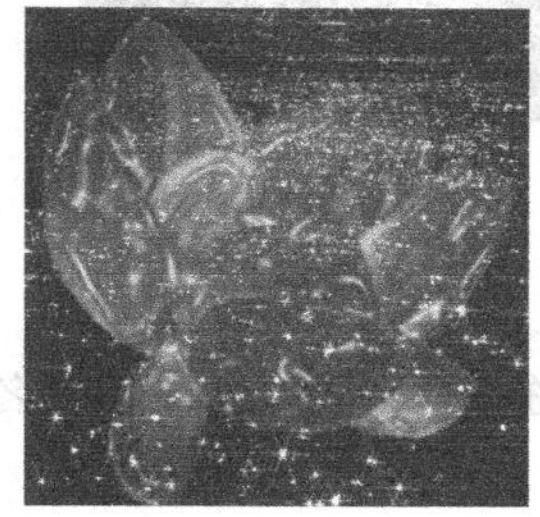

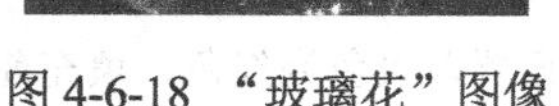

图 4-6-18 “玻璃花”图像　　图 4-6-19 “海洋”和“荷花”图像　　图 4-6-20 “珍珠项链”图像

（1）新建一个背景色为黑色、宽度为 400 像素、高度为 300 像素、颜色模式为“RGB 颜色”模式的画布窗口，为了有利于创建心脏形状的选区，使画布中显示标尺和 3 条参考线，在“图层”面板内新增“图层 1”图层，选中该图层，以名称“珍珠项链.psd”保存。

（2）使用“画笔工具”，调出“画笔”面板。设置画笔直径为 9 像素，间距为 100%，如图 4-6-21 所示。设置前景色为白色。按照图 4-6-20 所示，绘制白色的珍珠项链。

（3）使用“椭圆选框工具”，创建一个圆形选区，如图 4-6-22 所示。然后，选择“选择”→“存储选区”命令，调出“存储选区”对话框。在“名称”文本框内输入选区的名称“圆形 1”。单击“确定”按钮，保存选区，退出该对话框。

（4）水平向右拖曳选区，移到右边一些，如图 4-6-23 所示。然后，选择“选择”→“载入选区”命令，调出“载入选区”对话框。在“通道”下拉列表框内选择“圆形 1”选项，选择“添加到选区”单选按钮，然后单击“确定”按钮，退出该对话框。同时将选区加载到画布中原来的位置，并与画布中的选区合并，如图 4-6-24（a）所示。

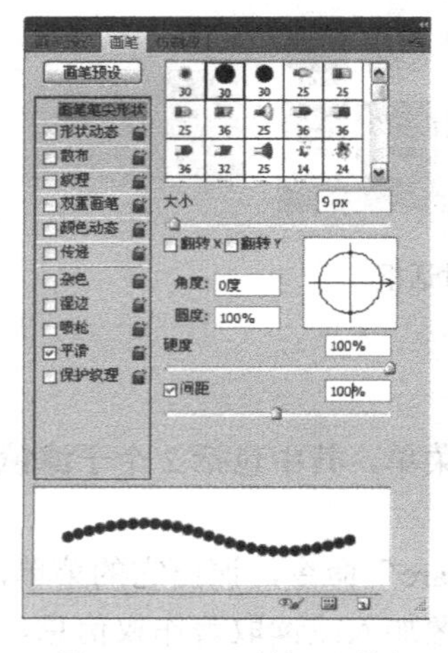

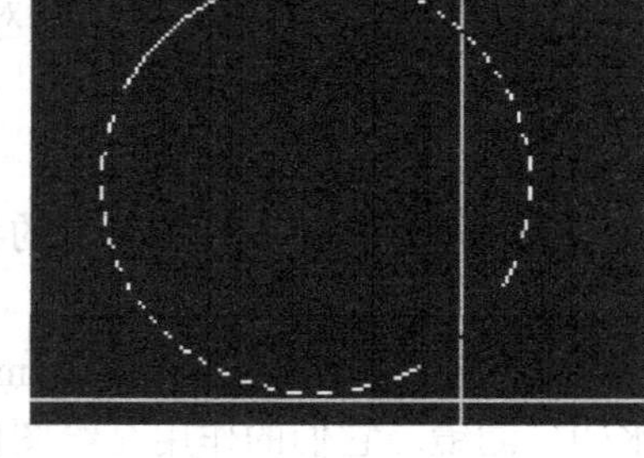

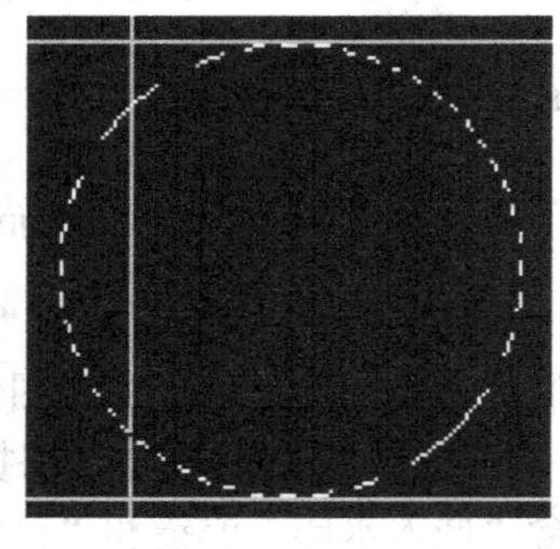

图 4-6-21 “画笔”面板　　图 4-6-22 圆形选区　　图 4-6-23 移动选区

（5）按住 Shift 键，创建一个椭圆选区，与原选区相加，如图 4-6-24（b）所示。隐藏参考线，再进行选区的加减调整，直到选区呈心脏形状为止，如图 4-6-24（c）所示。

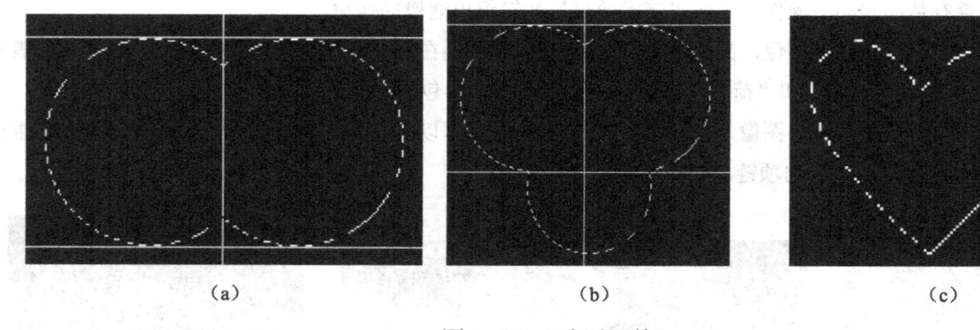

（a）　（b）　（c）

图 4-6-24 选区调整

（6）选择“选择”→“存储选区”命令，调出“存储选区”对话框，在“名称”文本框内输入选区的名称“心脏形状”，单击“确定”按钮，保存选区，退出该对话框。

（7）选择“选择”→“修改”→“羽化”命令，设置羽化半径为 20 像素。设置前景色为红色，填充前景色。按 Ctrl+D 组合键，取消选区。效果如图 4-6-25 所示。

（8）选择“选择”→“载入选区”命令，调出“载入选区”对话框。选中“新建选区”单选按钮，在“通道”下拉列表框内选择“心脏形状”选项，单击“确定”按钮，将“心脏形状”选区载入画布中。

（9）选择“选择”→“修改”→“扩展”命令，调出“扩展”对话框，设置扩展量为 10 像素，单击“确定”按钮。效果如图 4-6-26 所示。选择“选择”→“羽化”命令，设置羽化半径为 5 像素。

（10）给选区描 2 像素的边，位置居中，颜色为白色。效果如图 4-6-27 所示。选择“滤镜”→“艺术效果”→“塑料包装”命令，调出“塑料包装”对话框。设置高光强度为 20，细节为 15，平滑度为 15，单击“确定”按钮。效果如图 4-6-28 所示。

图 4-6-25　填充红色

图 4-6-26　扩展选区

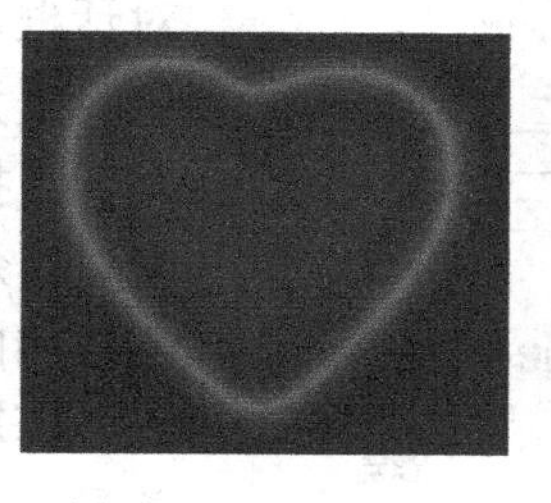

图 4-6-27　选区描边

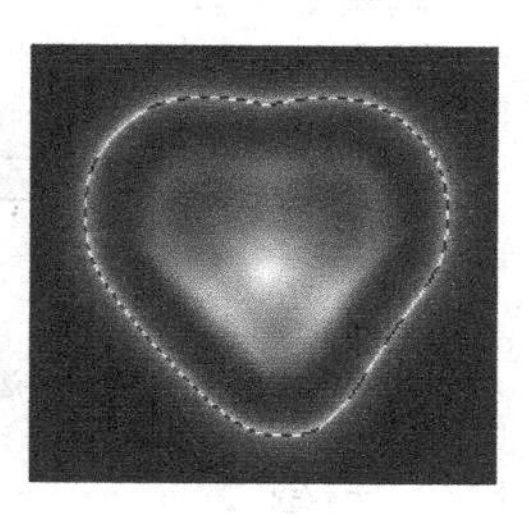

图 4-6-28　滤镜处理

（11）在心形图像的上面创建一个羽化半径为 5 像素的小圆选区。选择“编辑”→“描边”命令，调出“描边”对话框，设置描边宽度为 1 像素，位置为居中，颜色为白色。单击“确定”按钮，完成选区描边。效果如图 4-6-20 所示。

（12）将“背景”图层的填充颜色改为墨绿色。效果如图 4-6-20 所示。

4.7 【实例 20】铁锈文字

“铁锈文字”图像如图 4-7-1 所示。制作它使用了“光照效果”和“塑料包装”滤镜。

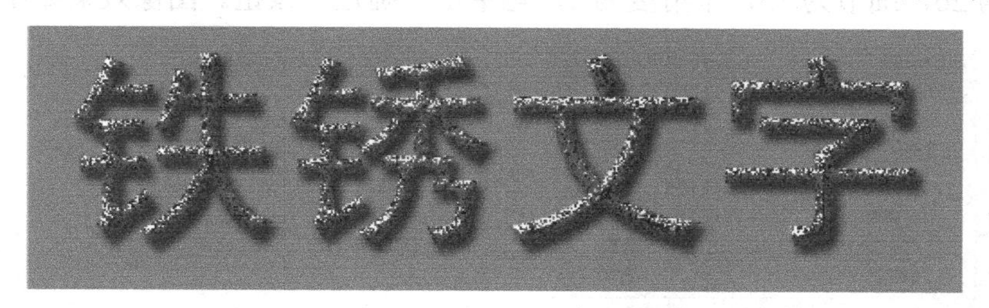

图 4-7-1 “铁锈文字”图像

制作方法

（1）新建宽度为 520 像素、高度为 150 像素、模式为 RGB 颜色、背景色为白色的画布。

（2）新建一个“图层 1”图层。使用“横排文字工具” T，在其选项栏中设置文字的字体为黑体、颜色为黑色、字大小为 130 点，然后，输入“铁锈文字”，如图 4-7-2 所示。

（3）使用“移动工具”，将文字移到画布的中间位置。选择“图层”→“栅格化”→“文字”命令，将“铁锈文字”文本图层转换为普通图层。

（4）设置前景色（R=72，G=45，B=18）、背景色（R=190，G=110，B=60）。选择“滤镜”→“渲染”→“云彩”命令，对文字应用“云彩”滤镜，取消选区，如图 4-7-3 所示。

铁锈文字　铁锈文字

图 4-7-2　输入文字

图 4-7-3　应用“云彩”滤镜后的效果

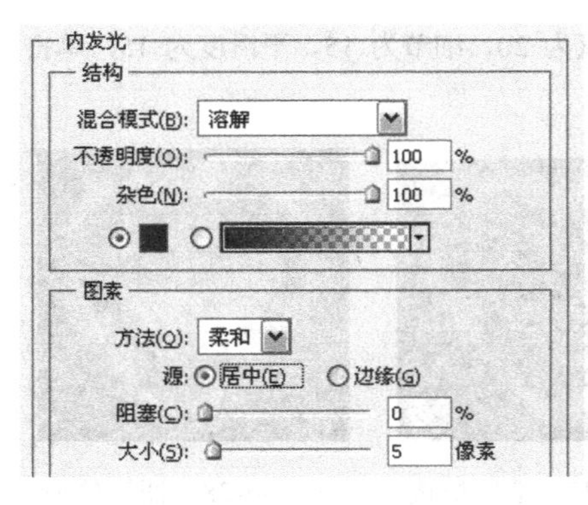

图 4-7-4 “图层样式”对话框

（5）单击“图层”面板中的 fx. 按钮，调出它的菜单，单击该菜单中的“内发光”命令，调出“图层样式”对话框。在“结构”栏内选中“单色”单选按钮，将颜色设置为铁锈颜色（R=95，G=80，B=80），在“混合模式”下拉列表框内选择“溶解”选项，“品质”栏设置不变，其余设置如图 4-7-4 所示。单击“确定”按钮，给文字添加内发光效果。

注意：内发光效果是指在画布的边缘以内添加发光效果，但由于我们在对话框中指定光的颜色为铁锈色，并采用“溶解”模式和添加杂色，因此，该效果是在文字笔画中添加铁锈杂点。

（6）选中“图层样式”对话框内左边的“样式”栏内的“斜面和浮雕”选项。单击“高光模式”下拉列表框右边的色块，调出“拾色器”对话框。在该对话框中设置颜色（R=180，G=180，B=180），其余设置如图 4-7-5 所示。效果如图 4-7-6 所示。

注意：从图 4-7-6 中可以看到，通过使用“斜面和浮雕”图层样式，在文字的高光部分添加了灰色锈斑，在文字的暗调部分添加了黑色锈斑。

（7）选择“滤镜”→“艺术效果”→“塑料包装”命令，调出“塑料包装”对话框。设置高光强度为 20，细节为 15，平滑度为 2，再单击“确定”按钮。图像效果如图 4-7-7 所示。

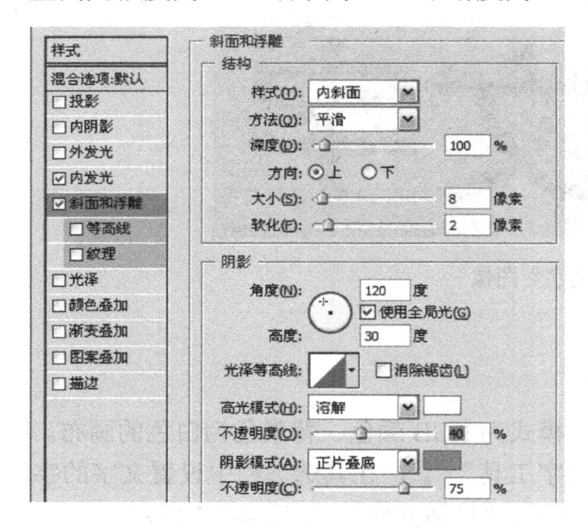

图 4-7-5 “图层样式”对话框

铁锈文字

图 4-7-6 设置“斜面和浮雕”图层样式

（8）选择“滤镜”→“渲染”→“光照效果”命令，调出“光照效果”对话框，设置如图 4-7-8 所示，再单击“确定”按钮。按 Ctrl+F 组合键，多次应用“光照效果”滤镜，根据所按的次数，图像呈现不同的锈斑程度。

（9）单击“图层”面板中的 fx. 按钮，调出它的菜单，单击该菜单中的“投影”命令，调出“投影”对话框。为“图层 1”图层添加投影。最终效果如图 4-7-1 所示。

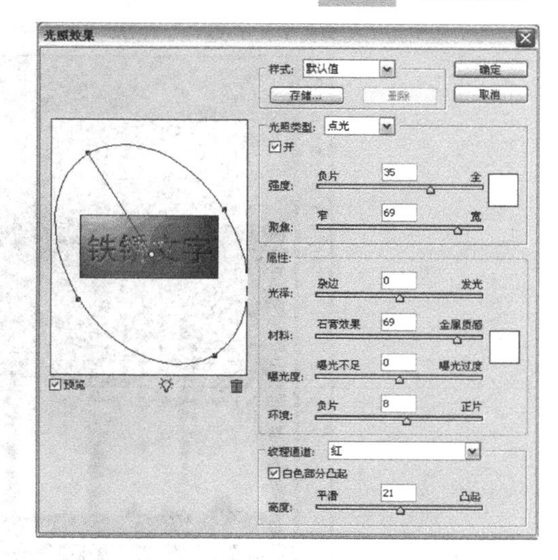

铁锈文字

图 4-7-7 塑料包装后的效果

图 4-7-8 “光照效果”对话框

知识链接——“渲染”滤镜和液化

1. “渲染”滤镜

选择“滤镜”→“渲染”命令，其菜单如图 4-7-9 所示。可以看出有 5 个子滤镜。它们的作用主要是给图像加入不同光源，模拟产生不同的光照效果。

（1）“分层云彩”滤镜：可以通过随机地抽取介于前景色与背景色之间的值，生成柔和的云彩图案。此滤镜将云彩数据和现有的像素混合，其方式与“差值”模式混合颜色的方式相同。应用此滤镜几次之后，会创建出与大理石的纹理相似的凸缘与叶脉图案。新建一个画布窗口，设置前景色为红色、背景色为黄色，选择“滤镜”→“渲染”→“分层云彩”命令，即可获得如图 4-7-10 所示的图像。

（2）“光照效果”滤镜：通过改变 17 种光照样式、3 种光照类型和 4 套光照属性，在图像上产生无数种光照效果。还可以使用灰度文件的纹理（称为凹凸图）产生类似 3D 的效果，并存储样式。该滤镜的功能很强大，运用恰当可产生极佳效果。打开一幅图像，选择“滤镜”→“渲染”→“光照效果”命令，调出“光照效果”对话框，如图 4-7-8 所示。

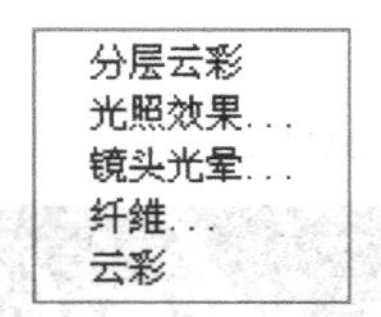

图 4-7-9 “渲染”菜单

图 4-7-10 “分层云彩”滤镜处理效果

2. 图像液化

液化图像是一种非常直观和方便的图像调整方式。它可以将图像或蒙版图像调整为液化状态。选择“滤镜”→“液化”命令，调出“液化”对话框，如图 4-7-11 所示。

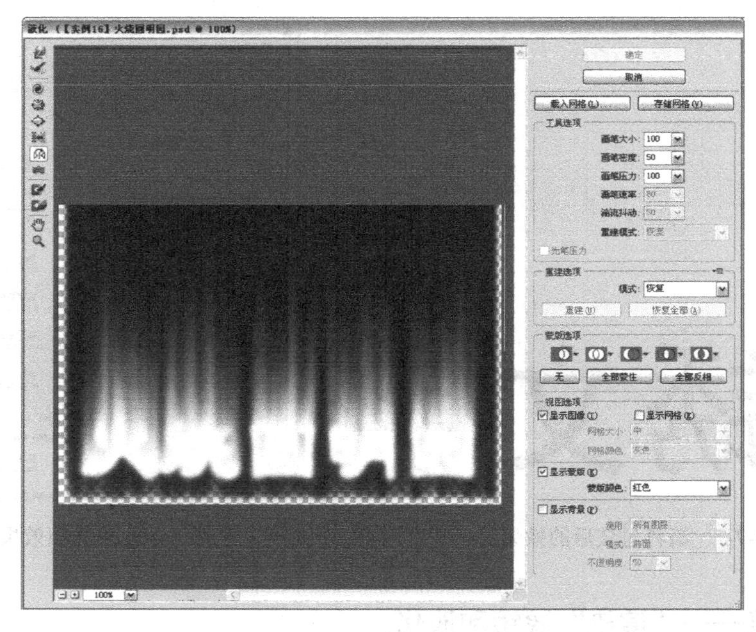

图 4-7-11 “液化”对话框

该对话框中间显示的是要加工的当前整个图像（图像中没有创建选区）或选区中的图像，左边是加工使用的液化工具，右边是对话框的选项栏。将鼠标指针移到中间的画面时，鼠标指针呈圆形形状。在图像上拖曳或单击，即可获得液化图像的效果。在图像上拖曳鼠标的速度会影响加工的效果。“液化”对话框中各工具和部分选项的作用及操作方法如下。

将鼠标指针移到“液化工具”上，可显示出它的名称。单击按下“液化工具”按钮，即可使用相应的液化工具。在使用“液化工具”前，通常要先在“液化”对话框右边选项栏的“画笔大小”和“画笔压力”文本框中设置画笔大小和压力。“液化”对话框中各工具和选项的作用如下。

（1）“向前变形工具”：单击按下该按钮，设置画笔大小和画笔压力等，再用鼠标在图像上拖曳，即可获得涂抹图像的效果，如图 4-7-12 所示。

（2）“重建工具”：单击按下该按钮，设置画笔大小和压力等，再用鼠标在加工后的图像上拖曳，即可将拖曳处的图像恢复原状，如图 4-7-13 所示。

（3）“顺时针旋转扭曲工具”：单击按下该按钮，设置画笔大小和压力等，使画笔的圆形正好圈住要加工的那部分图像。然后单击，即可看到圆形内的图像在顺时针旋转扭曲，当获得满意的效果时，松开鼠标左键即可。效果如图 4-7-14 所示。

按住 Alt 键，同时单击，即可看到圆形内的图像在逆时针旋转扭曲。

图 4-7-12 向前变形

图 4-7-13 重建

图 4-7-14 旋转扭曲

（4）“褶皱工具”：单击按下该按钮，设置画笔大小和压力等，在按住鼠标左键或拖曳时使像素朝着画笔区域的中心移动。当获得满意的效果时，松开鼠标左键即可。效果如图 4-7-15 所示。

（5）“膨胀工具”：单击按下该按钮，设置画笔大小和压力等，在按住鼠标左键或拖曳时使像素朝着离开画笔区域中心的方向移动，如图 4-7-16 所示。

（6）“左推工具”：当垂直向上拖曳该工具时，像素向左移动（如果向下拖曳，像素会向右移动），如图 4-7-17 所示。也可以围绕对象顺时针拖曳以增加其大小或逆时针拖曳以减小其大小。按住 Alt 键，在垂直向上拖曳时向右推像素（或者在向下拖曳时向左移动像素）。

图 4-7-15　褶皱

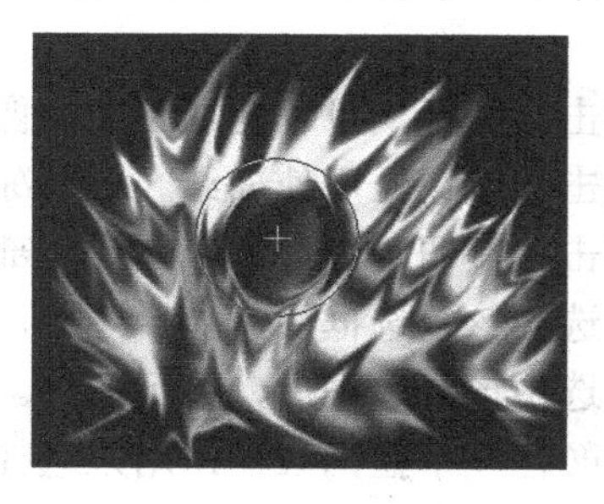
图 4-7-16　膨胀

图 4-7-17　左推

（7）“镜像工具”：在图像上拖曳时，会将画笔移动方向所经过的描边区域左手区域内的像素复制到右手边区域。按住 Alt 键并拖曳，则会将画笔移动方向所经过的描边区域右手区域内的像素复制到左手边区域。使用重叠描边可创建类似于水中倒影的效果，如图 4-7-18 所示。

（8）“湍流工具”：在图像上拖曳，可以平滑地混杂像素，获得涂抹图像的效果，如图 4-7-19 所示。它可用于创建火焰、云彩、波浪和相似的效果。

（9）“冻结蒙版工具”：单击按下该按钮，设置画笔大小和压力等，在不准备加工的图像上拖曳，即可在拖曳过的地方覆盖一层半透明的颜色，建立保护的冻结区域，如图 4-7-20 所示。这时再用其他液化工具（不含“解冻蒙版工具”）在冻结区域拖曳鼠标，则不能改变冻结区域内的图像。

图 4-7-18　镜像

图 4-7-19　湍流

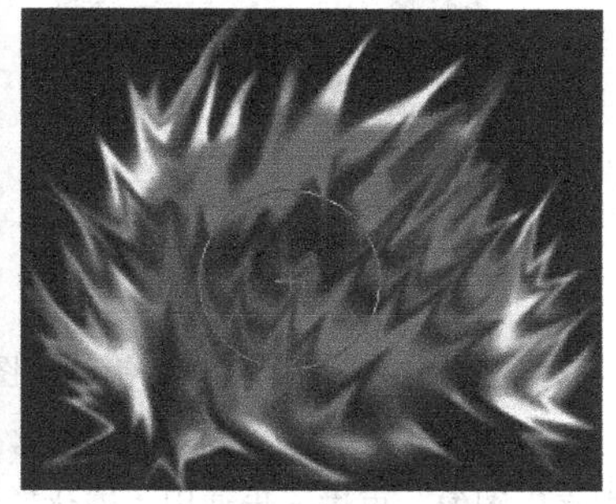
图 4-7-20　冻结蒙版

（10）“解冻蒙版工具”：单击按下该按钮，设置画笔大小和压力等，再用鼠标在冻结区域拖曳，可以擦除半透明颜色，使冻结区域变小，达到解冻的目的。

（11）“缩放工具”：单击画面可放大图像；按住 Alt 键，同时单击画面可缩小图像。

（12）“抓手工具”：当图像不能全部显示时，可以移动图像的显示范围。

（13）“画笔大小”文本框：用来设置画笔大小，即画笔圆形的直径大小。它的取值范围是 1～150。画笔越大，操作时作用的范围也越大。

（14）“画笔密度”文本框：控制画笔在边缘羽化。产生画笔的中心最强，边缘处最轻。

（15）“画笔压力”文本框：设置在预览图像中拖曳工具时的扭曲速度。使用低画笔压力可减慢更改速度，因此更易于在恰到好处的时候停止。画笔压力越大，拖曳时图像的变化越大，单击圈住图像时，图像变化的速度也越快。

（16）“重建模式”下拉列表框：确定工具如何重建预览图像的区域。

（17）“模式”下拉列表框：用来选择图像重建时的一种模式。

（18）“重建”按钮：在加工完图像后，单击该按钮，可使图像按照设定的重建模式自动进行变化。

（19）“恢复全部”按钮：单击该按钮，可以使加工的图像恢复原状。

（20）“全部反相”按钮：单击该按钮，可使冻结区域解冻，没冻结区域变为冻结区域。

（21）“全部蒙住”按钮：单击该按钮，可使预览图像全部覆盖一层半透明的颜色。

（22）“显示图像”复选框：选中该复选框后，显示图像，否则不显示图像。

（23）“显示网格”复选框：选中该复选框后，显示网格。

（24）“网格大小”和“网格颜色”下拉列表框：用来选择网格的大小和颜色。

思考练习 4-7

1．制作一幅“台灯灯光”图像，如图 4-7-21 所示。图中的两个台灯的光线分别为白色和绿色。它是在图 4-7-22 所示的“台灯”图像的基础之上使用“光照效果”滤镜加工而成的。

2．制作一幅“禁止吸烟”图像，如图 4-7-23 所示。它是一幅宣传吸烟有害健康的公益宣传画。画面中心为一支香烟被加上了禁止的图样。背景是一个小男孩正在凝视着你，也仿佛正在看着这块禁烟的牌子。在画面右边有红色文字“让烟草远离儿童”。

图 4-7-21 “台灯灯光”图像

图 4-7-22 “台灯”图像

图 4-7-23 “禁止吸烟”图像

3．利用镜头光晕渲染滤镜，给图 4-7-24 所示的“夜景”图像加镜头光晕，如图 4-7-25 所示。

4．制作一幅“火焰文字”图像，如图 4-7-26 所示。它是参考本章【实例 16】的制作方法制作的“火焰文字”图像，再进一步使用“液化”滤镜制作而成的。

图 4-7-24 “夜景”图像

图 4-7-25 加镜头光晕效果

图 4-7-26 “火焰文字”图像

4.8 【实例21】摄影展厅

"摄影展厅"图像如图4-8-1所示。展厅的地面是黑白相间的大理石，房顶明灯倒挂，三面有4幅摄影图像，两边图像有透视效果，给人富丽堂皇的感觉。

图4-8-1 "摄影展厅"图像

制作方法

1. 制作展厅顶部和地面图像

（1）新建一个画布窗口，设置宽度为900像素、高度为400像素、背景色为白色、RGB颜色模式。创建2条水平参考线、3条垂直参考线，然后，以名称"【实例21】摄影展厅.psd"保存。

（2）打开"风景1"～"风景4"图像文件，如图4-8-2所示。分别对它们进行裁剪处理，调整它们的高度为300像素、宽度为300像素。

图4-8-2 "风景1"～"风景4"图像

（3）打开"灯"图像，如图4-8-3所示。调整该图像的宽度为30像素、高度为26像素。选择"图像"→"定义图案"命令，调出"定义图案"对话框，在"名称"文本框内输入"灯"，单击"确定"按钮，定义一个名称为"灯"的图案。

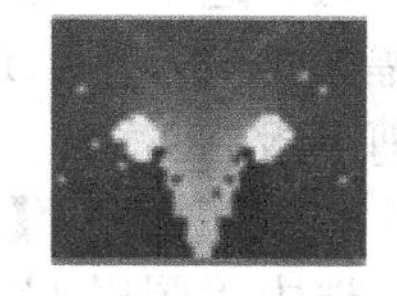

图4-8-3 "灯"图像

（4）选中"【实例21】摄影展厅.psd"文档，使用工具箱内的"多边形套索工具"，在画布窗口内的上边创建一个梯形选区，如图4-8-4所示。使用工具箱内的"油漆桶工具"，在其选项栏内的"填充"下拉列表框内选择"图案"选项，在"图案"下拉列表框内选择"灯"图案，单击选区内部，给选区填充"灯"图案。

（5）选择"图像"→"描边"命令，调出"描边"对话框，设置描边颜色为金黄色、宽度为3像素，居中，单击"确定"按钮，即可给选区描边。

（6）再在左边、右边和下边各创建一个梯形选区，再给选区描金黄色、宽度为 3 像素的边。按 Ctrl+D 组合键，取消选区，如图 4-8-5 所示。

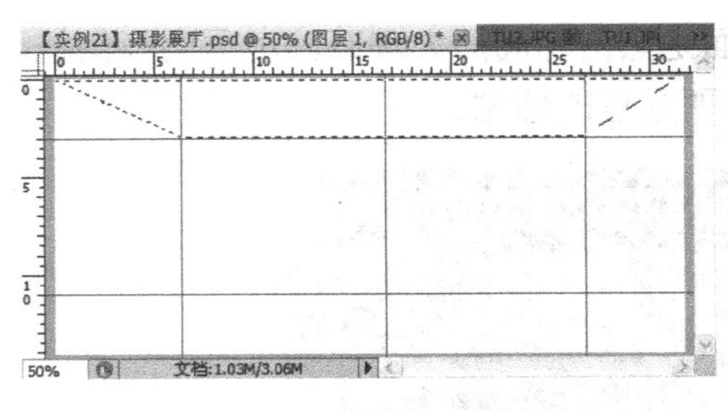
图 4-8-4　梯形选区

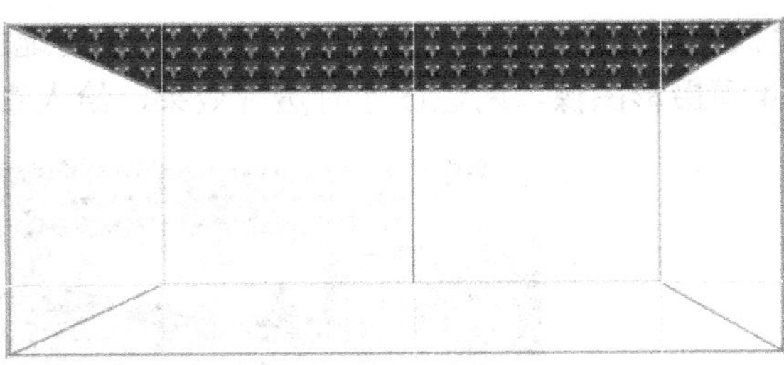
图 4-8-5　选区描边

也可以使用工具箱内的“铅笔工具”，在工具选项栏中设置笔触为 3 像素。单击线段起点，再按住 Shift 键，单击线段终点，在起点和终点之间绘制出一条直线。

（7）双击“图层”面板内的“背景”图层，调出“新建图层”对话框，单击“确定”按钮，将“背景”图层转换为普通图层“图层 0”。然后，将白色部分删除。

（8）新建一个画布窗口，设置宽度为 60 像素、高度为 60 像素、背景色为白色、RGB 颜色模式。在画布窗口内左上角创建一个宽和高均为 30 像素的选区，填充黑色；再将选区移到右下角，填充黑色。最后效果如图 4-8-6 所示。将该图像以名称“砖”定义为图案。

（9）新建一个画布窗口，设置宽度为 900 像素、高度为 400 像素、背景色为白色、RGB 颜色模式。使用“油漆桶工具”，在其选项栏内的“填充”下拉列表框内选择“图案”选项，在“图案”下拉列表框内选择“砖”图案，单击选区内部，给选区填充“砖”图案，如图 4-8-7 所示。将文档以名称“地面.jpg”保存，关闭该画布窗口。

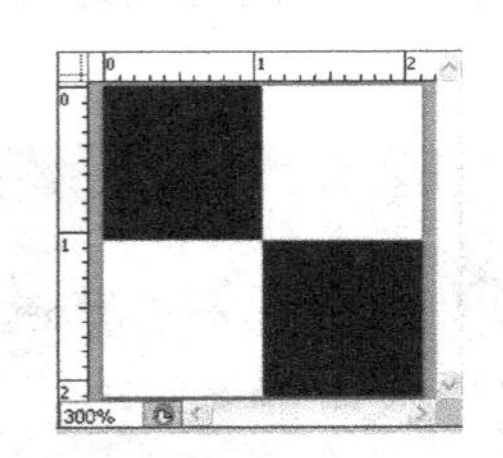
图 4-8-6　黑白相间图案

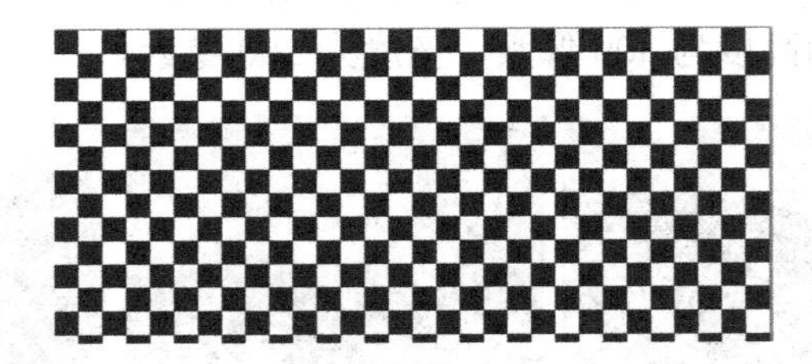
图 4-8-7　黑白相间的地面图像

2. 制作透视图像

（1）选中“风景 3”图像，选择“选择”→“全部”命令或按 Ctrl+A 组合键，创建选中整幅图像的选区；选择“编辑”→“拷贝”命令或按 Ctrl+C 组合键，将选区内的图像复制到剪贴板内。

（2）切换到“【实例 21】摄影展厅.psd”文档，在“图层”面板内新建一个“图层 1”图层。选中“图层 1”图层。选择“滤镜”→“消失点”命令，调出“消失点”对话框。

（3）单击按下“创建平面工具”按钮，在弹出的对话框内左边的梯形框架内，依次单击梯形的 3 个端点，然后拖曳创建一个梯形透视平面，双击结束，如图 4-8-8 所示。

（4）按 Ctrl+V 组合键，将剪贴板内的“风景 3”图像粘贴到“消失点”对话框的预览窗口内。单击按下“消失点”对话框内左边工具箱中的“变换工具”，如果图像在梯形透视平面外边，则将粘贴的图像移到梯形透视平面内。然后，将图像调小一些，调整图像的位置。效果如图 4-8-9 所示。单击“确定”按钮，关闭“消失点”对话框，回到画布窗口。

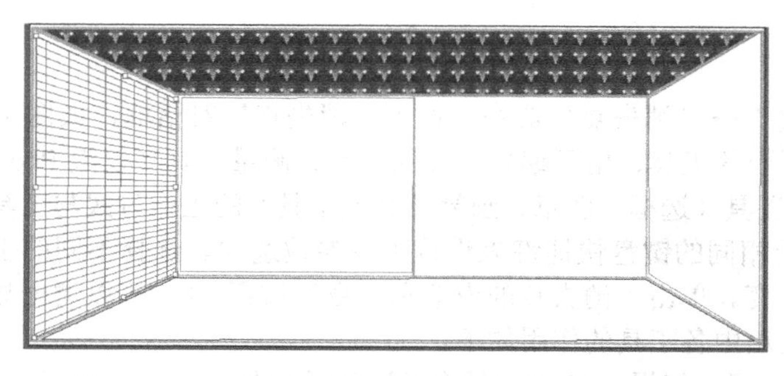

图 4-8-8 “消失点”对话框内创建的第 1 个透视平面

图 4-8-9 透视平面插入图像

（5）按照上述方法，在画布窗口内右边的框架内创建一个透视平面，其内加入透视图像“风景 4”，如图 4-8-10 所示。再在画布窗口正面框架内插入 2 幅图像，如图 4-8-11 所示。

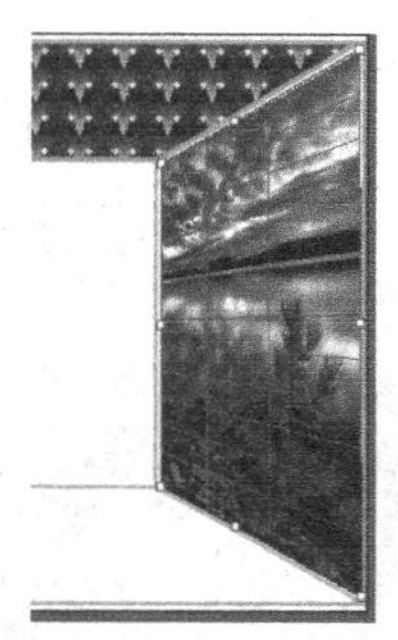

图 4-8-10 第 2 个透视平面

图 4-8-11 共插入 4 幅图像

（6）打开“地面”图像，调整该图像的宽度为 500 像素、高度为 267 像素。按 Ctrl+A 组合键，创建选中整幅图像的选区，按 Ctrl+C 组合键，将选区内的图像复制到剪贴板内。然后，切换到“【实例 21】摄影展厅.psd”文档，在“图层”面板内新建一个“图层 2”图层。选择“滤镜”→“消失点”命令，调出“消失点”对话框。单击按下工具箱内的“创建平面工具”按钮，在该对话框内下边创建一个梯形透视平面。

（7）按 Ctrl+V 组合键，将剪贴板内的“地面.jpg”图像粘贴到“消失点”对话框的预览窗口内。单击按下工具箱内的“变换工具”按钮，将图像调小一些，然后移到下边的透视平面内。调整图像的大小和位置，单击“确定”按钮，回到画布窗口。

（8）使用自由变换来调整各图层内的图像大小和位置。最后效果如图 4-8-1 所示。

知识链接——消失点

利用“消失点”对话框可以创建一个或多个有消失点的透视平面（简称平面），在该平面内复制粘贴的图像、创建的矩形选区、使用“画笔工具”绘制的图形、使用“图章工具”仿制的图像都具有相同的透视效果。这样，可以简化透视图形和图像的制作与编辑过程。当修饰、添加或移去图像中的内容时，因为可以正确确定这些编辑操作的方向，并且将它们缩放到透视平面，所以效果更逼真。完成消失点中的工作后，可继续编辑图像。要在图像中保留透视平面信息，应以 PSD、TIFF 或 JPEG 格式存储文档。还可以测量图像中的对象，并将 3D 信息和测量结果以 DXF 或 3DS 格式导出，以便在 3D 应用程序中使用。

1．“消失点”对话框

打开一幅图像，选择“滤镜”→“消失点”命令，调出“消失点”对话框，如图 4-8-12 所示。其中包括用于定义透视平面的工具、用于编辑图像的工具、测量工具（仅限 Photoshop Extended）和图像预览。消失点工具（选框、图章、画笔及其他工具）的工作方式与工具箱中的对应工具十分类似。可以使用相同的键盘快捷键来设置工具参数选项。选择不同的工具，其“选项”栏内的选项会随之改变。单击“消失点的设置和命令”按钮，可以调出显示其他工具设置和命令的菜单。工具箱中各工具的作用如下。

（1）“编辑平面工具”：选择、编辑、移动平面并调整平面大小。

（2）“创建平面工具”：定义平面四个角节点、调整平面大小和形状并拉出新平面。

（3）“选框工具”：创建正方形、矩形或多边形选区，同时移动或仿制选区。在平面中双击“选框工具”，可以创建选中整个平面的选区。

图 4-8-12 “消失点”对话框

（4）“图章工具”：使用图像的一个样本绘画。它与“仿制图章工具”不同，消失点中的“图章工具”不能仿制其他图像中的元素。

（5）“画笔工具”：使用其“选项”栏内设置的画笔颜色等绘画。

（6）“变换工具”：通过移动外框控制柄来缩放、旋转和移动浮动选区。它的特点类似于在矩形选区上使用“自由变换”命令。

（7）“吸管工具”：在预览图像中单击时，选择一种用于绘画的颜色。

（8）“测量工具”：在平面中测量项目的距离和角度。

（9）“缩放工具”：在预览图像中单击或拖曳，可以放大图像的视图；按住 Alt 键，同时单击或拖曳，可以缩小图像的视图。

在选择了任何工具时按住空格键，然后可以在预览窗口内拖曳图像的视图。

在“消失点”对话框内底部的“缩放”下拉列表框中可以选择不同的放大级别；单击加

号（+）或减号（-）按钮，可以放大或缩小图像的视图。要临时在预览窗口内缩放图像的视图，可以按住X键。这对于在定义平面时放置角节点和处理细节特别有用。

（10）“抓手工具”：当图像大于预览窗口时，可以拖曳移动预览图像。

2．使用消失点创建和编辑透视平面

（1）选择“滤镜”→“消失点”命令，调出“消失点”对话框，如图4-8-12所示。默认按下“创建平面工具”按钮。

（2）在预览图像中，依次单击透视平面的4个角节点，在单击第3个角节点后，会自动形成透视平面，拖曳到第4个角节点处双击，即可创建透视平面，如图4-8-13所示。创建透视平面后，“编辑平面工具”按钮呈按下状态，“创建平面工具”按钮转换为抬起状态，表示启用“编辑平面工具”，停止使用“创建平面工具”。

（3）在“编辑平面工具”选项栏内，调整“网格大小”文本框内的数值，可以改变透视平面内网格的大小。

（4）拖曳透视平面四角节点，可以调整透视平面的形状；拖曳透视平面四边的边缘节点，可以调整透视平面的大小；如果要移动透视平面，可以拖曳透视平面。

（5）如果透视平面的外框和网格是蓝色的，表示透视平面有效；如果透视平面的外框和网格是红色或黄色的，表示透视平面无效，移动角节点可调整为有效。

（6）在添加角节点时，按Backspace键，可以删除上一个节点。

3．创建共享同一透视的其他平面

（1）在消失点中创建透视平面之后，使用“编辑平面工具”，按住Ctrl键，同时拖曳边缘节点，可以创建（拉出）共享同一透视的其他平面，如图4-8-14所示。另外，使用“创建平面工具”，拖曳边缘节点，也可以创建（拉出）共享同一透视的其他平面。如果新创建的平面没有与图像正确对齐，可以使用“编辑平面工具”，拖曳角节点以调整平面。调整一个平面时，将影响所有连接的平面。拉出多个平面可保持平面彼此相关。

从初始透视平面中拉出第2个平面之后，还可以从第2个平面中拉出其他平面，根据需要拉出任意多个平面。这对于在各平面之间无缝编辑复杂的几何形状很有用。

（2）新平面将沿原始平面成90°角拉出。虽然新平面是以90°角拉出的，但可以将这些平面调整到任意角度。在刚创建新平面后，松开鼠标左键，“角度”文本框变为有效，调整“角度”文本框中的数值，可以改变新拉出平面的角度。另外，在使用“编辑平面工具”或“创建平面工具”的情况下，按住Alt键，同时拖曳位于旋转轴相反一侧的中心边缘节点，也可以改变新拉出平面的角度，如图4-8-15所示。

除了调整相关透视平面的角度之外，还可以调整透视平面的大小。按住Shift键，单击各个平面，可以同时选中多个平面。

图4-8-13　创建一个透视平面

图4-8-14　创建共享同一透视的平面

图4-8-15　改变新平面角度

4. 在透视平面内复制粘贴图像

（1）打开要加入透视平面的图像，可以将一幅图像复制到剪贴板内。复制的图像可以来自另一个 Photoshop 文档。如果要复制文字，应选择整个文本图层，然后复制到剪贴板。

（2）创建一个新图层，准备将加入透视平面的图像保存在该图层内，原图像不会受破坏，这样，可以对图层不透明度控制、样式和混合模式进行分别处理。

（3）调出“消失点”对话框，创建透视平面。按 Ctrl+V 组合键，将剪贴板内的图像粘贴到“消失点”对话框的预览窗口内，如图 4-8-16 所示。

（4）单击工具箱内的“变换工具”按钮，此时粘贴的图像四周会出现 8 个控制柄，可以调整图像的大小。然后，拖曳移动图像到透视平面内，产生透视效果（是真正的逼真透视），如图 4-8-17 所示。

注意： 虽然有两个平面，但是属于一个透视平面，因此粘贴的图像会移到这两个平面内，在产生透视效果的同时，还产生折叠效果。

图 4-8-16　粘贴图像

图 4-8-17　将图像移到透视平面内

（5）拖曳透视平面内的图像，图像可以在透视平面内移动，移动中始终保持透视状态。将图像向右下角移动，露出图像左上角的控制柄，向右下角拖曳左上角的控制柄，使图像变小，如图 4-8-18 左图所示。

（6）再将图像向左上方移动，再调小图像，直到图像小于透视平面为止，如图 4-8-18 右图所示。然后，将图像调整得刚好与透视平面完全一样，如图 4-8-19 所示。

（7）还可以使用“编辑平面工具”调整透视平面的大小，但是不能够调整透视平面的形状。单击“确定”按钮，关闭“消失点”对话框，回到画布窗口，即可在背景图像之上添加一幅透视折叠图像，如图 4-8-20 所示。

（8）还可以在透视平面内插入其他图像。方法如下：将第 2 幅图像复制到剪贴板内，选择“滤镜”→“消失点”命令，调出“消失点”对话框。按 Ctrl+V 组合键，将剪贴板内的图像粘贴到“消失点”对话框的预览窗口内；再按照上述方法调整图像，如图 4-8-21 所示。

图 4-8-18　调整图像大小和位置

图 4-8-19　最后效果

（9）还可以在透视平面内创建矩形选区，如图 4-8-22 所示。可以看到，创建的选区也具有相同的透视效果。此时，可以对选区进行移动、旋转、缩放、填充和变换等操作。

图 4-8-20　背景之上的透视图像

图 4-8-21　插入第 2 幅图像

图 4-8-22　创建矩形选区

如果要用其他位置的图像替代选区内的图像，可以在选项栏内的“移动模式”下拉列表框内选中“目标”选项，将选区移到需要替换图像的位置，然后将“移动模式”下拉列表框内的选项改为“源”选项，再将鼠标指针移到要用来填充选区的图像处。

或者，按住 Ctrl 键，同时将鼠标指针移到要用来填充选区的图像处。

注意：选区内的图像与鼠标指针所在处的图像一样，如图 4-8-23 所示。

如果将选区移出透视平面，则按 Ctrl+D 组合键可以取消选区。在上述操作中如果出现错误操作，可按 Ctrl+Z 组合键撤销刚进行的操作。

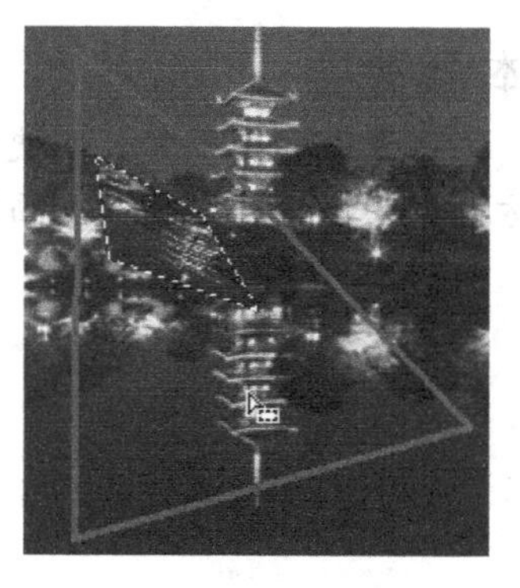

图 4-8-23　替换选区内的图像

思考练习 4-8

1. 参考【实例 21】的制作方法，制作一幅“国画展厅”图像。
2. 为图 4-8-24 所示的“房间”图像中的地面和墙壁贴图。

图 4-8-24 “房间”图像

第5章

绘制和编辑图像

本章提要：

本章介绍了画笔、历史记录笔、渲染、橡皮擦、图章、修复、形状工具组工具的使用方法和使用技巧，以及“画笔样式”面板、“画笔”面板等使用方法。

5.1 【实例 22】青竹别墅

“青竹别墅”图像如图 5-1-1 所示。它是在如图 5-1-2 所示的一幅“别墅”图像内添加如图 5-1-3 所示的“佳人”和“云图”图像，再绘制草坪和一片竹林后获得的。

图 5-1-1 “青竹别墅”图像

图 5-1-2 “别墅”图像

制作方法

1. 在别墅图像内添加“佳人”和“云图”图像

（1）打开如图 5-1-2 所示的“别墅”图像，进行适当裁剪，调整宽度为 700 像素、高度为 480 像素，再以名称“【实例 22】青竹别墅.psd”保存。

（2）打开如图5-1-3所示的“佳人”和“云图”图像。选中“云图”图像，选择“选择”→“全部”命令，创建选中全部“云图”图像的选区。

（3）选择“编辑”→“拷贝”命令，将选区内的图像复制到剪贴板内。选中“【实例 22】青竹别墅.psd”图像。

（4）在“【实例 22】青竹别墅.psd”图像内创建选区，使用工具箱中的“魔棒工具”按钮，按住 Shift 键，多次在“别墅”图像的云层背景处单击，创建选中天空的选区。再利用选区相加和相减的方法，进一步修改选区，尽量做到选区只选中云层背景图像。

图 5-1-3 “佳人”和“云图”图像

（5）选择“编辑”→“选择性粘贴”→“贴入”命令，将剪贴板内的“云图”图像粘贴到选区内，将生成的图层更名为“云图”。选择“编辑”→“自由变换”命令，调整粘贴图像的位置和大小。按 Enter 键确定。效果如图 5-1-1 所示。

（6）在“佳人”图像内创建选区，将其中的人物图像选中。再使用“移动工具”，将人物图像拖曳到“【实例 22】青竹别墅.psd”画布窗口内。同时创建一个图层，用来放置“佳人”图像。将该图层的名称改为“佳人”。

（7）选中“佳人”图层，选择“编辑”→“自由变换”命令，调整人物图像的大小和位置，按 Enter 键确认。效果如图 5-1-1 所示。

2. 绘制“竹身”图形

（1）新建一个名称为“竹身”、宽度为 100 像素、高度为 400 像素、模式为 RGB 颜色、背景为透明的画布。使用工具箱中的“矩形选框工具”，创建一个矩形选区。

（2）使用工具箱内的“渐变工具”，设置“线性渐变”，调出“渐变编辑器”对话框。利用该对话框设置渐变色为从绿色到浅绿色再到深绿色的渐变色，如图 5-1-4（a）所示。单击“确定”按钮，完成渐变色的设置。再在选区内由上往下拖曳，绘制出一节竹身。

（3）使用“椭圆选框工具”，创建一个椭圆选区。使用线性渐变填充椭圆选区，绘制出一个竹节，再复制一份，将两个竹节移到一节竹身之上，如图 5-1-4（b）所示。

（4）单击选择竹子所在图层，选择“编辑”→“自由变换”命令，调整竹子的大小、旋转角度和位置，按 Enter 键确认。效果如图 5-1-4（c）所示。

（5）复制多份图 5-1-4（c）所示的图像，调整它们的大小，然后将它们连接在一起。选择“图层”→“合并可见图层”命令，制作出一根竹子的竹身图形，如图 5-1-5 所示。

（6）选择“图像”→“裁切”命令，打开“裁切”对话框，采用默认状态，单击“确定”按钮，完成图像的修剪工作。

3. 绘制“竹叶”图形

（1）新建一个名称为“竹叶”、宽度为 100 像素、高度为 100 像素、背景为透明的画布。使用工具箱中的“多边形套索工具”，创建一个三角形选区，如图 5-1-6（a）所示。

（2）使用工具箱内的“渐变工具”，设置“角度渐变”，渐变填充方式为绿色到浅绿色再到深绿色。在选区内按图 5-1-6（a）所示的箭头方向拖曳，用设置好的渐变色填充竹叶的选区，如图 5-1-6（b）所示。然后，按 Ctrl+D 组合键，取消选区。

（3）使用工具箱内的“橡皮擦工具”，单击其选项栏内的按钮，调出“画笔”面板，设置笔触直径大小为 9 像素，擦除竹叶多余部分。效果如图 5-1-6（c）所示。

（4）选择“图像”→“裁切”命令，调出“裁切”对话框，单击“确定”按钮。

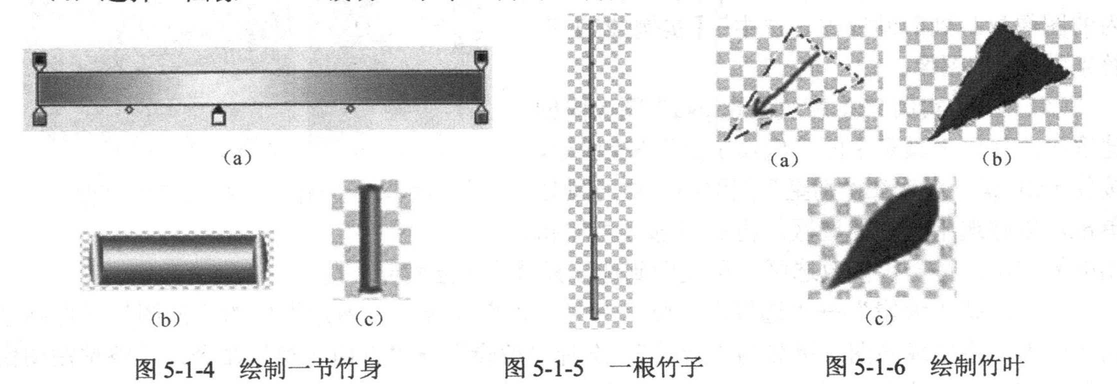

图 5-1-4　绘制一节竹身　　图 5-1-5　一根竹子　　图 5-1-6　绘制竹叶

4．绘制“竹林”图形

（1）新建一个名称为“青竹”、宽度为 400 像素、高度为 400 像素、背景为透明的画布。选中“竹身”画布，按 Ctrl+A 组合键，全选“竹身”图形。按 Ctrl+C 组合键，将选中的图形复制到剪贴板中。

（2）单击选中“青竹”画布，按 Ctrl+V 组合键，将剪贴板中的竹身图像粘贴到“青竹”画布中，同时“图层”面板内会自动创建“图层 1”图层，在该图层中放置粘贴的竹身图像。采用相同的方法，将“竹叶”画布中的竹叶图像复制粘贴到“青竹”画布当中，同时“图层”面板内会自动创建“图层 2”图层，在“图层 2”图层中放置竹叶图像。

（3）使用自由变换的方法，调整竹身与竹叶大小，再复制多份竹叶图像，并将它们和竹身拼成一根完整的竹子图像，如图 5-1-7 所示。将该图像保存为“单根青竹.jpg”图像，以备后面生成画笔时使用。

（4）选中“图层”面板中所有与竹子图像有关的图层，选择“图层”→“合并图层”命令，将竹子和竹叶所在图层合并为“图层 1”图层。

（5）将制作好的竹子复制多份，再使用自由变换的方法，将复制的竹子拼成竹林，如图 5-1-8 所示。然后，以名称“青竹.psd”和“青竹.jpg”保存。

5．制作草地

（1）选中“青竹别墅”图像。使用工具箱中的“画笔工具”按钮，选择“窗口”→“画笔”命令，调出“画笔”面板。

（2）选中“画笔”面板中的“画笔笔尖形状”选项，再选中“草”笔触，将笔触的“直径”调整为 30 像素，“间距”调整为 30%，如图 5-1-9 所示。选中“形状动态”复选框，右面切换到相应的控制面板，设置各参数值如图 5-1-10 所示。

（3）在“背景”图层之上新建一个“图层 1”图层，将该图层的名称改为“小草”。

（4）将前景色设置为绿色，使用“画笔工具”，在底部绘制一些绿色小草图案。再设置前景色为黄色，使用“画笔工具”，在底部绘制一些黄色小草图案。再设置前景色为深绿色，在底部绘制一些深绿色小草图案，如图 5-1-11 所示。

图 5-1-7 竹子　　图 5-1-8 竹林

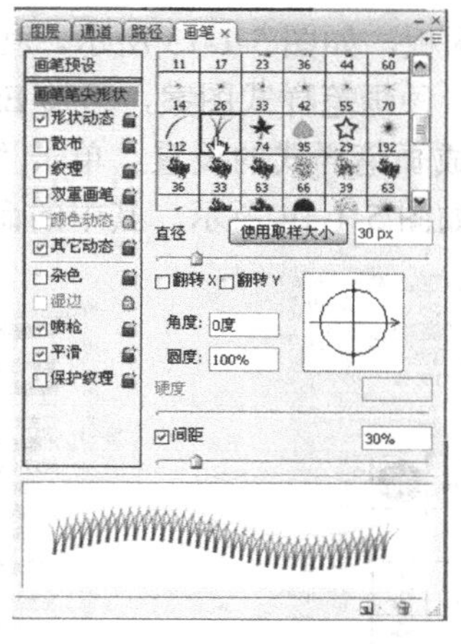

图 5-1-9 “画笔”面板设置

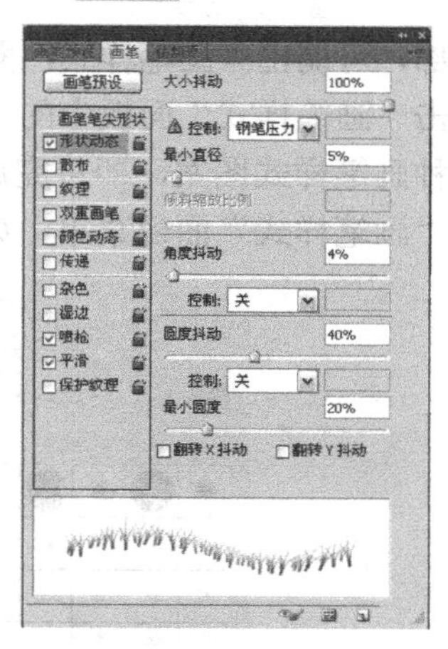

图 5-1-10 “画笔”面板设置

（5）将“小草”图层复制 2 份，调整复制的小草图像的位置，然后将复制的图层合并，合并后的图层名称改为“小草”。效果如图 5-1-1 所示。

6．绘制背景竹子

（1）打开前面保存的“单根青竹.jpg”图像。双击“图层”面板中的“背景”图层，调出“新建图层”对话框，单击该对话框中的“确定”按钮，将背景图层转换为名称是“图层 0”的常规图层，其目的是可以删除图像的白色背景，使图像背景透明。

（2）使用工具箱内的“魔棒工具”，单击图像的白色背景，创建选区，选中白色背景。按 Delete 键，删除白色背景，使竹子图像背景透明。

（3）选择“选择”→“反选”命令，使选区选中单根竹子图像。再选择“编辑”→“定义画笔预设”命令，调出“画笔名称”对话框。在“名称”文本框中输入“单根竹子”，如图 5-1-12 所示。单击“确定”按钮，即可创建一个“单根竹子”画笔。

图 5-1-11 小草图案

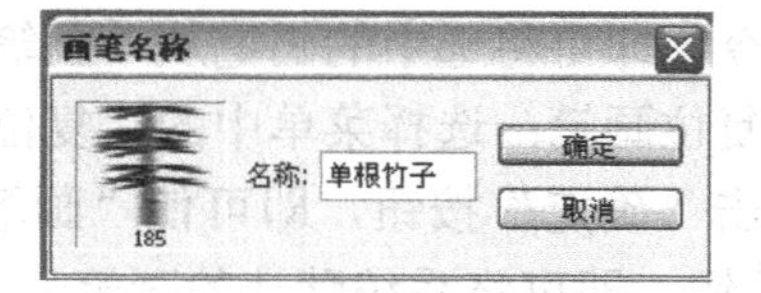

图 5-1-12 “画笔名称”对话框

（4）在“青竹别墅”画布窗口“图层”面板内的“小草”图层的下边，创建一个新图层“图层 1”。将该图层的名称改为“青竹 1”。

（5）设置前景色为绿色，使用“画笔工具”，在其选项栏内选择“单根竹子”画笔，然后在“青竹 1”图层画布内绘制一些竹子图案，如图 5-1-1 所示。

（6）选中“青竹.psd”图像，使用“移动工具”，将其中的青竹拖曳到“【实例 22】青竹别墅.psd”图像内，调整复制图像的大小和位置。将自动生成的图层名称改为“青竹 2”。

（7）将“青竹 1”图层和“青竹 2”图层合并，并将合并后的图层更名为“青竹”。

知识链接——画笔工具组

1．“画笔样式”面板的使用

在选中画笔等工具后，单击其选项栏中“画笔”选项的黑色箭头按钮，或右击画布窗口内部，可调出“画笔样式”面板，如图 5-1-13 所示。利用该面板可以设置画笔的形状与大小。单击“画笔样式”面板中的一种画笔样式图案，再按 Enter 键，或双击“画笔样式”面板中的一种画笔样式图案，即可完成画笔样式的设置。单击“画笔样式”面板右上角的按钮，调出“画笔样式”面板菜单，如图 5-1-14 所示。其中的命令作用简介如下。

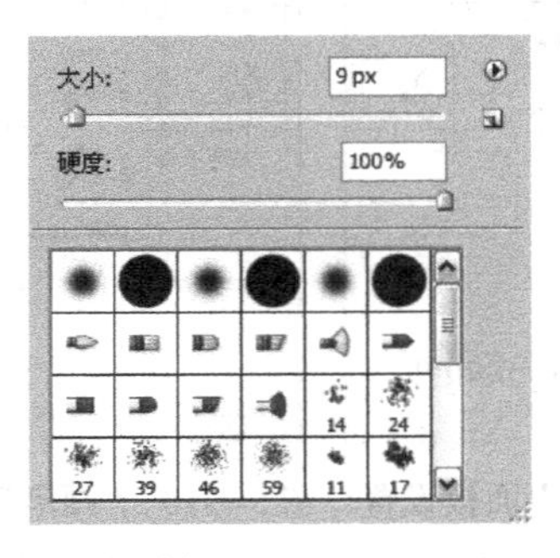

图 5-1-13 “画笔样式”面板

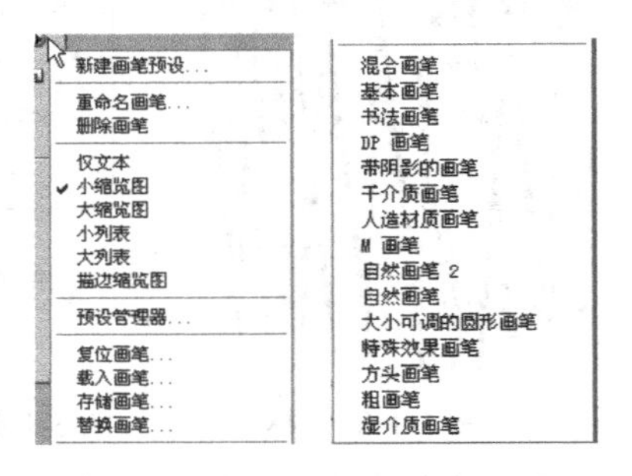

图 5-1-14 “画笔样式”面板菜单

（1）载入画笔和替换画笔：选择“画笔样式”面板菜单中最下面一栏中的一个命令，可以直接更换画笔。例如，选择“自然画笔”命令，会调出一个 Photoshop 提示框，如图 5-1-15 左图所示。选择“追加”按钮后，可将新调入的画笔追加到当前画笔的后边；单击“确定”按钮后，可以用新调入的画笔替代当前的画笔。

选择“替换画笔”命令，调出“载入”对话框。利用该对话框可以导入扩展名为“.abr”的画笔文件，直接替换画笔。选择“载入画笔”命令，也会调出“载入”对话框，只是载入的画笔不是替换原来的画笔，而是追加到原画笔的后边。

（2）存储画笔：选择菜单中的“存储画笔”命令，可以调出“存储”对话框。利用该对话框可以将当前“画笔样式”面板内的画笔保存到磁盘中。

（3）删除画笔：单击选中“画笔样式”面板内的一个画笔图案，再选择菜单中的“删除画笔”命令，即可将选中的画笔从“画笔样式”面板中删除。

（4）复位画笔：选择菜单中的“复位画笔”命令，会调出一个提示框，如图 5-1-15 右图所示。单击“确定”按钮，即可使“画笔样式”面板内的画笔复位成系统默认的画笔。单击“追加”按钮，即可将系统默认的画笔追加到“画笔样式”面板内当前画笔的后边。

（5）重命名画笔：单击选中“画笔样式”面板内的一个画笔图案，再选择菜单中的“重命名画笔”命令，调出“画笔名称”对话框，如图 5-1-16 所示。在“名称”文本框内输入画笔的新名称，再单击“确定”按钮，即可给选定的画笔重命名。

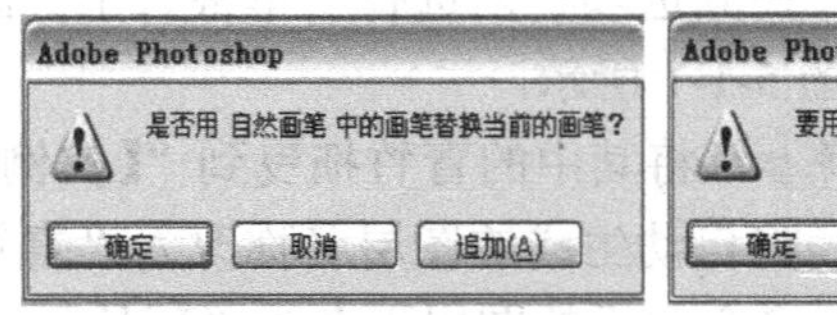

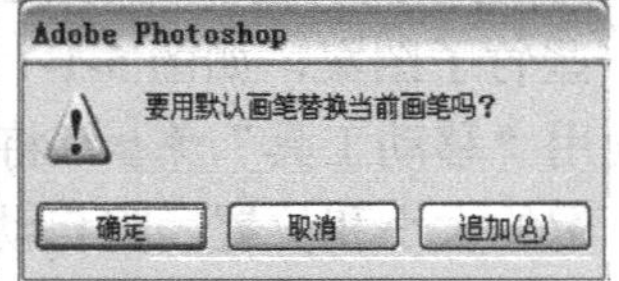

图 5-1-15 Photoshop 提示框

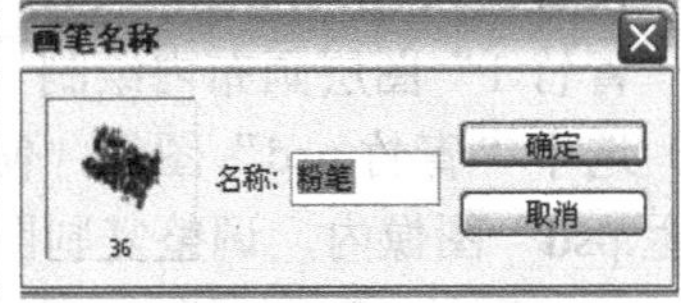

图 5-1-16 “画笔名称”对话框

（6）改变“画笔样式”面板的显示方式：“画笔样式”面板的显示方式有 6 种，前面给出的均是“小缩览图”显示方式。选择菜单中的“仅文本”、“小缩览图”、“大缩览图”、“小列表”、“大列表”和“描边缩览图”命令，可以在各种显示方式之间切换。

2. 使用画笔组工具绘图

使用画笔组中的工具绘图的方法基本一样，只是使用画笔工具绘制的线条可以比较柔和；使用铅笔工具绘制的线条硬，像用铅笔绘图一样；使用喷枪工具绘制的线条像喷图一样；使用颜色替换工具绘图只是替换颜色。绘图的一些要领如下。

（1）设置好颜色（前景色）和画笔类型等后，单击画布窗口内部，可以绘制一个点。

（2）在画布中拖曳，可以绘制曲线。

（3）单击起点并不松开鼠标左键，按住 Shift 键，同时拖曳，可绘制水平或垂直直线。

（4）单击直线起点，再按住 Shift 键，然后单击直线终点，可以绘制直线。

（5）按住 Shift 键，再依次单击多边形的各个顶点，可以绘制折线或多边形。

（6）按住 Alt 键，可将“画图工具”切换到“吸管工具”。也适用于本节介绍的其他工具。

（7）按住 Ctrl 键，可将“画图工具”切换到“移动工具”。也适用于本节介绍的其他工具。

（8）如果已经创建了选区，则只可以在选区内绘制图像。

3.“画笔工具”选项栏

画笔工具组内有画笔、铅笔、颜色替换和混合器画笔四个工具。“画笔工具”选项栏如图 5-1-17 所示，“铅笔工具”选项栏如图 5-1-18 所示，“颜色替换工具”选项栏如图 5-1-19 所示，“混合器画笔工具”选项栏如图 5-1-20 所示。

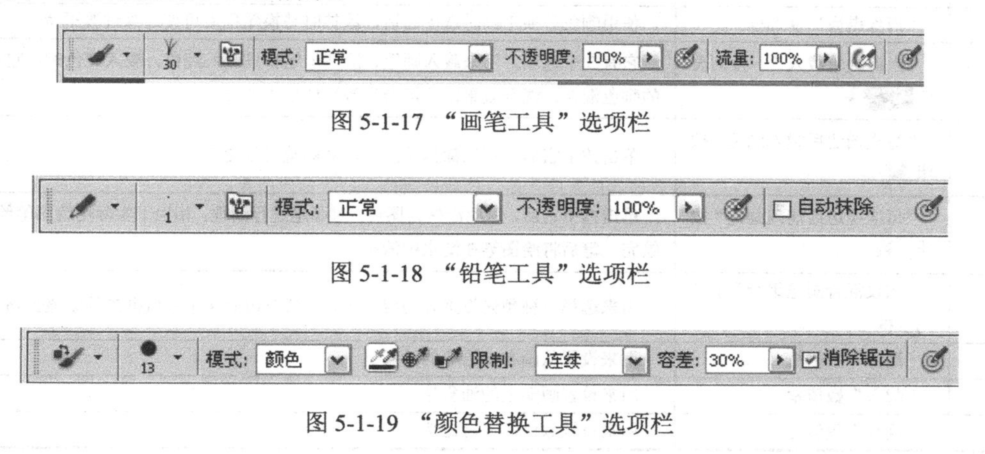

图 5-1-17 “画笔工具”选项栏

图 5-1-18 “铅笔工具”选项栏

图 5-1-19 “颜色替换工具”选项栏

图 5-1-20 “混合器画笔工具”选项栏

使用“画笔工具”和“铅笔工具”绘图时的颜色均为前景色。在使用“画笔工具”时，选项栏内会增加“自动抹除”复选框，如果选中该复选框，当鼠标指针中心点所在位置的颜色与前景色相同时，则用背景色绘图；当鼠标指针中心点所在位置的颜色与前景色不相同时，则用前景色绘图。如果没选中该复选框，则总用前景色绘图。

图 5-1-21 “不透明度”文本框

选项栏内文本框的数值调整方法（如“不透明度”文本框）：可以直接在文本框内输入数值或直接拖曳“不透明度”文字；也可以单击文本框右边的箭头按钮，调出一个滑块，拖曳滑块来改变数值，如图 5-1-21 所示。4 个选项栏中部分选项的作用如表 5-1-1 所示。

表 5-1-1　画笔工具组内 4 个选项栏内部分选项的作用

序　号	名　称	作　用
1	“模式”下拉列表框	用来设置绘画模式
2	“不透明度”文本框	它决定了绘制图像的不透明程度，其值越大，不透明度越大；其值越小，不透明度越小
3	“流量”文本框	它决定了绘制图像的笔墨流动速度，其值越大，绘制图像的颜色越深
4	“切换画笔面板”按钮	单击该按钮，可以调出“画笔”面板，如图 5-1-9 所示，利用该面板可以设置画笔笔触的大小和形状等
5	“启用喷枪模式”按钮	单击按下该按钮后，画笔会变为喷枪，可以喷出色彩
6	“取样”栏	用来设置鼠标拖曳时的取样模式，它有 3 个按钮选项，介绍如下。 （1）“取样连续”按钮：在拖曳时，连续对颜色取样； （2）“一次”按钮：只在第 1 次单击时对颜色取样并替换，以后拖曳不再替换颜色； （3）“背景色板”按钮：取样的颜色为原背景色，只替换与背景色一样的颜色
7	“限制”下拉列表框	其内有“连续”、“不连续”和“查找边缘”3 个选项，选择“连续”选项表示替换与鼠标指针处颜色相近的颜色；选择“不连续”选项表示替换出现在任何位置的样本颜色；选择“查找边缘”选项表示替换包含样本颜色的连续区域，同时能更好地保留形状边缘的锐化程度
8	“容差”文本框	该数值越大，在拖曳涂抹图像时选择相同区域内的颜色越多
9	“消除锯齿”复选框	使用颜色替换工具时选中它后，涂抹时替换颜色后可使边缘过渡平滑
10	“当前画笔载入”下拉列表框	它有 3 个选项，用来载入画笔、清理画笔和只载入纯色，载入纯色时，它和涂抹的颜色混合，混合效果由“混合”等数值框内的数据决定
11	“每次描边后载入画笔”按钮	单击按下它后，每次涂抹绘图后，对画笔进行更新
12	“每次描边后清理画笔”按钮	单击按下它后，每次涂抹绘图后，对画笔进行清理，相当于实际用绘图笔绘画时，绘完一笔后将绘图笔在清水中清洗
13	“预设混合画笔组合”下拉列表框	用来选择一种预先设置好的混合画笔。其右边的 4 个数值框内的数值会随之变化
14	“潮湿”数值框	用来设置从画布上拾取的油彩量
15	“载入”数值框	用来设置画笔上的油彩量
16	“混合”数值框	用来设置颜色的混合比例

4. 创建新画笔

（1）使用“画笔”面板创建新画笔：单击“切换画笔面板”按钮或者选择“窗口”→“画笔”命令，调出“画笔”面板，如图 5-1-9 所示。利用该面板可以设计各种各样的画笔。单击该面板下边的“创建新画笔”按钮，可调出“画笔名称”对话框，在“名称”文本框中输入画笔名称，单击“确定”按钮，可将刚设计的画笔加载到“画笔样式”面板中。

（2）利用图像创建新画笔：创建一个选区，用选区选中要作为画笔的图像。然后，选择“编辑”→“定义画笔预设”命令，调出“画笔名称”对话框，在其文本框内输入画笔名称。再单击“确定”按钮，即完成了创建图像新画笔的工作。在“画笔样式”面板内的最后边会增加新的画笔图案。定义的画笔选区可以是任何形状的，也可以没有选区。

思考练习 5-1

1．绘制如图 5-1-22 所示的 7 幅图形。

图 5-1-22　7 幅图形

2．绘制“荷塘月色”图像，如图 5-1-23 所示。

3．绘制“归燕”图像，如图 5-1-24 所示。

4．制作一幅“草原”图像，如图 5-1-25 所示。

5．利用提供的画笔文件，绘制一些采用不同画笔绘制的图形。

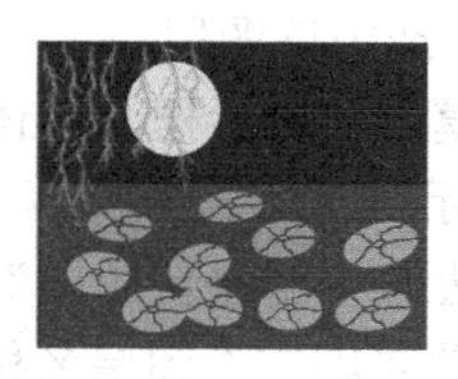

图 5-1-23　“荷塘月色”图像

图 5-1-24　“归燕”图像

图 5-1-25　“草原”图像

5.2 【实例 23】羊奶广告

“羊奶广告”图像如图 5-2-1 所示。它是一幅宣传绿色环保羊奶的宣传广告。制作该图像主要使用了图 5-2-2 所示的“草原”图像，使用了“球面化”滤镜和历史记录画笔等技术。

图 5-2-1　“羊奶广告”图像

图 5-2-2　“草原”图像

制作方法

1．制作圆形凸透效果

（1）打开图 5-2-2 所示的“草原”图像，将该图像调整为宽 800 像素、高 600 像素，以名称“【实例 23】羊奶广告.psd”保存。打开图 5-2-3 所示的 5 幅“羊奶”图像。

图 5-2-3　5 幅“羊奶”图像

（2）选中第 1 幅“羊奶”图像的画布窗口，创建选中盒装羊奶图像的选区。使用“移动工具”，将选区内的图像拖曳到“【实例 23】羊奶广告.psd”图像中，“图层”面板中会增加一个“图层 1”图层。调整复制的盒装羊奶图像的大小和位置，再适当旋转该图像。

（3）选中放置复制的盒装羊奶图像所在的“图层 1”图层，调出“图层样式”对话框，设置单色蓝色，在“图案”栏内设置“扩展”为 6，“大小”为 35，在“结构”栏内的“混合模式”列表框内选择“亮光”选项，单击“确定”按钮，给“图层 1”图层内的图像添加“外发光”图层样式。效果如图 5-2-4 所示。

（4）将 “图层 1”图层和“背景”图层合并，组成“背景”图层。选中该图层。

（5）选择“滤镜”→“模糊”→“高斯模糊”命令，调出“高斯模糊”对话框，在该对话框中设置模糊半径为 4 像素，单击“确定”按钮。效果如图 5-2-5 所示。

（6）在“图层”面板内，拖曳“背景”图层到“图层”面板内下边的“创建新图层”按钮之上，复制一个相同的图层，该图层的名称为“背景副本”，将“背景副本”图层名称改为“透明球”。

（7）使用工具箱中的“椭圆选框工具”，在图像上创建一个如图 5-2-6 所示的圆形选区。将选区反向。选中“透明球”图层，按 Delete 键，将选区内的图像删除。再将选区反向。

 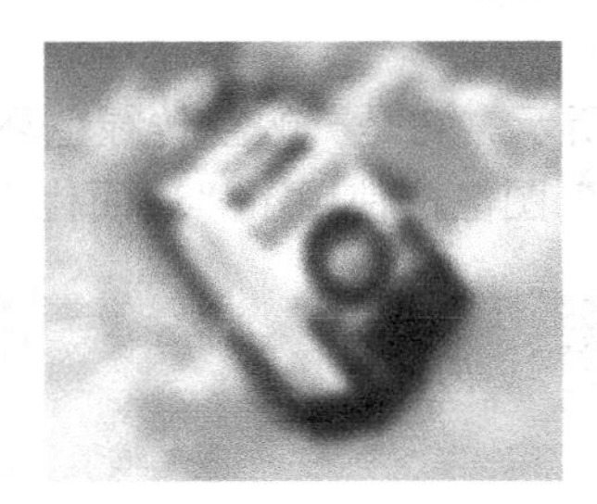 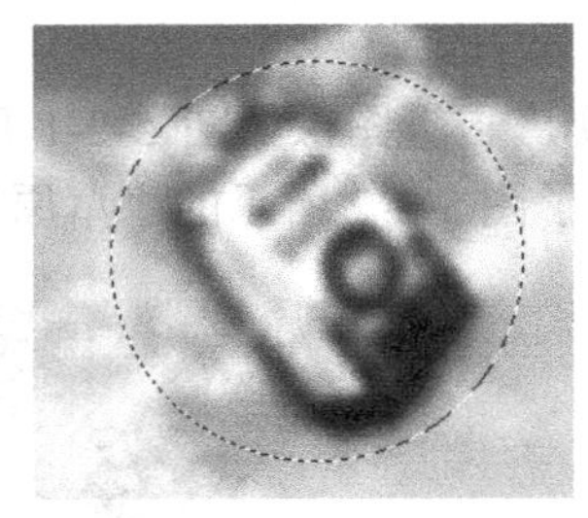

图 5-2-4 “外发光”图层样式　　图 5-2-5　高斯模糊效果　　图 5-2-6　圆形选区

（8）选择“滤镜”→“扭曲”→“球面化”命令，调出“球面化”对话框，设置如图 5-2-7 所示。单击“确定”按钮，效果如图 5-2-8 所示。再执行一次“球面化”命令。

（9）选择“选择”→“修改”→“收缩”命令，调出“收缩选区”对话框，在该对话框中设置收缩量为 6 像素，单击“确定”按钮，将选区收缩 6 像素。

（10）使用工具箱中的“历史记录画笔”，单击“历史记录”面板内“向下合并”记录左边的方形选框，使方形选框内出现历史记录标记，如图 5-2-9 所示。然后，在选区的中间多次单击，使选区内的图像变清晰；再在选项栏内将历史记录画笔的不透明度降低，并在选区的周边单击几次。按 Ctrl+D 组合键，取消选区。效果如图 5-2-10 所示。

（11）选中“透明球”图层，调出“图层样式”对话框，利用该对话框进行设置，如图 5-2-11 所示。单击“确定”按钮，为该图层加上“外发光”图层样式，效果如图 5-2-12 所示。

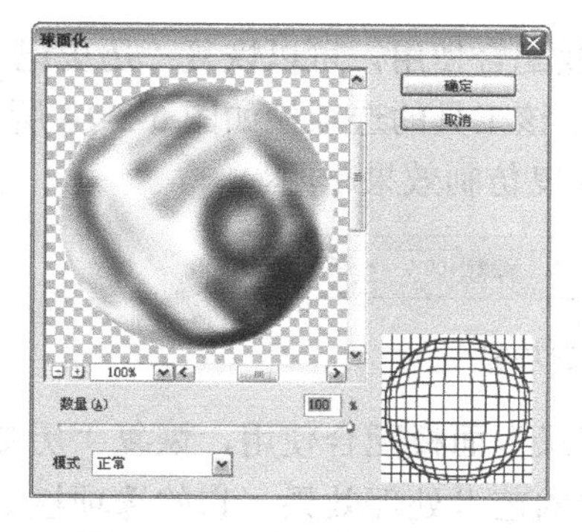

图 5-2-7 “球面化”对话框

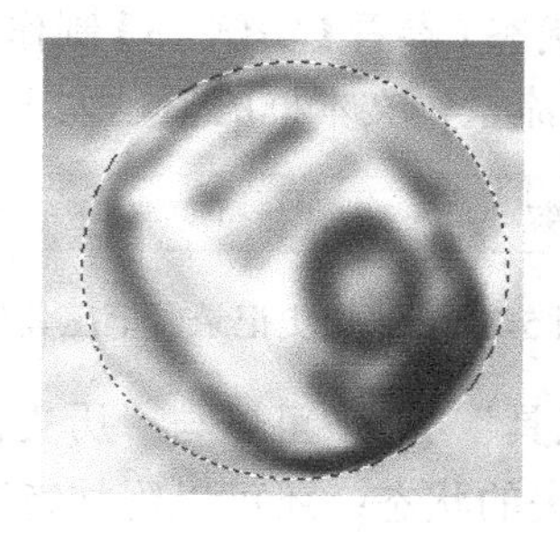

图 5-2-8 球面化效果

图 5-2-9 “历史记录”面板

图 5-2-10 历史记录画笔效果

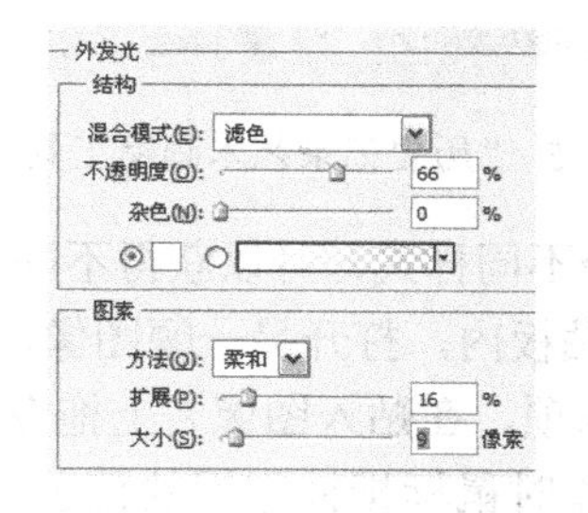

图 5-2-11 “图层样式”对话框设置

图 5-2-12 添加图层样式

2．添加图片和制作文字

（1）打开 2 幅“奶羊”和 1 幅“羊奶奶制品”图像，如图 5-2-13 所示。分别创建选中其内“奶羊”和“羊奶奶制品”图像的选区，再使用“移动工具”，分别将选区内的图像拖曳到“【实例 23】羊奶广告”图像中。

图 5-2-13 2 幅“奶羊”和 1 幅“羊奶奶制品”图像

（2）创建选区，分别选中图 5-2-3 所示的后 4 幅“羊奶”图像中的羊奶图像。使用“移动工具”，将选区内的羊奶图像拖曳到“【实例 23】羊奶广告”图像中。

（3）调整复制的 7 幅图像的大小和位置，最后效果如图 5-2-1 所示。

（4）输入黑体、黄色、36 点的两行广告文字。再为文字所在的文本图层添加“斜面和浮雕”图层样式。最后效果如图 5-2-1 所示。

知识链接——历史记录笔工具组和渲染工具

1．历史记录笔工具组

历史记录笔工具组有历史记录画笔和历史记录艺术画笔两个工具，它们的作用如下。

（1）“历史记录画笔工具”：应与“历史记录”面板配合使用，可以恢复“历史记录”面板中记录的任何一个过去的状态（参看【实例 23】制作）。该工具的选项栏如图 5-2-14 所示。其中各选项均在前面介绍过。“流量”文本框的值越大，拖曳仿制效果越明显。

图 5-2-14 “历史记录画笔工具”选项栏

（2）“历史记录艺术画笔工具”：可以与“历史记录”面板配合使用，恢复“历史记录”面板中记录的任何一个过去的状态；还可以附加特殊的艺术处理效果。它的选项栏如图 5-2-15 所示。前面没介绍过的选项的作用如下。

图 5-2-15 “历史记录艺术画笔工具”选项栏

◎“样式”下拉列表框：选择不同样式，可以获得不同的恢复效果。例如，打开一幅图像，如图 5-2-16 所示，将它复制到剪贴板内，打开另一幅图像，创建一个椭圆选区，将剪贴板内的图像贴入选区内，选择“轻涂”选项，在贴入图像之上拖曳后的效果如图 5-2-17 所示。

◎“区域”文本框：设置操作时鼠标指针作用的范围。

◎“容差”带滑块的文本框：可设置的数值范围是 0%～100%。设置操作时恢复点间的距离。

2. 渲染工具

工具箱内的渲染工具分别放置在两个工具组中，如图 5-2-18 所示。它们的作用如下。

图 5-2-16 图像

图 5-2-17 “轻涂”后的效果

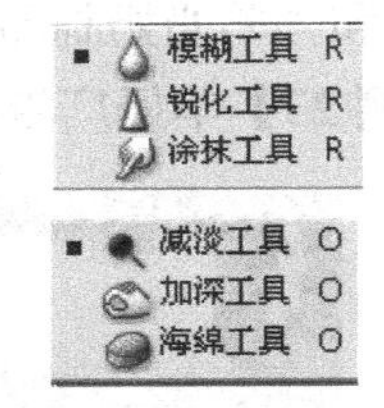

图 5-2-18 2 个渲染工具组

（1）“模糊工具”：用来对图像突出的色彩和锐利的边缘进行柔化，使图像模糊。“模糊工具”选项栏如图 5-2-19 所示。其“强度”（也叫压力）文本框是用来调整压力大小的，压力值越大，模糊的作用越大。

在图 5-2-16 所示图像的右半部分创建一个矩形选区，单击按下“模糊工具”按钮，按照图 5-2-19 所示进行选项栏设置，再反复在选区内拖曳。图像效果如图 5-2-20 所示。

图 5-2-19 “模糊工具”选项栏

图 5-2-20 模糊加工的图像

（2）“锐化工具”：与“模糊工具”的作用正好相反，即将图像相邻颜色的反差加大，使图像的边缘更锐利，它的使用方法与“模糊工具”的使用方法一样。“锐化工具”选项栏如图 5-2-21 所示。选中“保护细节”复选框后，可以使涂抹后的图像保护细节；选中“对所有图层取样”复选框后，在涂抹时对所有图层的图像取样，否则只对当前图层内的图像取样。将图 5-2-16 所示图像右半部分进行锐化后的图像如图 5-2-22 所示。

图 5-2-21　“锐化工具”选项栏

（3）“涂抹工具”：可以使图像产生涂抹的效果，将图 5-2-16 所示图像右半部分进行涂抹加工后的效果如图 5-2-23 所示。如果选中“手指绘画”复选框，则使用前景色进行涂抹，如图 5-2-24 所示。“涂抹工具”选项栏如图 5-2-25 所示。

图 5-2-22　锐化图像

图 5-2-23　涂抹图像

图 5-2-24　涂抹图像

图 5-2-25　“涂抹工具”选项栏

（4）“减淡工具”：使图像的亮度增加。“减淡工具”选项栏如图 5-2-26 所示。其中，前面没有介绍的选项的作用如下。

图 5-2-26　“减淡工具“选项栏

◎“范围”下拉列表框：有 3 个选项，暗调（对图像的暗色区域进行亮化）、中间调（对图像的中间色调区域进行亮化）、高光（对图像的高亮度区域进行亮化）。

◎“曝光度”文本框：用来设置曝光度大小，取值为 1%～100%。

按照图 5-2-26 进行设置后，将图 5-2-16 所示图像右半部分减淡后的图像如图 5-2-27 所示。

（5）“加深工具”：使图像的亮度减小，将图 5-2-16 所示图像右半部分加深后的图像如图 5-2-28 所示。“加深工具”选项栏如图 5-2-29 所示。

（6）“海绵工具”：使图像的色饱和度增加或减小。“海绵工具”选项栏如图 5-2-30 所示。如果选择“模式”下拉列表框中的“降低饱和度”选项，则使图像的色饱和度减小；如果选择“模式”下拉列表框中的“饱和”选项，则使图像的色饱和度增加。

图 5-2-27　减淡图像

图 5-2-28　加深图像

图 5-2-29 “加深工具”选项栏

图 5-2-30 “海绵工具”选项栏

思考练习 5-2

1．通过实际操作，了解历史记录笔工具组工具和渲染工具的基本使用方法。

2．制作一个水滴图形。制作方法提示：首先创建一个水滴状选区，填充浅蓝色；再使用“减淡工具”将左边减淡，使用“加深工具”将右边加深；再使用“减淡工具”，设置范围为高光，给图形添加水滴的高光效果，产生立体感。

3．制作一幅“牛奶广告”图像，在一幅背景图像之上有一个透明球体，其内是不同的牛奶产品，还有一头奶牛和一些牛奶茶品，另外还有关于牛奶的广告词。

5.3 【实例 24】鱼鹰和鱼

“鱼鹰和鱼”图像如图 5-3-1 所示。制作该图像使用了如图 5-3-2 所示的“鱼和渔港”图像和图 5-3-3 所示的“鱼鹰”图像。

图 5-3-1 “鱼鹰和鱼”图像

图 5-3-2 “鱼和渔港”图像

图 5-3-3 “鱼鹰”图像

制作方法

（1）打开“鱼和渔港”图像和“鱼鹰”图像，如图 5-3-2 和图 5-3-3 所示。将“鱼和渔港”

图像以名称“【实例 24】鱼鹰和鱼.psd”保存。

（2）使用工具箱中的“魔术橡皮擦工具”，设置容差为50，擦除图 5-3-3 中的蓝色背景。使用“橡皮擦工具”，将没擦除的图像擦除，如图 5-3-4 所示。

（3）将图 5-3-4 中的图像复制粘贴到“【实例 24】鱼鹰和鱼.psd”图像中。调整鱼鹰图像的位置、大小和旋转角度。调整后的图像如图 5-3-5 所示。

（4）双击背景图层，调出“新建图层”对话框，单击“新建图层”对话框中的“确定”按钮，将背景图层转换成名称为“图层 0”的常规图层。

（5）在“图层”面板内新建“图层 1”图层，选中该图层。设置背景色为白色，按 Ctrl+Delete 组合键，将“图层 1”图层填充为白色。再将“图层 1”图层拖曳到“图层 0”图层的下边。

（6）单击“图层 1”图层左边的眼睛图标，将“图层 1”图层隐藏。选中“图层 0”图层，使用“背景橡皮擦工具”，将该图层内右边的鱼缸擦除，如图 5-3-6 所示。

图 5-3-4 擦除鱼鹰背景

图 5-3-5 调整图像

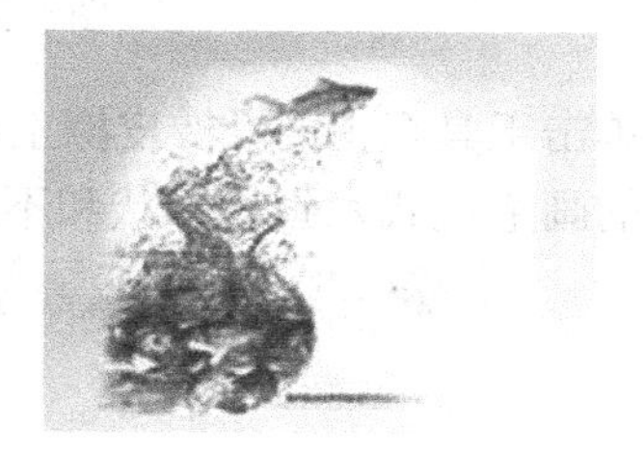

图 5-3-6 擦除鱼缸

（7）单击“历史记录”面板内最后一个“背景色橡皮擦”记录左边的方形选框，使方形选框内出现历史记录标记，如图 5-3-7 所示。

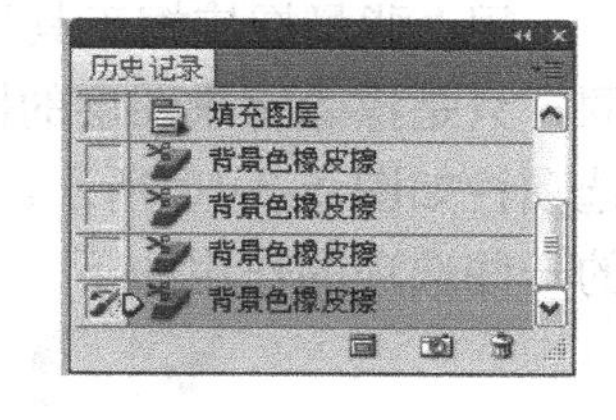

图 5-3-7 “历史记录”面板

（8）选择“滤镜”→“模糊”→“径向模糊”命令，调出“径向模糊”对话框，在“数量”文本框内输入 10，选中“旋转”和“好”单选按钮，单击“确定”按钮。然后单击“图层 1”图层左面的方形选框，显示“图层 1”图层。

（9）使用工具箱中的“历史记录画笔”，用该画笔多次单击“图层 0”图层上的鱼，最后效果如图 5-3-1 所示。

知识链接——橡皮擦工具组

工具箱内的橡皮擦工具组有三个橡皮擦工具。它们的作用简介如下。

1. 橡皮擦工具

使用“橡皮擦工具”擦除图像可以理解为用设置的画笔，使用背景色为绘图色，再重新绘图。所以画笔绘图中采用的一些方法在擦除图像时也可使用，例如，如果按住 Shift 键，同时拖曳，可沿水平或垂直方向擦除图像。

选中其选项栏内的“抹到历史记录”复选框，则擦除图像时，只能够擦除到历史记录处。另外，还可以在此状态下，用鼠标拖曳，将前面擦除的图像还原（可以不进行历史记录设置）。单击“历史记录”面板内相应记录左边的方形选框，使方形选框内出现“历史记录标记”，可设置历史记录。

选中“背景”图层，拖曳鼠标，可擦除“背景”图层中的图像，并用背景色（绿色）填充擦除部分，如图 5-3-8（a）所示。如果擦除的不是“背景”图层图像，则擦除的部分变为透明，如图 5-3-8（b）所示。如果图层中有选区，则只能擦除选区内的图像。

（a）

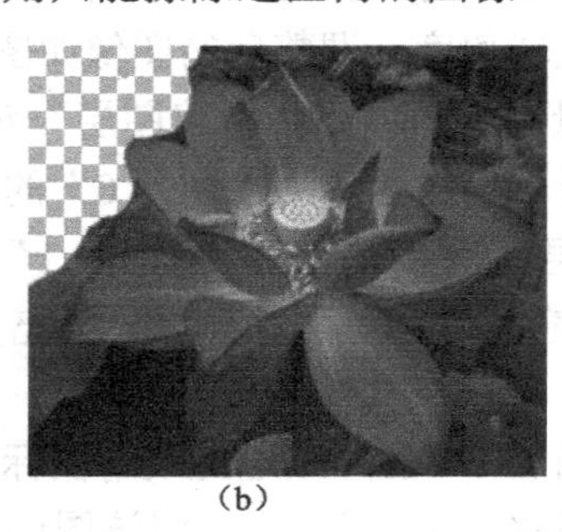
（b）

图 5-3-8　用“橡皮擦工具”擦除图像的效果

单击工具箱内的“橡皮擦工具”按钮后，它的选项栏如图 5-3-9 所示。利用它可以设置橡皮的画笔模式、画笔形状和不透明度等。

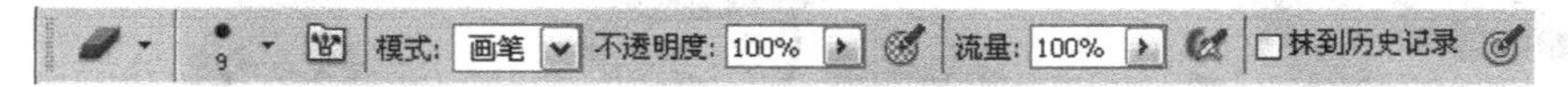

图 5-3-9　“橡皮擦工具”选项栏

2. 背景橡皮擦工具

用“背景橡皮擦工具”擦除图像的方法与用“橡皮擦工具”擦除图像的方法基本相同，只是擦除背景图层的图像时，擦除部分呈透明状，不填充任何颜色。“背景橡皮擦工具”选项栏如图 5-3-10 所示。利用它可以设置橡皮的画笔形状、大小和容差等。前面没有介绍过的一些选项的作用如下。

图 5-3-10　“背景橡皮擦工具”选项栏

（1）“限制”下拉列表框：用来设定画笔擦除当前图层图像时的方式。它有 3 个选项，分别是“连续”（只擦除当前图层中与取样颜色（成为当前背景色）相似的颜色）、“临近”（擦除当前图层中与取样颜色相邻的颜色）、“查找边缘”（擦除当前图层中包含取样颜色的相邻区域，以显示清晰的擦除区域的边缘）。

（2）“容差”文本框：用来设置系统选择颜色的范围，即颜色取样允许的彩色容差值。该数值的范围是 1%～100%。容差值越大，取样和擦除的区域越大。

（3）“保护前景色”复选框：选择该复选框后，将保护与前景色匹配的区域。

（4）“取样”栏：用来设置取样模式。它有 3 个按钮，分别是“连续”（在拖曳时，取样颜色会随之变化、背景色也随之变化）、“一次”（单击时进行颜色取样，以后拖曳不再进行颜色取样、“背景色板”（取样颜色为原背景色，所以只擦除与背景色一样的颜色）。

3. 魔术橡皮擦工具

“魔术橡皮擦工具”可以智能擦除图像。单击工具箱内的“魔术橡皮擦工具”按钮后，只要在要擦除的图像处单击，即可擦除单击点和相邻区域内或整个图像中与单击点颜色相近的所有颜色。该工具的选项栏如图 5-3-11 所示。前面没介绍过的选项的作用如下。

图 5-3-11 “魔术橡皮擦工具”选项栏

（1）“容差”文本框：用来设置系统选择颜色的范围，即颜色取样允许的彩色容差值。该数值的范围是 0～255。容差值越大，取样和擦除的选区越大。

（2）“连续”复选框：选中该复选框后，擦除的是整个图像中与鼠标单击点颜色相近的所有颜色，否则擦除的区域是与单击点相邻的区域。

思考练习 5-3

1．通过实际操作，了解历史橡皮擦工具组工具的基本使用方法。

2．制作一幅“女人花”图像，如图 5-3-12 所示。它是将图 5-3-13 所示的“风景”和“丽人”图像放入不同图层中（“丽人”图像在上），再使用“橡皮擦工具”擦除人物以外的图像后获得的。

图 5-3-12 “女人花”图像

图 5-3-13 “风景”和“丽人”图像

3．制作一幅“花园佳人”图像，如图 5-3-14 所示。它是利用图 5-3-15 所示的“花园”和“佳人 1”图像制作而成的。制作该图像主要使用“橡皮擦工具”。

图 5-3-14 “花园佳人”图像

图 5-3-15 “花园”和“佳人 1”图像

5.4 【实例 25】修复与合成照片

“修复与合成照片”任务是将图 5-4-1 所示的 3 幅照片加工修复再合并成一幅全景照片，如图 5-4-2 所示。可以看到，3 幅照片是从不同角度拍下的济南公园同一位置的宽幅影像（一般的照相机所照的相片的宽度不够），它们相互有部分重叠，3 幅照片都有一些多余的不协调的内容。所以需要将这 3 幅照片进行加工处理，再将加工后的 3 幅照片合并成一幅图像。

图 5-4-1 “照片 1”～“照片 3” 3 幅照片图像

图 5-4-2 修复与合成的全景照片

制作方法

1. 修复照片图像

（1）打开图 5-4-1 所示的 3 幅照片图像。将 3 幅照片图像调小，宽度均为 500 像素，高度均为 333 像素。将加工处理好的图像保存在“【实例 25】修复与合成照片”文件夹中。

（2）原照片图像的亮度和对比度不太一致，可以进行照片图像的亮度和对比度调整，使它们接近一样。例如，选中“照片 2”图像，选择“图像”→“调整”→“亮度/对比度”命令，调出“亮度/对比度”对话框，设置“亮度”值为 56，如图 5-4-3 所示。单击“确定”按钮，对图像进行亮度调整，效果如图 5-4-4 所示。

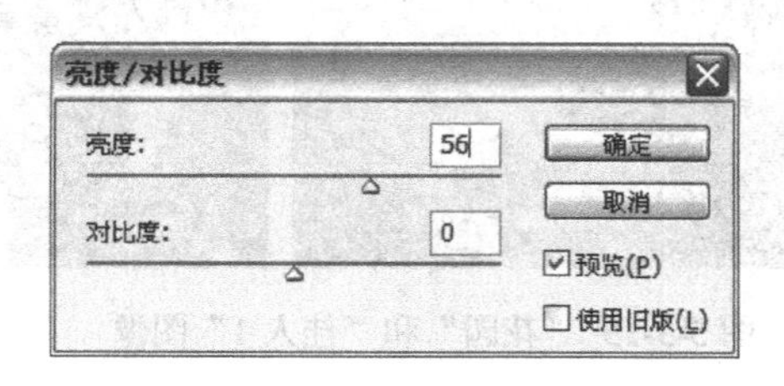

图 5-4-3 “亮度/对比度”对话框

图 5-4-4 “照片 2”图像亮度调整效果

（3）可以看到，在图 5-4-1 所示“照片 1”图像的左下角有一个游人的胳膊和栏杆，右上角还有现代建筑；在图 5-4-1“照片 2”图像的上方也有现代建筑。这些都是多余的不协调的内容，需要进行修复。

（4）单击工具箱中的“仿制图章工具”按钮，在其选项栏内设置画笔大小为 50 像素，不柔边，不透明度为 100%、流量为 100%、不选中“对齐”复选框，如图 5-4-5 所示。

图 5-4-5 “仿制图章工具”选项栏设置

（5）选中“照片 1”图像，按住 Alt 键，同时单击人胳膊右边的水纹处，获取修复图像的样本，然后拖曳要修复的人的胳膊处，清除人的胳膊。可以多次取样，多次拖曳。

（6）单击工具箱内的“修复画笔工具”按钮，在其选项栏内设置画笔大小为 19 像素，选中“取样”单选按钮，如图 5-4-6 所示。

图 5-4-6 “修复画笔工具”选项栏设置

按住 Alt 键，同时单击要修复的水波纹图像右边，进行取样。再在修复的水波纹图像处拖曳，进行再修复，使修复的水波纹图像与周围的图像没有明显的分界，如图 5-4-7 所示。

（7）按照上述方法，将“照片 1”图像中古建筑房顶上的现代建筑图像用其上边的蓝天图像进行替换修复，效果如图 5-4-7 所示。

图 5-4-7　修复第 1 幅图像

也可以使用“吸管工具”，单击蓝天图像，设置前景色为该图像的浅蓝色。再使用“橡皮擦工具”擦除现代建筑图像。

（8）选中“照片 2”图像，使用“矩形选框工具”，在现代建筑图像处拖曳创建一个矩形选区。选择“选择”→“变换选区”命令，进入选区编辑状态，调整选区大小，使选区宽度和高度与现代建筑一样。按 Enter 键，完成选区的编辑调整。然后，将选区垂直移到现代建筑图像上边的蓝天图像处，如图 5-4-8 左图所示。

（9）使用“移动工具”，按住 Alt 键，垂直向下拖曳矩形选区，复制一份蓝天图像，将现代建筑覆盖，如图 5-4-8 中图所示。按 Ctrl+D 组合键，取消选区。

（10）“照片 2”图像内还有两处现代建筑物图像，也采用上边介绍的方法进行修复。

由于“照片 2”图像的蓝天背景色接近，另外它的颜色与“照片 1”图像的蓝天背景色又不太一样，为了使下面 3 幅照片合成得自然，可以使用“吸管工具”，单击“照片 1”图像右边的蓝天图像，设置前景色为该图像的浅蓝色。然后，在“照片 2”图像内创建选中蓝天的选区，按 Alt+Delete 组合键，给选区填充浅蓝色，如图 5-4-8 右图所示。

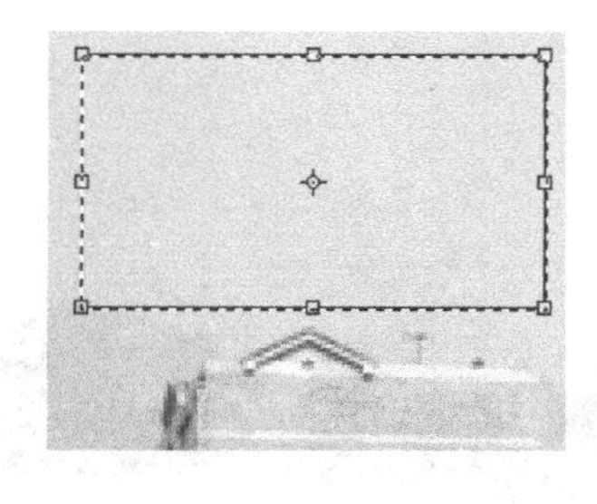

图 5-4-8　修复第 2 幅图像

（11）参考上述方法，再修复“照片 3”图像。然后，将加工好的 3 幅图像分别以名称“照片 01.jpg”、“照片 02.jpg”和“照片 03.jpg”保存。

2．合成照片

（1）选择“文件”→“在 Bridge 中浏览”命令，调出“Adobe Bridge”（文件浏览器）。在左边选中“文件夹”标签，选中“【实例 25】修复与合成照片”文件夹。

（2）按住 Ctrl 键，同时单击“文件浏览器”窗口内右边“内容”栏中的“照片 01.jpg”、“照片 02.jpg”和“照片 03.jpg”图像，如图 5-4-9 所示。

图 5-4-9　在文件浏览器中选中 3 幅图像

（3）选择“Adobe Bridge”内的“工具”→“Photoshop”→“Photomerge”命令，调出“Photomerge”（照片合并）对话框，如图 5-4-10 所示。选中“调整位置”单选按钮，按住 Ctrl 键，单击选中“照片 01.jpg”、“照片 02.jpg”和“照片 03.jpg”名称。如果有多余的图像文件名，可在选中它的名称后，单击“移去”按钮；如果需要添加其他图像文件，可以单击“浏览”按钮，调出“打开”对话框，利用该对话框可以选择要添加的图像文件。

（4）再单击“确定”按钮。此时，“Adobe Bridge”会自动处理选中的 3 幅图像，最后回到 Photoshop CS5 工作环境，并打开拼接好的 3 幅照片图像，如图 5-4-11 所示。

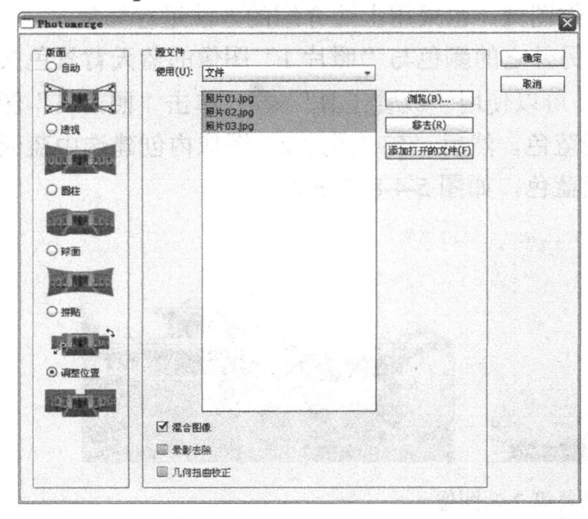

图 5-4-10　“照片合并”对话框

图 5-4-11　拼接好的 3 幅照片图像

（5）单击工具箱内的“裁剪工具”按钮，对图像进行裁剪。如果下边缘裁剪不好，可以选择“图像”→“画布大小”命令，调出“画布大小”对话框，利用该对话框裁剪图像中多余的部分。最后效果如图5-4-2所示。

（6）将加工后的图像保存为“【实例 25】修复与合成照片.psd”和“【实例 25】修复与合成照片.jpg”文件。

知识链接——图章工具组和修复工具组

1. 图章工具组

工具箱内的图章工具组有“仿制图章工具”和“图案图章工具”，它们的作用如下。

（1）“仿制图章工具”：可以将图像的一部分复制到同一幅或其他图像中。它的选项栏如图5-4-5所示。复制图像的方法以及其选项栏内前面没有介绍过的选项的作用如下。

◎ 打开“风景”和“天鹅”两幅图像，如图5-4-12所示。下面将“天鹅”图像的一部分或全部复制到“风景”图像中，如图5-4-13所示。

注意：打开的两幅图像应具有相同的彩色模式。

图5-4-12 “风景”和“天鹅”图像

图5-4-13 复制“天鹅”图像

◎ 单击工具箱内的“仿制图章工具”按钮，在其选项栏内进行画笔、模式、流量、不透明度等设置。选择“对齐”复选框的目的是复制一幅图像。

◎ 按住 Alt 键，同时单击“天鹅”图像的中间部分（此时鼠标指针变为图章形状），则单击的点即为复制图像的基准点（采样点）。因为选择了“对齐”复选框，所以系统将以基准点对齐，即使是多次复制图像，也是复制一幅图像。

◎ 选中“风景”图像画布窗口。在“风景”图像内用鼠标拖曳，即可将“天鹅”图像以基准点为中心复制到“风景”图像中。在拖曳鼠标时，采样点处（此处是“天鹅”图像）会有一个十字线，随着鼠标的移动而移动，指示出采样点。

◎“对齐”复选框：如果选中该复选框，则在复制中多次重新拖曳鼠标，也不会重新复制图像，而是继续前面的复制工作，如图5-4-13所示。如果没选中“对齐”复选框，则在重新拖曳鼠标时，取样将复位，重新复制图像，而不是继续前面的复制工作。这样复制后的图像如图5-4-14所示。

图5-4-14 复制多个“天鹅”图像

◎“样本”下拉列表框：选择进行取样的图层。

◎“打开以在仿制时忽略调整图层”按钮：单击按下该按钮后，不可以对调整图层进行操作。在“样本”下拉列表框选择“当前图层”选项时，它无效。

（2）“图案图章工具”：与“仿制图章工具”的功能基本一样，只是它复制的是图案。“图案图章工具”选项栏如图 5-4-15 所示。使用该工具将“天鹅”图像的一部分复制到“风景”图像中的方法如下。

图 5-4-15 “图案图章工具”选项栏

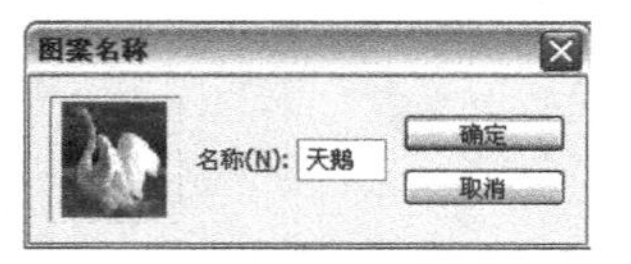

图 5-4-16 “图案名称”对话框

◎ 在“天鹅”图像中创建一个矩形选区，也可以不创建。选择“编辑”→“定义图案”命令，调出“图案名称”对话框，如图 5-4-16 所示。在“名称”文本框内输入“天鹅”。单击“确定”按钮，即可定义一个名为“天鹅”的图案。

◎ 选中“风景”图像画布。单击“图案图章工具”按钮，在其选项栏内设置画笔、模式、流量、不透明度（此处选择 100%），选择“对齐”、不选择“印象派效果”复选框。在“图案”列表框内选择“天鹅”图案。

◎ 在“风景”图像内拖曳可将“天鹅”图案复制到“风景”图像中。如果选中了“对齐”复选框，则在复制中多次重新拖曳时，只是继续刚才的复制工作；如果没选中“对齐”复选框，则重新复制图案，而不是继续前面的复制工作。

2. 修复工具组

工具箱内的修复工具组有 4 个工具，它们和“仿制图章工具”一样，都是用来修补图像的。“仿制图章工具”只是将采样点附近的像素直接复制到需要的地方。修复工具可以用其他区域或图案中像素的纹理、光照和阴影来修复选中的区域，使修复后的像素不留痕迹地融入图像。“修复画笔工具”和“污点修复画笔工具”都可以用来修复图像中的污点和划痕等小瑕疵，它们经常配合使用，“污点修复画笔工具”更适用于修复有污点的图像。

使用修复工具是一个不断试验和修正的过程。修复工具组 4 个工具的作用如下。

（1）“修复画笔工具”：可以将图像的一部分或一个图案复制到同一幅图像其他位置或其他图像中，而且可以只复制采样区域像素的纹理到涂抹的作用区域，保留工具作用区域的颜色和亮度值不变，并尽量将作用区域的边缘与周围的像素融合。

注意：使用“修复画笔工具”的时候并不是一个实时过程，只有停止拖曳时，Photoshop 才处理信息并完成修复。

“修复画笔工具”选项栏如图 5-4-17 所示，其中没有介绍的“源”栏的作用如下。

图 5-4-17 “修复画笔工具”选项栏

“源”栏有两个单选按钮。选择“取样”单选按钮后，需要先取样，再复制；选择“图案”单选按钮后，不需要取样，复制的是选择的图案，其右边的图案选择列表会变为有效，单击它的黑色箭头按钮可以调出“图案”面板，用来选择图案。

图 5-4-18 “修复画笔工具”修复效果

在选择了“取样”单选按钮后，使用“修复画笔工具”复制图像的方法和“仿制图章工具”的使用方法基本相同。都是先按住 Alt 键，同时用鼠标选择一个采样点，然后在选项栏中选取一种画笔大小，再通过拖曳鼠标在要修补的部分涂抹。图 5-4-18 是使用“修复画笔工具”将图 5-4-12 所示的“天鹅”图像复制到“风景”图像的效果图。

（2）“污点修复画笔工具”：使用该工具可以快速移去图像中的污点和不理想的内容。它的工作方式与“修复画笔工具”类似，使用图像或图案中的样本像素进行绘画，并将样本像素的纹理、光照、透明度和阴影与所修复的像素相匹配。“污点修复画笔工具”选项栏如图 5-4-19 所示。其中各选项的作用如下。

模式：正常　类型：○近似匹配　○创建纹理　⊙内容识别　□对所有图层取样

图 5-4-19 “污点修复画笔工具”选项栏

◎“近似匹配”单选按钮：使用涂抹区域周围的像素来查找要用作修补的图像区域。如果此选项的修复效果不好，可以还原修复，再尝试选择其他两个单选按钮。

◎“创建纹理”单选按钮：使用选区中的所有像素创建一个用于修复该区域的纹理。

◎“内容识别”单选按钮：参考涂抹区域周围的像素来修复涂抹区域的图像。

◎“对所有图层取样”复选框：选中该复选框，可从所有可见图层中对数据取样。

与修复画笔不同，污点修复画笔不要求指定样本点，将自动从所修饰区域的周围取样。具体操作方法是，单击“污点修复画笔工具”按钮，在选项栏中选取一种画笔大小（比要修复的区域稍大的画笔，只需单击一次，即可覆盖整个区域），在“模式”下拉列表框中选取混合模式，再在要修复的图像处单击或拖曳鼠标。

（3）“修补工具”：可以将图像的一部分复制到同一幅图像的其他位置，而且可以只复制采样区域像素的纹理到鼠标涂抹的作用区域，保留工具作用区域的颜色和亮度值不变，并尽量将作用区域的边缘与周围的像素融合。

注意： 修补图像时，通常应尽量选择较小区域，以获得最佳效果。“修补工具”选项栏如图 5-4-20 所示。其中各选项的作用如下。

修补：⊙源　○目标　□透明　使用图案

图 5-4-20 “修补工具”选项栏

◎“修补”栏：该栏有两个单选按钮。选中“源”单选按钮后，则选区中的内容为要修改的内容；选中“目标”单选按钮后，则选区移到的区域中的内容为要修改的内容。

◎“透明”复选框：选中该复选框后，取样修复的内容是透明的。

◎“使用图案”按钮：在创建选区后，该按钮和其右边的图案选择列表将变为有效。选择要填充的图案后，单击该按钮，即可将选中的图案填充到选区当中。

“修补工具”的使用方法有些特殊，更像打补丁。首先使用该工具或其他选区工具将需要修补的地方定义出一个选区，然后，使用“修补工具”，选中它的选项栏中的“源”单选按钮，再将选区拖曳到要采样的地方。图 5-4-21 所示的 3 幅图像从左到右分别是定义选区、用修补工具将选区拖曳到采样区域和最后结果的图例。

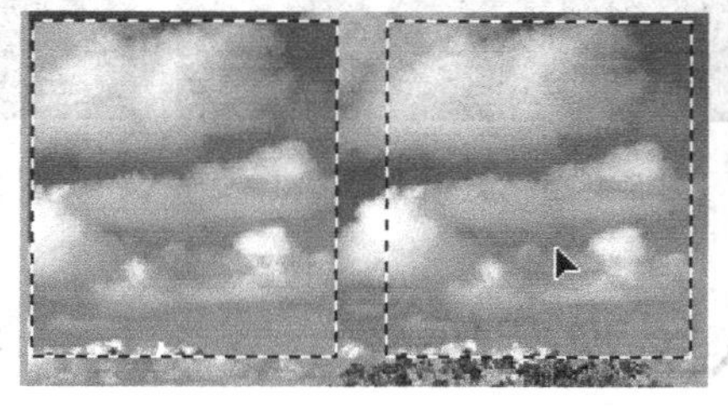

图 5-4-21　修补工具修复图像的过程

如果选中“修补工具”选项栏中的“目标”单选按钮，则创建的选区内的图像作为样本，将选区内的样本图像移到需要修补的地方，即可进行修复。图 5-4-22 所示的 2 幅图像从左到右分别是定义选区、用修补工具将选区拖曳到需要修补的地方的图例。

图 5-4-22　用“修补工具”修复图像的过程

（4）“红眼工具”：使用该工具可以清除用闪光灯拍摄的人物照片中的红眼，也可以清除用闪光灯拍摄的照片中的白色或绿色反光。具体操作方法是，单击按下“红眼工具”按钮，再单击图像中的红眼处。它的选项栏如图 5-4-23 所示。其中各选项的作用如下。

瞳孔大小: 50%　变暗量: 50%

图 5-4-23　“红眼工具”选项栏

◎“瞳孔大小”文本框：用来设置瞳孔（眼睛暗色的中心）的大小。

◎“变暗量”文本框：用来设置瞳孔的暗度。

思考练习 5-4

1．修复图 5-4-24 所示的“旧画像”图像。也可以人为地将一幅好图像进行适当破坏，然后修复。

2．将图 5-4-25 所示的受损图像进行修复。请用“修补工具”和“仿制图章工具”进行修复。

3．图 5-4-26 是一张照片图像，由于船上人很多，要拍照的人物两边有一些其他游人的身影，这些均需要进行加工处理。使用图章工具组和修复工具组内的工具进行加工修复。

4．在网上下载一幅有红眼的照片图像，使用“红眼工具”修复该图像。

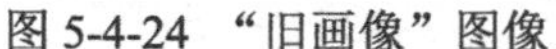

图 5-4-24　“旧画像”图像　　图 5-4-25　受损图像　　图 5-4-26　照片图像

5.5 【实例 26】中国人民欢迎您

“中国人民欢迎您”图像如图 5-5-1 所示。它是一幅中华旅游公司的宣传画。背景是“颐和园”图像，如图 5-5-2 所示。图像之上的左边有旅游胜地“故宫”、“长城”、“庐山”、“苏州园林”、“布达拉宫”和“兵马俑”图像，这些图像均有白色外框；在图像内的右边有环绕的绿色箭头，表示在中国的愉快旅游。图像中的文字明确指出了一些旅游胜地的名称等。

图 5-5-1 “中国人民欢迎您”图像

图 5-5-2 “颐和园”图像

制作方法

1. 制作背景

（1）打开“颐和园”图像，如图 5-5-2 所示。调整该图像的宽度为 1000 像素、高度为 760 像素。双击“背景”图层，调出“新建图层”对话框，单击“确定”按钮，将背景图层转换成名称为“图层 0”的常规图层，再将该图层的名称改为“颐和园”。然后将该图像以名称“【实例 26】中国人民欢迎您.psd”保存。

（2）打开“故宫”图像，使用工具箱中的“移动工具” 拖曳该图像到“【实例 26】中国人民欢迎您.psd”图像之上。再将“图层”面板中的“图层 1”图层的名称改为“故宫”。

（3）选中“图层”面板内的“故宫”图层，选择“编辑”→“自由变换”命令，调整“故宫”图像的大小和位置，按 Enter 键确定。

（4）按住 Ctrl 键，单击“图层”面板内的“故宫”图层的预览图标，创建选中“故宫”图像的选区。选择“编辑”→“描边”命令，调出“描边”对话框，在该对话框中设置描边为 4 像素，颜色为白色，选中“居外”单选按钮，单击“确定”按钮，给选区描边。

（5）按照上述方法，分别将“长城”、“庐山”、“苏州园林”、“布达拉宫”和“兵马俑”图像拖曳到“【实例 26】中国人民欢迎您.psd”图像内的不同位置，在“图层”面板内生成一些图层，将这些图层的名称进行更改，并调整好它们的位置和大小，如图 5-5-1 所示。

（6）按照上述方法，给这些图像四周描 4 像素的白色边框。

（7）选中“图层”面板中的“颐和园”图层，使用“矩形选框工具” 创建几条长方形选区，填充为白色。效果如图 5-5-1 所示。

2. 制作箭头图形

（1）新建一个文件名为“箭头”、宽度为 400 像素、高度为 300 像素、模式为 RGB 颜色、背景为白色的文档。创建2条参考线。

（2）单击工具箱中的“自定形状工具”按钮，再单击工具选项栏中的“路径”按钮，在“形状”下拉列表框中选择形状，再在画布上拖曳出如图5-5-3所示的箭头。“路径”面板内会自动增加一个名称为“工作路径”的路径层。

（3）使用“直接选择工具”，单击选中箭头图像，水平拖曳箭头图像的控制柄，使箭头图像变宽一些。按住Ctrl键，单击“路径”面板中的路径缩览图，将路径转换成选区。

（4）新建一个“图层1”图层。将前景色设为淡绿色（R=25，G=123，B=48），按Alt+Delete组合键，给“图层1”图层的选区填充前景色，如图5-5-4所示。将“图层1”图层复制一个名为“图层1副本”的图层。隐藏“图层1”图层。选中“图层1副本”图层。使用“矩形选框工具”，在画布中拖曳一个矩形选区，按Delete键，将选区内的图像删除，如图5-5-5所示。按Ctrl+D组合键，取消选区。

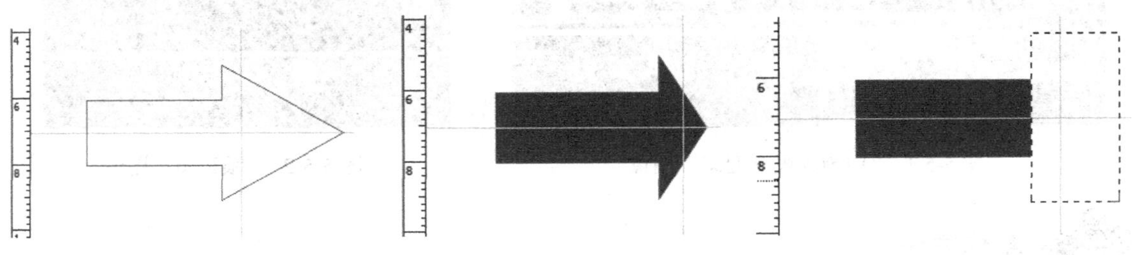

图5-5-3　箭头路径　　图5-5-4　填充颜色　　图5-5-5　删除图像

（5）选择“编辑”→“自由变换”命令，调出控制柄，把图像拉长一点，在其选项栏 -60.0 度 中，将角度调整为-60°。按Enter键确定，效果如图5-5-6所示。

（6）显示“图层1”图层，调整“图层1”图层内的图像为60°。把图像调整好，如图5-5-7所示。选中“图层1副本”图层，按Ctrl+E组合键，使该图层和“图层1”图层合并。

（7）使用工具箱内的“矩形选框工具”，在画布中创建一个矩形选区，按Delete键，将选区内的图像删除，如图5-5-8所示。按Ctrl+D组合键，取消选区。选中“图层1”图层。

（8）选择“编辑”→“自由变换”命令，进入自由变换调整状态，把中心控制点拖曳到如图5-5-9所示的位置上，将角度调整为120°，按Enter键确定。

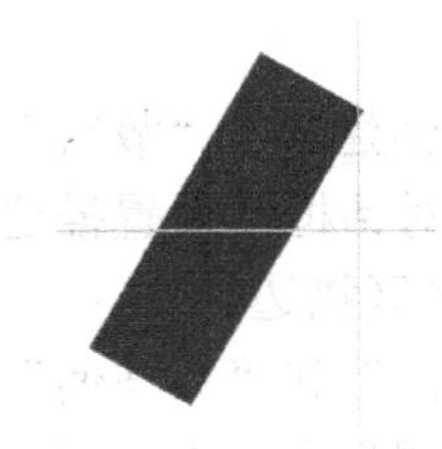

图5-5-6　调整角度

图5-5-7　调整图像

图5-5-8　删除图像

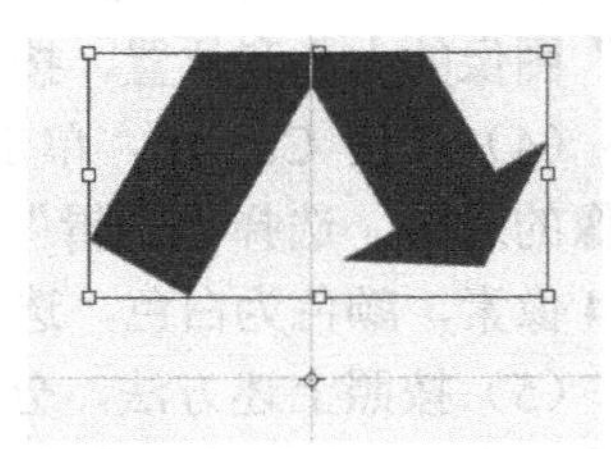

图5-5-9　调整图像

（9）2次按Ctrl+Alt+Shift+T组合键，旋转并复制图像，如图5-5-10所示。选中“图层1副本2”图层，按Ctrl+E组合键，重复2次，把所有图像合并到“图层1”图层中。将“图层1”图层更名为“标志”，将当前图层的不透明度改为85%，再为其加上“斜面和浮雕”和“投影”的图层样式，完成后的图形如图5-5-11所示。

（10）使用工具箱中的“移动工具”按钮，将该图像拖曳到“【实例26】中国人民欢迎您.psd”图像之上，调整复制图像的位置和大小，如图5-5-12所示。然后，将该图像所在图层的名称改为“标志”。

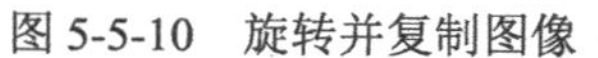

图 5-5-10 旋转并复制图像

图 5-5-11 标志

图 5-5-12 拖曳到颐和园图像之上

3．添加文字

（1）按照图 5-5-1 所示输入广告标语文字到图像中，添加“投影”图层样式效果。

（2）制作红对号图像，其方法与制作箭头的方法基本一样，只是在“形状”下拉列表框中选择✔形状，在画布内创建路径，将其转换成选区，再填充红色。由读者自己完成。

知识链接——形状工具组工具

1．形状工具组工具共性综述

单击工具箱内的形状工具组的绘图工具（如“自定形状工具”）按钮，调出该工具组内的所有绘图工具，利用这些工具，可以绘制直线、曲线、矩形、圆角矩形、椭圆、多边形和自定形状的形状图像、路径和一般图像。不管选中哪个工具，其选项栏左边 3 个栏的按钮都一样，如图 5-5-13 所示。单击按下第 2、3 栏中不同的按钮，其选项栏会有不同的变化。

形状: 样式: 颜色:

图 5-5-13 “形状工具”选项栏

（1）形状工具组工具的切换方法：常用的切换方法如下。

◎ 单击形状工具组中的形状工具按钮；按 Shift+U 组合键，自动切换形状工具组中的工具。

◎ 单击按下图 5-5-13 所示选项栏内第 3 栏中相应的形状工具按钮。

◎ 按住 Alt 键，再单击工具箱中的形状工具按钮。

（2）绘图模式的切换：该选项栏中的栏有 3 个按钮，用来切换绘图模式。

◎“形状图层”按钮：单击按下它，进入形状绘图状态，在绘制路径中会自动填充前景色或一种选定的图案。每绘制一个图像就增加一个形状图层，如图 5-5-14 所示。绘制后的图像不可以用“油漆桶工具”填充颜色和图案。绘制的形状图像如图 5-5-15 中第 1 行图像所示。

◎“路径”按钮：单击按下它，即可进入路径绘制状态，选项栏右边改为 4 个按钮。在此状态下，绘制的是路径，图 5-5-15 中第 2 行图像即所绘的路径。

◎“完整像素”按钮：单击按下它，即可进入一般的绘图状态，选项栏右边改为 模式: 正常 不透明度: 100% 消除锯齿。此时绘制的图像的颜色由前景色决定，该图像可以用“油漆桶工具”填充颜色和图案，且不增加图层。图 5-5-15 中第 3 行图像就是在该状态下绘制的。

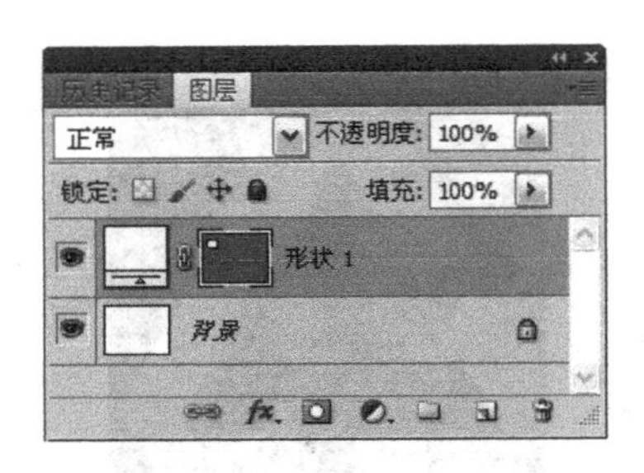

图 5-5-14 “图层”面板

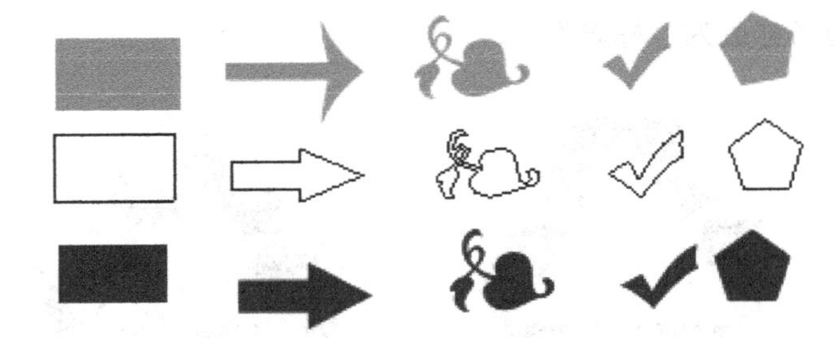

图 5-5-15 绘制的形状、路径和完整像素图像

（3）栏按钮作用：该栏中 5 个按钮的作用如下。

◎“创建新的形状图层”按钮：单击按下它后，绘制一个形状图像，如图 5-5-16 所示。此时，会创建一个形状图层。新图形的样式不会影响原图形的样式，如图 5-5-16 所示。

◎“添加到形状区域”按钮：该按钮只有在已经创建了一个形状图层后才有效。单击按下它后，则绘制的新形状与原形状相加成一个新形状图像，而且新形状图像采用的样式会影响原来形状图像的样式，如图 5-5-17 所示。另外，还不会创建新图层。

在按下“新形状图像”按钮的情况下，按住 Shift 键，拖曳出一个新形状图像，也可使创建的新形状图像与原形状图像相加成一个新的形状图像。

◎“从形状区域减去”按钮：单击按下它后，则绘制的新形状图像与原来的形状图像相减，使创建的新形状与原形状重合的部分减去，得到一个新形状图像，如图 5-5-18 左图所示。另外，不会创建新图层。在按下“新形状图像”按钮的情况下，按住 Alt 键，拖曳出一个新形状，也可以使创建的新形状与原形状重合部分减去，得到一个新形状图像。

◎“交叉形状区域”按钮：单击按下它后，可只保留新形状与原来形状重合的部分，得到一个新形状，而且不会创建新图层。例如，一个矩形形状与一个花状形状重合部分的新形状如图 5-5-18 中图所示。在按下“新形状图像”按钮的情况下，按住 Alt+Shift 组合键，拖曳出一个新形状，也可只保留新形状与原来形状重合的部分，得到一个新形状。

◎“重叠形状区域除外”按钮：单击按下它后，可清除新形状与原形状重合的部分，保留不重合部分，得到一个新形状，而且不会创建新图层。例如，创建一个矩形形状与另一个花状形状不重合部分的新形状，如图 5-5-18 右图所示。

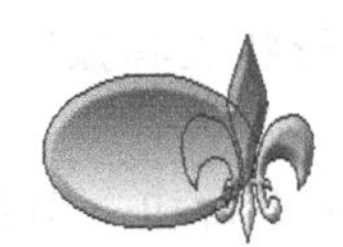

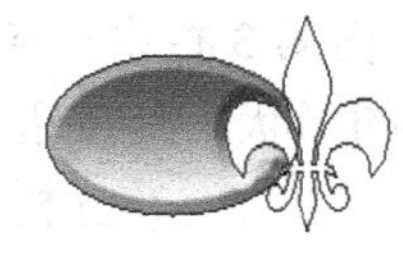

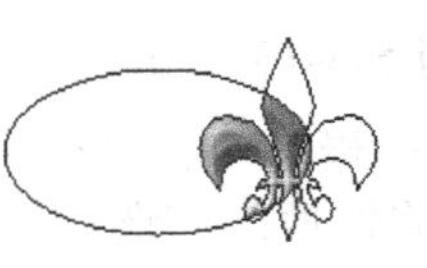

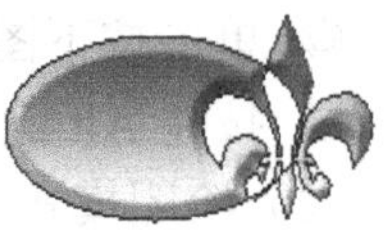

图 5-5-16 新建形状 图 5-5-17 添加形状 图 5-5-18 形状相减、交叉和重叠除外

2. 矩形工具

在“形状图层”模式下，“矩形工具”选项栏如图 5-5-19 所示。在“路径”模式和“填充像素”模式下，该选项栏会有上边介绍过的变化。进行工具的属性设置后，即可在画布窗口内拖曳绘出矩形。按住 Shift 键并拖曳，可以绘制正方形。前面没介绍的选项的作用如下。

图 5-5-19 “形状图层”模式下的“矩形工具”选项栏

（1）按钮：在该按钮处于按下状态时，修改样式和颜色会改变当前形状图层内形状图像的属性；在该按钮处于抬起状态时，修改样式和颜色不会改变当前形状图层内形状图像的属性。

（2）“几何选项”按钮：它位于“自定形状工具”按钮的右边。单击该按钮，可调出“矩形选项”面板，如图 5-5-20 所示，用来调整矩形的一些属性。

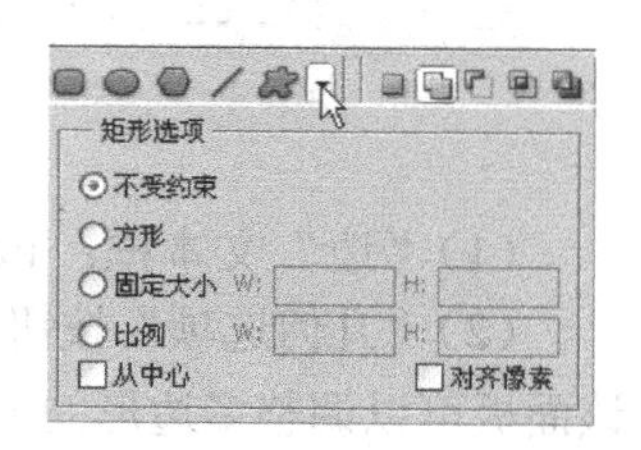

图 5-5-20 “矩形选项”面板

（3）“设置图层样式”按钮样式：单击它后，会调出“样式”面板。单击选中其内一种填充样式图案后按 Enter 键，或双击该面板中的一种图案，即可完成填充样式的设置。

以后绘制的矩形就是用设置的样式填充内部的。如果选中无样式，则使用选项栏中的“颜色”框颜色：内的颜色来决定填充矩形内部的颜色。

（4）“颜色”按钮颜色：：用来设置填充颜色。单击它可调出“拾色器”对话框。

（5）“消除锯齿”复选框☑消除锯齿：选中它后，可以消除绘制图像边缘的锯齿。

3. 圆角矩形工具

单击“圆角矩形工具”按钮后，可以在画布内绘制圆角矩形形状图像。“圆角矩形工具”选项栏如图 5-5-21 所示，增加了一个“半径”文本框，其他与“矩形工具”的使用方法一样。

图 5-5-21 “圆角矩形工具”选项栏

（1）“半径”文本框：该文本框内的数据决定了圆角矩形圆角的半径，单位是像素。

（2）“几何选项”按钮：单击该按钮，会调出“圆角矩形选项”面板，如图 5-5-22 所示。利用该面板可以调整圆角矩形的一些属性。

4. 椭圆工具

单击按下“椭圆工具”按钮后，即可在画布内绘制椭圆和圆形图像。“椭圆工具”的使用方法与“矩形工具”的使用方法基本一样。单击“几何选项”按钮，会调出“椭圆选项”面板，如图 5-5-23 所示。利用该面板可以调整椭圆的一些属性。

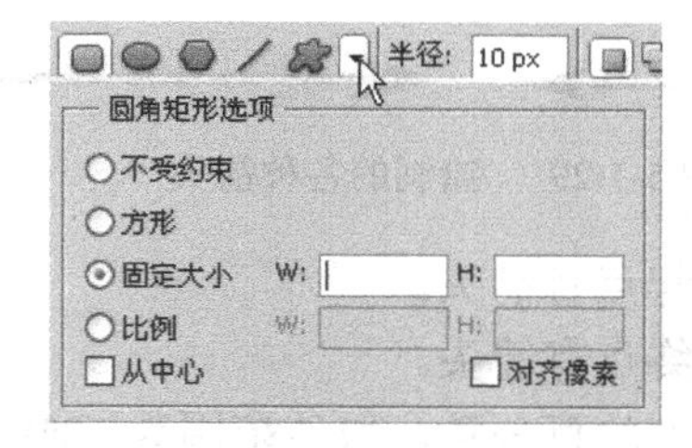

图 5-5-22 “圆角矩形选项”面板

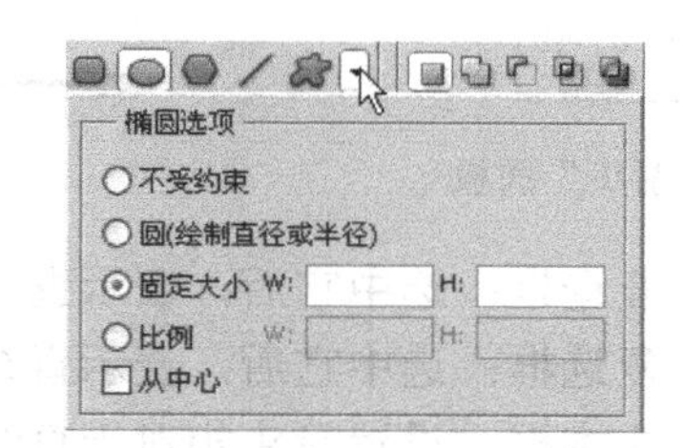

图 5-5-23 “椭圆选项”面板

5. 多边形工具

单击按下“多边形工具”按钮后，即可在画布内绘制多边形图像。“多边形工具”选项栏如图 5-5-24 所示。它增加了一个“边”文本框，其他与“矩形工具”的使用方法一样。

图 5-5-24 “多边形工具”选项栏

（1）“边”文本框：该文本框内的数据决定了多边形的边数。

（2）“几何选项”按钮▾：单击该按钮，调出“多边形选项”面板，如图 5-5-25 所示。利用该面板可以调整多边形的一些属性，读者可以试一试。图 5-5-26 给出了绘制的 3 种几何图形。

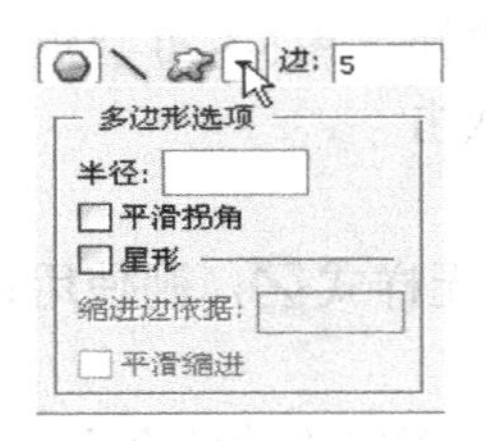

图 5-5-25 “多边形选项”面板

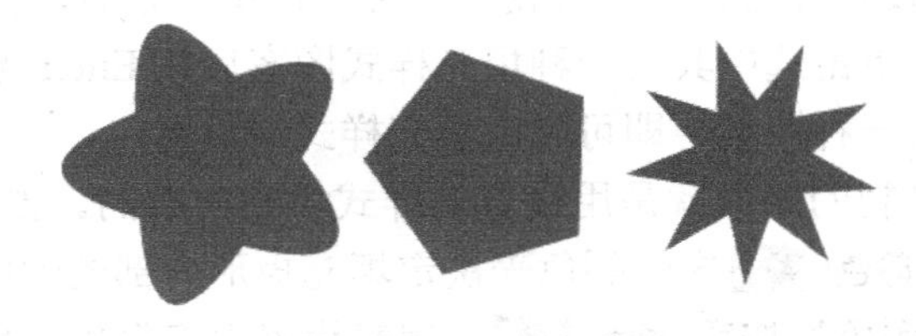

图 5-5-26 几何图形

6. 直线工具

单击按下“直线工具”按钮＼，其选项栏如图 5-5-27 所示。它增加了一个“粗细”文本框，其他与“矩形工具”一样。按住 Shift 键，并拖曳鼠标，可绘制 45° 整数倍的直线。

图 5-5-27 “直线工具”选项栏

（1）“粗细”文本框：设置直线粗细，输入 px 则表示单位是像素，否则是 cm（厘米）。

（2）“几何选项”按钮▾：单击该按钮，会调出“箭头”面板，如图 5-5-28 所示。利用该面板可以调整箭头的一些属性，读者可以试一试。图 5-5-29 给出了绘制的各种箭头。该面板内各选项的作用如下。

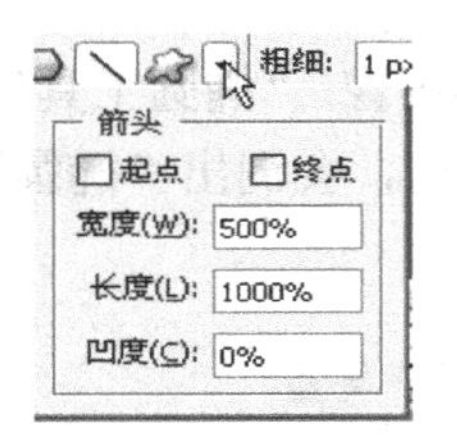

图 5-5-28 “箭头”面板

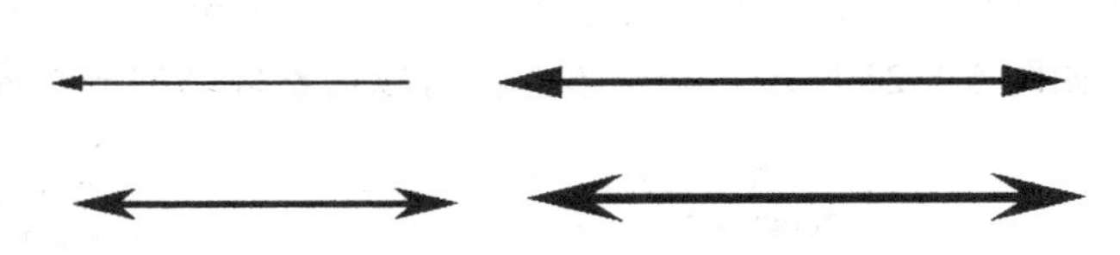

图 5-5-29 绘制的各种箭头

◎“起点”复选框：选中它后，表示直线的起点有箭头。

◎“终点”复选框：选中它后，表示直线的终点有箭头。

◎“宽度”文本框：设置箭头相对于直线宽度的百分数，取值范围为 10%～1000%。

◎“长度”文本框：设置箭头相对于直线长度的百分数，取值范围为 10%～5000%。

◎“凹度”文本框：设置箭头头尾相对于直线长度的百分数，取值范围-50%～+50%。

7. 自定形状工具

单击按下“自定形状工具”按钮后，即可在画布内绘制自定形状的图像。“自定形状工具”选项栏如图 5-5-30 所示。可以看出，它增加了一个“形状”下拉列表框。“自定形状工具”的使用方法与“矩形工具”的使用方法基本一样。

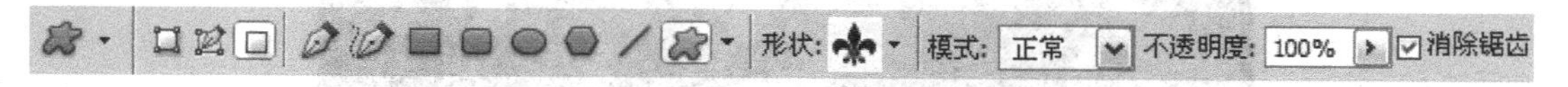

图 5-5-30 “自定形状工具”选项栏

（1）“形状”下拉列表框：单击黑色箭头按钮，调出“自定形状”面板，如图 5-5-31 所示。双击面板中的一个图案样式，再拖曳绘制选中的图案。

单击“自定形状”面板右侧的小三角按钮，可调出它的面板菜单，选择其中一个命令，会调出一个提示框，如图 5-5-32 所示。单击“追加”按钮，可将选中的某一类型形状追加到“自定形状”面板内后边；单击“确定”按钮，可将选中的某一类型形状添加到“自定形状”面板内，替换原形状。

（2）“几何选项”按钮：单击该按钮，会调出“自定形状选项”面板，如图 5-5-33 所示。利用该面板可以调整自定形状图形的一些属性。

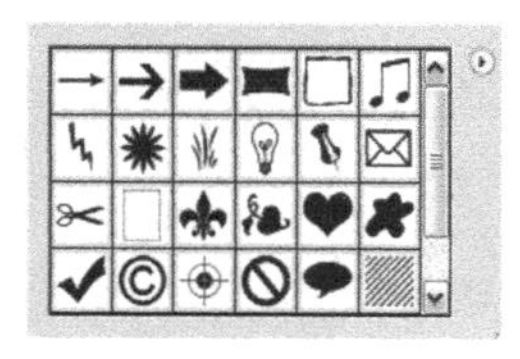

图 5-5-31 “自定形状”面板

图 5-5-32 提示框

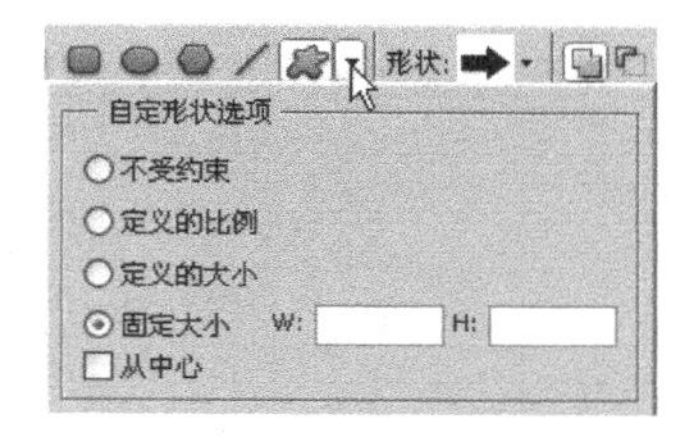

图 5-5-33 “自定形状选项”面板

（3）用户还可以自己设计新的自定形状样式，其方法如下。

◎ 新建一个画布，用各种自定形状工具，可以在一个形状图层中绘制各个图像。

◎ 选择“编辑”→“定义自定形状”命令，调出“形状名称”对话框，如图 5-5-34 所示。在“名称”文本框内输入新的名称，再单击“确定”按钮，即可将刚刚绘制的图像定义为新的自定形状样式，并追加到“自定形状”面板中自定形状样式图案的后边。

思考练习 5-5

1．绘制几幅“按钮”图像，如图 5-5-35 所示。

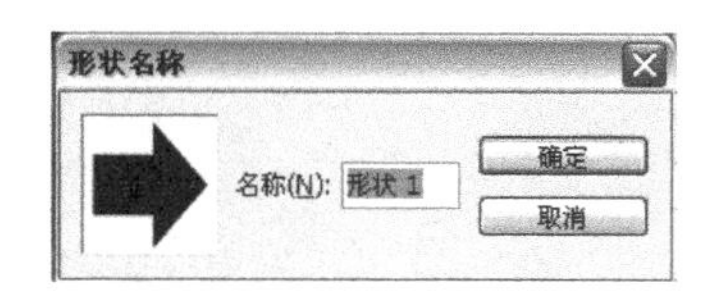

图 5-5-34 “形状名称”对话框

图 5-5-35 “按钮”图像

2．参考【实例 26】图像的制作方法，制作一幅“北京旅游”宣传图像。

3．制作一幅“电影胶片”图像，如图 5-5-36 所示。

4．绘制 4 张扑克牌（红桃 2、黑桃 6、方片 8 和草花 10）图像。

5．发挥想象力，绘制一幅有树木、花草、蓝天、白云和草屋的“田园风光”图像。

6．制作一幅“国人期盼”图像，如图 5-5-37 所示。这是一幅期盼中国足球尽快走出阴影，冲出亚洲的宣传画。

图 5-5-36 “电影胶片”图像

图 5-5-37 “国人期盼”图像

第6章

调 整 色 彩

本章提要：

本章介绍了图像的色阶、曲线、色彩平衡、亮度/对比度、色相/色饱和度、反相和色调、变化、通道混合器、渐变映射等调整，以及图像颜色模式转换等。

6.1 【实例 27】香醇咖啡厅

“香醇咖啡厅”图像如图 6-1-1 所示。可以看到，它以繁华的都市夜晚咖啡店图像为背景，制作的霓虹灯文字散发出七彩光芒，搭配有金色广告牌外框，在夜晚的衬托下显示出华丽的气势，非常显眼。该图像是在图 6-1-2 所示的“夜间楼房”图像基础之上制作而成的。“夜间楼房”图像是一幅曝光不足的照片图像，需要进行色彩调整。

图 6-1-1 “香醇咖啡厅”图像

图 6-1-2 “夜间楼房”图像

制作方法

1．图像色彩调整

（1）打开一幅CMYK颜色格式的“夜间楼房”图像，如图6-1-2所示。选择“图像”→“模式”命令，调出“模式”菜单，选择该菜单内的“RGB模式”命令，将该图像转换为RGB颜色格式的图像。

（2）选择“图像”→“调整”→“曲线”命令，调出“曲线”对话框，在“通道”下拉列表框中选择“红”选项，拖曳调整红曲线，如图6-1-3（a）所示。

（3）在“通道”下拉列表框中，选择“绿”选项，拖曳绿色曲线，如图6-1-3（b）所示；选择“RGB”选项，拖曳RGB曲线，如图6-1-3（c）所示。单击“确定”按钮，效果如图6-1-4所示。

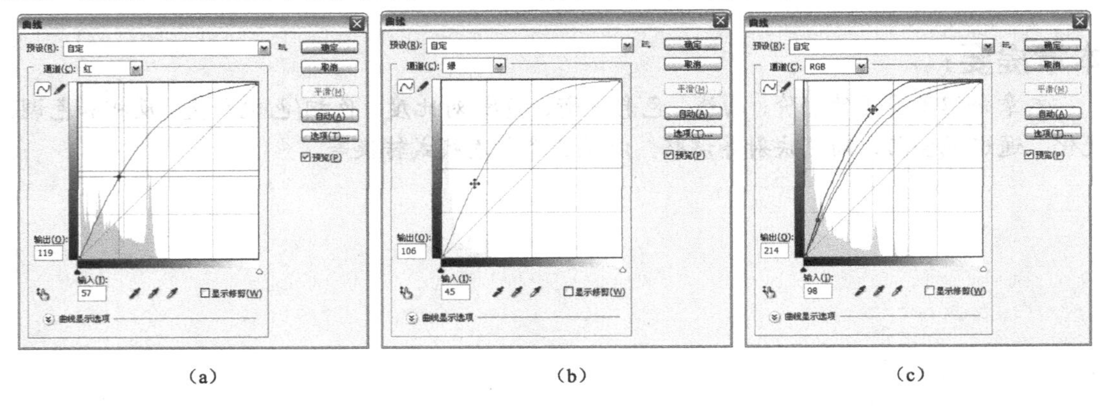

（a）　　（b）　　（c）

图6-1-3　在“曲线”对话框内调整红、绿、RGB通道的曲线

（4）选择“图像”→“调整”→“色阶”命令，调出“色阶”对话框，如图6-1-5所示。在“通道”下拉列表框内选择“RGB”选项，拖曳其内“输入色阶”和“输出色阶”栏内的滑块，或者在文本框内修改数值，同时观察图像色彩的变化，进行色阶调整，使图像变亮。如果某种颜色不足，可在“通道”下拉列表框内选择相应的基色，再进行调整。单击“确定”按钮，效果如图6-1-1所示。

图6-1-4　曲线调整效果

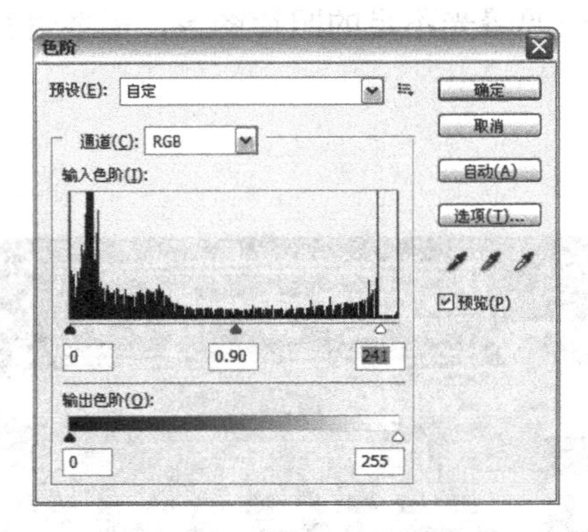

图6-1-5　“色阶”对话框

（5）双击“图层”面板中的“背景”图层，调出“新建图层”对话框，单击该对话框中的“确定”按钮，将背景图层转换为名称为“图层0”的常规图层，这样做是为了可以旋转图

像。然后，进行裁剪，调整图像的宽度为700像素、高度为400像素。

（6）将“图层0”图层的名称改为“夜间楼房”。将“夜间楼房”图像内房屋上边的灯和灯架用周围的黑色天空图像替换。然后，以名称“【实例27】香醇咖啡厅.psd”保存。

2．绘制霓虹边框

（1）使用工具箱中的“自定形状工具”，在它的选项栏中单击“形状”下拉列表框右侧的小三角按钮，调出“自定形状”面板，单击“自定形状”面板右侧的小三角按钮，调出它的面板菜单，选择其中的“全部”命令，调出一个提示框，单击“追加”按钮，将一些形状追加到“自定形状”面板内后边。

（2）单击按下选项栏内的“路径”按钮，选择“自定形状”面板中的“横幅2”形状图案，然后在画布中拖曳鼠标，创建边框的路径。

（3）设置前景色为黄色，在“夜间楼房”图层之上新建一个“霓虹灯边框”图层。使用工具箱中的“画笔工具”，右击画布窗口内部，调出“画笔样式”面板，设置画笔大小为4像素，硬度为100%。

（4）单击“路径”面板中的“用画笔描边路径”按钮，给路径描4像素的黄色边。按Ctrl+H组合键，隐藏路径。效果如图6-1-6所示。

图6-1-6 绘制边框

（5）选择“滤镜”→“模糊”→“高斯模糊”命令，调出“高斯模糊”对话框，在该对话框中设置半径为1像素。单击“确定”按钮，为“边框”图像添加模糊效果。

（6）单击“图层”面板内的“添加图层样式”按钮，调出它的菜单，选择该菜单中的“外发光”命令，调出“图层样式”对话框，设置发光颜色为红色，其他设置如图6-1-7所示。单击“确定”按钮，效果如图6-1-8所示。

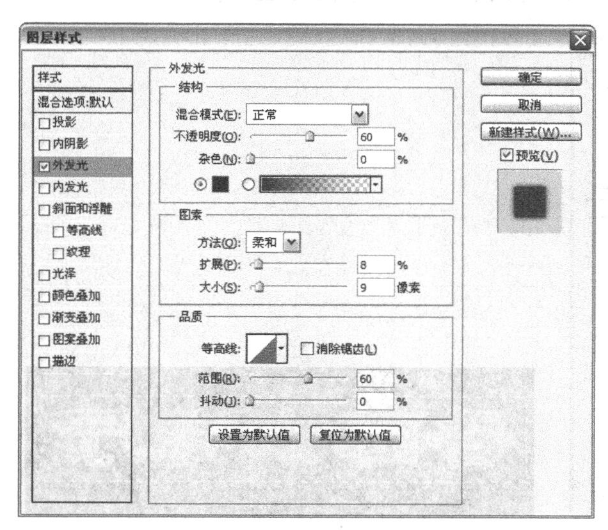

图6-1-7 “图层样式”对话框

图6-1-8 “图层样式”效果

（7）复制“边框”图像，将复制的图像缩小拖曳至原图像内，如图 6-1-9 所示。

图 6-1-9　复制“边框”图像

3．输入文字

（1）使用工具箱中的“横排文字工具” T，在它的选项栏内设置字体为隶书，文字颜色为白色，大小为 90 点，输入文字“香醇咖啡厅”。 使用工具箱内的“移动工具”，将文字移到框架内的中间。

（2）在“香醇咖啡厅”文本图层下边创建一个“图层 1”图层，给该图层的画布填充黑色。选中“香醇咖啡厅”文本图层，选择“图层”→“向下合并”命令，将“香醇咖啡厅”文本图层与“图层 1”图层合并。将合并后的图层名称改为“文字”。

（3）使用工具箱中的“矩形选框工具”，在文字的外边创建一个矩形选区。选择“滤镜”→“模糊”→“高斯模糊”命令，调出“高斯模糊”对话框，设置模糊半径为 2，单击“确定”按钮。模糊效果如图 6-1-10 所示。模糊操作是为了下一步使用“曲线”命令做准备的，如果没通过模糊操作在文字的边缘制作出一些过渡性的灰度的话，无论将曲线调整得多复杂，也无法在文字上制作出光泽的效果。

图 6-1-10 “高斯模糊”效果

（4）选择“图像”→“调整”→“曲线”命令，调出“曲线”对话框。在该对话框中拖曳曲线，调整为如图 6-1-11 所示。单击“确定”按钮，效果如图 6-1-12 所示。

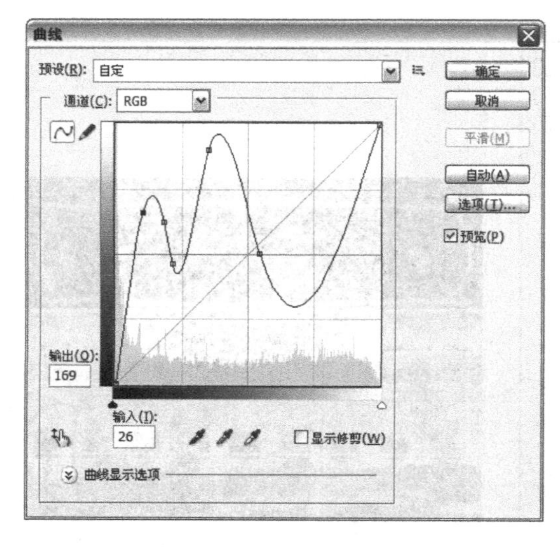

图 6-1-11 “曲线”对话框

图 6-1-12　调整曲线后的图像

（5）单击按下工具箱中的“渐变工具”按钮，再单击按下选项栏中的“线性渐变”按钮，调出“渐变编辑器”对话框，按照图 6-1-13 所示设置线性渐变色。单击“确定”按钮，完成渐变色设置。效果如图 6-1-14 所示。

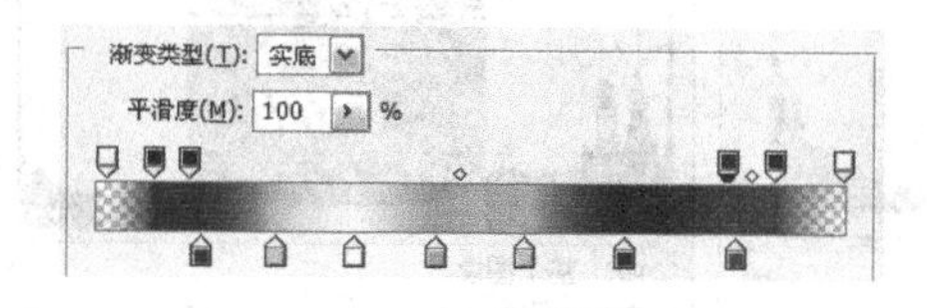

图 6-1-13　“渐变编辑器”对话框设置

图 6-1-14　渐变效果

（6）在“渐变工具”选项栏的“渐变模式”下拉列表框中选中“颜色”选项，该模式可以在保护原有的图像灰阶的基础上给图像着色。然后，按住 Shift 键，在画布中用鼠标从左到右水平拖曳鼠标，给文字着色。

（7）单击选中“图层”面板内的“文字”图层，在“设置图层混合模式”下拉列表框内选中“滤色”选项。至此，整个图像制作完毕。效果如图 6-1-1 所示。

知识链接——图像的色阶和曲线调整

1．色域和色阶

一种模式的图像可以有的颜色数目叫作色域。例如：灰色模式的图像，每像素用一个字节表示，则灰色模式的图像最多可以有 2^8=256 种颜色，它的色域为 0～255；RGB 模式的图像，如果一种基色用一个字节表示，则 RGB 模式的图像最多可以有 2^{24} 种颜色，它的色域为 0～$2^{24}-1$；CMYK 模式的图像，每像素的颜色由 4 种基色按不同比例混合得到，如果一种基色用一个字节表示，则 CMYK 模式的图像最多可以有 2^{32} 种颜色，它的色域为 0～$2^{32}-1$。色阶是图像亮度强弱的指示数值，图像色彩的丰满程度、精细度和层次感由色阶来决定。色阶有 2^8=256 个等级，范围是 0～255。其值越大，图像越暗；其值越小，图像越亮。图像的色阶等级越多，则图像的层次越丰富，图像也越好看。

2．“色阶”直方图

“色阶”直方图用图形表示图像每个亮度级别的像素数量，以及像素在图像中的分布情况。打开如图 6-1-1 所示的图像，选择“窗口”→“直方图”命令，调出它的“直方图”面板（如果其内没有下边的数据，可选择面板菜单中的“扩展视图”命令，同时选中“显示统计数据”选项），则“直方图”面板如图 6-1-15 左图所示。该对话框中各选项和数据的含义如下。

（1）直方图图形：这是一个坐标图形，横轴表示色阶，取值为 0～255，最左边为 0，最右边为 255。纵轴表示具有该色阶的像素数。当鼠标指针在直方图内移动时，提示信息栏会给出鼠标指针点的色阶值和相应的具有该色阶的像素数等信息。

（2）“通道”下拉列表框：用来选择亮度和颜色通道，以观察不同通道图像的色阶情况。对于不同模式的图像，其选项不一样，但都有“明度”选项，表示其灰度模式图像。如果选中其中的“颜色”选项，则“直方图”面板显示如图 6-1-15 中图所示。

（3）平均值：表示图像色阶的平均亮度值。

（4）色阶：鼠标指针处的亮度级别。如果用鼠标在直方图图形内水平拖曳，选中一个色阶区域，如图 6-1-15 右图所示，则该项给出的是色阶区域内色阶的范围。

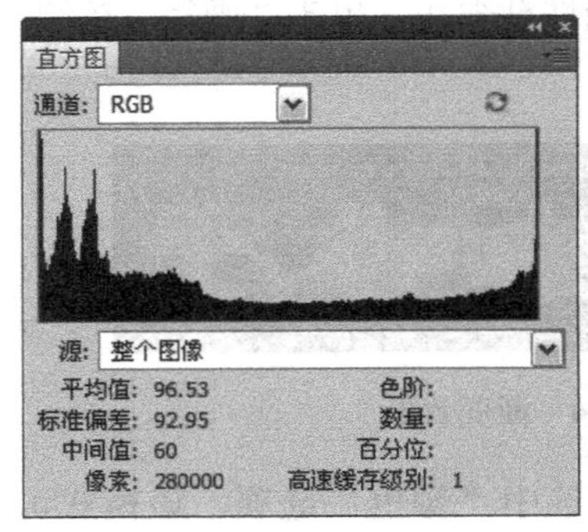

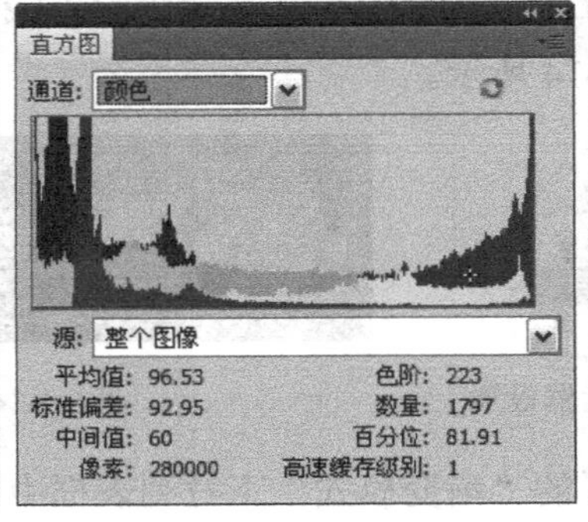

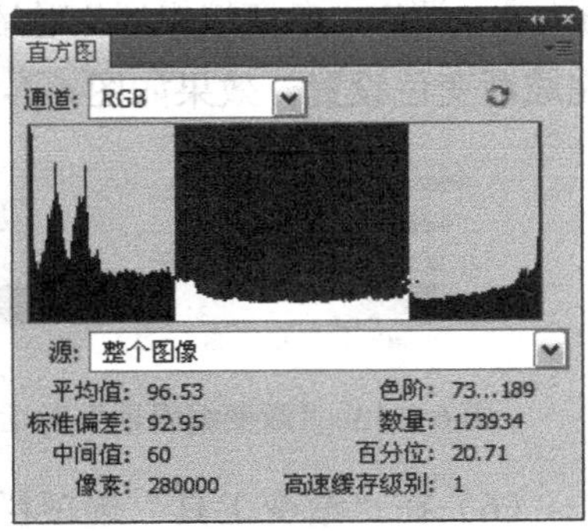

图 6-1-15 “直方图”面板

（5）标准偏差：表示亮度值的变化范围。该值越小，则所有像素的亮度越接近平均值。

（6）中间值：表示图像像素亮度值范围内的中间值。

（7）像素：整个图像或选区内图像像素的总个数。

（8）数量：表示鼠标指针处亮度级别的像素总数。有色阶区域时，给出该区域的值。

（9）百分位（百分数）：显示指针所指的级别或该级别以下的总像素个数的百分比。有色阶区域时，给出该区域内像素个数占总像素数的百分比。从最左侧的 0%到最右侧的 100%。

（10）高速缓存级别：显示图像高速缓存的设置编号。

3. “色阶”调整

“色阶”可以调整图像的阴影、中间调和高光的强度级别，可以平衡调整图像的对比度、饱和度和灰度。“色阶”直方图用作调整图像基本色调的直观参考。可以将“色阶”设置存储为预设，然后将其应用于其他图像。选择“图像”→“调整”→“色阶”命令，可以调出“色阶”对话框，如图 6-1-5 所示。“色阶”对话框中各选项的作用如下。

（1）“预设”下拉列表框：其内有一些预设供使用，可以自定义一种预设并以一个名称保存在该下拉列表框中。单击 按钮，可调出它的菜单，其内命令的含义如下。

◎“载入预设”命令：用来载入磁盘中扩展名为“.ALV”的设置文件。

◎“存储预设”命令：可将当前的设置存到磁盘中，文件的扩展名为“.ALV”。

◎“删除当前预设”命令：可删除“预设”下拉列表框内选中的自定义预设。

（2）“通道”下拉列表框：用来选择复合通道（如 RGB 通道）和颜色通道（如红、绿、蓝通道）。对于不同模式的图像，下拉列表框中的选项不一样，其色阶情况也不一样。

（3）“输入色阶”3 个文本框：从左到右分别用来设置图像最小、中间和最大色阶值。当色阶值小于最小色阶值时，图像像素为黑色；色阶值大于最大色阶值时，图像像素为白色。最小色阶值范围是 0～253，最大色阶值范围是 2～255，中间色阶值范围是 0.10～9.99。最小色阶值和最大色阶值越大，图像越暗；中间色阶值越大，图像越亮。

（4）色阶直方图：它的横坐标上有 3 个滑块，分别拖曳它们，可以调整最小、中间和最大色阶值。

（5）“输出色阶”两个文本框：左边的文本框用来调整图像暗的部分的色阶值，右边的文本框用来调整图像亮的部分的色阶值。它们的取值范围都是 0～255。数值越大，图像越亮。

（6）“输出色阶”滑块：分别用来调整“输出色阶”文本框的数值。

（7）“自动”按钮：单击它后，系统把图像中最亮的0.5%像素调整为白色，把图像中最暗的0.5%像素调整为黑色。

（8）吸管按钮组：从左到右的名字分别为“设置黑场”、“设置灰场”和“设置白场”。单击它们后，当鼠标指针移到图像上时，单击可获得单击处像素的色阶数值。

◎“设置黑场”吸管按钮：系统将图像像素的色阶数值减去吸管获取的色阶数值，作为调整图像各像素的色阶数值。这样可以使图像变暗并改变颜色。

◎“设置灰场”吸管按钮：系统将吸管获取的色阶数值，作为调整图像各像素的色阶数值。这样可以改变图像亮度和颜色。

◎“设置白场”吸管按钮：系统将图像像素的色阶加上吸管获取的色阶数值，作为调整图像各像素的色阶数值。这样可以使图像变亮并改变颜色。

4．曲线调整

“色阶”和“曲线”都可以对图像的色彩、亮度和对比度进行综合调整，使图像色彩更协调。前者调整只有三个调整（白场、黑场、灰度系数），“曲线”调整可以针对图像的整个色调范围内的点（从阴影到高光）。可以使用“曲线”对图像中的个别颜色通道进行精确调整。还可以将“曲线”调整设置存储为预设，然后将其应用于其他图像。

选择“图像”→“调整”→“曲线”命令，即可调出“曲线”对话框，如图6-1-16所示（其中的曲线还是一条斜直线，没有调整）。该对话框中各选项的作用如下。

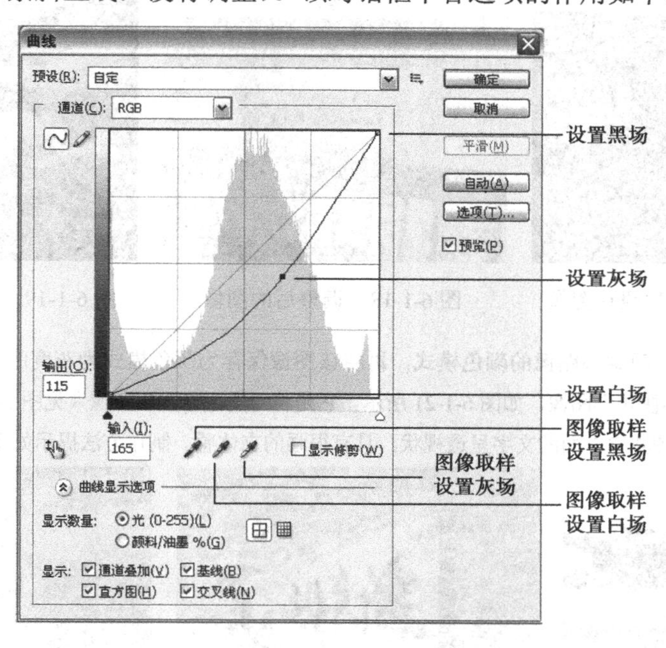

图6-1-16 “曲线”对话框

（1）色阶曲线水平轴：表示原来图像的色阶值，即色阶输入值。

（2）色阶曲线垂直轴：表示调整后图像的色阶值，即色阶输出值。

（3）按钮：单击按下它后，将鼠标移到曲线处，当鼠标指针呈十字箭头状或十字线状时拖曳，可以调整曲线，改变图像的色阶。单击曲线可生成一个控制点。

单击选中控制点（空心正方形变为黑色实心正方形），可使“输入”和“输出”文本框出现。调整其数值，可以改变控制点的输入和输出色阶值。

将鼠标指针移开曲线，当鼠标指针呈白色箭头状时单击，可以取消控制点的选取，同时“输入”和“输出”文本框消失，只显示鼠标指针点的输入和输出色阶值。

（4）按钮：单击按下该按钮后，将鼠标移到曲线处。当鼠标指针呈画笔状时，拖曳可改变曲线形状。此时“平滑”按钮变为有效，单击它可使曲线平滑。

（5）按钮：在图像上按下鼠标左键并拖曳，可以修改曲线。

（6）“通道”下拉列表框：其内有“红”、“绿”、“蓝”和“RGB”选项，选中前面三项中的一项，可以单独调整基色的曲线；选中“RGB”选项，可以调整混合色的曲线。

（7）“自动”按钮：单击该按钮，可以恢复到原始状态。

如果要更改网格线的数量，可按住 Alt 键，并同时单击网格。

思考练习 6-1

1．将图 6-1-17 所示的“逆光拍照”照片图像进行调整，使因为逆光拍照造成的阴暗部分变得明亮，使偏黄色和偏暗得到矫正，效果如图 6-1-18 所示。

2．将一幅如图 6-1-19 所示的曝光不足、偏红色的 CMYK 颜色模式图像进行颜色格式转换、曲线和色阶调整。效果如图 6-1-20 所示。调整后色彩感很强。

图 6-1-17 “逆光拍照”照片图像

图 6-1-18 调整后的图像

图 6-1-19 曝光不足照片图像

3．打开一幅图像，观察该图像的颜色模式，再将该图像保存为颜色模式为灰度的图像。

4．制作一幅“新年快乐”图像，如图 6-1-21 所示。它是将“圣诞老人”图像（见图 6-1-22）加工处理后获得的图像。图像中矩形云图和它上面的文字呈透视状，具有很强的立体感。制作方法提示如下。

图 6-1-20 调整后的照片

图 6-1-21 “新年快乐”图像

图 6-1-22 “圣诞老人”图像

用选区选中一部分云图图像，进行立体化处理，然后创建立体文字和调整“圣诞老人”图像的大小和位置。在进行上述操作时，需要使用图像色彩调整（曲线）和一些图层操作。使用“曲线”调整，可以将选区中的图像调亮或调暗，从而产生立体效果。

6.2 【实例28】烟缸

“烟缸”图像如图6-2-1所示。该图像是在图6-2-2所示的“木纹”图像的基础之上制作成的。制作该图像使用了“曝光度”和“亮度/对比度”调整等技术。

图6-2-1 “烟缸”图像

图6-2-2 “木纹”图像

制作方法

1. 制作烟缸的缸体

（1）打开一幅如图6-2-2所示的“木纹”图像。选择“图像”→“调整”→“曝光度”命令，调出“曝光度”对话框，设置如图6-2-3所示。单击“确定”按钮，将“木纹”图像的颜色调浅一些。双击“图层”面板中的“背景”图层，调出“新建图层”对话框，单击“确定”按钮，将该图层转换为名称为“图层0”的常规图层。

（2）在“图层0”图层之上创建一个“图层1”图层，将该图层拖曳到“图层0”图层的下方，再将“图层1”图层的画布填充白色，此时的“图层”面板如图6-2-4所示。

（3）选中“图层0”图层，创建一个烟缸大小的椭圆形选区，按Ctrl+Shift+I组合键，将选区反选。按Delete键，删除选区内的图像。按Ctrl+D组合键，取消选区，如图6-2-5所示。

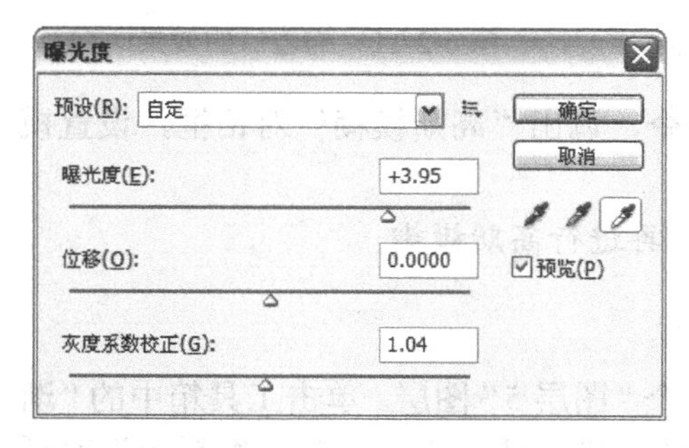

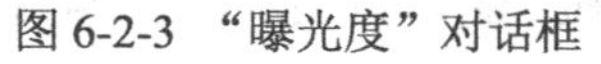

图6-2-3 “曝光度”对话框

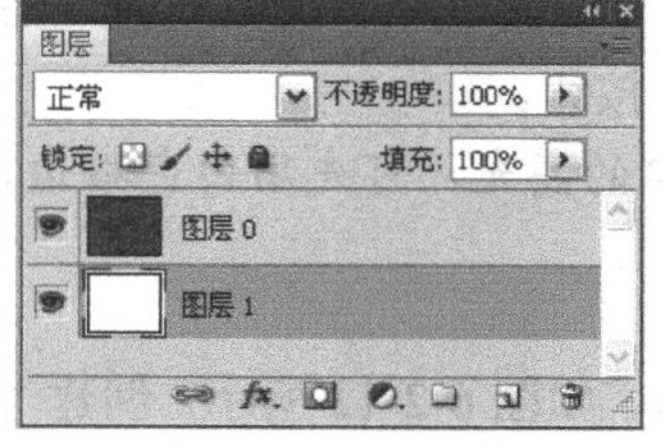

图6-2-4 “图层”面板

图6-2-5 图像效果

（4）创建一个稍小一些的椭圆形选区，如图6-2-6所示。选择“图层”→“新建”→“通过拷贝的图层”命令，将选区内的图像复制到新建的“图层2”图层内。按住Ctrl键，同时单击“图层2”图层缩览图，创建选区，选中复制的图像。选中“图层2”图层。

（5）选择“图像”→“调整”→“亮度/对比度”命令，调出“亮度/对比度”对话框，设置如图 6-2-7 所示。单击“确定”按钮，效果如图 6-2-8 所示。

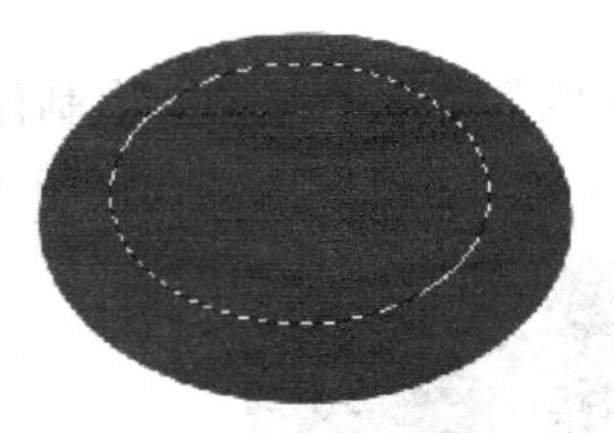

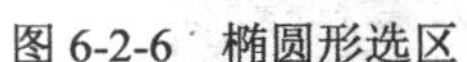
图 6-2-6　椭圆形选区

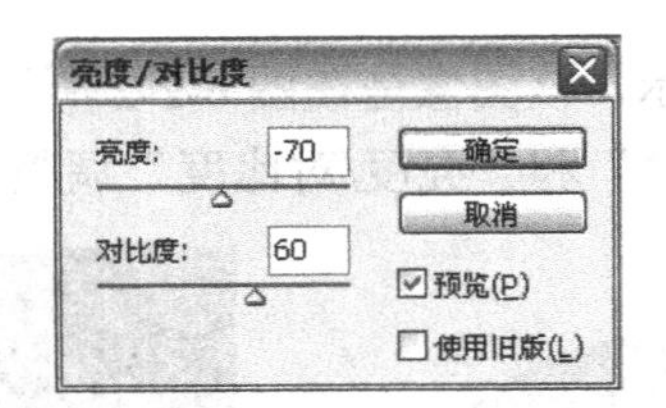

图 6-2-7　“亮度/对比度”对话框

图 6-2-8　调整亮度、对比度

（6）将选区稍向下移动一些，选择“图层”→“新建”→“通过拷贝的图层”命令，将选区内的图像复制到新的“图层 3”图层上。按住 Ctrl 键，单击“图层 3”图层缩览图，创建选区，选中“图层 3”图层内粘贴的图像。

（7）调出“亮度/对比度”对话框，选中“使用旧版”复选框，设置亮度为-200，对比度为 10，单击“确定”按钮。按 Ctrl+D 组合键，取消选区，如图 6-2-9 所示。

（8）创建“图层 4”图层。按住 Ctrl 键，单击“图层”面板内的“图层 2”图层缩览图，创建选中烟缸口的轮廓的选区。选择“选择”→“修改”→“扩展”命令，调出“扩展选区”对话框，设置扩展量为 4 像素，单击“确定”按钮。

（9）将前景色设置为白色，选中“图层 4”图层，选择“编辑”→“描边”命令，调出“描边”对话框，设置如图 6-2-10 所示，单击“确定”按钮，效果如图 6-2-11 所示。

图 6-2-9　调整亮度、对比度

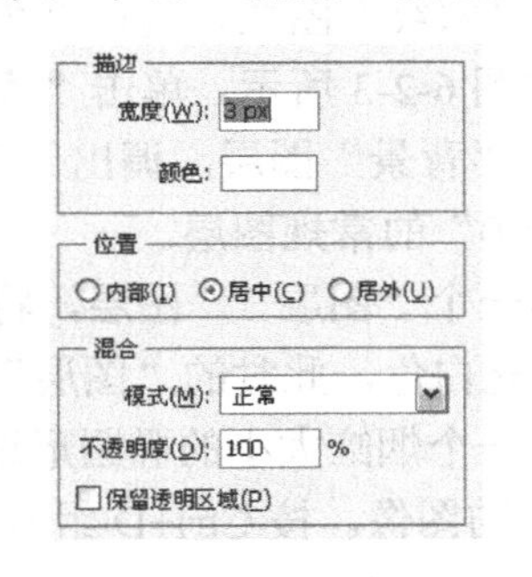

图 6-2-10　“描边”对话框

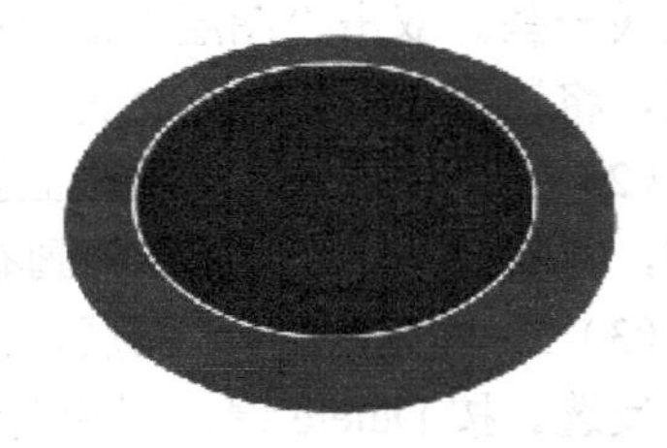
图 6-2-11　描边后的效果

（10）选择“滤镜”→“模糊”→“高斯模糊”命令，调出“高斯模糊”对话框，设置模糊半径为 2，单击“确定”按钮。

注意：对于杯口或瓶口的高光，可先用白色描边，再进行高斯模糊。

2. 制作烟缸的烟槽

（1）创建一个矩形选区，如图 6-2-12 所示。创建一个“图层 5”图层。单击工具箱中的“渐变工具”按钮，再单击按下选项栏中的“线性渐变”按钮，调出“渐变编辑器”对话框。渐变色设置如图 6-2-13 所示。

（2）用鼠标在矩形选区内从上到下拖曳，填充渐变色。按 Ctrl+T 组合键，进入自由变换状态，右击调出它的快捷菜单，选择该菜单中的“透视”命令，进入透视调整状态。调整控制柄，“图层 5”图层内图像的效果如图 6-2-14 所示。按 Enter 键确定。

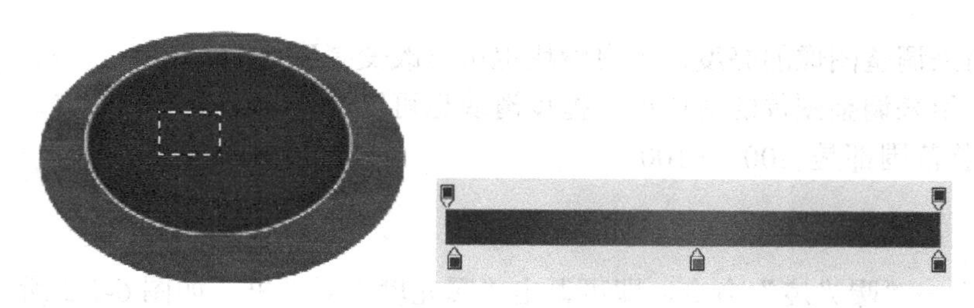

图 6-2-12　创建选区　　图 6-2-13　渐变色设置

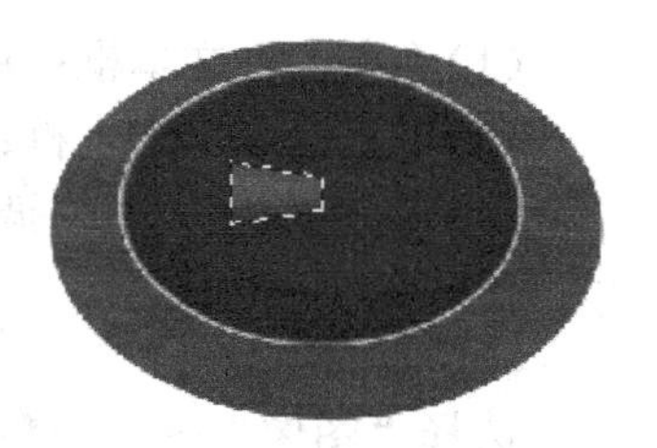

图 6-2-14　渐变色填充和透视

（3）使用工具箱内的“橡皮擦工具”，擦除修改“图层 5”图层内的图像，使它像烟槽一样，将烟槽图像复制 2 个，分别调整 3 个烟槽的位置，如图 6-2-15 所示。

3. 调整烟缸的明暗和制作阴影

烟缸的各部分都有了，但仔细看的话，烟缸表面似乎还缺少一点立体感，这是由于缺乏明暗变化的缘故，下面介绍处理烟缸表面的明暗变化的方法。

（1）按住 Ctrl 键，单击“图层”面板内的“图层 1”图层缩览图，创建选区，将该图层的图像选中（选中“烟缸”图像），然后将选区向上移动一些。效果如图 6-2-16 所示。

（2）将选区羽化 15 像素，将选区反选，然后选择“图像”→“调整”→“亮度/对比度”命令，调出“亮度/对比度”对话框。选中该对话框内的“使用旧版”复选框，设置亮度值为-100，其他不变，单击“确定”按钮。取消选区。效果如图 6-2-17 所示。

（3）在所有图层的上面新建一个“图层 6”图层，将“图层 1”图层隐藏，按住 Alt 键，单击“图层”面板右上角的“面板菜单”按钮，调出“图层”面板菜单，选择该菜单中的“合并可见图层”命令，在保留原图层的情况下，合并所有可见图层，合并后的图像放置在“图层 6”图层。然后，将“图层 1”图层恢复显示。

（4）按住 Ctrl 键，单击“图层 0”图层缩览图，创建选中该图层烟缸的选区，将选区向下移动一些，将选区羽化 15 像素，调出“亮度/对比度”对话框。选中“使用旧版”复选框，设置亮度值为-100，单击“确定”按钮。然后，取消选区，选中“图层 6”图层。

（5）选择“滤镜”→“艺术效果”→“塑料包装”命令，调出“塑料包装”对话框。设置如图 6-2-18 所示。单击“确定”按钮，效果如图 6-2-1 所示。

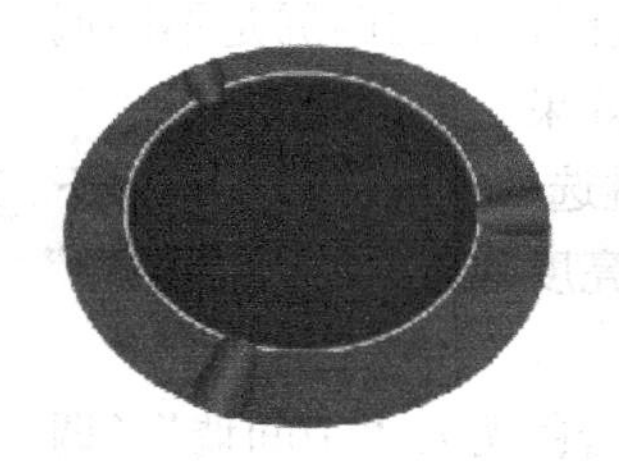

图 6-2-15　3 个烟槽

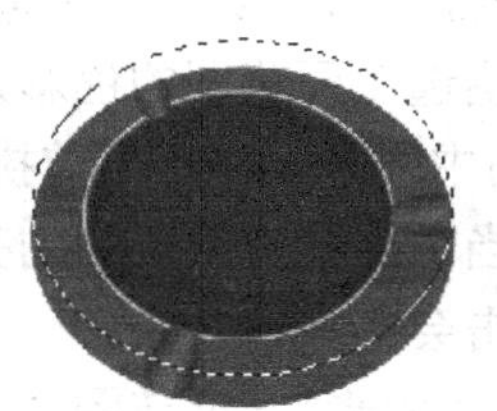

图 6-2-16　创建选区

图 6-2-17　调亮效果

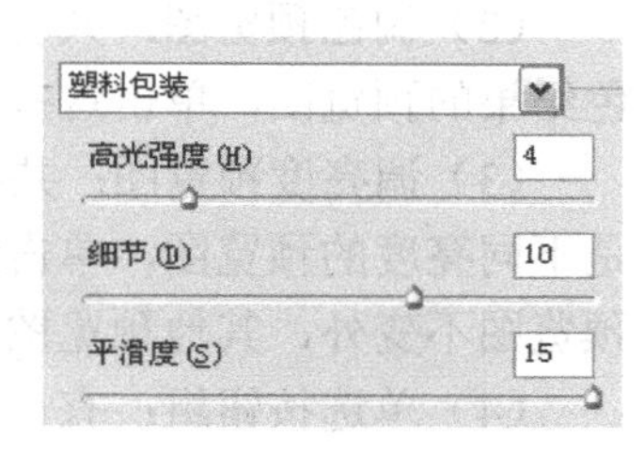

图 6-2-18“塑料包装”对话框设置

知识链接——图像亮度/对比度和曝光度等调整

1.“亮度/对比度”调整

选择“图像”→“调整”→“亮度/对比度”命令，即可调出“亮度/对比度”对话框，如图 6-2-7 所示。该对话框中各选项的作用如下。

（1）“亮度”文本框：用来调整图像的亮度，拖曳滑块也可以改变亮度值。

（2）“对比度”文本框：用来调整图像的对比度，拖曳滑块也可以改变对比度值。

亮度和对比度的数值调整范围都是-100～+100。

2．“曝光度”调整

选择“图像”→“调整”→“曝光度”命令，即可调出“曝光度”对话框，如图6-2-3所示。该对话框主要用于调整HDR（High-Dynamic Range，高动态范围图像）图像的色调，但也可用于8位和16位图像。该对话框中各选项的作用如下。

（1）“曝光度”文本框：调整色调范围的高光端，对极限阴影的影响很轻微。

（2）“位移”文本框：使阴影和中间调变暗，对高光的影响很轻微。

（3）“灰度系数校正”文本框：使用简单的乘方函数调整图像的灰度系数。负值被视为它们的相应正值（也就是说，这些值仍然保持为负，但仍会被调整，就像正值一样）。

（4）吸管工具将调整图像的亮度值，与影响所有颜色通道的“色阶”吸管工具不同。

◎“设置黑场”吸管工具：单击按下该按钮后，单击图像内一点，在图像中取样，设置“位移”数值，以改变黑场，同时将单击点的像素改变为零。

◎“设置白场”吸管工具：单击按下该按钮后，单击图像内一点，在图像中取样，设置“曝光度”数值，以改变白场，同时将单击点的像素改变为白色（对HDR图像为1.0）。

◎“设置灰场”吸管工具：单击按下该按钮后，单击图像内一点，在图像中取样，设置“灰度系数校正”数值，以改变灰场，同时将单击点的值变为中度灰色。

3．“变化”调整

打开一幅“荷花”图像，选择“图像”→“调整”→“变化”命令，调出“变化”对话框，如图6-2-19所示。利用该对话框，可以直观、方便地调整图像的色彩平衡、亮度、对比度、饱和度等参数。“变化”对话框中各选项的作用如下。

（1）“原稿”和“当前挑选”预览图：“原稿”预览图是要加工图像的原始效果图，“当前挑选”预览图是调整后的图像效果图。两幅图像放在一起，有利于对比。

（2）调色预览图：共有7幅，其正中间是一幅“当前挑选”预览图，它的四周是不同调色结果的预览图，单击这些图，可以改变“当前挑选”预览图的色彩效果。

（3）调亮度预览图：共有3幅，3幅预览图的中间是一幅“当前挑选”预览图，它的上下是不同亮度的预览图，单击这些图，可以改变“当前挑选”预览图的亮度效果，除了“原稿”预览图不变外，其他预览图都随之改变。多次单击会有累计效果。

（4）单选按钮组：有4个单选按钮，分别是“阴影”（调节图像暗色调）、“中间调”（调节图像中间色调）、“高光”（调节图像亮色调）和“饱和度”（调节图像饱和度）。

选中“饱和度”单选按钮后，“变化”对话框下方的预览图将更换为调整饱和度的3幅预览图，如图6-2-20所示。利用它们可以调整图像的饱和度。

（5）“精细/粗糙”标尺：用鼠标拖曳它的滑块，可以控制图像调整的幅度。

（6）“显示修剪”复选框：选中该复选框后，会显示图像中颜色的溢出部分，这样可以避免图像调整后出现溢色现象。

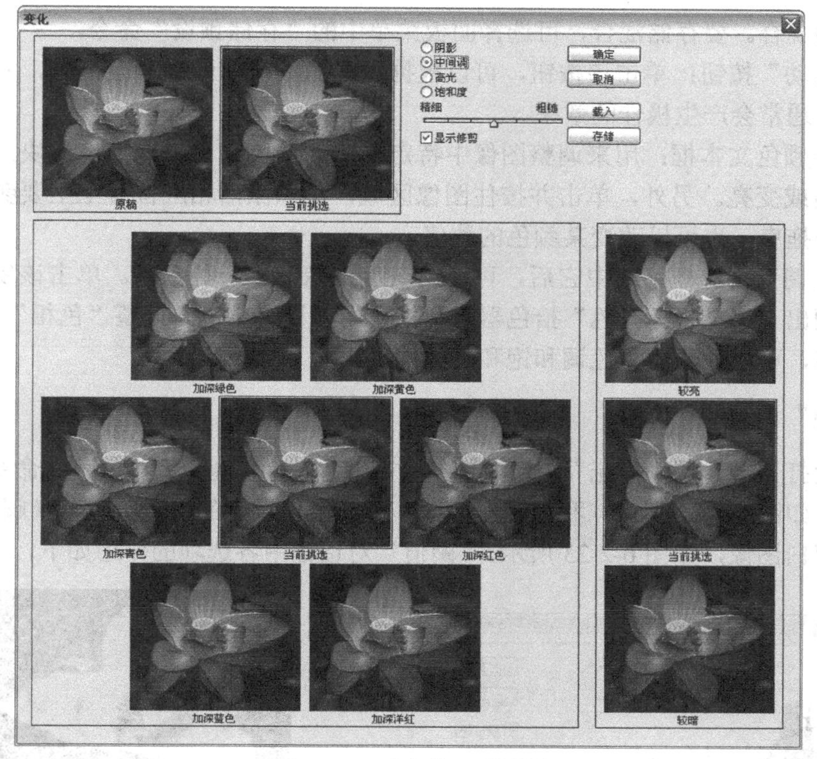

图 6-2-19 “变化”对话框

图 6-2-20　调整饱和度的 3 幅预览图

4.“去色”和“反相”调整

（1）“去色”调整：选择“图像”→“调整”→“去色”命令，可使图像变为灰色。

（2）“反相”调整：选择“图像”→“调整”→“反相”命令，可将图像颜色反相。

5. “黑白”调整

“黑白”调整可以将彩色图像转换为灰度图像，同时保持对各颜色的转换方式的完全控制。也可以通过对图像应用色调来为灰度着色。选择“图像”→“调整”→“黑白”命令，可调出“黑白”对话框，如图 6-2-21 所示。其内各选项的作用如下。

（1）“预设”下拉列表框：选择预定义的灰度混合

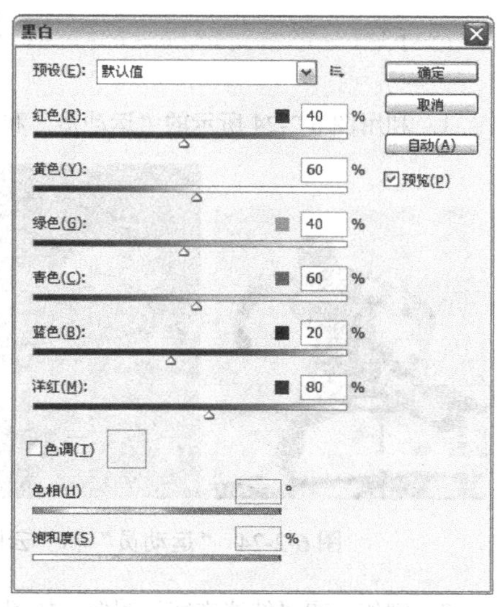

图 6-2-21 “黑白”对话框

或以前存储的混合。要存储混合，可选择面板菜单中的“存储预设”命令。

（2）“自动”按钮：单击该按钮，可以根据图像的颜色值设置灰度混合，并使灰度值的分布最大化。通常会产生极佳的效果。

（3）各种颜色文本框：用来调整图像中特定颜色的灰色调。分别拖曳滑块，可使图像的原灰色调变暗或变亮。另外，单击并按住图像区域，可以激活相应位置上主要颜色的颜色滑块，然后水平拖曳，也可以改变某颜色的数值。

（4）“色调”复选框：选中它后，可以给灰度图像添加一种颜色。单击该复选框右边的色块，可以调出“选择目标颜色”拾色器对话框，用来设置颜色。调整“色相”和“饱和度”文本框的数值，可以改变颜色色调和饱和度。

6．“阈值”调整

选中前面打开的一幅“荷花”图像，选择“图像”→“调整”→“阈值”命令，调出“阈值”对话框，如图 6-2-22 所示。利用该对话框，可以根据设定的转换临界值（阈值），将彩色图像转换为黑白图像，如图 6-2-23 所示。“阈值”对话框中各选项的作用如下。

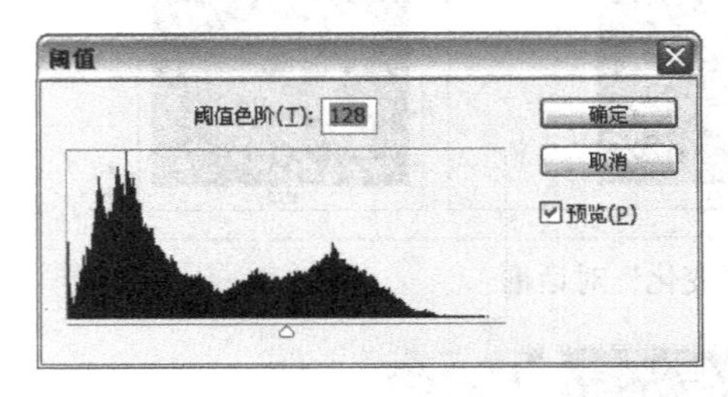

图 6-2-22 “阈值”对话框

图 6-2-23 调整阈值后的图像

（1）“阈值色阶”文本框：用来设置色阶转换的临界值。大于该值的像素颜色将转换为白色，小于该值的像素颜色将转换为黑色。

（2）色阶图下边的滑块：用鼠标拖曳滑块可以调整阈值色阶的数值。

思考练习 6-2

1．利用图 6-2-24 所示的“运动员”和“云图”图像，制作如图 6-2-25 所示的“奔跑”图像。

图 6-2-24 “运动员”和“云图”图像

图 6-2-25 “奔跑”图像

2．制作一幅“结冰文字”图像，如图 6-2-26 所示。制作方法提示如下。

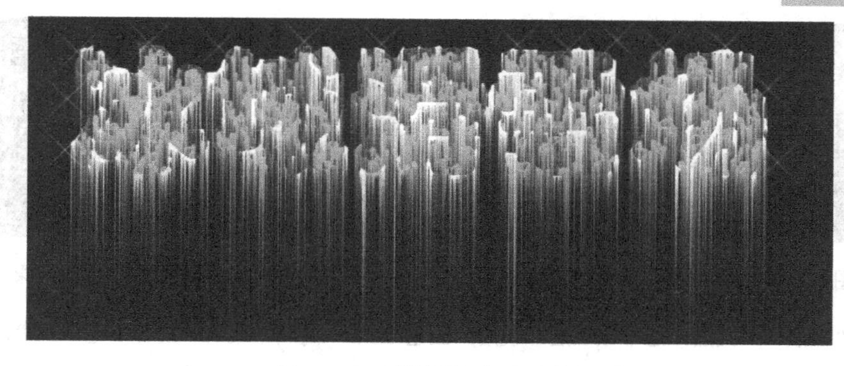

图 6-2-26 “结冰文字” 图像

（1）新建宽度为 700 像素、高度为 400 像素、模式为灰色、背景为白色的“结冰文字”画布。在画布中间输入字体为华文琥珀、大小为 120 点的黑色文字“冰城滑雪场”。创建选中该图层文字的选区，再将文本图层与背景图层合并。然后，将选区反向。

（2）调出“晶格化”滤镜对话框，在“单元格大小”文本框中输入 10，选中“高斯分布”单选按钮，单击“确定”按钮。再将选区反向，效果如图 6-2-27 所示。使用“晶格化”滤镜的目的是修饰文字笔画的边缘部分，使之不平滑。

（3）调出“添加杂色”滤镜对话框，选中“高斯分布”单选按钮，数量设置为 70，单击“确定”按钮。调出“高斯模糊”对话框，设置模糊半径为 2。单击“确定”按钮，效果如图 6-2-28 所示。

图 6-2-27 “晶格化”滤镜处理效果　　图 6-2-28 添加杂色和高斯模糊后的效果

（4）调出“曲线”对话框。曲线调整如图 6-2-29 所示。然后取消选区。选择“图像”→“调整”→“反相”命令。效果如图 6-2-30 所示。

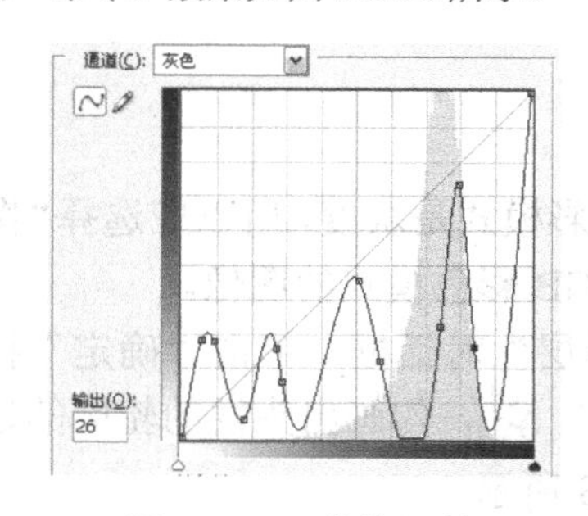

图 6-2-29 曲线调整

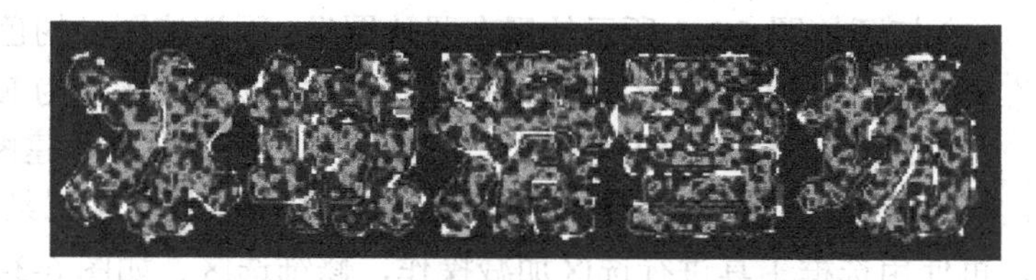

图 6-2-30 调整曲线和反相后的效果

（5）使画布窗口顺时针旋转 90°，调出“风”对话框，选中“风”和“从右”单选按钮，单击“确定”按钮。再选择“滤镜”→“风”命令，重复操作两遍，产生刮风效果。使画布窗口逆时针旋转 90°，产生初步文字结冰效果，如图 6-2-31 所示。

（6）选择“图像”→“模式”→“RGB 颜色”命令，将图像模式由灰度改为 RGB 颜色，目的是给图像着色。调出“色相/饱和度”对话框，选中“着色”复选框，设置色相为 220，饱和度为 90，明度为+16。单击“确定”按钮，效果如图 6-2-32 所示。

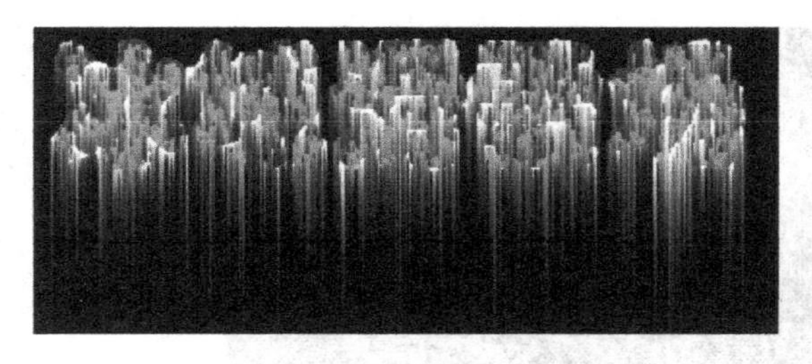

图 6-2-31　初步文字结冰效果

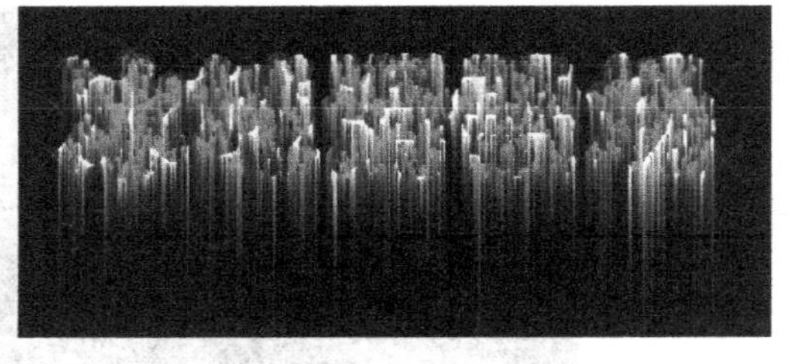

图 6-2-32　结冰文字图像效果

（7）添加“图层 1”图层，选中该图层。使用“画笔工具”，载入“混合画笔”画笔库，选中“交叉排线 4”图标，前景色设置为白色，然后在图像中添加几个反光亮点。将“图层 1”图层与“背景”图层合并，画布中的图像如图 6-2-26 所示。

6.3 【实例 29】照片着色 1

“照片着色 1”图像如图 6-3-1 所示。它是将图 6-3-2 所示的黑白照片图像进行着色处理后获得的。制作该图像使用了多种创建选区的方法，使用了“色相/饱和度”调整等技术。

图 6-3-1 “照片着色 1”图像

图 6-3-2　黑白照片图像

制作方法

（1）打开如图 6-3-2 所示的黑白照片图像。因为该图像的色彩模式是灰度，所以应选择“图像”→“模式”→“RGB”命令，将灰度模式的图像转换为 RGB 彩色模式的图像。

（2）双击“图层”面板中的“背景”图层，调出“新建图层”对话框，单击“确定”按钮，将背景图层转换为一个常规图层。使用“多边形套索工具”，勾画出头发的轮廓的选区，再使用选框工具进行选区加减操作，修饰选区，如图 6-3-3 所示。

（3）选择“图像”→“调整”→“色相/饱和度”命令，调出“色相/饱和度”对话框，选中“着色”复选框，设置色相为 40，饱和度为 54，明度为+3，如图 6-3-4 所示。单击“确定”按钮，给选区内的头发图像着棕色。按 Ctrl+D 组合键，取消选区。

（4）创建选中衣服的选区，如图 6-3-5 所示。调出“色相/饱和度”对话框，设置色相为 190，饱和度为 44，明度为-11，单击“确定”按钮。取消选区。

图 6-3-3 创建头发选区

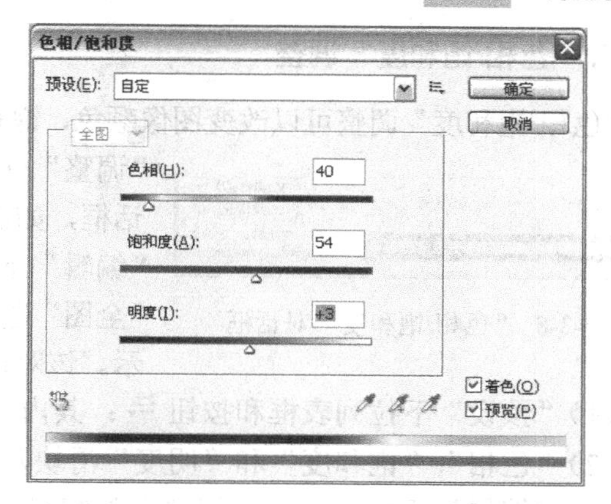

图 6-3-4 “色相/饱和度”对话框

（5）创建选中人皮肤的选区，如图 6-3-6 所示。调出“色相/饱和度”对话框，设置色相为 31，饱和度为 42，明度为+20，单击“确定”按钮。取消选区。

（6）创建选中人眼珠的选区，调出“色相/饱和度”对话框，将颜色加深。创建选中人嘴唇的选区，调出“色相/饱和度”对话框，将嘴唇调成浅红色。

（7）创建选中人物背景的选区，按 Delete 键，删除背景图像。在“图层 0”图层的下边新建“图层 1”图层，填充棕色到黄色再到棕色的线性渐变色，如图 6-3-1 所示。

知识链接——自然饱和度等调整

1.“自然饱和度”调整

“自然饱和度”调整可以通过调整，使在颜色接近最大饱和度时最大限度地减少修剪。该调整增加了与已饱和颜色相比不饱和颜色的饱和度。该调整还可以防止肤色过度饱和，使调整前后变化自然。选择“图像”→“调整”→“自然饱和度”命令，调出“自然饱和度”对话框，如图 6-3-7 所示。该对话框中各选项的作用如下。

图 6-3-5 创建衣服选区

图 6-3-6 创建皮肤选区

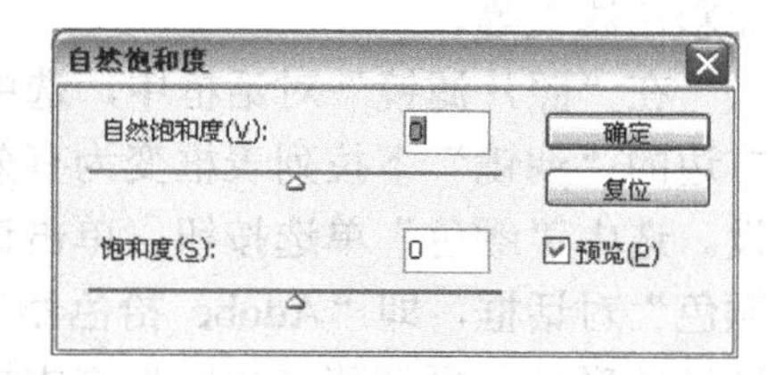

图 6-3-7 “自然饱和度”对话框

（1）“自然饱和度”文本框：用来增加或减少颜色饱和度，在颜色过度饱和时不修剪。要将更多调整应用于不饱和颜色并在颜色接近完全饱和时避免颜色修剪，可将该数值增加。

（2）“饱和度”文本框：用来增加或减少饱和度，要将相同的饱和度调整量用于所有的颜色（不考虑其当前饱和度）。

2. "色相/饱和度"调整

"色相/饱和度"调整可以改变图像颜色、饱和度和明度，使图像色彩饱满。选择"图像"→"调整"→"色相/饱和度"命令，调出"色相/饱和度"对话框，如图6-3-4所示。如果没选中"着色"复选框，则"编辑"下拉列表框有效。当该下拉列表框内选择的不是"全图"选项时，对话框内下边会发生变化，如图6-3-8所示。该对话框中各选项的作用如下。

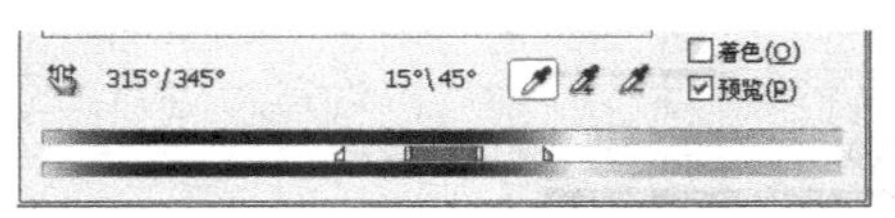

图6-3-8 "色相/饱和度"对话框

（1）"预设"下拉列表框和按钮：其内有一些预设供使用，可以自定义预设。

（2）"色相"、"饱和度"和"明度"滑块及文本框：用来调整它们的数值。

（3）"编辑"下拉列表框：用来选择编辑的对象是"全图"（所有像素）还是某种颜色的像素。选择"全图"选项，可以一次调整所有的颜色。

（4）两个彩条和一个控制条：两个彩条用来标识各种颜色，调整时，下边彩条的颜色会随之变化。控制条上有4个控制块，用来指示色彩的范围，用鼠标拖曳控制条内的4个控制块，可以调整色彩的变化范围（左边）和禁止色彩调整的范围（右边）。

（5）3个吸管按钮：单击按钮后，将鼠标指针移到图像或"颜色"面板上时，单击即可吸取单击处像素的色彩，用来确定编辑的颜色对象。它们的名称与作用如下。

◎"吸管工具"按钮：用吸取的色彩作为色彩的调整范围。

◎"添加到取样"按钮：可在原有色彩范围的基础上增加色彩的调整范围。

◎"从取样中减去"按钮：可在原有色彩范围的基础上减少色彩的调整范围。

（6）"着色"复选框：选中该复选框后，可以使图像变为单色、不同明度的图像。

（7）"图像调整工具"按钮：单击按下该按钮，单击图像中的颜色，在图像中向左或向右拖曳，可以减少或增加包含所单击像素的颜色范围的饱和度；按住Ctrl键，并单击图像中的颜色，在图像中向左或向右拖曳，可以调整色相值。

3. "照片滤镜"调整

选择"图像"→"调整"→"照片滤镜"命令，调出"照片滤镜"对话框，如图6-3-9所示。利用该对话框可以调整颜色平衡，模仿在相机镜头前面加彩色滤镜等。

在"照片滤镜"对话框中，选中"滤镜"单选按钮，其右边的"滤镜"下拉列表框变为有效，可以选择一种滤镜预设。选中"颜色"单选按钮，单击该色块，调出"选择滤镜颜色"对话框，即"Adobe 拾色器"，利用该对话框设置一种滤镜颜色，再调整"浓度"文本框内的百分比数据，完成自定滤镜。如果不希望通过添加颜色滤镜使图像变暗，可以选中"保留明度"复选框。"滤镜"下拉列表框中一些预设滤镜的含义如下。

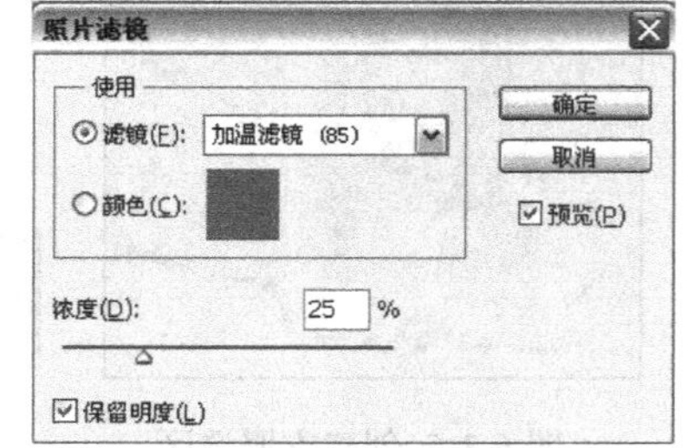

图6-3-9 "照片滤镜"对话框

（1）加温滤镜（85和LBA）及冷却滤镜（80和LBB）：用于调整图像白平衡的颜色转换滤镜。如果图像是使用色温较低的光（微黄色）拍摄的，则冷却滤镜（80）使图像颜色更蓝，以便补偿色温较低的环境光。相反，如果照片是用色温较高的光（微蓝色）拍摄的，则加温滤镜（85）会使图像颜色更暖。

（2）加温滤镜（81）和冷却滤镜（82）：使用光平衡滤镜对图像的颜色品质进行细微调整。

（3）个别颜色：根据所选颜色或预设给图像应用色相调整。例如，照片有色痕，则可以选取一种补色来中和色痕；“水下”颜色可以模拟在水下照片中的稍带绿色的蓝色色痕。

思考练习 6-3

1. 将一幅您自己有的黑白照片图像进行着色。可以将一幅彩色图像转换成灰度图像，再进行着色。
2. 制作一幅“霓虹灯字”图像，如图 6-3-10 所示。霓虹灯字的颜色是七彩渐变色。

图 6-3-10 “霓虹灯字”图像

6.4 【实例 30】图像添彩

制作“图像添彩”图像，如图 6-4-1 所示。这是将如图 6-4-2 所示的一幅灰蒙蒙、光照不足的“风景”图像进行色彩处理和裁剪后的效果，显然图像的色彩感增强了，主题鲜明了。

制作方法

（1）打开如图 6-4-2 所示的“风景”图像，选择“图像”→“调整”→“曲线”命令，调出“曲线”对话框，在“通道”下拉列表框内选择“绿”选项。曲线调整如图 6-4-3 所示；接着在“通道”下拉列表框内选择“RGB”选项，将曲线调整为与图 6-4-3 所示形状基本一样。单击“确定”按钮，效果如图 6-4-4 所示。

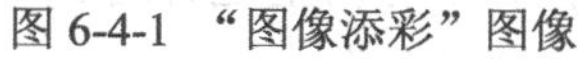

图 6-4-1 “图像添彩”图像

图 6-4-2 “风景”图像

（2）其次，照片主题不鲜明，分不清是在拍瀑布还是在拍小溪。使用“裁剪工具”，拖曳裁剪图像，按 Enter 键确定。效果如图 6-4-5 所示。

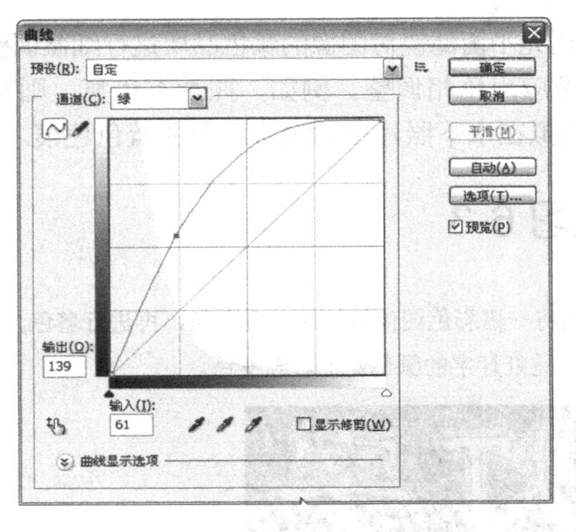

图 6-4-3 “曲线”对话框调整

图 6-4-4 曲线调整效果

（3）最后解决整张照片过于单调的问题。选择“图像”→“调整”→“可选颜色”命令，调出“可选颜色”对话框，在“颜色”下拉列表框中选中“绿色”选项，将“青色”文本框设置为40%，如图 6-4-6 所示。

（4）再在“颜色”下拉列表框中选择“中性色”选项，将从上到下四个文本框数值分别调整为+28%、-11%、0%、-15%，如图 6-4-7 所示。单击“确定”按钮。

图 6-4-5 裁剪后效果

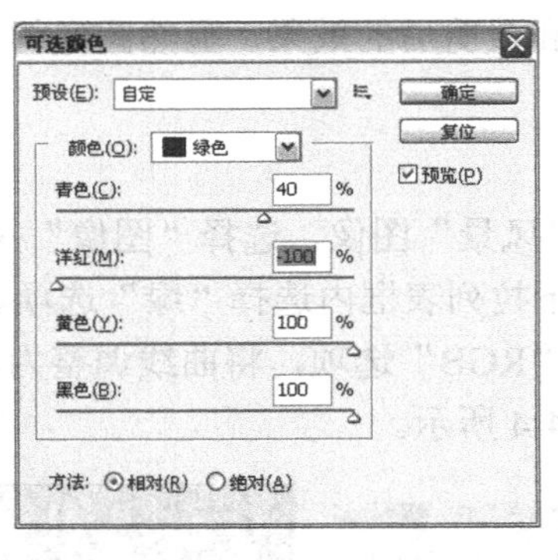

图 6-4-6 “可选颜色”对话框

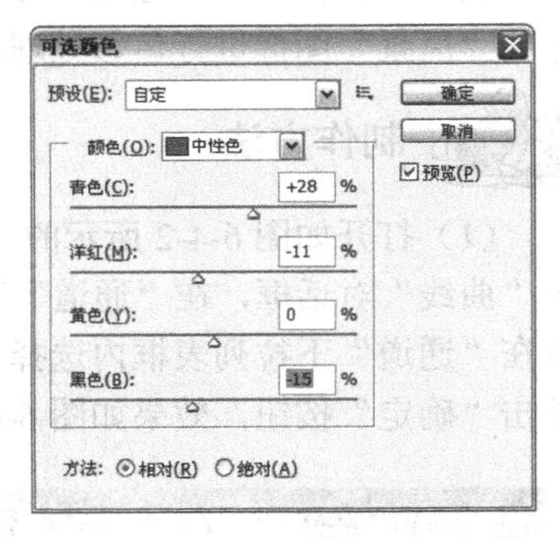

图 6-4-7 “可选颜色”对话框

（5）使用“裁剪工具”按钮，剪切图像，保留左上部分。效果如图 6-4-1 所示。

知识链接——图像颜色等调整面板的使用

1．“可选颜色”调整

选择“图像”→“调整”→“可选颜色”命令，调出“可选颜色”对话框，如图 6-4-6 所示。利用该对话框可以调整图像的指定颜色的色彩。该对话框中各选项的作用如下。

（1）“颜色”下拉列表框：在其内选择一种颜色，表示下面的调整是针对该颜色的。

（2）“方法”栏：有两个单选按钮，分别是“相对”与“绝对”。

◎“相对”单选按钮：选中它以后，改变后的数值按青色、洋红、黄色和黑色（CMYK）总数的百分比计算。例如，像素占黄色的百分比为 30%，如果改变了 20%，则改变的百分数为 30%×20%=6%，改变后，像素占有黄色的百分数为 30%+30%×20%=36%。

◎“绝对”单选按钮：选中它后，改变后的数值按绝对值调整。例如，像素占有黄色的百分比为 30%，如果改变 20%，则改变的百分数为 20%，像素占有黄色的百分数为 30%+20%=50%。

2. “匹配颜色”调整

选择“图像”→“调整”→“匹配颜色”命令，调出“匹配颜色”对话框，如图 6-4-8 所示。同时，鼠标指针将变成吸管状。利用该对话框可以将一个图像（源图像）中的颜色与另一个图像（目标图像）中的颜色相匹配；可以匹配多个图像、多个图层或者多个选区之间的颜色；可以匹配同一个图像中不同图层之间的颜色；还可以通过更改亮度和色彩范围以及中和色痕来调整图像颜色。它仅适用于 RGB 模式。使用“吸管工具”可以在“信息”面板中查看颜色的像素值。在使不同图像中的颜色保持一致时，该对话框非常有用。

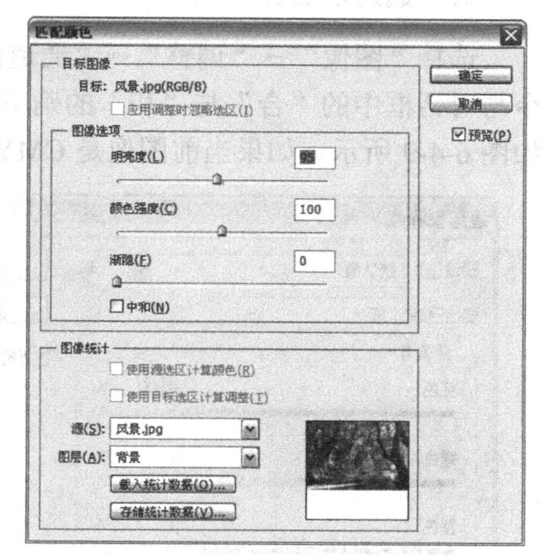

图 6-4-8 “匹配颜色”对话框

“匹配颜色”对话框中各选项的作用，以及匹配颜色的方法如下。

（1）如果是在 2 幅图像之间进行颜色匹配，则打开 2 幅图像，选中要替换颜色的图像的相应层（该图层内的图像是目标图像）。如果要替换目标图像中的某一区域内的图像颜色，则需要创建选中该区域的选区。如果使用源图像某一区域内的图像进行颜色匹配，则应在源图像内创建选区，选中该区域内的图像。

（2）如果要替换目标图像中选区内的图像颜色，则不选中“应用调整时忽略选区”复选框，在“源”下拉列表框内选中源图像。

（3）如果要使用源选区内的图像匹配颜色，则应选中“使用源选区计算颜色”复选框；如果要使用目标选区内的图像匹配颜色，则选中“使用目标选区计算调整”复选框。

（4）当不希望参考另一个图像来计算色彩调整时，可以在“源”下拉列表框内选中“无”选项。在选择了“无”选项时，目标图像和源图像相同。

（5）在“图层”下拉列表框内选中相应的图层选项。如果要匹配源图像中所有图层的颜色，则还可以在“图层”下拉列表框内选中“合并的”选项。

（6）如果要将调整应用于整个目标图像，应选中“目标图像”区域内的“应用调整时忽略选区”复选框，则可以忽略目标图像中的选区，并将调整应用于整个目标图像。

（7）如果在源图像中建立了选区，但不想使用选区中的颜色来计算调整，应该不选中“图像统计”区域内的“使用源选区计算颜色”复选框。

（8）如果在目标图像中建立了选区并且想要使用选区中的颜色来计算调整，应选中“使用目标选区计算调整”复选框。

（9）如果要去除目标图像中的色痕，应该选中“中和”复选框。

（10）要调整目标图像的明亮度，应该改变“明亮度”文本框内的数值。“明亮度”文本框的最大值是 200，最小值是 1，默认值是 100。

（11）要调整目标图像的色彩饱和度，应该改变“颜色强度”文本框内的数值。“颜色强度”文本框的最大值为200，最小值为1（生成灰度图像），默认值为100。

（12）要控制应用于图像的调整量，应该调整“渐隐”文本框内的数值。

（13）单击“图像统计”区域内的“存储统计数据”按钮，可以命名并存储设置。

（14）单击“图像统计”区域内的“载入统计数据”按钮，可以载入存储的设置文件。

3．“通道混合器”调整

选择“图像”→“调整”→“通道混合器”命令，调出“通道混合（和）器”对话框（命令与对话框中的“合”与“和”的确不一致）。如果当前图像是RGB模式图像，则该对话框如图6-4-9所示。如果当前图像是CMYK模式图像，则该对话框如图6-4-10所示。

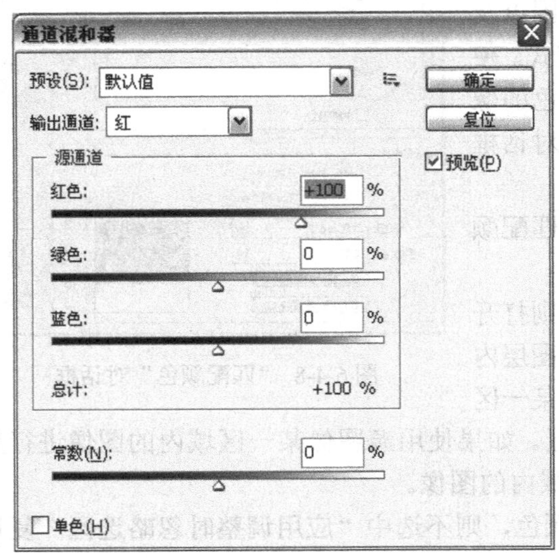

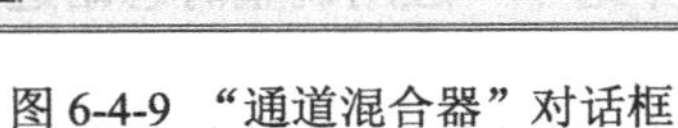
图6-4-9 “通道混合器”对话框

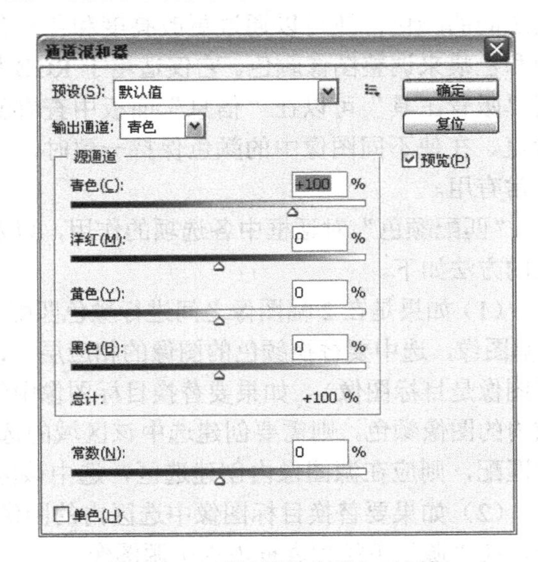

图6-4-10 “通道混合器”对话框

“通道混合器”调整和“黑白”调整的功能相似，也可以将彩色图像转换为单色图像，并允许调整颜色通道输入，可以改变某一通道的颜色，并影响各通道混合后的颜色效果。“通道混合器”对话框中各选项的作用如下。

（1）“输出通道”下拉列表框：用来选择要改变颜色的通道。

（2）“常数”滑块与文本框：用来改变选定通道的不透明度，其调整范围是-200～+200。

（3）“单色”复选框：选中它后，可以将彩色图像变为灰色图像。这时“输出通道”下拉列表框中只有“灰色”选项。

4．“阴影/高光”调整

“阴影/高光”调整适用于校正由强逆光而形成剪影的照片，校正由于太接近相机闪光灯而有些发白的焦点，也可使阴影区域变亮。它不是简单地使图像变亮或变暗，而是基于阴影或高光中的周围像素（局部相邻像素）增亮或变暗。默认值设置为修复具有逆光问题的图像。选择“图像”→“调整”→“阴影/高光”命令，即可调出“阴影/高光”对话框，如图6-4-11所示。图6-4-12所示图像按照图6-4-11所示进行调整后的效果如图6-4-13所示。“阴影/高光”对话框中主要选项的作用如下。

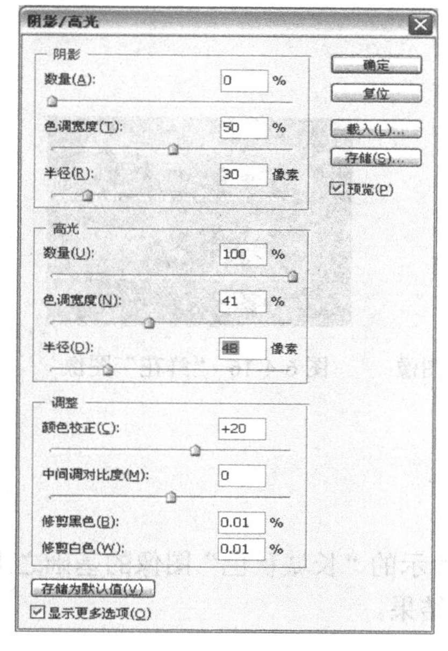
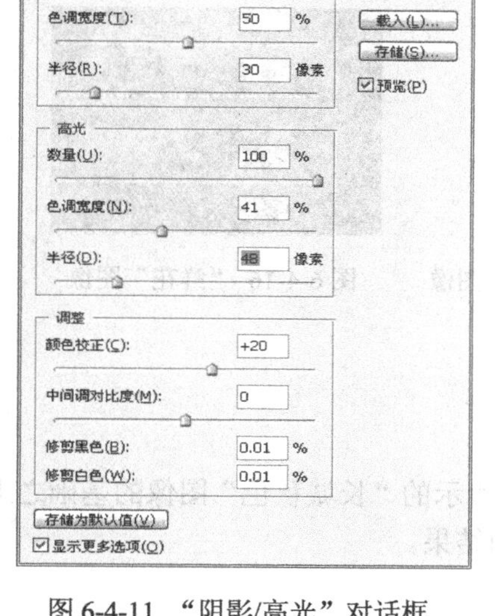

图 6-4-11 “阴影/高光”对话框

图 6-4-12　原图像

图 6-4-13　阴影/高光调整效果

（1）“显示更多选项”复选框：选中它后，展开该对话框，如图 6-4-11 所示。不选中它时，只可以调整“阴影”和“高光”栏内的“数量”文本框数据。

（2）“数量”文本框：用来调整光照校正量。其值越大，为阴影提供的增亮程度或者为高光提供的变暗程度越大。

（3）“存储为默认值”按钮：单击该按钮，可以将设置存储为默认状态。

注意：要增大图像（曝光良好的除外）中的阴影细节，请尝试将阴影“数量”和阴影“色调宽度”的值设置在 0%～25%范围内。存储当前设置，并使它们成为“阴影/高光”对话框的默认设置。要还原原来的默认设置，可按住 Shift 键，同时单击该按钮。

（4）“色调宽度”文本框：调整阴影或高光中色调的修改范围。较小的值可以限制只对较暗区域进行“阴影”校正的调整，并只对较亮区域进行“高光”校正的调整。较大的值会增大将进一步调整为中间调的色调的范围。例如，如果阴影色调宽度滑块位于 100% 处，则对阴影的影响最大，对中间调会有部分影响，但最亮的高光不会受到影响。

（5）“半径”文本框：控制每像素周围的局部相邻像素的大小。相邻像素用于确定像素是在阴影中还是在高光中。最好通过调整，同时观察效果来确定。

（6）修剪黑色和修剪白色：指定在图像中会将多少阴影和高光剪切到新的极端阴影（色阶为 0）和高光（色阶为 255）颜色。值越大，生成的图像的对比度越大。

思考练习 6-4

1．对如图 6-4-14 所示的灰蒙蒙的光照不足的“照片”图像进行色彩处理。效果如图 6-4-15 所示。

2．打开如图 6-4-16 所示的“鲜花”图像，创建选中绿色的选区，分别通过“匹配颜色”、“通道混合器”调整使选区内的图像更绿、更亮。

图 6-4-14 “照片”图像

图 6-4-15 进行色彩处理后的图像

图 6-4-16 “鲜花”图像

6.5 【实例 31】晚秋变春色

“晚秋变春色”图像如图 6-5-1 所示。它是在图 6-5-2 所示的“长城秋色”图像的基础之上进行色调均化处理、替换颜色和色彩平衡调整等操作后的结果。

制作方法

（1）打开一幅“长城秋色”图像，如图 6-5-2 所示。它的背景色很暗，树和草是黑色或深黄色的。选择“图像”→“调整”→“色调均化”命令，将图像进行色调均化。处理后的图像背景色变亮，如图 6-5-3 所示。

图 6-5-1 “晚秋变春色”图像

图 6-5-2 “长城秋色”图像

图 6-5-3 图像变亮

（2）选择“图像”→“调整”→“替换颜色”命令，调出“替换颜色”对话框。单击按下该对话框中的“吸管工具”按钮，再单击图像中黑色最深的树枝和黄色的树叶。然后，单击按下该对话框中的“添加到取样”按钮，再单击图像中其他黑色的树叶和草。

（3）按照图 6-5-4 所示进行调整。单击“确定”按钮，即可将树枝颜色调整为绿色。

（4）选择“图像”→“调整”→“色彩平衡”命令，调出“色彩平衡”对话框。按照图 6-5-5 所示进行调整。单击“确定”按钮，即可使远处的山脉和天空变得偏蓝色，近处的山地变得偏绿色，如图 6-5-1 所示。

知识链接——“替换颜色”等调整

1.“替换颜色”调整

选择“图像”→“调整”→“替换颜色”命令，调出“替换颜色”对话框，如图 6-5-4 所示。“替换颜色”对话框中的“颜色容差”滑块与文本框用来调整选区内颜色的容差范围。单击图像中的颜色，确定要替换颜色的对象。调整“颜色容差”滑块，以确定颜色的容差。调整色相、饱和度和明度，以确定要替换的颜色，此处为蓝色。

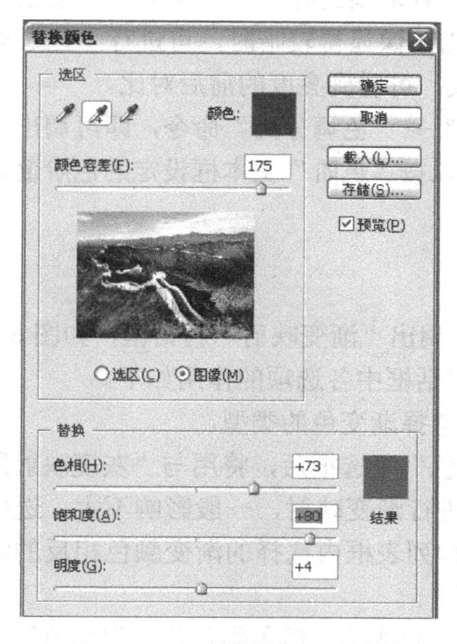

图 6-5-4　“替换颜色”对话框

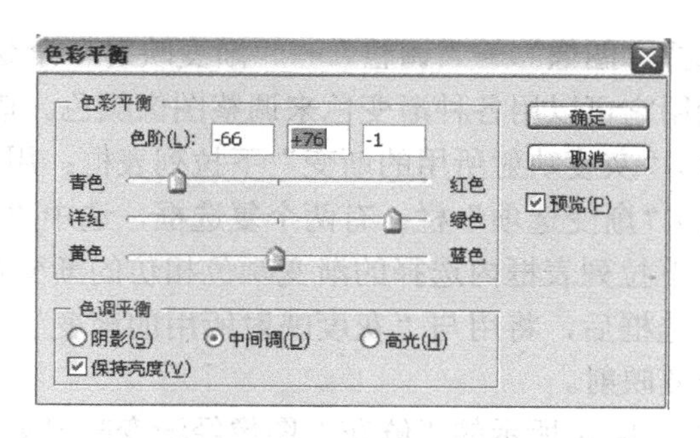

图 6-5-5　“色彩平衡”对话框

2．“色彩平衡”调整

“色彩平衡”调整是指图像整体颜色的平衡效果，可以在图像原基础之上添加其他颜色，或增加某种颜色的补色，改变图像的总体颜色混合，纠正图像偏色问题。选择“图像”→“调整”→“色彩平衡”命令，即可调出“色彩平衡”对话框，如图 6-5-6 所示。例如，打开一幅“鲜花”图像，如图 6-4-16 所示，按照图 6-5-6 所示进行调整后的效果如图 6-5-7 所示（不用关闭对话框就可以看到效果）。该对话框中各选项的作用如下。

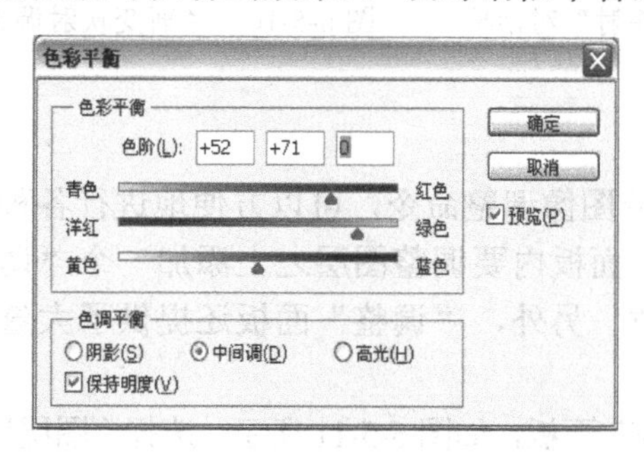

图 6-5-6　“色彩平衡”对话框

图 6-5-7　色彩平衡调整后的效果

（1）“色阶”3 个文本框：分别用来显示 3 个滑块调整时的色阶数据，用户也可以直接输入数值来改变滑块的位置。它们的数值范围是-100～+100。

（2）“色彩平衡”栏内的 3 个滑杆：拖曳滑杆上的滑块，可以分别调整从青色到红色、从洋红色到绿色、从黄色到蓝色的色彩平衡。

（3）“色调平衡”栏：用来确定色彩的平衡处理区域。

3. “色调均化”和“色调分离”调整

（1）“色调均化”调整：选择“图像”→“调整”→“色调均化”命令，可将图像的色调均化，重新分布图像像素的亮度值，更均匀地呈现所有范围的亮度级。使最亮的值呈白色，最暗的值呈黑色，中间值均匀分布在整个灰度中。当图像显得较暗时，可进行“色调均化”调整，以产生较亮的图像。配合使用“直方图”面板，可看到亮度的前后对比。

（2）“色调分离”调整：选择“图像”→“调整”→“色调分离”命令，即可调出“色调分离”对话框，如图6-5-8所示。利用该对话框，可以按“色阶”文本框设定的色阶值，将彩色图像的色调分离。色阶值越大，图像越接近原图。

4. “渐变映射”调整

选择“图像”→“调整”→“渐变映射”命令，调出“渐变映射”对话框，如图6-5-9所示。利用它可以用各种渐变色来调整图像颜色。该对话框中各选项的作用如下。

（1）“灰度映射所用的渐变”下拉列表框：用来选择渐变色的类型。

（2）“渐变选项”栏：有两个复选框，选中“仿色”复选框后，将用与“灰度映射所用的渐变”下拉列表框内选择的渐变颜色相仿的渐变色进行渐变映射，一般影响不大；选中“反向”复选框后，将用与“灰度映射所用的渐变”下拉列表框内选择的渐变颜色相反的渐变色进行渐变映射。

图6-4-16所示的“鲜花”图像经渐变映射调整（渐变色为棕色到黄色再到棕色）后的效果如图6-5-10所示。

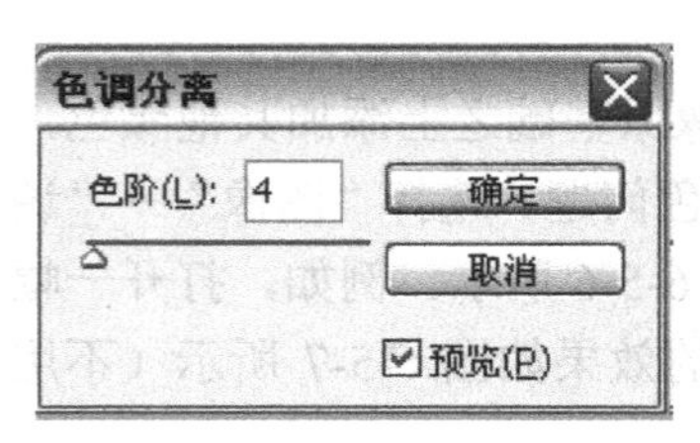

图6-5-8 “色调分离”对话框

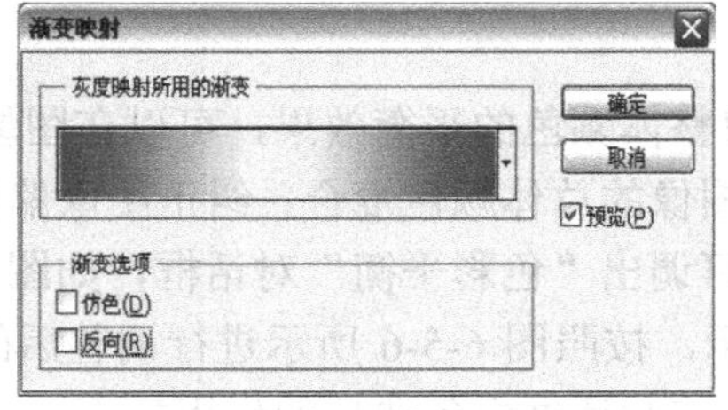

图6-5-9 “渐变映射”对话框

图6-5-10 经渐变映射调整效果

5. “调整”面板使用

“调整”面板集中了“调整”菜单内的大部分图像调整命令，可以方便地进行各种图像调整之间的切换，而且这种调整会自动在“图层”面板内要调整图层之上添加一个“调整”图层，可以不破坏原图像，还有利于修改调整参数。另外，“调整”面板还提供了大量的参数预设，方便了图像的各种调整。

选择“窗口”→“调整”命令，可以调出“调整”面板，如图6-5-11所示。选择“图层”→“新建调整图层”命令，调出它的菜单，该菜单内有15种调整命令，选择其中的任意一个命令，均可以调出“新建图层”对话框，单击该对话框中的“确定”按钮，即可调出相应的“调整”面板。

例如，选择“图层”→“新建调整图层”→“照片滤镜”命令，调出“新建图层”对话框。在该对话框内的“名称”文本框内可以输入新建调整图层的名称，在“颜色”下拉列表框内选择新建调整图层的颜色，在“模式”下拉列表框内选择图层混合模式，还可以调整不透明度。然后，单击该对话框中的“确定”按钮，调出“调整”（照片滤镜）面板，如图6-5-12

所示。可以看出，“调整”（照片滤镜）面板内的选项与图 6-3-9 所示的“照片滤镜”对话框内的选项基本一样。此时，在“图层”面板内会自动生成一个“照片滤镜 1”调整图层，而且与其下面的图层组成图层剪贴组，“背景”图层成为基底图层，它是“照片滤镜 1”调整图层的蒙版，如图 6-5-13 所示。以后的调整不会破坏“背景”图层内的图像。“调整”面板的基本使用方法简介如下。

图 6-5-11 “调整”面板

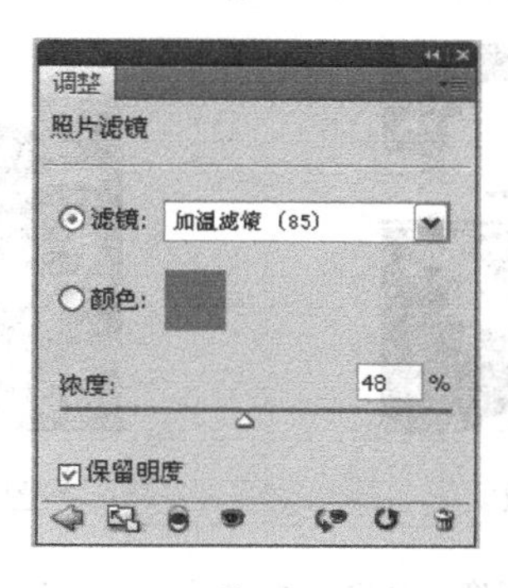

图 6-5-12 “调整”（照片滤镜）面板

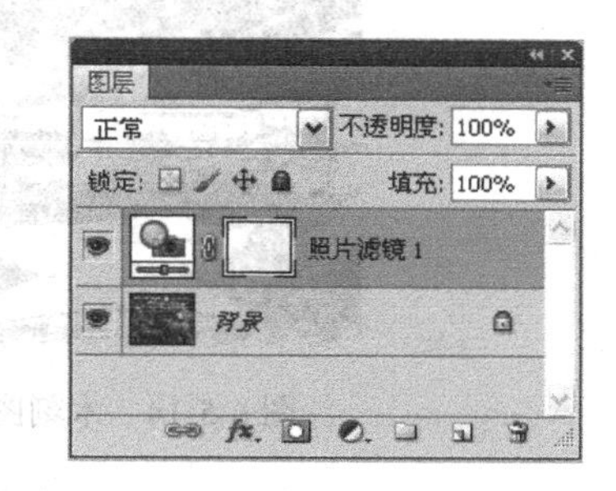

图 6-5-13 “图层”面板

（1）各种“调整”面板的切换：“调整”面板内的上边有 15 个不同的图标（将鼠标指针移到这些图标之上时，会显示相应的名称），单击这些图标，或者选择“调整”面板菜单中的命令，都可以调出相应的“调整”面板，例如，单击图标，可以调出如图 6-5-12 所示的“调整”（照片滤镜）面板。单击这些面板内的按钮，可以回到图 6-5-11 所示的“调整”（添加调整）面板。再单击按钮，又可以回到刚才使用的“调整”面板（如“调整”（照片滤镜）面板）。

（2）“预设”列表框：其内有应用于常规图像校正的一系列调整预设选项。预设分为“色阶”等几大类。单击▶按钮，可以展开相应预设类别的预设选项；按住 Alt 键，同时单击三角形展开所有预设类别的预设选项。

单击“预设”选项，可以将选中的预设应用于“调整”图层和相关的图像。同时调出相应的“调整”面板。如果将调整设置存储为预设，则它会被添加到预设列表框中。

（3）按钮的作用：除了上边介绍过的和按钮，其他按钮的作用如下。

◎“展开视图”按钮：单击该按钮，可以将面板切换到展开视图，该按钮变为“标准视图”按钮；单击“标准视图”按钮，可以将面板切换到标准视图，该按钮变为“展开视图”按钮。

◎按钮：表示此状态是“新调整影响下面的所有图层”，单击该按钮可以使调整剪切到图层，该按钮变为按钮或，表示此状态是“新调整剪切到此图层”；单击按钮或可以使新调整影响下面的所有图层，该按钮变为按钮或。可以在建立和取消剪贴蒙版之间切换，还可以将调整应用于“图层”面板中该图层下的所有图层。

◎“切换图层可见性”按钮：单击该按钮，可以隐藏调整图层；单击按钮，可以显示调整图层。

◎“查看上一状态”按钮：单击该按钮，可以调整到上一状态设置。

◎“复位”按钮：单击该按钮，可以恢复到默认状态设置。

◎“删除此调整图层”按钮：单击该按钮，可以删除调整。

思考练习 6-5

1．使用“调整”面板，制作【实例 30】“图像添彩”图像。

2．制作一幅木刻图像，如图 6-5-14 所示。该图像是将图 6-5-15 所示图像改变颜色和加工后获得的。制作该图像主要需要使用色调均化、反相和阈值等图像调整技术。

图 6-5-14　木刻图像

图 6-5-15　原图像

3．制作一幅“晶莹剔透”玻璃文字图像，如图 6-5-16 所示。

4．图 6-5-17 所示彩色图像中的彩球是蓝色到淡蓝色的渐变色，小鹿的颜色是棕色，眼睛是黑色。将该图像中的彩球颜色改为红色到棕色的渐变色，小鹿的颜色改为绿色，眼睛改为红色。

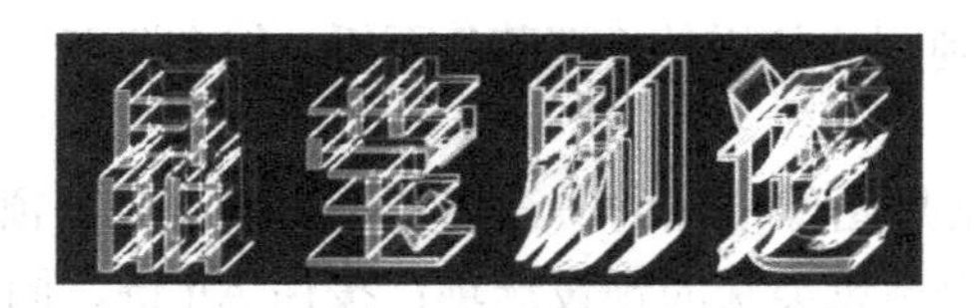

图 6-5-16　“晶莹剔透”玻璃文字图像

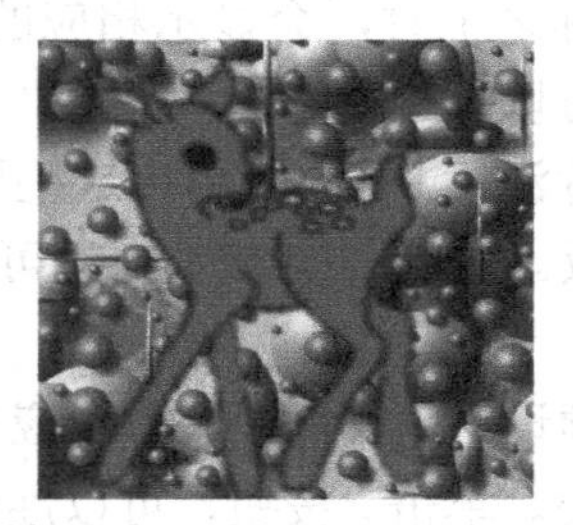

图 6-5-17　原图像

5．将图 6-5-18 所示的“日落树”图像（背景色很暗，树枝是黑色的）进行色调均化处理和替换颜色处理。

图 6-5-18　“日落树”图像

第7章

通道与蒙版

本章提要：

本章主要介绍了通道的基本概念和“通道”面板的特点，使用“通道”面板的方法，将通道转换为选区、存储选区和载入选区的方法，创建和应用快速蒙版和蒙版的方法，以及应用“应用图像”和“计算”命令进行图像处理的方法。

7.1 【实例 32】木刻故宫八角楼

图 7-1-1 “木刻故宫八角楼”图像

“木刻故宫八角楼”图像如图 7-1-1 所示。可以看到，在木板上刻有一幅故宫八角楼图像，打在它上面的平行光线的颜色为黄色，中间点光源的颜色为红色，凸显出木刻图像的立体感。

制作方法

（1）打开一幅“木纹”图像（宽度为 560 像素、高度为 510 像素）和一幅“故宫八角楼”图像，如图 7-1-2 所示。将“木纹”图像以名称“【实例 32】木刻故宫八角楼.psd”保存。

（2）选中“故宫八角楼”图像，调整图像的宽度为 560 像素、高度为 510 像素，创建选中该图像背景的选区，填充白色。将选区反选，选中八角楼。选择“编辑”→“拷贝”命令，将选区内的图像复制到剪贴板中。

（3）选中“【实例 32】木刻故宫八角楼.psd”图像。单击“通道”面板中的“创建新通道”按钮，创建一个名称为“Alpha 1”的通道。选中“Alpha 1”通道，隐藏其他通道。

（4）选择“编辑”→“粘贴”命令，将剪贴板中的图像粘贴到“Alpha 1”通道中，选择“编辑”→“自由变换”命令，调整图像的大小和位置，按 Enter 键，效果如图 7-1-3 所示。

图 7-1-2 “木纹”和“故宫八角楼”图像

图 7-1-3 “Alpha 1”通道中的图像

（5）不选中“通道”面板内的“Alpha 1”通道，选中“RGB”通道。单击选中“图层”面板中的“背景”图层。此时，画布窗口内还只有“木纹”图像。双击“图层”面板中的“背景”图层，调出“新建图层”对话框，单击“确定”按钮，将“背景”图层转换为常规图层“图层 0”图层。选中“图层 0”图层。

（6）选择“滤镜”→“渲染”→“光照效果”命令，调出“光照效果”对话框。单击“光照类型”栏内的色块，调出“拾色器”对话框，利用该对话框设置光源的颜色为棕黄色。在“光照类型”下拉列表框中选择“平行光”选项；拖曳“强度”栏内的滑块，使其数值为 62；在“纹理通道”下拉列表内选择“Alpha 1”选项；调整“高度”栏内的滑块，使其数值为 76；设置材料颜色为黄色，“属性”栏内参数值从上到下分别设置为-5、38、25、30，如图 7-1-4 所示。可以边调整参数边看效果。

（7）拖曳“光照效果”对话框左边显示框内的控制柄中心控制点，调整光源的位置和照射的范围，如图 7-1-4 所示。拖曳灯泡图标到显示窗口内，可以再设置一个光源。要删除光源，可拖曳光源到图标之上。单击“确定”按钮，获得图 7-1-5 所示效果。

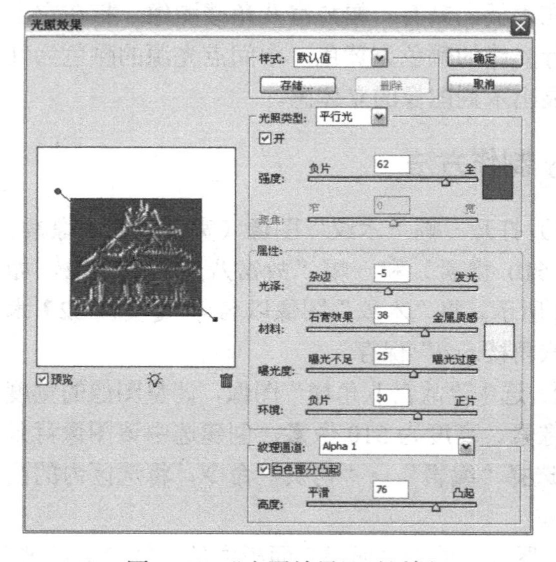

图 7-1-4 “光照效果”对话框

图 7-1-5 光照效果

（8）选择“图像”→“调整”→“色相/饱和度”命令，调出“色相/饱和度”对话框，选中“着色”复选框，调整“色相”、“饱和度”和“明度”参数值分别为22、48和+10，如图7-1-6所示。单击“确定”按钮，图像效果如图7-1-7所示。

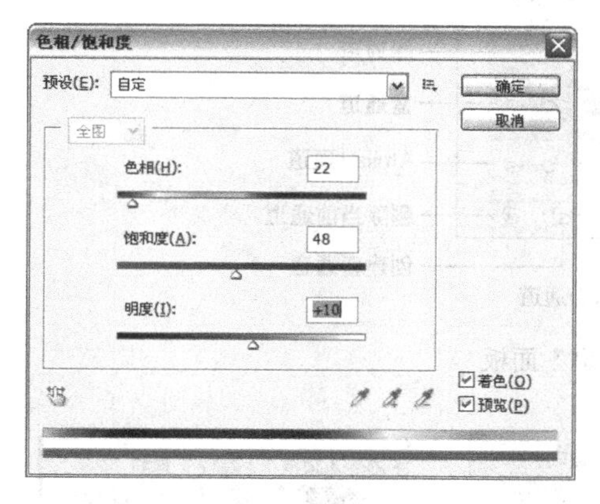

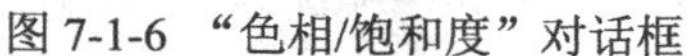

图7-1-6 “色相/饱和度”对话框

图7-1-7 “色相/饱和度”调整效果

（9）选择“选择”→“反向”命令，将选区反选，再调出“色相/饱和度”对话框，可以利用该对话框调整木刻故宫八角楼四周木纹的颜色为浅棕色。按Ctrl+D组合键，取消选区。

（10）选择“图像”→“调整”→“曲线”命令，调出“曲线”对话框，调整整幅图像的对比度和亮度，效果如图7-1-1所示。单击“确定”按钮，完成图像制作。

知识链接——“通道”面板和创建Alpha通道

1．通道的基本概念和“通道”面板

通道是用来存储图像的颜色信息、选区和蒙版的。通道主要有颜色通道、Alpha通道和专色通道。Alpha通道是用来存储选区和蒙版的，可以在该通道中绘制、粘贴和处理图像，图像只是灰度图像。要将Alpha通道中的图像应用到图像中，可以有许多方法，例如，可以在“光照效果”滤镜中使用。一幅图像最多可以有24个通道，通道越多，图像文件越大。

在打开一幅图像或绘制一幅图像时就产生了颜色通道。图像的色彩模式决定了颜色通道的类型和通道的个数。常用的通道有RGB通道、灰色通道、CMYK通道和Lab通道等。

（1）RGB模式有4个通道，分别是红、绿、蓝和RGB通道。红、绿、蓝通道分别保留图像的红、绿、蓝基色信息，RGB通道保留图像三基色的混合色信息。RGB通道也叫RGB复合通道，一般它不属于颜色通道。每一个通道用一个或两个字节来存储颜色信息。“通道”面板如图7-1-8所示。

（2）灰色模式只有一个灰色通道。“通道”面板如图7-1-9左图所示。

（3）CMYK模式有5个通道，分别是CMYK通道（叫CMYK复合通道，一般它不属于颜色通道）、青色通道、洋红通道、黄色通道、黑色通道。“通道”面板如图7-1-9中图所示。

（4）Lab模式有4个通道，分别是Lab通道（叫Lab复合通道，一般它不属于颜色通道）、明度通道（存储图像明度情况的信息）、a通道（存储绿色与红色之间的颜色信息）、b通道（存储蓝色与黄色之间的颜色信息）。“通道”面板如图7-1-9右图所示。

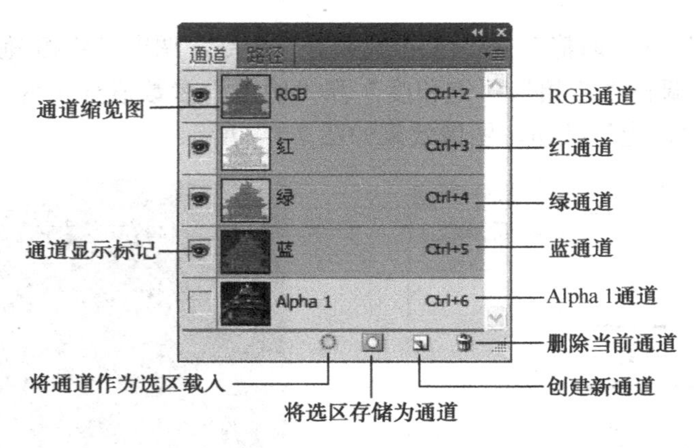

图 7-1-8 “通道”面板

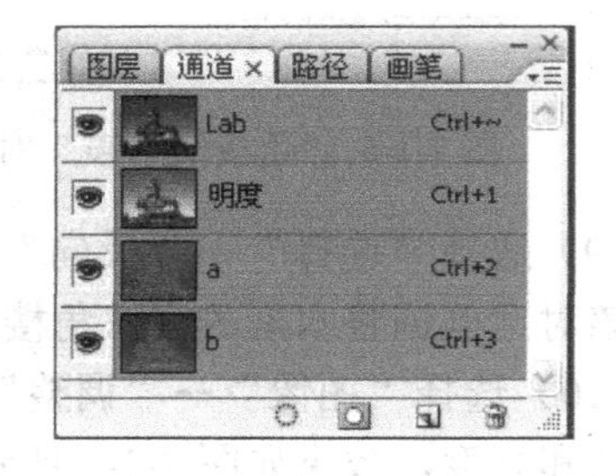

图 7-1-9 “通道”面板

2. 创建 Alpha 通道

（1）单击“通道”面板中的“将选区存储为通道”按钮，可将选区（如一个椭圆选区）存储，同时在“通道”面板中产生一个 Alpha 通道，如图 7-1-10 所示，该通道内是选区中的图像（灰色）。单击“通道”面板中的 Alpha 通道内左边的图标，使图标出现，画布窗口会显示 Alpha 通道的图像，如图 7-1-11 所示。白色对应选区内区域，黑色对应选区外区域。

（2）选择“通道”面板菜单中的“新建通道”命令，调出“新建通道”对话框，如图 7-1-12 所示。Alpha 通道的名称自动定义为 Alpha 1、Alpha 2……利用该对话框进行设置后，单击“确定”按钮，即可创建一个 Alpha 通道。“新建通道”对话框中各选项的作用如下。

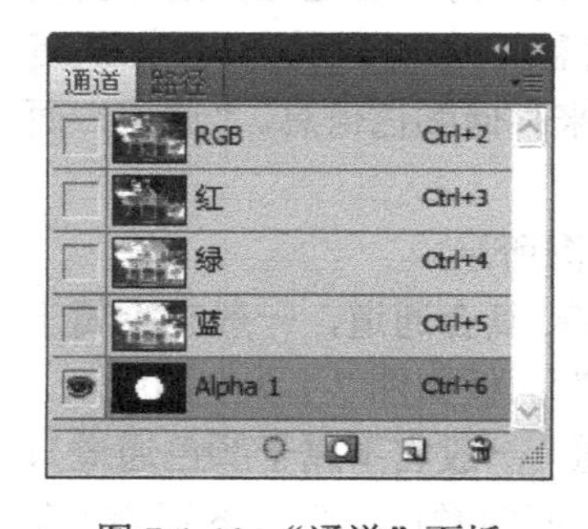

图 7-1-10 “通道”面板

图 7-1-11 Alpha 通道的图像

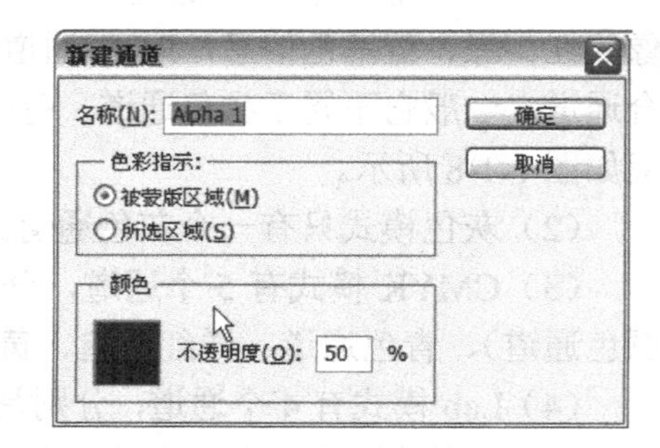

图 7-1-12 “新建通道”对话框

◎“名称”文本框：用来输入通道的名称。

◎“被蒙版区域”单选按钮：选中该单选按钮后，在新建的 Alpha 通道中，有颜色的区域代表蒙版区；没有颜色的区域代表非蒙版区。许多操作只能对蒙版区之外的非蒙版区内的图像进行，不可以对蒙版区内的图像进行。

◎“所选区域”单选按钮：选中该单选按钮后，在新建的Alpha通道中，有颜色的区域代表非蒙版区；没有颜色的区域代表蒙版区。它与“被蒙版区域”单选按钮的作用正好相反。

◎“颜色”栏：可在“不透明度”文本框内输入通道的不透明度百分数。单击颜色块，可以调出“拾色器”对话框，利用该对话框可以设置蒙版的颜色。

（3）选择“选择”→“存储选区”命令，也可以创建通道。这种方法将在下文介绍。

3．了解专色通道

专色通道属于颜色通道的一种，它使用的颜色不是RGB或CMYK颜色，而是用户指定的特殊的混合油墨颜色（专色）。专色通道可以使用专色去替代图像颜色，还可以和颜色通道合并，将专色分解到颜色通道中。专色有两个作用：一是扩展四色印刷效果，产生高质量的印刷品；二是为了一些特殊印刷的需要。打印时，每个专色通道都可以单独打印。

思考练习7-1

1．制作一幅“木刻熊猫”图像，如图7-1-13所示。可以看到，在木板上刻有熊猫图像，有黄色平行光线，显出木刻立体感。它是利用图7-1-14所示的“熊猫”图像制作而成的。

图7-1-13 “木刻熊猫”图像

图7-1-14 “熊猫”图像

2．制作一幅“台灯灯光”图像，如图7-1-15所示。图中的两个台灯的光线分别为白色和绿色。该图像是在图7-1-16所示的“台灯”图像的基础之上加工而成的。

图7-1-15 “台灯灯光”图像

图7-1-16 “台灯”图像

7.2 【实例 33】梦幻

“梦幻”图像如图 7-2-1 所示。该图像是在图 7-2-2 所示的“佳人美景”图像的基础之上制作而成的。制作该图像主要利用了“通道”面板，在该面板内的红、绿、蓝通道中绘制不同的图像，合成后的图像即可获得五彩缤纷的梦幻效果。

图 7-2-1 “梦幻”图像

图 7-2-2 “佳人美景”图像

制作方法

1．制作梦幻效果

（1）新建一个画布宽度为 400 像素、高度为 300 像素、模式为 RGB 颜色、背景色为黑色的文档。然后以名称“【实例 33】梦幻.psd”保存。

（2）设置前景色为白色，使用工具箱中的“画笔工具”，调整画笔的大小，单击画布任意处，绘制一些柔边的、不同大小和形状的图形，如图 7-2-3 所示。在同一处单击多次，可以使图形颜色更白。

（3）在“通道”面板选中“红”通道，如图 7-2-4 所示。再选择“滤镜”→“扭曲”→“极坐标”命令，调出“极坐标”对话框，选中“极坐标”对话框中的“平面坐标极到坐标”选项，单击“确定”按钮，得到如图 7-2-5 所示的效果。

图 7-2-3 绘制图形

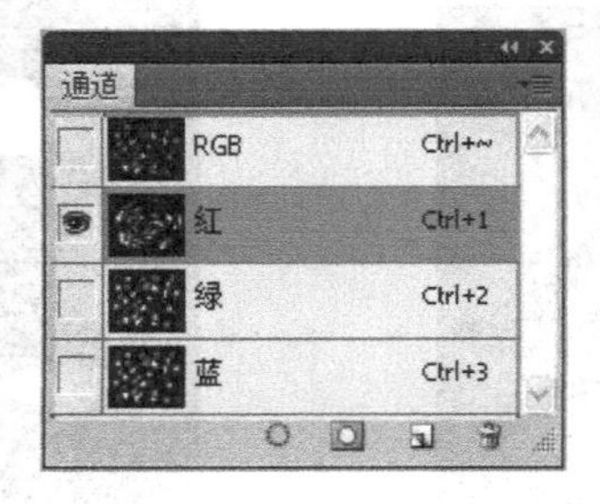

图 7-2-4 “通道”面板

图 7-2-5 “极坐标”滤镜效果

（4）选中“绿”通道，如图 7-2-6 所示。选择“滤镜”→“扭曲”→“切变”命令，“切变”对话框设置如图 7-2-7 所示。单击“确定”按钮，效果如图 7-2-8 所示。

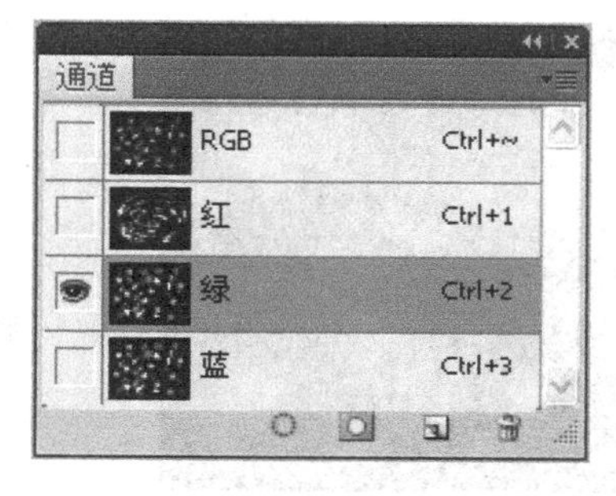

图 7-2-6 “通道”面板

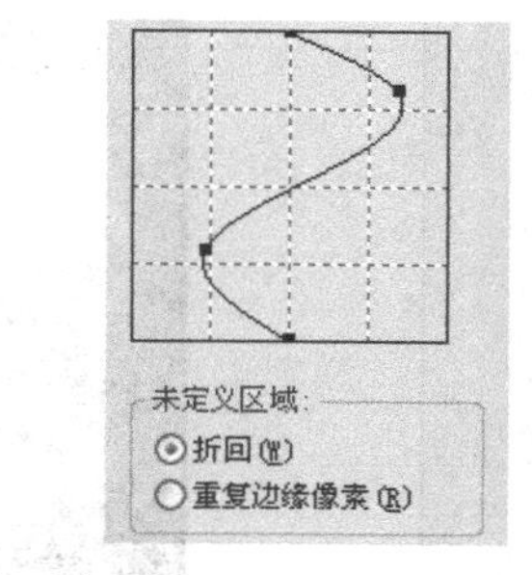

图 7-2-7 “切变”对话框设置

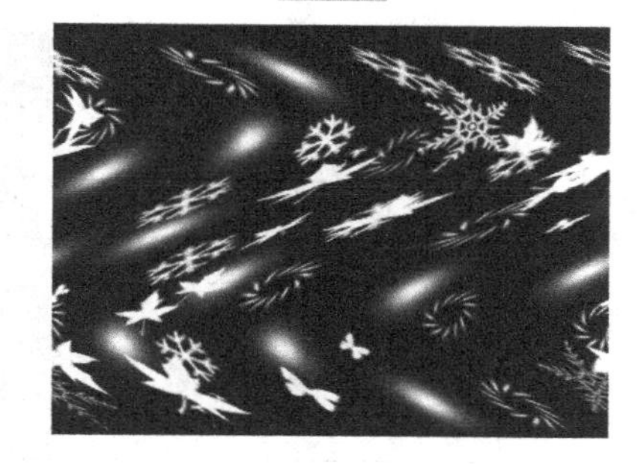

图 7-2-8 “切变”滤镜效果

（5）选中“蓝”通道，如图 7-2-9 所示。使用工具箱中的“涂抹工具”，在其选项栏内设置画笔为 50 像素的圆形画笔，选中“对所有图层取样”复选框，将“强度”设置为 50%。然后，在画布中涂抹，改变的是图像中蓝色图像的内容。

（6）选择“滤镜”→“扭曲”→“旋转扭曲”命令，调出“旋转扭曲”对话框。设置旋转角度为 200°，再单击“确定”按钮。此时，改变的还是图像中蓝色图像的内容，图像效果如图 7-2-10 所示。

（7）单击选中“通道”面板中的“RGB”通道，同时也选中了其他通道，将所有通道恢复显示，效果如图 7-2-11 所示。此时可以对所有通道进行加工处理。

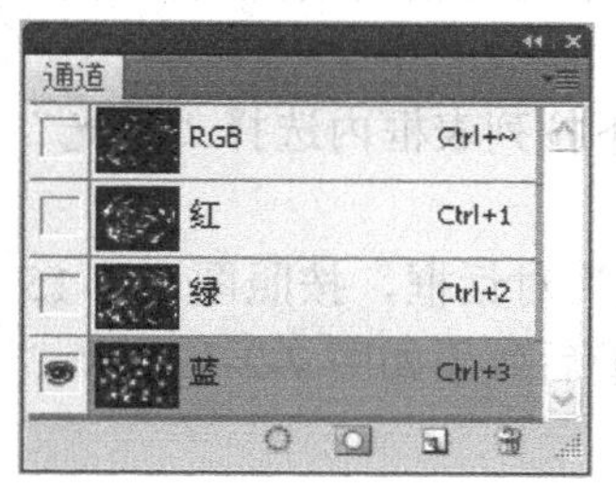

图 7-2-9 “通道”面板

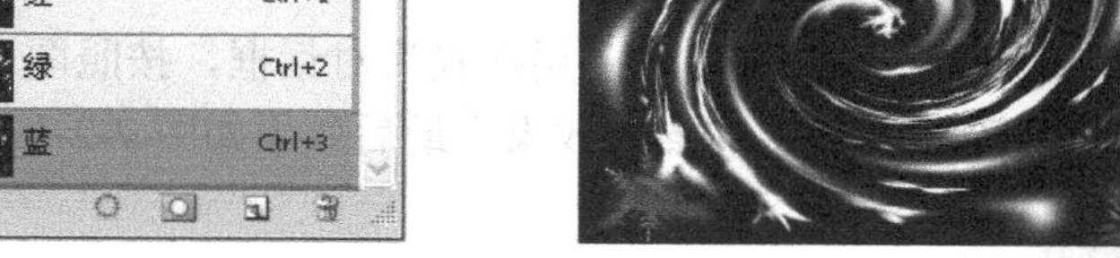

图 7-2-10 涂抹和“旋转扭曲”滤镜效果

图 7-2-11 加工后的图像

（8）选择“滤镜”→“模糊”→“高斯模糊”命令，调出“高斯模糊”对话框。设置模糊半径值为 3.0，再单击“确定”按钮。

（9）双击“图层”面板中的“背景”图层，调出“新建图层”对话框，单击“确定”按钮，将“背景”图层转换为常规图层“图层 0”图层。选中“图层 0”图层。

（10）选择“滤镜”→“渲染”→“镜头光晕”命令，调出“镜头光晕”对话框。设置亮度为 136%，镜头类型为“50-300 毫米变焦”，如图 7-2-12 所示。拖曳图像框内的亮点到右上角，单击“确定”按钮，图像效果如图 7-2-13 所示。

（11）按照上述方法再创建一个“电影镜头”镜头光晕和一个“105 毫米聚焦”镜头光晕。此时的画布图像如图 7-2-13 所示。

2. 加工图像

（1）打开一幅“佳人美景”图像，如图 7-2-2 所示。将该图像调整为宽 400 像素、高 300 像素，将它拖曳到“【实例 33】梦幻.psd”内。调整复制图像的位置，使它刚好将整个画布覆盖。在“图层”面板内，将存放复制图像的“图层 1”图层移到“图层 0”图层之上。

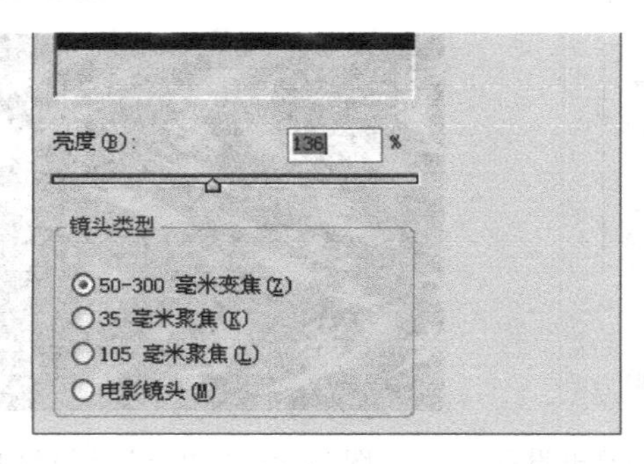

图 7-2-12 “镜头光晕”对话框设置

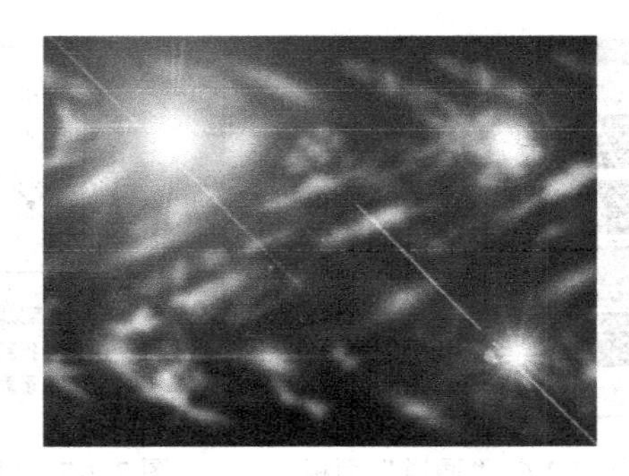

图 7-2-13 画面效果

（2）选中“图层 0”图层，使用工具箱内的“套索工具”，创建选中图像内人物的选区。选择“选择”→“修改”→“平滑”命令，调出“平滑选区”对话框，在“取样半径”文本框内输入 5，单击“确定”按钮，使选区平滑一些。

（3）选择“选择”→“修改”→“扩展”命令，调出“扩展选区”对话框，在“扩展量”文本框内输入 5，单击“确定”按钮，扩展选区 5 像素。

（4）选择“选择”→“修改”→“羽化”命令，调出“羽化选区”对话框，在“羽化半径”文本框内输入 6，单击“确定”按钮，将选区羽化 6 像素。

（5）选择“图层”→“新建”→“通过拷贝的图层”命令，将羽化选区内的人物图像复制到一个新图层内。

（6）选中“图层”面板中的“图层 1”图层，在“混合模式”下拉列表框内选择“柔光”选项，图像效果如图 7-2-14 所示。

（7）双击“图层”面板中的“图层 1”图层，调出“图层样式”对话框，按照图 7-2-15 所示进行设置，调整“图层 1”图层和“背景”图层的混合效果。最后效果如图 7-2-1 所示。

图 7-2-14 “柔光”效果

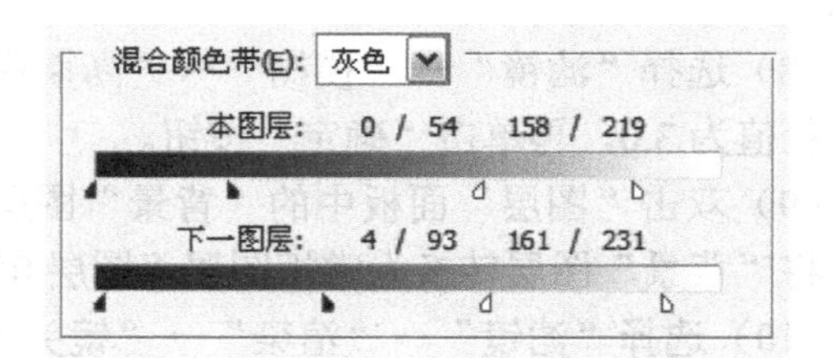

图 7-2-15 “图层样式”对话框设置

知识链接——通道基本操作

1. 选中与取消选中通道

一般在对通道进行操作时，需要首先选中通道。选中的通道会以灰色显示。

（1）选中一个通道：单击“通道”面板中要选中的通道的缩览图或其右边的地方。

（2）选中多个通道：在选中一个通道后，按住 Shift 键，同时单击“通道”面板中要选中的通道的缩览图或其右边的地方。

（3）选中所有颜色通道：选中“通道”面板中的复合通道（CMYK 通道或 RGB 通道）。

（4）取消通道的选中：单击“通道”面板中未选中的通道，即可取消其他通道的选中。按住 Shift 键，同时单击“通道”面板中选中的通道，即可取消该通道的选中。

2．显示、隐藏和删除通道

在图像加工中，常需要将一些通道隐藏起来，而让另一些通道显示出来。它的操作方法与显示和隐藏图层的方法很相似。不可以将全部通道隐藏。

（1）显示/隐藏通道：单击“通道”面板中要显示的通道左边的 图标，使其内出现 图标，即可将该通道显示出来。单击通道左边的 图标，使其内的 图标消失，即可将该通道隐藏起来。

（2）删除通道：选中“通道”面板内的一个通道。单击“删除当前通道”按钮 ，调出一个提示框，单击“是”按钮，即可删除选中通道。将要删除的通道拖曳到“通道”面板中的“删除当前通道”按钮 之上，再松开鼠标左键，也可以删除选中的通道。

3．复制通道

（1）复制通道的一般方法：单击选中“通道”面板中的一个通道（如 Alpha 1 通道）。再选择“通道”面板菜单中的“复制通道”命令，调出“复制通道”对话框，如图 7-2-16 所示。利用它进行设置后，单击“确定”按钮，即可将选中的通道复制到指定的或新建的图像文件中。其内各选项的作用如下。

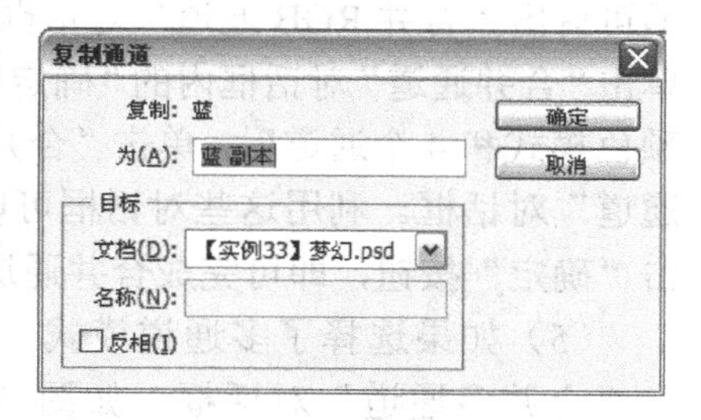

图 7-2-16 “复制通道”对话框

◎“为”文本框：输入复制的新通道的名称。

◎“文档”下拉列表框：其内有打开的图形文件名称，用来选择复制的目标图像。

◎“名称”文本框：用来输入将新建的图像文件的名称。当选择“文档”下拉列表框中的“新建”选项（将新建的图像文件）时，“文档”下拉列表框下面的“名称”文本框变为有效。

◎“反相”复选框：复制的新通道与原通道相比是反相的，即原通道中有颜色的区域，在新通道中为没有颜色的区域；原通道中没有颜色的区域，在新通道中为有颜色的区域。

（2）在当前图像中复制通道的简便方法：用鼠标将要复制的通道拖曳到“通道”面板中的“创建新通道”按钮 之上，再松开鼠标左键，即可复制选中的通道。

（3）将通道复制到其他图像中的简便方法：拖曳通道到其他图像的画布窗口中。

4．分离通道

分离通道是将图像中的所有通道分离成多个独立的图像。一个通道对应一幅图像。新图像的名称由系统自动给出，分别由“原文件名”+“-”+“通道名称缩写”组成。分离后，原始图像将自动关闭。对分离的图像进行加工，不会影响原始图像。在进行分离通道的操作以前，一定要将图像中的所有图层合并到背景图层中，否则“通道”面板菜单中的“分离通道”命令是无效的。选择“通道”面板菜单中的“分离通道”命令，可以分离通道。如果图像有多个图层，则应选择“图层”→“拼合图像”命令，将所有图层合并到“背景”图层中。

5．合并通道

合并通道是将分离的各个独立的通道图像再合并为一幅图像。在将一幅图像进行分离通道操作后，可以对各个通道图像进行编辑修改，再将它们合并为一幅图像。这样可以获得一些特殊的加工效果。合并通道的操作方法如下。

（1）选择“通道”面板菜单中的“合并通道”命令，调出“合并通道”对话框，如图7-2-17所示。

（2）在“合并通道”对话框内的“模式”下拉列表框内选择一种模式。如果某种模式选项呈灰色，表示它不可选。选择“多通道”模式选项可以合并所有通道，包括Alpha通道，但合并后的图像是灰色的；选择其他模式选项后，不能够合并Alpha通道。

（3）在“合并通道”对话框内的“通道”文本框中输入要合并的通道个数。在选择RGB颜色模式或Lab颜色模式后，通道的最大个数为3；在选择CMYK颜色模式后，通道的最大个数为4；在选择多通道模式后，通道数为通道个数。通道图像的次序是分离通道前的通道次序。

（4）在选择RGB颜色模式和3个通道后，单击“合并通道”对话框内的“确定”按钮，即可调出“合并RGB通道”对话框，如图7-2-18所示。在选择Lab颜色模式和3个通道后，单击“合并通道”对话框内的“确定”按钮，即可调出“合并Lab通道”对话框。在选择CMYK颜色模式和4个通道后，单击“合并通道”对话框内的“确定”按钮，即可调出“合并CMYK通道”对话框。利用这些对话框可以选择各种通道对应的图像，通常采用默认状态。然后单击“确定”按钮，即可完成合并通道工作。

（5）如果选择了多通道模式，则单击“合并通道”对话框内的“确定”按钮后，会调出“合并多通道”对话框，如图7-2-19所示。在该对话框的“图像”下拉列表框内选择对应通道1的图像文件后，单击“下一步”按钮，又会调出下一个“合并多通道”对话框，再设置对应通道2的图像文件。如此继续下去，直到给所有通道均设置了对应的图像文件为止。

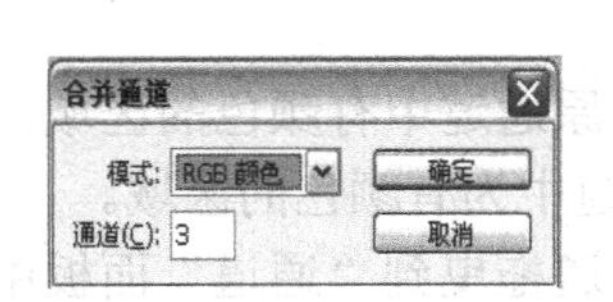

图7-2-17 “合并通道”对话框

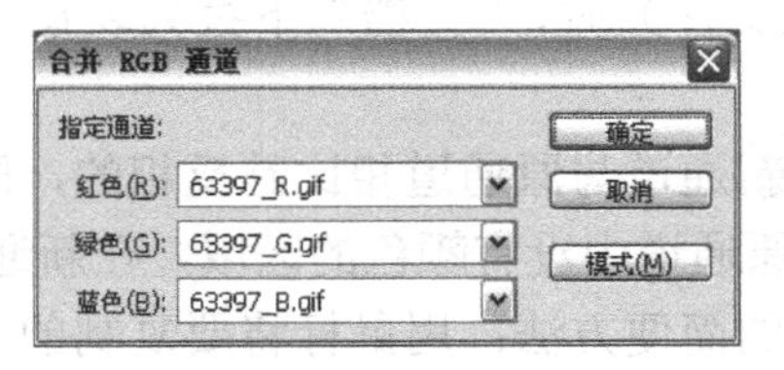

图7-2-18 “合并RGB通道”对话框

图7-2-19 “合并多通道”对话框

思考练习7-2

1．参考【实例33】的制作方法，制作一幅“幻影别墅”图像，如图7-2-20所示。

2．制作一幅“色彩飞扬”图像，如图7-2-21所示。可以看到一个小女孩手握一个光球飘浮在彩云中。提示：首先给白色背景的画布填充灰色到透明白色的线性渐变色，再绘制一些黑点，再将红、绿、蓝通道内的图像使用“极坐标”、“切变”和“旋转扭曲”滤镜加工。然后，添加如图7-2-22所示的“女孩”图像并使用“镜头光晕”滤镜加工。

图 7-2-20 “幻影别墅”图像

图 7-2-21 “色彩飞扬”图像

图 7-2-22 “女孩”图像

7.3 【实例 34】照片着色 2

“照片着色 2”图像如图 7-3-1 所示。它是将如图 7-3-2 所示的“照片”黑白图像进行着色处理后获得的。

制作方法

1. 创建选区

（1）打开图 7-3-2 所示的图像。选择“图像”→“模式”→“RGB”命令，将灰度模式的黑白图像转换为 RGB 彩色模式的图像。再以名称“【实例 34】照片着色 2.psd”保存。

（2）单击“魔棒工具”按钮，在其选项栏内设置“容差”为 2，选中“消除锯齿”和“连续”复选框，多次单击人物背景，创建选中人物背景的选区。再采用选区加减的方法修改选区。然后，选择“选择”→“反向”命令，创建选中人物的选区，如图 7-3-3 所示。

图 7-3-1 “照片着色 2”图像

图 7-3-2 “照片”黑白图像

图 7-3-3 创建人物轮廓选区

（3）在“通道”面板中，单击“将选区存储为通道”按钮，将人物的轮廓选区保存为一个名为“Alpha 1”的通道。按 Ctrl+D 组合键，取消人物的选区。

注意：以后还要多次使用到这一选区，所以需要将其保存为一个 Alpha 通道。

（4）使用“磁性套索工具”，勾画出头发的大致选区，如图 7-3-4 所示。选择“选择”→“色彩范围”命令，调出“色彩范围”对话框，在“选择”下拉列表框中选择“取样颜色”选项，将“颜色容差”设置为 80，使用“吸管工具”，单击该对话框预览图中的头发，选中与单击处颜色相近的像素，单击“确定”按钮。选区如图 7-3-5 所示。

（5）单击“通道”面板中的“将选区存储为通道”按钮，将人物的头发选区保存为一个名为“Alpha 2”的通道。按 Ctrl+D 组合键，取消头发的选区。

注意：头发选区的建立是本实例的难点，使用一般的选框，套索工具显然无法准确地选择发梢等部位，在本实例中，先按头发的轮廓建立一个选区，然后通过“色彩范围”对话框在现有选区范围内选择与头发颜色相近的像素。在“通道”面板中单击选中“Alpha 2”通道，可以看到该通道很准确地选择了人物的头发，如图 7-3-6 所示。

图 7-3-4　头发轮廓的大致选区

图 7-3-5　头发轮廓选区

图 7-3-6　头发通道

（6）单击“魔棒工具”按钮，在其选项栏内设置“容差”为 10，多次单击衣服，创建选中衣服的选区。再采用选区加减的方法修改选区，最后效果如图 7-3-7 所示。

（7）选择“选择”→“载入选区”命令，调出“载入选区”对话框。设置如图 7-3-8 所示。单击“确定”按钮。效果如图 7-3-9 所示。

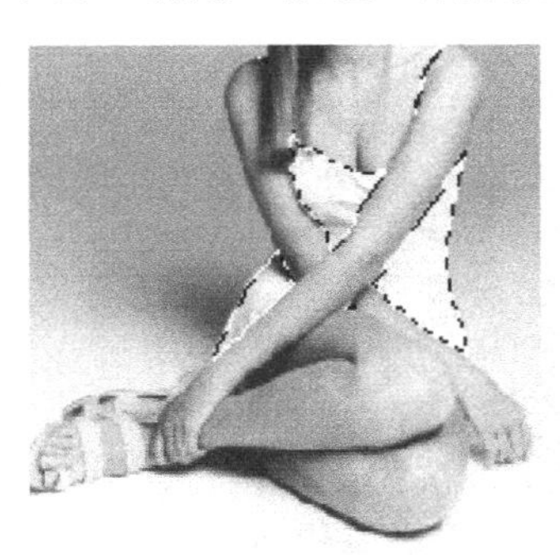

图 7-3-7　创建衣服选区

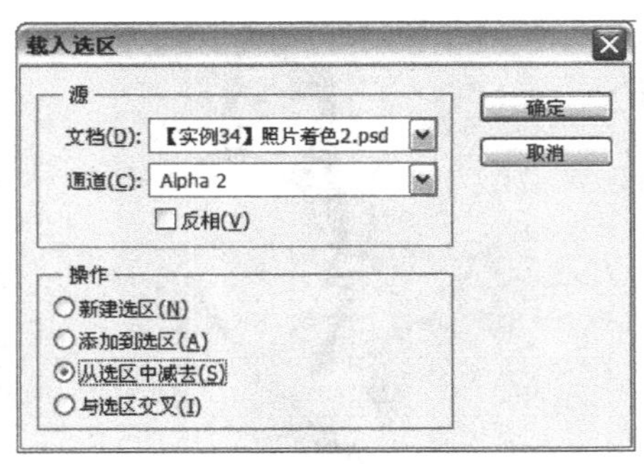

图 7-3-8　“载入选区”对话框设置

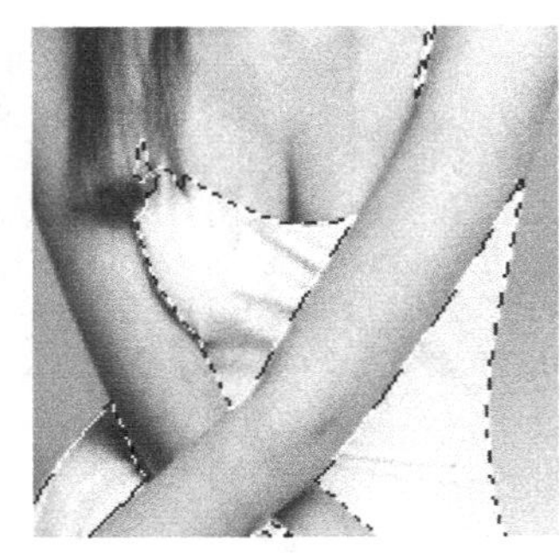

图 7-3-9　衣服精确选区

注意：衣服最难选择的部分是人物右胸处被发梢部分覆盖的位置，很难使用一般的选框、套索工具准确地选择，本实例采用的方法是先创建将发梢部分也选中的选区，然后减去保存为通道“Alpha 2”通道的头发选区即可。

（8）单击“通道”面板中的“将选区存储为通道”按钮，将人物的衣服选区保存为一个名为“Alpha 3”的通道。按 Ctrl+D 组合键，取消衣服的选区。

2. 给照片着色

（1）给头发着色：按住 Ctrl 键，单击“通道”面板中的“Alpha 2”通道来载入头发选区，如图 7-3-5 所示。选择“图像”→“调整”→“色相/饱和度”命令，调出“色相/饱和度”对话框，选中“着色”复选框，设置色相为 28，饱和度为 40，明度为 5，单击“确定”按钮，给头发着褐色。按 Ctrl+D 组合键，取消选区。

（2）给衣服着色：按住 Ctrl 键，单击“通道”面板中的“Alpha 3”通道来载入衣服选区，如图 7-3-9 所示。选择“图像”→“调整”→“色相/饱和度”命令，调出“色相/饱和度”对话框，选中“着色”复选框，设置色相为 0，饱和度为 75，明度为-35，单击“确定”按钮，给衣服着红色。按 Ctrl+D 组合键，取消选区。

（3）按住 Ctrl 键，单击“通道”面板中的“Alpha 1”通道来载入人物轮廓选区，如图 7-3-3 所示。选择“选择”→“载入选区”命令，调出“载入选区”对话框。设置如图 7-3-10 所示，单击“确定”按钮，从人物轮廓选区内减去衣服选区。再调出“载入选区”对话框，在“通道”下拉列表框中选中“Alpha 2”通道，选中“从选区中减去”单选按钮，单击“确定”按钮，从选区内减去头发选区，得到皮肤选区，如图 7-3-11 所示。

（4）调出“色相/饱和度”对话框，选中“着色”复选框，设置色相为 26，饱和度为 36，明度为 6，单击“确定”按钮，给皮肤着浅棕色。按 Ctrl+D 组合键，取消选区。

（5）给背景着色：按住 Ctrl 键，单击“通道”面板中的“Alpha 1”通道，载入人物轮廓选区。再按 Ctrl+Shift+I 组合键，将选区反选，选中背景区域，如图 7-3-12 所示。

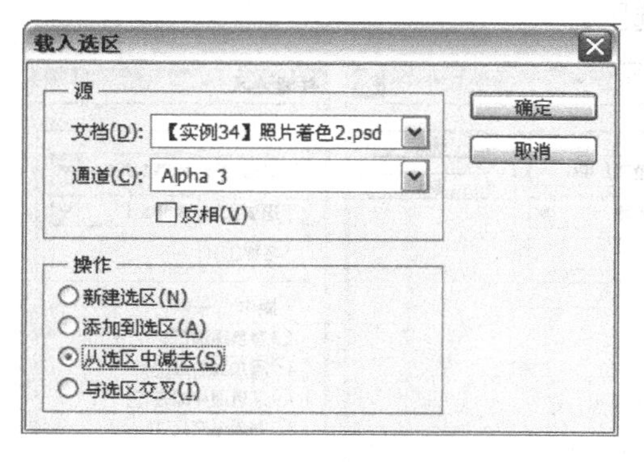

图 7-3-10 “载入选区”对话框设置

图 7-3-11 皮肤选区

图 7-3-12 创建背景选区

（6）选择“图像”→“调整”→“变化”命令，调出“变化”对话框，在该对话框中可调整背景的颜色，这可根据读者喜欢的颜色来调整。最后着色的效果可参考图 7-3-1。

知识链接——通道和选区的相互转换

利用通道可以从另外一个方面来调整图像的色彩和创建选区，使加工一些复杂效果变得简单和快捷。例如，对图像的基色通道进行编辑加工，再将各基色通道合成，即可获得一些特殊效果。还可以将选区存储为 Alpha 通道，再对 Alpha 通道的图像进行编辑，然后将 Alpha 通道作为选区载入图像，这样可以获得复杂的选区。

1．将通道转换为选区

将通道转换为选区通常有以下几种方法。

（1）按住 Ctrl 键，同时单击“通道”面板中相应的 Alpha 通道的缩览图或缩览图右边处。

（2）按住 Ctrl+Alt 组合键，同时按通道编号数字键。通道编号从上到下（不含第 1 个通道）。

（3）选中“通道”面板中的Alpha通道，单击“将通道作为选区载入”按钮◌。

（4）将“通道”面板中的Alpha通道拖曳到“将通道作为选区载入”按钮◌之上。

（5）选择“选择”→“载入选区”命令，也可以将通道转换为选区。

2. 将选区转换为通道（存储选区）

存储选区就是将选区存储，并在“通道”面板中建立相应的Alpha通道。这在前面已经介绍过了。此处重点介绍选择“选择”→“存储选区”命令后的操作方法。

为了了解存储选区，打开一幅“睡莲1”图像。进入“通道”面板，创建一个名称为“Alpha 1”的Alpha通道，在其内绘制两个白色的椭圆图形，如图7-3-13左图所示。选中所有通道。再进入“图层”面板，在图像的画布窗口内创建一个矩形选区，如图7-3-13右图所示。

选择“选择”→“存储选区”命令，调出“存储选区”对话框，如图7-3-14左图所示。如果选择了“通道”下拉列表框中的Alpha通道名称选项，则该对话框中“操作”栏内的所有单选按钮均变为有效，而“名称”文本框变为无效，如图7-3-14右图所示。进行设置后，单击“确定”按钮，即可将选区存储，建立相应的通道。其内各选项的作用如下。

（1）“文档”下拉列表框：该下拉列表框用来选择选区将存储在哪一个图像中。其内的选项中有当前图像文档、已经打开的与当前图像文档大小一样的图像文档和“新建”选项。如果选择“新建”选项，则将创建一个新文档来存储选区。

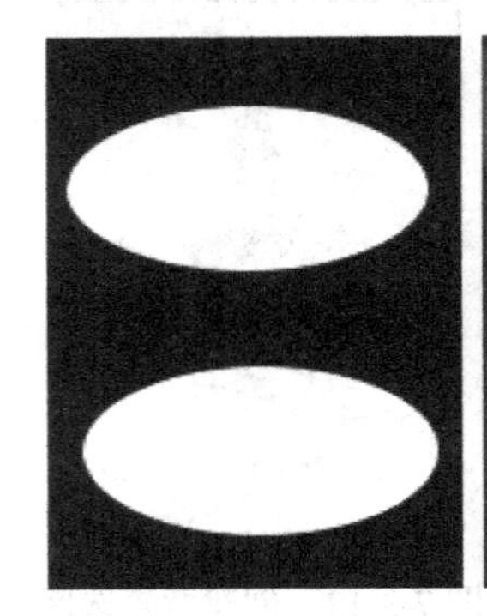

图7-3-13　椭圆图像和矩形选区

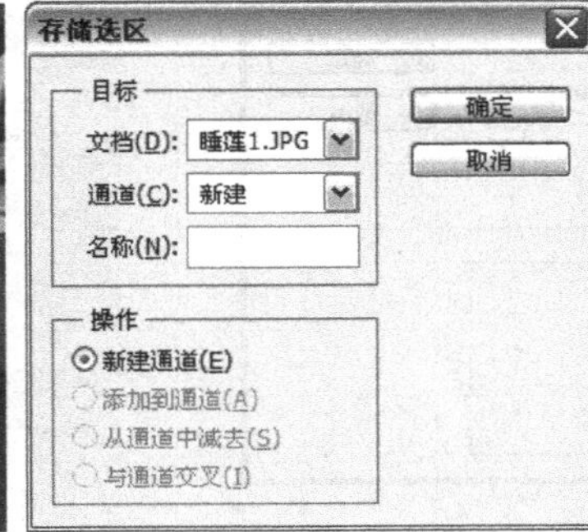

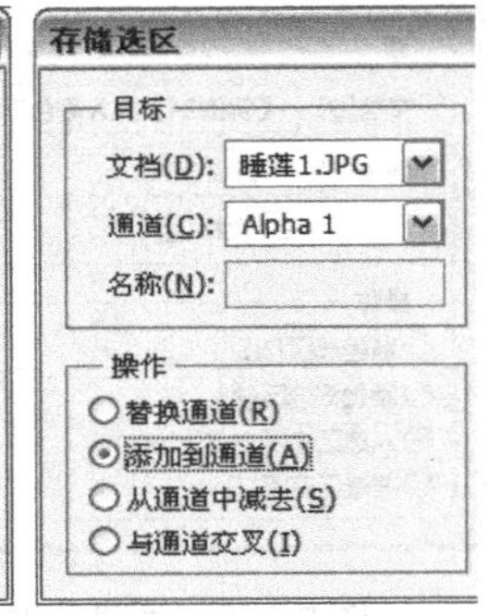

图7-3-14　“存储选区”对话框

（2）“通道”下拉列表框：用来选择“文档”下拉列表框选定的图像文件中的Alpha通道名称和“新建”选项。用来决定选区存储到哪个Alpha通道中。如果选择“新建”选项，则将创建一个新的通道来存储选区，“名称”文本框变为有效。

（3）“名称”文本框：用来输入新Alpha通道的名称。

（4）“新建通道”单选按钮：如果在“通道”下拉列表框中选择了“新建”选项，则该单选按钮唯一出现。它用来说明选区存储在新Alpha通道中。

（5）“替换通道”单选按钮：如果没在“通道”下拉列表框中选择“新建”选项，则该单选按钮和以下3个单选按钮有效。选择该单选按钮或其他3个单选按钮中的任意一个，都可以确定存储选区的通道是“通道”下拉列表框中已选择的“Alpha 1”通道。

如果在“通道”下拉列表框中选择了“Alpha 1”通道，“Alpha 1”通道内的图像如图7-3-13左图所示，而选区的形状如图7-3-13右图所示。选择“替换通道”单选按钮后，原“Alpha 1”通道内的图像会被选区和选区内填充白色的图像替换，如图7-3-15（a）所示。

（6）“添加到通道”单选按钮：“通道”下拉列表框中选择的Alpha通道（Alpha 1通道）

的图像添加了新的选区。此时原 Alpha 通道的图像如图 7-3-15（b）所示。

（7）“从通道中减去”单选按钮：“通道”下拉列表框中选择的 Alpha 通道的图像是选区减去原 Alpha 通道内图像后的图像。此时原 Alpha 通道的图像如图 7-3-15（c）所示。

（8）“与通道交叉”单选按钮：“通道”下拉列表框中选择的 Alpha 通道的图像是选区包含的原 Alpha 通道内图像的图像。此时原 Alpha 通道的图像如图 7-3-15（d）所示。

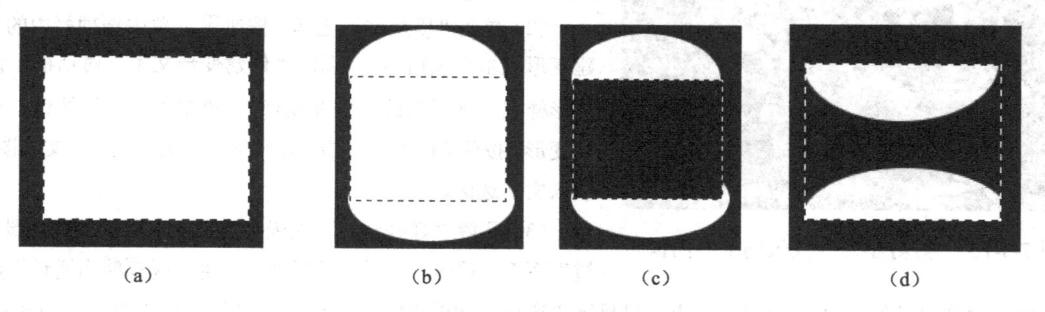

图 7-3-15　Alpha 通道的图像

3. 载入选区

载入选区是将 Alpha 通道存储的选区加载到图像中。它是存储选区的逆过程。选择“选择”→“载入选区”命令，调出“载入选区”对话框，如图 7-3-10 所示。如果当前图像中已经创建了选区，则该对话框中“操作”栏内的所有单选按钮均为有效，否则只有“新建选区”单选按钮有效。设置后单击“确定”按钮，可将选定的通道内的图像转换为选区，并加载到指定的图像中。“载入选区”对话框内各选项的作用如下。

（1）“文档”和“通道”下拉列表框的作用：它们与“存储选区”对话框内相应选项的作用基本一样，只是后者用来设置存储选区的图像文档和 Alpha 通道，而前者用来设置要转换为选区的通道图像所在的图像文档和 Alpha 通道。因此，前者“文档”和“通道”下拉列表框中没有“新建”选项，而且没有“名称”文本框。如果打开的图像中的当前图层不是背景图层，则“载入选区”对话框内的“通道”下拉列表框中会有表示当前图层的透明选项。如果选择该选项，则将选中图层中的图像或文字的非透明部分作为载入选区。

（2）“载入选区”对话框内其他选项的作用：其他选项的作用如下。

◎“反相”复选框：选中它则载入到当前图像的选区，否则载入选区以外的部分。

◎“新建选区”单选按钮：选中它后，载入到当前图像的选区是指定的 Alpha 通道中的图像转换来的新选区。它替代了当前图像中原来的选区。

◎“添加到选区”单选按钮：选中它后，载入到当前图像的新选区是通道转换来的选区添加到当前图像原选区后形成的选区。

◎“从选区中减去”单选按钮：选中它后，载入到当前图像的新选区是当前图像原选区减去通道转换来的选区后形成的选区。

◎“与选区交叉”单选按钮：选中它后，载入到当前图像的新选区是当前图像原选区与通道转换来的选区相交部分形成的选区。

思考练习 7-3

1. 制作一幅“好好学习　天天向上”图像，如图 7-3-16 所示。在向日葵图像之上有“好好学习　天天向上”变形文字，红色文字从左边到中间再到右边透明度逐渐变化。制作该图像的方法提示如下。

图 7-3-16 “好好学习 天天向上”图像

（1）打开一幅“向日葵”图像，使用“横排文字工具”按钮T，设置字体为华文行楷，大小为 120 点，颜色为白色；利用“字符”面板调整字间距为-200。输入文字“好好学习天天向上”。移动更改文字的位置。

（2）单击“横排文字工具”按钮T，单击选项栏中的“创建变形文本”按钮，调出“创建变形文本”对话框，设置拱形样式、水平弯曲、弯曲度+57，单击“确定”按钮，使文字变形。按住 Ctrl 键，单击“好好学习 天天向上”文本图层，载入文字选区。

（3）删除“好好学习 天天向上”文本图层。切换到“通道”面板。单击“通道”面板中的“将选区存储为通道”按钮，将文字选区转换为“Alpha 1”通道。只显示“通道”面板中的“Alpha 1”通道，可以看到“Alpha 1”通道内的文字和选区如图 7-3-17 所示。

（4）使用“渐变工具”，在其选项栏内设置线性渐变方式，渐变色为浅灰色到深灰色再到浅灰色。在文字处水平拖曳，给文字填充水平线性渐变色，如图 7-3-18 所示。

（5）按 Ctrl+D 组合键，取消选区。单击“通道”面板中的“将通道作为选区载入”按钮，将通道转换为选区。删除“Alpha 1”通道。选择“RGB”通道，再切换到“图层”面板。

（6）设置前景色为红色，两次按 Alt+Delete 组合键，给选区填充红色。可以看出，通道中，填充的颜色越深，此处填充的红色越透明。按 Ctrl+D 组合键，取消选区。

2．制作一幅“银色金属环”图像，如图 7-3-19 所示。制作该图像的方法提示如下。

图 7-3-17 Alpha 通道内的文字

图 7-3-18 文字填充水平线性渐变色

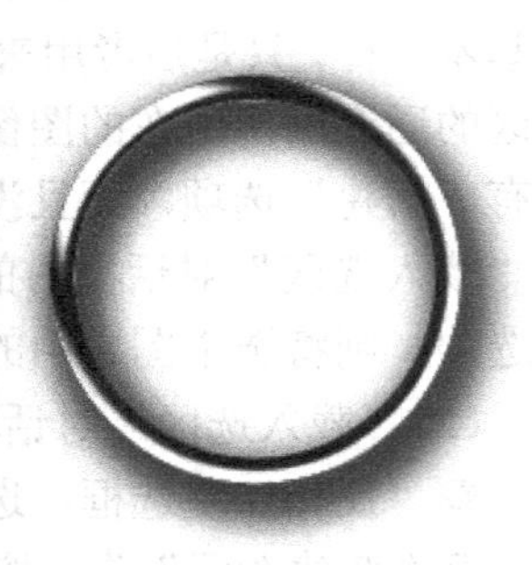

图 7-3-19 “银色金属环”图像

（1）创建 2 个椭圆形选区，如图 7-3-20 所示。新建并选中“图层 1”图层，设置前景色为银色（R，G，B 值都为 210），将椭圆形选区填充为银色，如图 7-3-21 所示。

（2）单击“通道”面板中的“将选区存储为通道”按钮，创建一个“Alpha1”通道，该通道进行半径为 7.0d 的“高斯模糊”滤镜处理。

（3）选中“RGB”通道，再返回“图层”面板，选择“滤镜”→“渲染”→“光照效果”命令，调出“光照效果”对话框。按照图 7-3-22 所示设置，单击“确定”按钮。

（4）调出“曲线”对话框，按照图 7-3-23 左图进行设置，单击“确定”按钮。再调出“曲线”对话框，按照图 7-3-23 右图设置，单击“确定”按钮。按 Ctrl+D 组合键，取消选区。

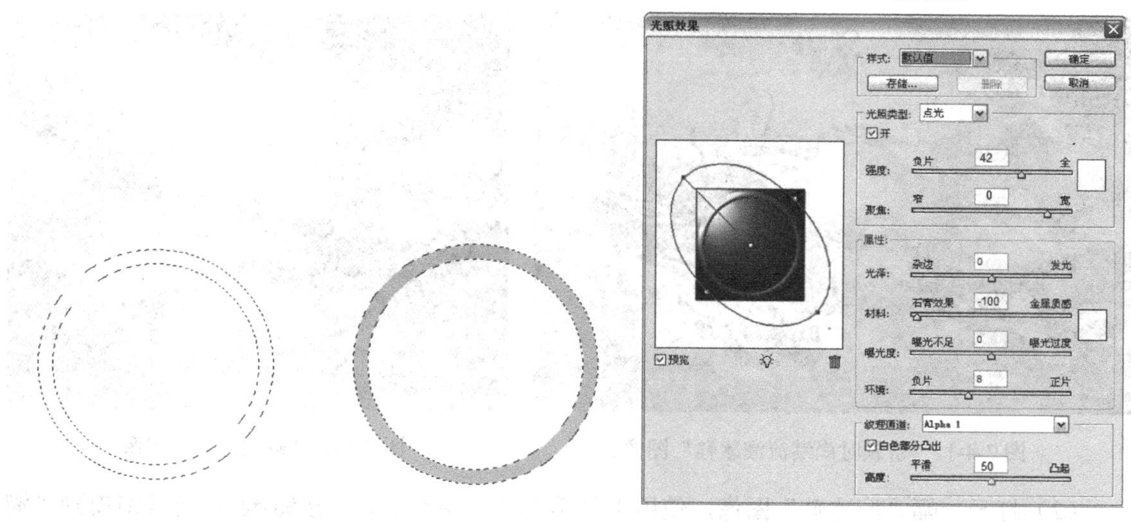

图 7-3-20　2 个椭圆形选区　　图 7-3-21　填充颜色　　图 7-3-22　“光照效果”对话框设置

（5）单击“图层”面板中的“添加图层样式”按钮，调出它的菜单，选择该菜单中的“投影”命令，调出“图层样式”对话框，按照图 7-3-24 所示进行设置，再单击“确定”按钮，即可得到图 7-3-19 所示的“银色金属环”图像。

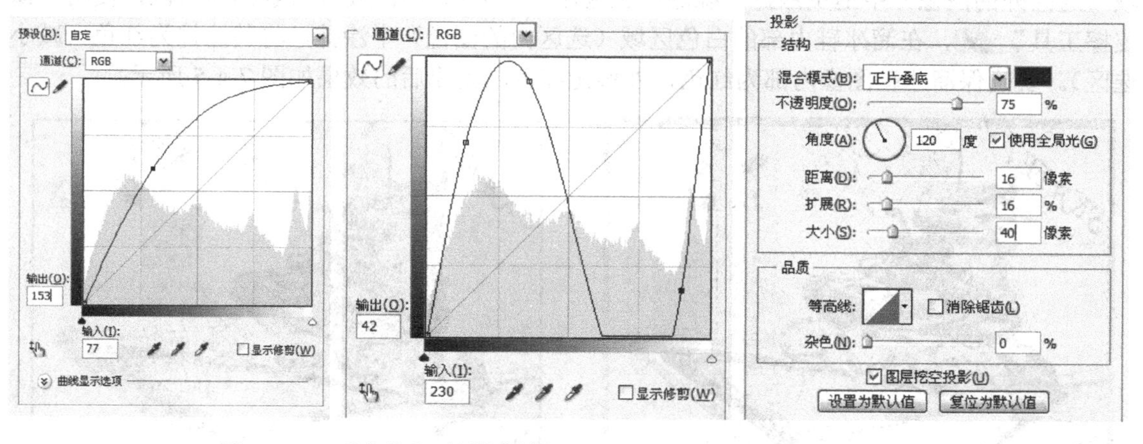

图 7-3-23　“曲线”对话框设置　　图 7-3-24　“图层样式”对话框设置

7.4 【实例 35】引领时尚潮流溜冰鞋

“引领时尚潮流溜冰鞋”图像如图 7-4-1 所示。在该图像中，以蓝天白云为背景，用与溜冰鞋花纹相近的战机作对比，显示出溜冰鞋疾驰的速度，凸显时尚的风格。它的背景图像是“蓝天白云”图像，如图 7-4-2 所示。在本实例中使用快速蒙版来修改选区。

制作方法

（1）新建一个文件名称为“溜冰鞋”、宽度为 800 像素、高度为 600 像素、分辨率为 72 像素/英寸、颜色模式为 RGB 颜色的画布窗口。打开一幅“蓝天白云”图像，如图 7-4-2 所示，将该图像拖曳至“溜冰鞋”画布窗口中，作为背景图像。

图 7-4-1 “引领时尚潮流溜冰鞋”图像

图 7-4-2 “蓝天白云”图像

（2）打开一幅“溜冰鞋”图像，使用工具箱内的“移动工具”按钮，将其拖曳到“溜冰鞋”画布窗口中。使用工具箱中的“魔棒工具”，按住 Shift 键，单击溜冰鞋四周的白色区域，创建选区，如图 7-4-3 所示。

（3）单击工具箱中的“以快速蒙版模式编辑”按钮，进入快速蒙版编辑状态，如图 7-4-4 所示。设置前景色为黑色，使用“橡皮擦工具”，在溜冰鞋外部的半透明红色区域（选区外的图像）中拖曳涂抹，擦除红色区域（扩大选区）；设置前景色为白色，使用“橡皮擦工具”，在溜冰鞋内部的白色区域（选区内的图像）中涂抹，将其涂抹为红色（减小选区）。要确保溜冰鞋图像内部为红色，外部无红色。完成后的效果如图 7-4-5 所示。

图 7-4-3 “溜冰鞋”图像内的选区

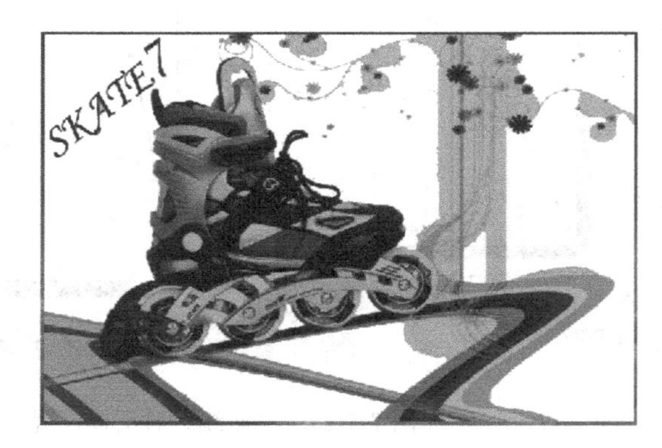

图 7-4-4 快速蒙版编辑

（4）单击工具箱中的“以标准模式编辑”按钮，退出快速蒙版编辑状态。此时，快速蒙版中的红色区域在选区之外（溜冰鞋图像在选区外），选择“选择”→“反向”命令或者按 Ctrl+Shift+I 组合键，使选区反选，选中溜冰鞋图像，效果如图 7-4-6 所示。

（5）按 Ctrl+Alt+D 组合键，调出“羽化选区”对话框，在该对话框中设置“羽化半径”为 1 像素，单击“确定”按钮，完成羽化，羽化的目的是使选区更自然一些。在“图层”面板中，单击下方的“添加图层蒙版”按钮，为溜冰鞋图像图层添加图层蒙版。效果如图 7-4-7 所示。可以看到，原来在选区外的图像部分已成为透明区域。

（6）打开一幅“空中机群”图像，将其拖曳到“溜冰鞋”画布中，如图 7-4-8 所示。

图 7-4-5　快速蒙版编辑

图 7-4-6　通过快速蒙版修改的选区

图 7-4-7　图层蒙版效果

（7）按前面（3）～（6）的步骤，为“空中机群”图像上方的战机和尾部的烟雾制作图层蒙版。效果如图 7-4-9 所示。

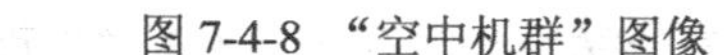
图 7-4-8　“空中机群”图像

图 7-4-9　战机和尾部的烟雾的图层蒙版效果

（8）在“图层”面板中，复制多个战机图像，并移到合适位置，如图 7-4-10 所示。

（9）使用工具箱中的“横排文字工具” T，在画布窗口右上方输入文字“SPORTS 溜冰鞋引领时尚潮流”，其中，英文字体为 Algerian，中文字体为黑体，字母 S 为红色，R 为黄色，其他文字为白色。效果如图 7-4-1 所示。

知识链接——快速蒙版

1．“快速蒙版选项”对话框

双击工具箱内的“以快速蒙版模式编辑”按钮，调出“快速蒙版选项”对话框，如图 7-4-11 所示。“快速蒙版选项”对话框内各选项的作用如下。

图 7-4-10　复制战机图像

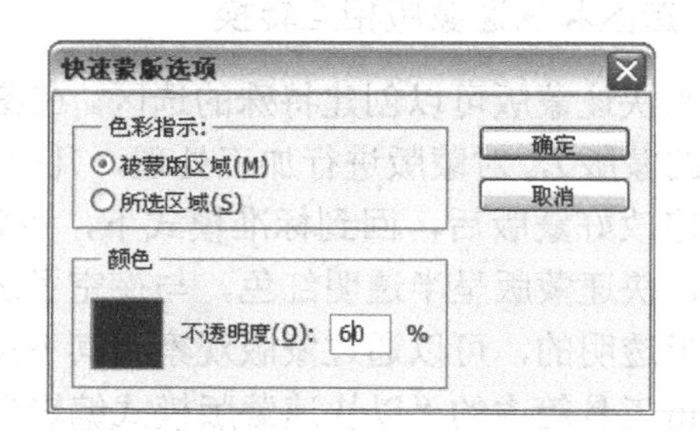

图 7-4-11　“快速蒙版选项”对话框

（1）“被蒙版区域”单选按钮：选中该单选按钮后，蒙版区域（非选区）有颜色，非蒙版区域（选区）没有颜色，如图 7-4-12 左图所示。“通道”面板如图 7-4-12 右图所示。

（2）“所选区域”单选按钮：选中该单选按钮后，蒙版区域（选区）有颜色，非蒙版区域（非选区）没有颜色，如图 7-4-13 左图所示。“通道”面板如图 7-4-13 右图所示。

（3）“颜色”栏：可在“不透明度”文本框内输入通道的不透明度百分数。单击色块，可调出“拾色器”对话框，用来设置蒙版颜色，默认值是不透明度为 50%的红色。

在建立快速蒙版后，“通道”面板如图 7-4-12 右图或图 7-4-13 右图所示。可以看出“通道”面板中增加了一个“快速蒙版”通道，其内是与选区相应的灰度图像。

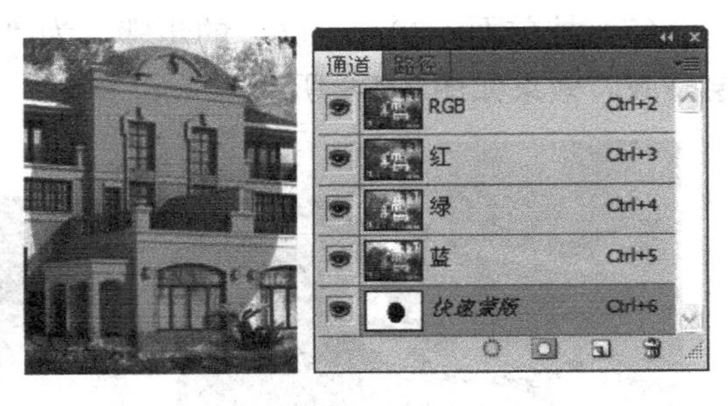

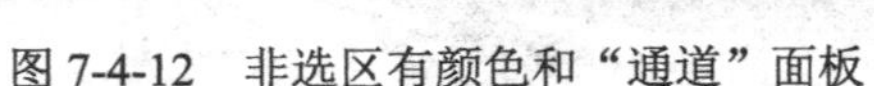

图 7-4-12　非选区有颜色和“通道”面板　　图 7-4-13　选区有颜色和“通道”面板

2．编辑快速蒙版

编辑加工快速蒙版的目的是获得特殊效果的选区。将快速蒙版转换为选区后，“通道”面板中的“快速蒙版”通道会自动取消。单击选中“通道”面板中的“快速蒙版”通道，可以使用各种工具和滤镜对快速蒙版进行编辑修改，改变快速蒙版的大小与形状，也就调整了选区的大小与形状。在使用画笔和橡皮擦等工具修改快速蒙版时，遵从以下规则。

（1）针对图 7-4-12 左图所示状态，有颜色区域越大，蒙版越大，选区越小。针对图 7-4-13 左图所示状态，有颜色区域越大，蒙版越小，选区越大。

（2）如果前景色为白色，使用“画笔工具”在有颜色区域绘图，会减少有颜色区域。如果前景色为黑色，使用“画笔工具”在无颜色区域绘图，会增加有颜色区域。

（3）如果前景色为白色，使用“橡皮擦工具”在无颜色区域擦除，会增加有颜色区域。如果前景色为黑色，使用“橡皮擦工具”在有颜色区域擦除，会减少有颜色区域。

（4）如果前景色为灰色，则在绘图时会创建半透明的蒙版和选区。如果背景色为灰色，则在擦图时会创建半透明的蒙版和选区。灰色越淡，透明度越高。

3．选区和快速蒙版相互转换

使用快速蒙版可以创建特殊的选区。在图像中创建一个选区，将选区转换为快速蒙版（一个临时的蒙版），对蒙版进行加工处理，几乎所有对图像加工的手段均可用于对蒙版进行加工处理。修改好蒙版后，回到标准模式下，可将快速蒙版转换为选区，获得特殊的选区。默认状态下，快速蒙版呈半透明红色，与掏空了选区的红色胶片相似，遮盖在非选区图像的上边。蒙版是半透明的，可以通过蒙版观察到其下边的图像。

单击工具箱内的“以快速蒙版模式编辑”按钮或选择“选择”→“在快速蒙版模式下编辑”命令（使命令左边出现对号），可以建立快速蒙版。

单击工具箱内下边的“以标准模式编辑”按钮或选择“选择”→“在快速蒙版模式下编辑”命令（使命令左边的对号取消），可以将蒙版转换为选区。

思考练习 7-4

1. 制作一幅“我想祖国”图像，如图 7-4-14 所示。图像中的留学生身在国外，但常常思念着祖国，从图像中的长城、天坛、颐和园、救灾场景中可以看出他对祖国的思念之情。该图像利用图 7-4-15 所示的“外国建筑”图像、图 7-4-16 所示的“留学生”图像和图 7-4-17 所示的 4 幅图像制作而成。制作该实例的基本方法是，在图像中创建一个选区，将选区转换为快速蒙版，对快速蒙版进行加工处理。然后，将快速蒙版转化为选区，从而获得特殊的选区。

图 7-4-14 “我想祖国”图像

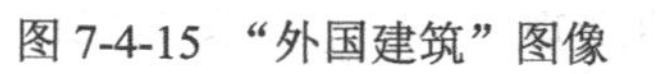

图 7-4-15 “外国建筑”图像　图 7-4-16 “留学生”图像

图 7-4-17 “长城”、“天坛”、“颐和园”和“救灾”图像

2. 制作一幅“只要你想”图像，如图 7-4-18 所示。它左边显示的是半幅算盘图像，右边展示的是半幅计算机键盘图像，两幅图像之间是撕裂的拼接，说明计算工具划时代的变化。制作该图像使用了快速蒙版技术。该图像的制作方法提示如下。

（1）新建一个名称为“只要你想”、宽度为 600 像素、高度为 300 像素、模式为 RGB 颜色、背景为白色的画布。打开“算盘”图像，将它拖曳到“只要你想”画布中，在“图层”面板内会自动添加一个“图层 1”图层，在它的下边新建一个“图层 2”图层，单击选中它。然后，用橘黄色填充，效果如图 7-4-19 所示。

（2）选择“滤镜”→“渲染”→“光照效果”命令，调出“光照效果”对话框，利用该对话框进行光照效果处理。效果如图 7-4-20 所示。

（3）将“图层 1”图层和“图层 2”图层合并，组成新的“图层 2”图层。创建一个如图 7-4-21 所示的选区。

（4）单击工具箱中的“以快速蒙版模式编辑”按钮，将选区转换为快速蒙版，如图 7-4-22 所示。选择“滤镜”→“像素化”→“晶格化”命令，调出“晶格化”对话框，在对话框的“单元格大小”框中输入 5，然后单击“确定”按钮。使用“晶格化”滤镜可以将蒙版边缘晶格化，从而更加逼真地模拟被撕碎的纸边缘参差不齐的效果。

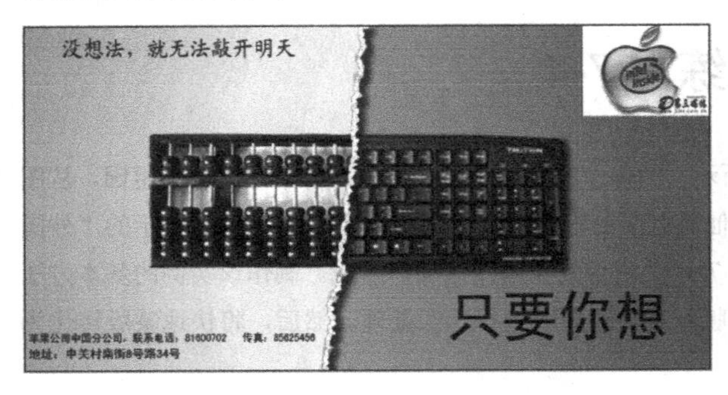

图 7-4-18 “只要你想”图像　　图 7-4-19 “算盘”图像和填充颜色

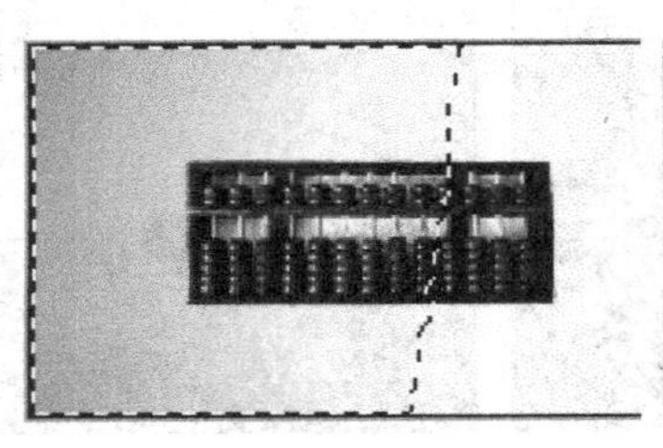

图 7-4-20 光照效果处理　　图 7-4-21 创建选区　　图 7-4-22 转换为快速蒙版

（5）单击工具箱中的“以标准模式编辑”按钮，将应用滤镜后的快速蒙版转换为选区。单击“通道”面板中的“将选区存储为通道”按钮，将选区保存为“Alpha 1”通道。

（6）调出“收缩”对话框，设置收缩为 4 像素，单击“确定”按钮。再将选区反选，按 Delete 键，将选区内的图像删除。效果如图 7-4-23 所示。

（7）选择“选择”→“载入选区”命令，调出“载入选区”对话框。该对话框的设置如图 7-4-24 所示。单击“确定”按钮，效果如图 7-4-25 所示。

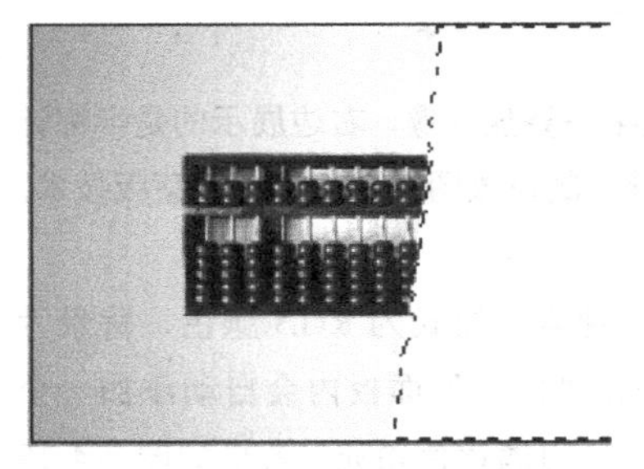

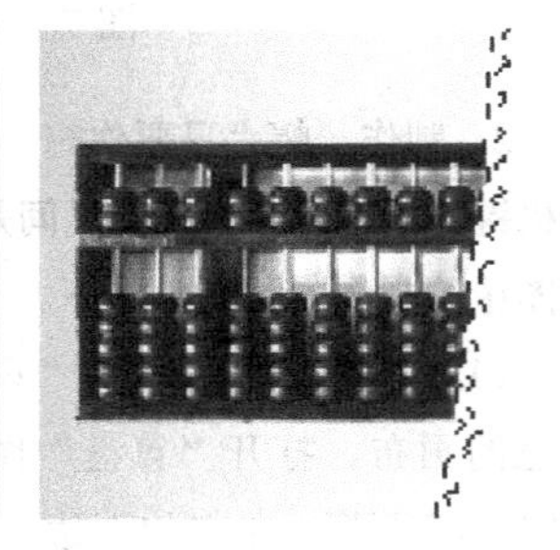

图 7-4-23 创建选区　　图 7-4-24 “载入选区”对话框　　图 7-4-25 载入选区

（8）给选区填充白色，再添加数量为 10 像素的杂色，取消选区。再为该图层添加“投影”效果，如图 7-4-26 所示。

（9）打开如图 7-4-27 所示的“键盘”图像。使用“移动工具”将它拖曳到“只要你想”画布中，在“图层”面板内自动添加一个“图层 3”图层，为该图层添加“投影”效果。在该图层下方新建“图层 4”图层，用浅蓝色填充，效果如图 7-4-28 所示。

图 7-4-26 “投影”效果

图 7-4-27 “键盘”图像

图 7-4-28 填充颜色

（10）为“图层 4”图层添加“光照”效果，如图 7-4-29 所示。将“图层 3”图层和“图层 4”图层合并，组成新的“图层 4”图层。将该图层移到“图层 2”图层下方。此时的图像效果如图 7-4-30 所示。最后添加上广告标语和一张苹果图片。效果如图 7-4-18 所示。

图 7-4-29 “光照”效果

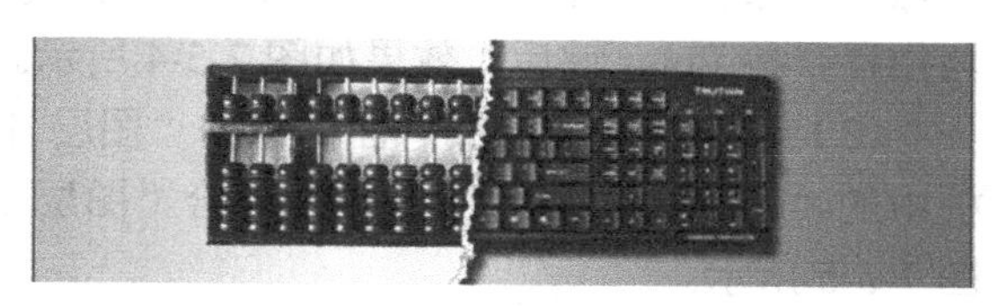

图 7-4-30 拖曳图层

7.5 【实例 36】云中热气球

“云中热气球”图像如图 7-5-1 所示。它是由图 7-5-2 所示的“草原”、图 7-5-3 所示的“云图”和“气球”图像合并加工而成的。

图 7-5-1 “云中热气球”图像

图 7-5-2 “草原”图像

图 7-5-3 “云图”和“气球”图像

制作方法

1. 合并“草原”和“云图”图像

（1）打开如图7-5-2和图7-5-3所示的“草原”、“云图”和“气球”图像。选中“草原”图像，调整该图像的宽度为500像素、高度为400像素。然后，以名称“【实例36】云中热气球.psd”保存。

（2）使用工具箱中的“移动工具”，拖曳“云图”图像到“【实例36】云中热气球.psd”图像中。选择“编辑”→“自由变换”命令，进入自由变换状态。调整“云图”图像的大小与位置，按Enter键后，效果如图7-5-4所示。

（3）单击选中“图层”面板中的“图层 1”图层（云图所在的图层）。再单击“图层”面板中的“添加矢量蒙版”按钮，给“图层 1”图层添加一个蒙版。此时的“图层”面板如图7-5-5所示。

图7-5-4 “草原”和“云图”图像合成

图7-5-5 “图层”面板

（4）单击选中“图层 1”图层的蒙版缩览图。设置前景色为黑色，背景色为白色。单击“渐变工具”按钮，单击“渐变样式”下拉列表框，调出“渐变编辑器”对话框。单击选中该对话框内“预设”栏内的第1个“前景色到背景色渐变”图标。

（5）在图7-5-4所示的画面中的草原与蓝天交界处，从下向上拖曳，给蒙版填充下黑上白的渐变色。蒙版中颜色越深，透明的程度越大。该操作可以进行多次，最终效果如图7-5-6所示。

（6）使用工具箱中的“画笔工具”，设置画笔为5像素，前景色为黑色。仔细地在蓝天与草原交界处的野草和树木处涂抹，使此处的云图更透明，树木更清楚，如图7-5-7所示。如果画笔的颜色为白色，则涂抹处的云图会变得不透明。

图7-5-6 蒙版填充下黑上白渐变色的效果

图7-5-7 涂抹蒙版后的效果

2. 合并“草原”和“气球”图像

（1）按照上述方法，将“气球”图像复制到图7-5-7所示的图像中。然后调整复制的“气球”图像的大小与位置，如图7-5-8所示。

（2）单击选中“图层”面板中的“图层2”图层（“气球”图像所在的图层）。再单击“图层”面板中的“添加图层蒙版”按钮，给“图层2”图层添加一个蒙版。此时的“图层”面板如图7-5-9所示。

图7-5-8 调整“气球”图像的大小与位置

图7-5-9 “图层”面板

（3）单击选中“图层1”图层的蒙版缩览图。设置前景色为黑色，背景色为白色。单击“渐变工具”按钮，单击“渐变样式”下拉列表框，调出“渐变编辑器”对话框。单击选中该对话框内“预设”栏内的第1个“前景色到背景色渐变”图标。

（4）在图7-5-8所示的草原与蓝天交界处，从下向上拖曳，给蒙版填充下黑上白的渐变色。该操作可以进行多次。最终效果如图7-5-10所示。

（5）双击“图层”面板中“图层2”图层中的图标，调出“图层样式”对话框。按照图7-5-11所示，设置混合选项，使云图显露一些。在调整“本图层”的空心白色三角滑块时，可按住Alt键，同时用鼠标拖曳滑块，即可拖曳移动一个小空心白色三角滑块，将两个空心白色三角滑块分开。最终效果如图7-5-1所示。

图7-5-10 蒙版填充下黑上白的渐变色

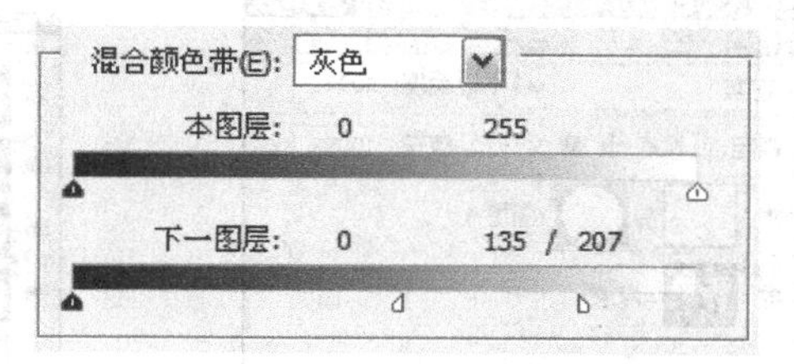

图7-5-11 “图层样式”对话框设置

知识链接——蒙版

1. 了解蒙版

蒙版也叫图层蒙版，它的作用是保护图像的某一个区域，使用户的操作只能对该区域之外的图像进行。从这一点来说，蒙版和选区的作用正好相反。选区的创建是临时的，一旦创建新选区后，原来的选区便自动消失，而蒙版可以是永久的。

选区、蒙版和通道是密切相关的。在创建选区后，实际上也就创建了一个蒙版。将选区和蒙版存储起来，即生成了相应的Alpha通道。它们之间相对应，还可以相互转换。

蒙版与快速蒙版有相同与不同之处。快速蒙版主要是为了建立特殊的选区，所以它是临时的，一旦由快速蒙版模式切换到标准模式，快速蒙版就转换为选区，而图像中的快速蒙版和“通道”面板中的“快速蒙版”通道会立即消失。创建快速蒙版时，对图像的图层没有要求。蒙版一旦创建后，它会永久保留，同时在“图层”面板中建立蒙版图层（进入快速蒙版模式时不会建立蒙版图层）和在“通道”面板中建立“蒙版”通道，只要不删除它们，它们会永久保留。在创建蒙版时，不能创建背景图层、填充图层和调整图层的蒙版。蒙版不用转换成选区，就可以保护蒙版遮盖的图像不受操作的影响。

2. 创建蒙版

（1）方法一：单击“图层”面板中的“添加图层蒙版”按钮，来创建蒙版。

◎ 选中要添加蒙版的常规图层。再创建一个圆形选区，并选中该图层。

◎ 单击“图层”面板中的“添加图层蒙版”按钮，即可在选中的图层创建一个蒙版图层，选区外的区域是蒙版，选区包围的区域是蒙版中掏空的部分。此时的“图层”面板如图7-5-12所示，“通道”面板如图7-5-13所示。

“图层”面板中的 图层 1 是蒙版的缩览图，黑色是蒙版，白色是蒙版中掏空的部分。

◎ 单击“通道”面板中“图层1蒙版”通道左边的处，使图标出现，同时图像中的蒙版也会随之显示出来。

如果在创建蒙版以前，图像中没创建选区，则按照第2步所述方法创建的蒙版是一个空白蒙版，此时“通道”面板中的“图层1蒙版”通道为 图层 1 蒙版 Ctrl+\ 。

（2）方法二：使用命令创建蒙版。在要加蒙版的图层之上添加一个常规图层。在该图层创建选区，并选中该图层。选择“图层”→“图层蒙版”命令，调出其子菜单，如图7-5-14所示。选择其中一个子命令，即可创建蒙版。各子命令的作用如下。

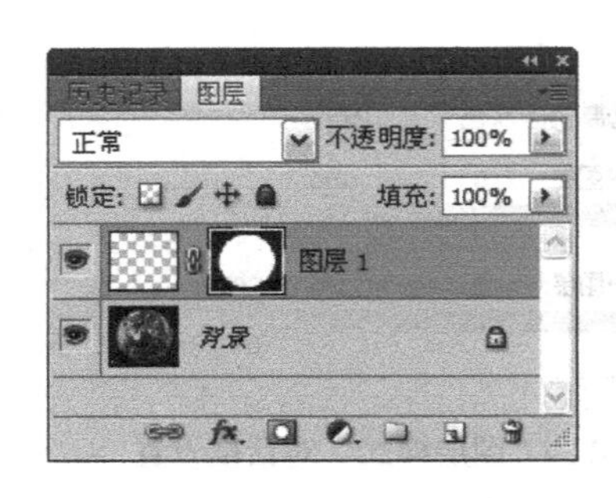

图7-5-12 “图层”面板

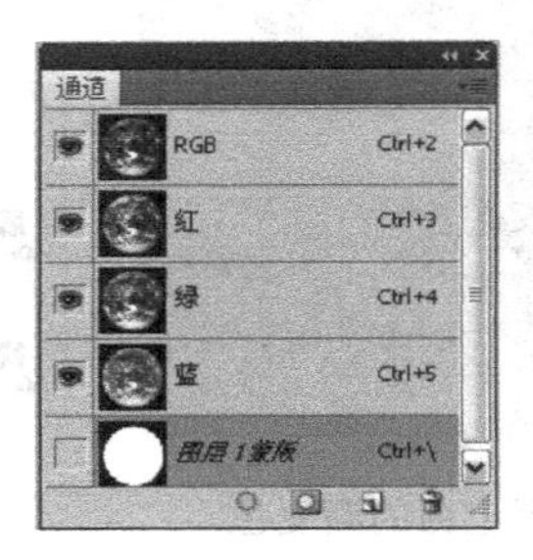

图7-5-13 “通道”面板

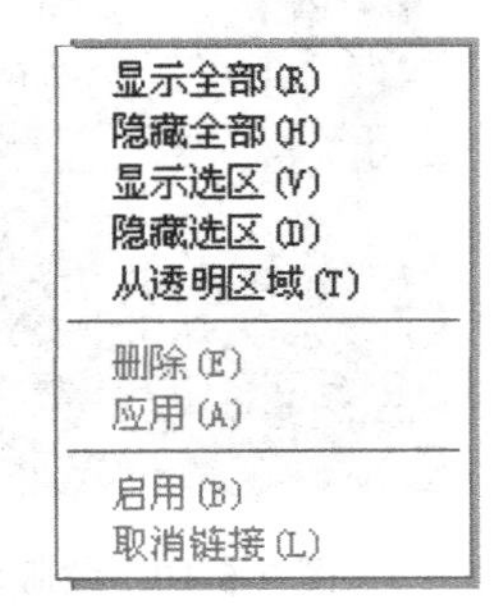

图7-5-14 子菜单

◎ 显示全部：创建一个空白的全白蒙版。

◎ 隐藏全部：创建一个没有掏空的全黑蒙版。

◎ 显示选区：根据选区创建蒙版。选区外的区域是蒙版，选区包围的区域是蒙版中掏空的部分。只有在添加图层蒙版前已经创建了选区的情况下，此命令才有效。

◎ 隐藏选区：将选区反选后再根据选区创建蒙版。选区包围的区域是蒙版，选区外的区域是蒙版中掏空的部分。只有在添加图层蒙版前已经创建了选区的情况下，此命令才有效。

3．使用蒙版、设置蒙版的颜色和不透明度

（1）使用蒙版：在创建蒙版后，要使用蒙版，应先使所有通道左边的图标都出现并选中“通道”面板中的蒙版通道，以后即可进行其他操作，这些操作都在蒙版的掏空区域内进行，对蒙版遮罩的图像没有影响。

（2）设置蒙版的颜色和不透明度：双击“通道”面板中的蒙版通道或“图层”面板中的蒙版所在图层的缩览图，即可调出“图层蒙版显示选项”对话框，如图 7-5-15 所示。利用该对话框可以设置蒙版的颜色和不透明度。

4．蒙版基本操作

（1）显示图层蒙版：单击“通道”面板中蒙版通道左边的处，使图标出现。同时图像中的蒙版也会随之显示。如果要使画布窗口只显示蒙版，可单击“RGB”通道左边的，隐藏“通道”面板中的其他通道（使这些通道的图标消失），只显示“图层 1 蒙版”通道。此时的画布只显示蒙版，如图 7-5-16 所示。

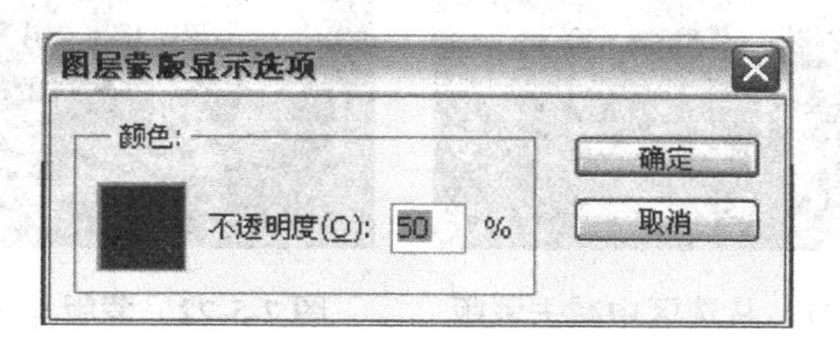

图 7-5-15　“图层蒙版显示选项”对话框

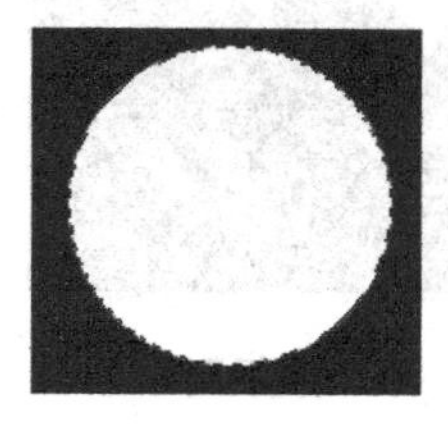

图 7-5-16　蒙版

（2）删除图层蒙版：删除蒙版，但不删除蒙版所在的图层。单击选中“图层”面板中的蒙版图层，选择“图层”→“图层蒙版”→“删除”命令，删除蒙版，同时取消蒙版效果。选择“图层”→“图层蒙版” →“应用”命令，也可删除蒙版，但保留蒙版效果。

（3）停用图层蒙版：右击“图层”面板中蒙版图层的缩览图，调出它的快捷菜单，选择该菜单中的“停用图层蒙版”命令，即可禁止使用蒙版，但没有删除蒙版。此时“图层”面板中蒙版图层内的缩览图上增加了一个红色的叉。

（4）启用图层蒙版：右击“图层”面板中禁止使用的蒙版图层的缩览图，调出它的快捷菜单，选择该菜单中的“启用图层蒙版”命令，即可启用蒙版。此时“图层”面板中蒙版图层内的缩览图中的红色叉自动取消。

创建蒙版后，可以像加工图像那样来加工蒙版。可以对蒙版进行移动、变形变换、复制、绘制、擦除、填充、液化和加滤镜等操作。

5．根据蒙版创建选区

右击“图层”面板中蒙版图层的缩览图，调出它的快捷菜单，如图 7-5-17 所示。可以

看出，菜单中许多命令前面已经介绍过了。为了验证该菜单中第 3 栏内命令的作用，在图像中创建一个选区，如图 7-5-18 所示。按住 Ctrl 键，单击“图层”面板中蒙版图层的缩览图，此时，图像中原有的所有选区消失，将蒙版转换为选区，如图 7-5-19 所示。

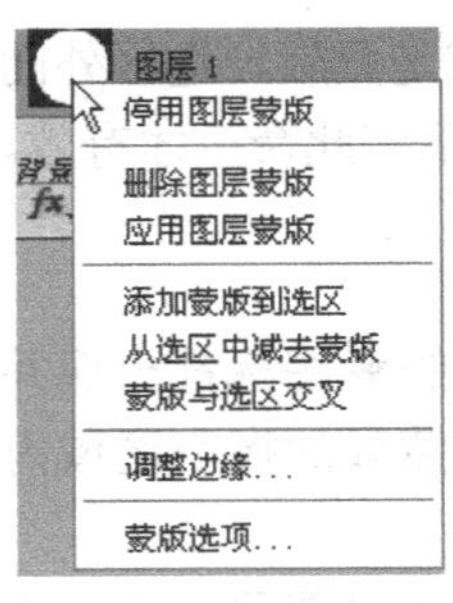

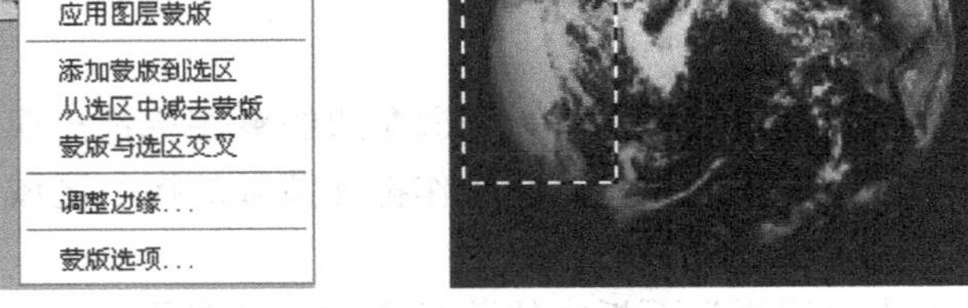

图 7-5-17　快捷菜单　　图 7-5-18　创建一个选区　　图 7-5-19　将蒙版转换为选区

（1）添加蒙版到选区：将蒙版转换的选区与图像中的原选区合并，如图 7-5-20 所示。

（2）从选区中减去蒙版：从图像中的原选区中减去蒙版转换的选区，如图 7-5-21 所示。

（3）蒙版与选区交叉：蒙版转换的选区和原选区相交叉部分为选区，如图 7-5-22 所示。

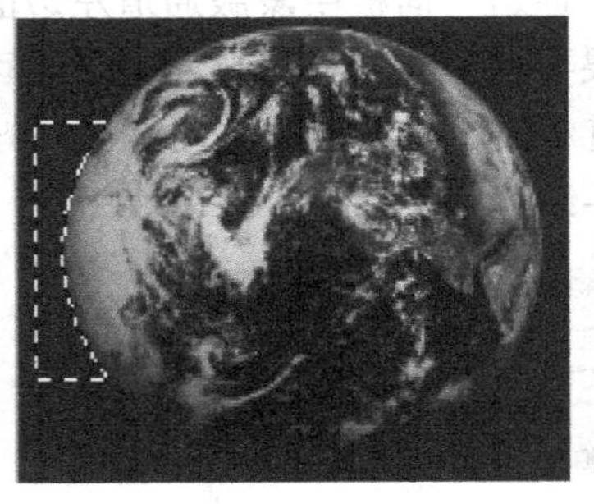

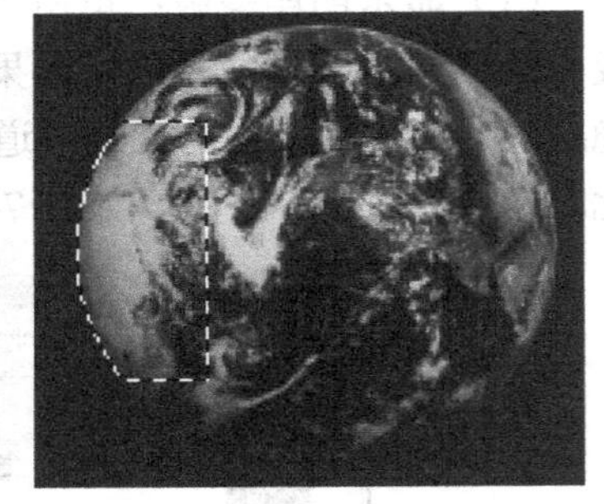

图 7-5-20　添加蒙版到选区　　图 7-5-21　从选区中减去蒙版　　图 7-5-22　蒙版与选区交叉

思考练习 7-5

1. 使用蒙版技术制作本章思考练习 7-4 中的“我想祖国”图像，如图 7-4-14 所示。

2. 制作一幅“中国崛起”图像，如图 7-5-23 所示。它是在“天坛”、“长城”和“建筑”3 幅图像的基础之上利用蒙版技术制作的。

3. 制作一幅“探索宇宙”图像，如图 7-5-24 所示。一个火箭从分开的地球中冲出，冲向宇宙。这幅图像象征了人类在宇宙航天事业上不断发展，突飞猛进。该图像是利用图 7-5-25 所示的 3 幅图像制作而成的。制作该图像的提示如下。

（1）设置画布窗口的宽度为 500 像素、高度为 600 像素、模式为 RGB 颜色、背景色为黑色。以名称“探索宇宙.psd”保存。再打开图 7-5-25 所示的“地球”和“火箭”图像。

（2）选中“地球”图像，创建选中地球的选区。将选区内的图像拖曳到“探索宇宙”图像内，调整它的大小和位置，如图 7-5-26 所示。将生成的图层名称改为“地球 1”。

图 7-5-23 “中国崛起”图像

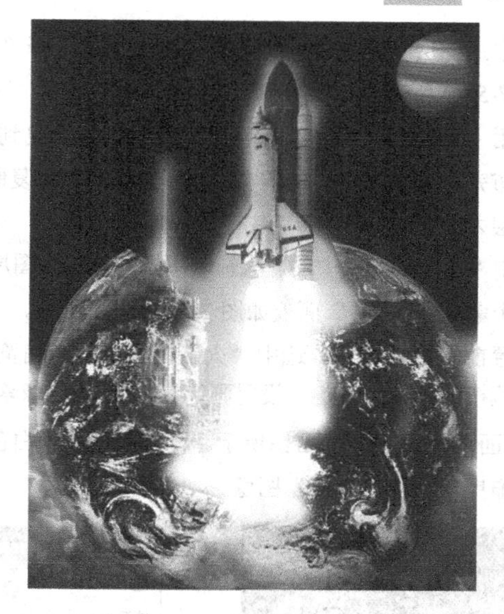

图 7-5-24 “探索宇宙”图像

图 7-5-25 “地球”、“火箭”和“星球”图像

（3）创建一个多边形选区，选中大约左半边的地球图像，如图 7-5-27 所示。选择“图层”→“新建”→“通过剪切的图层”命令，将选中的地球剪切到新的图层。新增的“图层 1”图层内是剪切的半个地球图像。将“图层 1”图层的名称改为“地球 2”。

（4）选中“图层”面板中的“地球 1”图层。选择“编辑”→“变换”→“旋转”命令，拖曳中心点标记到图 7-5-28 所示位置，再将鼠标指针移到右上边的控制柄处，拖曳旋转半个地球，按 Enter 键确定，完成半个地球的旋转。

图 7-5-26 复制地球图像

图 7-5-27 创建选中部分地球的选区

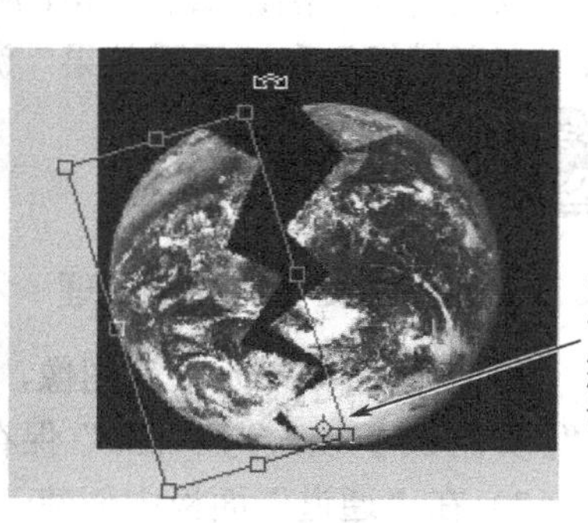

图 7-5-28 旋转半个地球

（5）选中“图层”面板中的“地球 2”图层。选择“编辑”→“变换”→“旋转”命令，旋转另外半个地球，如图 7-5-29 所示。

（6）使用“移动工具”，将“火箭”图像拖曳到“探索宇宙”图像中，调整“火箭”图像的大小和位置，将画布完全遮挡住。增加的“图层 1”图层内是复制的火箭图像，将该图层的名称改为“火箭”，将它移到所有图层之上。

（7）选中“图层”面板中的“火箭”图层，单击“图层”面板中的“添加图层蒙版”按钮，给“火箭”图层添加一个蒙版。“图层”面板如图 7-5-30 左图所示。

（8）设置前景色为黑色。选中“火箭”图层蒙版缩览图。使用“画笔工具”，单击按下其选项栏中的“启动喷枪模式”按钮，设置画笔为柔化 120 像素。在地球的位置慢慢拖曳，使外围地球图像显示出来。“图层”面板如图 7-5-30 右图所示。设置前景色为白色，使用“画笔工具”，在画布中对应地球外部的位置慢慢拖曳，恢复“火箭”图像。

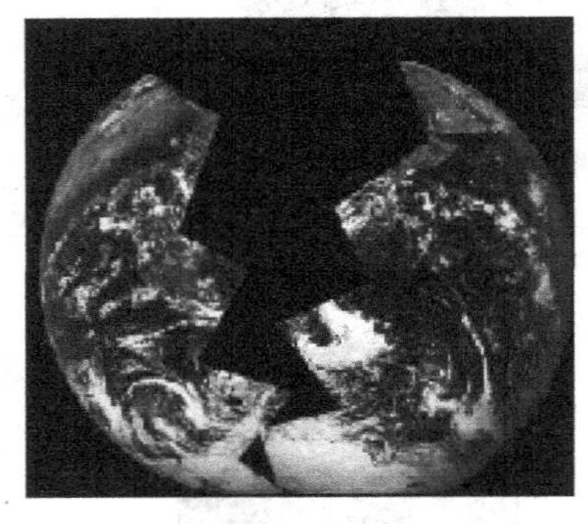

图 7-5-29　旋转另外半个地球

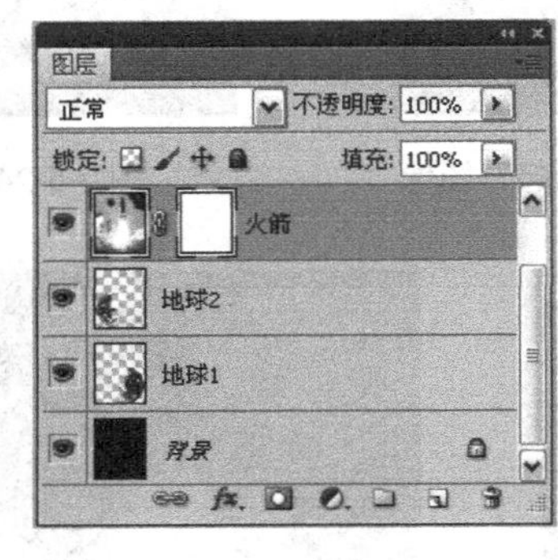

图 7-5-30　“图层”面板

（9）设置前景色为白色，画笔为柔化 60 像素。使用“橡皮擦工具”擦除没有完全显示的地球图像，使外围地球完全显示出来。设置前景色为黑色，使用“橡皮擦工具”擦除地球位置，使外围地球图像显示出来。

（10）打开如图 7-5-25 右图所示的“星球”图像。创建选区选中“星球”图像。使用“移动工具”，拖曳选区内的“星球”图像到“探索宇宙”图像内的右上角处，调整复制“星球”图像的大小和位置。最终效果如图 7-5-24 所示。

7.6 【实例 37】以人为本

“以人为本”图像如图 7-6-1 所示。制作该图像使用了“计算”和“应用图像”、Alpha 通道、“高斯模糊”和“浮雕效果”滤镜、添加图层样式等技术。

制作方法

1. 通道内文字的滤镜处理

（1）打开一幅“木纹”图像，调整它的宽度为 500 像素、高度为 200 像素。然后，以名称“【实例 37】以人为本.psd”保存。

（2）在“通道”面板中创建一个名称为“Alpha 1”的通道，选中该通道。使用工具箱中的“横排文字工具”T，在其选项栏内设置字体为华文行楷，大小为 140 点，文字颜色为白色。在画布窗口内输入“以人为本”。

（3）使用“移动工具”，调整文字的位置。选择“编辑”→“自由变化”命令，进入“自由变换”状态，调整文字的大小，按Enter键确认变换操作。效果如图7-6-2所示。

图7-6-1 “以人为本”图像

图7-6-2 变换操作后的效果

（4）拖曳“Alpha 1”通道到“通道”面板的“创建新通道”按钮之上，复制一个新“Alpha 1副本”通道。选中该通道。按Ctrl+D组合键，取消选区。

（5）选择“滤镜”→“模糊”→“高斯模糊”命令，调出“高斯模糊”对话框，设置模糊半径值为3.0，单击“确定”按钮，完成图像的高斯模糊处理。

（6）选择“滤镜”→“风格化”→“浮雕效果”命令，调出“浮雕效果”对话框。在“浮雕效果”对话框内，设置浮雕角度为135°，高度为6像素，数量为120%，如图7-6-3所示。单击“确定”按钮退出。此时画布窗口内的图像如图7-6-4所示。

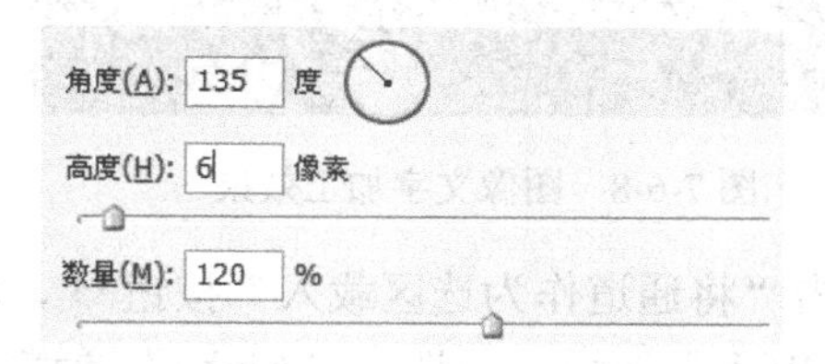

图7-6-3 “浮雕效果”对话框

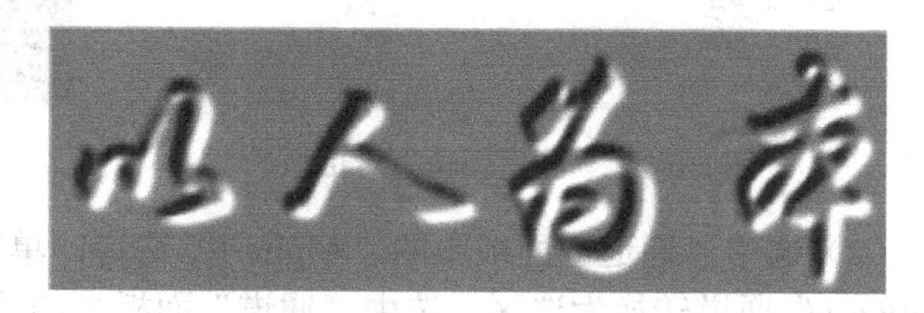

图7-6-4 浮雕处理后的文字

（7）选择“图像”→“计算”命令，调出“计算”对话框，在“源1”和“源2”栏的“通道”下拉列表框内均选择“Alpha 1副本”选项，在“混合”下拉列表框内选择“强光”选项，选中“源1”栏内的“反相”复选框，其他设置如图7-6-5所示。此时画布窗口内的图像如图7-6-6所示。单击“计算”对话框内的“确定”按钮。“通道”面板中会自动添加“Alpha 2”通道。选中“通道”面板内的“RGB”通道。

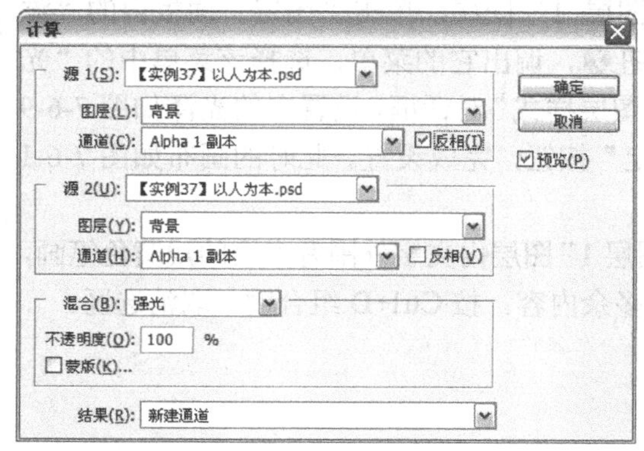

图7-6-5 “计算”对话框

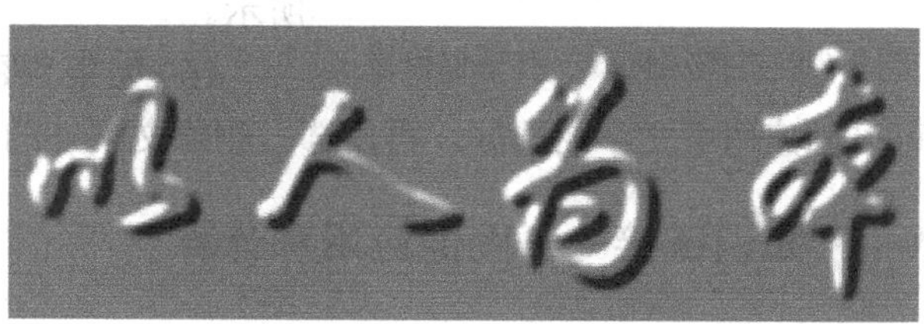

图7-6-6 计算处理后的效果

2．木纹文字处理

（1）单击选中“图层”面板中的“背景”图层。选择“图像”→“应用图像”命令，调出“应用图像”对话框。在“图层”下拉列表框内选择“背景”选项，在“通道”下拉列表框内选择“Alpha 2”选项，选择“反相”复选框；在“混合”下拉列表框内选择“亮光”选项，在“不透明度”文本框内输入100；选中“蒙版”选项，在其“通道”下拉列表框内选择“Alpha 1”选项，在“图层”下拉列表框内选择“背景”选项。设置结果如图7-6-7所示。然后，单击“确定”按钮。最后效果如图7-6-8所示。

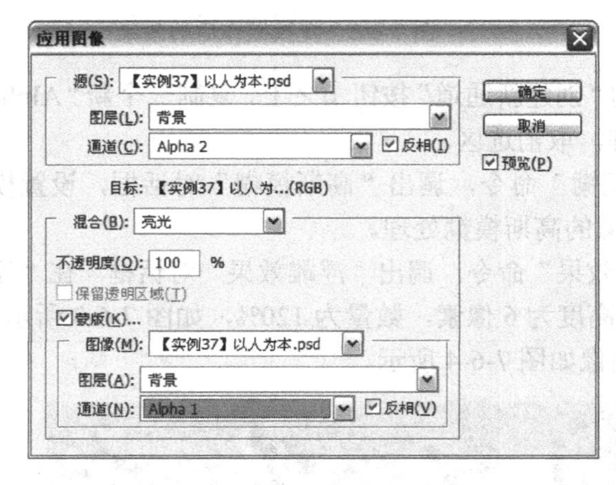

图7-6-7 “应用图像”对话框

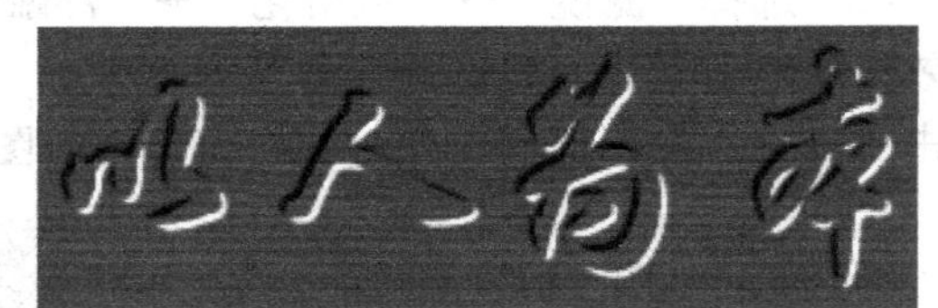

图7-6-8 图像文字加工效果

（2）选中“通道”面板中的“Alpha 1”通道，单击“将通道作为选区载入”按钮，将“Alpha 1”通道转换为选区。选中“通道”面板中的“RGB”通道，不选中“Alpha”通道。

（3）选择“选择”→“修改”→“扩展”命令，调出“扩展选区”对话框。在该对话框中设置扩展量为2像素，单击“确定”按钮，将选区扩展2像素。

（4）双击“图层”面板中的“背景”图层，调出“新建图层”对话框，单击“确定”按钮，将“背景”图层转换为名称为“图层 0”的普通图层。选中该图层。选择“图层”→“新建”→“通过拷贝的图层”命令，将选区内的图像复制到新的“图层1”图层当中。

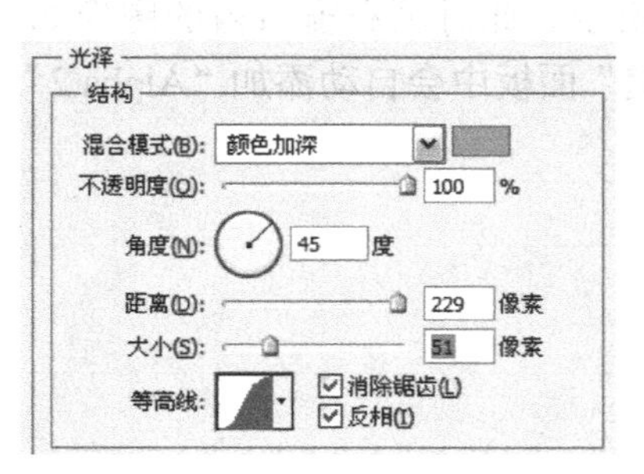

图7-6-9 “图层样式”对话框设置

（5）选中“图层 1”图层，单击“图层”面板内的“添加图层样式”按钮，调出它的菜单，选择该菜单中的“光泽”命令，调出“图层样式”对话框，设置它的光泽如图7-6-9所示。单击“确定”按钮，完成设置。此时的画布如图7-6-1所示。

（6）如果“图层1”图层内文字外围有多余的浅黄色笔画，可以创建选中文字的选区，再反选，删除文字外的多余内容。按Ctrl+D组合键，取消选区。

知识链接——图像应用和计算

1．使用“应用图像”命令

使用“图像”→“应用图像”命令可以将3幅图像的图层和通道内的图像以某种方式合

并，通常多用于图层的合并。为了介绍图层及通道内图像的合并方法，下面准备 3 幅图像，分别是图 7-6-10 所示的“风景”图像、图 7-6-11 所示的背景透明的“橙子”图像、图 7-6-12 所示的“彩鱼”图像。要求 3 幅图像大小必须一样。

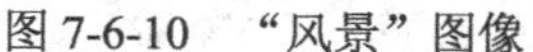

图 7-6-10　“风景”图像

图 7-6-11　“橙子”图像

图 7-6-12　“彩鱼”图像

（1）图层合并：具体操作步骤如下。

◎ 单击选中“风景”图像，使其成为当前图像。合并后的图像存放在目标图像内。选择“图像”→“应用图像”命令，调出“应用图像”对话框，如图 7-6-13 所示。

◎ 由“应用图像”对话框可以看出，目标图像就是当前图像，而且是不可以改变的。在“源”下拉列表框内选择源图像文件（如“橙子”图像文件），与目标图像合并。

◎ 在“图层”下拉列表框内选择源图像的图层。如果源图像有多个图层，可选“合并图层”选项，即选择所有图层。此例选中“背景”选项，即选中“橙子”图像的“背景”图层。

◎ 在“通道”下拉列表框内选择相应的通道，一般选择 RGB 选项，即选择合并的复合通道（对于不同模式的图像，复合通道名称是不一样的）。此处选择 RGB 选项。

◎ 在“混合”下拉列表框内选择一个选项，即目标图像与源图像合并时采用的混合方式。此例选择“正片叠底”选项。在“不透明度”文本框内输入不透明度数（如默认值 100%）。该不透明度是指合并后源图像内容的不透明度。

◎ 选中“反相”复选框，可以使源图像颜色反相后再与目标图像合并。单击“确定”按钮，完成图层和通道内图像合并的任务。合并的图像如图 7-6-14 所示。

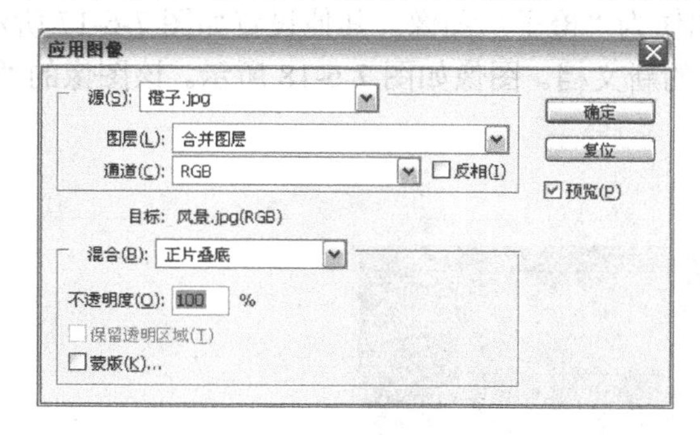

图 7-6-13 “应用图像”对话框

图 7-6-14　合并的图像

（2）加入蒙版：单击选中“蒙版”复选框，展开“应用图像”对话框，如图 7-6-15 所示。新增各选项的作用如下。

◎“图像”下拉列表框：用来选择作为蒙版的图像。默认的是目标图像。

◎“图层”下拉列表框：用来选择作为蒙版的图层。默认的是“背景”选项。

◎“通道”下拉列表框：用来选择作为蒙版的通道。默认的是“灰色”选项。

◎“反相”复选框：选中它则蒙版内容反转，黑变白，白变黑，浅灰色变深灰色。

如果在“图像”下拉列表框中选择“彩鱼”图像，在“混合”下拉列表框中选择“正常”选项，选中蒙版的“反相”复选框，则合并后的图像如图7-6-16所示。

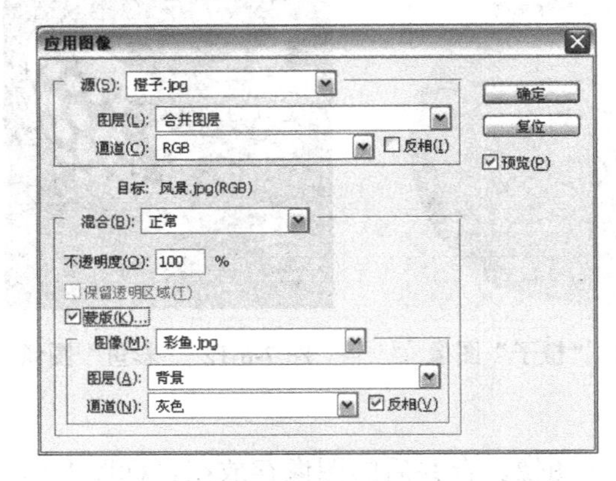

图7-6-15 “应用图像”对话框

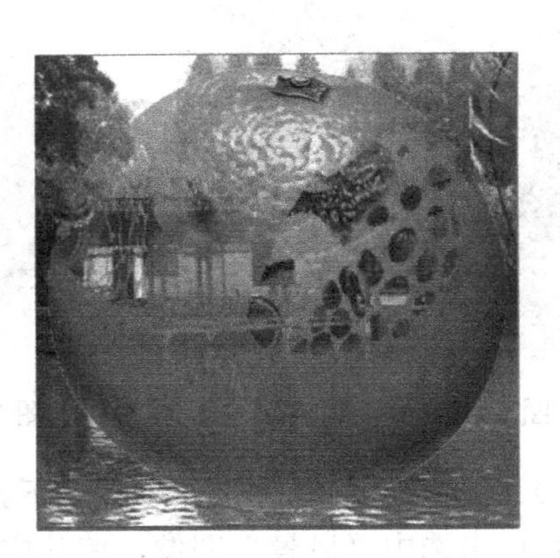

图7-6-16 合并后的图像

2. 使用“计算”命令

使用“图像”→“计算”命令可以将2个通道图像以某种方式合并，同时创建合并后的图像保存在新建通道内。为介绍方便，在介绍这种方法时仍然使用图7-6-10、图7-6-11和图7-6-12所示的3幅图像。通道图像合并的操作步骤如下。

（1）选中“风景”图像，使其成为目标图像。合并后的图像存放在目标图像内。

（2）选择“图像”→“计算”命令，调出“计算”对话框，如图7-6-17所示。

（3）图7-6-17所示的“计算”对话框中有2个源图像，每个源图像都有图像、图层和通道3种下拉列表框，还有1个“反相”复选框。它们的作用与图7-6-15所示的“应用图像”对话框中相应选项的作用一样。“计算”命令的目的是将指定的源1图像通道和源2图像通道合并，生成的图像存放在目标图像的通道或新建的通道中。

此处，源1图像为“风景”图像，源2图像为“橙子”图像。其他设置如图7-6-17所示。单击“确定”按钮，生成一个有合并通道图像的新文档。图像如图7-6-18所示。该图像的“通道”面板如图7-6-19所示。

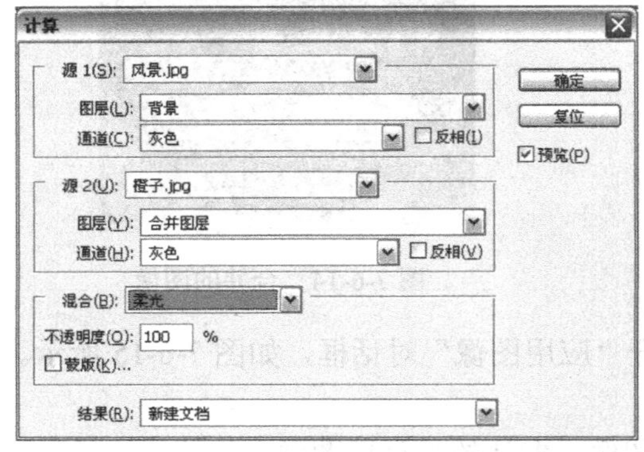

图7-6-17 “计算”对话框

图7-6-18 新文档中的图像

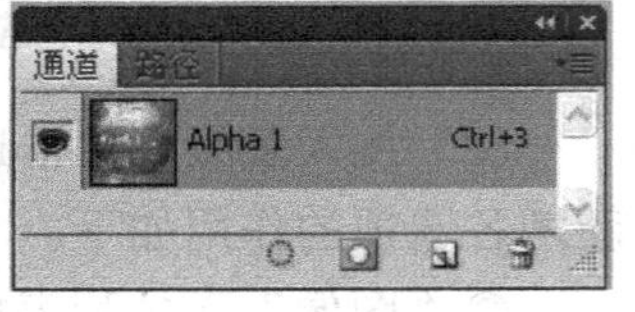

图7-6-19 “通道”面板

（4）“结果”下拉列表框：用来选择生成图像存放的位置，它的 3 个选项的作用如下。

◎“新建通道”选项：合并后生成的图像存放在目标图像的新通道中。

◎“新建文档”选项：合并后生成的图像存放在新的图像文件中，此处选择该选项。

◎“选区”选项：合并后生成的图像转换为选区，载入目标图像中。

（5）选中图 7-6-17 所示的“计算”对话框内的“蒙版”复选框，展开“计算”对话框，它的设置如图 7-6-20 所示。在“蒙版”下拉列表框中选择“彩鱼”图像作为蒙版，选中“反相”复选框。合并后的图像如图 7-6-21 所示。

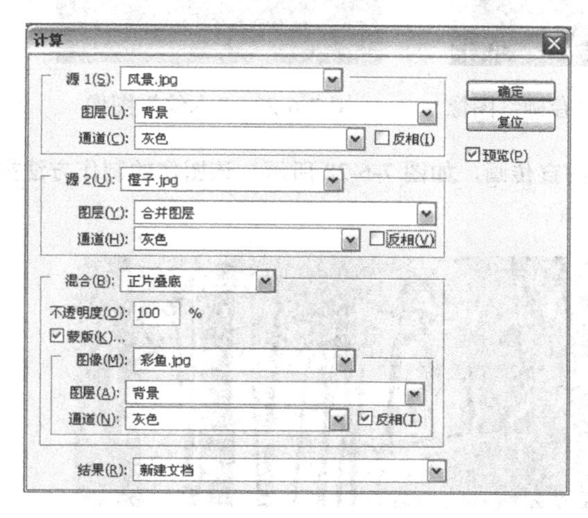

图 7-6-20 “计算”对话框

图 7-6-21 合并后的图像

在“应用图像”和“计算”对话框中均有“混合”下拉列表框，该下拉列表框用于设置 2 个图像的图层或通道中的图像合并采用何种混合模式。

思考练习 7-6

1．制作一幅“木刻娃娃”图像，如图 7-6-22 所示。它使用了图 7-6-23 所示的“娃娃”图像。

2．制作一幅“凹凸文字”图像，如图 7-6-24 所示。

图 7-6-22 “木刻娃娃”图像

图 7-6-23 “娃娃”图像

图 7-6-24 “凹凸文字”图像

3．制作一幅“湖中春柳”图像，如图 7-6-25 所示。它是利用图 7-6-26 所示的“春柳”和图 7-6-27 所示的“木纹”图像制作而成的。

图 7-6-25 “湖中春柳”图像

图 7-6-26 “春柳”图像

图 7-6-27 “木纹”图像

4．制作一幅“曲径通幽”图像，它是南山竹海的宣传画，如图 7-6-28 所示。该图像的制作方法提示如下。

图 7-6-28 “曲径通幽”图像

（1）打开一幅“竹林”图像。在“通道”面板中创建“Alpha 1”通道，选中该通道。输入字体为华文行楷、颜色为白色、大小为 120 点的文字“曲径通幽”，如图 7-6-29 所示。

图 7-6-29 在通道中输入文字

（2）进行模糊半径值为 9.5 的高斯模糊处理。选择“滤镜”→“风格化”→“浮雕效果”命令，调出“浮雕效果”对话框。设置浮雕角度为-150°，高度为 9 像素，数量为 100%，如图 7-6-30 所示。单击“确定”按钮退出。此时画布窗口内的图像如图 7-6-31 所示。

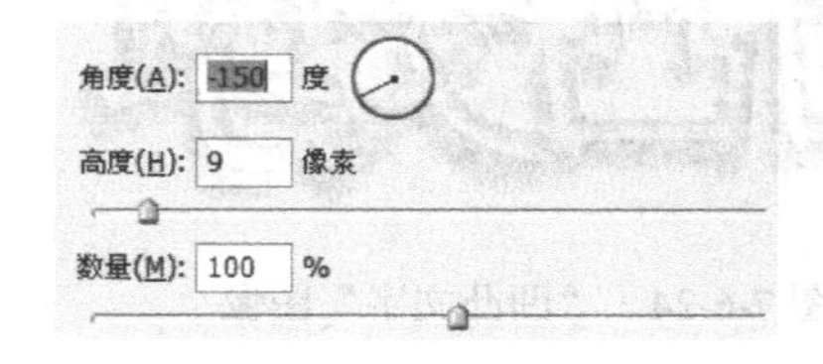

图 7-6-30 “浮雕效果”对话框

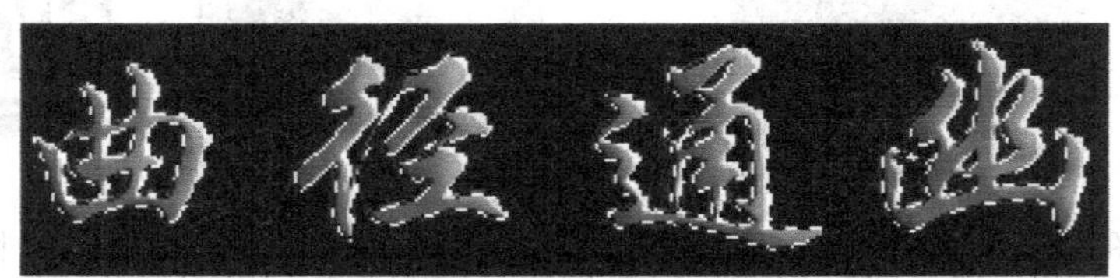

图 7-6-31 浮雕处理后的文字

（3）选择“图像”→“调整”→“亮度/对比度”命令，调出“亮度/对比度”对话框。设置亮度为+18，对比度为-11，再单击“确定”按钮。

（4）单击“通道”面板内的“RGB”通道，不选中“Alpha 1”通道。选中“图层”面板的“背景”图层。选择“图像”→“应用图像”命令，调出“应用图像”对话框。在“图层”下拉列表框内选择“背景”选项，在“通道”下拉列表框内选择“Alpha 1”选项，选中“反相”复选框，在“混合”下拉列表框内选择“强光”选项，在“不透明度”文本框内输入100。设置结果如图7-6-32所示。然后，单击“确定”按钮。效果如图7-6-33所示。

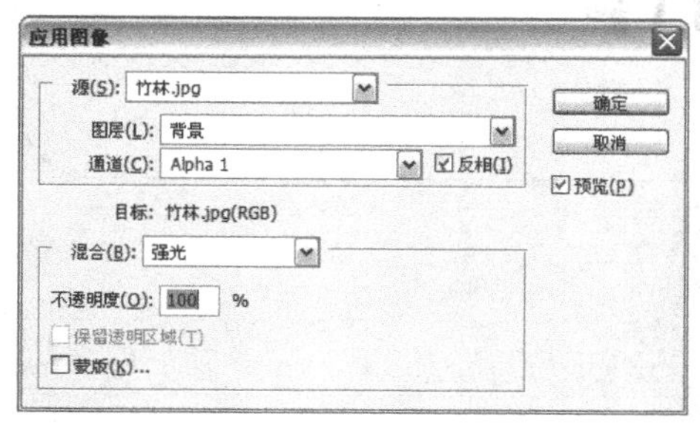

图7-6-32 “应用图像”对话框

图7-6-33 “应用图像”处理后的效果

（5）设置背景色为白色。使用工具箱中的“移动工具”，向右下方稍微移动选区中的文字图像，按Ctrl+D组合键，取消选区，效果如图7-6-28所示。

第8章

路径与动作

本章提要：

本章主要介绍了路径与动作。路径是由具有多个节点的矢量线（贝塞尔曲线）构成的图形。形状是较规则的路径。通过使用钢笔和形状工具，可以创建各种形状的路径。路径没有锁定在背景图像像素上，很容易编辑修改。它既可以与图像一起输出，也可以单独输出。动作是一系列操作（命令）的集合。将一系列操作依次组合成一个动作，当执行该动作时，就依次执行组成动作的一系列操作。动作可以使操作自动化，提高工作效率。

8.1 【实例38】别墅照片框架

“别墅照片框架”图像如图8-1-1所示。它是给一幅“别墅”图像（见图8-1-2）添加艺术相框后获得的。

图8-1-1 “别墅照片框架”图像

图8-1-2 “别墅”图像

制作方法

（1）打开一幅名为“别墅”的图像文件，如图8-1-2所示。裁剪和调整该图像的大小，使该图像的宽度为350像素、高度为300像素。

（2）创建一个圆形选区，选择“选择”→“反向”命令，将选区反选，如图8-1-3所示。选择“滤镜”→“纹理”→“纹理化”命令，调出“纹理化”对话框，设置如图8-1-4所示。单击“确定”按钮，将选区内的图像进行砖形纹理化滤镜处理。按Ctrl+D组合键，取消选区。效果如图8-1-5所示。

图8-1-3 创建选区

图8-1-4 “纹理化”对话框设置

图8-1-5 砖形纹理化滤镜处理

（3）隐藏“背景”图层。使用“椭圆工具”，单击按下选项栏内的“路径”按钮，在画布中沿别墅图像绘制出一个圆形路径。再单击按下选项栏内的“钢笔工具”按钮，沿着刚绘制的圆形路径外侧勾画出一个相框形状的路径，如图8-1-6所示。此时，在“路径”面板中自动生成名为“工作路径”的路径层，其内是刚创建的相框路径。

（4）双击“路径”面板内的“工作路径”路径层，调出“存储路径”对话框，单击“确定”按钮，将“工作路径”路径层转换为“路径1”路径层。

（5）单击“路径”面板中的“将路径作为选区载入”按钮，将路径转换为如图8-1-6所示的选区。在“背景”图层之上创建一个“图层1”图层，选中该图层，给选区填充一种颜色。调出“样式”面板，单击“样式”面板中的“蓝色玻璃（按钮）”样式图标。为“图层1”图层应用样式，如图8-1-7所示。按Ctrl+D组合键，取消选区。然后，显示“背景”图层。

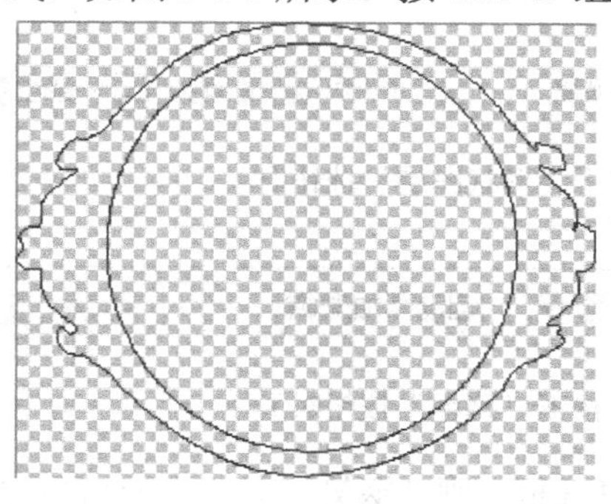

图8-1-6 绘制路径

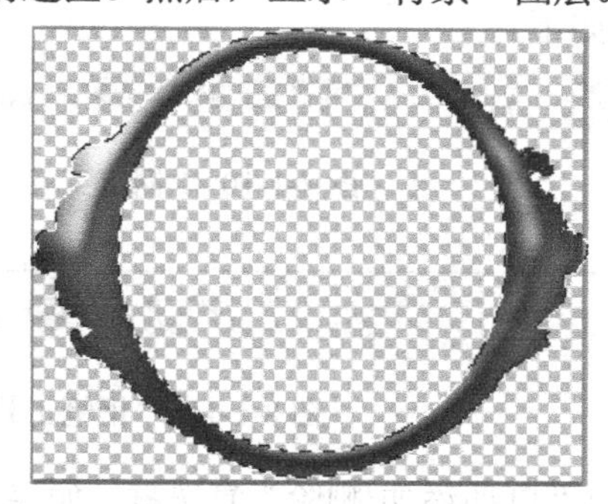

图8-1-7 应用图层样式

知识链接——路径概念及创建和编辑路径

1. 路径的概念

路径是由贝塞尔曲线和形状构成的图形，使用钢笔工具可以创建贝塞尔曲线，使用形状工具可以创建较规则的各种形状路径。贝塞尔曲线是一种以三角函数为基础的曲线，它的两个端点叫节点，也叫锚点。多条贝塞尔曲线可以连在一起，构成路径，如图 8-1-8 所示。路径没有锁定在背景图像像素上，很容易编辑修改。它可以与图像一起输出，也可以单独输出。

贝塞尔曲线的每个锚点都有一个控制柄，它是一条直线，直线的方向与曲线锚点处的切线方向一致，控制柄直线两端的端点叫控制点，如图 8-1-9 所示。拖曳控制柄的控制点，可以很方便地调整贝塞尔曲线的形状（方向和曲率）。

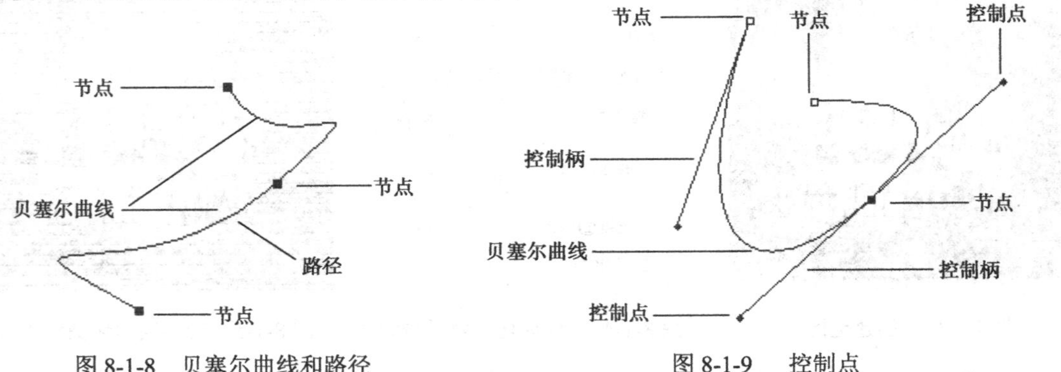

图 8-1-8　贝塞尔曲线和路径　　图 8-1-9　控制点

路径可以是一个点，一条直线或曲线，它通常指有起点和终点的一条直线或曲线。创建路径后，可以使用工具箱内的一些工具来创建路径，可以将路径的形状、位置和大小进行编辑修改，还可以将路径和选区进行相互转换，描绘路径，给路径围成的区域填充内容等。

2．钢笔工具

工具箱中的“钢笔工具”用来绘制直线和曲线路径。单击按下“钢笔工具”按钮后，其选项栏如图 8-1-10 所示（按下“形状图层”按钮时）或如图 8-1-11 所示（按下“路径”按钮时）。“钢笔工具”选项栏与形状工具组内矩形工具等绘图工具的选项栏基本一样，只是增加了“自动添加/删除”复选框，共同选项的作用可参看 5.5 节有关内容，其他选项的作用简介如下。

图 8-1-10 “钢笔工具”选项栏（按下“形状图层”按钮时）

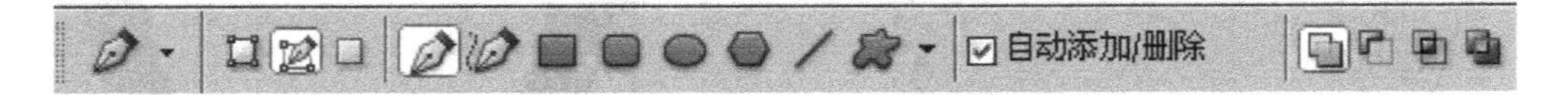

图 8-1-11 “钢笔工具”选项栏（按下“路径”按钮时）

（1）“自动添加/删除”复选框：如果选中了该复选框，则“钢笔工具”不但可以绘制路径，还可以在原路径上删除或增加锚点。当鼠标指针移到路径线上时，鼠标指针会在原指针的右下方增加一个“+”号，单击路径线，即可在单击处增加一个锚点。当鼠标指针移到路径的锚点上时，鼠标指针会增加一个“-”号，单击锚点后，即可删除该锚点。

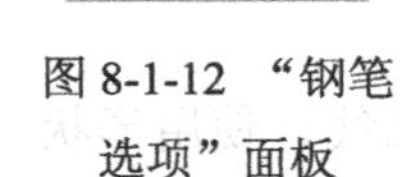

图 8-1-12 “钢笔选项”面板

（2）“几何选项”按钮：位于“自定义形状工具”按钮的右边。单击它可以调出一个“钢笔选项”面板，如图 8-1-12 所示。其内有一个“橡皮带”复选框，如果选中该复选框，则在“钢笔工具”创建一个锚点后，会随着鼠标指针的移动，在上一个锚点与鼠标指针之间产生一条直线，像拉长了一个橡皮筋似的。

3. 自由钢笔工具

"自由钢笔工具"用于绘制任意形状的曲线路径。其选项栏如图 8-1-13 所示（按下"形状图层"按钮时）或如图 8-1-14 所示（按下"路径"按钮时）。在画布窗口内拖曳鼠标，创建一个形状路径。2 个选项栏内增加的选项的作用和"自由钢笔工具"的使用方法如下。

图 8-1-13 "自由钢笔工具"选项栏（按下"形状图层"按钮时）

图 8-1-14 "自由钢笔工具"选项栏（按下"路径"按钮时）

（1）"磁性的"复选框：如果选中了该复选框，则"自由钢笔工具"就变为"磁性钢笔工具"，鼠标指针会变为形状。它的磁性特点与"磁性套索工具"基本一样，在使用"磁性钢笔工具"绘图时，系统会自动将鼠标指针移动的路径定位在图像的边缘上。

（2）"几何选项"按钮：它位于"自定形状工具"按钮的右边。单击它可以调出一个"自由钢笔选项"面板，如图 8-1-15 所示。该面板内各选项的作用如下。

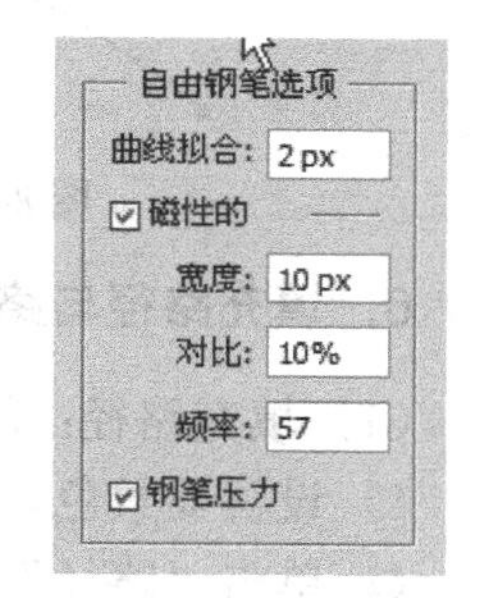

图 8-1-15 "自由钢笔选项"面板

◎"曲线拟合"文本框：用于输入控制自由钢笔创建路径的锚点的个数。该数值越大，锚点的个数就越少，曲线就越简单。取值范围是 0.5～10。

◎"磁性的"复选框：作用同上。该栏内的"宽度"、"对比"和"频率"文本框分别用来调整"磁性钢笔工具"的相关参数。"宽度"文本框用来设置系统的检测范围；"对比"文本框用来设置系统检测图像边缘的灵敏度，该数值越大，则图像边缘与背景的反差也越大；"频率"文本框用来设置锚点的速率，该数越大，则锚点越多。

◎"钢笔压力"复选框：在安装钢笔后，该复选框有效，选中后，可以使用钢笔压力。

4. 钢笔工具组其他工具

（1）添加锚点工具：单击按下"添加锚点工具"按钮，当鼠标指针移到路径线上时，鼠标指针会在原指针的右下方增加一个"+"号，在路径线上单击要添加锚点的地方，即可在此处增加一个锚点。

（2）删除锚点工具：使用"删除锚点工具"，当鼠标指针移到路径线上的锚点或控制点处时，在原指针的右下方增加一个"-"号，单击锚点，即可将该锚点删除。

（3）转换点工具：使用"转换点工具"，当鼠标指针移到路径线上的锚点处时，鼠标指针会由原指针形状变为，拖曳曲线即可使这段曲线变得平滑。

使用"转换点工具"拖曳直线锚点，可以显示出该锚点的切线，将直线锚点转换为曲线锚点。用鼠标拖曳切线两端的控制点，可以改变路径的形状。使用转换点工具，用鼠标单击曲线锚点，可以将曲线锚点转换为直线锚点。

5. 路径选择工具和直接选择工具

（1）“路径选择工具”：单击按下“路径选择工具”按钮，将鼠标指针移到画布窗口内，此时鼠标指针呈状。单击路径线或画布，或者拖曳围住一部分路径，可将路径中的所有锚点（实心黑色正方形）显示出来，如图 8-1-16 所示，同时选中整个路径。再拖曳路径，可整体移动路径。单击路径线外部画布窗口内的任一点，即可隐藏路径上的锚点。

（2）“直接选择工具”：单击按下“直接选择工具”按钮，将鼠标指针移到画布窗口内，此时鼠标指针呈状。拖曳围住一部分路径，即可将围住的路径中的所有锚点显示出来（实心黑色正方形），没有围住的路径中的所有锚点为空心小正方形，如图 8-1-17 所示。

拖曳锚点，即可改变锚点在路径上的位置和形状。拖曳曲线锚点或曲线锚点的切线两端的控制点，可以改变路径曲线的形状，如图 8-1-17 所示。按住 Shift 键，同时拖曳鼠标，可以在 45° 的整数倍方向上移动控制点或锚点。单击路径线外的画布，可隐藏锚点。

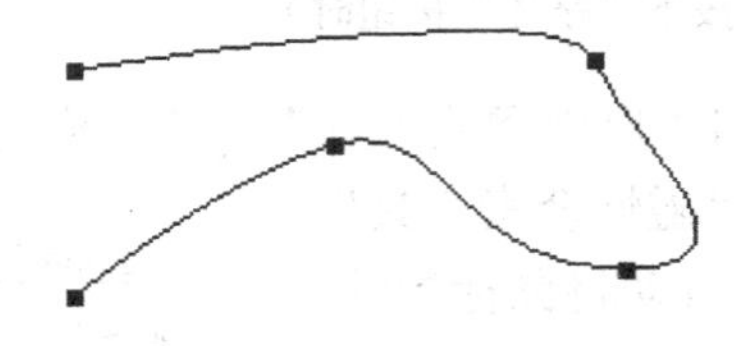

图 8-1-16　实心锚点

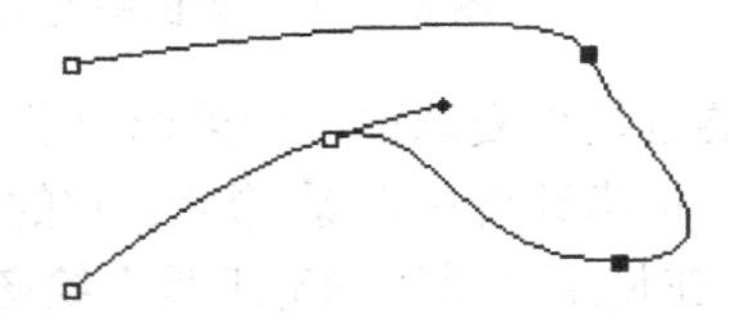

图 8-1-17　空心锚点与路径的曲线形状

6. 填充路径与路径描边

（1）填充路径：填充路径的方法如下。

◎ 设置前景色。选中“路径”面板中要填充的路径层和“图层”面板中的普通图层。

◎ 单击“路径”面板中的“用前景色填充路径”按钮，即可用前景色填充路径。

◎ 选择“路径”面板菜单中的“填充路径”命令，调出“填充路径”对话框。利用该对话框具体设置填充方式。按照如图 8-1-18 所示进行设置，再单击“确定”按钮，即可完成填充，填充后的效果如图 8-1-19 所示。

（2）路径描边：路径描边的方法如下。

◎ 设置前景色。单击选中“路径”面板中要描边的路径。

◎ 设置画笔形状。使用“画笔工具”或“图案图章工具”等绘图工具（默认是“画笔工具”）。

◎ 选择“路径”面板菜单中的“描边路径”命令，调出“描边路径”对话框，如图 8-1-20 所示。在“工具”下拉列表框内选择一种绘图工具。选中“模拟压力”复选框后可以在使用画笔时模拟压力笔的效果，单击“确定”按钮，也可以设定描边的绘图工具。

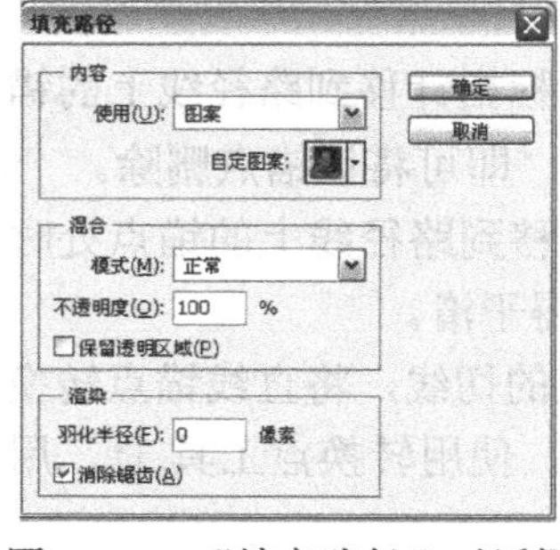

图 8-1-18　“填充路径”对话框

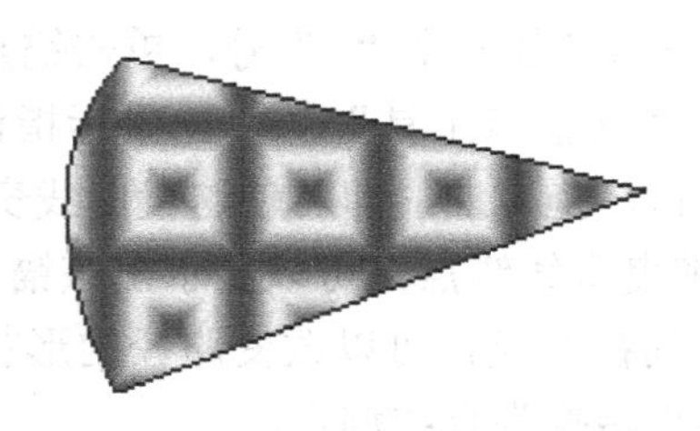

图 8-1-19　路径填充

图 8-1-20　“描边路径”对话框

◎ 单击“路径”面板中左边的“用前景色描边路径”按钮，即用前景色和设定的画笔形状给路径描边。

图8-1-21是选择的路径，图8-1-22是用“画笔工具”描边后的图像，图8-1-23是用“图案图章工具”描边后的图像。

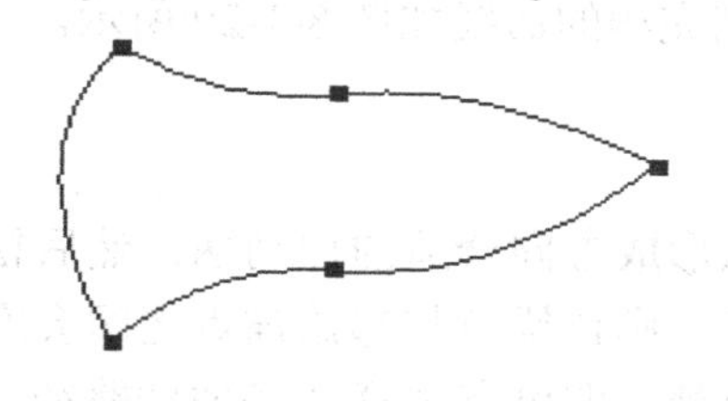

图8-1-21　选择的路径

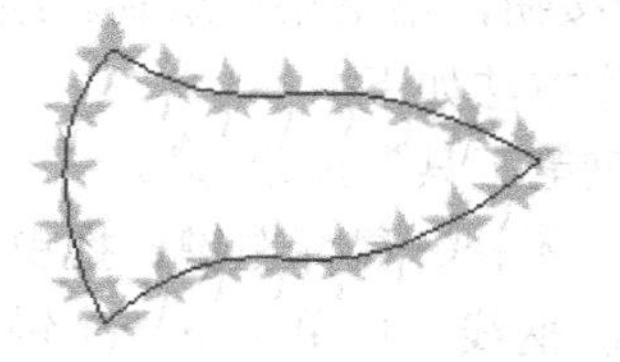

图8-1-22　描边后的图像

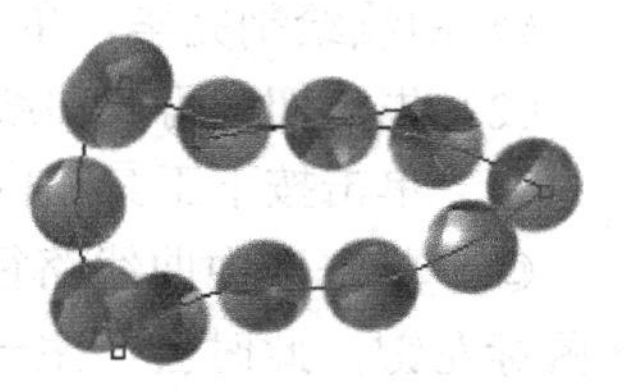

图8-1-23　描边后的图像

7. 创建直线、折线与多边形路径

若要绘制直线、折线或多边形，应先单击按下“钢笔工具”按钮，再将鼠标指针移到画布窗口内，此时鼠标指针在原指针的右下方增加一个“×”号，表示单击后产生的是起始锚点。单击创建起始锚点后，在原指针的右下方增加一个“/”号，表示再单击鼠标则产生一条直线路径。在绘制路径时，如果按住Shift键，同时在画布窗口内拖曳，可以保证曲线路径的控制柄的方向是45°的整数倍方向。

（1）绘制直线路径：单击直线路径的起点，松开鼠标左键后再单击直线路径的终点，即可绘制一条直线路径，如图8-1-24所示。

（2）绘制折线路径：单击折线路径起点，再单击折线路径的下一个转折点，不断依次单击各转折点，最后双击折线路径的终点，即可绘制一条折线路径，如图8-1-25所示。

（3）绘制多边形路径：单击折线路径的起点，再单击折线路径的下一个转折点，不断依次单击各转折点，最后将鼠标指针移到折线路径的起点处，此时鼠标指针将在原指针的右下方增加一个“。”号，单击该起点即可绘制一条多边形路径，如图8-1-26所示。

在绘制完路径后，单击工具箱内任何一个按钮，即可结束路径的绘制。

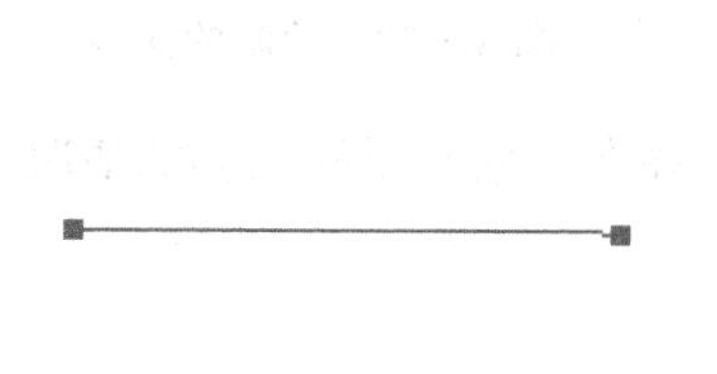

图8-1-24　直线路径

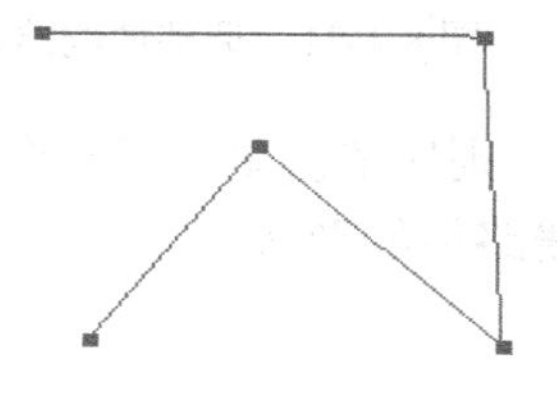

图8-1-25　折线路径

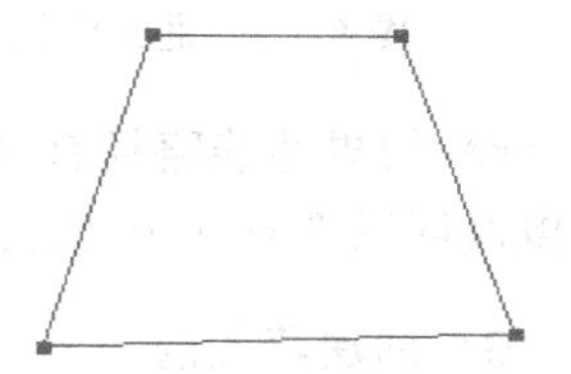

图8-1-26　多边形路径

8. 创建曲线路径

若要绘制曲线路径，应先单击按下“钢笔工具”按钮。绘制曲线路径通常可采用如下两种方法。

（1）先绘直线再定切线：操作方法如下。

◎ 单击按下工具箱内的“钢笔工具”按钮。

◎ 单击选中曲线路径起点，松开鼠标左键；再单击下一个锚点，则在两个锚点之间会产生一条线段。在不松开鼠标左键的情况下拖曳鼠标，会出现两个控制点和两个控制点间的控制柄，如图 8-1-27 所示。控制柄线条是曲线路径线的切线。拖曳鼠标改变控制柄的位置和方向，从而调整曲线路径的形状。

◎ 如果曲线有多个锚点，则应依次单击下一个锚点，并在不松开鼠标左键的情况下拖曳鼠标以产生两个锚点之间的曲线路径，如图 8-1-28 所示。

◎ 曲线绘制完毕，单击任一按钮，结束路径绘制。绘制完毕的曲线如图 8-1-29 所示。

（2）先定切线再绘曲线：操作方法如下。

◎ 单击按下工具箱内的“钢笔工具”按钮。

◎ 单击选中曲线路径起点，不松开鼠标左键，拖曳以形成方向合适的控制柄，然后松开鼠标左键，此时会产生一条控制柄线。再单击下一个锚点，则该锚点与起始锚点之间会产生一条曲线路径，如图 8-1-30 所示。然后再单击下一个锚点处，即可产生第 2 条曲线路径，按住鼠标左键不放，拖曳即可产生第 3 个锚点的控制柄，拖曳鼠标可调整曲线路径的形状，如图 8-1-31 所示。松开鼠标左键，即可绘制一条曲线，如图 8-1-32 所示。

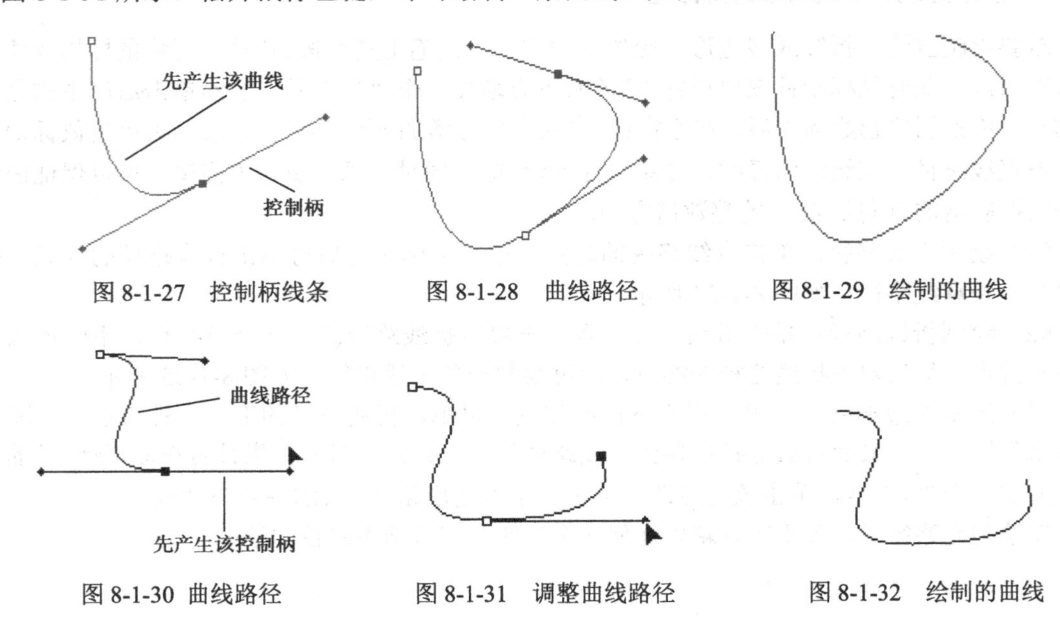

图 8-1-27　控制柄线条　　图 8-1-28　曲线路径　　图 8-1-29　绘制的曲线

图 8-1-30　曲线路径　　图 8-1-31　调整曲线路径　　图 8-1-32　绘制的曲线

◎ 如果曲线路径有多个锚点，则应依次单击下一个锚点，并在不松开鼠标左键的情况下拖曳鼠标以调整两个锚点之间曲线路径的形状。

9．创建路径层

（1）创建一个空路径层：有如下两种方法。

◎ 单击“路径”面板中的“创建新路径”按钮，即可在当前路径层之上创建一个新的路径层，该路径层是空的，即没有任何路径存在。以后可以在该路径层绘制路径。

◎ 也可以选择“路径”面板菜单中的“新建路径”命令，调出“新建路径”对话框，如图 8-1-33 所示。在“名称”文本框内输入路径层名称，单击“确定”按钮，即可在当前路径层之下创建一个新的路径层。

（2）利用文字工具创建路径层：方法如下。

◎ 单击按下“文字工具”按钮 T，再在画布窗口内输入“PS”文字，如图 8-1-34 所示。文字不能够使用仿粗体样式。

◎ 选择“图层”→“文字”→“创建工作路径”命令，即可将文字的轮廓线转换为路径。使用“路径选择工具” 拖曳选中“PS”文字，将路径的锚点显示出来，如图8-1-35所示。

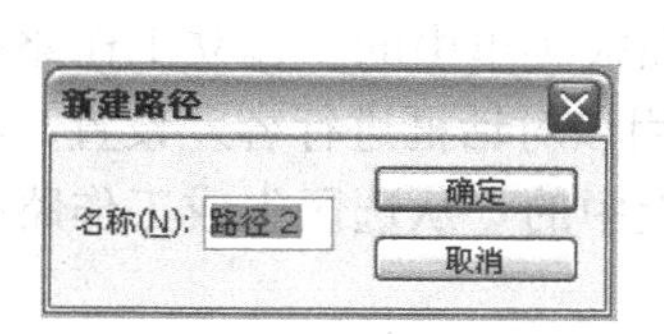

图8-1-33 “新建路径”对话框

图8-1-34 “PS”文字

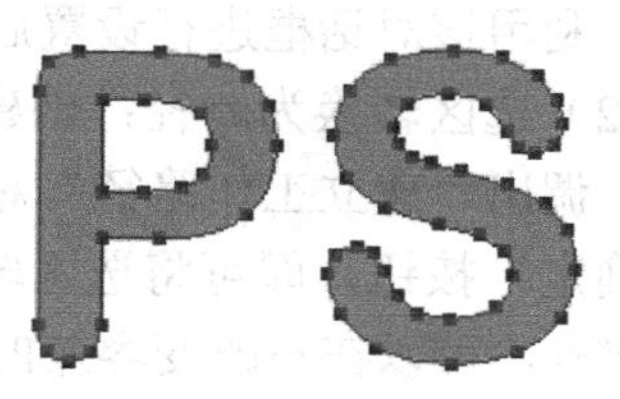

图8-1-35 路径的锚点

◎ 选择“图层”→“文字”→“转换为形状”命令，可以将文字轮廓转换为形状路径。

10. 删除路径与复制路径

（1）用按键删除锚点和路径：按Delete键或Backspace键，可以删除选中的锚点。选中的锚点呈实心小正方形。如果锚点都呈空心小正方形，则删除的是最后绘制的一段路径。如果锚点都呈实心小正方形，则删除整个路径。

（2）用“路径”面板删除路径：单击选中“路径”面板中要删除的路径，如图8-1-36所示。将它拖曳到“删除当前路径”按钮 之上，松开鼠标左键后，即可删除选中的路径。

选择“路径”面板菜单中的“删除路径”命令，可以删除选中的路径。

（3）复制路径：单击按下“路径选择工具”按钮 或“直接选择工具”按钮 ，拖曳围住一部分路径或单击路径线（只适用于路径选择工具），将路径中的所有锚点（实心小正方形）显示出来，表示选中整个路径。然后，按住Alt键，同时拖曳路径，即可复制一个路径。

（4）复制路径层：单击选中“路径”面板中要复制的路径层。选择“路径”面板菜单中的“复制路径”命令，调出“复制路径”对话框，如图8-1-37所示。在“名称”文本框内输入新路径层名称，单击“确定”按钮，即可在当前路径层之上创建一个复制的路径层。

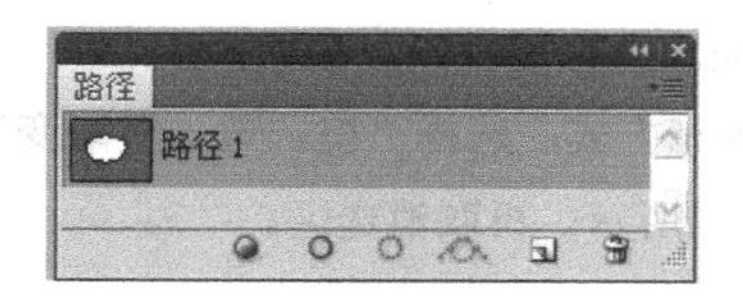

图8-1-36 “路径”面板

图8-1-37 “复制路径”对话框

11. 路径变换

选择“编辑”→“变换路径”命令，调出其子菜单，再选择子菜单中的某个命令，即可进行路径的相应调整（缩放、旋转、斜切、扭曲和透视）。调整方法与对象的调整方法一样。例如，选择“编辑”→“变换路径”→“旋转”命令，再拖曳鼠标，即可旋转路径。

选择“编辑”→“自由变换路径”命令，选中的路径进入“自由变换路径”状态，修改变换路径后，按Enter键完成自由变换路径。

12. 路径与选区的相互转换

（1）路径转换为选区：单击选中“路径”面板中要转换为选区的路径。然后，单击“路径”面板中的“将路径作为选区载入”按钮（右边的），即可将选中的路径转换为选区。

选择“路径”面板菜单中的“建立选区”命令，调出“建立选区”对话框，如图 8-1-38 所示。利用该对话框进行设置后单击“确定”按钮，也可将路径转换为选区。

（2）选区转换为路径：创建选区，然后，选择“路径”面板菜单中的“建立工作路径”命令，调出“建立工作路径”对话框，如图 8-1-39 所示。利用该对话框进行容差设置，再单击“确定”按钮，即可将选区转换为路径。单击“路径”面板中的“从选区生成工作路径”按钮，可以在不改变容差的情况下，将选区转换为路径。

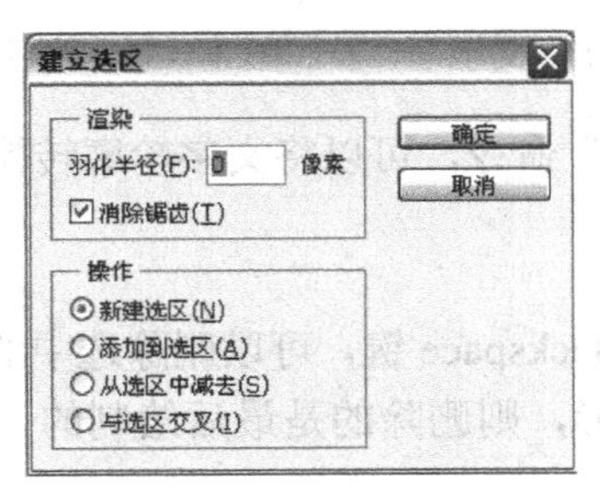

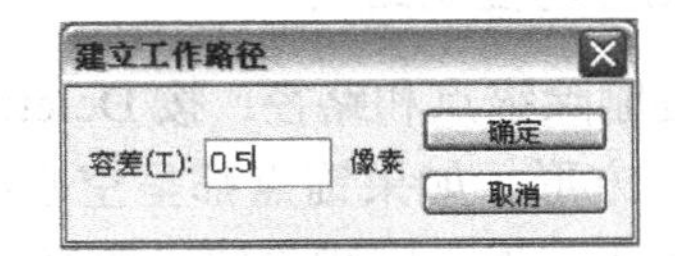

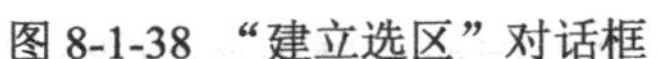

图 8-1-38 “建立选区”对话框　　图 8-1-39 “建立工作路径”对话框

思考练习 8-1

1．制作一幅“手写文字”图像，如图 8-1-40 所示。制作该图像的方法提示如下。

（1）在“图层”面板内新建“图层 1”图层，选中该图层，使用工具箱内的“自由钢笔工具”，在画布窗口内拖曳书写“yes”路径，如图 8-1-41 所示。

（2）使用工具箱内的“直接选择工具”，调节路径中的各节点，如图 8-1-42 所示（还没有绘制圆形图形）。使用“画笔工具”，选择一个 50 像素的圆形、无柔化的画笔，再在“yes”路径的起始处单击一下，绘制一个圆形图形，如图 8-1-42 所示。

（3）使用“魔棒工具”，单击圆形，创建选中圆形的选区，如图 8-1-43 左图所示。

（4）使用“填充工具”，在选项栏中选择角度渐变填充方式，选择“橙，黄，橙渐变”填充色。由圆形中心向边缘拖曳，给选区填充渐变色，如图 8-1-43 右图所示。再取消选区。

图 8-1-40 “手写文字”图像

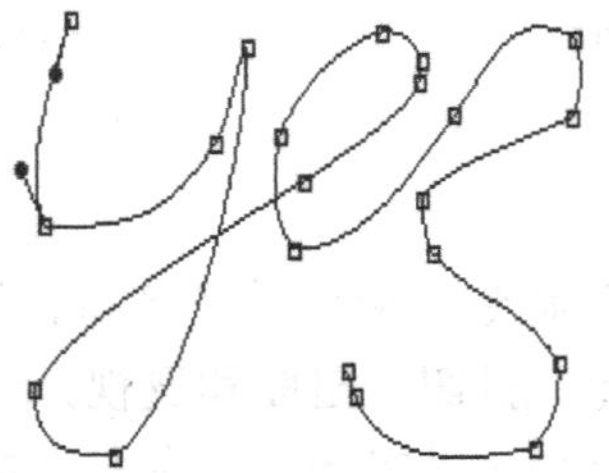

图 8-1-41 “yes”路径

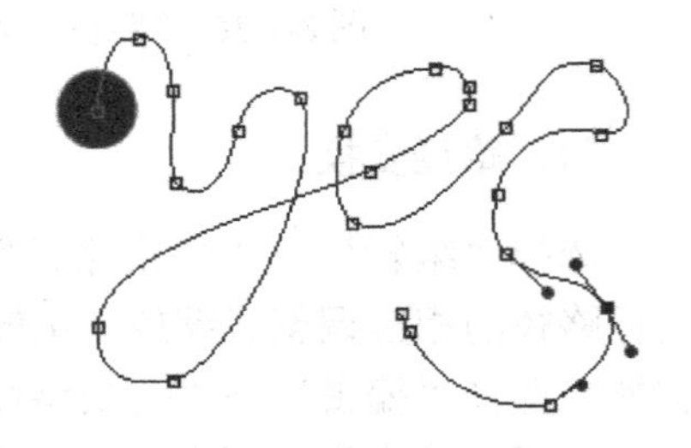

图 8-1-42 调节路径节点

（5）单击“涂抹工具”按钮，在其选项栏内选中刚用过的画笔，设置“强度”为 100%。选择“路径”面板菜单中的“描边路径”命令，调出“描边路径”对话框，选择“涂抹工具”选项，单击“确定”按钮，给路径涂抹描边渐变色，如图 8-1-44 所示。“yes”路径的起始点必须与正圆的圆心对齐，否则一定要使用工具箱中的“直接选择工具” 进行调整。

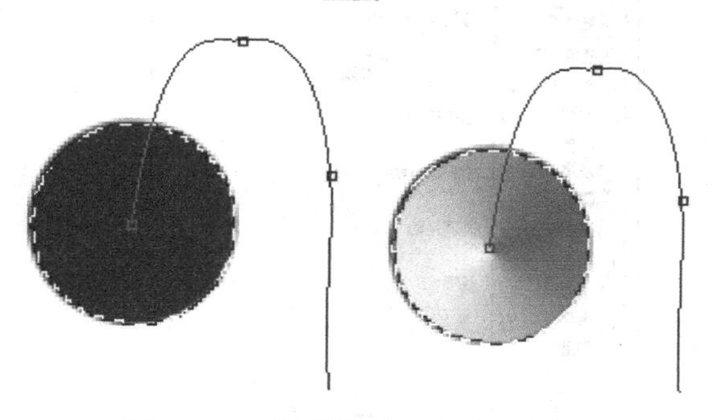

图 8-1-43　圆形图形、选区和填充选区

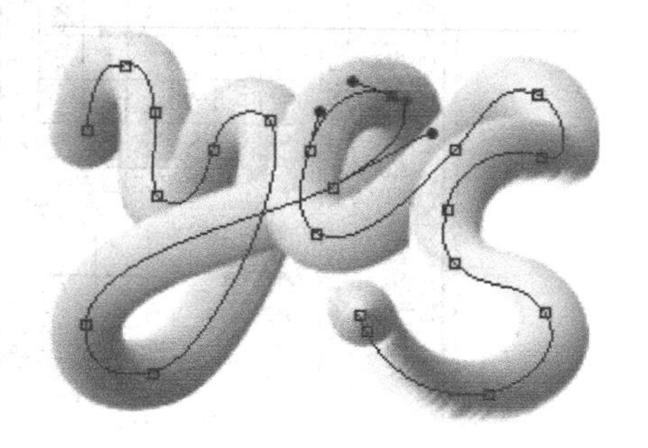

图 8-1-44　路径涂抹描边渐变色

（6）选择“路径”面板菜单中的“删除路径”命令，删除路径。

2．参考上边介绍的方法，制作一幅“龙”图像，如图 8-1-45 所示。

3．制作一幅“电磁效应”图像，如图 8-1-46 所示。该图像的制作方法提示如下。

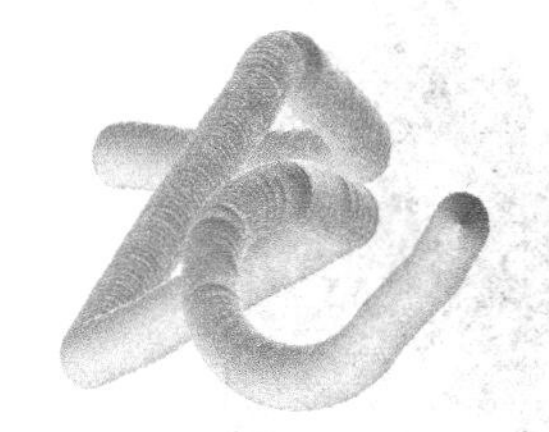

图 8-1-45 “龙”图像

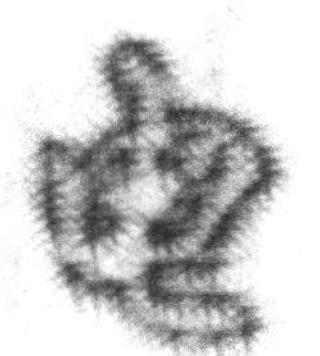

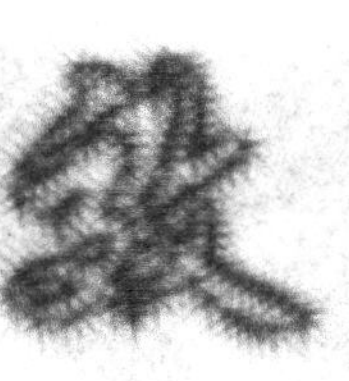

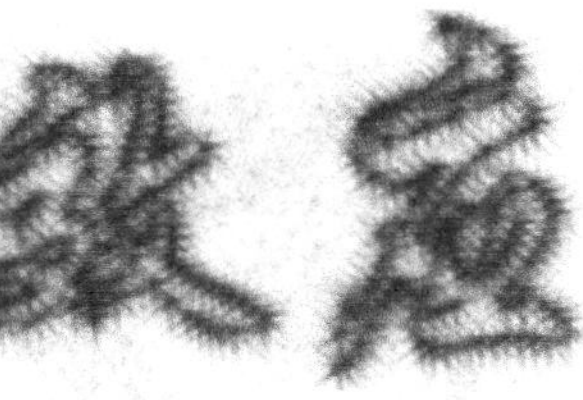

图 8-1-46 “电磁效应”图像

（1）输入字体为华文行楷、大小为 100 点、颜色为绿色的文字“电磁效应”。调整文字大小与位置。按住 Ctrl 键，单击“电磁效应”文本图层缩览图，创建选中文字的选区。

（2）选择“路径”面板菜单中的“建立工作路径”命令，调出“建立工作路径”对话框，在“容差”文本框中输入 0.5，单击“确定”按钮，将选区转换为路径。删除“电磁效应”文本图层。再创建“图层 1”图层，并选中该图层。

（3）设置前景色为红色，背景色为黄色。使用“画笔工具” ，选择“画笔”面板菜单中的“混合画笔”子命令，导入新画笔。单击选中“画笔样式”面板中的“星爆-小”画笔，调整画笔大小为 30 像素，间距为 15%，如图 8-1-47 所示。

（4）为了使沿路径描边的颜色是前景色到背景色的渐变色，选中“颜色动态”选项，再按照图 8-1-48 所示进行设置。单击“画笔”面板内下边的“创建新画笔”按钮 ，调出“画笔名称”对话框。在“名称”文本框中输入“电磁”，单击“确定”按钮，创建新画笔。

（5）选择“路径”面板菜单中的“描边路径”命令，调出“描边路径”对话框，选择用画笔描边，再单击“确定”按钮，即可用前景色到背景色的渐变色描边路径。

（6）选择“路径”面板菜单中的“删除路径”命令，完成毛刺文字的制作。

4．制作一幅“鹰击长空”图像，如图 8-1-49 所示。方法是创建一个路径，将图 8-1-50 所示的“鹰”图像中的飞鹰选取出来，再转换为选区，将选区内的图像复制粘贴到一幅“云图”图像中，然后进行动感模糊处理。

5．使用创建路径的方法，绘制一幅“小鸟”图像和一幅“仙鹤”图像，如图 8-1-51 所示。

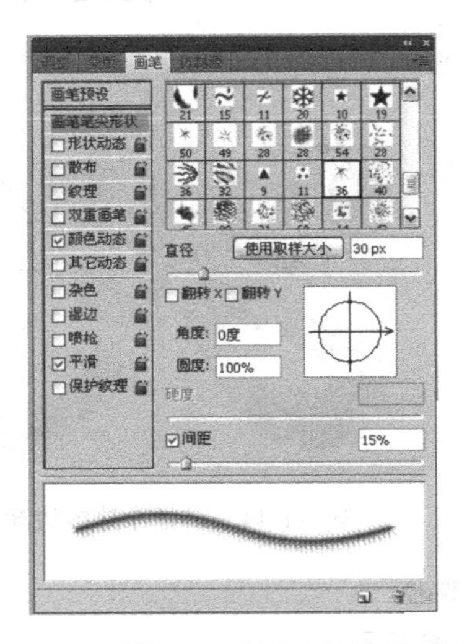

图 8-1-47 “画笔”（画笔笔尖形状）面板

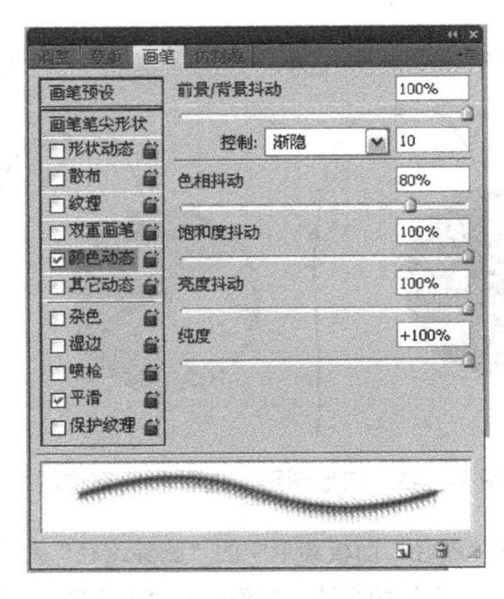

图 8-1-48 “画笔”（颜色动态）面板

图 8-1-49 “鹰击长空”图像

图 8-1-50 “鹰”图像

图 8-1-51 “小鸟”和“仙鹤”图像

8.2 【实例 39】系列按钮

“系列按钮”实例是制作一组 4 幅图像，如图 8-2-1 所示。这是给网页导航栏制作的一组具有相同特点、不同文字的按钮。制作这些图像使用了动作技术。

图 8-2-1 4 幅“系列按钮”图像

制作方法

1. 录制立体文字动作

（1）新建宽度为200像素、高度为100像素、模式为RGB颜色、背景色为白色的画布。

（2）选择“动作”面板菜单中的“新建组”命令，调出“新建组”对话框，在该对话框内的“名称”文本框内输入组的名称“系列按钮”，如图8-2-2所示。再单击“确定”按钮，即可在“动作”面板内创建一个“系列按钮”新组，如图8-2-3所示。

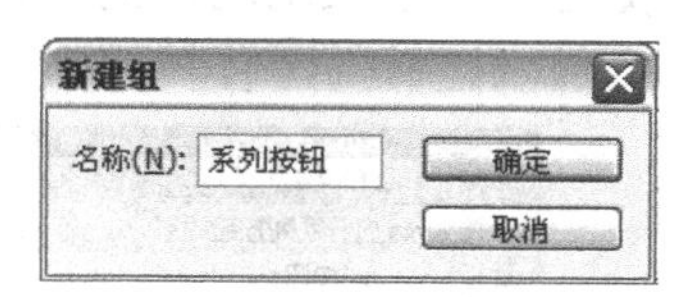

图8-2-2 “新建组”对话框

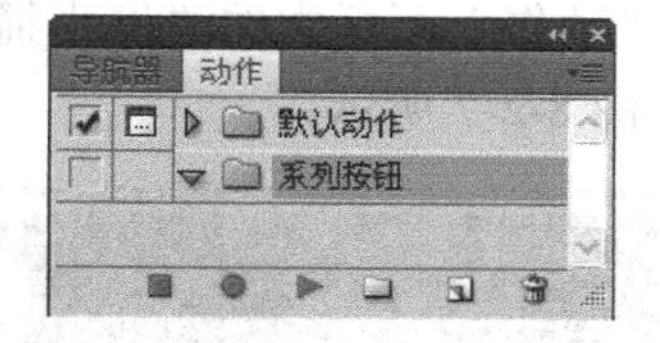

图8-2-3 “动作”面板

（3）使用“横排文字工具”T，单击画布，在其选项栏内设置字体为华文行楷，大小为60点，颜色为深绿色，输入文字“图像”。使用“移动工具”，调整文字的位置如图8-2-4所示。再将“图层”面板中的文本图层的名称改为“按钮名称”。

（4）选择“动作”面板菜单中的“新建动作”命令，调出“新建动作”对话框，如图8-2-5所示。该对话框内各选项的作用和设置如下。

图8-2-4 “图像”文字

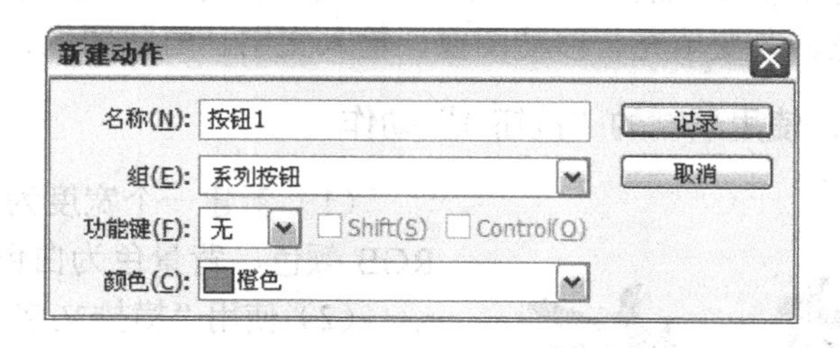

图8-2-5 “新建动作”对话框

◎“名称”文本框：用来输入动作的名称，此处输入“按钮1”。

◎“组”下拉列表框：用来选择动作文件夹，此处选择“系列按钮”选项。

◎“功能键”下拉列表框：用来设置动作的快捷键（功能键）。该列表框内有“无”、“F2”～“F12”12个选项，选中“F2”～“F12”中的一个选项后，Shift和Control复选框变为有效。如果不选中Shift和Control复选框，则快捷键由“功能键”下拉列表框中的按键名称决定（如F6）；如果选中Shift复选框，则快捷键为Shift+F6；如果选中Control复选框，则快捷键为Ctrl+F6；如果选中Shift和Control复选框，则快捷键为Ctrl+Shift+F6。此处选择“无”。

◎“颜色”下拉列表框：用来设置按钮模式的“动作”面板中相应按钮的颜色。此处，在“颜色”下拉列表框中选择“橙色”选项。

（5）设置完后，单击“新建动作”对话框内的“记录”按钮，即可开始录制以后的操作。也可以单击“动作”面板菜单中的“开始记录”按钮●，开始录制以后的操作，采用这种方法，对于动作的名称等只能使用默认设置。

（6）对文字进行操作，操作步骤如下。

◎ 在“字符”面板内的“设置所选字符的字距调整”文本框中输入200，按 Enter 键。

◎ 双击“图层”面板中的“背景”图层，调出“新建图层”对话框，单击该对话框内的“确定”按钮，将“背景”图层转换为常规图层“图层 0”。

◎ 单击“样式”面板中的“绸光”图标，给“图层 0”图层中的白色图像添加“绸光”图层样式，效果如图 8-2-6 所示。

◎ 单击选中“按钮名称”文本图层，单击“样式”面板中的“糖果”图标，给“按钮名称”文本图层添加“糖果”样式，效果如图 8-2-1 左图所示。

（7）单击“动作”面板中的“停止播放/记录”按钮，使录制动作的工作暂停。此时，“动作”面板如图 8-2-7 所示。

图 8-2-6　添加图层样式

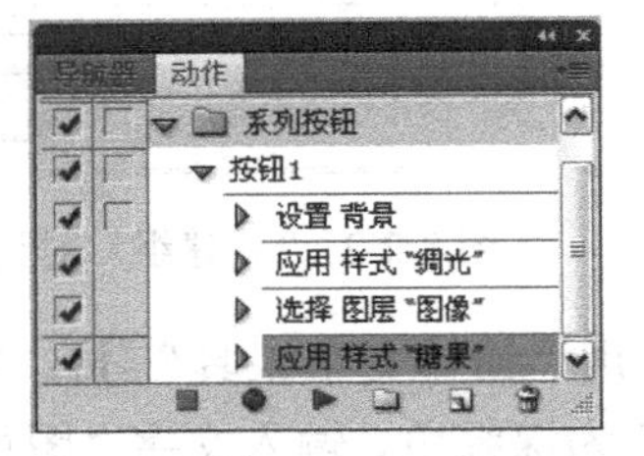

图 8-2-7　“动作”面板

不是所有操作都可以进行录制，例如，使用绘图工具、色彩调整、视图切换、工具选项设置等都不能录制，但可以在执行动作的过程中进行操作。可以录制的操作有创建选区、单色填充、渐变填充、移动图像、输入文字、剪裁图像、绘制直线以及各种面板的使用等。

2．使用录制的“按钮 1”动作

图 8-2-8　“音频”文字

（1）新建一个宽度为 200 像素、高度为 100 像素、模式为 RGB 颜色、背景色为白色的画布窗口。

（2）使用“横排文字工具”，单击画布，输入与文字“图像”属性一样的文字“音频”，如图 8-2-8 所示。再将“图层”面板中的文本图层的名称改为“按钮名称”。

（3）单击选中“动作”面板中的动作名称“按钮 1”。单击“动作”面板中的“播放选定的动作”按钮，依次执行一系列动作，一直到完成。

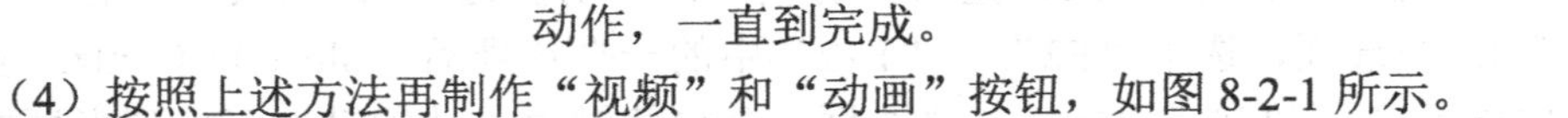

（4）按照上述方法再制作“视频”和“动画”按钮，如图 8-2-1 所示。

3．添加“停止”动作

如果在执行动作前，不将文本图层的名称改为“按钮名称”，则执行“按钮 1”动作组的动作后，一旦执行到“选择图层‘按钮名称’”动作就会出问题，因为找不到“按钮名称”图层，为此可以采用下述方法来解决，使执行到“停止”动作时停止，并调出一个“信息”提示框，单击“停止”按钮后，再单击选中文本图层，单击“动作”面板内“停止”动作的下一个动作名称，然后，单击“播放选定的动作”按钮。

（1）选中“动作”面板中要删除的动作命令“选择图层‘按钮名称’”，单击“动作”面板内的“删除”按钮，此时系统将调出一个提示框。单击“确定”按钮，删除选中的动作。

（2）选择“动作”面板菜单中的“插入停止”命令，调出“记录停止”对话框，在该对话框内的“信息”文本框中输入提示文字，如图8-2-9所示。然后，单击“确定”按钮，即可在“动作”面板内添加一条动作，如图8-2-10所示。

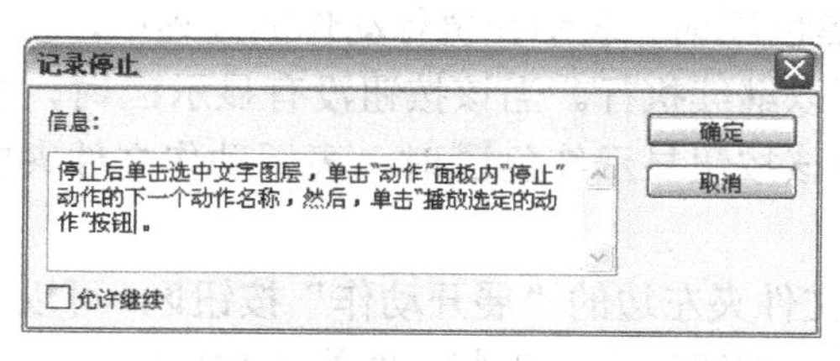

图8-2-9 “记录停止”对话框

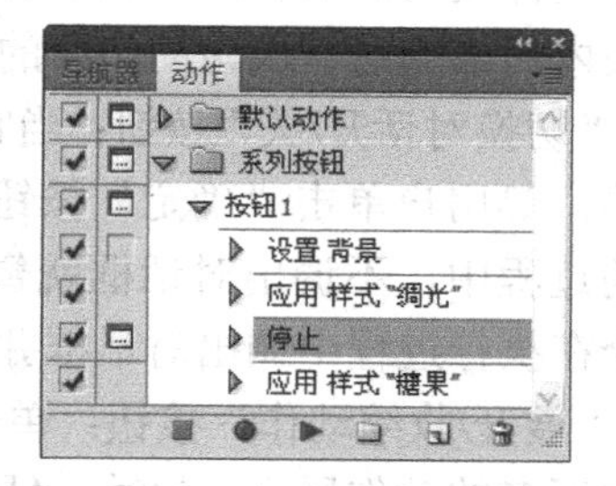

图8-2-10 修改后的“动作”面板

（3）新建一个宽度为200像素、高度为100像素、模式为RGB颜色、背景色为白色的画布窗口。

（4）使用“横排文字工具”T，单击画布，输入文字“文本”。

（5）单击选中“动作”面板中的动作名称“按钮 1”。单击“动作”面板中的“播放选定的动作”按钮▶，依次执行一系列动作，直到弹出一个“信息”提示框。

（6）单击“信息”提示框内的“停止”按钮，再单击选中“图层”面板中的文本图层。

（7）单击“动作”面板中的“播放选定的动作”按钮▶，即可执行下面的动作。

如果不要“停止”功能，可以将“动作”面板中的“停止”动作命令删除，再添加“选择图层‘按钮名称’”动作命令。添加“选择图层‘按钮名称’”动作命令的具体方法如下。

选中“停止”命令的上一条命令，单击“动作”面板菜单中的“开始记录”按钮●，开始录制以后的操作，再单击“图层”面板内的文本图层，在“动作”面板中原来“停止”命令的位置添加“选择图层‘按钮名称’”动作命令，单击“动作”面板中的“停止播放/记录”按钮■，使录制动作的工作暂停。此时，“动作”面板如图8-2-7所示。

知识链接——“动作”面板、面板菜单和动作的使用

1.“动作”面板

动作是一系列操作（命令）的集合。动作的记录、播放、编辑、删除、存储、载入等操作都可以通过“动作”面板和“动作”面板菜单来实现。“动作”面板如图8-2-11所示。下面先对“动作”面板进行初步的介绍。

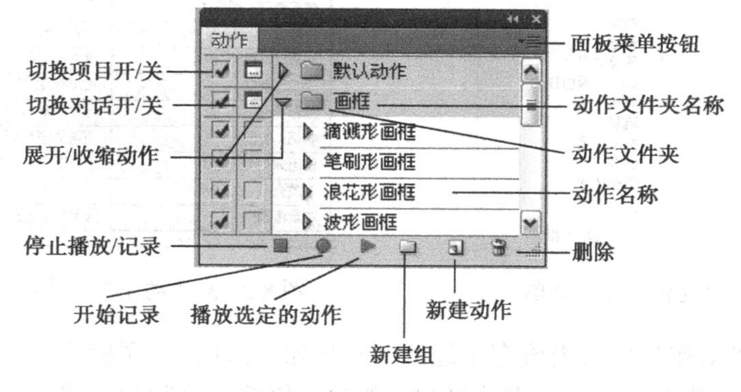

图8-2-11 “动作”面板

（1）“切换项目开/关”按钮：如果该按钮没显示对号☑，则表示该动作文件夹内的所有动作都不能执行，或表示该动作不能执行，或该操作不能执行。如果该按钮显示黑色对号☑，表示该动作文件夹内的所有动作和所有操作都可以执行。如果该按钮显示红色对号☑，表示该动作文件夹内的部分动作或该动作下的部分操作可以执行。

（2）“切换对话开/关”按钮：当它显示黑色▭时，表示在执行动作的过程中，会调出对话框并暂停，等用户单击“确定”按钮后才可以继续执行。当该按钮没有显示▭时，表示在执行动作的过程中，不调出对话框就暂停。当该按钮显示红色▭时，表示动作文件夹中只有部分动作会在执行过程中调出对话框并暂停。

（3）“展开/收缩动作”按钮：单击动作文件夹左边的“展开动作”按钮▶，可以将该动作文件夹中所有的动作展开，此时，“展开动作”按钮变为▽形状。再单击“收缩动作”按钮▽，又可以将展开的动作收回。单击动作名称左边的▶按钮，即可展开组成该动作的所有操作名称，此时按钮会变为▽形状。单击▽按钮，可收回动作的所有操作名称。同样，每项操作的下边还有操作和选项设置，也可以通过单击▶按钮展开，单击▽按钮收回。

（4）“停止播放/记录”按钮■：单击它可以使当前正在录制动作的工作暂停。

（5）“开始记录”按钮●：单击它可以开始录制一个新的动作。

（6）“播放选定的动作”按钮▶：单击它可以执行当前的动作或操作。

（7）“新建组”图标▭：组是存储动作的文件夹，单击该按钮，可以创建一个新的组，组的右边给出了动作文件夹名称。

（8）“新建动作”按钮▣：单击它可新建一个动作，该动作将存放在当前动作文件夹内。

（9）“删除”按钮▣：单击它可以删除当前的动作文件夹、动作或操作等。

2. “动作”面板菜单

单击“动作”面板中的面板菜单按钮▤，调出“动作”面板菜单，如图 8-2-12 所示。由图可以看出，“动作”面板菜单分为 7 栏。各栏命令的作用简介如下。

（1）第 1 栏：选择“按钮模式”命令后，会将“动作”面板内的各个动作以按钮模式显示，即在“动作”面板内给出以动作名称标注的一些按钮（叫动作按钮），如图 8-2-13 所示。单击其中的一个按钮，即可执行相应的动作。

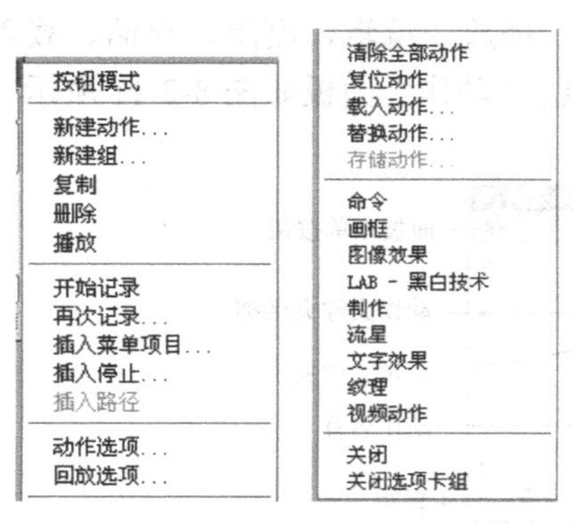

图 8-2-12 “动作”面板菜单　　　　图 8-2-13 “动作”（按钮模式）面板

在此模式下，“动作”面板内没有下边的一行按钮，“动作”面板菜单中第 1、2、3 栏的命令会变为无效，因此不能进行动作的复制、删除、修改、录制和存储等操作。

（2）第 2 栏：该栏命令用来创建动作文件夹（也叫序列）和动作，删除和复制动作文件夹、动作、操作或操作选项，还可以播放动作或操作。

（3）第 3 栏：该栏命令用来编辑动作。录制（也叫记录）动作和再次录制，插入菜单项目、停止和路径。

（4）第 4 栏：该栏命令用来设置动作选项（设置动作的名称、按钮模式下“动作”面板中相应按钮的颜色和动作的快捷键等）、回放选项（设置执行动作的方式，是一次性的还是逐步或单步），以及设置暂停的时间等。

（5）第 5 栏：该栏命令用来清除全部动作，复位、载入、替换或存储动作。

（6）第 6 栏：该栏显示的是 Photoshop 中已经存储的动作文件夹文件的名称。单击它可以将相应的动作文件夹添加到“动作”面板中。

（7）第 7 栏：用来关闭“动作”面板或“动作”面板所在的面板组。

3．使用一个动作的两种方法

（1）方法 1：单击“动作”面板中的“播放选定的动作”按钮 ▶，即可执行当前的动作。

（2）方法 2：选择“动作”面板菜单中的“播放”命令，即可执行当前的动作。

例如，新建一个画布窗口，在窗口内输入字体为华文琥珀、大小为 100 点的黑色文字。单击选中“动作”面板中的“动作 1”动作，再单击“动作”面板中的“播放选定的动作”按钮 ▶，即可将文字进行同样的加工。

4．使用多个动作

（1）选中多个动作的方法如下。

◎ 按住 Shift 键，同时单击动作，可以选中多个连续的动作。

◎ 按住 Ctrl 键，同时单击动作，可以选中不连续的多个动作。

◎ 按住 Shift 键，同时单击动作文件夹，可以选中连续的多个动作文件夹。

◎ 按住 Ctrl 键，同时单击动作文件夹，可以选中不连续的多个动作文件夹。

选中了动作文件夹，也就选中了动作文件夹中的所有动作。

（2）选中多个动作后，单击“动作”面板中的“播放选定的动作”按钮 ▶ 或选择“动作”面板菜单中的“播放”命令，即可依次执行选中的多个动作。

例如，给一幅图像添加一个画框，具体操作方法如下。

打开一幅“丽人”图像，如图 8-2-14 所示。选择“动作”面板菜单中的“画框”命令，调出“画框”动作。按照图 8-2-15 所示，选中多个动作，然后单击“动作”面板中的“播放选定的动作”按钮 ▶，即可为图像添加一个画框，如图 8-2-16 所示。

图 8-2-14 “丽人”图像

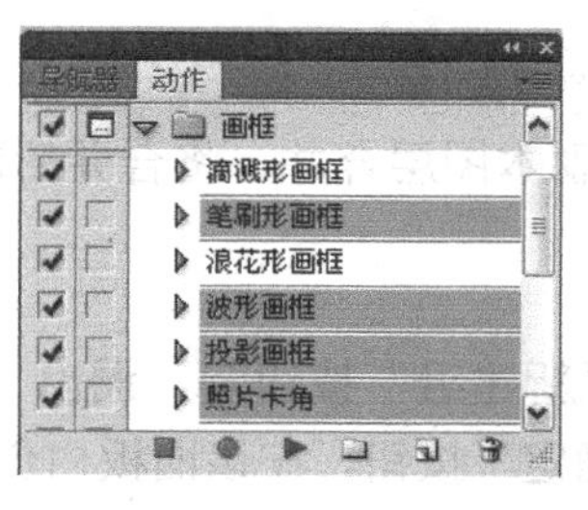

图 8-2-15 “动作”面板

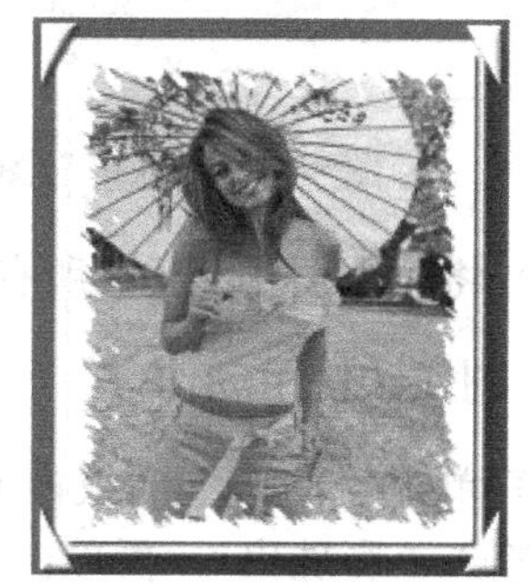

图 8-2-16 添加画框后的效果

思考练习 8-2

1．制作图 8-2-17 所示的一组有相同特点的立体文字。

图 8-2-17　一组有相同特点的立体文字

2．制作一组有相同特点、不同颜色和大小的框架图像和按钮图像。

8.3 【实例 40】珠串

"珠串"图像如图 8-3-1 所示。

制作方法

1．制作基本图像

（1）新建宽度为 1000 像素、高度为 1000 像素、背景色为白色的画布。新建"图层 1"图层，绘制一个蓝色彩球，如图 8-3-2 所示。调整该图形的位置。

（2）6 次复制"图层 1"图层，得到 6 个复制的图层，将各图层内的蓝色彩球图形按一字线排开。选中左起第 2 个彩球，按 Ctrl+T 组合键，进入自由变换状态，在它的选项栏内的"W"和"H"文本框内输入 85%，将图像等比例调小，按 Enter 键确定。

（3）按照上述方法，依次调整其他蓝色彩球图形的大小和位置，如图 8-3-3 所示。

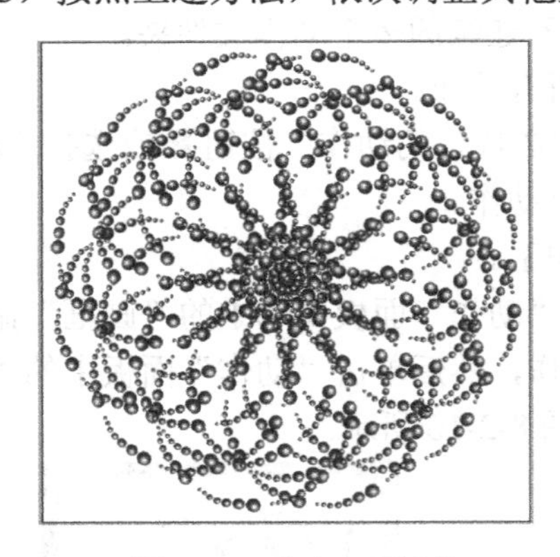

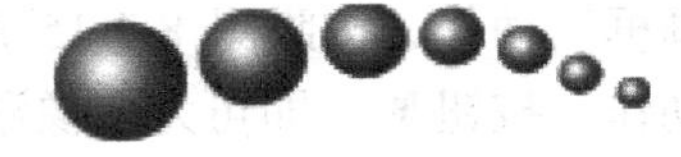

图 8-3-1　"珠串"图像　　图 8-3-2　彩球　　图 8-3-3　复制并变换

（4）将"图层 1"及其所有的副本图层合并，将合并后的图层命名为"图层 1"。

2．制作和使用动作

（1）单击"动作"面板内的"新建组"按钮，调出"新建组"对话框，在"名称"文本框内输入"彩珠串"，再单击"确定"按钮，在该面板内创建一个名称为"彩珠串"的新组。

（2）单击“创建新动作”按钮，调出“新建动作”对话框，在“名称”文本框内输入“动作 1”，单击“确定”按钮，创建一个动作，进入动作录制状态。下面就录制该动作。

（3）按 Ctrl+Alt+T 组合键，进入“自由变换并复制”状态，按住 Alt+Shift 组合键，将控制框的中心点置于如图 8-3-4 所示的位置。

（4）在其选项栏内的文本框中输入 45，设置逆时针旋转 45°，按 Enter 键确定。单击“动作”面板中的“停止播放/记录”按钮。此时的“动作”面板如图 8-3-5 所示。

（5）连续单击“播放选定的动作”按钮，直至得到如图 8-3-6 所示的效果。

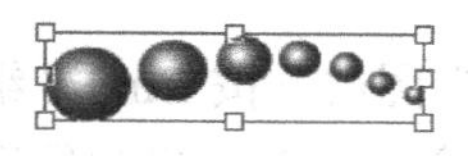

图 8-3-4　设置旋转中心点

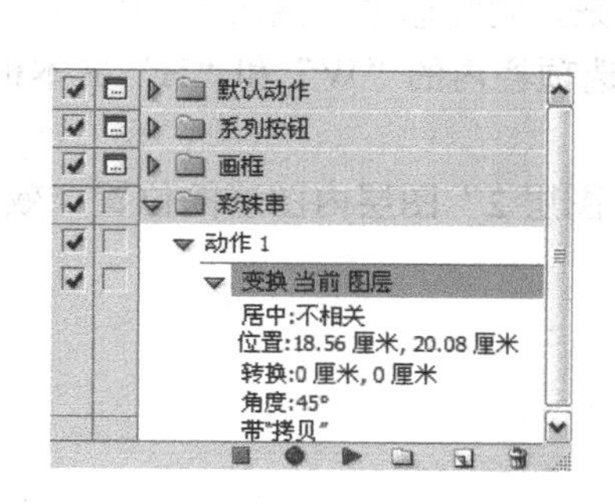

图 8-3-5　“动作”面板

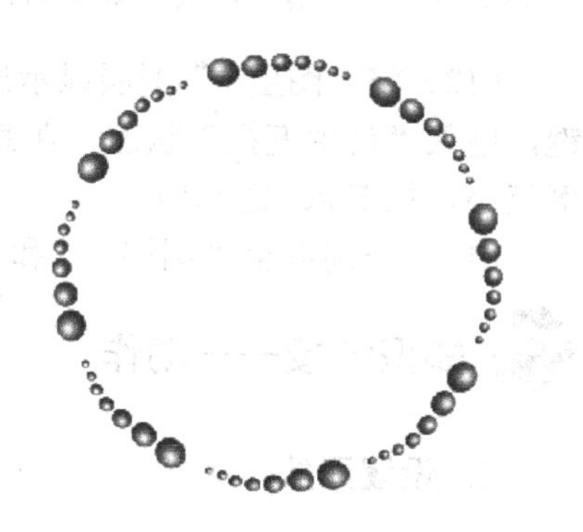

图 8-3-6　连续应用动作后的效果

（6）选中“背景”图层，按 Ctrl+R 组合键，显示标尺，再分别在水平和垂直方向上添加如图 8-3-7 所示的辅助线。使用“移动工具”，将“彩珠串”图像移到如图 8-3-8 所示的位置。

（7）在“动作”面板中新建一个“动作 2”动作，下面开始录制动作。

（8）按 Ctrl+Alt+T 组合键，进入“自由变换并复制”状态，按住 Alt+Shift 组合键，将控制框的中心点移到图 8-3-9 所示的位置。在其选项栏内的文本框中输入 30，设置逆时针旋转 30°，按 Enter 键确定。

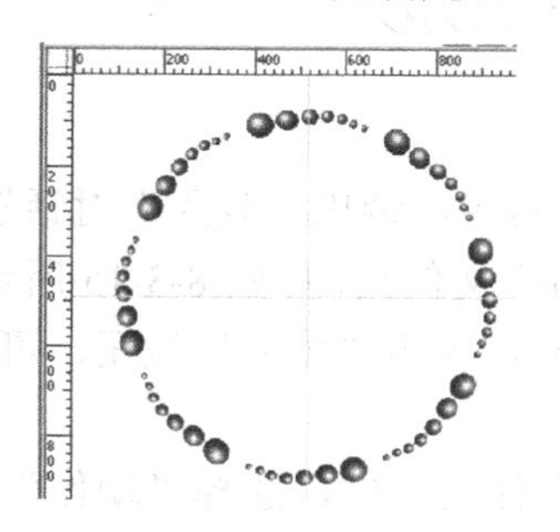

图 8-3-7　添加辅助线

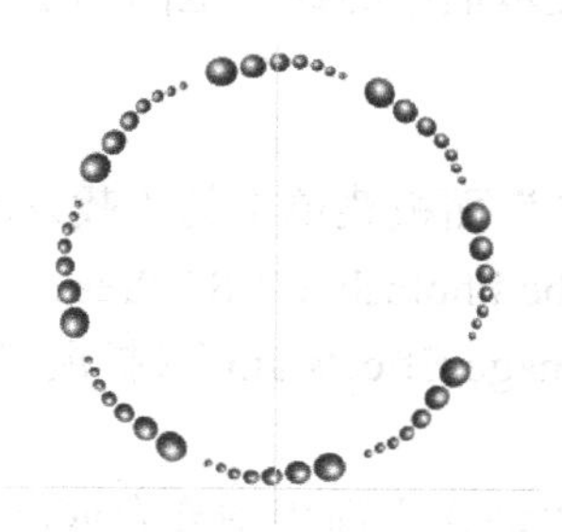

图 8-3-8　调整图像位置

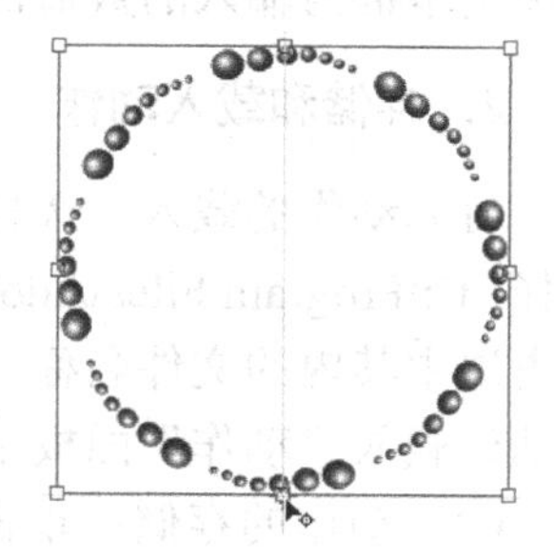

图 8-3-9　设置旋转中心点

（9）单击“动作”面板中的“停止播放/记录”按钮，此时的“动作”面板如图 8-3-10 所示。连续单击“播放选定的动作”按钮，直至得到如图 8-3-11 所示的效果。

（10）复制“图层 1”图层，将复制的图层命名为“图层 2”，将“图层 2”及其所有的副本图层合并，将合并后的图层命名为“图层 2”。将“图层 2”图层隐藏。使用“移动工具”将“图层 1”图层的图像置于画布内右上角，如图 8-3-12 所示。

（11）单击“动作”面板中的“播放选定的动作”按钮，得到如图 8-3-13 所示的效果。将“图层 1”图层及其副本图层合并到“图层 1”图层。

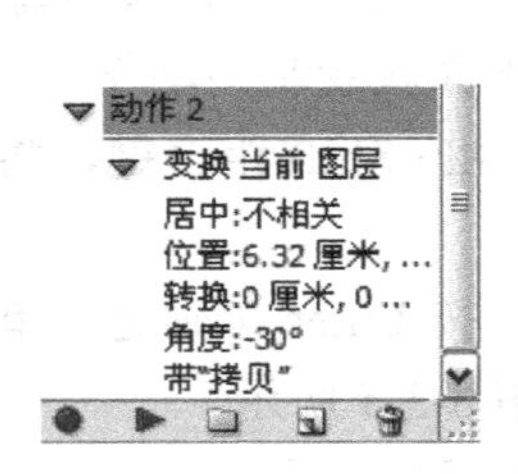

图 8-3-10 “动作”面板

图 8-3-11 动作效果

图 8-3-12 图像位置

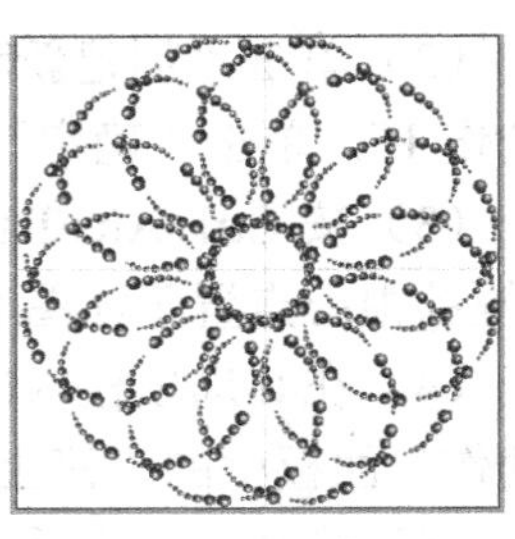
图 8-3-13 变换复制图像

（12）将“图层 2”图层显示出来，同时选中“图层 1”和“图层 2”图层。按 Ctrl+T 组合键，进入“自由变换”状态，在其选项栏内的“W”和“H”文本框内输入 90%，将图像等比例调小，按 Enter 键确定。

（13）分别调整“图层 1”和“图层 2”图层内图形的位置。效果如图 8-3-1 所示。

知识链接——动作

1. 设置回放

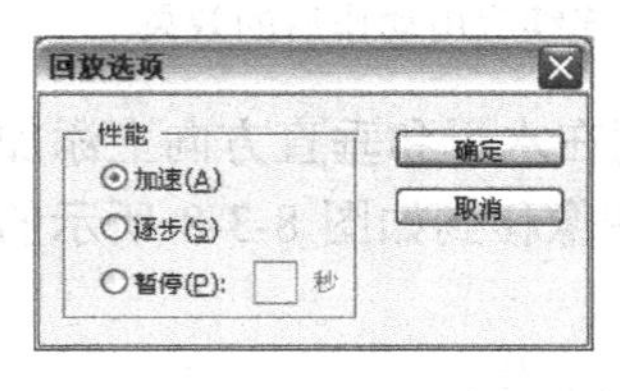

图 8-3-14 “回放选项”对话框

选择“动作”面板菜单中的“回放选项”命令，即可调出“回放选项”对话框，如图 8-3-14 所示。“回放选项”对话框中各选项的作用如下。

（1）“加速”单选按钮：选中该单选按钮后，动作执行的速度最快。

（2）“逐步”单选按钮：选中该单选按钮后，将在“动作”面板中以蓝色显示每一步当前执行的操作命令。

（3）“暂停”单选按钮：选中该单选按钮后，每执行一个操作就暂停设定的时间，它由其右边文本框内输入的数值决定。文本框中的数值范围为 1～60，单位为秒。

2. 存储和载入动作

（1）动作的载入：选择“动作”面板菜单中的“载入动作”命令，调出“载入”对话框，选择“C:\Program Files\Adobe\Adobe Photoshop CS5\Presets\Actions”文件夹，如图 8-3-15 所示。单击选中其内的文件名称，如“Image Effects.atn”（扩展名是.atn），单击“载入”按钮，可将该动作载入“动作”面板中。

（2）动作的存储：单击选中“动作”面板中要存储动作的文件夹名称，选择“动作”面板菜单的“存储动作”命令，调出“存储”对话框，默认选择“C:\Program Files\Adobe\Adobe Photoshop CS5\Presets\Actions”文件夹。输入文件名称，再单击“存储”按钮，即可将选中的动作存储到磁盘中。“存储”对话框与“载入”对话框基本一样。

另外，也可以直接选择“动作”面板菜单中第 6 栏中的动作名称，直接载入动作。

低版本 Photoshop 中创建的动作可以在 Photoshop CS5 中使用，在 Photoshop CS5 中创建的动作不可以在低版本 Photoshop 中使用。

图 8-3-15 “载入”对话框

3．替换和删除动作

（1）动作的替换：选择“动作”面板菜单中的“替换动作”命令，调出“载入”对话框，如图 8-3-15 所示。单击选中“载入”对话框中的文件名称，再单击“载入”按钮，即可将选中的动作文件内的动作载入“动作”面板中，并取代原来的所有动作。

（2）动作的删除：单击选中“动作”面板中要删除的动作，选择“动作”面板菜单中的“删除”命令或单击“动作”面板内的“删除”按钮，此时系统将调出一个提示框。单击提示框内的“确定”按钮，即可删除选中的动作。

4．复位动作

选择“动作”面板菜单中的“复位动作”命令，调出提示框。单击提示框中的“追加”按钮，可将“默认动作”动作追加到“动作”面板中原有动作的后面，如图 8-3-16 所示。

单击提示框中的“确定”按钮，即可以“默认动作”替代“动作”面板中原有的所有动作，如图 8-3-17 所示。

图 8-3-16 “动作”面板

图 8-3-17 “动作”面板

思考练习 8-3

1．制作一幅“松树”图像，如图 8-3-18 所示。制作该图像的方法参考提示文档。

2．制作一幅“疯狂快乐电影海报”图像，如图 8-3-19 所示。该实例以美丽的城市夜景为背景，展现了夜晚的繁华景象，“猫和老鼠”图像突出了电影故事的主题，绘制的蓝光让整个画面更加生动，从而起到宣传电影的作用。

图 8-3-18 “松树”图像

图 8-3-19 “疯狂快乐电影海报”图像

第9章

3D模型

本章提要：

本章主要介绍了创建和导入3D模型的方法，3D图层的特点，调整3D模型的方法，以及“3D”面板的设置方法等。在安装了OpenGL的计算机系统中，可以加速处理大型或复杂图像（如3D模型），创建和编辑3D模型（性能极大地提高了），显示3D轴、地面和光源。OpenGL是一种软件和硬件标准，需要计算机安装支持OpenGL标准的视频适配器，还需要在Photoshop CS5中选择“编辑”→“首选项”→“性能”命令，调出“首选项”对话框，选中“启用OpenGL绘图”复选框。

9.1 【实例41】透视鲜花胶片

“透视鲜花胶片”图像如图9-1-1所示。可以看到，在一幅鲜花图像之上，有一组具有透视效果的胶片图像和一幅具有透视效果的鲜花图像。

图9-1-1 “透视鲜花胶片”图像

 **制作方法**

1. 制作“胶片”图像

（1）新建宽度为1000像素、高度为300像素、背景色为白色的画布窗口。创建5条参考线。在“背景”图层之上创建“图层1”图层。再以名称“胶片.psd”保存。

（2）选中“图层 1”图层，使用“矩形选框工具”，创建一个正方形选区，填充黑色，如图 9-1-2 所示。然后，选择“选择”→“变换选区”命令，调整正方形选区为原来的 2 倍，如图 9-1-3 所示。按 Enter 键，完成选区调整。

（3）选择“编辑”→“定义图案”命令，调出“图案名称”对话框，在“名称”文本框内输入“黑白相间”文字，如图 9-1-4 所示。单击“确定”按钮。

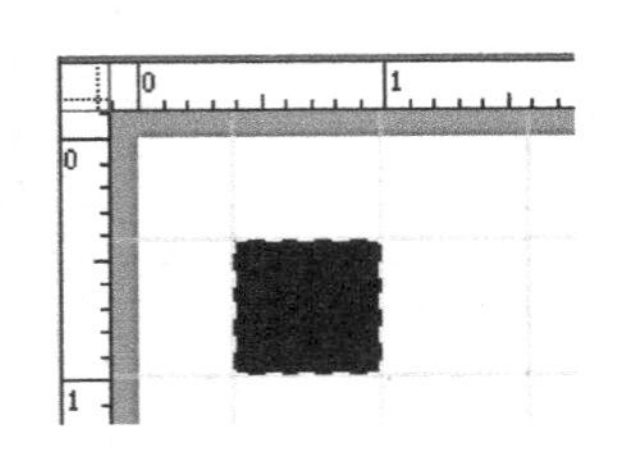

图 9-1-2　矩形选区填充黑色

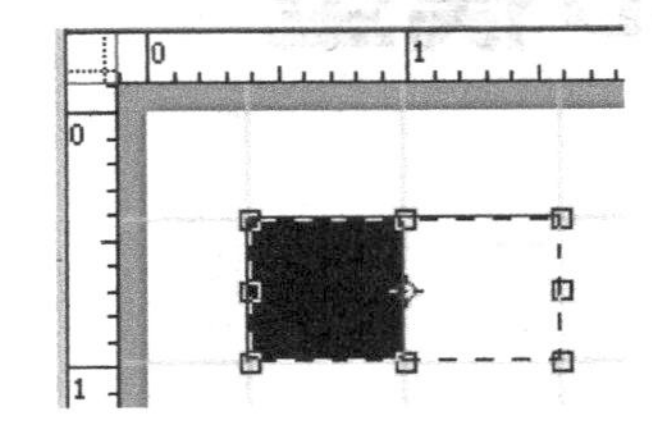

图 9-1-3　调整选区

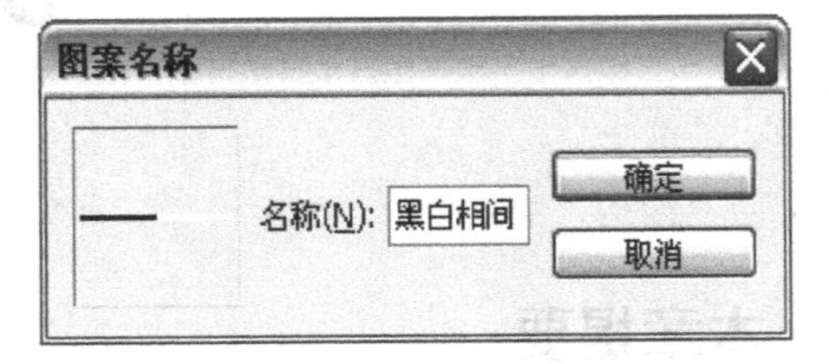

图 9-1-4　“图案名称”对话框

（4）回到新建状态，创建高度与原来选区的高度一样、宽度接近 1000 像素的矩形选区，填充“黑白相间”图案，如图 9-1-5 所示。然后，按 Ctrl+D 组合键，取消选区。

图 9-1-5　矩形选区内填充“黑白相间”图案

（5）在“图层”面板内，将“图层 1”图层拖曳到“创建新图层”按钮之上，复制一个“图层 1”图层，得到“图层 1 副本”图层。选中“图层 1 副本”图层，使用工具箱内的“移动工具”，将该图层内的图形垂直移到画布内的下边。

（6）选中“背景”图层，填充黑色，形成胶片图形，如图 9-1-6 所示。然后，所有图层合并到“背景”图层。保存后再以名称“【实例 41】透视鲜花胶片.psd”保存。

2. 制作透视效果

（1）打开 5 幅鲜花图像，对其中 4 幅图像进行裁剪和大小调整，再分别拖曳复制到“【实例 41】透视鲜花胶片.psd”图像中，调整复制图像的大小和位置。效果如图 9-1-7 所示。

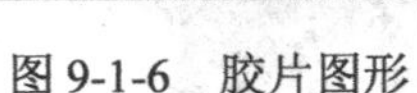

图 9-1-6　胶片图形

图 9-1-7　添加 4 幅鲜花图像

（2）将“图层”面板内的所有图层合并到“背景”图层。选择“3D”→“从图层新建明信片”命令，将“背景”2D 图层转换为名称仍为“背景”的 3D 图层。

（3）选择“图像”→“画布大小”命令，调出“画布大小”对话框，单击按下“定位”栏内的按钮，设置“高度”为 500，单击“确定”按钮，将画布高度调整为 500 像素。

在进行上述操作时可能会弹出如图 9-1-8 所示的提示对话框，单击“转换”按钮即可。

（4）使用工具箱内“3D 对象工具”组内的“3D 对象旋转工具”，旋转“背景”3D 图层内的图像；使用“3D 对象比例工具”，缩放“背景”3D 图层内的图像；再使用“3D 对象平移工具”，平移“背景”3D 图层内的图像。效果如图 9-1-9 所示。

（5）将第 5 幅图像拖曳复制到“【实例 41】透视鲜花胶片.psd”图像中，调整复制图像的大小和位置。效果如图 9-1-10 所示。同时，在“图层”面板内的“背景”3D 图层之上新增一个“图层 1”2D 图层，保存新复制的图像。

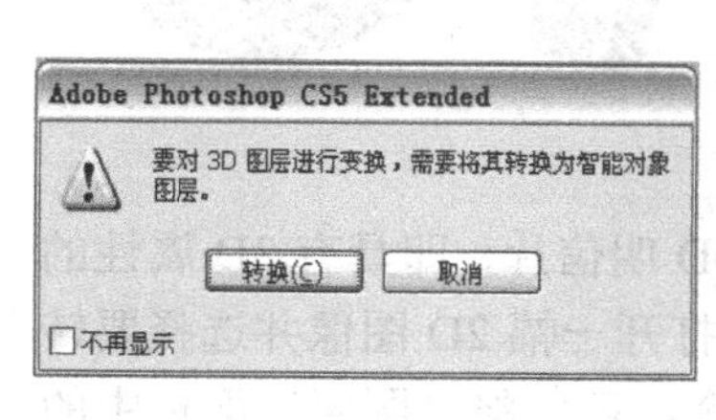

图 9-1-8　提示对话框

图 9-1-9　调整 3D 图层的图像

图 9-1-10　复制图像

（6）选中“图层 1”2D 图层，选择“3D”→“从图层新建明信片”命令，将“图层 1”图层转换为 3D 图层。然后，旋转“图层 1”3D 图层内的图像，再平移和缩放“图层 1”3D 图层内的图像。效果如图 9-1-11 所示。

（7）使用工具箱内的“裁剪工具”，对图 9-1-11 所示图像进行裁剪，删除右边的空白部分。然后，打开一幅鲜花图像，将该图像拖曳复制到“【实例 41】透视鲜花胶片.psd”图像中。同时在“图层”面板内生成一个“图层 2”图层。

（8）将“图层 2”图层移到“图层”面板内最下边，如图 9-1-12 所示。调整复制图像的大小和位置。选择“图像”→“调整”→“曲线”命令，调出“曲线”对话框，调整曲线，使图像变亮一些。单击“确定”按钮。画布图像如图 9-1-1 所示。

图 9-1-11　调整“图层 1”3D 图层内的图像

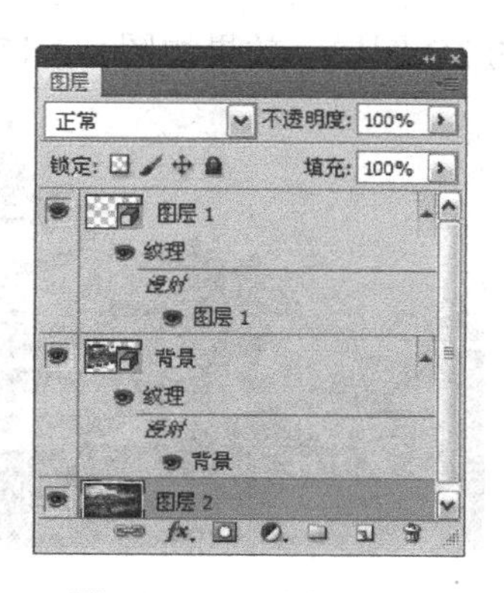

图 9-1-12　“图层”面板

知识链接——3D 模型和 3D 工具

1. 创建 3D 模型

（1）创建 3D 形状对象：打开 2D 图像并选择要转换为 3D 形状的图层，再选择“3D”→“从图层新建形状”命令，调出它的菜单，再选择该菜单内的一个形状名称命令，即可将 2D 图层图像作为材料应用于新创建的 3D 对象，成为 3D 对象的漫射纹理。新创建的 3D 对象可以是圆环、球面和帽子等单一网格对象，也可以是锥形、立方体、圆柱体、易拉罐和酒瓶等多网格对象。创建的部分 3D 形状对象如图 9-1-13 所示。

图 9-1-13　创建的几种 3D 形状对象

（2）创建 3D 明信片：可以将 2D 图层（或多图层）转换为 3D 明信片，即具有 3D 属性的平面。如果 2D 图像的图层是文本图层，则会保留所有透明度。打开一幅 2D 图像并选择要转换为明信片的图层，再选择“3D”→“从图层新建明信片”命令，可以将“图层”面板中的 2D 图层转换为 3D 图层，2D 图层图像作为材料应用于明信片两面，成为 3D 明信片对象的漫射纹理。3D 图层保留了原始 2D 图像的尺寸。

（3）创建 3D 网格：可以将 2D 图像的灰度信息转换为深度映射，从而将明度值转换为深度不一的表面，创建凸出的 3D 网格。较亮的值生成表面上凸起的区域，较暗的值生成凹下的区域。对于 RGB 图像，绿色通道会被用于生成深度映射。

打开 2D 图像并选中一个或多个要转换为 3D 网格的图层，然后，选择“3D”→“从灰度新建网格”命令，调出它的菜单。选择该菜单中的一项命令，即可创建 3D 网格。该菜单中有 4 个命令，分别可以创建平面、双面平面、圆柱体和球体效果。

例如，打开一幅“建筑 3”2D 图像，如图 9-1-14 所示。选中要转换为明信片的“背景”图层，选择“3D”→“从灰度新建网格”→“平面”命令，即可将“背景”图层转换为明信片的 3D 图层。效果如图 9-1-15 所示。

图 9-1-14　“建筑 3”2D 图像

图 9-1-15　从灰度新建网格（平面）效果

2. 导入 3D 模型

可以打开 3D 文件，或将 3D 文件添加到打开的 Photoshop 文件中，作为 3D 图层添加。生成的 3D 图层包含 3D 模型和透明背景，不保留原 3D 文件中的背景和 Alpha 信息。

（1）打开 3D 文件：选择“文件”→“打开”命令，可以调出“打开”对话框，在该对话框内的“文件类型”下拉列表框中选择文件类型，再选中要打开的文件，单击“打开”按钮，即可打开 3D 文件。Photoshop CS5 可以打开 U3D、3DS、OBJ、COLLADA（DAE）和 Google Earth4（KMZ）格式文件。

（2）将 3D 文件作为 3D 图层添加：在有 Photoshop 文件打开时，选择“3D”→“从 3D

文件新建图层”命令，调出“打开”对话框，选择要打开的 3D 文件，单击“打开”按钮，即可打开 3D 文件，将该 3D 文件作为图层添加到当前的文档中。

3．3D 图层

在导入 3D 模型或创建 3D 模型后，都会在“图层”面板内产生包含 3D 模型的 3D 图层。例如，图 9-1-16 所示是一个贴图的圆锥体，它的“图层”面板如图 9-1-17 所示。

3D 图层的特点是，在其缩览图内的右下角有一个图标，在 3D 图层内包含纹理贴图信息。从图 9-1-17 可以看到，它的纹理是“漫射”类型，纹理有“天鹅 1”和“鲜花 2”两幅图像。

图 9-1-16　圆锥体

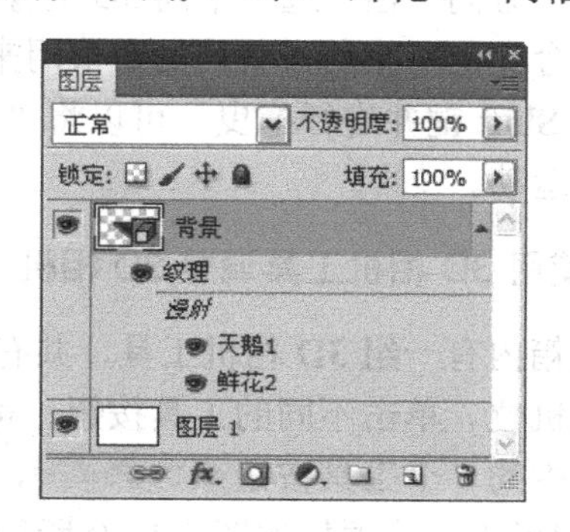

图 9-1-17　“图层”面板

单击“纹理”文字左边的图标，使它消失，同时使 3D 模型不具有贴图效果；再单击此处，使图标出现，同时也使 3D 模型重新具有贴图效果。单击纹理贴图名称左边的图标，使它消失，同时使 3D 模型的该纹理贴图效果消失；再单击此处，使图标出现，同时也使 3D 模型重新具有该纹理贴图效果。

4．使用 3D 对象工具调整 3D 对象

工具箱内有一组 3D 对象工具，共有 5 个工具，单击不同的工具按钮，可以切换 3D 对象工具。通过单击 3D 对象工具选项栏内第 2 栏中的 5 个工具按钮，也可以切换 3D 对象工具。可以使用 3D 对象工具来旋转、缩放 3D 模型和调整 3D 模型的位置。当使用 3D 对象工具调整 3D 模型时，相机视图保持固定不变。

3D 对象工具选项栏（旋转）如图 9-1-18 所示，其内各选项的作用如下。

图 9-1-18　3D 对象工具选项栏（旋转）

（1）“返回到初始对象位置”按钮：单击该按钮，可以使 3D 模型返回初始状态。

（2）“旋转”按钮：单击该按钮后，垂直拖曳，可以将模型围绕其 X 轴旋转；水平拖曳，可以将模型围绕其 Y 轴旋转。按住 Alt 键的同时进行拖曳，可以滚动模型。

（3）“滚动”按钮：水平拖曳，可以使 3D 模型围绕其 Z 轴旋转。

（4）“平移”按钮：水平拖曳，可以沿水平方向移动 3D 模型；垂直拖曳，可以沿垂直方向移动 3D 模型。按住 Alt 键的同时进行拖曳，可以沿 X/Z 轴方向移动 3D 模型。

（5）“滑动”按钮：水平拖曳，可以沿水平方向移动 3D 模型；垂直拖曳，可以将 3D 模型移近或移远。按住 Alt 键的同时进行拖曳，可以沿 X/Z 轴方向移动 3D 模型。

（6）“比例”按钮：垂直拖曳，可以放大或缩小 3D 模型；按住 Alt 键的同时拖曳，可以沿 Z 轴方向缩放 3D 模型。

（7）“位置”下拉列表框：用来选择 3D 模型不同面的位置视图和自定义的位置视图。

（8）“存储当前位置视图”按钮：单击该按钮，可调出“新建 3D 视图”对话框，在“视图名称”文本框内输入视图名称，单击“确定”按钮，即可将当前状态的视图保存，以后在“位置”下拉列表框内可以看到该视图的名称。

（9）“删除当前位置视图”按钮：单击该按钮，可以删除当前的位置视图。

（10）“方向”栏：选中不同 3D 对象工具时，该栏的名称会有变化（位置或缩放），三个文本框的含义也不相同，其内的数值用来精确调整 3D 模型的旋转角度、位置和缩放量。

按住 Shift 键并进行拖曳，可以将“旋转”、“平移”、“滑动”或“缩放”工具限制为沿单方向运动。

5. 使用 3D 相机工具调整 3D 相机

工具箱内有一组 3D 相机工具，共有 5 个工具，可以用来旋转、缩放 3D 对象视图，即调整相机的机位。单击不同的工具按钮，可以切换 3D 相机工具。通过单击 3D 相机工具选项栏内第 2 栏中的 5 个工具按钮，也可以切换 3D 相机工具。

3D 相机工具选项栏如图 9-1-19 所示，其内各选项的作用如下。

图 9-1-19　3D 相机工具选项栏

（1）“返回到初始对象位置”按钮：单击该按钮，可以使相机返回初始状态。

（2）“环绕”按钮：单击该按钮后，拖曳以将相机沿 X/Y 轴方向环绕移动。按住 Ctrl 键的同时进行拖曳，可以滚动相机。

（3）“滚动”按钮：水平拖曳，可以使相机围绕其 Z 轴旋转。

（4）“平移”按钮：水平拖曳，可以沿水平方向移动相机；垂直拖曳，可以沿垂直方向移动相机。按住 Alt 键的同时进行拖曳，可以沿 X/Z 轴方向移动相机。

（5）“移动”按钮：水平拖曳，可沿水平方向移动相机；垂直拖曳，可将相机移近或移远。按住 Alt 键的同时进行拖曳，可以沿 Z/Y 轴方向移动相机。

（6）“缩放”按钮：垂直拖曳，可以使相机变焦，放大或缩小 3D 模型。

（7）“视图”下拉列表框：用来选择相机的不同视图和自定义相机视图。

（8）“存储当前相机视图”按钮：可将当前相机视图保存。

（9）“删除当前相机视图”按钮：单击该按钮，可以删除当前相机视图。

（10）“相机视图坐标”栏：在三个文本框中输入数字，可以精确调整相机位置。

6. 3D 轴

3D 轴显示 3D 空间中 3D 模型当前 X、Y 和 Z 轴的方向，可以用来直观地调整 3D 对象，可以在 3D 空间中移动、旋转、缩放 3D 模型。显示 3D 轴的前提是启用 OpenGL 绘图、选中一个 3D 图层和选中工具箱内的一个 3D 工具。3D 轴如图 9-1-20 所示。将指针移动到 3D 轴上可显示控制栏。选择“视图”→“显示”→“3D 轴”命令，可以在显示或隐藏 3D 轴之间切换。使用 3D 轴调整 3D 对象的方法如下。

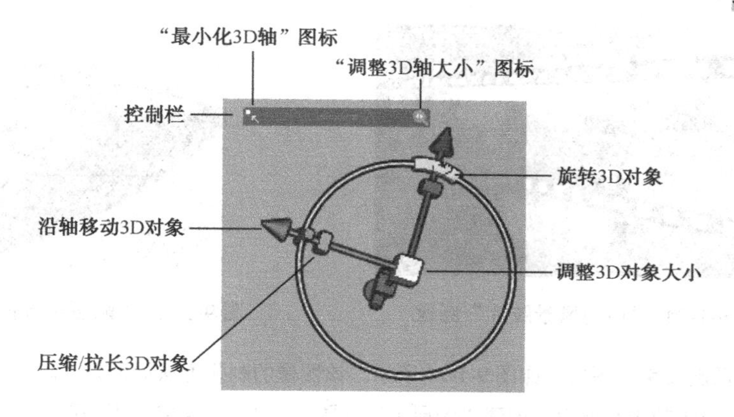

图 9-1-20 3D 轴（选定旋转控制）

（1）调整 3D 轴：拖曳控制栏，可以移动；单击“最小化 3D 轴”图标，可以使 3D 轴最小化成图标，移到左上角；单击最小化图标，可以使 3D 轴恢复；拖曳“调整 3D 轴大小”图标，可以调整 3D 轴的大小。

（2）整体缩放 3D 对象：向上或向下拖曳 3D 轴中心的“调整 3D 对象大小”控制柄。

（3）沿轴移动 3D 对象：将鼠标指针移到 3D 轴中的 X、Y 或 Z 轴的“沿轴移动 3D 对象”控制柄处，高亮显示轴的锥尖，拖曳调整，可以沿轴的方向移动 3D 对象。

（4）沿轴缩放 3D 对象：将鼠标指针移到 3D 轴中的 X、Y 或 Z 轴的“压缩/拉长 3D 对象”控制柄处，高亮显示该控制柄，向内或向外拖曳，可沿轴的方向缩放 3D 对象。

（5）旋转 3D 对象：将鼠标指针移到 3D 轴中的 X、Y 或 Z 轴的“旋转 3D 对象”控制柄处，高亮显示该控制柄，并显示一个黄色圆环，围绕 3D 轴中心沿顺时针或逆时针拖曳，可以旋转 3D 对象，并在黄色圆环内显示相应大小的扇形，如图 9-1-21 所示。

（6）限制在某个平面内移动 3D 对象：先将鼠标指针移到两个轴的交叉区域（靠近中心立方体），两个轴之间出现一个黄色的“平面”图标，如图 9-1-22 所示，然后拖曳。

将指针移动到中心立方体的下半部分，也会出现一个黄色的“平面”图标，如图 9-1-23 所示。然后拖曳，也可以在某个平面内移动 3D 对象。

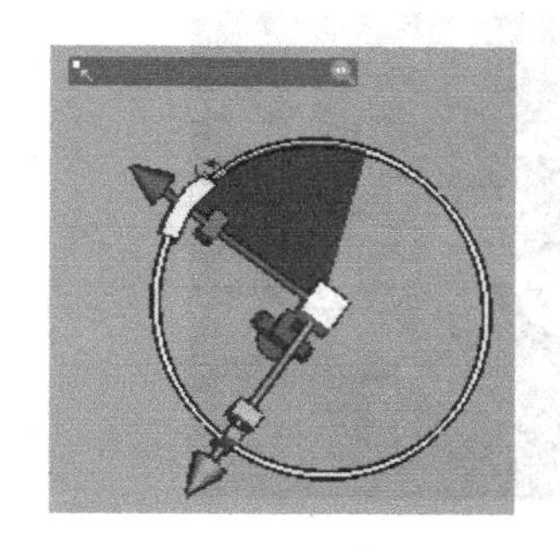

图 9-1-21 旋转对象时的 3D 轴

图 9-1-22 “平面”图标

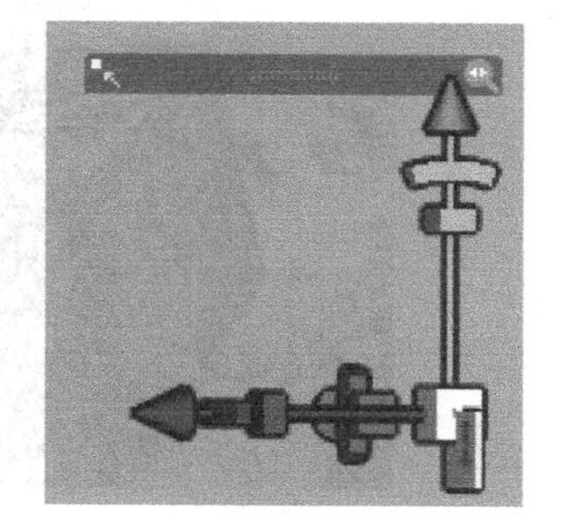

图 9-1-23 移动 3D 对象

思考练习 9-1

1．制作一幅“透视风景胶片”图像，如图 9-1-24 所示。

2．制作一幅“贴图圆锥体”图像，如图 9-1-25 所示。

图 9-1-24 “透视风景胶片”图像

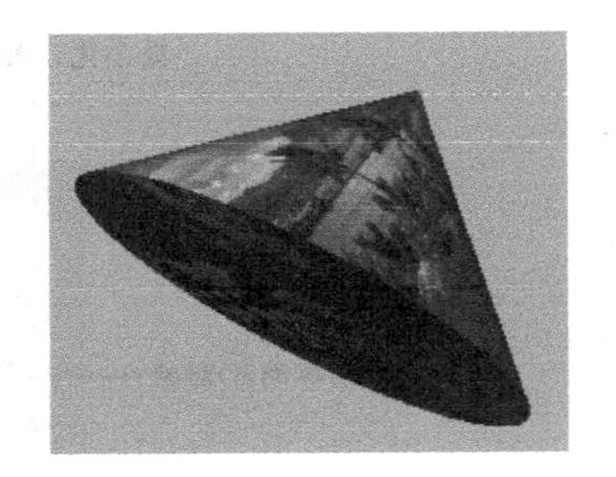

图 9-1-25 “贴图圆锥体”图像

3．制作一幅“凸起文字”图像，如图 9-1-26 所示。该图像的制作方法提示如下。

（1）新建背景为白色的画布窗口。创建“图层 1”图层，以“凸起文字.psd”保存。

（2）输入颜色为红色、大小为 160 点、字体为华文彩云的文字“3DABC”。选中文本图层，调出“图层样式”对话框，添加“外发光”、“斜面和浮雕”和“投影”图层样式效果，如图 9-1-27 所示。

图 9-1-26 “凸起文字”图像

图 9-1-27 添加图层样式

（3）选择“3D”→“从灰度新建网格”→“平面”命令，使用“3D 对象比例工具”，向上拖曳 3D 对象，将 3D 对象调大一些。再给“背景”图层填充黑色。

4．制作平面、双面平面、圆柱体和球体效果的立体文字。

9.2 【实例 42】贴图立方体

“贴图立方体”图像如图 9-2-1 所示。可以看到，在图 9-2-2 所示的“鲜花”图像之上有一个立方体图像，它的 6 个平面贴有不同的鲜花图像。

图 9-2-1 “贴图立方体”图像

图 9-2-2 “鲜花”图像

制作方法

1．制作贴图立方体图像

（1）新建一个宽度为 400 像素、高度为 300 像素、背景色为白色的画布窗口。再以名称“【实例 42】贴图立方体.psd”保存。

（2）选择“3D”→“从图层新建形状”→“立方体”命令，即可在“背景”图层创建一个立方体图像，如图9-2-3所示。将“图层”面板内的“背景”图层转换为“背景”3D图层，再将“背景”3D图层的名称改为“图层1”。

（3）选择“窗口”→“3D”命令，调出“3D”面板，单击按下该面板内顶部的“材质”按钮，切换到“3D（材质）”面板。在该面板内下边会显示所选材质的设置选项。单击选中该面板内上边的“右侧材质”材质行，如图9-2-4所示。

（4）单击“编辑漫射纹理”按钮，调出纹理漫射菜单，如图9-2-5所示。选择“载入纹理”命令，调出“打开”对话框，选中“桂花.jpg”图像文件，再单击“打开”按钮，载入该图像为漫射纹理。其他参数如图9-2-4所示。

（5）单击“图层”面板内“图层1”图层下边、文字“纹理”左边，使文字左边显示一个眼睛图标 纹理 ，同时显示载入的纹理，如图9-2-6所示。

图9-2-3 立方体图像

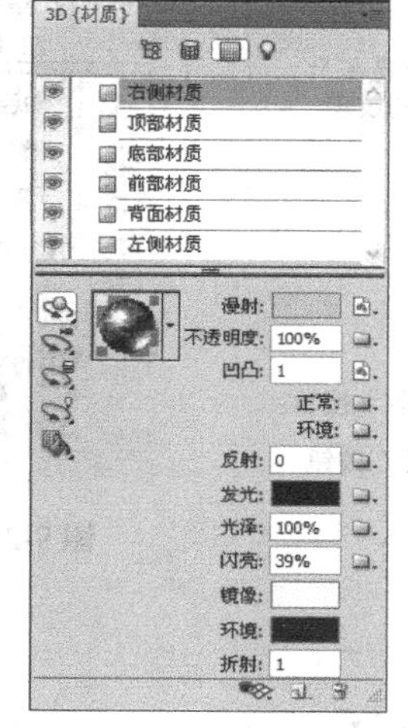

图9-2-4 “3D（材质）”面板

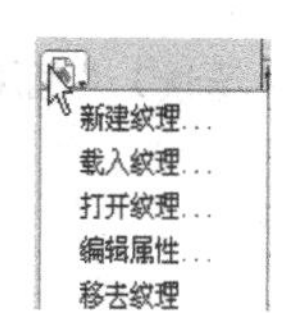

图9-2-5 菜单

图9-2-6 载入纹理

（6）在“3D（材质）”面板内，将鼠标指针移到文本框名称文字之上，当鼠标指针变为状时，拖曳鼠标可以改变文本框内的数值；将鼠标指针移到文本框内，鼠标指针变为I状，单击后可以修改文本框内的数值；将鼠标指针移到颜色矩形（包括白色）之上，鼠标指针变为状，单击可以调出一个相应的拾色器对话框，用来设置相应的颜色。

在修改文本框内的数值和在拾色器对话框内选择颜色时，可以同时看到画布贴图的变化。

（7）按照上述方法，在“3D（材质）”面板内的上边选中不同的材质行，单击“编辑漫射纹理”按钮，调出纹理漫射菜单。选择“载入纹理”命令，调出“打开”对话框，选中不同的图像文件，再单击“打开”按钮，给相应的侧面贴图。

（8）单击按下“3D”面板内顶部的“场景”按钮，切换到“3D（场景）”面板，如图9-2-7所示。单击选中各材质行，切换到“3D（网格）”面板，可以进行相应侧面的材质调整。单击选中“左侧”行后的“3D（网格）”面板如图9-2-8所示。单击▼按钮，可以使栏目内的文字收缩，同时按钮▼变为按钮▶；单击▶按钮，可以使栏目内的文字展开，同时按钮▶变为按钮▼。栏目全部收缩后的“3D（网格）”面板如图9-2-9所示。

（9）使用工具箱内的3D对象工具，调整3D模型的位置、大小和旋转角度。

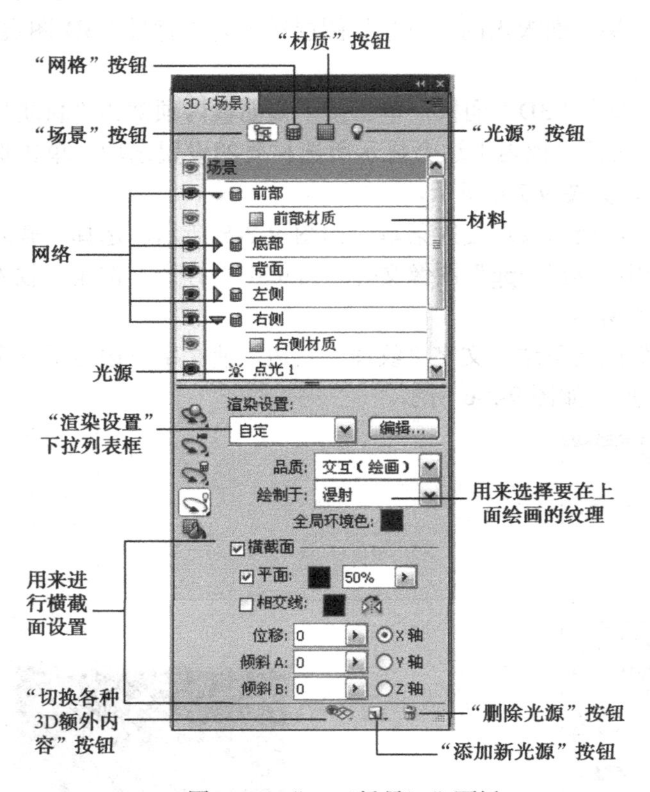

图 9-2-7 “3D（场景）”面板

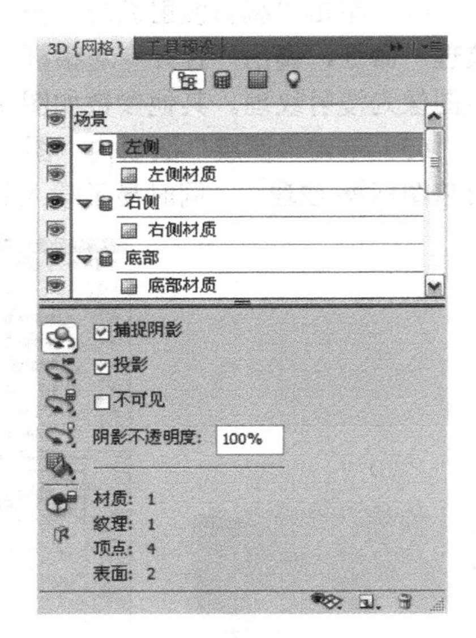

图 9-2-8 “3D（网格）”面板

2. 制作背景图像

（1）打开“鲜花”图像，使用“移动工具”，将该图像拖曳复制到“【实例 42】贴图立方体.psd”图像内，调整复制图像的大小和位置，使它刚好将整个画布覆盖。在“图层”面板内，将新生成图层的名称改为“图层 0”，将该图层拖曳到“图层 1”图层的下边。

（2）选择“图像”→“调整”→“曲线”命令，调出“曲线”对话框，调整曲线，使图像变亮一些。单击“确定”按钮。

（3）调出“3D”面板，单击该面板内的“创建”按钮，将选中的“图层 0”2D 图层转换为 3D 图层。单击按下“光源”按钮，切换到“3D（光源）”面板。

（4）单击“3D（光源）”面板内的“创建新光源”按钮，调出它的菜单，选择该菜单内的“新建点光”命令，在该面板内创建一个名称为“点光 1”的点光源。再创建 1 个聚焦灯光源和 2 个无限光源。这些光源会自动分类放置，如图 9-2-10 所示。

（5）选中“点光 1”光源，设置光源颜色为金黄色，其他设置如图 9-2-10 左图所示；选中“聚光灯 1”光源，设置光源颜色为红色，其他设置如图 9-2-10 中图所示；选中“无限光 1”光源，设置光源颜色为绿色，其他设置如图 9-2-10 右图所示。“无限光 2”光源的设置与“无限光 1”光源设置基本一样，设置光源颜色为白色。

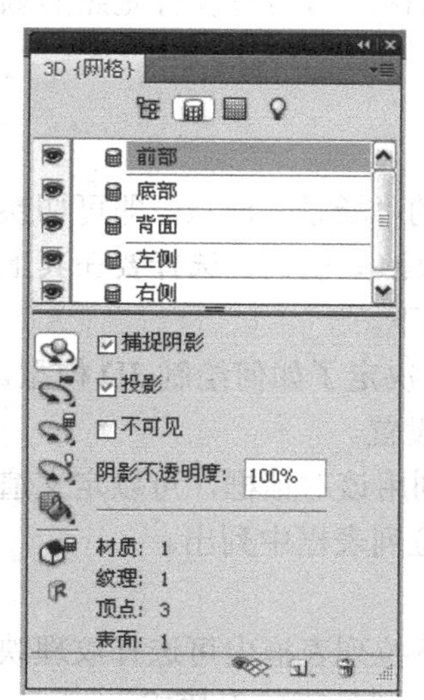

图 9-2-9 “3D（网格）”面板

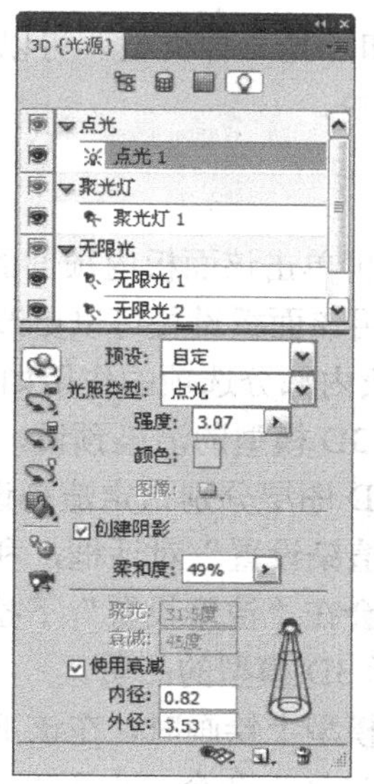

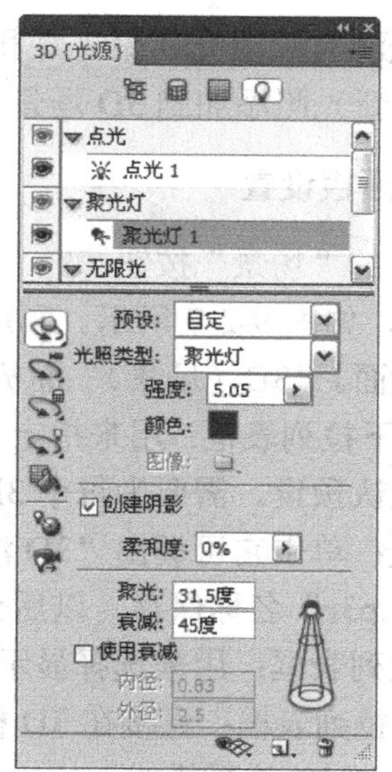

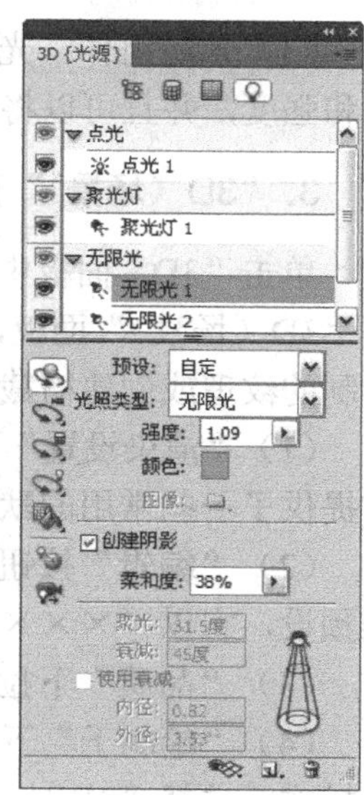

图 9-2-10 “3D（光源）”面板设置

知识链接——“3D”面板

1.“3D”面板简介

选择“窗口”→“3D”命令或双击“图层”面板内 3D 图层的图标，都可以调出“3D”面板。“3D”面板内的上边有“场景”、“网格”、“材质”和“光源”4 个按钮，单击这 4 个按钮，可以切换“3D”面板的不同标签，改变该面板内的选项，筛选出现在上边列表框内的组件。单击“场景”按钮，切换到“3D（场景）”面板，在上边显示包括“网格”、“材质”和“光源”的所有组件，如图 9-2-7 所示；单击“网格”按钮，上边只显示“网格”组件，如图 9-2-9 所示；单击“材质”按钮，只在上边显示“材质”组件，如图 9-2-4 所示；单击“光源”按钮，上边只显示“光源”组件，如图 9-2-10 所示。

单击选中上边列表框内的组件，会在下边的列表框内显示选中的 3D 组件的设置和选项。这与单击选中上边相应按钮的效果一样。

在上边的列表框中选中不同的 3D 组件，可以使“3D”面板内底部的不同按钮有效。只有在系统上启用 OpenGL 时，才能启用“切换各种 3D 额外内容”按钮。

2. 3D 文件包含的组件

（1）网格组件：提供 3D 模型的底层结构。通常，网格看起来是由许多单独的多边形线框组成的。3D 模型至少包含一个网格，也可能包含多个网格。在 Photoshop CS5 中，可以在多种渲染模式下查看网格，还可以分别对每个网格进行操作。如果无法修改网格中实际的多边形，则可以更改其方向，并且可以通过沿不同坐标进行缩放，来变换其形状。

（2）材质组件：一个网格有一种或多种相关的材质，这些材质控制整个网格的外观或局部网格的外观。这些材质依次构建于被称为纹理映射的子组件，它们的积累效果可以创建材质的外观。纹理映射本身是一种 2D 图像文件，它可以产生颜色、图案和反光度等品质。Photoshop 材质最多可以使用九种不同的纹理映射来定义其整体外观。

（3）光源组件：光源有无限光、聚光灯和点光三种类型。可以移动和调整现有光照的颜色和强度，并且可以将新光照添加到3D场景中。

3．“3D（场景）”面板设置

单击“3D”面板中的“场景”按钮，再单击该面板内顶部的“场景”选项，即可切换到“3D（场景）”面板，如图9-2-7所示。利用该面板设置可以更改渲染模式、选择要在其上绘制的纹理或创建横截面。“3D（场景）”面板内部分选项的作用如下。

（1）“渲染设置”下拉列表框：用来指定3D模型的渲染预设，决定了如何绘制3D模型。它提供了一些常用的默认预设。需要为每个3D图层分别指定渲染设置。

（2）“编辑”按钮：单击它可调出“3D渲染设置”对话框，利用该对话框，可以定义渲染预设，它以“×××.p3r”名称保存，以后会在“渲染设置”下拉列表框中列出。

（3）“品质”下拉列表框：用来选择显示3D模型的品质。

（4）“绘制于”下拉列表框：直接在3D模型上绘画时，在该下拉列表框内可选择纹理映射模式。选择“3D”→“3D绘画模式”→“××”命令，也可以选择纹理映射模式。

（5）“全局环境色”色块：单击该色块，调出“选择全局环境色”对话框，利用该对话框可设置在反射表面上全局环境光的颜色。该颜色与用于特定材质的环境色相互作用。

（6）“横截面”栏：选中“横截面”复选框后“横截面”栏会变为有效。此时，3D模型对象中会产生一个以所选角度与3D模型对象相交的平面横截面将3D模型对象切割。这样，可以观察模型的横截面，可以观察3D模型内部的内容。该平面以任意角度切入模型并仅显示一个侧面的内容，如图9-2-11所示。

◎ 选中“平面”复选框，可以显示平面横截面，如图9-2-12所示。单击其右边的色块，可调出一个拾色器，用来设置平面的颜色。在其右边的文本框内可以设置不透明度。

◎ 选中“相交线”复选框，可以显示平面横截面与3D模型相交的线。单击其右边的色块，可以调出一个拾色器，用来设置相交线的颜色。

◎ 单击“翻转横截面”按钮，可以显示3D模型隐藏的另一个侧面，同时将显示的3D模型侧面隐藏，如图9-2-13所示。

图9-2-11　将3D模型对象切割

图9-2-12　显示平面横截面

图9-2-13　显示另一个侧面

◎“位移”文本框：可以沿平面的轴移动平面，而不更改平面的斜度。

◎“倾斜”文本框：可以将平面朝任一方向旋转至360°。对于特定的轴，倾斜设置会使平面沿其他两个轴旋转。例如，可以将与Y轴对齐的平面绕X轴（“倾斜A”）旋转。

◎ 对齐方式栏：它有3个单选按钮，可以为交叉平面选择一个轴（X、Y或Z）。该平面将与选定的轴垂直。

4. “3D（网格）”面板设置

单击选中“3D”面板内顶部的“网格”按钮，即可切换到“3D（网格）”面板，如图9-2-8所示。单击“3D（场景）”面板或“3D（网格）”面板内上边栏中有图标的网格行，可以选择相应的网格，在“3D”面板内的下边栏中会显示应用于所选网格的材质、纹理数量、顶点数和表面数信息。“3D（网格）”面板内各选项的作用如下。

（1）显示或隐藏网格：单击网格名称左边的眼睛图标，使图标消失，可以隐藏该网格；再单击此处，使图标恢复显示，可以显示该网格。

（2）对网格进行操作：在“3D（网格）”和“3D（场景）”面板内的下边有一列网格调整工具，可以用来只对选中的网格进行移动、旋转和缩放操作，3D模型的其他部分不动。网格调整工具的操作方法与工具箱内的3D对象工具的操作方法相同。

（3）“捕捉阴影”复选框：在“光线跟踪”渲染模式下，选中该复选框后，可以控制选定网格是否在其表面显示来自其他网格的阴影。要求必须设置光源以产生阴影。

（4）“投影”复选框：在“光线跟踪”渲染模式下，选中该复选框后，可以控制选定网格是否在其他网格表面产生投影。

（5）“不可见”复选框：选中该复选框后，可以隐藏网格，但显示其表面的所有阴影。

5. “3D（材质）”面板设置

单击选中“3D”面板内顶部的“材质”按钮，切换到“3D（材质）”面板，如图9-2-4所示。单击“3D（场景）”面板或“3D（材质）”面板内上边栏中有图标的材质行，可以选择相应的材质，在“3D”面板内的下边栏中会显示所选材质的设置选项。

可以使用一种或多种材质来创建3D模型的整体外观。如果模型包含多个网格，则每个网格都可以设置与之关联的多种材质。在“3D”面板内，选中一个网格的材质行后，下边会显示该材质所使用的特定纹理映射。一些纹理映射依赖于2D图像文件来提供创建纹理的特定颜色或图案。如果材质使用纹理映射，则纹理文件名会显示出来。

可以单击每个纹理类型旁的“纹理编辑”按钮或，调出它的菜单，利用该菜单中的命令，可以新建、载入、打开、编辑或移去纹理映射的属性。也可以直接在模型区域上绘制纹理。根据纹理类型，可以通过改变数值来调整材质的光泽度、反光度、不透明度或反射。“3D（材质）”面板内各选项的作用如下。

（1）“漫射”栏：用来设置材质的颜色或2D图像。如果载入2D图像作为漫射纹理，则设置的漫射颜色无效。单击“编辑漫射纹理”按钮，调出纹理漫射菜单，如图9-2-5所示。选择“载入纹理”命令，可以调出“打开”对话框，利用该对话框可以载入作为漫射纹理的2D图像。另外还可以通过直接在模型上绘画来创建漫射映射。

（2）“不透明度”文本框：用来设置材质的不透明度。

（3）“凹凸”文本框：用来在材质表面创建凹凸效果。可以创建或载入凹凸映射文件。更改其值可以设置增加或减少崎岖度。从正面观看时，崎岖度最明显。

（4）“正常”：可以编辑正常纹理，设置表面的细节程度，使材质表面平滑。

（5）“环境”：用来编辑环境纹理，设置3D模型周围环境的纹理。

（6）“反射”文本框：用来增加3D场景、环境映射和材质表面上其他对象的反射。

（8）“光泽”文本框：用来定义来自光源的光线经表面反射，折回到人眼中的光线数量。

（9）“镜像”色块：用来设置有镜面属性显示的颜色（如高光光泽度和反光度）。

（10）“环境”色块：设置在反射表面上可见的环境光的颜色。

（11）“折射”文本框：设置折射率。折射率不同的介质相交时，光线会产生折射。

6.“3D（光源）”面板设置

3D 光源从不同角度照亮模型，从而添加逼真的深度和阴影。单击选中“3D”面板内顶部的“光源”按钮，切换到“3D（光源）”面板，如图 9-2-10 所示。单击“3D（场景）”面板或“3D（光源）”面板内上边栏中有光源图标的光源行，可以选择光源，在“3D”面板内的下边栏中会显示所选光源的设置选项。“3D（光源）”面板内各选项的作用如下。

（1）“光照类型”下拉列表框：用来选择三种类型的光源，它们的特点如下。

◎ 点光：该光源像灯泡一样，从光源点向各个方向照射。

◎ 聚光灯：该光源呈锥形光线。

◎ 无限光：该光源像太阳光，从一个方向平行照射。

（2）添加光源：单击“3D”面板内的“创建新光源”按钮，然后选择光源类型。

（3）删除光源：选择“3D”面板内的光源行，再单击该面板内的“删除”按钮。

（4）调整光源属性：在“3D（光源）”面板内下边的列表框内进行光源属性的调整。

◎“强度”文本框：用来调整亮度。

◎“颜色”色块：定义光源的颜色。单击该色块，可以调出相应的拾色器。

◎“创建阴影”复选框：从前景表面到背景表面、从单一网格到其自身或从一个网格到另一个网格的投影。禁用此选项可稍微改善性能。

◎“柔和度”文本框：模糊阴影边缘，产生逐渐的衰减。

◎“聚光”文本框（仅限聚光灯）：用来设置光源明亮中心的宽度。

◎“衰减”文本框（仅限聚光灯）：用来设置光源的外宽度。

（5）“使用衰减”复选框（仅限点光或聚光灯）：选中它，再在“内径”和“外径”文本框内输入数值，用来确定衰减锥形。光源从“外径”最大强度到“外径”光源强度为零，线性衰减。将鼠标指针移到“聚光”、“衰减”、“内径”和“外径”文字之上时，其右侧显示框内会显示红色轮廓，指示受影响的光源元素。

（6）调整光源位置：“3D（光源）”面板内有一列调整光源位置的工具。

（7）面板菜单：用来存储、添加和替换光源等：单击 “面板菜单”按钮，调出面板菜单，利用该菜单内的命令可以存储光源预设、添加光源和替换光源等。

思考练习 9-2

参考【实例 42】的制作方法，制作一个“贴图金字塔”图像，如图 9-2-14 所示。可以看到，在一幅图像之上添加了一个 5 个平面贴有不同图像的金字塔图像。

图 9-2-14 “贴图金字塔”图像

第10章
综 合 应 用

10.1 【实例 43】苹果醋

“苹果醋”图像如图 10-1-1 所示。它是一幅精美的广告图片，广告中介绍了一种新时代饮品，它就是将甘甜的苹果汁和醋融合到一起的新一代饮料“苹果醋”，图片中的绿色立体文字“喝即开即饮的苹果醋”与开盖的苹果文图相映。

制作方法

1. 制作苹果

（1）新建一个宽度为 500 像素、高度为 400 像素、背景色为白色的画布，以名称“【实例 43】苹果醋.psd”保存。打开图 10-1-2 所示的“苹果”图像，将该图像中的苹果复制粘贴到“【实例 43】苹果醋.psd”图像中。调整苹果图像的大小和位置。将新增图层的名称改为“苹果”。

图 10-1-1 “苹果醋”图像

图 10-1-2 “苹果”图像

（2）创建选取苹果上半部分的选区，选择“图层”→“新建”→“通过剪切的图层”命令，将苹果的上半部分剪切并置于新的图层中，调整苹果盖的位置和大小。效果如图 10-1-3 所示。将新图层名称改为“盖”，移到“图层”面板最上边。将该图层隐藏。

（3）在“苹果”图层之上添加“椭圆”图层。将前景色设定为红色，在苹果的缺口处创建一个椭圆形，然后进行 4 像素的居中选区描边，去除选区。效果如图 10-1-4 所示。

（4）在“椭圆”图层之下新增“苹果汁”图层。设置前景色为黄色，创建一个椭圆形选区，按 Alt+Delete 组合键，给椭圆形选区填充黄色；将椭圆形选区缩小，调整它的位置，羽化 3 像素，再设置前景色为橙色，按 Alt+Delete 组合键，给椭圆形选区填充橙色。

（5）设置前景色为橙色，使用“画笔工具”，在苹果的缺口处绘制橙色线条。然后，选择“滤镜”→“液化”命令，调出“液化”对话框，进行液化加工。单击“确定”按钮，关闭“液化”对话框。按 Ctrl+D 组合键，取消选区。效果如图 10-1-5 所示。

图 10-1-3　苹果盖位置和大小

图 10-1-4　绘制椭圆形

图 10-1-5　苹果汁

2. 制作标签和其他

（1）在“图层”面板内新建“图层 1”图层。创建一个矩形选区，设置前景色为绿色，按 Alt+Delete 组合键，给矩形选区填充绿色。选择“滤镜”→“渲染”→“光照效果”命令，调出“光照效果”对话框，按照图 10-1-6 所示进行设置，单击“确定”按钮。

（2）安装外部滤镜“Ulead.GIF-X.Plugin.v2.0_Retail”。选择“滤镜”→“Ulead Effects”→“GIF-X 2.0…”命令，调出“GIF-X.Plugin 2.0”对话框，按照图 10-1-7 所示进行设置，单击“OK”按钮。

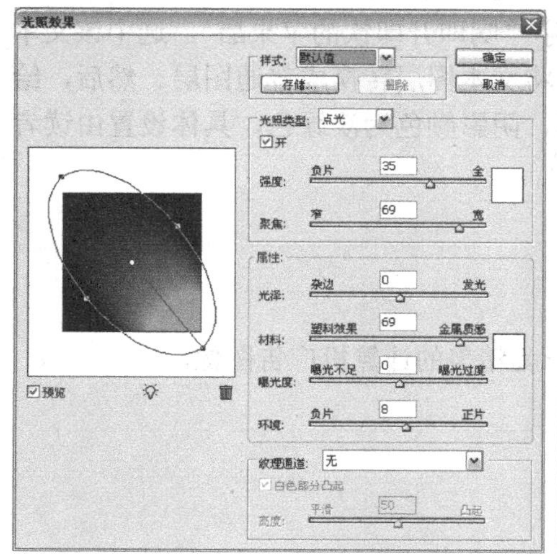

图 10-1-6　“光照效果”对话框设置

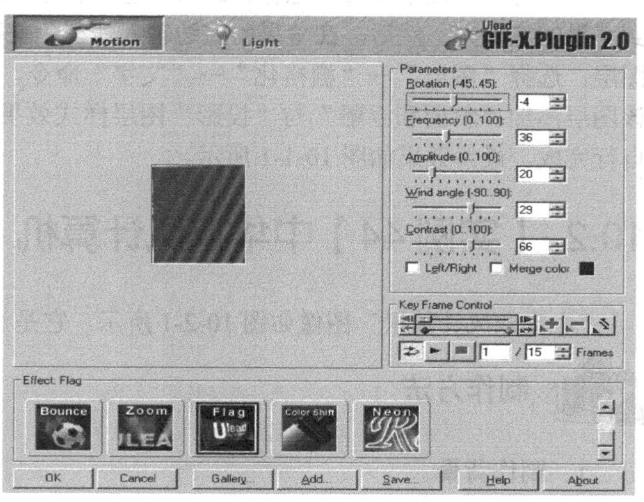

图 10-1-7　“GIF-X.Plugin 2.0”对话框

（3）在绿色矩形中创建一个圆形选区，选择“图层”→“新建”→“通过剪切的图层”命令，将圆形选区内的图像剪切到新图层的画布内。图层名改为“图层 2”。

（4）选中“图层”面板内的“图层 2”图层，选择“图层”→“图层样式”→“斜面和浮雕”命令，调出“图层样式”对话框，按图 10-1-8 所示进行设置，单击“确定”按钮。

（5）将“图层 1”和“图层 2”图层合并，并将名称改为“标签”图层。选中该图层，选择“图层”→“图层样式”→“投影”命令，调出“图层样式”对话框，设置如图 10-1-9 所示，单击“确定”按钮。

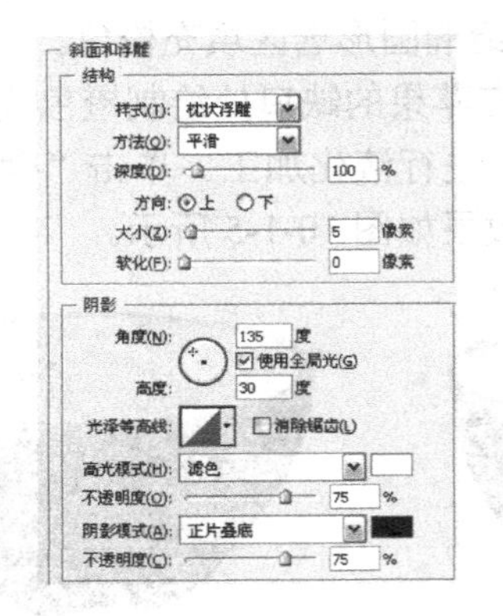

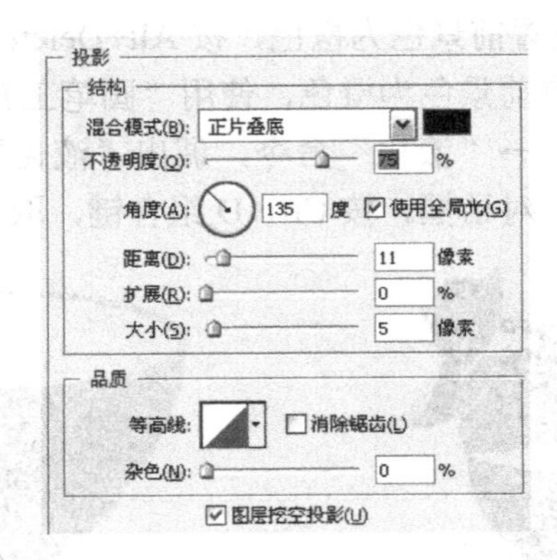

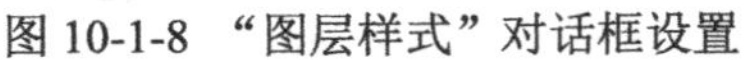
图 10-1-8 “图层样式”对话框设置　　图 10-1-9 “图层样式”对话框设置

（6）在“标签”图像中间插入文本图层“醋”。选中“图层”面板中的“醋”图层，再选择“图层”→“栅格化”→“文字”命令，将文本图层转成普通图层。

（7）选择“图层”→“图层样式”→“斜面和浮雕”命令，调出“图层样式”对话框，进行设置；选中“投影”选项，再进行设置；使文字立体化和带投影，单击“确定”按钮。效果如图 10-1-1 所示。“图层样式”对话框的设置由读者自行完成。

（8）在“标签”图层的下边创建一个“小绳”图层。使用“画笔工具”，在“标签”图层图像内与苹果上面的缺口处绘制一条直线。选中“小绳”图层，调出“图层样式”对话框，读者自行设置，然后单击“确定”按钮。

（9）打开“瓶子.bmp”图像，2 次将它复制粘贴到“【实例 43】苹果醋.psd”图像中，移到苹果的右下方。然后，在苹果的右边输入浅蓝色文字“喝即开即饮的苹果醋”。选中该文本图层，选择“图层”→“栅格化”→“文字”命令，将文本图层转换成普通图层。然后，给该图层添加“斜面和浮雕”与“投影”图层样式效果，阴影颜色为淡绿色，具体设置由读者自行完成。最终效果如图 10-1-1 所示。

10.2 【实例 44】中华双凤计算机

“中华双凤计算机”图像如图 10-2-1 所示。它是一幅精美的计算机广告图像。

制作方法

1．制作背景

（1）新建一个宽度为 640 像素、高度为 480 像素、背景色为白色的画布。以名称“【实例

44】中华双凤计算机.psd”保存。设置前景色为一种木质颜色，给画布填充木质颜色。

（2）选择“滤镜”→“纹理”→“颗粒”命令，调出“颗粒”对话框，按照图10-2-2所示进行设置，单击“确定”按钮退出，同时给图像添加颗粒纹理。

（3）选择“动作”面板菜单中的“纹理”命令，在“动作”面板中添加一个“纹理”文件夹。单击该文件夹左边的▶按钮，展开它，单击选中“木质-松木”选项，单击“播放选区”按钮▶。新建“图层2”和“图层1”图层，将其合成为木质纹理图像。

图10-2-1 “中华双凤计算机”图像

（4）选中“图层”面板中的“图层2”图层，选择“图层”→“向下合并”命令，将“图层2”和“图层1”图层合并为一个图层，合并后名称为“图层 1”。选择“图像”→“调整”→“曲线”命令，调出“曲线”对话框，调整曲线，使图像颜色深一些。

（5）选择“编辑”→“定义图案”命令，调出“图案名称”对话框，将“名称”设定为“图案1”，然后单击“确定”按钮退出。

（6）使用“椭圆选框工具”◯，创建一个椭圆形选区，将其拖曳到画布窗口内的右边，使这个椭圆形选区一半在画布窗口外面，另一半在画布窗口里面，如图10-2-3左图所示。

（7）使用“矩形选框工具”⬚，按住Shift键，在画布窗口中椭圆形选区下边画一个矩形选区，如图10-2-3右图所示。再按Delete键，删除选区内的图像。

然后，采用同样的方法再创建一个选区，并删除选区内的图像，如图10-2-4所示。

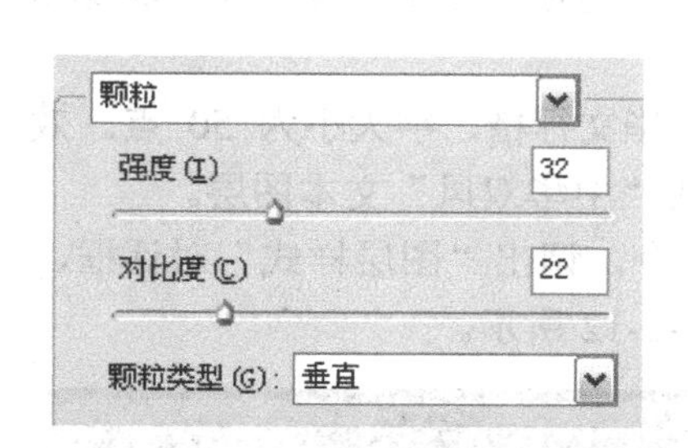

图10-2-2 “颗粒”对话框设置

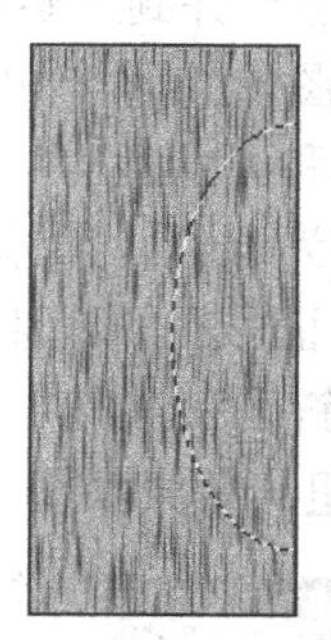
图10-2-3 创建选区

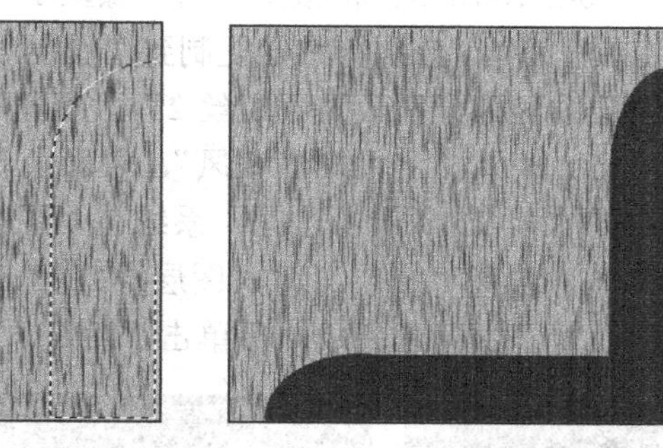
图10-2-4 删除选区内的图像

（8）创建一个圆形选区，将选区拖曳到画布内的右下方。选择“编辑”→“填充”命令，调出“填充”对话框。设置如图10-2-5所示。在“使用”下拉列表框中选中“图案”选项，在“自定图案”列表框中选择“图案1”图案，单击“确定”按钮，填充效果如图10-2-6所示。再创建一个小一点的圆形选区，将它移到刚才那个圆的中心处，再按Delete键，删除选区内的图像，如图10-2-7所示。

2. 制作前景

（1）使用工具箱中的“圆角矩形工具”▢，单击其选项栏中的“路径”按钮，在画布中拖曳绘制一个圆角矩形路径。然后，将该路径转换成选区，如图10-2-8所示。

（2）选择“图层”→“新建”→“通过剪切的图层”命令，在“图层”面板中生成“图层2”图层，其内是剪切的矩形木纹图像。调出“图层样式”对话框，进行“斜面和浮雕”设置，单击“确定”按钮，形成标牌图像，如图 10-2-9 所示。然后，将“图层 2”图层更名为“标牌”。

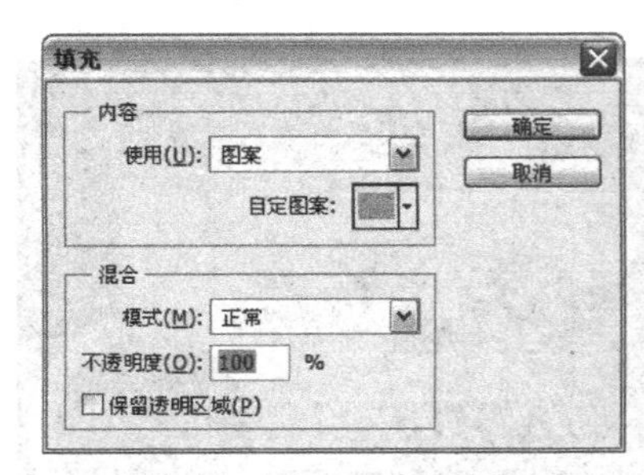

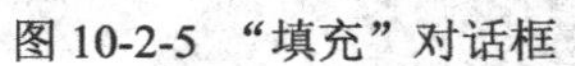
图 10-2-5 “填充”对话框

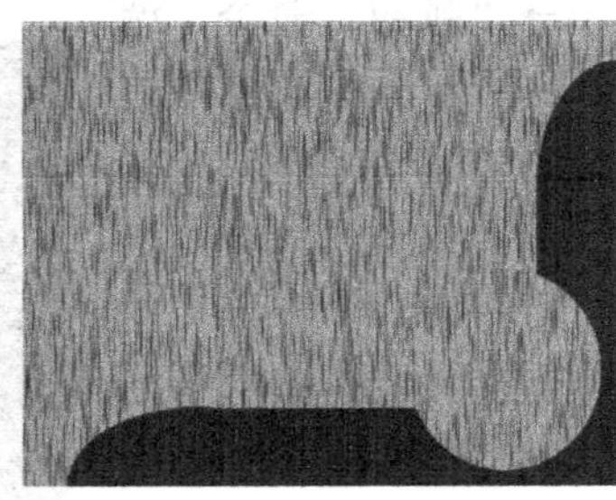
图 10-2-6 填充效果

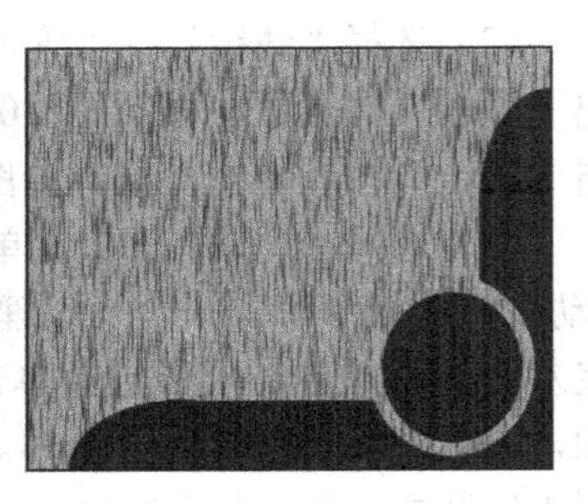
图 10-2-7 删除选区内的图像

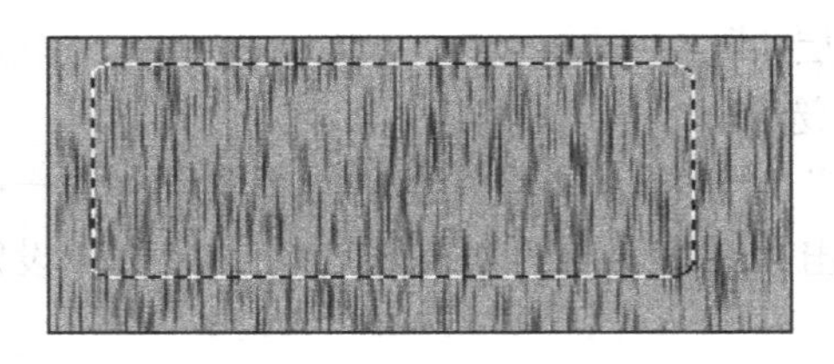
图 10-2-8 圆角矩形选区

图 10-2-9 斜面和浮雕效果

（3）在“图层”面板内新建一个“螺丝 1”图层。按住 Shift 键，在标牌图像内左上角创建一个圆形选区，填充一种“木质”纹理。

（4）在“图层”面板内新建一个图层，使用“画笔工具”，绘制螺丝上的十字沟痕，如图 10-2-10 所示。将该图层与“螺丝 1”图层合并到“螺丝 1”图层，按住 Alt 键，使用“移动工具”，分别将它们复制到“图层 2”图像的 4 个角上，同时产生 3 个新图层。将这 3 个图层的名称分别改为“螺丝 2”、“螺丝 3”和“螺丝 4”。

（5）输入文字“中华双凤”，将颜色设定为绿色，字体为华文行楷，字大小为 50 点。效果如图 10-2-11 所示。这时，系统在“图层”面板内自动生成“中华双凤”文本图层。

（6）选择“图层”→“图层样式”→“斜面和浮雕”命令，调出“图层样式”对话框，进行设置（由读者完成）后单击“确定”按钮。效果如图 10-2-12 所示。

图 10-2-10 螺丝

图 10-2-11 “中华双凤”文字

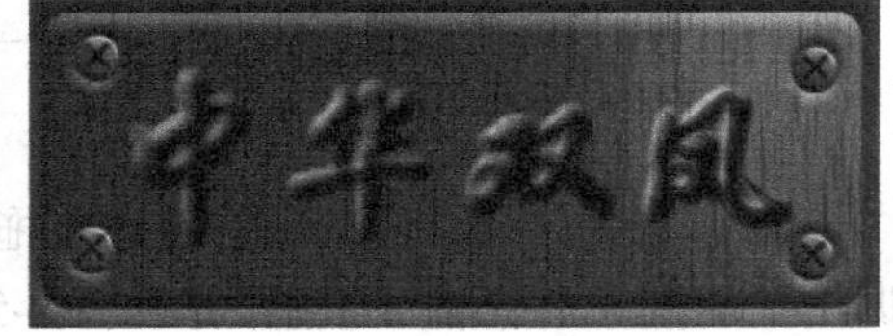

图 10-2-12 斜面和浮雕处理

（7）输入文字“SHUANGFENG”，其颜色为褐色，字体为 Arno Pro，字大小为 30 点。选择“图层”→“图层样式”→“斜面和浮雕”命令，调出“图层样式”对话框，进行设置（由读者完成）后单击“确定”按钮。效果如图 10-2-1 所示。

（8）输入文字“G3”，颜色为棕色，字大小为 72 点。“图层”面板内自动生成“G3”文本图层。选择“图层”→“栅格化”→“文字”命令，将文本图层转换成普通图层。按住 Ctrl 键，单击“G3”图层，创建选中文字的选区。选择“编辑”→“填充”命令，调出“填充”对话框，在对话框中的“使用”下拉列表框中选取“图案”选项，在“自定图案”下拉列表框中选择“木纹”图案，单击“确定”按钮。效果如图10-2-1所示。

然后，将“G3”图层和“背景”图层合并，合并后的图层名称为“背景”。

（9）打开一幅“双凤”图像，创建选中其中双凤图像的选区。选中“【实例44】中华双凤计算机.psd”文档的“背景”图层，将选区内的图像复制粘贴到“【实例44】中华双凤计算机.psd”文档中。效果如图10-2-13所示。将新增的图层命名为“双凤”。

（10）选中“双凤”图层，在“图层”面板中的“图层模式”下拉列表框中选择“正片叠底”选项。效果如图10-2-14所示。然后，按照上述方法，给“双凤”图层添加“斜面和浮雕”图层样式。效果如图10-2-1所示。

图10-2-13 粘贴的双凤图像

图10-2-14 正片叠底后的双凤图像

10.3 【实例45】大漠落日

荒漠总是和太阳联系在一起的，大漠中的落日曾经是无数西部刀马侠客眼中最美丽的风景。如今，如果想要一睹大漠落日的豪情，不一定需要身临其境。图10-3-1就是一幅大漠落日图。画面中展现的是一片被落日染成红色的荒原，一直延伸到远处的地平线。天空中飘浮着一层淡淡的云彩，紫红色的太阳正在缓缓落下。

图10-3-1 “大漠落日”图像

制作方法

1. 制作大漠

（1）新建一个宽度为800像素、高度为600像素、背景色为黑色的RGB文件，并将其存储为“【实例45】大漠落日.psd”。新建一个图层，将当前图层命名为“大漠”。

（2）选中“大漠”图层。选择“滤镜”→“渲染”→“云彩”命令。此时画布的局部图像如图10-3-2所示。选择“滤镜”→“杂色”→“添加杂色”命令，调出“添加杂色”对话框，将该对话框设置成如图10-3-3所示的样子。然后单击“确定”按钮。

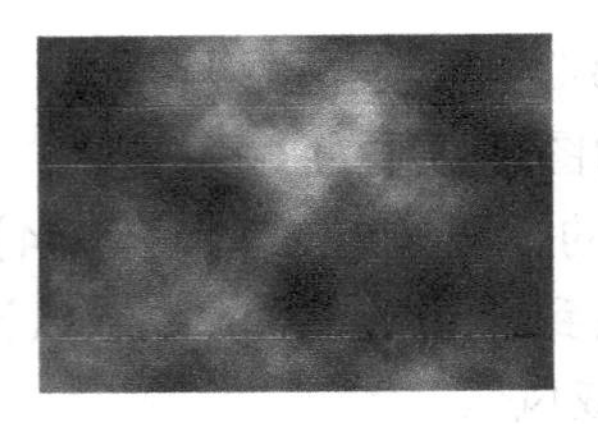

图 10-3-2　云彩滤镜处理效果

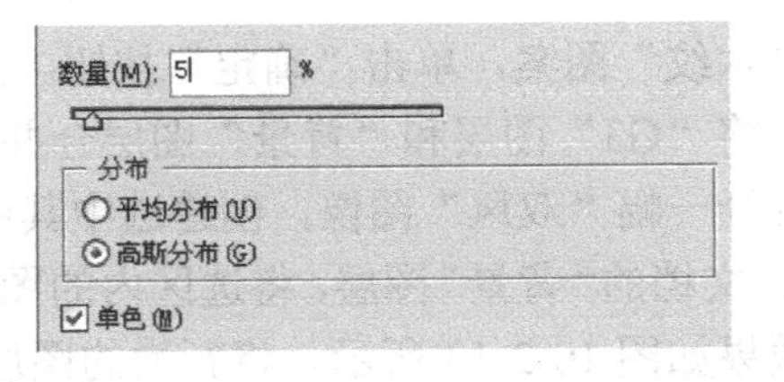

图 10-3-3　“添加杂色”对话框设置

（3）选择“滤镜”→“风格化”→“浮雕效果”命令，调出“浮雕效果”对话框，对该对话框进行设置，如图 10-3-4 所示。然后单击“确定”按钮。

（4）选择“编辑”→“自由变换”命令，进入“自由变换”状态，向下拖曳上边的控制柄，再按住 Ctrl+Alt+Shift 组合键，同时水平向右拖曳右下角的控制柄，水平向左拖曳左下角的控制柄，将当前“大漠”图层中的图像变形成如图 10-3-5 所示的形状。

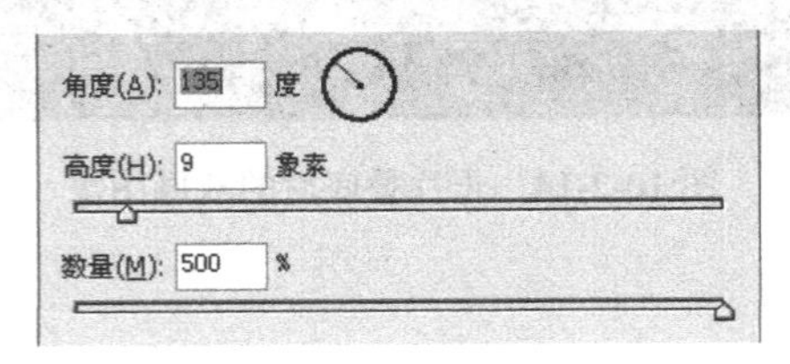

图 10-3-4　“浮雕效果”对话框设置

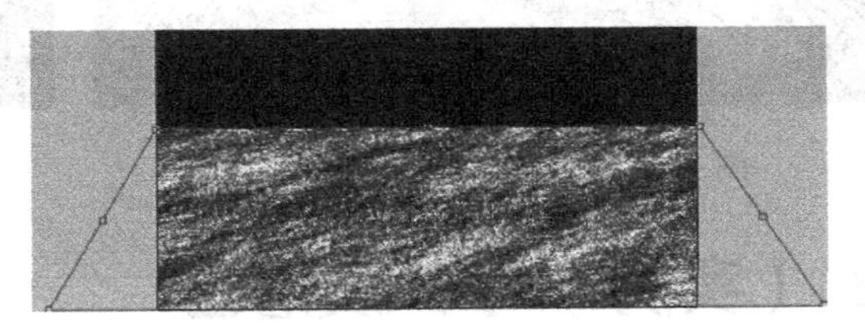

图 10-3-5　“大漠”图层中的图像变形

（5）将当前图层复制一份，并安排到“大漠”图层的下面，命名为“大漠 2”。对该图层内的图像也进行自由变换调整，如图 10-3-6 所示。

（6）合并当前图层与“大漠”图层。选择“图像”→“调整”→“色相/饱和度”命令，调出“色相/饱和度”对话框，将该对话框设置成如图 10-3-7 所示的样子。单击“确定”按钮。此时的局部图像效果如图 10-3-8 所示。

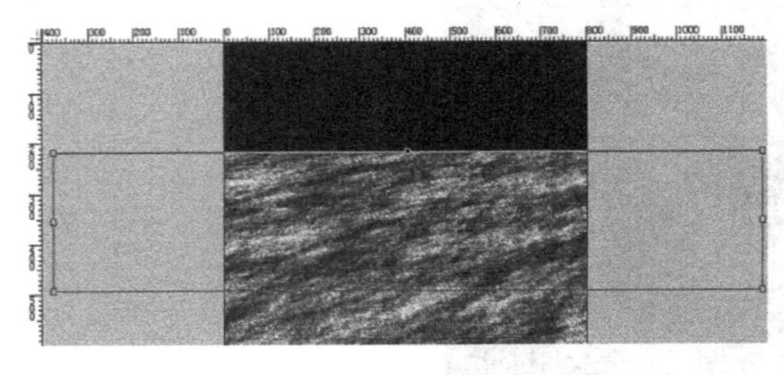

图 10-3-6　对“大漠 2”图层内的图像进行自由变换调整

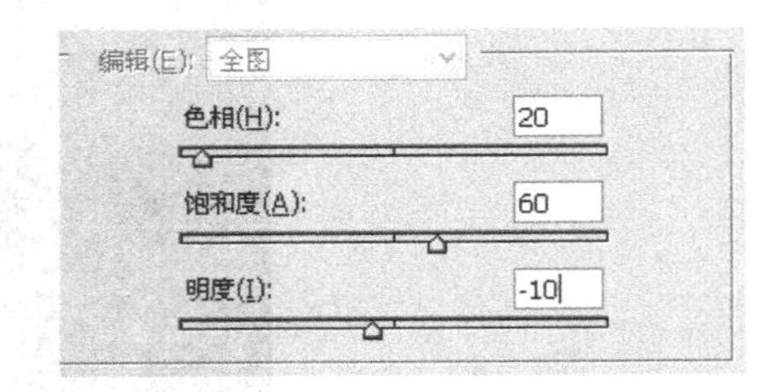

图 10-3-7　“色相/饱和度”对话框设置

（7）使用工具箱内的“套索工具”，在大地的上方从左到右拖曳出一条不规则的有许多拐点的折线，当到达画布最右端时再沿着边界向上，将这条折线以上的区域全部选取，以模仿不规则的地平线，将当前图层中选区内的图像删除。效果如图 10-3-9 所示。

图 10-3-8　局部图像效果

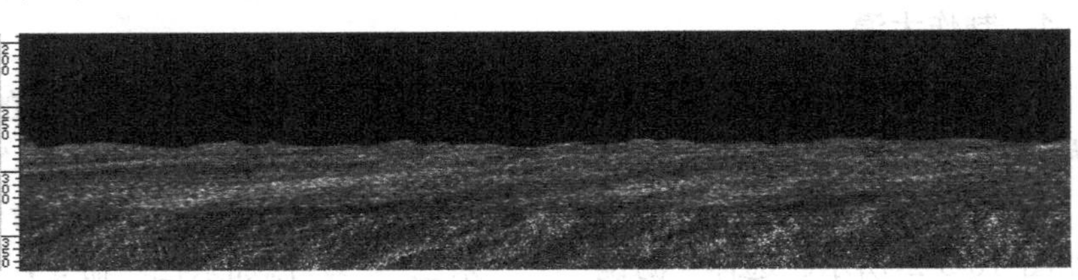

图 10-3-9　模仿不规则的地平线

（8）新建一个名称为“大地阴影”的图层。将“大地”图层作为选区载入，在选区内从上到下拖曳出从黑色到白色的渐变，如图 10-3-10 所示。然后使用“画笔工具”，参照图 10-3-11 在选区内绘制出几块颜色比较深的深灰色区域。

图 10-3-10　拖曳出从黑色到白色的渐变

图 10-3-11　绘制几块颜色比较深的深灰色区域

（9）改变当前图层的混合模式为“正片叠底”，将所有图层合并。大漠到这里就做完了。图像效果如图 10-3-12 所示。

2. 制作落日

（1）新建一个图层“背景”。选择“滤镜”→“KPT6”→“KPT SkyEffects”命令，打开 KPT 6 外部滤镜中的“KPT SkyEffects”对话框，按图 10-3-13 对该窗口进行设置。该窗口中的各个主要参数如下。

图 10-3-12　大漠图像

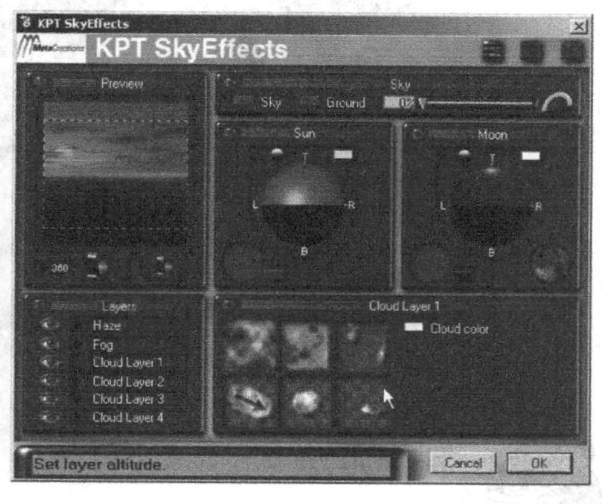

图 10-3-13　“KPT SkyEffects”对话框

Camera Focal（相机焦距）：16。

Sun Position（太阳位置）：在 6:15 左右。

Sky Color（天空颜色）：天蓝色。

Sun Color（太阳颜色）：淡黄色。

Aura Sun Color（太阳光晕色）：紫红色。

（2）拖曳“背景”图层到“图层”面板内底端。复制“背景”图层，将复制图层更名为“落日”，并拖曳到“图层”面板内顶端。

（3）单击“图层”面板底部的“添加蒙版”按钮，从上到下拖曳出从白色到黑色的渐变。位置如图 10-3-14 所示。这一步的作用是运用图层蒙版将“落日”图层的下面部分隐藏起来，露出底下的“大漠”图层。

图 10-3-14　拖曳出从白色到黑色的渐变

10.4 【实例 46】梦幻

“梦幻”图像如图 10-4-1 所示。该图像是在图 10-4-2 所示的“背景”图像基础之上制作而成的。

图 10-4-1 “梦幻”图像

图 10-4-2 “背景”图像

制作方法

1. 制作双翼

（1）打开“背景”图像，如图 10-4-2 所示。打开“1”图像，如图 10-4-3 所示。将该图像拖曳到“背景”图像中，调整它的位置和大小。选中“图层”面板内新增的“图层 1”图层。

（2）调出“样式”面板菜单，选择该菜单内的“载入样式”命令，调出“载入”对话框，选中“【实例 46】梦幻”文件夹内的“样式.asl”文件，载入新样式。单击“样式”面板中的“图层 1”图层样式图标，给“图层 1”图层添加该图层样式，如图 10-4-4 所示。

（3）打开如图 10-4-5 所示的“珠子”图像，将其拖曳复制到“背景”图像中并调整它的大小，同时得到“图层 2”图层。将“珠子”图像置于图 10-4-6 所示的位置。

图 10-4-3 “1”图像

图 10-4-4 “1”图层样式效果

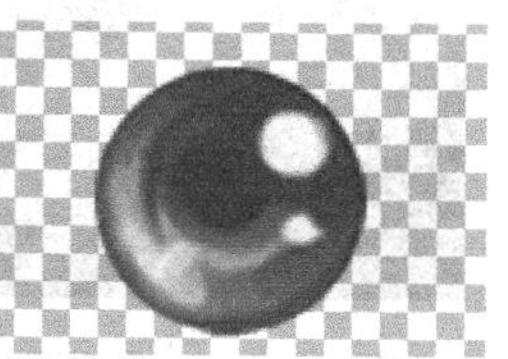

图 10-4-5 “珠子”图像

（4）复制 4 个珠子，移到相应位置，如图 10-4-7 所示。创建选中下方 4 个珠子的选区，适当缩小它们，如图 10-4-8 所示。将 5 个珠子所在的图层合并到“图层 2”图层。

（5）调出“图层样式”对话框，给“图层 2”图层添加渐变色外发光效果。外发光颜色值为（R=67，G=207，B=154）。

（6）按住 Ctrl 键，单击“图层 2”图层的缩览图，载入选区，选择“图层 1”图层，按住 Alt 键，单击“添加矢量蒙版”按钮，为“图层 1”图层添加图层蒙版，使“图层 1”图层内的选区中的图形轮廓按珠子的外形变化，得到如图 10-4-9 所示的效果。

图 10-4-6 图像位置

图 10-4-7 复制珠子

图 10-4-8 缩小珠子

图 10-4-9 图层蒙版效果

2. 制作中心球体

（1）在“图层”面板中新建“组 1”图层组，将“图层 1”和“图层 2”图层按顺序拖曳到“组 1”图层组中。将“组 1”图层组拖曳到“创建新图层”按钮上，复制一份“组 1 副本”图层组。将“组 1 副本”图层组内的所有图像水平翻转并调整位置，如图 10-4-10 所示。

（2）在最上方创建一个“图层 3”图层，在两侧图形的中间位置创建一个圆形选区，填充黑色，如图 10-4-11 所示。选择“选择”→“变换选区”命令，按住 Alt+Shift 组合键，向内拖曳控制柄，缩小选区，再删除选区内的图形，取消选区。效果如图 10-4-12 所示。

（3）单击“样式”面板中名为“2”的图层样式，得到如图 10-4-13 所示的效果。

（4）创建“图层 4”图层，按 Ctrl+Shift+D 组合键，重新载入选区，设置前景色的值为（R=242，G=253，B=252），按 Alt+Delete 组合键，填充前景色，按 Ctrl+D 组合键，取消选区，在“图层”面板中设置当前图层的“填充”数值为 80%，得到如图 10-4-14 所示的效果。

（5）单击“样式”面板中名为“3”的图层样式，得到如图 10-4-15 所示的效果。

图 10-4-10　调整图层组效果

图 10-4-11　填充黑色后

图 10-4-12　圆环

图 10-4-13 “2”图层样式效果

图 10-4-14　填充效果

图 10-4-15 “3”图层样式效果

（6）打开如图 10-4-16 所示的“星空”图像，将其拖曳到“背景”图像中并置于圆形的正中间，同时得到“图层 5”图层，按 Ctrl+Alt+G 组合键，执行“创建剪贴蒙版”操作，设置此图层的混合模式为“正片叠底”，得到如图 10-4-17 所示的效果。

（7）打开如图 10-4-18 所示的“爆炸”图像，将其拖曳到“背景”图像中并置于圆形的正中间，同时得到“图层 6”图层，按 Ctrl+Alt+G 组合键，执行“创建剪贴蒙版”操作，设置此图层的混合模式为“变亮”，得到如图 10-4-19 所示的效果。

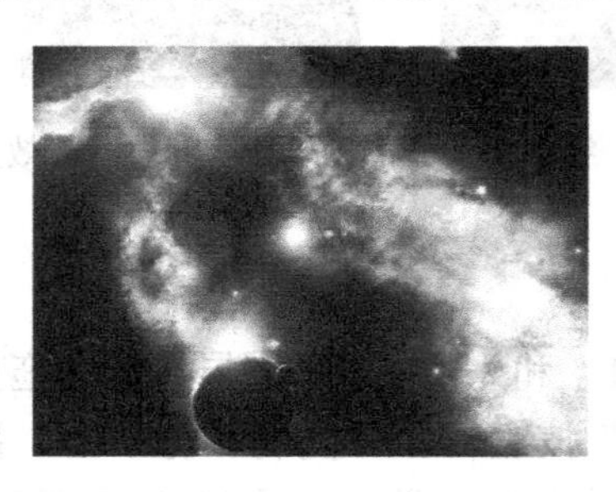

图 10-4-16 “星空”图像

图 10-4-17　调整混合模式效果

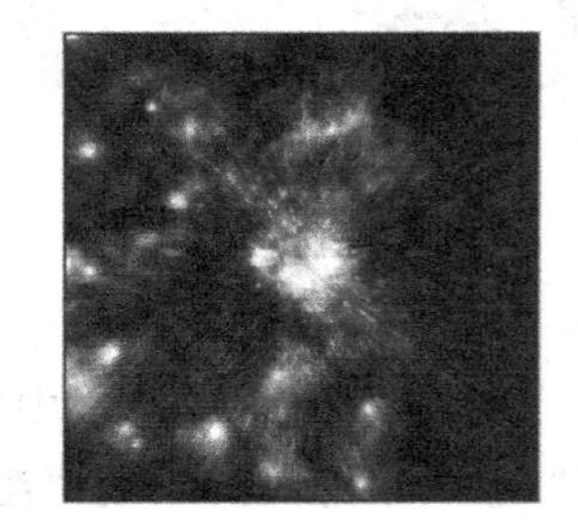

图 10-4-18 “爆炸”图像

（8）打开如图 10-4-20 所示的“2”图像，将其拖曳复制到“背景”图像中并调整到如图 10-4-21 所示的位置，得到“图层 7”图层。

（9）右击“图层 1”图层名称，调出它的菜单，选择该菜单内的“拷贝图层样式”命令。右击“图层 7”图层名称，调出它的菜单，选择该菜单内的“拷贝图层样式”命令。最后得到如图 10-4-22 所示的效果。

（10）复制“图层 2”图层为“图层 2 副本”图层，将此图层拖曳到所有图层的最上方，删除 2 颗珠子，将余下的 3 颗置于如图 10-4-23 所示的位置。

图 10-4-19　混合模式效果

图 10-4-20　“2”素材图像

图 10-4-21　添加图像效果

3. 绘制小精灵，添加人物与光晕

（1）为“画笔”面板载入“小精灵画笔.abr”画笔文件。在“背景”图层上新建“图层 8”图层，使用“画笔工具”，在“画笔”面板中分别选择 290、349、190、200、280 五种小精灵画笔，设置画笔的大小和角度，单击图像周围。

（2）再在所有图层上新建一个“图层 9”图层，在“画笔”面板中分别选择 290、349、190、200、280 五种小精灵画笔，设置画笔的大小和角度，单击图像周围。

（3）打开如图 10-4-24 所示的“女孩”图像。将该图像拖曳到“背景”图像中。再调整它的大小。最后在女孩手的上方加上光晕，由读者完成。最终效果如图 10-4-1 所示。

图 10-4-22　拷贝图层样式

图 10-4-23　修改余下珠子的位置

图 10-4-24　“女孩”图像

（4）将“背景”图像以名称“【实例 46】梦幻.psd”保存。

10.5 【实例 47】风景折扇

“风景折扇”图像如图 10-5-1 所示。

图 10-5-1　“风景折扇”图像

制作方法

1. 制作扇柄

（1）新建宽度为 500 像素、高度为 400 像素、模式为 RGB 颜色、名称为“风景折扇”、背景色为白色的画布文件。创建一条水平参考线和一条垂直参考线。然后，以名称“【实例 47】风景折扇 .psd”保存。

（2）在“图层”面板中自动生成一个名为“折扇”的图层组。在“折扇”图层组中新建一个“扇柄右”图层。

（3）使用“钢笔工具”，以参考线为基准，绘制一个扇柄形状的路径，如图 10-5-2 所示。设置前景色为红棕色（C=64，M=99，Y=90，K=60），单击“路径”面板中的“用前景色填充路径”按钮，为扇柄形状的路径填充颜色，如图 10-5-3 所示。单击“路径”面板空白处，隐藏该路径。

（4）选中“扇柄右”图层，单击“图层”面板内的“添加图层样式”按钮，调出它的快捷菜单，选择该菜单中的“斜面和浮雕”命令，调出“图层样式”对话框。设置如图 10-5-4 所示。单击“确定”按钮，给扇柄添加立体效果。效果如图 10-5-5 所示。

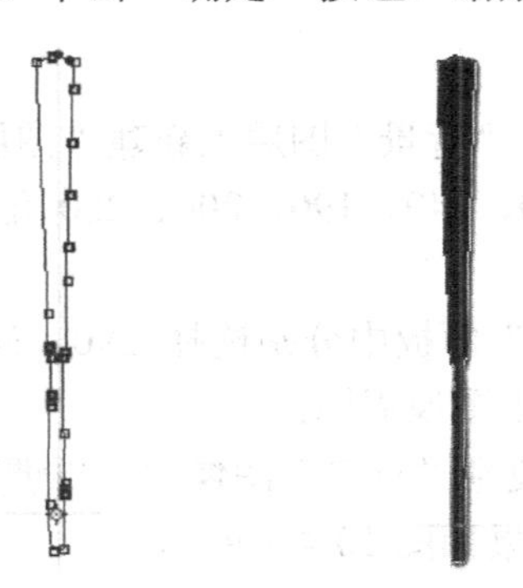

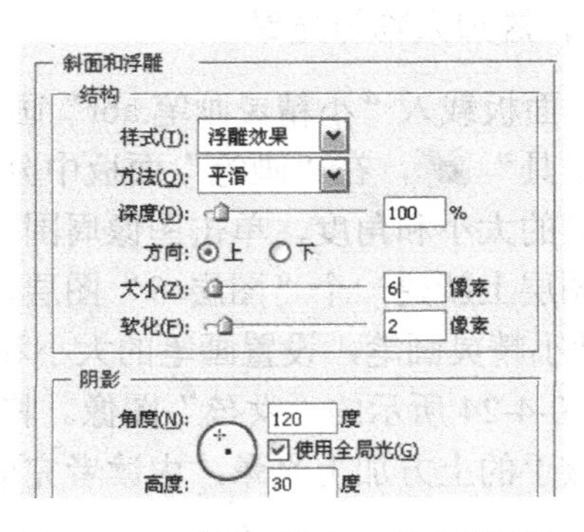

图 10-5-2 路径　图 10-5-3 为路径填充颜色　图 10-5-4 “图层样式”对话框设置　图 10-5-5 立体效果

（5）选择“编辑”→“变换”→“旋转”命令，进入扇柄的旋转变换调整状态，按住 Alt 键，将变换的轴心点移动到两条参考线交点的位置。然后在选项栏内，设置旋转的角度为 70°，按 Enter 键确认。效果如图 10-5-6 所示。

（6）将“扇柄右”图层拖曳到“创建新图层”按钮上，复制一个图层，将该图层的名称改为“扇柄左”。将“扇柄左”图层拖曳到“扇柄右”图层的下面，选中“扇柄左”图层。选择“编辑”→“变换”→“旋转”命令，将变换的轴心点移到两条参考线交点处。然后在选项栏内，设置旋转的角度为-70°，按 Enter 键。效果如图 10-5-7 所示。

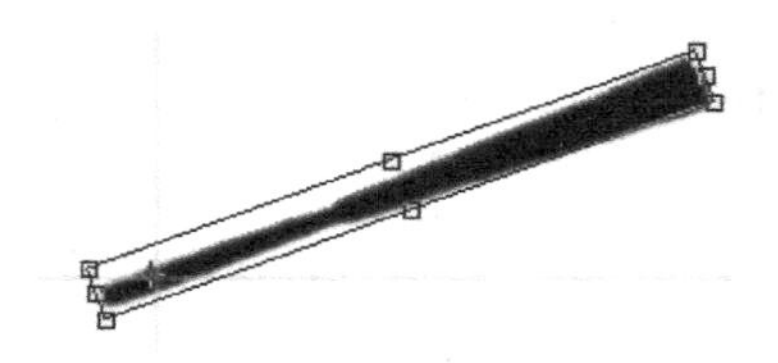

图 10-5-6 将扇柄旋转 70°

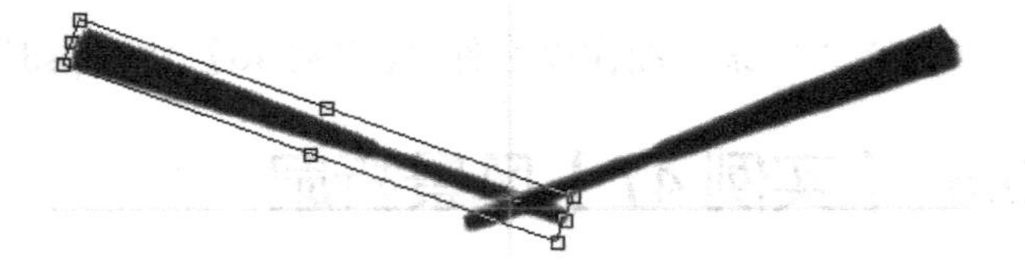

图 10-5-7 将复制的扇柄旋转-70°

2. 制作扇面

（1）在“扇柄左”图层之上创建一个常规图层，将其命名为“扇面”，单击选中该图层。使用工具箱中的“钢笔工具”，以参考线为基准，勾画出两个对称的扇面折页路径，如图 10-5-8 所示。

（2）设置前景色为浅灰色（C=28，M=19，Y=23，K=0）。使用“路径选择工具”，单击选中右半边的扇面折页路径，单击“路径”面板中的“用前景色填充路径”按钮，为右侧的扇面折页路径填充浅灰色。然后，给左半边的扇面折页路径填充浅一些的灰色。为左右两侧的路径填充深浅不同的颜色，可以更好地表现折扇的折页效果。效果如图 10-5-9 所示。单击“路径”面板的空白处，隐藏该路径。

（3）使用“移动工具”，在“图层”面板中选中“扇面”图层。选择“编辑”→“变换”→“旋转”命令，将变换的轴心点移动到两条参考线交点的位置，再在它的选项栏内设置旋转的角度为-70°，按 Enter 键确认，将扇面向左旋转 70°。

（4）单击“动作”面板菜单中的“新建动作”按钮，调出“新建动作”对话框。设置新动作的名称为“扇子”，其他选项为默认，如图 10-5-10 所示。然后，单击“记录”按钮，开始记录，此时的“动作”面板如图 10-5-11 所示。

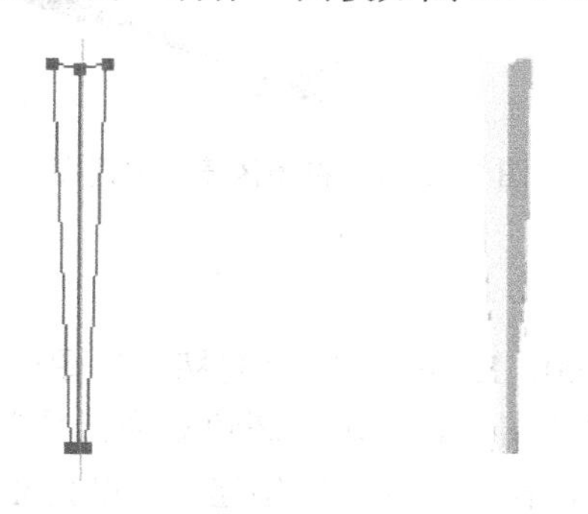

图 10-5-8　扇面折页路径　　图 10-5-9　填充颜色

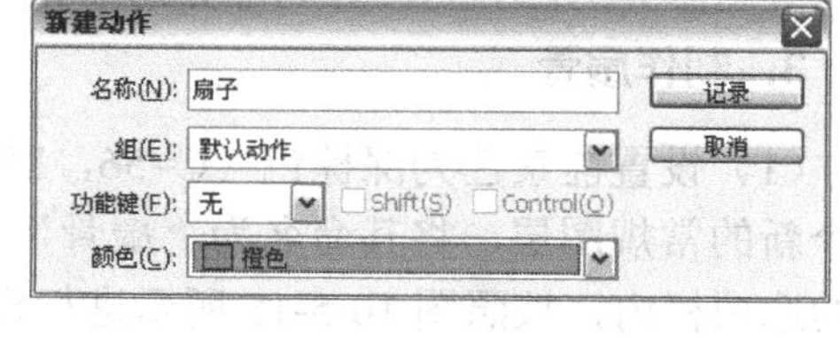

图 10-5-10 “新建动作”对话框

（5）拖曳“扇面”图层到“创建新图层”按钮之上，复制一个新的“扇面副本”图层。此时，在“动作”面板中会自动记录刚才的操作。

（6）选择“编辑”→“变换”→“旋转”命令，将变换的轴心点移动到两条参考线交点的位置，再在它的选项栏内设置旋转的角度为 5°，按 Enter 键确认。“动作”面板如图 10-5-12 所示。

图 10-5-11 “动作”面板

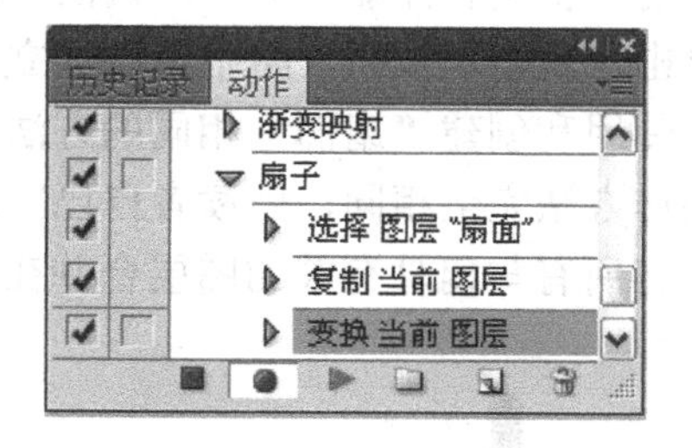

图 10-5-12 “动作”面板

（7）单击“动作”面板中的“停止播放/记录”按钮，停止记录。再单击选中“扇子”动作选项，然后单击 26 次“动作”面板中的“播放选定的动作”按钮，执行刚录制的动作，此时的图像如图 10-5-13 所示。

（8）分别单击“背景”图层、“扇柄右”图层和“扇柄左”图层内的图标，使它们隐藏。单击选中“扇面”图层，再选择“图层”→“合并可见图层”命令，将所有的扇面图层合并为一个名为“扇面”的图层。

（9）将“扇面”图层拖曳到“创建新图层”按钮上，复制一个名称为“扇面副本”的图层，单击选中它。选择“编辑”→“自由变换”命令，将变换的轴心点移动到两条参考线交点的位置，将扇面略微缩小，按 Enter 键确认。效果如图 10-5-14 所示。

（10）选择“图像”→“调整”→“亮度/对比度”命令，调出“亮度/对比度”对话框。

设置亮度为 15、对比度为 5。单击“确定”按钮，将“扇面副本”图层中的图像调亮，制作出扇子的边缘效果，如图 10-5-14 所示。按 Ctrl+E 组合键，将“扇面副本”和“扇面”图层合并为一个图层。至此，扇面制作完成。

图 10-5-13　执行动作后的图像效果

图 10-5-14　将图像缩小并调亮

3. 制作扇骨

（1）设置前景色为深棕色（C=56，M=78，Y=100，K=34）。在“扇柄左”图层之上创建一个新的常规图层，将其命名为“扇骨”，单击选中该图层。使用“圆角矩形工具”，在它的选项栏内，按照图 10-5-15 所示进行设置。然后，在画布窗口中创建一个圆角矩形。

图 10-5-15　“圆角矩形工具”选项栏

（2）选择“编辑”→“自由变换”命令，将圆角矩形的顶部略微缩小，按 Enter 键确认。选中“扇骨”图层，单击“图层”面板内的“添加图层样式”按钮 fx，调出它的菜单，选择该菜单中的“斜面和浮雕”命令，调出“图层样式”对话框。参照如图 10-5-4 所示设置浮雕效果。单击“确定”按钮，给扇骨添加立体效果。效果如图 10-5-16 所示。

（3）使用和创建“扇面”相同的方法，创建一个新动作，其旋转的角度为 10°，其他和扇面的制作方法完全相同，由读者自己完成。效果如图 10-5-17 所示。

（4）将所有与扇骨有关的图层合并在“扇骨”图层。

图 10-5-16　给扇骨添加立体效果

图 10-5-17　制作出扇骨效果

4. 制作扇面图案

（1）打开一幅“风景 1”图像文件，作为扇面贴图，如图 10-5-18 所示。按 Ctrl+A 组合键，全选该图像；按 Ctrl+C 组合键，将整个“风景 1”图像复制到剪贴板中。

（2）按住 Ctrl 键，单击“图层”面板内“扇面”图层的缩览图，创建一个选中扇面图像的选区。然后选择“编辑”→“贴入”命令，将剪贴板中的“风景 1”图像粘贴到选区内。此时，在“图层”面板中自动生成一个“图层 1”图层，其内是粘贴的风景图像和选区蒙版。将该图层的名称改为“图像”。

（3）在“图层”面板中将“图像”图层移到“扇面”图层上。选择“编辑”→“自由变换”命令，调整粘贴图像的大小与位置。

（4）选择“图像”→“调整”→“曲线”命令，调出“曲线”对话框。调整曲线，使图像变亮一些，单击“确定”按钮。最终效果如图 10-5-19 所示。

图 10-5-18 “风景 1”图像

图 10-5-19 将风景图像贴入选区并调亮

（5）选中“图像”图层，设置其混合模式为“正片叠底”，使“图像”和“扇面”图层的图像效果融合，产生真实的扇面效果，如图 10-5-20 所示。

图 10-5-20 产生真实的扇面效果

（6）在“图像”图层之上创建一个“扇轴”图层，选中该图层。使用“椭圆选框工具”，在扇柄的交叉处创建一个椭圆选区，并为其填充浅棕色。按 Ctrl+D 组合键，取消选区。

（7）单击“图层”面板内的“添加图层样式”按钮 fx，调出“图层样式”菜单。选择该菜单中的“斜面和浮雕”命令，调出“图层样式”对话框。设置大小为 5 像素、软化为 1 像素、其他为默认值。单击“确定”按钮，为“扇轴”添加立体效果。

5. 制作扇坠和背景

（1）打开一幅“扇坠”图像文件，作为扇子的装饰，如图 10-5-21 所示。

（2）使用“移动工具”，将“扇坠”图像拖曳到“【实例 47】风景折扇.psd”图像中，调整它的位置如图 10-5-1 所示。在“图层”面板内，将新增图层的名称改为“扇坠”，移到“扇柄左”图层的下边。

（3）打开一幅“风景 2”图像文件，作为扇子的背景，如图 10-5-22 所示。将“风景 2”图像拖曳到“【实例 47】风景折扇.psd”图像中，调整它，使它刚好将整个舞台工作区覆盖。在“图层”面板内，将新增图层的名称改为“背景”，移到最下边。

（4）选中“背景”图层，选择“图像”→“调整”→“曲线”命令，调出“曲线”对话框。调整曲线，使图像变亮一些，单击“确定”按钮。

（5）选择“滤镜”→“模糊”→“高斯模糊”命令，调出“高斯模糊”对话框。设置半径为3，单击“确定”按钮，将“背景”图层内的图像进行高斯模糊处理。

此时“【实例47】风景折扇.psd”图像的“图层”面板如图10-5-23所示。

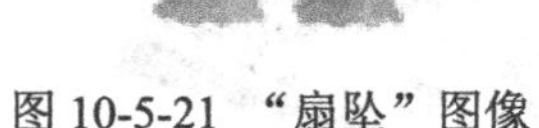

图10-5-21 “扇坠”图像

图10-5-22 “风景2”图像

图10-5-23 “图层”面板

10.6 【实例48】围棋棋道

“围棋棋道”图像如图10-6-1所示。它是一幅表现围棋思想的作品。画面背景是广袤的宇宙，两组相互垂直交错的经纬线一直延伸到无限的远方，构成了五彩的棋盘。黑白棋子散布在棋盘上。画面中心是一团雾状的云彩，寓意为混沌初开的世界。右侧是一段阐述其思想的话，说明了这幅作品的主题。

制作方法

1．绘制围棋棋盘线

（1）新建一个宽度为800像素、高度为600像素、分辨率为100像素/厘米、背景色为黑色、前景色为白色的RGB文档，再以名称“【实例48】围棋棋道.psd”保存。

（2）新建一个“棋盘”图层。在画布上创建一个边长为20像素的正方形选区。用最细的铅笔（1像素）沿选区的右边和底边绘制两条直线，如图10-6-2所示。

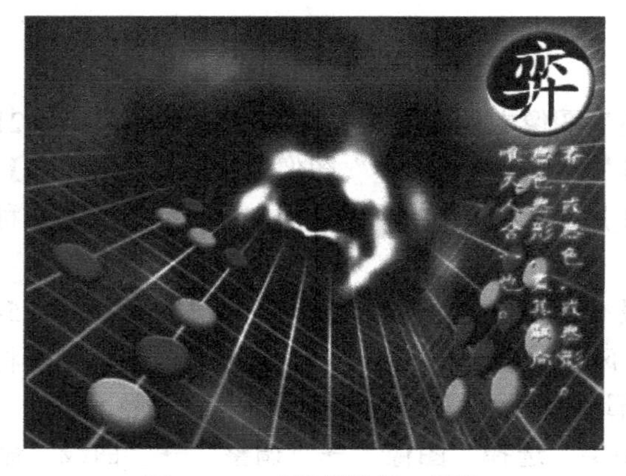

图10-6-1 “围棋棋道”图像

（3）选择“编辑”→“定义图案”命令，调出“定义图案”对话框，再单击“确定”按钮，将选区内的图像定义为图案。按 Ctrl+D 组合键，取消选区。再填充新定义的图案，使画布上“棋盘”图层内布满白色的方格，如图 10-6-3 所示。

（4）使用“魔棒工具”，单击画布上的白色方格线，将所有方格的线定义为选区。反选选区，选中所有黑色图像，按 Delete 键，将选区内的黑色图像删除。

（5）选择“编辑”→“自由变换”命令。按住 Ctrl+Alt+Shift 组合键，同时水平向右拖曳右下角的控制柄，将当前“棋盘”图层中的图像变形成如图 10-6-4 所示的形状。

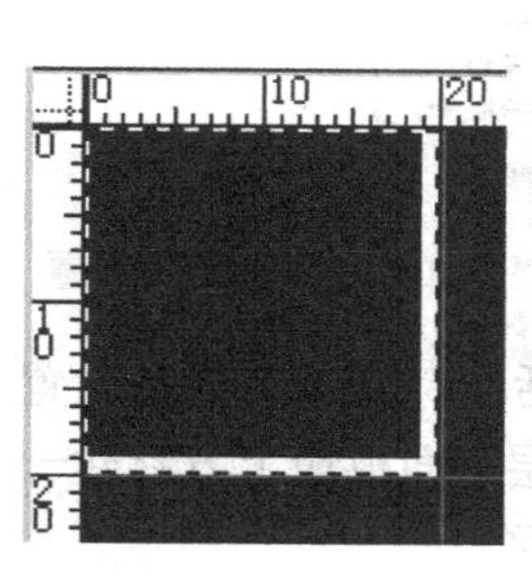

图 10-6-2 两条直线

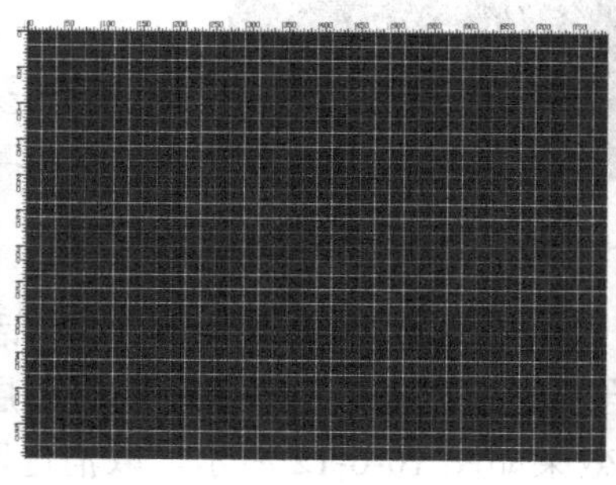

图 10-6-3 画布布满白色的方格

图 10-6-4 “棋盘”图层的图像

（6）单击“图层”面板底部的“添加图层蒙版”按钮，然后用从白色到黑色的线性渐变从下往上拖曳，如图 10-6-5 所示，制作出渐隐的效果，如图 10-6-6 所示。

（7）将“棋盘”图层内的图像调整成如图 10-6-7 所示的角度和位置。在“棋盘”图层下面复制该图层，将该图层的图像顺时针旋转 90°，并调整成如图 10-6-8 所示的位置。

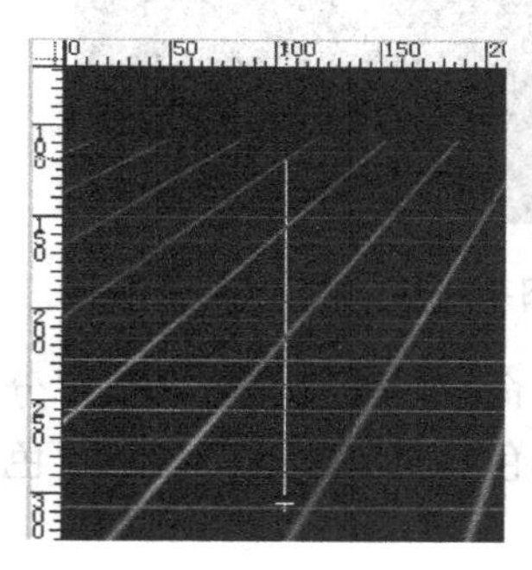

图 10-6-5 从下往上拖曳

图 10-6-6 渐隐效果

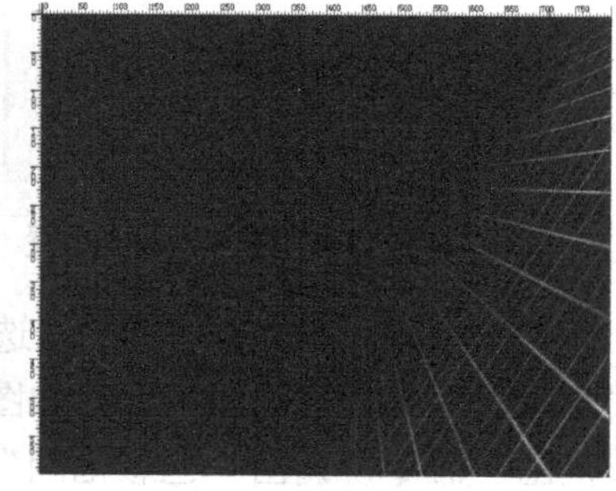

图 10-6-7 图像调整

（8）合并“棋盘”及其复制的图层，将这个新图层命名为“棋盘”。将“棋盘”图层复制为“棋盘 2”图层，选中“棋盘 2”图层。再将“棋盘 2”图层作为选区载入。

（9）选择“编辑”→“描边”命令，调出“描边”对话框，设置宽度为 1 像素，颜色为白色，单击“确定”按钮，用宽度为 1 像素的白色在选区外面描边。取消选区。

2．绘制背景

（1）选择“滤镜”→“模糊”→“高斯模糊”命令，调出“高斯模糊”对话框，设置半径为 9 像素，再单击“确定”按钮，对“棋盘 2”图层内的图像进行半径为 9 像素的高斯模糊。将当前图层的不透明度改为 65%。图像效果如图 10-6-9 所示。

（2）在“棋盘”和“棋盘 2”图层之间新建“五彩”图层。用名称为“色谱”的预设渐变从画布的左上角拖曳到右下角，然后将“五彩”图层的混合模式改为“正片叠底”。

（3）新建一个“星辰”通道。选择“滤镜”→“杂色”→“添加杂色”命令，调出“添加杂色”对话框，对该对话框进行设置，如图 10-6-10 所示。

图 10-6-8　复制图层并调整

图 10-6-9　不透明度效果

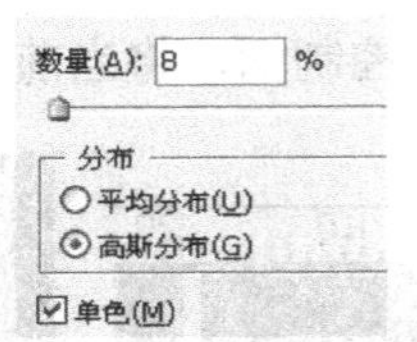

图 10-6-10　“添加杂色”对话框设置

（4）选择“图像”→“调整”→“色阶”命令，调出“色阶”对话框，将该对话框设置成如图 10-6-11 所示的样子。然后，将当前通道作为选区载入，在“图层”面板最上方新建一个“星辰”图层。给选区内填充白色。效果如图 10-6-12 所示。取消选区。

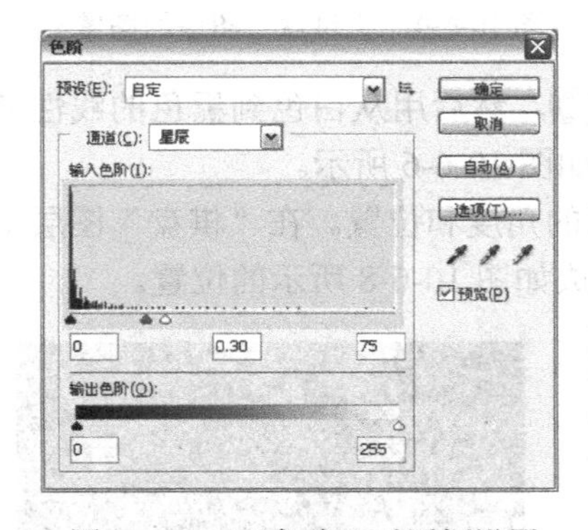

图 10-6-11　“色阶”对话框设置

图 10-6-12　给选区内填充白色

（5）新建一个“雾”通道。选择“滤镜”→“渲染”→“云彩”命令，然后执行几次“分层云彩”滤镜，直到图像大致如图 10-6-13 所示。将前景色设置为黑色，选择“选择”→“色彩范围”命令，调出“色彩范围”对话框。设置如图 10-6-14 所示。

（6）新建一个“雾”图层，选中该图层，给选区内填充白色，如图 10-6-15 所示。

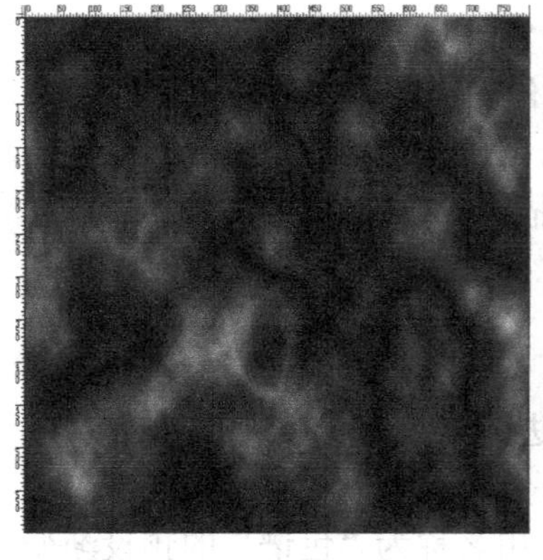
图 10-6-13　分层云彩处理

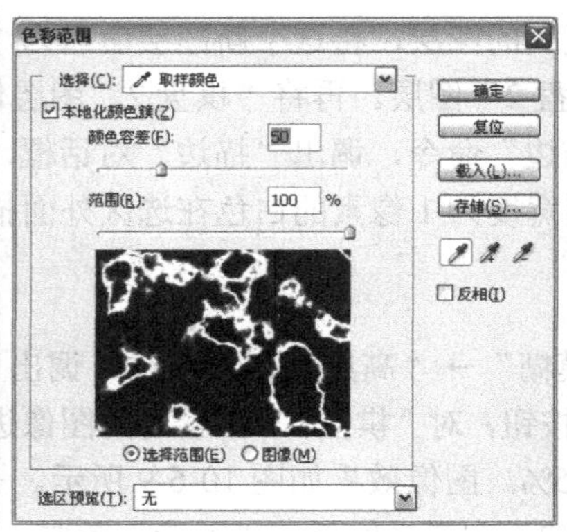

图 10-6-14　“色彩范围”对话框

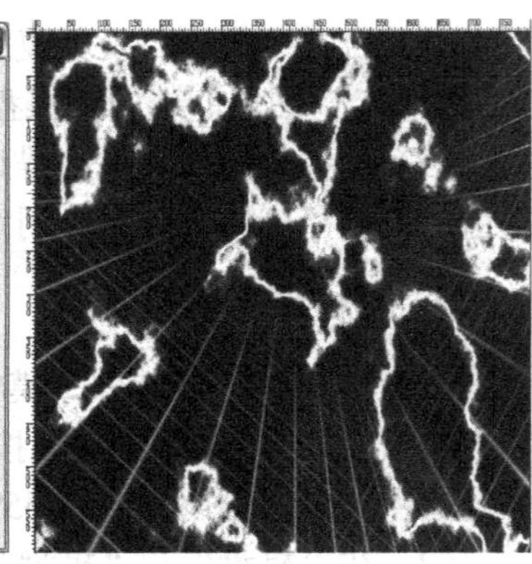
图 10-6-15　给选区内填充白色

（7）选择“滤镜”→“模糊”→“径向模糊”命令，调出“径向模糊”对话框，在该对话框内选中“旋转”和“最好”单选按钮，调整数量为20，单击“确定”按钮。

（8）调出“径向模糊”对话框，在该对话框内选中“缩放”和“最好”单选按钮，调整数量为25，单击“确定”按钮。此时图像如图10-6-16所示。设置“雾”图层的不透明度为70%。在画布上创建羽化半径为30像素的椭圆形选区，如图10-6-17所示。

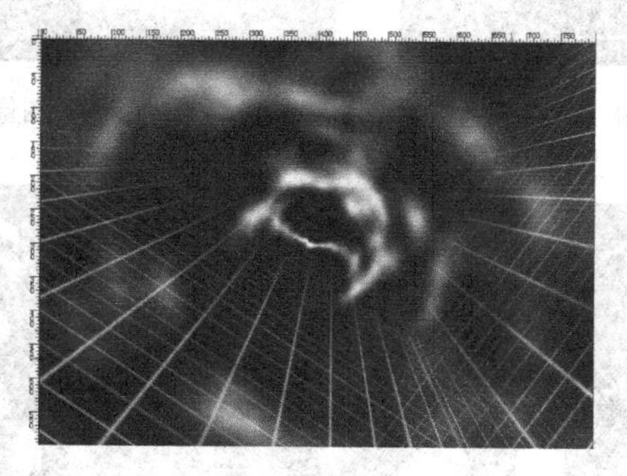

图10-6-16 径向模糊效果

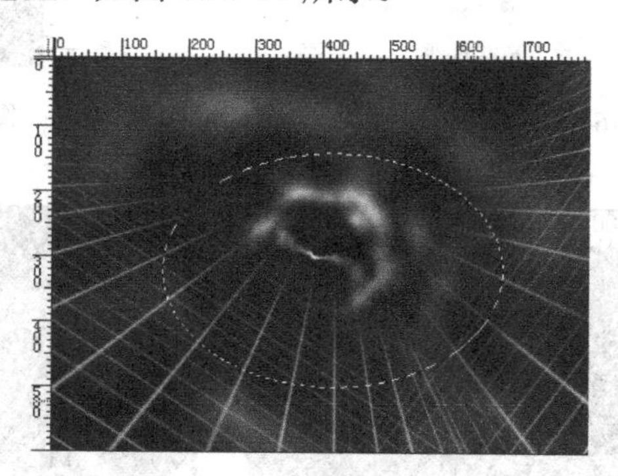

图10-6-17 羽化椭圆形选区

（9）选择“图层”→“新建调整图层”→“色阶”命令，调出“新建图层”对话框，在该对话框内的“模式”下拉列表框中选择“正片叠底”选项，再单击该对话框中的“确定”按钮。又调出了“调整”（色阶）对话框，将该对话框设置成如图10-6-18所示的样子。

（10）在“图层”面板内新建“背景”图层组，将所有图层置于该图层组内。

3. 绘制棋子和输入文字

（1）将前景色设置为浅灰色（R=205，G=205，B=205）。激活“动作”面板，单击“动作”面板底部的“创建新组”按钮，调出“新建组”对话框，单击“确定”按钮。

（2）单击“动作”面板底部的“创建新动作”按钮，调出“新建动作”对话框，在“名称”文本框中输入“棋子”，再单击“开始记录”按钮。以下对图像的所有处理都会被记录下来，以便以后使用。

（3）新建一个图层，绘制出如图10-6-19所示的椭圆形选区，用前景色将选区填充。对选区执行半径为2像素的羽化，并将选区向下移动3像素，向右移动1像素。

（4）选择“图像”→“调整”→“亮度/对比度”命令，在调出的“亮度/对比度”对话框中设置亮度为+100，对比度为+10，单击“确定”按钮。

（5）将当前图层作为选区载入，对选区执行半径为6像素的羽化，并将选区向上移动8像素，向左移动4像素。再次调出“亮度/对比度”对话框，设置亮度为-100，对比度为+60，单击“确定”按钮。取消选区，图像效果如图10-6-20所示。单击“动作”面板底部的“停止播放/记录”按钮，动作录制完成。

（6）将前景色设置为深灰色（R=75，G=75，B=75），单击选中“动作”面板中的“棋子”动作，再单击底部的“播放选定的动作”按钮，一个黑色的棋子就做好了，如图10-6-21所示。通过自由变换将黑棋子变形，如图10-6-22所示，变形的时候要注意符合透视规律。

（7）将前景色设置成不同的颜色，再播放录制好的动作，制作出不同的棋子，分别用自由变换调整这些棋子。将棋子排列成如图10-6-23所示的样子，然后合并所有有棋子的图层。

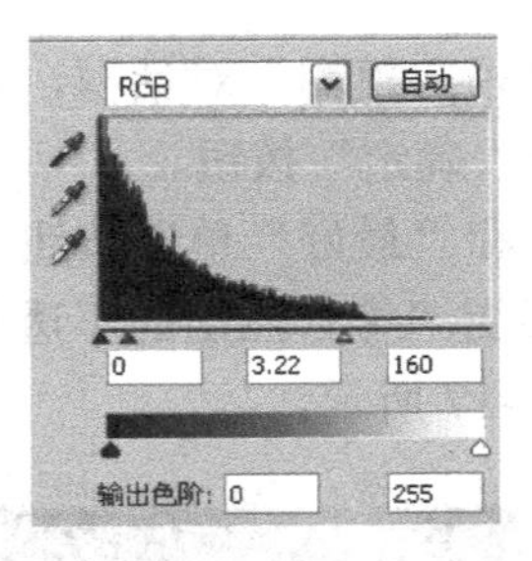

图 10-6-18 “调整（色阶）”对话框设置

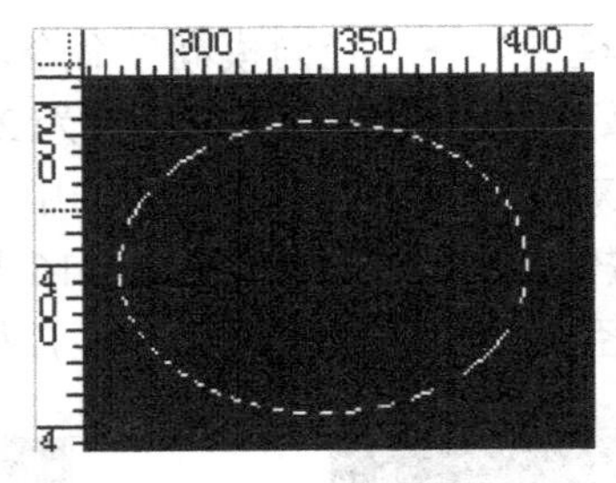

图 10-6-19 椭圆形选区

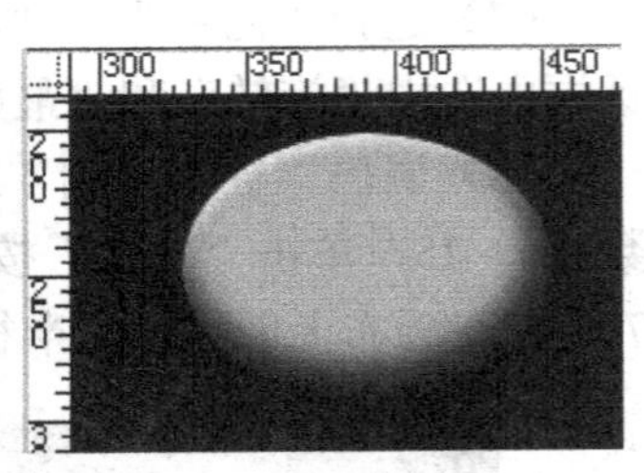

图 10-6-20 白棋子图像

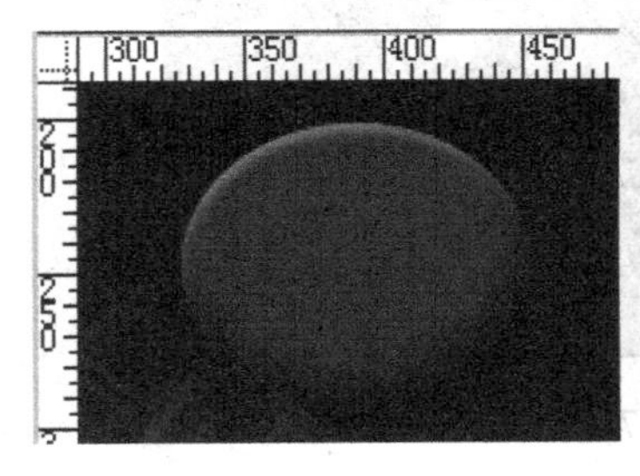

图 10-6-21 黑棋子图像

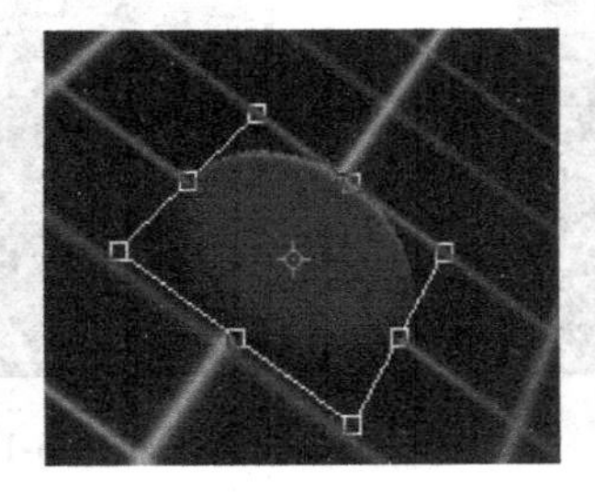

图 10-6-22 黑棋子变形

图 10-6-23 制作许多棋子

（8）新建一个“阴阳”图层，绘制出一个直径为 200 像素的圆形选区。使用“油漆桶工具”，用浅灰色填充选区。再在“模式”下拉列表框中选择“正常”选项。

（9）从标尺中拖曳出 6 条参考线，其位置如图 10-6-24 所示。再绘制一个直径为 100 像素的圆形选区，移动到如图 10-6-25 所示的位置。按住 Shift 键，沿着参考线再拖曳出一个矩形选区，选区变成了如图 10-6-26 所示的样子。

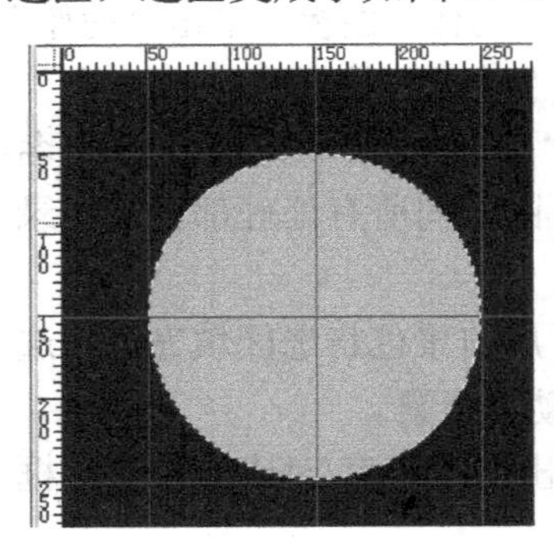

图 10-6-24 6 条参考线

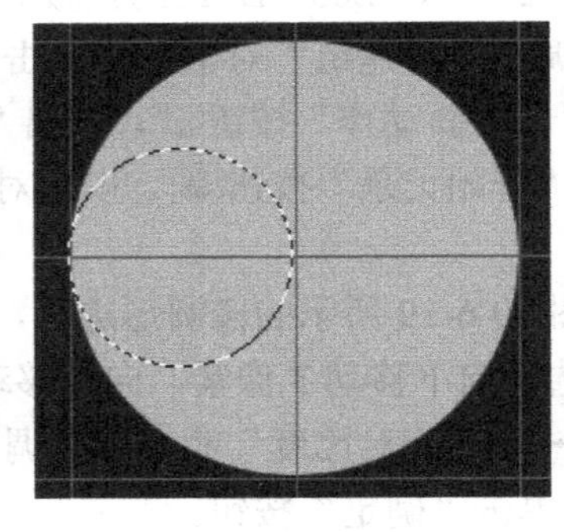

图 10-6-25 圆形选区

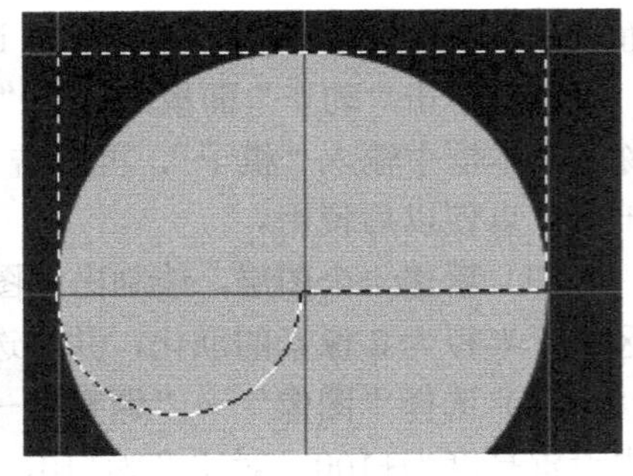

图 10-6-26 添加矩形选区

（10）设置前景色为深灰色，给选区内填充浅灰色。再创建一个直径为 100 像素的圆形选区，移动到如图 10-6-27 所示的位置。将选区填充浅灰色，再取消选区，阴阳鱼的图案就做好了，如图 10-6-28 所示。

（11）将此图案向右旋转 22.5°。将当前图层作为选区载入，然后选中“动作”面板内的刚才录制好的“棋子”动作中的第一个“羽化”步骤。单击“播放选定的动作”按钮，阴阳鱼的图案也变成立体的了。

（12）选择“图像”→“调整”→“色阶”命令，调出“色阶”对话框，参照图 10-6-29 所示对该对话框进行设置。图像效果如图 10-6-30 所示。

（13）使用工具箱中的“横排文字蒙版工具”，在选项栏中设置字体为隶书，大小为 48

点，输入一个“弈”字，将选区移到阴阳鱼的正中心，如图 10-6-31 所示。选择“图像”→“调整”→“反相”命令，取消选区后，图像效果如图 10-6-32 所示。

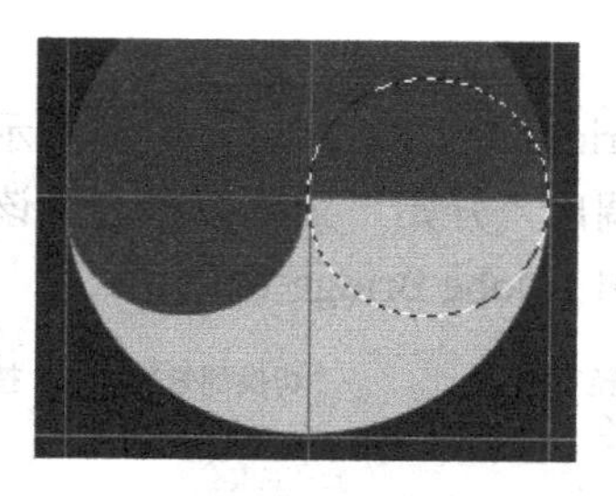

图 10-6-27　圆形选区

图 10-6-28　阴阳鱼图案

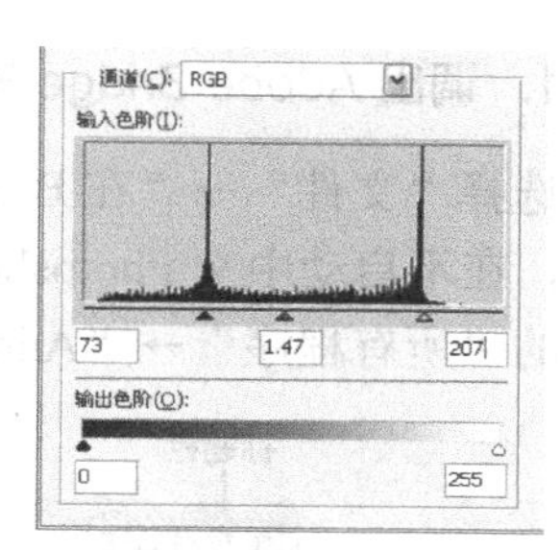

图 10-6-29 “色阶”对话框设置

图 10-6-30　色阶调整效果

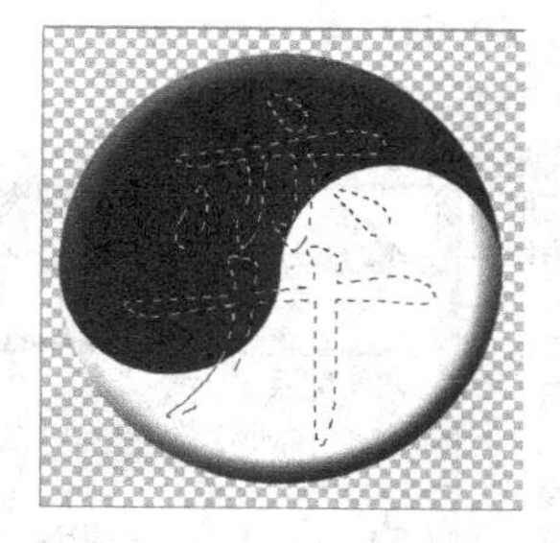

图 10-6-31　文字选区

图 10-6-32　文字选区内颜色反相

（14）调出“图层样式”对话框，利用该对话框为当前图层加上“外发光”图层样式，其中“杂色”滑块下面的颜色为白色，然后对其他数据进行适当调整。把这个图形移动到画布的右上角，效果如图 10-6-1 右上角的图形所示。

（15）在阴阳鱼的下面输入竖排字体为隶书的文字，再为其加上“外发光”和“斜面和浮雕”图层样式。“外发光”中“杂色”的颜色为金黄色（R=254，G=202，B=63）。

10.7 【实例 49】世界名胜图像浏览网页

“世界名胜图像浏览网页”的主页画面如图 10-7-1 所示。单击框架内的图像，即可调出相应的大图像，如图 10-7-2 所示。

图 10-7-1 “世界名胜图像浏览网页”的主页画面

图 10-7-2　大图像网页

制作方法

1．调出 Adobe Bridge 软件

选择“文件”→“在 Bridge 中浏览”命令，调出 Adobe Bridge 窗口，如图 10-7-3 所示。或者，在不启动中文 Photoshop CS5 时，单击“开始”按钮，调出“开始”菜单，再选择该菜单中的“所有程序”→“Adobe Bridge CS5”命令，也可以调出 Adobe Bridge 窗口。

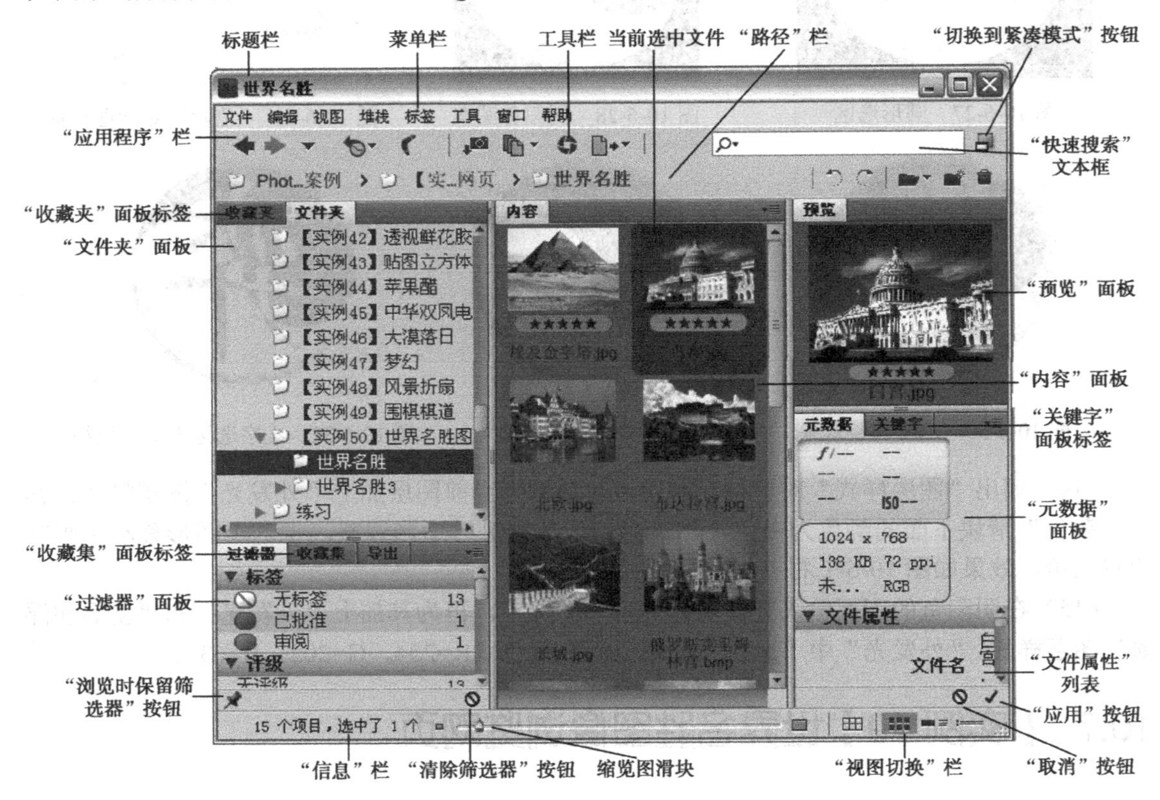

图 10-7-3 Adobe Bridge 窗口

“收藏集”面板允许创建、查找和打开收藏集和智能收藏集；“内容”面板用来显示由导航菜单按钮、“路径”栏、“收藏夹”面板或“文件夹”面板指定的文件；“预览”面板用来显示在“内容”面板中选中的图像；“文件属性”列表内显示选中图像的相关属性。

在菜单栏内有一个“工具”菜单，利用该菜单中的命令可以给图像成批重命名，可以对图像进行批处理，可以建立 PDF 演示文稿，也可以建立 Web 照片画廊等。

2．批量更改图像名称

（1）在 Adobe Bridge 窗口内选择“世界名胜”文件夹，选择“编辑”→“全选”命令，选中“世界名胜”文件夹内的 12 幅图像。

（2）选择“工具”→“批重命名”命令，调出“批重命名”对话框。选中该对话框中的“复制到其他文件夹”单选按钮，显示出“浏览”按钮，如图 10-7-4 所示（还没有设置）。

（3）单击“浏览”按钮，调出“浏览文件夹”对话框，利用该对话框内的列表框，选中目标文件夹“世界名胜 1”，如图 10-7-5 所示。单击“确定”按钮，回到“批重命名”对话框。

（4）在“新文件名”栏内原来有 4 行，单击第 2 行和第 3 行的[-]按钮，取消这两行的命名选择，在第 1 行的下拉列表框中选择“文字”选项，在第 1 行文本框中输入“世界名胜”；在第 2 行第 1 个下拉列表框中选择“序列数字”选项，在文本框内输入 1，在第 2 个下拉列表框内选择“2 位数”。设置好的“批重命名”对话框如图 10-7-4 所示。

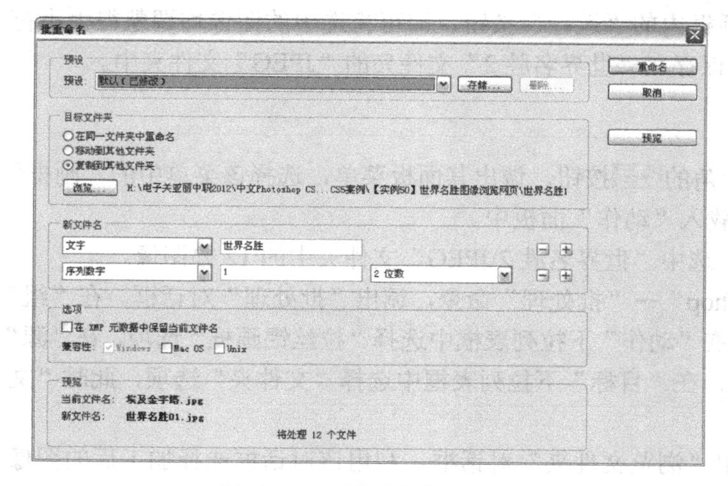

图 10-7-4 “批重命名”对话框

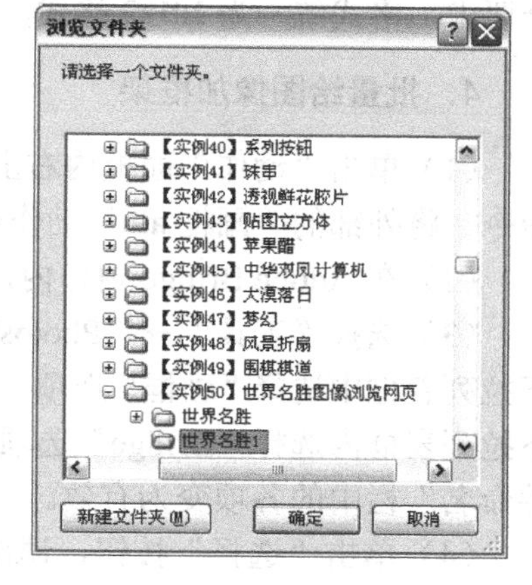

图 10-7-5 “浏览文件夹”对话框

单击[+]按钮，可增加一行选项；单击[-]按钮，可删除最下边一行选项。在“批重命名”对话框内的“预览”栏中会显示第 1 幅图像原来的名称，以及更名后该图像的名称。

（5）单击“批重命名”对话框中的“重命名”按钮，即可自动完成重命名操作。

3．批量改变图像大小

（1）在 Adobe Bridge 窗口内，选中“世界名胜 1”文件夹内的所有图像。然后，选择“工具”→“Photoshop”→“图像处理器”命令，调出“图像处理器”对话框。

（2）选中“选择文件夹”按钮左边的单选按钮，单击“选择文件夹”按钮，调出“选择文件夹”对话框，利用该对话框选择加工后的图像所存放的“世界名胜 2”文件夹，如图 10-7-6 所示。单击“确定”按钮，回到“图像处理器”对话框，如图 10-7-7 所示。

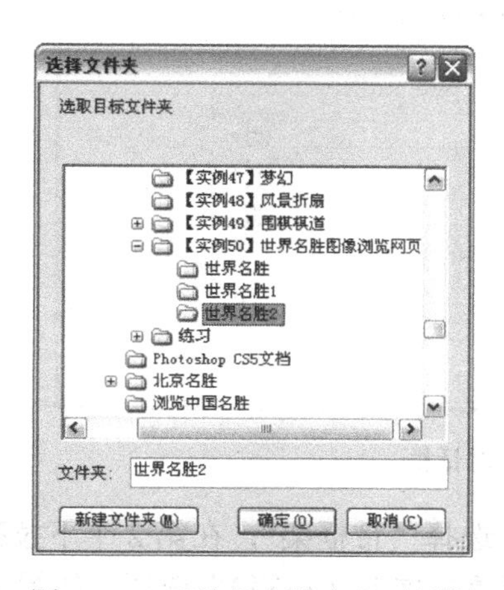

图 10-7-6 “选择文件夹”对话框

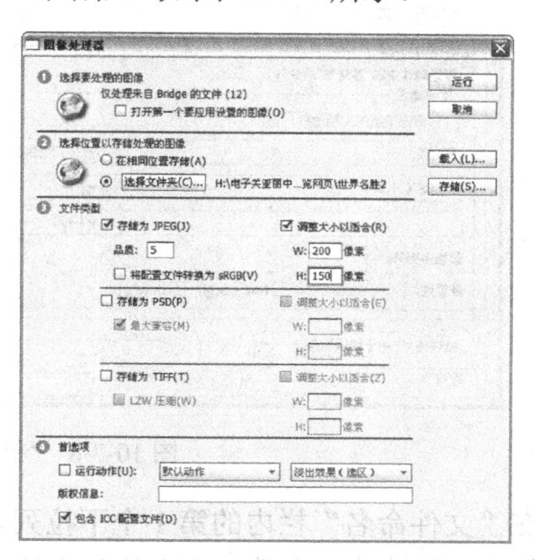

图 10-7-7 “图像处理器”对话框

（3）选中“图像处理器”对话框内“文件类型”栏内的“存储为 JPEG”和“调整大小以适合”复选框。

（4）在“W”文本框内设置加工后图像的宽度为 200 像素，在“H”文本框内设置加工后图像的高度为 150 像素。在处理图像时，Photoshop 会根据原图像的宽高比，保证图像宽高比不变，高度为 150 像素的情况下，自动进行调整到与设定值接近。

（5）单击“图像处理器”对话框内的“运行”按钮，即可将选中的图像均调整得大小符合要求，格式统一为 JPEG 格式，保存在“世界名胜 2”文件夹的“JPEG”文件夹中。

4．批量给图像加框架

（1）单击“动作”面板内右上角的按钮，调出其面板菜单，选择该菜单中的“画框”命令，将外部的“画框.atn”动作载入“动作”面板中。

（2）在 Adobe Bridge 窗口内，选中“世界名胜 2\JPEG”文件夹中的 12 幅图像。

（3）选择“工具”→“Photoshop”→“批处理”命令，调出“批处理”对话框。在“组”下拉列表框中选择“画框”选项，在“动作”下拉列表框中选择“拉丝铝画框”选项，在“源”下拉列表框内选择“Bridge”选项，在“目标”下拉列表框中选择“文件夹”选项，此时“文件命名”栏中的各项变为有效。

（4）单击“选择”按钮，调出“浏览文件夹”对话框，利用该对话框选择加工后的图像所保存的 “世界名胜 3”目标文件夹。如果不在“目标”下拉列表框中选择“文件夹”选项，则默认的目标文件夹为原图像所在的文件夹。

（5）单击“确定”按钮，回到“批处理”对话框，“选择”按钮的右边会显示出目标文件夹的路径，如图 10-7-8 所示。

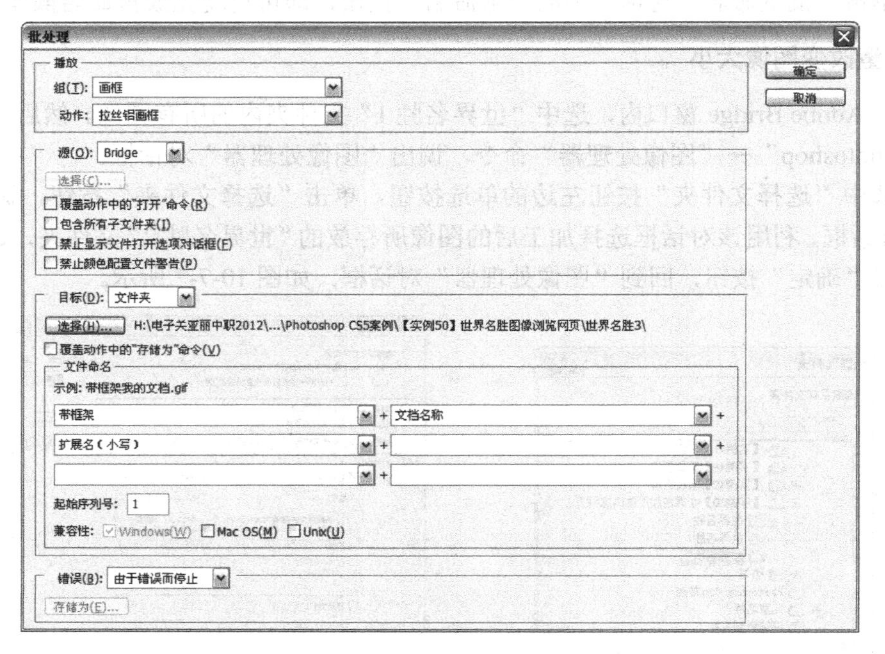

图 10-7-8 “批处理”对话框

（6）在“文件命名”栏内的第 1 个下拉列表框中选择“带框架”，在第 2 个下拉列表框中选择“文件名称”选项，在第 3 个下拉列表框中选择“扩展名（小写）”选项，如图 10-7-8 所示。加工后的新图像的扩展名为“.psd”。

（7）单击“批处理”对话框内的“确定”按钮，开始加工图像。如果出现一些提示框或对话框，可按Enter键，或者根据内容，单击“继续”、“保存”或“确定”按钮。

5. 制作主页画面

（1）在Adobe Bridge窗口内，选中“世界名胜3”文件夹内的所有图像。然后，选择“工具”→“Photoshop”→“图像处理器”命令，调出“图像处理器”对话框。选中“在相同位置存储”单选按钮，其他设置与图10-7-7所示一样。单击“运行”按钮，在“世界名胜3”文件夹的“JPEG”文件夹中保存调整大小后的12幅JPEG格式的相同内容图像。

（2）新建宽度为820像素、高度为470像素、模式为RGB颜色、背景色为深绿色的画布。

（3）打开“世界名胜3”文件夹的“JPEG”文件夹中的12幅小图像文件。依次将12幅图像拖曳到新建画布窗口中，复制12幅图像。调整复制图像的位置，如图10-7-1所示。

（4）单击选中“图层”面板内的“图层 12”图层，单击按下“工具”面板中的“直排文字工具”按钮IT，单击画布窗口内右上角。在其选项栏内设置字体为隶书、字大小为48点、平滑、红色，然后输入文字“世界名胜图像”。

（5）利用“样式”面板，参考【实例 3】中文字“太极”的制作方法，制作如图10-7-1所示的文字。

6. 制作切片和建立网页链接

（1）打开“世界名胜”文件夹内的12幅大图像。选中“长城”图像，选择“文件”→“存储为Web和设备所用格式”命令，调出“存储为Web和设备所用格式”对话框，如图10-7-9所示。利用它将图像优化，减少文件字节数。

图10-7-9 “存储为Web和设备所用格式”对话框

（2）单击“存储”按钮，调出“将优化结果存储为”对话框。选择保存在“【实例49】世界名胜图像浏览网页”文件夹中，在“格式”下拉列表框中选择“HTML 和图像”选项，在“文件名”文本框中输入文件的名称“长城.html”。单击“保存”按钮，将“长城”图像保存为网页文件（图像以 GIF 格式保存在“世界名胜 3”文件夹内的“images”文件夹中）。

（3）按照上述方法，将其他 11 幅图像也保存为网页文件（HTML 文件和 GIF 图像文件），文件名称分别为“白宫.html”、……、“布达拉宫.html”。然后关闭这 12 幅图像。

（4）单击选中“图层”面板中图像所在的图层，单击按下“工具”面板内的“切片工具”按钮，在“样式”下拉列表框中选择“正常”选项，再在画布窗口内拖曳选中左上边第 1 幅图像，创建一个切片。按照相同的方法，再使用“切片工具”，为其他 11 幅图像创建独立的切片。最后效果如图 10-7-10 所示。

（5）右击“长城”图像，调出它的快捷菜单，选择该菜单中的“编辑切片选项”命令，调出“切片选项”对话框。在该对话框的 URL 文本框中输入要链接的网页名称“长城.html”，在“信息文本”文本框内输入“长城”，如图 10-7-11 所示。然后，单击“确定”按钮，即可建立该切片与当前目录下名称为“长城.html”的网页文件的链接。

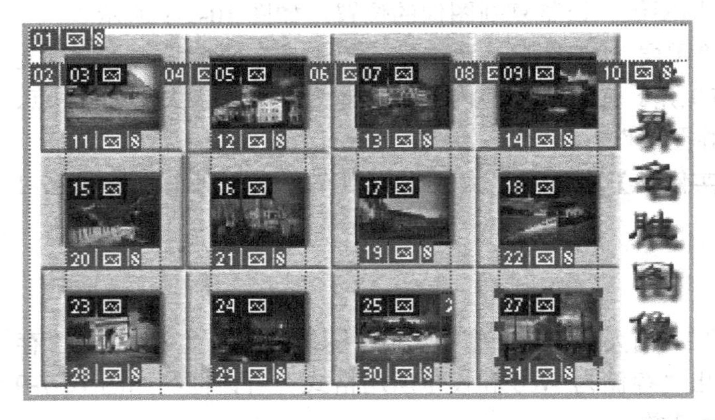

图 10-7-10　为 12 幅图像创建切片

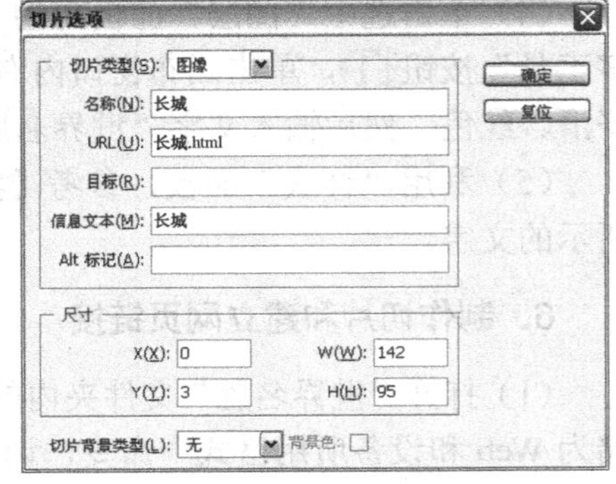

图 10-7-11　“切片选项”对话框

（6）按照上述方法，建立另外 11 幅图像切片与相应网页文件的链接。

（7）将加工的图像保存。选择“文件”→“存储为 Web 和设备所用格式”命令，调出“存储为 Web 和设备所用格式”对话框。将该图像以名称“【实例 49】世界名胜图像浏览网页.html”保存。